Fischer · Elektrische Maschinen

Studienbücher

der Technischen Wissenschaften

Carl Hanser Verlag München Wien

Elektrische Maschinen

von Rolf Fischer

Mit 462 Bildern

9., überarbeitete und erweiterte Auflage

Carl Hanser Verlag München Wien

Prof. Dr.-Ing. Rolf Fischer
Fachbereich Elektrische Energietechnik
Fachhochschule Esslingen
Hochschule für Technik

Die Deutsche Bibliothek - CIP-Einheitsaufnahme

Fischer, Rolf:
Elektrische Maschinen / von Rolf Fischer. — 9., überarb. und
erw. Aufl. — München ; Wien : Hanser, 1995
  (Studienbücher der technischen Wissenschaften)

  ISBN 3-446-18423-6

Vorwort

Das vorliegende Buch befaßt sich mit Aufbau, Wirkungsweise und Betriebsverhalten der elektrischen Maschinen und Transformatoren. Der Maschinenentwurf wird schon aus Platzgründen nicht behandelt. Dieses nur einen kleineren Leserkreis interessierende Fachgebiet, das heute eng mit der EDV verbunden ist, wäre in einem eigenen Buch darzustellen. Eine Ausnahme wird bei der Auslegung von Dauermagnetkreisen gemacht, da diese Technik auch das Betriebsverhalten der so erregten Maschine beeinflußt und wachsende Bedeutung erlangt. Um dem Leser jedoch Anhaltspunkte für die möglichen spezifischen Belastungen in den Maschinenteilen zu geben, werden der Begriff der Ausnutzungsziffer erläutert und wo immer sinnvoll, Richtwerte für typische Kenngrößen angegeben.

Stoffauswahl und Umfang wurden nach dem Gesichtspunkt festgelegt, ein vorlesungsbegleitendes Buch für das Studium der elektrischen Maschinen während der Ingenieurausbildung anzubieten. Daneben soll es aber auch dem in der Praxis stehenden Ingenieur bei der Auffrischung und Vertiefung seiner Fachkenntnisse von Nutzen sein. Vorausgesetzt sind die Höhere Mathematik der ersten Semester, die komplexe Rechnung und die allgemeinen Grundlagen der Elektrotechnik.

Auf die Behandlung sehr spezieller und heute weitestgehend verdrängter Maschinentypen wie z. B. Repulsionsmotoren wird bewußt verzichtet. Andererseits erhalten aber die Kleinmaschinen der verschiedenen Bauarten, die teils in sehr hohen Stückzahlen und insgesamt mit etwa einem Drittel des Produktionswertes gefertigt werden, eigene Abschnitte. Dasgleiche gilt für spezielle Bauformen wie z. B. die Linearmotoren oder die Entwicklung des Großturbogenerators. Besonderer Wert ist auf die Darstellung der Methoden zur Drehzahlsteuerung gelegt, wobei hier eingehend die Verbindungen zur Leistungselektronik gezeigt und die dabei auftretenden Maschinenprobleme behandelt werden.

Zur Kennzeichnung der Größen sind in der Regel die Formelzeichen nach DIN 1304 Teil 1 und Teil 7 verwendet; eine Liste aller Zeichen mit ihrer Bedeutung ist im Anhang enthalten. Bezugspfeile werden bei allen Anschlüssen nach dem Verbraucherpfeilsystem gesetzt. Ein ausführliches Literaturverzeichnis ermöglicht bei vielen Teilgebieten einen ersten Zugang zu weiterführenden, speziellen Veröffentlichungen.

Esslingen, Herbst 1995   *Rolf Fischer*

Vorwort zur 9. Auflage

In dieser Auflage wurde zunächst der schon einige Male vorgetragene Wunsch verwirklicht, in das Buch eine Zusammenstellung der Lösungswege zu den häufig nach den Rechenbeispielen angefügten Aufgaben aufzunehmen. Dies ist nun im Anhang in knapper Form durch die Angabe des jeweiligen Rechengangs mit den Nummern der verwendeten Formeln realisiert.

Mit Änderungen im ersten Kapitel ist das Bestreben fortgesetzt, den Inhalt noch stärker an die elektrischen Maschinen zu binden. So wurden die Aussagen zur Baugröße und den Vorschriften der äußeren Gestaltung erweitert. Die infolge der SE-Werkstoffe immer bedeutendere Technik der Dauermagneterregung erfuhr eine vollständige Überarbeitung.

Die folgenden Kapitel erhielten nur im Bereich einzelner Themen wie z. B. der Wachstumsgesetze kleinere dem Verfasser wünschenswerte Änderungen. Im 5. Kapitel wurde der großen Bedeutung frequenzgesteuerter Asynchronmaschinen dadurch verstärkt Rechnung getragen, daß dieses Thema jetzt in einem eigenen Abschnitt „Betrieb mit frequenzvariabler Spannung" noch ausführlicher dargestellt wird.

Grundsätzlich erhielten alle Angaben zu spezifischen Belastungen, Leistungsbereichen und Anwendungen einen möglichst aktuellen Stand. Dies gilt auch für das Verzeichnis der einschlägigen Normen und Vorschriften der Verbände ÖVE, SEV und VDE. Sehr ungern erfolgte dagegen die Umstellung der bewährten Begriffe für die Nennwerte von Maschinen auf die in DIN VDE 0530 Teil 1/07.91 eingeführte Bezeichung Bemessungswerte, also z. B. Bemessungsspannung anstelle Nennspannung usw.

Der Verfasser hofft, daß auch diese 9. Auflage des Buches allen Lesern, die sich mit dem Fachgebiet Elektrische Maschinen ob im Studium oder der späteren beruflichen Praxis befassen, eine verlässliche Hilfe ist. Allen, die mich zwischenzeitlich mit Wünschen und Anregungen unterstützt haben, gilt mein herzlicher Dank. Dem Carl Hanser Verlag danke ich für die erprobte beste Zusammenarbeit.

Esslingen, Herbst 1995   *Rolf Fischer*

Inhalt

1 Allgemeine Grundlagen elektrischer Maschinen

Für das Studium der elektrischen Maschinen sind vor allem Kenntnisse über die Gesetze der elektromagnetischen Felder und die Eigenschaften der magnetischen Werkstoffe von besonderer Bedeutung. Dieser einleitende Abschnitt enthält daher eine Zusammenstellung der diesbezüglich wichtigsten Beziehungen und Daten. Ferner erfolgen in ihm grundsätzliche Festlegungen für die Zuordnung von Größen in Zeigerdiagrammen.

Elektrische Maschinen sind stets Energiewandler, die jedoch, vor allem auf Grund der verwendeten Stromart, sehr unterschiedliche Bauprinzipien aufweisen. Die angegebenen Übersichten sollen zeigen, wie die verschiedenen Maschinentypen der folgenden Hauptabschnitte insgesamt einzuordnen sind. Im Bezug auf die äußere Gestaltung, wichtige Baumaße und Betriebsdaten ist die Ausführung heute zudem in eine Vielzahl von Normen eingebunden, auf die im letzten Abschnitt des Buches Hinweise erfolgen.

1.1 Grundgesetze und Bauarten elektrischer Maschinen

1.1.1 Spannungen und Kräfte im magnetischen Feld

Induktionsgesetz. Wird nach Bild 1.1 eine Spule der Windungszahl N von einem zeitlich veränderlichen Magnetfeld durchsetzt, so entsteht in ihr eine Spannung u_q, die durch das Produkt von Windungszahl N und dem zeitlichen Differentialquotienten des verketteten Magnetflusses Φ_t bestimmt ist. Diese 1831 von dem Engländer Michael Faraday entdeckte Beziehung bezeichnet man als Induktionsgesetz, das mit den Bezugsrichtungen für Spannung und Feld nach Bild 1.1

lautet.
$$u_q = N \cdot \frac{d\Phi_t}{dt} \qquad (1.1)$$

Für die Richtung der induzierten Spannung u_q, die auch als Quellenspannung bezeichnet wird, ist die Lenzsche Regel zu beachten. Nach ihr fließt ein durch Induktion hervorgerufener Strom stets so, daß sein Magnetfeld der induzierenden Flußänderung entgegenwirkt. Wird also die in Bild 1.1 vorhandene Spannungsquelle durch einen äußeren Widerstand R belastet, so gilt Bild 1.2. Die Quellenspannung u_q führt

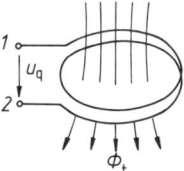

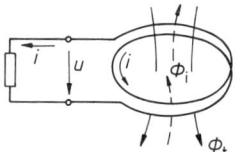

Bild 1.1 Induzierte Spannung u_q und Magnetfeld Φ_t im Induktionsgesetz nach Gl.(1.1)

Bild 1.2 Strom i in einer durch ein Fremdfeld Φ_t induzierten Leiterschleife nach der Lenzschen Regel

zu einer Spannung u am Widerstand, und im Stromkreis fließt ein Strom i, dessen Eigenfeld Φ_i der Änderung des Fremdfeldes Φ_t entgegenwirkt. Nimmt Φ_t in der eingepfeilten Richtung zu, so entsteht Φ_i mit entgegengesetzter Richtung.

Spannungsinduktion. Die für den Induktionsvorgang erforderliche Änderung des mit der Spule verketteten Magnetfeldes kann verschiedene Ursachen aufweisen. Alle Varianten haben im Bereich der elektrischen Maschinen eine Bedeutung und werden durch spezielle Beziehungen, die sich aus der übergeordneten Gleichung (1.1) ableiten lassen, erfaßt. So spricht man von einer

- Transformationsspannung,
  wenn die Flußänderung durch ein feststehendes aber zeitlich pulsierendes Magnetfeld in einer ruhenden Spule hervorgerufen wird.
- Bewegungsspannung,
  wenn die Flußänderung durch eine Relativbewegung zwischen einem zeitlich konstanten Feld und der Spule entsteht.
- Selbstinduktionsspannung,
  wenn die Flußänderung durch den eigenen zeitlich variablen Spulenstrom verursacht ist.

Transformationsspannung. Der Fall des feststehenden und zeitlich pulsierenden Magnetfeldes und ruhender Spule liegt beim Transformator vor, bei dem zwei Spulen mit den Windungszahlen N_1 und N_2 über einen Eisenkern gekoppelt sind. Das durch den Magnetisierungsstrom i_1 in der Primärwicklung erzeugte gemeinsame Feld Φ_h induziert in der Sekundärspule eine Spannung, die mit den Bezeichnungen in Bild 1.3 unmittelbar aus Gl.(1.1) zu

$$u_{q2} = N_2 \cdot \frac{d\Phi_{ht}}{dt}$$

berechnet werden kann.

Selbstinduktionsspannung. Für die Spule mit N_1 in Bild 1.3 ist die durch das Gesamtfeld $\Phi_1 = \Phi_h + \Phi_\sigma$ des eigenen Stromes i_1 hervorgerufene Spannung eine Selbstinduktion. Mit $\Phi_1 = \Phi_t$ und $i_1 = i$ gilt allgemein

$$u_L = N \cdot \frac{d\Phi_t}{di} \cdot \frac{di}{dt} = L \cdot \frac{di}{dt} \tag{1.2}$$

d.h. die Selbstinduktionsspannung u_L wird über die Induktivität L der Spule und die Stromänderung berechnet. Bei sinusförmigem Stromverlauf kann u_L in der Ersatzschaltung der Spule durch den Spannungsfall U_X an dem Blindwiderstand $X = 2\pi f \cdot L$ dargestellt werden (Bild 1.4). Dies ermöglicht es, Spannungen der Selbstinduktion in einem Stromkreis wie Spannungen U_R an ohmschen Widerständen zu behandeln. Beim Übergang zur komplexen Rechnung gilt dann die Zuordnung

$$\text{aus } u_L = L \cdot \frac{di}{dt} \text{ wird } \underline{U}_X = j X \cdot \underline{I}$$

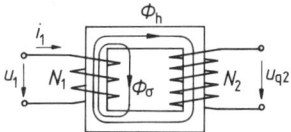

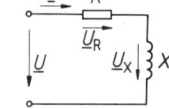

Bild 1.3 Transformationsspannung durch
ein zeitlich veränderliches Magnetfeld Φ_h

Bild 1.4 Selbstinduktionsspannung U_X als
Spannungsfall an einem Blindwiderstand X

Bewegungsspannung. Bei rotierenden elektrischen Maschinen erfolgt der Induktionsvorgang meist dadurch, daß zwischen einem Magnetfeld Φ mit örtlich unterschiedlicher Flußdichte B_x, z.B. Sinusform und der induzierten Spule eine Relativbewegung
besteht. In diesem Fall verwendet man gerne den Begriff der Bewegungsspannung,
die sich ebenfalls aus G.(1.1) berechnen läßt. Mit

$$U_q = N \cdot \frac{d\Phi_{x,\,t}}{dt} = N \cdot \frac{d\Phi}{dx} \cdot \frac{dx}{dt} \tag{1.3}$$

wird die variable Flußverkettung über die örtliche Feldänderung $d\Phi/dx$ und die Relativgeschwindigkeit dx/dt zwischen Feld und Spule erfaßt.

In der Praxis liegt die örtlich unterschiedliche Feldverteilung fast immer in Form ei-
nes Verlaufs der Flußdichte B_x mit abwechselnd gleichen positiven und negativen
Halbwellen (Nord- und Südpolen) entsprechend Bild 1.5 vor. Der mit der rotierenden
Läuferspule verkettete Fluß ist dann zu einem beliebigen Zeitpunkt

$$\Phi = l \cdot \int_{-x}^{x} B_x dx$$

wenn $x=0$ in die Symmetrieachse des Feldverlaufs $B_x = f(x)$ gelegt wird. Die Diffe-

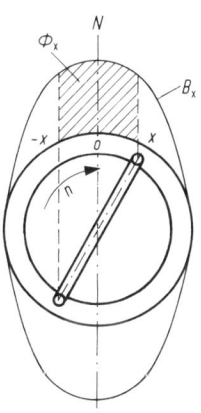

Bild 1.5 Spannungserzeugung durch Rotation einer Spule
in einem räumlich sinusförmigen Feld B_x

rentiation obiger Gleichung ergibt $d\Phi/dx = 2l \cdot B_x$ und man erhält mit der Geschwindigkeit $v = dx/dt$ der rotierenden Spule der Windungszahl N die induzierte Quellenspannung zu

$$u_q = 2 \cdot N \cdot B_x \cdot l \cdot v$$

Bezieht man die Bewegungsspannung auf nur einen Leiter der Spule, so erhält man die allgemeine Gleichung

$$u_q = B \cdot l \cdot v \tag{1.4}$$

Danach ist die in einem Stab der Länge l induzierte Spannung bei konstanter Geschwindigkeit v in jedem Augenblick der an der Leiterstelle vorhandenen Flußdichte B im Luftspalt proportional. Für Gl.(1.4) ist Voraussetzung, daß die drei Größen B, l und v senkrecht aufeinander stehen, was durch die Konstruktion sichergestellt ist. Die Flußdichte B im magnetischen Kreis wird bei elektrischen Maschinen gerne als Induktion B bezeichnet.

Für die Richtung der induzierten Spannung gilt die Verknüpfung nach Bild 1.6. Der Leiterstab kann als Spannungsquelle aufgefaßt werden, die bei angeschlossener, äußerer Belastung einen Strom I entgegen der Richtung von U_q führt.

Kraftwirkung. Für die Wirkungsweise elektrischer Maschinen ist neben dem Induktionsgesetz vor allem die Kraftwirkung auf einen stromdurchflossenen Leiter im Magnetfeld von Bedeutung. Nach Bild 1.7 erfährt ein Stab der Länge l auf einem Läufer, der den Strom I führt, die Tangentialkraft F mit der Verknüpfung

$$\vec{F} = I \cdot (\vec{l} \times \vec{B}) \tag{1.5a}$$

Der Vektor $\vec{l}$ ist dabei in die Stromrichtung gelegt.

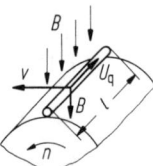
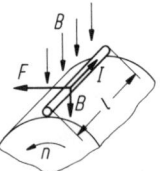

Bild 1.6 Induzierte Spannung U_q in einem im Magnetfeld bewegten Leiterstab

Bild 1.7 Tangentialkraft F auf einen stromdurchflossenen Leiterstab im Magnetfeld

Bilden Feldrichtung und Leiter einen rechten Winkel, so vereinfacht sich Gl.(1.5a) zu

$$F = B \cdot l \cdot I \tag{1.5b}$$

Gl.(1.5b) ist die Grundlage für die Berechnung des Drehmomentes elektrischer Maschinen. Es ergibt sich nach

$$M = \frac{d}{2} \cdot \sum_{i=1}^{i=n} F_i \tag{1.6}$$

aus der Summe aller Tangentialkräfte multipliziert mit dem Läuferradius $d/2$ als Hebelarm. Wie nachstehend gezeigt, gilt dies, obwohl die stromführenden Leiter in Nuten und damit in einem fast feldfreien Bereich liegen.

Die wirksamen Tangentialkräfte F_i elektrischer Maschinen entstehen hauptsächlich durch Zugspannungen an den Zahnflanken [1, 2]. Bei stromloser Nut und symmetrischem Feldverlauf heben sich die gleichgroßen nach innen gerichteten Feldkräfte auf (Bild 1.8). Durch das Eigenfeld des Nutstromes ergeben sich dann ungleiche Flußdichten in den Zähnen mit entsprechend unterschiedlichen Werten F_1 und F_2. Auf den Umfang bezogen erhält man zusammen mit dem kleinen Anteil F_s auf den Leiter genau die Tangentialkraft $F_i = B_L \cdot l \cdot I$. Das Drehmoment kann damit nach Gl.(1.6) aus der Flußdichte B_L im Luftspalt bei Leerlauf und einem aus den Nutströmen errechneten Strombelag am Umfang bestimmt werden.

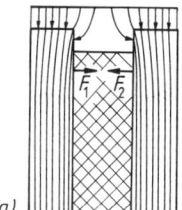
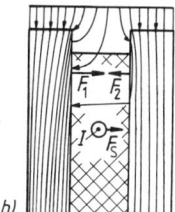

a)   *b)*

Bild 1.8 Magnetische Feldkräfte an den Zahnflanken einer Nut

a) Nut stromlos, $\vec{F}_1 + \vec{F}_2 = 0$

b) Nut mit Strom I, $\vec{F}_1 + \vec{F}_2 > 0$

1.1.2 Bestimmung magnetischer Felder

Feld- und Niveaulinien. Zur bildlichen Beschreibung des magnetischen Feldes eignet sich die Vorstellung von Feldlinien, die an jeder Stelle die Richtung der Vektoren $\vec{B}$ oder $\vec{H}$ festlegen. Diese Darstellung wird zum Feldbild, wenn die Dichte der eingetragenen Feldlinien proportional der örtlichen Induktion gewählt wird.

Man verwendet Feldbilder häufig zur Bestimmung des Induktionsverlaufes im Luftraum, insbesondere Luftspalt elektrischer Maschinen, wobei natürlich nur eine zweidimensionale Darstellung möglich ist.

Vernachlässigt man mit $\mu_r \gg 1$ den magnetischen Widerstand der den Luftraum begrenzenden Eisenteile eines magnetischen Kreises (Bild 1.9), so steht die volle Durchflutung Θ für den Luftweg zur Verfügung. Außerhalb des Bereiches stromführender Wicklungen erhält dann die eine Eisenoberfläche das magnetische Potential $V = 0$, die gegenüberliegende $V = \Theta$. Beide Oberflächen sind sogenannte Niveaulinien, in die al-

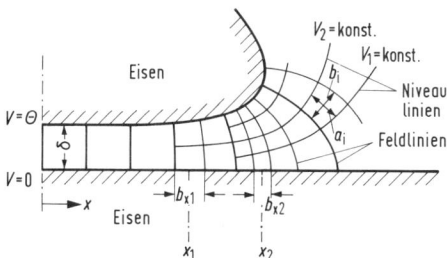

Bild 1.9 Konstruktion eines Feldbildes aus Teilquadraten mit $a_i = b_i$

le Feldlinien senkrecht ein- und austreten. Dazwischen können weitere Niveaulinien, die stets Punkte gleichen magnetischen Potentials verbinden, eingezeichnet werden. Feld- und Niveaulinien stehen senkrecht aufeinander, bilden also rechte Winkel.

Feldbild. Die Aufzeichnung des Feldbildes erfolgt nun in der Weise, daß der Luftraum mit einem Netz quadratischer Struktur überzogen wird. Dann errechnet sich der magnetische Leitwert eines Teilquadrates mit $a_i = b_i$ zu

$$\Lambda_i = \mu_0 \cdot \frac{A_i}{a_i} = \mu_0 \cdot l \cdot \frac{b_i}{a_i} = \mu_0 \cdot l$$

Alle Teilquadrate erhalten also einen einheitlichen magnetischen Leitwert und führen somit nach der Beziehung $\Phi = \Theta \cdot \Lambda$ den gleichen Fluß Φ_x. Da dessen Dichte B_x der Fläche $l \cdot b_x$ umgekehrt proportional ist, gilt ausgehend von dem Anfangswert B_L bei der Luftspaltweite δ die Beziehung

$$B_x = B_L \cdot \frac{\delta}{n \cdot b_x} \qquad (1.7)$$

Sie bestimmt die mittlere Flußdichte zwischen benachbarten Feldlinien in Bild 1.9 entlang der Achse x und damit den Verlauf $B_x = f(x)$.

Alle Niveaulinien enden im Bereich der erregenden Durchflutung und teilen diese in n gleiche Anteile auf. Für das Erregerfeld einer Gleichstrommaschine wird dies in Bild 1.10 gezeigt, wobei die Erregerdurchflutung durch einen Strombelag entlang des Polkerns ersetzt ist. Hier treten Feld- und Niveaulinien nicht senkrecht, sondern nach den Brechungsgesetzen schräg in das Eisen ein [3].

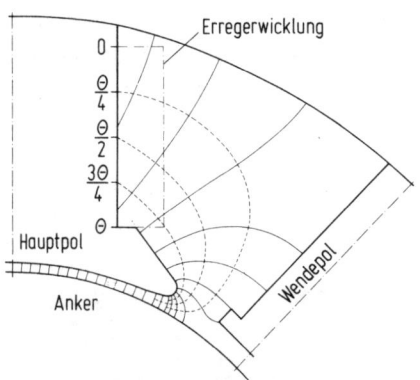

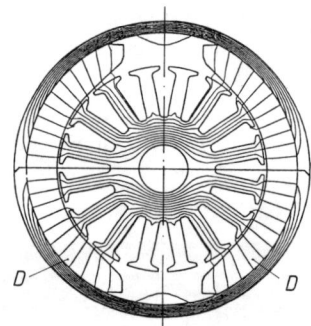

Bild 1.10 Feldbild des Erregerfeldes einer vierpoligen Gleichstrommaschine
——— Feldlinien   – – – – Niveaulinien

Bild 1.11 Feldbild der Dauermagneten D eines zweipoligen Kleinmotors
Ermittelt mit dem MAGGY-Programm
(Valvo, Philips Bauelemente, Lit. 10)

Numerische Feldberechnung. Für die Bestimmung von örtlichen Flußdichten im magnetischen Kreis von Maschinen und Geräten verwendet man heute firmeneigene oder auch kommerzielle EDV-Rechenprogramme (PROFI, MAGGY). Sie berücksichtigen die Sättigungsabhängigkeit der magnetischen Daten aller Eisenteile und den Einfluß von Querschnittsänderungen z. B. durch Bohrungen, Nuten oder sonstige Verengungen.

Man überzieht die gegebene Konstruktion wie in der Technik der „Finiten Elemente" mit einem feinmaschigen Netz, das um so dichter sein muß, je mehr sich die örtliche Flußdichte ändert. Für jedes Element sind die Permeabilität $\mu = f(B)$ oder die Kennlinie $B = f(H)$ des feldführenden Materials anzugeben. Mit Hilfe iterativer Rechenverfahren läßt sich dann über die Verknüpfung der Gleichungen des magnetischen Feldes die Flußdichte B in jedem Element bestimmen. Das Ergebnis kann man z. B. in Form einer geeichten Abstufung von Grautönen oder Farben unmittelbar in die Konstruktionszeichnung übertragen und erhält damit einen direkten optischen Eindruck der magnetischen Ausnutzung des Materials.

Eine zweite Möglichkeit besteht darin, sich ein rechnergezeichnetes Feldlinienbild des gesamten magnetischen Kreises zu verschaffen. Bild 1.11 zeigt als Beispiel hierfür das Feldbild eines kleinen zweipoligen Gleichstrommotors mit 16 Ankernuten und Dauermagneterregung. Derartige Maschinen werden in der Kfz-Elektrik in großen Stückzahlen für Gebläse, Scheibenwischer usw. verwendet.

1.1.3 Energiewandlung und Bezugspfeilsysteme

Rotierende Energiewandler. Rotierende elektrische Maschinen sind Energiewandler, die eine Umformung zwischen elektrischer und mechanischer Energie vornehmen. Die Leistung wird auf der einen Seite durch die Größen elektrische Spannung U und Strom I, auf der anderen durch das Drehmoment M und die Drehzahl n bestimmt. In Bild 1.12 ist dieses Prinzip der Energiewandlung schematisch dargestellt. Betrachtet man den stationären Betriebszustand mit konstanter Drehzahl und festen elektrischen Werten, so gilt die Leistungsbilanz

$$P_{\text{mech}} = P_{\text{el}} \pm P_{\text{v}} \qquad (1.8)$$

mit dem Minuszeichen für den Motorbetrieb. Die Umwandlungsverluste P_{v}, die von den Betriebsgrößen U, I und n abhängen, werden in jedem Fall in Wärme umgesetzt und sind damit verloren.

Die mechanische Wellenleistung errechnet sich aus

$$P_{\text{mech}} = 2\pi \cdot n \cdot M \qquad (1.9)$$

Für die elektrische Leistung gilt allgemein

$$P_{\text{el}} = m \cdot U \cdot I \cdot \lambda \qquad (1.10)$$

wobei U und I die Wicklungswerte der Maschine mit der Strangzahl m sind.

Die mechanische Leistung steht beim Motor zur Versorgung der angekuppelten Arbeitsmaschine zur Verfügung und ist bei Generatorbetrieb die erforderliche Antriebsleistung. Der Leistungsfaktor

$$\lambda = g_1 \cdot \cos \varphi \tag{1.11}$$

erfaßt mit dem Verschiebungsfaktor $\cos\varphi$ die Phasenlage von Strom und Spannung bei Wechsel- und Drehstrommaschinen. Der Grundschwingungsgehalt g_1 berücksichtigt mögliche Oberschwingungen im Stromverlauf. Für Gleichstrommaschinen ist motorseitig $m = 1$ und $\lambda = 1$ zu setzen.

Das Verhältnis von Abgabe- und Aufnahmeleistung wird als Wirkungsgrad des Energiewandlers nach

$$\eta = \frac{P_2}{P_1} \tag{1.12}$$

bezeichnet. Im Motorbetrieb ist $P_1 = P_{el}$ und $P_2 = P_{mech}$ einzusetzen.

Zur Ermittlung der Verluste und des Wirkungsgrades elektrischer Maschinen gibt die VDE-Bestimmung 0530 Teil 2 für Gleich- und Drehstrommaschinen spezielle Meß- und Berechnungsverfahren an.

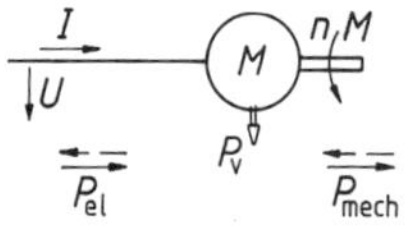

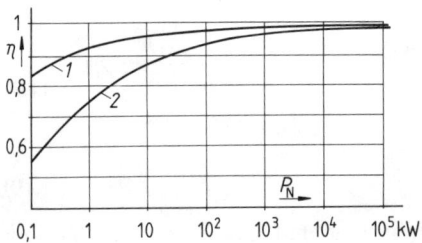

Bild 1.12 Elektrische Maschine als Energiewandler
——— Motor   – – – – Generator

Statische Energiewandler. Transformatoren und die Schaltungen der Stromrichtertechnik sind ruhende Energiewandler, welche die elektrische Energie auf ein anderes Spannungsniveau bringen (Transformatoren) oder die Stromart ändern (Stromrichter). Da hier bewegte Teile fehlen, entstehen keine Reibungsverluste und im Fall des Transformators kann ohne Luftspalt ein optimaler magnetischer Kreis ausgeführt werden. Transformatoren und bei Stromrichterschaltungen vor allem die Gleichrichter erreichen daher hohe Umwandlungswirkungsgrade (Bild 1.13), welche die von rotierenden Maschinen vor allem bei kleinen Leistungen deutlich übertreffen.

Bild 1.13 Wirkungsgrade rotierender und statischer Energiewandler
1 Stromrichter, Transformatoren
2 Rotierende elektrische Maschinen

Bezugspfeile. Zur Berechnung eines elektrischen Stromkreises müssen für den Strom I und die Spannung U je eine positive Bezugsrichtung gewählt werden. In diesem Buch wird dazu ausschließlich das Verbraucherpfeilsystem verwendet, was den Vorteil hat, daß beim Übergang vom Motor- in den Generatorbetrieb einer Maschine keine neue Festlegung des Stromzeigers erfolgen muß.

Bei einer Vierpolschaltung wie in Bild 1.14 wird diese Pfeilanordnung auf beide Klemmenpaare angewandt, auch wenn wie z. B. bei einem Transformator stets eine Seite Energie abgibt. Dies äußert sich wie bei Generatorbetrieb einer Maschine im Zeigerdiagramm dadurch, daß die Wirkkomponente des betreffenden Stromes in Gegenphase zu seiner Spannung liegt.

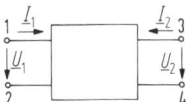

Bild 1.14 Anwendung des
Verbraucher-Pfeilsystems auf
einen Vierpol

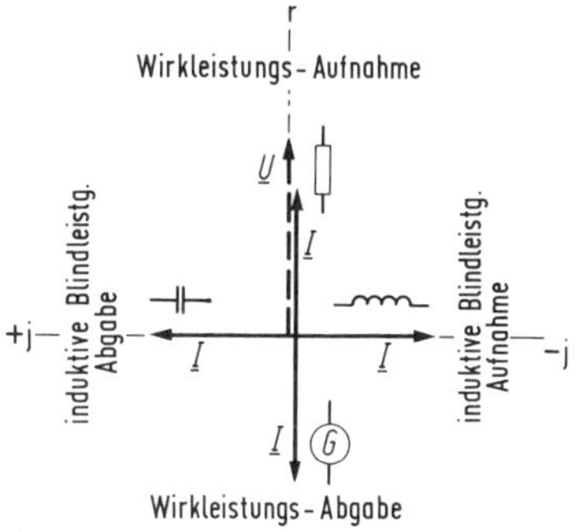

Bild 1.15 Festlegung der Belastungsart
im Koordinatensystem für das Verbraucherpfeilsystem

Art und Richtung der elektrischen Energie sind damit durch die Lage des Stromzeigers $\underline{I}$ im Bezug zur Spannung $\underline{U}$ im Koordinatensystem von Bild 1.15 eindeutig festgelegt. Benachbarte Quadranten stimmen in je einer Charakteristik überein. Bei einem Verbraucher liegt der Stromzeiger in den Quadranten 1 oder 2, bei Energieabgabe unterhalb der j-Achse. Bei der Bewertung von Blindleistungen wird auf die Unterscheidung induktiv oder kapazitiv verzichtet und statt dessen von der Aufnahme oder Abgabe von (induktiver) Blindleistung gesprochen. Eine Spule nimmt damit Blindleistung auf, ein Kondensator gibt sie ab.

1.1.4 Bauarten und Gliederung elektrischer Maschinen

Konstruktionsprinzipien. Für den prinzipiellen Aufbau von Ständer (Stator) und Läufer (Rotor, Anker) von elektrischen Maschinen gibt es jeweils nur einige wenige grundsätzliche Ausführungen. Sie sind in Tafel 1.1 auf Seite 20 angegeben und führen in ihrer Kombination zu den aufgeführten Hauptmaschinentypen.

Um Gefährdungen beim Betrieb zu vermeiden, Grenzwerte für technische Eigenschaften zu definieren und durch vorgegebene Anbaumaße eine allgemeine Austauschbarkeit zu erreichen, bestehen für elektrische Maschinen eine Vielzahl von Baunormen. Sie erfassen z. B. Anbaumaße und die Zuordnung von Leistungen (DIN 42673, 42677), die Bauformen und Schutzarten (DIN IEC 34 T. 7, VDE 0530 T. 5), die Ausführung der Wellenenden (DIN 748 T. 3) oder die zulässige Schwingstärke und Geräusch-emission (VDE 0530). Auf einen Teil dieser Vorschriften wird im Abschnitt 8 des Buches näher eingegangen.

Tafel 1.1 Konstruktionsprinzipien elektrischer Maschinen

Läufer mit Ständer mit	Käfigwicklung 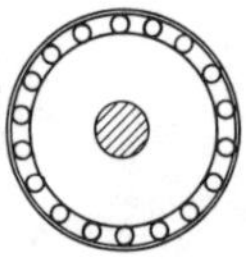	Drehstrom-wicklung mit Schleifringen	Einzelpolen (auch Dauer-magnete)	Stromwender-wicklung
Drehstromwicklung 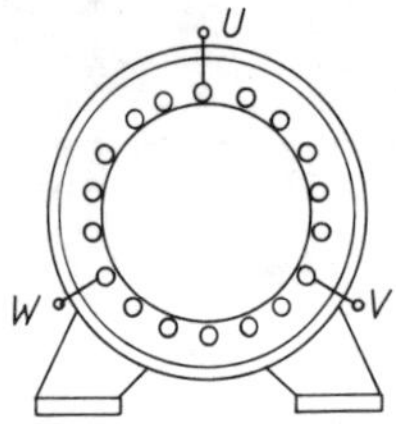	Asynchron-Käfigläufer-Motor	Asynchron-Schleifring-läufer-Motor	Innenpol-Syn-chronmaschine	Drehstrom-Kommutator-Maschine
Einzelpolen 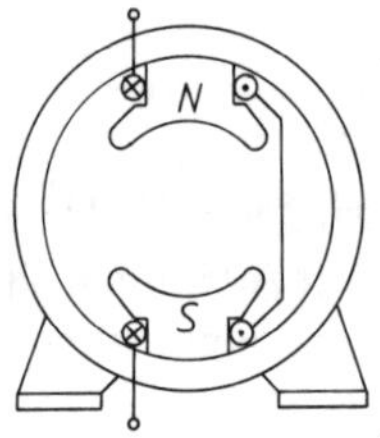	Spaltpolmotor	Außenpol-Syn-chronmaschine	Schrittmotor	Gleichstrom-Maschine

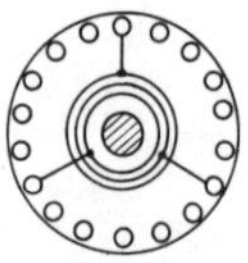

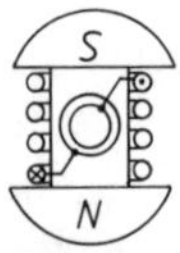

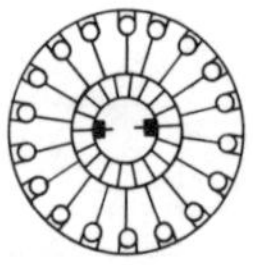

Bauarten. Eine Gliederung der elektrischen Maschinen kann einerseits nach der verwendeten Stromart wie Gleichstrom-, Wechsel- oder Drehstrommaschinen aber auch nach der Wirkungsweise wie Asynchron- oder Synchronmaschinen erfolgen. Innerhalb dieser Haupttypen gibt es meist eine Reihe spezieller Bauarten, die sich in einem bestimmten Leistungs- oder Anwendungsbereich durchgesetzt haben. Tafel 1.2 zeigt eine Zusammenstellung der heute eingesetzten elektrischen Maschinen im Rahmen dieser beiden Gliederungen. Alle Maschinentypen werden in den nachstehen-den Kapiteln des Buches besprochen. Die angegebenen Anwendungsbereiche und Leistungen sind dabei nur als Schwerpunkte zu verstehen.

Tafel 1.2 Gliederung und Einsatz elektrischer Maschinen

Strom-art	Stromwender-maschine	Asynchron-maschine	Synchron-maschine	Haupteinsatzgebiete	Leistungsbereich des Maschinentyps
Gleich-strom	Dauermagnet-motor			Feinwerktechnik, Kfz-Elektrik, Servoantriebe	< 1 W bis 10 kW
	Fremderregter Motor			Hauptantrieb für Werkzeug-maschinen, Hebezeuge, Prüffelder, Walzwerke	10 kW bis 10 MW
	Reihenschluß-motor			Anlasser im Kfz, Fahrmotor in Bahnen	300 W bis 500 kW
Wech-selstrom	Universalmotor			E-Werkzeuge, Haushalts-geräte	50 W bis 2000 W
	Reihenschluß-motor			Fahrmotor in 16⅔ Hz und 50 Hz Vollbahnen	100 kW bis 1000 kW
		Spaltpol-motor		Lüfter, Pumpen, Gebläse, Haushaltsgeräte	5 W bis 150 W
		Kondensa-tormotor		Haushaltsgeräte, Pumpen, Gebläse, Werkzeuge	50 W bis 2000 W
			Hysterese-motor	Uhrwerke, Feinwerktechnik, Hilfsantriebe	< 1 W bis 20 W
			Reluktanz-motor	Gruppenantriebe in der Textilindustrie, Extruder	100 W bis 10 kW
Dreh-strom	Nebenschluß-motor			Druck- und Papiermaschi-nen, Textilindustrie	1 kW bis 150 kW
		Käfigläufer-motor		Industriestandardantrieb, z.B. Pumpen, Gebläse, Bearbeitungsmaschinen, Fördertechnik, Umformer, Fahrmotor in Bahnen	100 W bis 50 MW
		Schleifring-läufermotor		Hebezeuge, Pumpen- und Verdichter	10 kW bis 10 MW
		Linear-motor		Fördertechnik, Schnell-bahnen	100 W bis 100 kW
			Dauer-magnet-motor	Servoantriebe, Gruppen-antrieb	100 W bis 10 kW
			Schenkelpol-maschine	Notstromgenerator, lang-samlaufender Industrean-trieb, Wasserkraftgenerator	10 kW bis 1000 MW
			Vollpol-maschine	Verdichter-, Mühlenantrieb, Turbogenerator im Kraft werk	100 kW bis 1500 MW
Impuls-strom			Elektronik-motor	Feinwerktechnik, Textil-industrie	< 1 W bis 200 W
			Schrittmotor	Quarzuhren, Positionier-antrieb	10 μW bis 500 W

1.2 Der magnetische Kreis elektrischer Maschinen

1.2.1 Aufbau magnetischer Kreise

Aktiver Eisenweg. Das entsprechend dem Induktionsgesetz in der Form $U_q = B \cdot l \cdot v$ und der Kraftwirkung nach $F = B \cdot l \cdot I$ für die Funktion der elektrischen Maschine erforderliche Magnetfeld der Luftspaltinduktion B wird bis auf den zwischen Ständer und Läufer nötigen Luftspalt in ferromagnetischem Blech geführt. Nur so läßt sich entsprechend der Grundbeziehung im magnetischen Feld

$$B = \mu_r \cdot \mu_0 \cdot H \tag{1.13}$$

durch die hohe relative Permeabilität $\mu_r \gg 1$ von Eisen die von der Magnetisierungswicklung aufzubringende magnetische Feldstärke H in vernünftigen Grenzen halten. Für den Luftspalt, der mit Weiten von teilweise unter 1 mm nur einen sehr kleinen Anteil des geschlossenen magnetischen Weges ausmacht, gilt bei $\mu_r = 1$ die magnetische Feldkonstante

$$\mu_0 = 0,4 \cdot \pi \cdot 10^{-6} \, \frac{\text{Vs}}{\text{Am}} \tag{1.14}$$

Der Aufbau des magnetischen Kreises ist am Beispiel einer vierpoligen Drehstrom-Asynchronmaschine in Bild 1.16 für Ständer und Läufer gezeigt. Der magnetische Fluß Φ schließt sich auf dem zur Achse 0–5 symmetrischen Weg über Läuferrücken

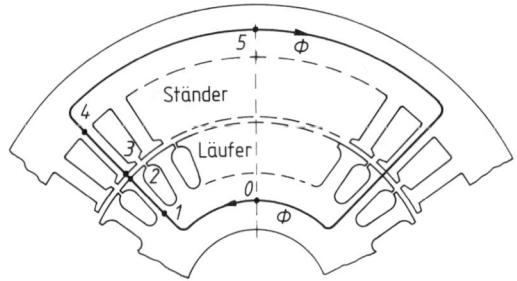

Bild 1.16 Magnetischer Kreis
einer Drehstrom-Asynchronmaschine

– Läuferzähne – Luftspalt – Ständerzähne – Ständerrücken. In allen Abschnitten entstehen entsprechend den örtlichen Eisenquerschnitten A_{Fe} nach

$$B = \frac{\Phi}{A_{\text{Fe}}} \tag{1.15}$$

unterschiedliche Flußdichten oder Induktionen B, wobei etwa folgende Richtwerte gelten:

Luftspalt	$B_L = 0,6$ T bis 1,1 T
Zähne	$B_Z = 1,5$ T bis 2,1 T
Rücken	$B_R = 1,2$ T bis 1,6 T

Durchflutungsgesetz. Zur Berechnung des magnetischen Kreises werden bei noch feinerer Unterteilung des Feldweges wie in Bild 1.16 die in den einzelnen Abschnitten auftretenden Flußdichten B_i bestimmt und dazu aus der Magnetisierungskennlinie $B = f(H)$ die zugehörige magnetische Feldstärke H_i entnommen. Mit der jeweiligen Weglänge l_i in Feldrichtung erhält man dann die für diese Teilstrecke erforderliche magnetische Spannung

$$V_i = H_i \cdot l_i \qquad (1.16)$$

Die Addition aller magnetischer Teilspannungen V_i über den geschlossenen Weg des Feldes Φ ergibt die magnetische Umlaufspannung

$$V_0 = H_1 \cdot l_1 + H_2 \cdot l_2 + H \cdot l_3 + \ldots = \sum_{i=1}^{i=n} H_i \cdot l_i = \Theta \qquad (1.17)$$

Diese Beziehung ist in der Form

$$\Theta = \oint \vec{H} \cdot \vec{dl} \qquad (1.18)$$

als Durchflutungsgesetz bekannt.

Die Durchflutung bestimmt bei einer Gleichstrommaschine das erforderliche Produkt Windungszahl mal Erregerstrom der Hauptpole. Bei Drehstrommaschinen ergibt sich aus der Durchflutung die Höhe des Magnetisierungsstromes in der Drehstromwicklung des Ständers.

1.2.2 Elektrobleche und Eisenverluste

Elektrobleche. Der ein Magnetfeld führende Eisenweg wird heute bei Maschinen größerer Leistung stets aus Elektroblechen geschichtet und zu einen sogenannten Blechpaket gepreßt. Zur Aufnahme eines Wechselfeldes verwendet man Bleche der Stärke 0,25 mm bis 1 mm mit einer einseitigen Isolierung. Diese wird bereits am Ende des Walzprozesses als dünne Phosphat- oder Silikat-Schicht aufgebracht und eingebrannt. Mitunter findet auch eine Lackierung des gestanzten Bleches Anwendung.

Elektrobleche werden nach den Technischen Lieferbedingungen in DIN 46 400 mit den drei Typen
- kaltgewalzt, nichtkornorientiert, schlußgeglüht nach Teil 1
- kaltgewalzt, nichtkornorientiert, nicht schlußgeglüht (semifinished) nach Teil 2
- kornorientiert nach Teil 3
gefertigt. Die ersten beiden Sorten besitzen etwa gleiche Eigenschaften in und quer zur Walzrichtung der Tafel oder des Bandes und finden ihre Anwendung in den Blechschnitten rotierender elektrischer Maschinen. Sie werden in einer Reihe von

Qualitäten geliefert, die sich im wesentlichen durch den Siliziumgehalt unterscheiden, der die elektrische Leitfähigkeit reduziert und damit die Wirbelstromverluste herabsetzt. Die gesamten spezifischen Eisenverluste sind dann in einer Verlustziffer v_{10} bzw. v_{15} in W/kg zusammengefaßt. Tafel 1.3 gibt einige Beispiele für Blechqualitäten aus den drei genannten Normen.

Tafel 1.3 Eigenschaften von Elektroblechen nach DIN 46400 (Auswahl)
Kennzeichnungen: V kaltgewalzt, nichtkornorientiert, A schlußgeglüht, VM kornorientiert, N normale Ummagnetisierungsverluste

Bezeichnung	Dicke mm	Verluste in W/kg			Polarisation J	bei H A/cm	Dichte kg/dm^3	Stapelfaktor
		v_{10}	v_{15}	v_{17}				
V 250-35 A	0,35	1,00	2,50		1,60	50	7,60	0,95
V 270-50 A	0,50	1,10	2,70		1,60	50	7,60	0,97
V 800-50 A	0,50	3,60	8,00		1,68	50	7,80	0,97
VM 89-27 N	0,27		0,89	1,40	1,75	8	7,65	0,95
VM 111-35 N	0,35		1,11	1,65	1,75	8	7,65	0,96

Während die Kennbuchstaben den Blechtyp angeben, erhält man durch die Ziffern eine Aussage über die gesamten Ummagnetisierungsverluste bei einer Wechselmagnetisierung mit 50 Hz und $B = 1,5$ T sowie die Blechdicke. Zur Definition der Magnetisierbarkeit wird in DIN 46400 der Begriff der Polarisation J nach

$$J = B - \mu_0 \cdot H$$

verwendet. Die Zahlenwerte von B und J stimmen jedoch bis $H = 100$ A/cm fast überein.

Kornorientierte Bleche werden fast ausschließlich im Transformatorenbau verwendet, wo die Magnetfelder eine feste räumliche Lage einnehmen. Sie besitzen im Unterschied zu den beiden ersten Blechsorten eine starke Abhängigkeit der Verluste und der Permeabilität von der Magnetisierungsrichtung. Erfolgt diese in Walzrichtung, so betragen die Ummagnetisierungsverluste nur etwa die Hälfte derjenigen richtungsunabhängiger Bleche. Außerdem sinkt der Durchflutungsbedarf je nach Flußdichte B um bis eine Größenordnung. Bei einer Quermagnetisierung steigen Verluste und Magnetisierungsstrom dagegen auf ein Mehrfaches der optimalen Werte an, was durch die Gestaltung des magnetischen Kreises vermieden werden muß (Bild 1.17), [6, 7].

Magnetisierungskennlinie. Alle ferromagnetischen Materialien zeigen eine starke Abhängigkeit der Permeabilität von der Induktion (Flußdichte) B. Für die praktische Berechnung magnetischer Kreise ist es jedoch zweckmäßiger, anstelle der Permeabilität gleich die Zuordnung $B = f(H)$ in Form einer sogenannten Magnetisierungskennlinie anzugeben (Bild 1.18). Mit Beginn der magnetischen Sättigung flachen die Kurven stark ab und streben dem linearen Endverlauf $B = \mu_0 \cdot H$ zu. Die Kennlinien werden in den Katalogen der Blechhersteller geordnet nach Qualitäten angegeben.

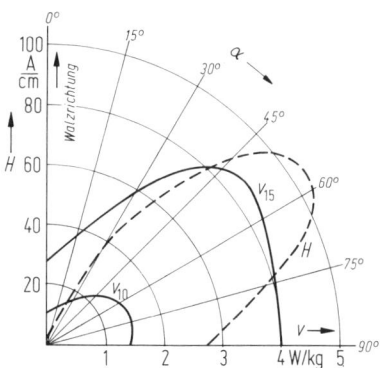

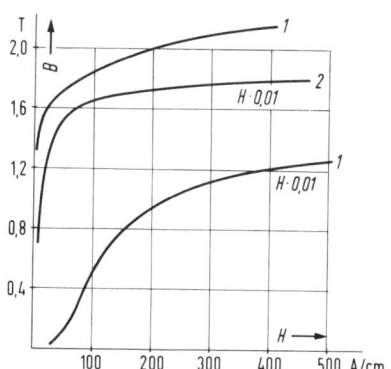

Bild 1.17 Richtungsabhängigkeit der
spezifischen Verluste v und der magnetischen Feldstärke H für $B = 1,5$ T bei
kornorientierten Elektroblechen
α Abweichung von der Walzrichtung

Bild 1.18 Gleichstrom-Magnetisierungskurven
1 warmgewalztes
Elektroblech 0,5 mm $v_{10} = 3$ W/kg
2 kornorientiertes Blech
0,35 mm $v_{10} = 0,45$ W/kg

Hystereseverluste. Sie lassen sich vereinfacht als „Reibungswärme der Elementarma-
gnete", welche die induktionsverstärkende Wirkung des Eisens bewirken, erklären.
Durch eine Wechselmagnetisierung der Frequenz f erfolgt eine periodische Umorien-
tierung, die Energie benötigt. Es läßt sich zeigen, daß diese pro Zyklus der Fläche der
Hystereseschleife des Materials proportional ist. Zwischen dem Flächeninhalt und
der erreichten höchsten Induktion besteht je nach dem Sättigungsgrad und der
Blechsorte die Abhängigkeit $B^{1,6-2,4}$. Für praktische Berechnungen setzt man näherungsweise eine quadratische Zuordnung und erhält für die Hystereseverluste pro
Masseneinheit

$$v_{\mathrm{H}} = c_{\mathrm{H}} \cdot f \cdot B^2 \tag{1.19}$$

Wirbelstromverluste. Ein Wechselfeld erzeugt in dem durchsetzten Eisen nach dem
Induktionsgesetz Spannungen, die innerhalb jedes Bleches einen geschlossenen
Stromkreis vorfinden. Auf Grund der relativ guten elektrischen Leitfähigkeit des Ei-
sens entstehen damit über den Querschnitt verteilte Ströme. Die Stromwärme dieser
Wirbelströme bezeichnet man als Wirbelstromverluste. Die Spannungen im Eisen er-
geben sich zu

$$u \sim \frac{\mathrm{d}\Phi}{\mathrm{d}t} \sim f \cdot B$$

und die ohmschen Verluste mit

$$P_{\mathrm{v}} \sim \frac{u^2}{r} \sim f^2 \cdot B^2$$

Damit erhält man für die Wirbelstromverluste pro Masseneinheit

$$v_w = c_w \cdot f^2 \cdot B^2 \qquad (1.20)$$

Durch die Blechung des Eisenquerschnitts werden die senkrecht zur Feldrichtung entstehenden Strombahnen auf den schmalen Bereich des Blechquerschnittes beschränkt, was die Verluste stark reduziert.

Eisenverluste. In der Praxis faßt man zur Kennzeichnung einer Blechqualität die spezifischen Wirbelstrom- und Hystereseverluste zu einer Gesamtverlustziffer v_{10} bzw. v_{15} zusammen. Bezugsbedingungen für diese Werte sind dabei eine sinusförmige Wechselmagnetisierung mit $B = 1$ T bzw. 1,5 T bei einer Frequenz von 50 Hz. Die Bestimmung der Verlustziffer erfolgt meßtechnisch an genormten Blechproben im sogenannten Epsteinapparat.

Bei von den Nennwerten abweichenden Betriebsgrößen B und f errechnet man die gesamten Eisenverluste der Masse m_{Fe} aus

$$P_{Fe} = m_{Fe} \cdot v_{15} \cdot \left(\frac{B}{1,5\,T}\right)^2 \cdot k_f \cdot k_B \qquad (1.21)$$

Der Frequenzfaktor k_f berücksichtigt die unterschiedliche Abhängigkeit der Anteile von f, wobei etwa $k_f \sim f^{1,6}$ gilt. Der Erfahrungswert $k_B \approx 1,3$ erfaßt einen erforderlichen Zuschlag für die Bearbeitung (stanzen, entgarten) des Blechs.

1.2.3 Der magnetische Kreis mit Dauermagneten

Hartmagnetische Werkstoffe. Im magnetischen Kreis von Maschinen mit elektrischer Felderregung werden zur Minimierung der erforderlichen Durchflutung und der Ummagnetisierungsverluste stets sogenannte weichmagnetische Eisensorten mit möglichst hoher Sättigungsinduktion und schmaler Hystereseschleife verwendet. Im Unterschied zu diesen zuvor besprochenen Elektroblechen benötigt man für die Herstellung von Dauer- oder Permanentmagneten Materialien, die eine möglichst hohe Koerzitivfeldstärke H_c besitzen (Bild 1.19). Im Bereich elektrischer Maschinen werden Dauermagnete zur Erregung von Gleichstrom-Kleinmotoren z. B. für die Kfz-Elektrik, sowie für Schritt- und Servomotoren verwendet [8–12, 113–118].

Kennzeichnend für ein Dauermagnetmaterial ist seine Entmagnetisierungskurve im 2. Quadranten des $B = f(H)$ Kennlinienfeldes (Bild 1.20) und daraus das maximale Produkt $(B \cdot H)_{max}$, das in der Einheit kJ/m^3 die Energiedichte bestimmt. Als Materialien stehen heute zur Verfügung:

1. Legierungen der Metalle Al, Co, Ni, Ti aus denen meist in einem Gußverfahren die gewünschte Magnetform hergestellt wird. Diese AlNiCo-Magnete genannten Legierungen erreichen mit $B_{rem} \leq 1,3$ T die höchsten Remanenzwerte, besitzen aber nur die geringe Koerzitivfeldstärke von Kurve 1 in Bild 1.20.

AlNiCo-Magnete sind damit sehr anfällig gegen eine Entmagnetisierung durch Fremdfelder oder eine Luftspaltvergrößerung, z. B. durch den Ausbau des Läufers. In elektrischen Maschinen werden sie nur noch selten eingesetzt.

2. Keramische Werkstoffe, die durch Pressen und Sintern von Erdalkalioxiden und Eisenoxiden gewonnen und als Ferrite bezeichnet werden. Diese Magnete lassen sich mit $H_c \leqq 2{,}5$ kA/cm (Kurve 2) wesentlich schlechter entmagnetisieren, erreichen aber nur $B_{rem} \leqq 0{,}4$ T. Ferrite stellen aufgrund ihres günstigen Preises heute noch den Hauptteil der in der Praxis vielfältig eingesetzten Dauermagnete. Als Beispiele seien alle Kfz-Hilfsantriebe und die Haltemagnete an Möbeln usw. genannt.

3. Legierungen aus Verbindungen der Seltenen Erden haben zur jüngsten Gruppe von Dauermagnetwerkstoffen geführt, die entsprechend den Geraden 3 und 4 in Bild 1.20 sowohl eine hohe Remanenz wie große Koerzitivfeldstärke besitzen. Sie werden etwa wie die Ferrite hergestellt und erreichen Energiedichten bis ca. 350 kJ/m³. Dauermagnete aus Seltenen Erden werden bereits häufig zur Erregung von Gleichstrom- und Synchronservomotoren eingesetzt.

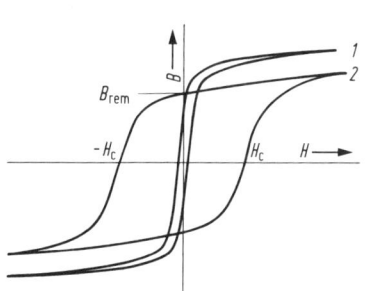

Bild 1.19 Hystereseschleife
1 weichmagnetisches Material
2 hartmagnetisches Material

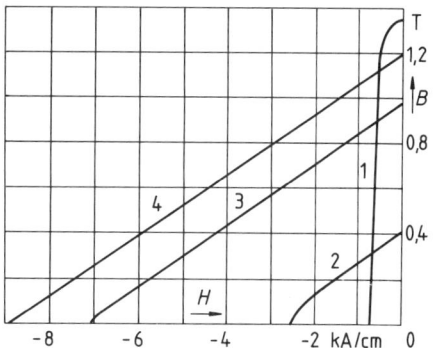

Bild 1.20 Entmagnetisierungskurven von Dauermagnetwerkstoffen
1 AlNiCo-Legierung,
2 Hartferrit,
3 Seltene Erden (SECo),
4 Seltene Erden (NdFeB)

Magnetischer Kreis. Die grundsätzliche Berechnung eines magnetischen Kreises mit einem Dauermagnet soll über die Anordnung in Bild 1.21 gezeigt werden. Sie enthält mit dem Magneten, einem Weicheisenteil mit Luftspalt und einer Spule, mit deren Strom I eine Auf- oder Gegenmagnetisierung möglich ist, alle in der Praxis vorhandenen Komponenten.

Der Fluß Φ_D des Dauermagneten teilt sich in den Hauptanteil Φ_L über den Luftspalt δ und einen kleinen Streufluß Φ_σ. Mit der Streuziffer $\sigma = \Phi_\sigma/\Phi_L$ erhält man die Flußgleichungen

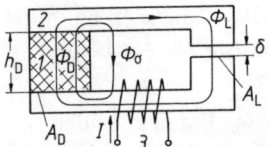

Bild 1.21 magnetischer Kreis
mit Dauermagnet
1 Dauermagnet
2 Weicheisen
3 Spule zur Aufmagnetisierung

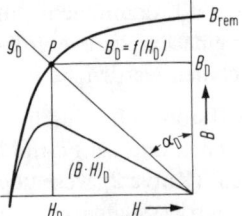

Bild 1.22 Teilentmagnetisierung
eines Dauermagnetkreises durch
einen Luftspalt, g_D Schergerade

$$\Phi_D = \Phi_L \cdot (1 + \sigma)$$

bzw. $$B_D \cdot A_D = B_L \cdot A_L \cdot (1 + \sigma) \qquad (1.22)$$

Durch den Spulenstrom I erhält der magnetische Kreis die Durchflutung Θ, welche die magnetische Teilspannung für Magnet, Luftspalt und Eisenweg aufbringt. Es gilt damit die Durchflutungsgleichung

$$\Theta = V_D + V_L + V_{Fe} \qquad (1.23)$$

mit $$V_D = H_D \cdot h_D \quad \text{und} \quad V_L = H_L \cdot \delta$$

Der Durchflutungsanteil V_{Fe} für den Weicheisenweg kann über den sogenannten Sättigungskator des Kreises

$$k_s = 1 + \frac{V_{Fe}}{V_L}$$

und $$V_L + V_{Fe} = V_L \cdot k_s = H_L \cdot k_s \cdot \delta$$

als Vergrößerung des Luftspaltes um den Faktor $k_s > 1$ erfaßt werden.
Setzt man vorstehende Beziehungen in die Gl. (1.23) ein und teilt durch die Magnethöhe h_D, so erhält man die Feldstärke im Magneten zu

$$H_D = \frac{\Theta}{h_D} - H_L \cdot \frac{\delta}{h_D} \cdot k_s \qquad (1.24)$$

Kombiniert man diese Gleichung mit Gl. (1.22), so ergibt sich wegen $B_L = \mu_0 \cdot H_L$

$$H_D = \frac{\Theta}{h_D} - \frac{B_D}{\mu_0} \cdot \frac{A_D}{A_L} \cdot \frac{\delta}{h_D} \cdot \frac{k_s}{1 + \sigma}$$

In dieser Gleichung ist das Produkt hinter der Größe B_D als Verhältnis von Längen und Flächen eine reine Zahl, die mit

$$N_D = \frac{A_D}{A_L} \cdot \frac{\delta}{h_D} \cdot \frac{k_s}{1 + \sigma} \qquad (1.25)$$

als Entmagnetisierungsfaktor bezeichnet wird. Er ist im wesentlichen von den geometrischen Abmessungen des magnetischen Kreises abhängig und kann damit nach Festlegung eines gewünschten Sättigungsfaktors k_s und mit einem Erfahrungswert für die Streuziffer von $\sigma = 0{,}02$ bis $0{,}1$ berechnet werden.

Mit der Definition des Entmagnetisierungsfaktors erhält man für die magnetische Feldstärke im Dauermagneten die Beziehung

$$H_D = \frac{\Theta}{h_D} - \frac{B_D}{\mu_0} \cdot N_D \qquad (1.26\,a)$$

Sie beschreibt im B-H-Diagramm die Gleichung der sogenannten Schergeraden g_D und ist neben der Entmagnetisierungskurve des Werkstoffes ein weiterer geometrischer Ort für die Lage des Arbeitspunktes P des Dauermagnetkreises. Dieser liegt also stets im Schnittpunkt von Schergeraden und Magnetkennlinie.

Wirkt mit $\Theta = 0$ keine äußere Durchflutung, so vereinfacht sich Gl. (1.26a) zu der Ursprungsgeraden

$$H_D = -\frac{B_D}{\mu_0} \cdot N_D \qquad (1.26\,b)$$

in Bild 1.22. Nach seiner Aufmagnetisierung bleibt im Magnetkreis mit Luftspalt die Remanenzinduktion B_{rem} ohne die äußere Durchflutung Θ also nicht erhalten, sondern der Magnet verringert seine Flußdichte und erreicht damit negative H_D-Werte, bis nach Gl. (1.24) die Bedingung $H_D \cdot h_D + H_L \cdot k_s \cdot \delta = 0$ realisiert ist. Wie stark diese Teilentmagnetisierung bezogen auf den Remanenzwert auftritt, hängt vom Wert des Entmagnetisierungsfaktors N_D ab, der mit $\tan \alpha_D \sim N_D$ die Steigung der Schergeraden g_D festlegt.

Lage des Arbeitspunktes. Die Lage des Arbeitspunktes P auf der Magnetkennlinie läßt sich so wählen, daß für eine im Luftspalt gewünschte Flußdichte B_L das kleinstmögliche Magnetvolumen V_D und damit die geringsten Kosten für das Dauermagnetmaterial entstehen. Multipliziert man nämlich beide Seiten der aus den Gl. (1.22) und (1.24) gegebenen Zuordnungen

$$H_D \cdot h_D = H_L \cdot k_s \cdot \delta$$

$$B_D \cdot A_D = B_L \cdot A_L \cdot (1 + \sigma)$$

miteinander, so erhält man mit den Luftspaltvolumen $V_L = A_L \cdot \delta$ für das Magnetvolumen $V_D = A_D \cdot h_D$ die Beziehung

$$V_D = V_L \cdot \frac{B_L^2}{(B \cdot H)_D} \cdot k_s \cdot \frac{1 + \sigma}{\mu_0} \qquad (1.27)$$

Um den geringsten Werkstoffaufwand $V_{D\,min}$ zu realisieren, sollte der Arbeitspunkt P des Magneten nach Gl. (1.27) im Bereich des $(B \cdot H)_{max}$-Wertes der Entmagnetisierungskennlinie liegen (Bild 1.22). Bei einem linearen Verlauf wäre dies ein Arbeitspunkt genau in der Mitte der Kennlinie, d. h. bei $B_D = 0,5 \cdot B_{rem}$. Wegen der Gefahr einer betrieblichen Entmagnetisierung durch die maximalen Lastströme ist diese Auslegung meist nicht möglich. In der Regel muß die Magnetdicke h_D größer gewählt werden, womit die Schergerade steiler wird und der Arbeitspunkt weiter oben liegt.

Gleichung des Arbeitspunktes. Ist die Entmagnetisierungskennlinie wie bei SE-Magneten praktisch geradlinig – ansonsten wird die Tangente an dem oberen linearen Teil verwendet – so entsteht mit den Achsenabschnitten B_{rem} und H_c die Geradengleichung

$$B_D = B_{rem} + \mu_p \cdot \mu_0 \cdot H_D$$

Ihre Steigung kann mit

$$\mu_p \cdot \mu_0 = B_{rem}/H_c$$

aus den Werten der Remanenz B_{rem} und dem Betrag der Koerzitivfeldstärke H_c bestimmt werden. Der Anteil μ_p wird darin als permanente Permeabilität bezeichnet.

Kombiniert man obige Geradengleichung mit der Schergeraden nach Gl. (1.26b), so erhält man mit der Beziehung

$$B_D = \frac{B_r}{1 + \mu_p \cdot N_D} \qquad (1.28)$$

eine direkte rechnerische Lösung für die Lage des Arbeitspunktes.

Betriebsbedingte Entmagnetisierung. Im Betrieb des Motors kann es durch
- Luftspaltänderungen, z. B. durch Ausbau des Läufers
- Gegendurchflutungen infolge des Belastungsstromes
- Temperaturänderungen
zu einer weiteren Entmagnetisierung des Dauermagneten kommen. Diese ist immer dann reversibel, verschwindet also mit ihrer Ursache, wenn sich der Arbeitspunkt dabei oberhalb des gekrümmten Teils der Entmagnetisierungskennlinie $B_D = f(H_D)$ bewegt.

In Bild 1.23 ist dies für den Fall von Luftspalterweiterungen von δ_1 auf δ_2 und schließlich δ_3 mit den zugehörigen Schergeraden gezeigt. Die Änderung des Arbeitspunktes von P_1 nach P_2 ist umkehrbar, da der gerade Teil der Kennlinie nicht verlassen wird. Stellt sich dagegen der Punkt P_3 ein und wird der Luftspalt danach wieder auf den Wert δ_1 reduziert, so läuft der Arbeitspunkt entlang einer parallel tieferliegenden Kennlinie $B_D = f(H_D)$ zurück, und es stellt sich der neue Arbeitspunkt P_1^* ein. Der Dauermagnet ist mit der gestrichelten Kennlinie jetzt irreversibel teilentmagnetisiert.

Eine ähnliche Wirkung hat eine Gegendurchflutung Θ_g durch den Belastungsstrom der Maschine. In der Gleichung (1.26a) für die Schergeraden ist $\Theta = -\Theta_g$ zu setzen, was nach Bild 1.24 zu einer Parallelverschiebung mit der Feldstärke $H_g = \Theta_g/h_D$ gegenüber der Ursprungsgeraden führt. Auch hier ist der Punkt P_2 reversibel, während nach einer Gegenfeldstärke H_{g3}, die zu P_3 führt, eine bleibende Entmagnetierung mit dem Leerlaufpunkt P_1^* auftritt.

Bei beiden Problembereichen zeigen die SE-Magnete nach Bild 1.20 gegenüber den Ferriten günstigere Eigenschaften. Ihre Kennlinie ist fast bis zur Koerzitivfeldstärke hinunter geradlinig, womit hier bei Raumtemperaturen nur reversible Änderungen auftreten.

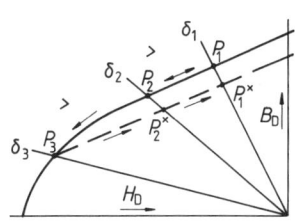

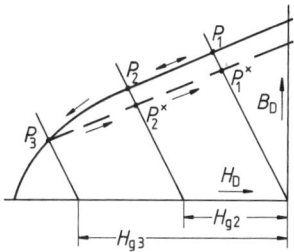

Bild 1.23 Einfluß einer Luftspaltänderung auf die Lage des Arbeitspunktes P

Bild 1.24 Einfluß einer Gegenfeldstärke H_g auf die Lage des Arbeitspunktes P

Temperaturverhalten. Die Entmagnetisierungskurven von Dauermagneten sind temperaturabhängig, was durch die Temperatur-Koeffizienten der Remanenz $TK(B_r)$ und der Koerzitivfeldstärke $TK(H_c)$ gekennzeichnet wird. Bei Selten-Erd-Magneten sind beide Werte negativ, so daß Kennlinien nach Bild 1.25 entstehen. Solange der Arbeitspunkt dabei im linearen Bereich der Magnetkurve bleibt, ist der Vorgang wieder reversibel, d. h. nach einer Abkühlung von ϑ_2 auf den Anfangswert ϑ_1 wird anstelle P_2 erneut P_1 erreicht. Erst mit dem Arbeitspunkt P_3 bei der Temperatur ϑ_3 erhält man schließlich eine bleibende Teilentmagnetisierung.

Für Ferrit-Magnete, die heute noch allgemein in der Kfz-Elektrik für die verschiedenen Stellmotoren verwendet werden, gelten im Mittel die Werte $TK(B_r) = -0{,}2\%/K$ und $TK(H_c) = +0{,}4\%/K$. Die Koerzitivfeldstärke wird also mit der Erwärmung größer, womit Kennlinien nach Bild 1.26 entstehen.

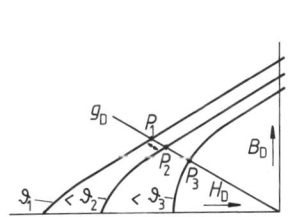

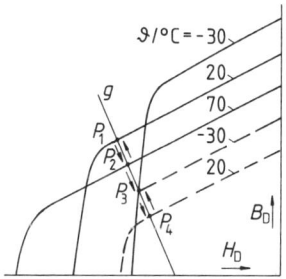

Bild 1.25 Temperatureinfluß bei SE-Magneten

Bild 1.26 Temperatureinfluß bei Ferrit-Magneten

Mit Rücksicht auf diese Temperaturkoeffizienten ist bei der Auslegung des magnetischen Kreises sicherzustellen, daß der Arbeitspunkt auch bei der niedrigsten Betriebstemperatur (Scheibenwischermotor im Winter) nicht unterhalb des Knies der Kennlinie $B_D = f(H_D)$ gerät. Dies ist mit der Schergeraden g in Bild 1.26 der Fall, wo anstelle des Punktes P_1 für 20 °C bei $\vartheta = -30$ °C der Arbeitspunkt P_3 auftritt. Der Dauermagnet ist damit irreversibel auf die gestrichelte permanente Kennlinie entmagnetisiert. Bei einer nachträglichen Wiedererwärmung stellt sich dann entsprechend dem negativen TK(B_r)-Wert die untere 20 °C-Kennlinie mit dem Arbeitspunkt P_4 ein. Insgesamt ist also durch die zwischenzeitliche Abkühlung auf -30 °C der Arbeitspunkt von P_1 auf P_4 gesunken.

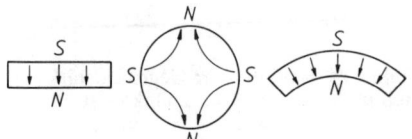

Bild 1.27 Typische Bauformen
von Dauermagneten

Eine Temperaturänderung von 20 °C auf 70 °C führt nach Bild 1.26 zum Arbeitspunkt P_2. Dieser Vorgang ist reversibel, da sich P_1 und P_2 auf dem linearen Ast ihrer Kennlinien befinden.

Beispiel 1.1 Ein kleiner Gleichstrommotor für 12 V soll eine Dauermagneterregung mit radial magnetisierten Ferritsegmenten (Bild 1.27) erhalten. Das Material hat nach Kurve 2 in Bild 1.20 die Kennwerte $B_{rem} = 0,4$ T und $\mu_p = 1,1$. Mit den Entwurfsdaten (Bild 1.28) $d_A = 40$ mm, $\delta = 0,7$ mm, $\gamma = 140°$, $\sigma = 0,1$, $k_s = 1,3$, $h_D = 4$ mm, Anker- und Pollänge $l = 35$ mm sind die Werte für B_D und Φ_L anzugeben.

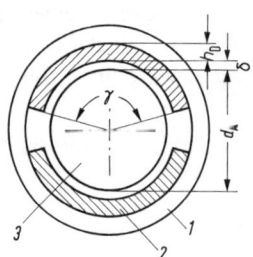

Bild 1.28 Aufbau eines Gleichstrom-
Kleinmotors mit Dauermagneterregung
1 Jochring aus Weicheisen
2 Ferrit-Schalenmagnet
3 Anker

Im oberen geradlinigen Teil der Entmagnetisierungskennlinie der Ferrite läßt sich die Flußdichte B_D im Arbeitspunkt direkt über Gl. (1.28) zu

$$B_D = \frac{B_r}{1 + \mu_p \cdot N_D}$$

berechnen. Für den Entmagnetisierungsfaktor erhält man bei $A_D \approx A_L$

$$N_D = \frac{A_D}{A_L} \cdot \frac{\delta}{h_D} \cdot \frac{k_s}{1+\sigma} = 1 \cdot \frac{0,7}{4} \cdot \frac{1,3}{1,1} = 0,207$$

und damit

$$B_\mathrm{D} = \frac{0,4\,\mathrm{T}}{1 + 1,1 \cdot 0,207} = 0,326\,\mathrm{T}$$

Nach Gl. (1.22) gilt für den Luftspaltfluß

$$\Phi_\mathrm{L} = \frac{B_\mathrm{D} \cdot A_\mathrm{D}}{1 + \sigma}$$

und die Fläche entsprechend dem Polbogen

$$A_\mathrm{L} \approx A_\mathrm{D} = d_\mathrm{A} \cdot \pi \cdot l \cdot \gamma / 360°$$
$$A_\mathrm{D} = 40\,\mathrm{mm} \cdot \pi \cdot 35\,\mathrm{mm} \cdot 140° / 360° = 17,1 \cdot 10^{-4}\,\mathrm{m}^2$$

Damit wird

$$\Phi_\mathrm{L} = \frac{0,326\,\mathrm{Vs} \cdot 17,1 \cdot 10^{-4}\,\mathrm{m}^2}{\mathrm{m}^2 \cdot 1,1} = 0,507\,\mathrm{mVs}$$

1.2.4 Leistung und Bauvolumen elektrischer Maschinen

Nach Gl. (1.6) kann das Drehmoment M einer Maschine über die Tangentialkräfte F auf die insgesamt z stromdurchflossenen Leiter des Läufers mit dem Durchmesser d berechnet werden. In Verbindung mit Gl. (1.5) ergibt sich

$$M = k_\mathrm{M} \cdot d \cdot z \cdot B \cdot l \cdot I$$

wobei für die Konstante $k_\mathrm{M} \le 0,5$ gilt.

Bezieht man den Gesamtstrom $z \cdot I$ aller Leiter auf den Läuferumfang $d \cdot \pi$, so erhält man mit

$$A = \frac{z \cdot I}{d \cdot \pi}$$

eine Strombelag A genannte Größe. Ihr Wert ist von der möglichen Nuttiefe und damit vom Läuferdurchmesser, sowie vom Kühlsystem der Maschine abhängig. Es wird etwa der Bereich $A = 100\,\mathrm{A/cm}$ bis $500\,\mathrm{A/cm}$ ausgeführt.

Mit Einsetzen des Strombelags in obige Momentenbeziehung ergibt sich für das Drehmoment

$$M = \pi \cdot k_\mathrm{M} \cdot A \cdot B \cdot d^2 \cdot l \tag{1.29}$$

Das Produkt $d^2 \cdot l$ bestimmt das sogenannte Bohrungsvolumen der Maschine und damit proportional auch ihr Gesamtvolumen, ihre Masse und das Gewicht. Damit entstehen die folgenden grundsätzlichen Aussagen:
1. Die Baugröße einer elektrischen Maschine wird allein durch das von ihr geforderte Drehmoment bestimmt.
2. Die einer Baugröße zugeordnete Leistung steigt proportional mit der Drehzahl.

Maschinen für eine bestimmte Leistung werden also mit höherer Drehzahl kleiner und leichter. Bei den tragbaren Elektrowerkzeugen hat dies zu Antrieben mit Betriebsdrehzahlen bis ca. $20000 \, \text{min}^{-1}$ geführt.

Mit Gl. (1.9) erhält man die Leistung der Maschine zu

$$P = 2\pi^2 \cdot k_M \cdot A \cdot B \cdot d^2 \cdot l \cdot n$$

Um eine spezifische Größe für die Materialausnutzung zu erhalten, definiert man als Ausnutzungsziffer oder Leistungszahl C

$$C = 2\pi^2 \cdot k_M \cdot A \cdot B \quad \text{in kW min/m}^3 \tag{1.30}$$

Ihre Verknüpfung mit der Leistung der Maschine ergibt

$$P = C \cdot d^2 \cdot l \cdot n \tag{1.31}$$

Die Ausnutzungsziffer ergibt einen ersten Richtwert für das erforderliche Produkt $d^2 \cdot l$ einer geplanten Maschine. Ihr Wert steigt mit der Baugröße und liegt im Bereich $1 \, \text{kW min/m}^3$ bis $6 \, \text{kW min/m}^3$.

Beispiel 1.2 Für den Entwurf eines Drehstrommotors mit $P = 11 \, \text{kW}$, $n = 1447 \, \text{min}^{-1}$ kann $C = 2{,}2 \, \text{kW min/m}^3$ angenommen werden. Es ist eine langgestreckte Ausführung mit $l = 2 \cdot d$ geplant.

Welche Werte müssen Läuferdurchmesser d und Läuferlänge l etwa erhalten?

Nach Gl. (1.31) gilt

$$d^2 \cdot l = \frac{P}{C \cdot n} = \frac{11 \, \text{kW}}{2{,}2 \, \text{kW min/m}^3 \cdot 1447 \, \text{min}^{-1}} = 3{,}455 \cdot 10^3 \, \text{cm}^3$$

Wegen $l = 2 \, d$ gilt

$$2 \, d^3 = 3{,}455 \cdot 10^3 \, \text{cm}^3$$
$$d = 12 \, \text{cm} \quad \text{und} \quad l = 24 \, \text{cm}$$

Beispiel 1.3 Bei Gleichstrommaschinen erhält man als Ausnutzungsziffer etwa $C = 6{,}5 \cdot (A \cdot B)$. Welche Leistung erreicht der in Beispiel 1.1 angegebene kleine Dauermagnetmotor bei $n = 1200 \, \text{min}^{-1}$, wenn ein Strombelag von $A = 100 \, \text{A/cm}$ zulässig ist?

$$\text{Es ist } B_L = \frac{\Phi_L}{A_L} = \frac{0{,}507 \, \text{mVs}}{17{,}1 \cdot 10^{-4} \, \text{m}^2} = 0{,}297 \, \text{T}$$

und damit

$$C = 6{,}5 \cdot 10 \frac{\text{kA}}{\text{m}} \cdot 0{,}297 \, \frac{\text{Vs}}{\text{m}^2} = 19{,}27 \, \frac{\text{kWs}}{\text{m}^3}$$

Mit $d = 4 \, \text{cm}$ und $l = 3{,}5 \, \text{cm}$ erhält man als etwaige Leistung

$$P = C \cdot d^2 \cdot l \cdot n$$
$$P = 19{,}27 \, \frac{\text{kWs}}{\text{m}^3} \cdot (0{,}04 \, \text{m})^2 \cdot 0{,}035 \, \text{m} \cdot 20 \, \text{s}^{-1} = 21{,}6 \, \text{W}$$

2 Gleichstrommaschinen

Geschichtliche Entwicklung. Auf Grund der geschichtlichen Entwicklung der Starkstromtechnik, die mit der Energie von galvanischen Elementen ihren Anfang nahm, entstand als erster elektromechanischer Energiewandler die Gleichstrommaschine. Bereits 1832 baute der Franzose H. Pixii den ersten Generator für zweiwelligen Gleichstrom. Die weitere Entwicklung ist u. a. mit den Namen A. Pacinotti, der 1860 einen Motor mit Ringwicklung und vielteiligem Stromwender fertigte und F. v. Hefner-Alteneck, der 1872 den Trommelanker erfand, verknüpft. Einen wesentlichen Beitrag leistete im Jahre 1866 W. Siemens mit der Entdeckung des dynamoelektrischen Prinzips. Durch die damit gegebene Möglichkeit der Selbsterregung von Generatoren war eine Voraussetzung für den Großmaschinenbau geschaffen.

Mit der Einführung des Drehstroms etwa ab 1890 verlor die Gleichstrommaschine ihre beherrschende Stellung an die Synchrongeneratoren und Induktionsmotoren. Begünstigt durch die Entwicklung der Stromrichtertechnik behauptete die Gleichstrommaschine aber immer einen bedeuteten Marktanteil im Bereich der drehzahlgeregelten Antriebe [152]. Erst in jüngster Zeit macht ihr der umrichtergespeiste Drehstrommotor auch diese Position zunehmend streitig.

Leistungsbereich. Der Fertigungsbereich reicht von Kleinstmotoren mit Leistungen von unter einem Watt für die Feinwerktechnik bis zu den Großmaschinen. Dauermagneterregte Motoren bis ca. 100 W werden in großer Stückzahl in der Kfz-Elektrik als Scheibenwischer-, Gebläse- und Stellmotoren eingesetzt. Im Bereich der Servoantriebe bis zu Leistungen von einigen kW gibt es auch eine Reihe spezieller Bauformen wie Scheibenläufer- und Glockenankermotoren. Auf dem Gebiet der Industrieantriebe sind vor allem der Einsatz in Werkzeugmaschinen, Förderanlagen, Walzstraßen und als Fahrmotor in Nahverkehrsbahnen zu erwähnen. Die größten Motoren erreichen bei Spannungen von meist unter 1500 V Leistungen von über 10 000 kW.

Der Gleichstromgenerator hat dagegen seit der Erfindung der gesteuerten Stromrichter fast keine Bedeutung mehr.

2.1 Aufbau und Bauteile

2.1.1 Prinzipieller Aufbau

Erzeugung eines Drehmoments. Die Grundkonstruktion einer Gleichstrommaschine kann man am Beispiel des Motorbetriebs anschaulich als Anwendung des Kraftwirkungsgesetzes nach $F = B \cdot l \cdot I$ erklären. Man benötigt danach ein Magnetfeld der Flußdichte B im Luftspalt der Feldpole und darin drehbar angeordnet Leiter der Länge l, die einen Strom I führen. Die Stromzufuhr muß dabei so erfolgen, daß stets alle

Leiter eines Polbereichs gleichsinnig durchflossen sind. Dieser Gedanke ist in der einfachen Anordnung nach Bild 2.1, das bereits alle wesentlichen Bauteile der Gleichstrommaschine enthält, verwirklicht.

Der feststehende Ständer aus massivem oder geblechtem Eisen trägt einen Elektromagneten, dessen Erregerwicklung die zum Aufbau des Feldes erforderliche Durchflutung liefert. Die Enden des Magneten, die Hauptpole, sind nach innen durch sogenannte Polschuhe erweitert, um gleichzeitig eine möglichst große Leiterzahl zu erfassen. Den äußeren magnetischen Rückschluß stellt der Jochring sicher.

Die Welle der Maschine trägt einen aus Dynamoblechen geschichteten Eisenkörper, der in Bild 2.1 als Ring dargestellt ist. Der magnetische Kreis ist damit bis auf den erforderlichen Luftspalt ganz aus Eisen mit $\mu_r \gg 1$ aufgebaut. Alle Leiterstäbe bilden zusammen mit ihren Verbindungen die Ankerwicklung, die in Bild 2.1 wie in den Anfängen des Elektromaschinenbaus als Ringwicklung ausgeführt ist. Man bezeichnet den ganzen rotierenden Teil als Anker der Gleichstrommaschine.

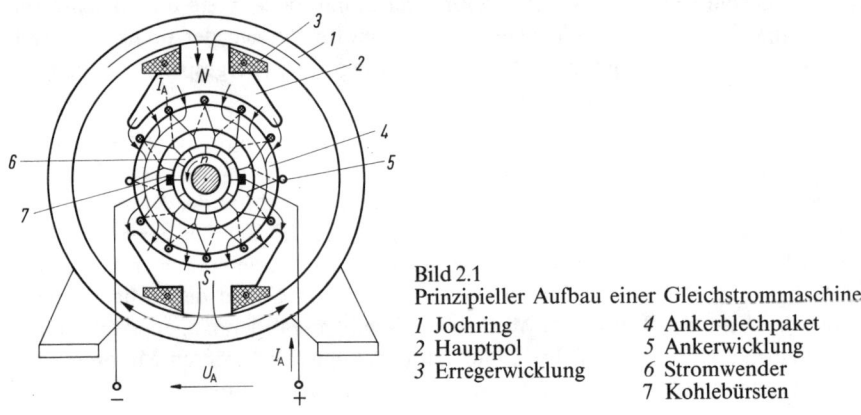

Bild 2.1
Prinzipieller Aufbau einer Gleichstrommaschine

1 Jochring	*4* Ankerblechpaket
2 Hauptpol	*5* Ankerwicklung
3 Erregerwicklung	*6* Stromwender
	7 Kohlebürsten

Funktion des Stromwenders. Damit die stromdurchflossenen Leiter im Ständerfeld fortwährend ein Drehmoment erzeugen können, muß beim Wechsel des Polbereichs während der Drehung eine Umschaltung der Stromrichtung im Ankerleiter erfolgen. Dies erreicht man durch den Stromwender, auch Kommutator oder Kollektor genannt, der aus voneinander isolierten Kupfersegmenten oder Lamellen besteht und fest mit dem Blechpaket auf der Welle sitzt. Die einzelnen Spulen der Ankerwicklung sind mit ihren Anfängen und Enden nacheinander an die Segmente angeschlossen. Die Stromzufuhr in die Ankerwicklung erfolgt dann über Kohlebürsten, die mit dem rotierenden Stromwender einen Gleitkontakt geben und die Wicklung zwischen den Hauptpolen einspeisen. Wechselt ein Leiter durch diese neutrale Zone, so ändert sich nach Bild 2.1 auch seine Stromrichtung. Der Stromwender erfüllt damit die Funktion eines mechanischen Schalters, und in den Ankerstäben fließt ein zeitlich etwa rechteckiger Wechselstrom.

Erzeugung einer Gleichspannung. Rotiert ein Gleichstromanker im Ständerfeld der Luftspalt-Flußdichte *B*, so wird in den Leiterstäben entlang des Umfangs nach $U_q = B \cdot l \cdot v$ eine Spannung induziert. Durch die Reihenschaltung der Spulen addieren sich deren Spannungen U_{sp} zwischen benachbarten Kohlebürsten (Bild 2.2) und bilden in ihrer Summe die Quellenspannung der Maschine. Der Stromwender sorgt wieder dafür, daß stets der Maximalwert und damit eine Gleichspannung an den Ankerklemmen auftritt.

Der Aufbau einer Gleichstrommaschine nach Bild 2.1 gestattet also ohne Änderungen den Motor- und den Generatorbetrieb. Die in der Ankerwicklung induzierte Gesamtspannung zwischen den Kohlebürsten hat beim Generator die Funktion einer Quellenspannung, beim Motor wirkt sie als induzierte Spannung der von außen angelegten Gleichspannung entgegen.

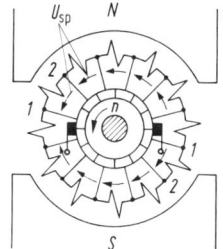

Bild 2.2 Addition der Spulenspannungen U_{sp} durch den Stromwender

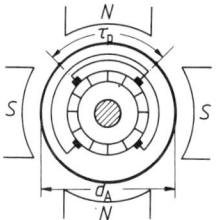

Bild 2.3 Kohlebürsten und Polteilung der vierpoligen Gleichstrommaschine

Polteilung. Größere Gleichstrommaschinen werden nicht nur mit zwei Hauptpolen, sondern höherpolig ausgeführt (Bild 2.3). Der Bereich eines Poles am Ankerumfang, die Polteilung, sinkt dann auf den Betrag

$$\tau_p = \frac{d_A \cdot \pi}{2p} \tag{2.1}$$

wobei *p* die Polpaarzahl bedeutet. Jedes Polpaar erhält je eine Plus- und eine Minusbürste, wobei gleichnamige Bürsten untereinander verbunden sind. Die nach Bild 2.1 erläuterte, grundsätzliche Wirkungsweise der Maschine bleibt vollständig erhalten.

Beispiel 2.1: Wieviel Leiter z_{ges} am Ankerumfang benötigt eine vierpolige Gleichstrommaschine mit Ringwicklung nach Bild 2.1 und einem Ankerdurchmesser $d_A = 34$ cm, der Länge $l = 20$ cm bei $n = 1800$ U/min zur Erzeugung der Leerlaufspannung $U_0 = 220$ V? Das Erregerfeld besitze einen rechteckförmigen Verlauf der Luftspaltinduktion von konstant $B_L = 0{,}86$ T und erfasse gleichmäßig 70% der Polteilung.

Spannung eines Leiters $U_q = B_L \cdot l \cdot v$, $v = \pi \cdot d_A \cdot n$

$$U_q = 0{,}86 \cdot 10^{-4} \, \text{Vs/cm}^2 \cdot 20 \, \text{cm} \cdot \pi \cdot 34 \, \text{cm} \cdot 30 \, \text{s}^{-1} = 5{,}51 \, \text{V}$$

Zwischen zwei Bürsten tragen $0,7 \cdot z_{ges}/2\,p$ Leiter zur Spannungsbildung bei, damit ist

$$U_0 = \frac{z_{ges} \cdot 0,7}{2\,p} \cdot U_q$$

und

$$z_{ges} = \frac{220\,\text{V} \cdot 4}{0,7 \cdot 5,51\,\text{V}} = 228\,\text{Leiter}$$

Aufgabe 2.1: Obiger Ringanker wird in einen passenden zweipoligen Ständer eingebaut. Die Luftspaltinduktion beträgt wieder $B_L = 0,86$ T über 70% der neuen Polteilung. Bei welcher Drehzahl wird jetzt die Leerlaufspannung $U_0 = 220$ V erreicht?

Ergebnis: $n = 900$ U/min

2.1.2   Bauteile einer Gleichstrommaschine

Die Anforderungen der Stromrichtertechnik, deren Schaltungen heute fast immer die Energieversorgung und Steuerung der Gleichstrommaschine übernehmen, haben deren Konstruktion wesentlich verändert. So wurde aus dem klassischen Aufbau mit ei-

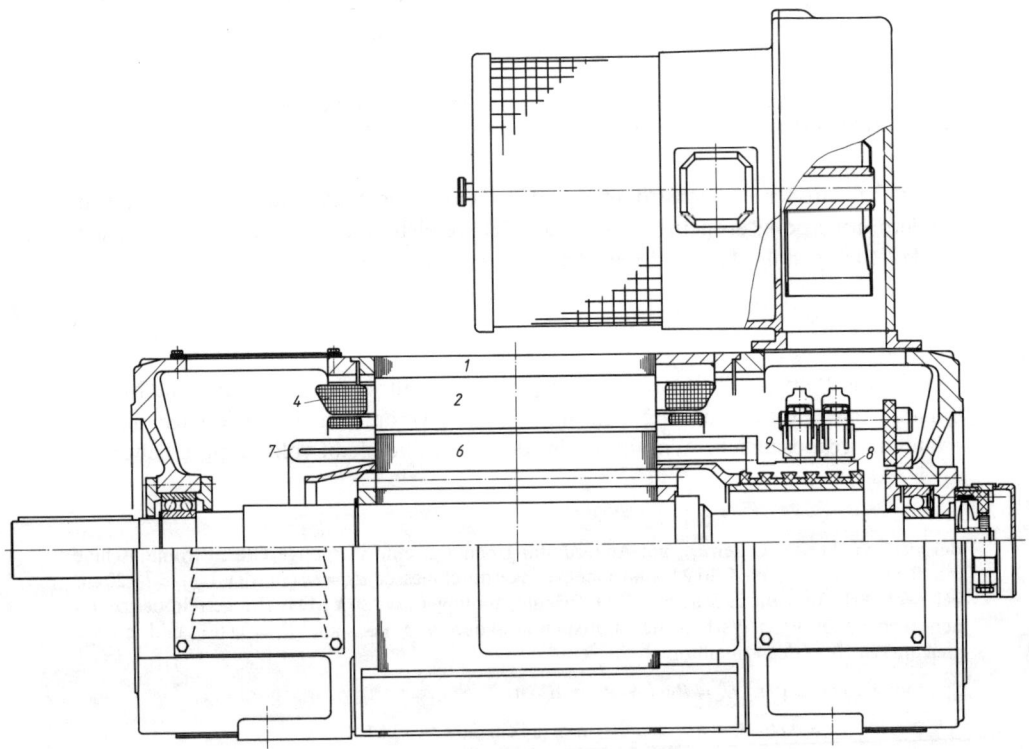

nem runden Ständergehäuse aus Massivstahl die vollgeblechte, eckige Ausführung der Schnittzeichnung in Bild 2.4 [13, 14].

Ständer. Zur Aufnahme der magnetischen Gleichfelder der Haupt- und Wendepole genügt prinzipiell ein Massivmaterial, so daß für Maschinen mit geringen regeltechnischen Anforderungen ein Jochring *(1)* aus Walzstahl gewählt werden kann. Die Hauptpole *(2)* bestehen immer aus gestanzten Blechen, die mit mehreren Bolzen zu einem festen Paket zusammengepreßt werden. Über dem Polkern liegt die Erregerwicklung *(4)*, während bei Bedarf in Nuten entlang des Polschuhs eine Kompensationswicklung untergebracht ist. Zwischen den Hauptpolen sitzen Wendepole *(3)*, die wie später dargestellt, für einen funkenfreien Betrieb des Stromwenders erforderlich sind. Alle Pole erhalten radiale Gewindelöcher und können so von außen mit Schrauben am Jochinnenmantel befestigt werden.

Ist z.B. für den Einsatz als Hauptantrieb einer Werkzeugmaschine eine gute Dynamik der Maschine erforderlich, so müssen möglichst rasche Stromänderungen zulässig sein. In diesem Fall ist zur Vermeidung einer Wirbelstromdämpfung der gesamte magnetische Kreis aus isolierten Blechen auszuführen. Nur so läßt sich eine einwandfreie Funktion der Wendepole und eine möglichst kleine Feldumkehrzeit erreichen (s. Abschnitt 2.5.3). Bei den unteren Baugrößen verwendet man gerne einen Komplettschnitt, bei dem wie in Bild 7.2 Jochring, Haupt- und Wendepol aus einem Blech sind. Ansonsten wird der Jochring aus Blechen geschichtet und zu einem Paket verschweißt. Der gesamte Ständer erhält bei diesen vollgeblechten Maschinen heute oft eine rechteckige Form, wie dies auch in den Bildern 2.5 und 2.7 zu sehen ist [151].

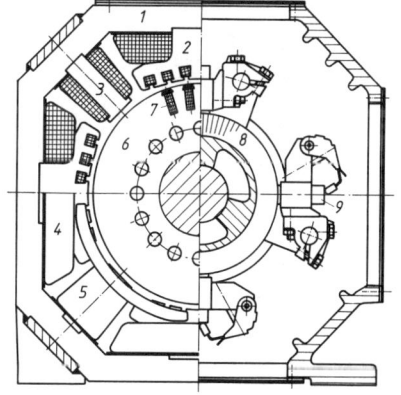

Bild 2.4 Längs- und Querschnitt einer vierpoligen, vollgeblechten Gleichstrommaschine in Viereckbauweise 38 kW, 400 V, 1460 U/min (Franz Kessler KG, Bad Buchau)
1 Ständerblech mit
  Hauptpolen *(2)* und Wendepolen *(3)*
4 Erregerwicklung
5 Wendepolwicklung
6 Anker
7 Ankerwicklung
8 Stromwender
9 Kohlebürsten

Bild 2.5 Ständer einer vierpoligen
Gleichstrommaschine in Viereckbauweise
12 kW, 1500 U/min
(Siemens AG, Bad Neustadt)

Bild 2.6 Anker zu Ständer in Bild 2.5
(Siemens AG, Bad Neustadt)

Bild 2.7 Gleichstrommaschinen mit Fremdlüfter für Hauptspindelantriebe (Siemens AG, Bad
Neustadt) 40 kW, 1500 U/min

Anker. Das Blechpaket des Ankers (Bild 2.6) besteht aus isolierten Dynamoblechen mit 0,5 mm Stärke, wodurch die Eisenverluste bei der Rotation im Ständerfeld klein gehalten werden. Die Bleche enthalten zur Aufnahme der Ankerwicklung entlang des Umfangs Nuten, die mit einem Keil verschlossen werden. Bei Maschinen kleinerer Leistung verwendet man halbgeschlossene, konische Nuten mit parallelen Zahnflanken und eine Runddrahtwicklung. Für große Leistungen sind parallele Nutflanken mit Schwalbenschwanzkeil und einer Profildrahtwicklung nach Bild 2.10 üblich. Das ganze Blechpaket wird samt seinen Preßringen bei kleineren Maschinen direkt, sonst über Tragarme, auf der Welle befestigt.

Stromwender. Der Stromwender (Kollektor, Kommutator) wird heute überwiegend in einer Preßstoffausführung wie in Bild 2.4 im Schnitt dargestellt, gefertigt. Die keilförmigen Kupfersegmente auch Stege oder Lamellen genannt, sind durch eine 0,5 mm bis 1 mm starke Isolierschicht getrennt und in eine Preßmasse eingebettet. Armierungsringe nehmen die Fliehkräfte auf.

Im stromwenderseitigen Lagerschild ist ein verstellbarer Bürstenbrückenring angebracht, der im Abstand einer Polteilung isolierte Bolzen zur Aufnahme der Bürstenhalter trägt. Die darin sitzenden Kohlebürsten werden durch Federdruck auf den Stromwender aufgelegt.

2.1.3 Ankerwicklungen

Trommelwicklung. Die von Pacinotti angegebene Ringwicklung, die wegen ihres einfachen Aufbaus gerne zu prinzipiellen Darstellungen verwendet wird, ist konstruktiv ungünstig, da die Verbindungsleitungen der oberen Leiterstäbe zwischen Ankerblech und Welle hindurchgeführt werden müssen. Zur Spannungsbildung tragen diese Rückleiter ohnehin nichts bei, da der Innenraum praktisch feldfrei ist.

Diesen Nachteil vermeidet die heute verwendete Trommelwicklung dadurch, daß sie die Innenleiter (Index u) unter einen äußeren Stab der nächsten Polteilung (Bild 2.8) legt. Im Rückleiter jeder Spule wird so eine gleiche negative Spannung wie im Hinleiter induziert und somit die Gesamtspannung im Vergleich zur Ringwicklung verdop-

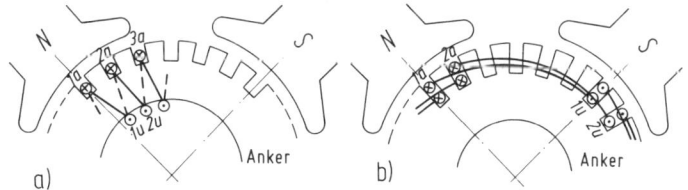

Bild 2.8 Schaltung der Ankerleiter zur Wicklung
a) Ringwicklung
b) Trommelwicklung

pelt. Die 1872 von Hefner-Alteneck angegebene Trommelwicklung der Gleichstrommaschine stellt also eine Zweischichtwicklung dar, deren Spulen außerhalb des Ankers fertig hergestellt und in die Nuten eingelegt werden können (Bild 2.9).

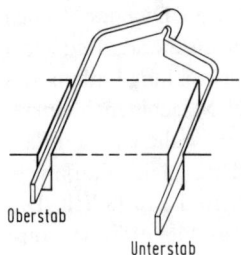

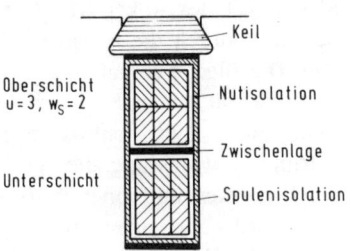

Bild 2.9 Ober- und Unterseite einer   Bild 2.10 Querschnitt durch eine Ankernut mit
Spule mit gekröpfter Stirnverbindung   parallelen Flanken und Rechteckdraht

Da jede Spule mit Anfang und Ende an je eine Stromwenderlamelle angeschlossen ist, stimmt die Anzahl der Spulen mit der Lamellen- oder Stegzahl K überein. Die Nutzahl des Ankers Q wird im allgemeinen kleiner als die Lamellenzahl gewählt, so daß

$$u = \frac{K}{Q} \tag{2.2}$$

Spulenseiten einer Schicht nebeneinander in einer Nut liegen. Hat eine Spule zudem die Windungszahl N_s, so ergibt sich eine Nutfüllung mit $2\,u \cdot N_s$ Stäben/Nut. Für eine größere Gleichstrommaschine erhält man dann einen prinzipiellen Aufbau des Nutquerschnitts nach Bild 2.10. Hier liegen die in Reihe geschalteten Stäbe jeder Schicht untereinander und die u Spulenseiten nebeneinander in der Nut. Die Gesamtzahl der Leiterstäbe am Ankerumfang ergibt sich zu $z_A = 2\,u \cdot N_s \cdot Q$ oder mit Gl. (2.2) zu

$$z_A = 2 \cdot K \cdot N_s \tag{2.3}$$

Durchmesser- und Sehnenwicklung. In der üblichen Darstellung der Ankerwicklung numeriert man die Stäbe nach der Lamellenzahl und gibt alle Schaltverbindungen in Lamellenschritten an. So entspricht eine Polteilung einem Schritt von $K/2\,p$ Lamellen.

Als Spulenweite y_1 führt man entweder genau eine Polteilung oder etwas weniger aus (Bild 2.11). Im ersten Fall ergibt sich die Durchmesserwicklung mit

$$y_1 = \frac{K}{2\,p} \tag{2.4a}$$

ansonsten die Sehnenwicklung mit

$$y_1 < \frac{K}{2\,p} \tag{2.4b}$$

Beide Bezeichnungen ergeben sich aus der Darstellung (Bild 2.12) für die zweipolige Maschine.

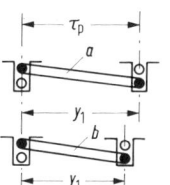

Bild 2.11 Bestimmung
der Spulenweite
a) Durchmesserwicklung
b) gesehnte Wicklung

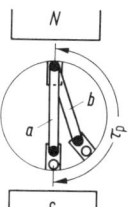

Bild 2.12 Darstellung der
Spulenweite bei der
zweipoligen Maschine
a) Durchmesserwicklung
b) gesehnte Wicklung

Will man die u Spulenseiten einer Oberschicht auch in der Unterschicht in einer Nut beieinander haben, dann muß man die Spulenweite so wählen, daß sie durch u teilbar ist. Für diese Spulen gleicher Weite (Bild 2.13 a) gilt damit als Bedingung für den Nutschritt

$$y_{1Q} = \frac{y_1}{u} = \text{ganzzahlig} \qquad (2.5)$$

Erfüllt man diese Forderung nicht, so verteilen sich die u Spulenseiten der Unterschicht auf zwei Nuten (Bild 2.13 b) und man erhält eine Treppenwicklung. Letztere sind in der Herstellung aufwendiger als eine Wicklung mit Spulen gleicher Weite, wirken sich aber günstig auf die Stromwendung der Maschine aus (s. Abschn. 2.2.4).

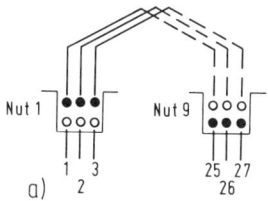

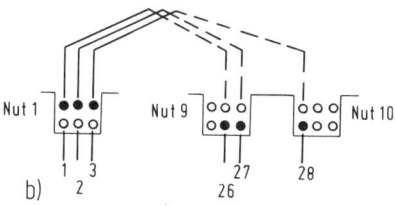

Bild 2.13 Lage von Ober- und Unterschicht einer Spule
a) Spulen gleicher Weite $y_1 = 24$, $y_{1Q} = 8$ b) Treppenwicklung $y_1 = 25$, $y_{1Q} = 8/8/9$

Wicklungsarten. Für die Zusammenschaltung der einzelnen Spulen zu einer geschlossenen Wicklung und damit die Addition der Teilspannungen bestehen zwei grundsätzliche Möglichkeiten.

In der Schleifenwicklung (Bild 2.14) wird das Ende einer Spule unmittelbar mit dem Anfang der benachbarten verbunden. Auf diese Weise werden fortlaufend alle Spulenspannungen im Bereich eines Polpaares aufsummiert.

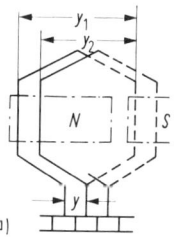

Bild 2.14 Schaltung einer Schleifenwicklung
a) Eine Windung pro Spule, $N_s = 1$
b) $N_s = 2$

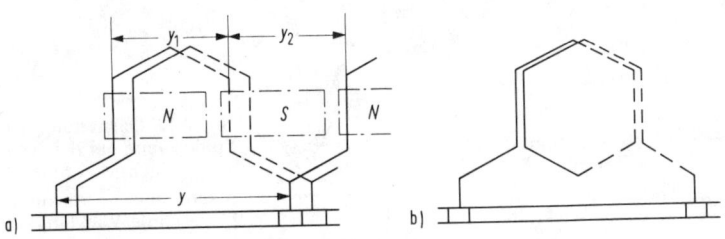

Bild 2.15 Schaltung einer Wellenwicklung
a) Eine Windung pro Spule, $N_s = 1$　b) $N_s = 2$

Bei der Wellenwicklung (Bild 2.15) verbindet man das Ende einer Spule mit dem Anfang der gleichliegenden des nächsten Polpaares, so daß bereits durch p Spulen ein voller Umlauf um den Ankerumfang zurückgelegt ist. Jede Spule einer Wicklung kann bei beiden Wicklungsarten zusätzlich aus N_s in Reihe geschalteten Windungen (Bilder 2.14b, 2.15b) bestehen.

Außer durch die Spulenweite y_1 wird die Wicklung durch den Schaltschritt y_2 und den Stromwenderschritt y festgelegt. Für die Schleifenwicklung gilt nach Bild 2.14

$$y = 1 \tag{2.6a}$$

mit　　$y = y_1 - y_2 \tag{2.6b}$

Bei der Wellenwicklung ist darauf zu achten, daß man nach einem Umlauf mit den p Spulen nicht auf die Ausgangslamelle trifft, was einem Kurzschluß gleichkäme. Für den Stromwenderschritt gilt daher

$$y = \frac{K-1}{p} \tag{2.7a}$$

womit der Umlauf eine Lamelle vor dem Anfang endet. Entsprechend Bild 2.15 gilt für die Wellenwicklung ferner

$$y = y_1 + y_2 \tag{2.7b}$$

Schleifenwicklung. Am Beispiel einer vierpoligen Ausführung ist das gesamte Wicklungsschema (Bild 2.16) angegeben, wobei die Bürsten vereinfacht eine Lamellenteilung breit gewählt sind.

Man erkennt, daß zwischen benachbarten Kohlebürsten alle Oberstäbe einer Polteilung und die zugehörigen Unterstäbe des benachbarten Hauptpoles, also $K/2p$ Spulen liegen. Die gesamte Ankerwindungszahl wird bei der Schleifenwicklung damit in $2p$ parallele Zweige aufgeteilt. Die für die Höhe der Gesamtspannung maßgebende Windungszahl zwischen zwei ungleichnamigen Kohlebürsten ist bei N_s Windungen/Spule damit

$$N = \frac{K \cdot N_s}{2p}$$

oder mit Gl. (2.3)

$$N = \frac{z_A}{4p}$$

Der gesamte Ankerstrom I_A teilt sich entsprechend auf und ergibt den Leiterstrom

$$I_s = \frac{I_A}{2p}$$

Die Aufteilung der gesamten Ankerleiterzahl in p parallele Zweigpaare ist nur dann möglich, wenn die Nutzahl des Ankers durch p teilbar ist. Für Schleifenwicklungen besteht also die Symmetriebedingung

$$\frac{Q}{p} = \text{ganzzahlig}$$

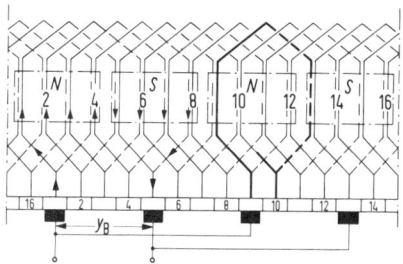 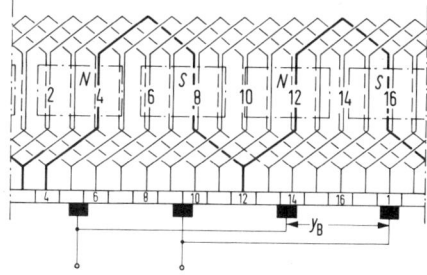

Bild 2.16 Schema einer vierpoligen Schleifenwicklung
$K = 16$, $p = 2$, $y_1 = 4$, $y_2 = 3$, $y_B = 4$

Bild 2.17 Schema einer vierpoligen Wellenwicklung
$K = 17$, $p = 2$, $y_1 = 4$, $y_2 = 4$, $y = 8$, $y_B = 4,25$

Wellenwicklung. Die Wellenwicklung vermeidet die Parallelschaltung der Wicklung nach Polpaaren (Bild 2.17). Durch den parallelen Eingang in Ober- oder Unterschicht von der Kohlebürste aus teilt sich die gesamte Windungszahl jedoch in zwei Teile auf und es gilt

$$N = \frac{z_A}{4}$$

und

$$I_s = \frac{I_A}{2}$$

Im Unterschied zur Schleifenwicklung, bei der eine Spule mit N_s Windungen zwischen benachbarten Lamellen liegt, ist dies bei der Wellenwicklung ein Umlauf mit p Spulen, d.h. $N_s \cdot p$ Windungen.

Ausgleichsverbindungen. Die bei einer Schleifenwicklung insgesamt vorhandenen $2p$ Ankerzweige sind erst durch die Verbindungsleitungen der gleichpoligen Kohlebürsten parallelgeschaltet. Ersetzt man die in jedem der vier parallelen Zweige der

Schleifenwicklung von Bild 2.16 induzierte Gesamtspannung durch eine Batterie mit der Quellenspannung U_q, so ergibt sich ein Schema nach Bild 2.18a.

Bei symmetrischem Aufbau der Maschine mit gleicher Flußdichte unter allen Hauptpolen werden die eingetragenen vier Einzelspannungen alle gleich groß sein, womit die Potentialdifferenz zwischen um eine doppelte Polteilung voneinander entfernten Lamellen, z.B. L1 bis L9 stets Null ist. Besteht dagegen, eventl. durch einen etwas exentrischen Einbau des Ankers eine ungleiche Flußdichte unter den Polen, so wird z.B. $U_{q1} > U_{q2}$. Die Folge ist eine Potentialdifferenz zwischen den Kohlebürsten dieses Kreises, was zu hohen Ausgleichsströmen ΔI führt, welche über die äußeren Sammelringe fließen und den Kontakt Lamelle – Kohlebürste stark belasten.

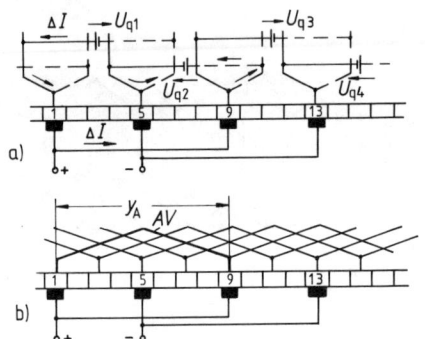

Bild 2.18 Ausgleichsverbindungen bei Schleifenwicklungen
a) Ausgleichsstrom ΔI durch ungleiche Wicklungsspannungen infolge Unsymmetrien im Erregerfeld
b) Schaltung der Ausgleichsverbindungen AV am Stromwender

Da geringe Unsymmetrien bei der Fertigung der Maschine unvermeidbar sind, werden zur Entlastung der Kohlebürsten bei Schleifenwicklungen immer sogenannte Ausgleichsverbindungen (AV) ausgeführt. Diese verbinden nach Bild 2.18b am Stromwender die Lamellen, die an sich gleiches Potential aufweisen sollten und erhalten daher den Schaltschritt

$$y_A = \frac{K}{p} \tag{2.8}$$

Zur Übernahme des Ausgleichsstromes müssen nicht unbedingt alle Lamellen mit AV ausgeführt werden. Oft begnügt man sich aus Kostengründen mit dem Anschluß nur jeder u. Lamelle.

Durch die Notwendigkeit der AV wird die Herstellung eines Ankers mit Schleifenwicklung teurer als bei Ausführung einer Wellenwicklung, die damit zunächst anzustreben ist. Wellenwicklungen besitzen mit $a=1$ keine parallelen Zweigpaare und benötigen daher keine AV.

Allgemeine Beziehungen. Bezeichnet man die Zahl der parallelen Ankerzweigpaare mit a, so wird für die Schleifenwicklung $a=p$ und die Wellenwicklung $a=1$. Damit gilt folgende Zusammenstellung:

Windungszahl zwischen zwei Bürsten $N = \dfrac{K \cdot N_s}{2\,a} = \dfrac{z_A}{4\,a}$ (2.9)

Leiterstrom $I_s = \dfrac{I_A}{2\,a}$ (2.10)

Windungszahl zwischen zwei Lamellen $N_s \cdot \dfrac{p}{a}$ (2.11)

Außer den hier vorgestellten Ankerwicklungen werden in seltenen Fällen mit $a = 2$ bzw. $a = 2\,p$ auch sogenannte zweigängige Wellen- und Schleifenwicklungen hergestellt. Sie bestehen jeweils aus zwei ineinandergefügten einfachen Wicklungen und haben die doppelte Anzahl paralleler Zweige. Auf eine eingehendere Darstellung des sehr umfangreichen Gebietes der Ankerwicklungen muß aber verzichtet und auf das Schrifttum verwiesen werden [15, 16].

Auswahl der Wicklung. Bei der Auslegung einer Gleichstrommaschine versucht man zunächst eine Wellenwicklung auszuführen. Ist dies bei hohen Betriebsdrehzahlen, bzw. einer Maschine großer Polzahl nicht mehr möglich, so wird eine Schleifenwicklung mit Ausgleichsverbindungen gewählt. In der Praxis erhalten alle Großmaschinen mit $p = 3$ bis 15 mit Rücksicht auf die Spannungsbeanspruchung des Stromwenders Schleifenwicklungen (s. Beispiel 2.4).

Beispiel 2.2: Für eine vierpolige Gleichstrommaschine mit 33 Nuten, 99 Lamellen und 75 A Ankerstrom ist eine Wellenwicklung vorgesehen. Es sind die Daten der Wicklung und der notwendige Leiterquerschnitt A_s bei einer Stromdichte von $J = 5\,\text{A/mm}^2$ festzulegen.

Nach Gleichung (2.7 a) ergibt sich der Stromwenderschritt der Wellenwicklung zu

$$y = \frac{K - 1}{p} = \frac{99 - 1}{2} = 49$$

Da mit $K/2p = 99/4 = 24{,}75$ die Lamellenzahl pro Pol keine ganze Zahl ist, kann nach Gleichung (2.4 a) keine Durchmesser-, sondern nur eine Sehnenwicklung ausgeführt werden. Damit die $u = K/Q = 3$ Spulen einer Oberschicht auch mit ihren Rückleitern beisammen in einer Nut liegen (Bild 2.13 a), wird $y_1 < K/2p$ so gewählt, daß außer y_1 auch die in Nuten angegebene Spulenweite $y_{1Q} = y_1/u$ ganzzahlig wird.
Ausgeführt: $y_1 = 24$, $y_{1Q} = 8$, $y_2 = y - y_1 = 49 - 24 = 25$.
Der Leiterstrom ist nach Gleichung (2.10) mit $a = 1$ bei Wellenwicklung

$$I_s = \frac{I_A}{2} = 37{,}5\,\text{A}$$

Der erforderliche Leiterquerschnitt wird

$$A_s = \frac{I_s}{J} = \frac{37{,}5\,\text{A}}{5\,\text{A/mm}^2} = 7{,}5\,\text{mm}^2$$

Aufgabe 2.2: Der Ankerblechschnitt einer vierpoligen Gleichstrommaschine besitzt 36 Nuten und Platz für 6 Stäbe mit je 12 mm² Querschnitt pro Nut. Welche Wicklung kann bei $u = 3$ und $N_s = 1$ ausgeführt werden, und wie groß darf der Ankerstrom bei $J = 4{,}5\,\text{A/mm}^2$ sein?
Ergebnis: $K = 108$, Schleifenwicklung, $y_1 = 27$, $y_2 = 26$, $N = 27$, $I_A = 216\,\text{A}$.

2.1.4   Sonderbauformen der Gleichstrommaschine

Neben der klassischen Gleichstrommaschine, die vorwiegend als Hauptantrieb für Werkzeugmaschinen, Förderanlagen, Walzgerüste und Bahnen eingesetzt wird, gibt es für den Bereich der Kleinmotoren und Servoantriebe auch spezielle Ausführungsformen [17].

Dauermagnetmotor. In Bild 2.19 ist bei gleichem Ankerdurchmesser der Ständer des Gleichstrommmotors einmal mit gleichstromerregten Hauptpolen und daneben mit Ferrit-Dauermagneten ausgeführt. Beachtet man bei der Auslegung der Ankerwicklung die mit $B \leq 0{,}4$ T geringe Remanenzinduktion der Ferrite (s. Abschnitt 1.2.3), so ergeben sich für Leistungen bis zu einigen 100 W mit den gezeichneten Schalenmagneten sehr kostengünstige Ausführungen. Man erreicht gegenüber der elektrischen Erregung die Vorteile:
– kleinerer Außendurchmesser
– einfacherer Aufbau, weniger Anschlüsse
– höheren Wirkungsgrad, da keine Erregerverluste.

Dauermagneterregte Maschinen werden daher in großer Stückzahl gefertigt und z. B. als batteriegespeiste Antriebe in Spielzeugen oder der Feinwerktechnik und Kfz-Elektrik (Wischer-, Lüfter- und Stellmotoren) eingesetzt.

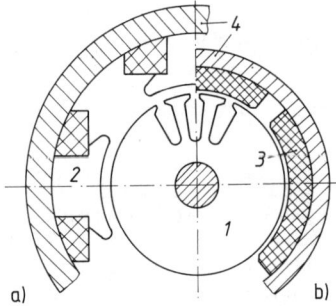

a)   b)

Bild 2.19 Vergleich der Ständerausführung zwischen elektrischer und Dauermagnet-Erregung bei einer vierpoligen Maschine
a) Elektrische Erregung
b) Dauermagnet-Erregung
1 Anker
2 Hauptpol mit Erregerwicklung
3 Ferrit-Schalenmagnet
4 Jochring

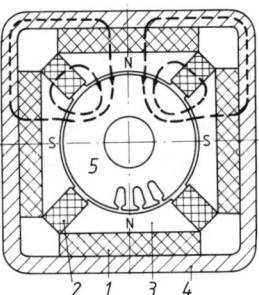

Bild 2.20 Aufbau eines dauermagneterregten Motors nach dem Flußkonzentrationsprinzip
1 Ferrit-Tangentialmagnete
2 Ferrit-Radialmagnete
3 Weicheisenpolschuhe
4 Joch
5 Anker

Bei Leistungen über 100 W wird zur Erhöhung der Luftspaltinduktion B_L und damit einer besseren Materialausnutzung meist eine Flußkonzentration vorgenommen. Bild 2.20 zeigt eine Ausführung, wie sie für Servomotoren bis zu einigen kW Nennleistung verwendet wird. Weichmagnetische Polschuhe nehmen das gemeinsame Feld der Tangentialmagnete *1* und der seitlichen kleineren Radialmagnete *2* auf und ergeben damit im Luftspalt eine höhere Flußdichte, als sie nur mit Schalenmagneten erreichbar ist.

Durch die Entwicklung der Seltenerd-Magnete mit ihren Remanenzinduktionen von über 1 T wird die Ausnützung der dauermagneterregten Maschine weiter verbessert, so daß sie sich zu immer größeren Leistungen hin orientiert [11].

Scheibenläufermotor. Diese Sonderbauform einer Gleichstrommaschine wurde für dynamische Regelaufgaben, z. B. bei Servoantrieben entwickelt. Der Anker besteht nur aus einer dünnen, beidseitig mit einer Kupferauflage versehenen Kunststoffscheibe, auf die in der Technik der gedruckten Schaltung eine Wellenwicklung aufgebracht wird (Bild 2.21). Die Kohlebürsten liegen direkt auf den Enden der blanken Kupferleiter, so daß ein getrennter Stromwender entfällt. Das Erregerfeld wird durch Dauermagnete *2* erzeugt, die beidseitig der Ankerscheibe auf zwei weichmagnetischen Flanschen *4* sitzen. Es schließt sich über gegenüberliegende Pole und die Flansche, während das Gehäuse *5* aus Al-Guß kein Feld führt.

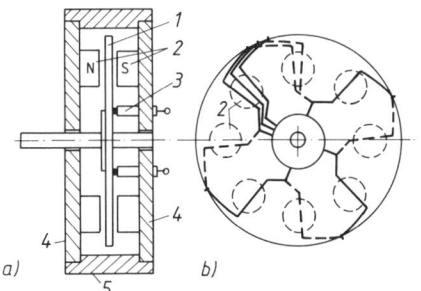

Bild 2.21 Aufbau eines Scheibenläufermotors
a) Magnetsystem mit Scheibenanker
1 Ankerscheibe
2 Dauermagnete
3 Kohlebürsten
4 Weicheisenrückschluß
5 nichtmagnetisches Gehäuse
b) Ankerscheibe mit Gleichstromwicklung
   aus Leiterbahnen

Die Konstruktionsart des Scheibenläufers bringt für den Einsatz als Servomotor eine ganze Reihe von Vorteilen:
- Der eisenlose Anker besitzt ein sehr kleines Trägheitsmoment.
- Da keine Nuten vorhanden sind, entfällt der Zahnungseffekt und ist Rundlauf bis zu kleinsten Drehzahlen möglich.
- Die geringe Ankerinduktivität ergibt Zeitkonstanten unter 0,1 ms und ermöglicht so den schnellen Aufbau von Impulsströmen und somit von Beschleunigungsmomenten.
- Die große Kühloberfläche der Ankerscheibe bringt eine gute Abgabe der Verlustwärme durch den Ankerstrom.
- Die sehr geringe Ankerstreuinduktivität sichert eine gute Stromwendung auch bei hohen Kurzzeitüberlastungen.

Scheibenläufermotoren haben Drehzahlstellbereiche von 1 : 5000 U/min bei Impulsströmen bis zum 10fachen Bemessungswert. Sie werden bis zu einigen kW Leistung gebaut [18, 19].

Elektronikmotor. Die für eine Drehmomentbildung in der Gleichstrommaschine erforderliche räumlich 90°-Verschiebung zwischen den Achsen des Erregerfeldes und des Ankerquerfeldes kann anstelle durch den als mechanischer Umschalter wirkenden Stromwender auch durch Halbleiter-Stellglieder erfolgen. Derartige Maschinen werden heute nach dem Konstruktionsprinzip einer Synchronmaschine bis zu großen Leistungen gebaut und dort als Stromrichtermotoren bezeichnet.

Im Bereich der Kleinmotoren fertigt man kollektorlose Maschinen als sogenannte Elektronikmotoren, die über ein Netzgerät mit Gleichspannung versorgt werden. Aus praktischen Gründen erfolgt die Umschaltung des Gleichstromes auf die einzelnen Wicklungszweige der dauermagneterregten Maschine nicht im Läufer, sondern durch eine Umkehr der Anordnungen im feststehenden Teil.

Bild 2.22 zeigt die prinzipielle Schaltung eines Elektronikmotors mit Dauermagnetläufer *1* und einer vierteiligen Ständerwicklung *2*. Zwei Hallsonden *3* erfassen die momentane Stellung des Läuferfeldes und geben das Signal für die Ansteuerung der vier Schalttransistoren *4*, welche die Funktion des Stromwenders übernehmen. Auf diese Weise wird der Betriebsstrom *I* zyklisch jeweils 90° weitergeschaltet und es entsteht ein umlaufendes Ständerfeld, dem der Dauermagnet folgt. Eigentlich handelt es sich bei diesem Aufbau um eine selbstgeführte Synchronmaschine, die aber das Betriebsverhalten einer Gleichstrommaschine hat.

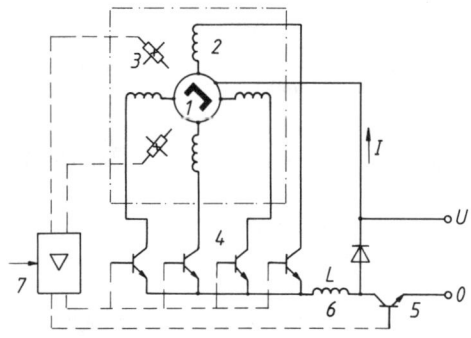

Bild 2.22 Blockschaltbild eines Motors mit elektronischer Kommutierung und Dauermagnetläufer

1 Dauermagnetläufer
2 vierteilige Ständerwicklung
3 Hallsonden
4 Kommutierungs-Transistoren
5 Schalttransistor
6 Glättungsdrosselspule
7 Steuer- und Regellogik

Zur Drehzahländerung erhält der Motor über den getakteten Schalttransistor *5* und die Glättungsdrosselspule *6* einen neuen Gleichstromwert zugeführt, womit sich das Drehmoment entsprechend einstellt. Durch eine Steuerelektronik *7* kann die Drehzahl in beiden Richtungen in einem weiten Bereich variiert werden. Elektronikmotoren finden bei Momenten von unter 0,1 Nm für maximale Drehzahlen bis 100 000 U/min z. B. als Wickelantriebe in der Textilindustrie Anwendung. Sie zeichnen sich durch Wartungsfreiheit, guten Wirkungsgrad, hohe Lebensdauer und sehr gute Regeldynamik aus [20].

2.2 Luftspaltfelder

2.2.1 Erregerfeld und Ankerrückwirkung

Hauptfeld. Für den Betrieb der Maschine interessiert vor allem die Radialkomponente der Luftspaltinduktion entlang des Ankerumfangs. Diese Feldkurve $B_{Lx} = f(x)$ bestimmt die Größe des magnetischen Flusses und damit die induzierte Gesamtspannung und das Drehmoment.

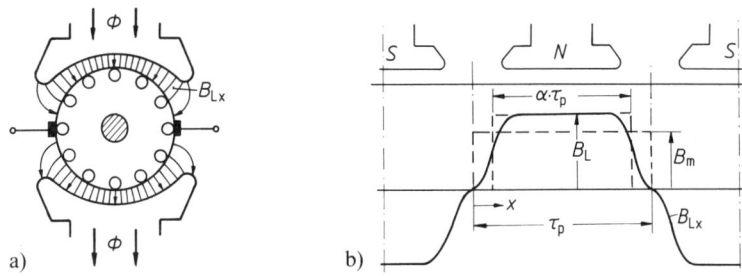

a)   b)

Bild 2.23 Erregerfeld einer Gleichstrommaschine im Leerlauf
a) Feldverlauf zwischen Hauptpol und Anker
b) Erregerfeldkurve $B_{Lx} = f(x)$ und Definition des Polbedeckungsfaktors α

Im Leerlauf besteht nur das Magnetfeld der Hauptpole, das als Haupt- oder Erregerfeld bezeichnet wird (Bild 2.23), und das sich z. B. über das Feldbild nach Abschnitt 1.1.2 angeben läßt. Für den Gesamtfluß

$$\Phi = \int_0^{\tau_p} B_{Lx} \cdot l \cdot dx$$

errechnet sich nach Bild 2.23 b bei Ersatz des Integrals durch ein flächengleiches Rechteck der Fluß zu

$$\Phi = B_m \cdot l \cdot \tau_p = \alpha \cdot B_L \cdot l \cdot \tau_p \qquad (2.12)$$

Der Quotient

$$\alpha = \frac{B_m}{B_L} \qquad (2.13)$$

wird als ideeller Polbedeckungsfaktor bezeichnet und liegt im Bereich 0,65 bis 0,70.

Den Höchstwert der Luftspaltinduktion im Leerlauf wählt man steigend mit dem Ankerdurchmesser zu $B_L = 0,5$ T bis 1 T.

Der in Bild 2.23 b angegebene Feldverlauf berücksichtigt nicht, daß der magnetische Leitwert längs des Ankerumfangs durch die Nutung periodisch schwankt. Es ist viel-

mehr eine glatte Ankeroberfläche mit einem um den Carter-Faktor vergrößerten ideellen Luftspalt $\delta_i = \delta \cdot k_C$ angenommen. In Abhängigkeit von der Luftspaltweite δ,
der Breite der Nutöffnung und der Nutteilung wird k_C etwa 1,05 bis 1,3.
Nimmt man dagegen den Induktionsverlauf z.B. mit einer Hallsonde innerhalb einer
Polteilung auf, so erhält man die starken Schwankungen der Flußdichte B_{Lx} im
Wechsel Zahn-Nut-Zahn nach Bild 2.24. An der Oberfläche der Polschuhe pulsiert
das Hauptfeld demnach mit einer durch die Drehzahl und die Anzahl der Ankernuten bestimmten Frequenz. Die dadurch auftretenden Wirbelstromverluste werden jedoch durch die Blechung der Hauptpole kleingehalten.

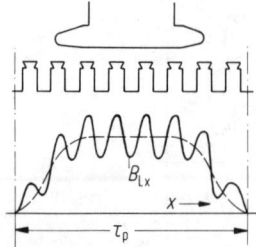

Bild 2.24 Schwankungen des Erregerfeldverlaufs
durch die Ankernutung

Ankerstrombelag. Bei Betrieb der Gleichstrommaschine tritt im Anker der Laststrom I_A auf, der ein eigenes Magnetfeld zur Folge hat. Zur Darstellung dieses Ankerfeldes muß die Durchflutung der stromdurchflossenen Ankerwicklung bekannt
sein. Hierzu sei zunächst der Begriff des Strombelages A eingeführt, der durch eine
Verteilung des Stromes sämtlicher Leiterstäbe z_A am Ankerumfang entsteht. Da alle
Stäbe denselben Strom I_s führen, ergibt sich für den Ankerstrombelag die Beziehung

$$A = \frac{I_s \cdot z_A}{d_A \cdot \pi}$$

oder unter Verwendung von Gl. (2.10)

$$A = \frac{I_A \cdot z_A}{2\,a \cdot d_A \cdot \pi} \tag{2.14}$$

Der Strombelag ist innerhalb einer Polteilung mit etwa 200 A/cm bis 500 A/cm konstant (Bild 2.25b) und wechselt jeweils in der neutralen Zone sein Vorzeichen.

Ankerquerfeld. Die Folge des Strombelages ist eine Ankerdurchflutung, die ein Feld
ausbildet, das sich über die Polschuhe schließen kann (Bild 2.25a). Die Flußdichte
dieses Feldes der am Umfang verteilten Ankerwicklung wird durch den Verlauf der
sogenannten Felderregerkurve $V_{Ax} = f(x)$ des Ankers bestimmt. Diese gibt die an jeder Stelle vorhandene magnetische Spannung V_{Ax} für den halben Feldlinienweg, d.h.
bei vernachlässigtem Eisenanteil für einen Luftspalt an. Mit dem Bezugspunkt $x = 0$

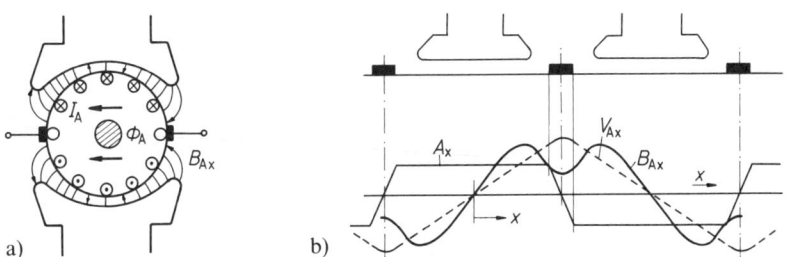

Bild 2.25 Ankerquerfeld einer Gleichstrommaschine
a) Feldverlauf zwischen Anker und Polschuhen
b) Strombelag A_x, Felderregerkurve V_{Ax} und Ankerquerfeld B_{Ax} der Ankerwicklung

in der Hauptpolmitte ergibt sich die magnetische Spannung an beliebiger Stelle innerhalb der Polteilung zu

$$V_{Ax} = \int_0^x A \, dx \tag{2.15}$$

Der Verlauf ist damit eine Dreieckskurve mit dem Maximalwert

$$V_A = \frac{1}{2} A \cdot \tau_p \tag{2.16}$$

in der Pollücke. Dabei ist vereinfacht ein sprungförmiger Wechsel des Strombelages in der geometrisch neutralen Zone angenommen. Da nach Abschnitt 2.2.3 für die Stromwendung eine bestimmte Zeit benötigt wird, wechselt der Ankerstrombelag in Wirklichkeit seinen Wert entlang einer Wendezone genannten Strecke des Ankerumfangs. Entsprechend erreicht das Maximum der Kurve $V_{Ax} = f(x)$ nicht ganz den nach Gl. (2.16) bestimmten Betrag (Bild 2.25 b).

Der Höchstwert der Ankerdurchflutung für den geschlossenen Feldlinienweg errechnet sich aus Gl. (2.16) zu

$$\Theta_A = 2 V_A = A \cdot \tau_p \tag{2.17}$$

Die Folge der Ankerdurchflutung ist entsprechend dem Verlauf der Felderregerkurve V_{Ax} nach

$$B_{Ax} = \mu_0 \cdot H_{Ax} = \mu_0 \frac{V_{Ax}}{\delta_x} \tag{2.18}$$

ein Ankerfeld, das im Bereich des Polschuhes bei etwa konstanter Feldlinienlänge δ_x linear ansteigt (Bild 2.25 b). In der Pollücke sattelt das Feld ein, da hier ein großer Luftspalt zu überwinden ist. Da die Symmetrieachse des Feldes in der neutralen Zone liegt und damit 90° zur Erregerfeldachse versetzt ist, spricht man vom Ankerquerfeld.

Ankerrückwirkung. Im Betrieb der Gleichstrommaschine treten das Erreger- und das Ankerquerfeld gleichzeitig auf, wobei wegen der magnetischen Sättigung das resultierende Gesamtfeld nicht mit der Addition der zwei Teilfelder übereinstimmt (Bild 2.26). Man bezeichnet die Beeinflussung des Feldverlaufs innerhalb einer Polteilung durch die Ankerdurchflutung als Ankerrückwirkung. Sie hat folgende Auswirkungen:

1. Die im Leerlauf symmetrische Induktionskurve wird verzerrt, so daß unter einer Polhälfte eine höhere Flußdichte als B_L entsteht,

$$B_{max} > B_L$$

2. Infolge der magnetischen Sättigung wird das Feld in der einen Polhälfte weniger verstärkt als in der anderen geschwächt. Der Fluß als Integral des Gesamtfeldes ist damit kleiner als im Leerlauf,

$$\Phi < \Phi_0$$

3. Die neutrale Zone mit $B=0$ wird aus der Mitte der Pollücke, d.h. der geometrisch neutralen Zone, um einen Winkel $\beta \sim \Delta x$ verschoben (beim Generator in Drehrichtung),

$$\beta > 0$$

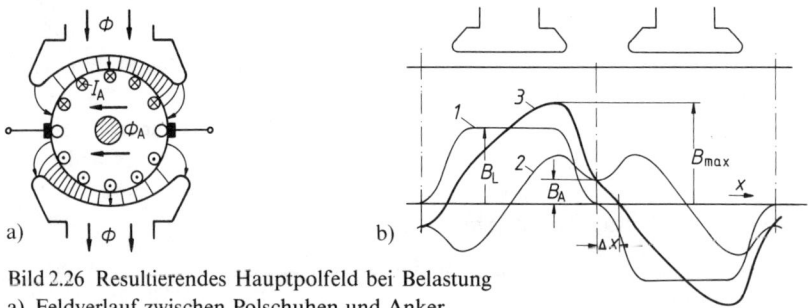

Bild 2.26 Resultierendes Hauptpolfeld bei Belastung
a) Feldverlauf zwischen Polschuhen und Anker
b) Verlauf der Luftspaltinduktion
1 Erregerfeld im Leerlauf   *2* Ankerquerfeld   *3* Resultierender Verlauf

Alle drei Folgen der Ankerrückwirkung nehmen auf den Betrieb einer Gleichstrommaschine deutlichen Einfluß. Dies zu beseitigen, erfordert - wie in den nachfolgenden Abschnitten erläutert - teils besondere konstruktive Maßnahmen.

Beispiel 2.3: Das Hauptfeld einer Gleichstrommaschine beträgt im Leerlauf im Bereich des Polschuhs der Breite $b_p = 12$ cm konstant $B_L = 0,75$ T bei einer Erregerdurchflutung pro Pol von $\Theta_E = 2100$ A. Bei Vernachlässigung der Sättigung ist über die resultierende Induktion an den Polschuhkanten die Feldverzerrung infolge Ankerrückwirkung durch einen Ankerstrombelag von A = 250 A/cm anzugeben.

Magnetische Spannung an den Polschuhkanten 1 und 2 nach Gleichung (2.15)

$$V_{A1,2} = \pm 1/2\ A \cdot b_p, \quad V_{A1,2} = \pm 0,5 \cdot 250\ \text{A/cm} \cdot 12\ \text{cm} = \pm 1500\ \text{A}$$

Resultierende Durchflutung an den Kanten 1 und 2

$$\Theta_{res\,1,\,2} = \Theta_E \pm V_{A1,\,2}$$
$$\Theta_{res\,1} = 2100\,A + 1500\,A = 3600\,A$$
$$\Theta_{res\,2} = 2100\,A - 1500\,A = 600\,A$$

Resultierende Luftspaltinduktion $B_{res\,1,\,2} = B_L \cdot \dfrac{\Theta_{res\,1,\,2}}{\Theta_E}$

$$B_{res\,1} = 0,75\,T \cdot \frac{3600\,A}{2100\,A} = 1,285\,T, \quad B_{res\,2} = 0,75\,T \cdot \frac{600\,A}{2100\,A} = 0,214\,T.$$

Aufgabe 2.3: Wie weit muß die Erregerdurchflutung geschwächt werden, so daß bei obigem Strombelag von $A_N = 250\,A/cm$ an einer Kante gerade $B_{res} = 0$ auftritt? Beim wievielfachen Ankerstrom wird dies bei ungeschwächter Erregung erreicht?
Ergebnis: $\Theta_{E\,min} = 1500\,A$, $I_A = 1{,}4\,I_{AN}$

Aufgabe 2.4: Die Feldlinienlänge des Ankerquerfeldes einer vierpoligen Gleichstrommaschine mit $d_A = 20$ cm, $A = 200\,A/cm$ sei in der geometrisch neutralen Zone mit $\delta_x = 5$ cm angenommen (ohne Wendepole). Wie groß ist die maximale Induktion B_A in der Pollücke bei vernachlässigten Eisenamperewindungen?
Ergebnis: $B_A = 0{,}0395\,T$

2.2.2 Spannungserzeugung und Drehmoment

Ankerspannung. Besteht innerhalb der Polteilung die mittlere Luftspaltinduktion B_m, so entsteht in jeder Windung der Ankerwicklung die mittlere Spannung

$$U_{qN} = 2 \cdot B_m \cdot l \cdot v$$

Setzt man
$$v = d_A \cdot \pi \cdot n = 2\,\tau_p \cdot p \cdot n,$$

so wird
$$U_{qN} = B_m \cdot l \cdot \tau_p \cdot 4\,p \cdot n$$

und nach Gleichung (2.12) $U_{qN} = 4 \cdot \Phi \cdot p \cdot n$

Da zwischen benachbarten Bürsten für die Spannungsbildung die Windungszahl N zur Verfügung steht, berechnet sich die induzierte Ankerspannung einer Gleichstrommaschine nach $U_q = N \cdot U_{qN}$ zu

$$U_q = 4 \cdot N \cdot p \cdot n \cdot \Phi \qquad\qquad (2.19\,a)$$

Verwendet man mit Gl. (2.9) die Leiterzahl der Ankerwicklung, so erhält man die Beziehung

$$U_q = \frac{z_A}{a} \cdot p \cdot n \cdot \Phi \qquad\qquad (2.19\,b)$$

Lamellenspannung. Eine wichtige Größe für den Betrieb der Gleichstrommaschine ist die Lamellenspannung U_s, auch Steg- oder Segmentspannung genannt, die zwischen benachbarten Stromwenderlamellen auftritt. Ihr Mittelwert ergibt sich sehr einfach zu

$$U_s = \frac{U_A \cdot 2\,p}{K} \qquad\qquad (2.20\,a)$$

als Klemmenspannung U_A des Ankers geteilt durch die Lamellenzahl pro Polteilung. Denselben Wert erhält man über die mittlere Bewegungsspannung in den nach Gleichung (2.11) $N_s \cdot p/a$ Windungen zwischen benachbarten Stegen. Es ist

$$U_s = 2\, N_s\, \frac{p}{a} \cdot B_m \cdot l \cdot v \qquad\qquad (2.20\,b)$$

Von diesem Mittelwert weicht die örtliche Lamellenspannung zwischen den einzelnen Segmenten des Stromwenders innerhalb einer Polteilung teils wesentlich ab. Sie entspricht nach

$$U_{sx} = 2 \cdot N_s\, \frac{p}{a} \cdot B_x \cdot l \cdot v$$

der jeweiligen Luftspaltinduktion am Ankerumfang über den beiden Stäben einer Spule und damit dem Verlauf der Feldkurve. Mit einer Kohlebürste als Bezugspunkt erhält man also den Verlauf der induzierten Quellenspannung bis zur nächsten Kohle durch Integration der Feldkurve. In dieser Darstellung (Bild 2.27), die eine sehr feine Lamellenunterteilung annimmt, ergibt sich dann die örtliche Segmentspannung U_{sx} durch die Steigung der Spannungskurve $U_{qx} = f(x)$. Für den Maximalwert der Lamellenspannung im Leerlauf erhält man

$$U_{s\,max\,0} = U_s \cdot \frac{B_L}{B_m}$$

oder $\qquad U_{s\,max\,0} = \dfrac{U_s}{a} \approx 1{,}5\, U_s \qquad\qquad (2.21)$

Unter dem Einfluß der Feldverzerrung durch Ankerrückwirkung steigt die Lamellenspannung unter einer Polkante schließlich bis auf

$$U_{s\,max} = U_{s\,max\,0} \cdot \frac{B_{max}}{B_L} \qquad\qquad (2.22)$$

an und entspricht damit dem maximalen Spannungsunterschied pro Teilung τ_K in der Kurve 2 von Bild 2.27.

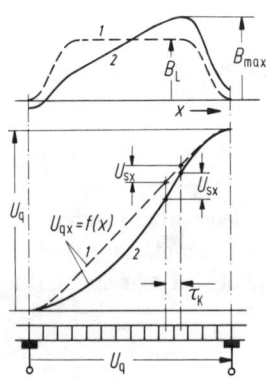

Bild 2.27 Zusammenhang zwischen
Luftspaltinduktion und Lamellenspannung
1 Leerlauf
2 Belastung

Die Erfahrung hat nun gelehrt, daß die höchste im Betrieb auftretende Lamellen-spannung den Betrag von 30 bis 35 V nicht überschreiten darf. Andernfalls besteht die Gefahr, daß es an der Oberfläche der etwa 0,5 bis 1,5 mm starken Lamellenisolation infolge der unvermeidlichen Ablagerung von Staub und Kohleabrieb überschlägt. Dies kann Rundfeuer, d.h. Kurzschluß über die Bürsten einleiten. Man legt daher etwa $U_s \leqq 16$ V fest und behält mit $U_{s\,max\,0} \approx 25$ V noch Reserve für eine weitere Erhöhung infolge Feldverzerrung.

Beispiel 2.4 Wie groß ist die maximale Lamellenspannung der Maschine aus Beispiel 2.3 bei $p = 2, \tau_p = 18$ cm, $U_A = 440$ V und $K = 135$?

Es wird $\qquad \alpha = b_p / \tau_p = 12\,\text{cm}/18\,\text{cm} = 0,66$

und $\qquad B_{max}/B_L = 1,285\,\text{T}/0,75\,\text{T} = 1,71$

Damit $\qquad U_{s\,max} = U_A \cdot \dfrac{2p}{K} \cdot \dfrac{1}{\alpha} \cdot \dfrac{B_{max}}{B_L}$

$$U_{s\,max} = 440\,\text{V} \cdot \frac{4 \cdot 1,71}{135 \cdot 0,66} = 33,8\,\text{V}$$

Drehmoment. Das vom Anker der Gleichstrommaschine erzeugte sogenannte innere Drehmoment M_i läßt sich über die Kraft $F = B \cdot l \cdot I$ auf einen stromdurchflossenen Ankerstab berechnen (Bild 2.28). Da der Strombelag A mit dem Ankerstrom pro Umfangseinheit Δx übereinstimmt, erhält man für das mittlere Drehmoment für diese Strecke

$$\frac{M}{\Delta x} = \frac{d_A}{2} \cdot B_m \cdot l \cdot A$$

Durch Addition dieses Momentes pro Umfangseinheit über alle $2\,p$ Polteilungen ergibt sich das gesamte innere Drehmoment der Gleichstrommaschine zu

$$M_i = \frac{M}{\Delta x} \cdot 2\,p \cdot \tau_p = d_A \cdot p \cdot A \cdot B_m \cdot l \cdot \tau_p$$

bzw. $\qquad \boldsymbol{M_i = d_A \cdot p \cdot A \cdot \Phi}$ $\hfill$ (2.23)

Das innere Moment läßt sich mit der Drehzahl zu einer inneren Leistung P_i verbinden. Mit den Gl. (2.14) und (2.19b) wird

$$\boldsymbol{P_i = 2\,\pi \cdot n \cdot M_i = U_q \cdot I_A}$$ $\hfill$ (2.24)

Die innere Leistung ist die Grundlage zur Auslegung einer Maschine.

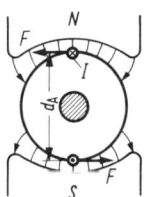

Bild 2.28 Bildung des Drehmomentes aus Tangentialkräften F der Ankerleiter

Das an der Welle abgegebene Drehmoment M des Motors ist mit $M = M_i - M_v$ um ein Moment M_v kleiner, das zur Überwindung der Eisen- und Reibungsverluste des Ankers benötigt wird. Die abgegebene Leistung ergibt sich zu

$$P_2 = 2\pi \cdot n \cdot M \qquad (2.25)$$

und die Leistungsaufnahme ist

$$P_1 = P_2 + P_v = P_2/\eta \qquad (2.26)$$

wobei P_v die Gesamtverluste und η den Wirkungsgrad bedeuten.

Beispiel 2.5: Für einen achtpoligen Walzenzugmotor mit den Entwurfsdaten $U_A = 850\,\text{V}$, $P_2 = 1000\,\text{kW}$, $n = 390\,\text{U/min}$, Ankerdurchmesser $d_A = 125\,\text{cm}$, Strombelag $A = 400\,\text{A/cm}$ ist zu entscheiden, ob eine Wellen- oder Schleifenwicklung auszuführen ist.
Nach Gleichung (2.25) wird das Drehmoment

$$M = \frac{P_2}{2\pi \cdot n} = \frac{10^3\,\text{kW}}{2\pi \cdot 6{,}5\,\text{s}^{-1}} = 24{,}5\,\text{kWs}$$

Bei vernachlässigten Eisen- und Reibungsverlusten ist $M = M_1$ und man erhält aus Gleichung (2.23) den magnetischen Fluß zu

$$\Phi = \frac{24{,}5 \cdot 10^3\,\text{Ws}}{125\,\text{cm} \cdot 4 \cdot 400\,\text{A/cm}} = 0{,}1225\,\text{Vs}$$

Mit der Annahme eines Spannungsabfalles im Ankerkreis von 5% und dadurch $U_q = 0{,}95 \cdot U_A$ wird nach Gleichung (2.19 a) die erforderliche Windungszahl zwischen zwei Bürsten

$$N = \frac{0{,}95\,U_A}{4 \cdot p \cdot n \cdot \Phi}$$

Mit $p \cdot n = 4 \cdot 6{,}5\,\text{s}^{-1} = 26\,\text{Hz}$　　ist $N = \dfrac{0{,}95 \cdot 850\,\text{V}}{4 \cdot 26\,\text{s}^{-1} \cdot 0{,}1225\,\text{Vs}} = 63{,}5$

Bei einer allgemeinen Windungszahl nach $N = \dfrac{K \cdot N_s}{2\,a}$ sind mit $N_s = 1$ folgende minimale Lamellenzahlen nötig:

Wellenwicklung $a = 1$　　　　　　$K = 2 \cdot N = 127$

Schleifenwicklung $a = p = 4$　　　$K = 8 \cdot N = 508$

Unter Beachtung von Gleichung (2.20 a) wird die mittlere Lamellenspannung in beiden Fällen

Wellenwicklung　　　$U_s = \dfrac{U_A \cdot 2p}{K} = \dfrac{850\,\text{V} \cdot 8}{127} = 53{,}5\,\text{V}$ – unzulässig!

Schleifenwicklung　　$U_s = \dfrac{850\,\text{V} \cdot 8}{508} = 13{,}4\,\text{V} < 16\,\text{V}$

Es muß eine Schleifenwicklung gewählt werden.

Aufgabe 2.5: Der obige Motor wird mit $K = 456$ Lamellen ausgeführt, die mittlere Luftspaltinduktion beträgt 71% des Höchstwertes B_L. Um wieviel Prozent gegenüber B_L darf die maximale Induktion an einer Polkante infolge Feldverzerrung durch Ankerrückwirkung ansteigen, ohne daß die maximale Lamellenspannung 30 V überschreitet?
Ergebnis: $B_{max} = 1{,}43\,B_L$

Aufgabe 2.6: Mit welcher Drehzahl darf man eine vierpolige Gleichstrommaschine bei $B_L = 0,8$ T, $l = 18$ cm, $d_A = 30$ cm und Wellenwicklung mit $N_s = 1$ mit Rücksicht auf die Lamellenspannung $U_{s\,max} = 30$ V höchstens betreiben? Die Ankerrückwirkung werde im Bemessungsbetrieb durch den Faktor $B_{max}/B_L = 1,2$ erfaßt.

Ergebnis: $n_{max} = 2763$ U/min

Beispiel 2.6: Über die Beziehung $P_2 \approx 2\pi \cdot n \cdot M_i$ ist für $\alpha = 0,75$ und $U_{s\,max\,0} = 30$ V die größte ausführbare Dauerleistung eines Gleichstrommotors mit Schleifenwicklung $a = p$ abzuschätzen. Der Anker besitzt den mit Rücksicht auf die Bahntransportfähigkeit größtmöglichen Durchmesser von $d_A = 4,1$ m. Der Ankerstrombelag sei wegen der zulässigen Erwärmung auf $A = 650$ A/cm begrenzt.

Nach den Gleichungen (2.12) und (2.23) gilt

$$\Phi = B_L \cdot \alpha \cdot l \cdot \tau_p \text{ und } M_i = p \cdot d_A \cdot A \cdot \Phi$$

und damit für die Motorleistung

$$P_2 = 2\pi n \cdot p \cdot d_A \cdot A \cdot B_L \cdot \alpha \cdot l \cdot \tau_p$$

Die maximale Lamellenspannung ist nach den Gleichungen (2.20b) und (2.21)

$$U_{s\,max\,0} = 2 N_s \frac{p}{a} \cdot B_L \cdot l \cdot v$$

mit $v = d_A \cdot \pi \cdot n$.

Kombiniert man beide Gleichungen miteinander, so wird

$$P_2 = \frac{a}{p} \cdot \frac{\alpha}{N_s} \cdot \tau_p \cdot p \cdot U_{s\,max\,0} \cdot A = \frac{a}{p} \cdot \frac{\pi \cdot \alpha}{2 \cdot N_s} \cdot d_A \cdot A \cdot U_{s\,max\,0}$$

Die maximale Dauerleistung ergibt sich bei Schleifenwicklung mit $a = p$ und $N_s = 1$ zu

$$P_{2\,max} = \frac{\pi \cdot 0,75}{2} \cdot 410 \text{ cm} \cdot 650 \text{ A/cm} \cdot 30 \text{ V}$$

$$P_{2\,max} = 9,4 \cdot 10^6 \text{ W} = 9400 \text{ kW}$$

2.2.3 Stromwendung

Kommutierungszeit. Bei der Erläuterung der prinzipiellen Wirkungsweise der Gleichstrommaschine wurde gezeigt, daß alle Leiterstäbe innerhalb eines Hauptpolbereiches gleichsinnig vom Strom durchflossen sind. Der Wechsel auf die jeweils umgekehrte Stromrichtung erfolgt für jede Spule in der Zeit, in welcher sie über ihre Lamellen durch die Kohlebürste kurzgeschlossen wird (Bild 2.29). Während dieses als Stromwendung oder Kommutierung bezeichneten Vorgangs fließt in der Spule der Kurzschlußstrom i_K, der zu Beginn der Kommutierungszeit t_K den Wert I_s, am Ende den Wert $-I_s$ besitzt. Die Kommutierungszeit errechnet sich aus der Umfangsgeschwindigkeit v_K des Stromwenders und der Bürstenbreite b_B zu

$$t_K = \frac{b_B}{v_K}$$

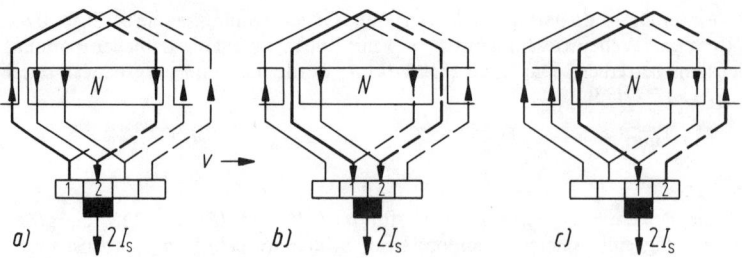

$a)$ $\downarrow 2I_s$ $b)$ $\downarrow 2I_s$ $c)$ $\downarrow 2I_s$

Bild 2.29
Stromwendung in der kurzgeschlossenen Ankerspule während der Kommutierungszeit t_K
a) $t=0$ b) $t=t_K/2$ c) $t=t_K$

Stromwendespannung. Der einfachste Verlauf des Kurzschlußstromes i_K in der Zeit t_K ist eine Gerade von $+I_s$ nach $-I_s$. Eine derartige Kennlinie, die nur bei Fehlen jeder induzierten Spannung in der Spule und bei im Vergleich zum Übergangswiderstand Lamelle–Bürste sehr kleinem Spulenwiderstand auftritt, bezeichnet man als geradlinige Stromwendung. Sie wird in der Praxis nicht erreicht, da in Wirklichkeit beide Voraussetzungen nicht erfüllt sind.

Die kommutierende vom Strom i_K durchflossene Spule ist entsprechend ihrer Induktivität L_σ mit dem Spulenfluß $\Psi_\sigma = N_s \cdot \Phi_\sigma = L_\sigma \cdot i_K$ verkettet. Man bezeichnet Φ_σ als Streufluß, da er sich über den Nutraum und den Wickelkopf schließt und nicht zum Ständer gelangt. Während der Stromwendung ändert sich dieses Feld ebenso wie i_K, und es entsteht die Stromwende- oder Reaktanzspannung

$$u_r = N_s \cdot \frac{\mathrm{d}\Phi_\sigma}{\mathrm{d}t}$$

Zu ihrer Berechnung legt man vereinfacht eine geradlinige Stromwendung zugrunde, womit sich der Streufluß während der Zeit t_K von $+\Phi_\sigma$ auf $-\Phi_\sigma$ ändert. Damit erhält man die mittlere Reaktanzspannung zu

$$U_r = 2\,N_s \cdot \frac{\Phi_\sigma}{t_K}$$

Definiert man nun einen resultierenden Streuleitwert $\Lambda_\sigma = l \cdot \lambda_\sigma$, mit dem die innerhalb einer Nutteilung τ_Q bestehende Durchflutung des Ankerstromes $\Theta_Q = A \cdot \tau_Q$ den Fluß Φ_σ erzeugt, so wird

$$\Phi_\sigma = \Theta_Q \cdot \Lambda_\sigma = A \cdot \tau_Q \cdot l \cdot \lambda_\sigma$$

Während der Kommutierungszeit t_K legt die Nut eine Wendezone $b_w = t_K \cdot v_A$ genannte Strecke am Ankerumfang zurück, so daß man für die mittlere Reaktanzspannung die Beziehung

$$U_r = 2 \cdot N_s \cdot A \cdot \tau_Q \cdot l \cdot \lambda_\sigma \cdot \frac{v_A}{b_w}$$

oder $\qquad U_r = 2 \cdot N_s \cdot l \cdot \zeta \cdot A \cdot v_A$ (2.27)

erhält. Dies ist die sogenannte Pichelmayersche Formel, in der

$$\zeta = \frac{\lambda_\sigma \cdot \tau_Q}{b_w}$$ (2.28)

gesetzt ist. Dieser Faktor läßt sich angenähert berechnen oder aus Versuchen ermitteln und liegt je nach den Auslegungsdaten der Gleichstrommaschine im Bereich von $\zeta = (4 \text{ bis } 8) \cdot 10^{-6}$ Vs/Am.

Die Reaktanzspannung ist nach dem Lenzschen Gesetz ihrer Ursache, also der Stromänderung, entgegengerichtet und verzögert sie im Vergleich zum geradlinigen Verlauf. Es entsteht ein Stromverlauf nach Bild 2.31, den man als Unterkommutierung oder verzögerte Stromwendung bezeichnet. Mit Rücksicht auf eine zufriedenstellende Stromwendung ist die mittlere Reaktanzspannung auf etwa $U_r \leqq 8$ V zu begrenzen, wobei dieser Wert kurzzeitig z. B. beim Anlauf etwa verdoppelt werden darf.

Bürstenfeuer. Für die Beurteilung der Folgen einer Unterkommutierung ist es zweckmäßig, die Stromdichte unter der Kohlebürste der axialen Länge l_B und der Breite b_B zu bestimmen. Nach Bild 2.30a wird dazu vereinfacht angenommen, daß die Bürstenbreite einer Lamellenteilung entspricht, dabei ist zudem die Dicke der Zwischenisolation vernachlässigt. In der Praxis wählt man b_B etwa 2 bis 4 Lamellenteilungen, ohne daß sich an nachstehenden Ergebnissen wesentliches ändert.

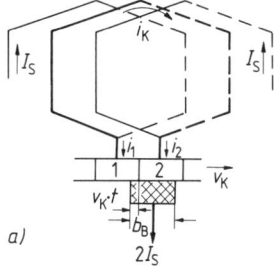 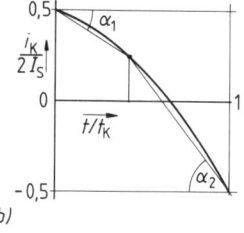

Bild 2.30 Bestimmung der Stromdichte unter der Kohlebürste
a) Teilströme während des Kurzschlusses
b) Verlauf des Kurzschlußstromes i_K

Für die Stromdichte unter den beiden Teilflächen der Kohlebürste zur Lamelle 1 und 2 ergibt sich nach Bild 2.30a:

Stromdichte unter Lamelle 1

$$J_1 = \frac{i_1}{l_B \cdot v_K \cdot t} = \frac{I_s - i_K}{l_B \cdot b_B \cdot t/t_K}$$

Stromdichte unter Lamelle 2

$$J_2 = \frac{i_2}{l_B (b_B - v_K \cdot t)} = \frac{I_s + i_K}{l_B \cdot b_B (1 - t/t_K)}$$

Definiert man eine mittlere Stromdichte

$$J_B = \frac{2\,I_s}{l_B \cdot b_B} \tag{2.29}$$

so ergibt sich damit

$$J_1 = J_B \cdot \frac{(I_s - i_K)/2I_s}{t/t_K}$$

$$J_2 = J_B \cdot \frac{(I_s + i_K)/2I_s}{1 - t/t_K}$$

Trägt man nun in Bild 2.30 b den Verlauf des Kurzschlußstromes über der Zeit in bezogenen Wert, d. h. in der Form $i_K/2I_s = f(t/t_K)$ auf und zeichnet für einen beliebigen Punkt die Winkel α_1 und α_2 ein, so erhält man die Funktionen

$$\tan \alpha_1 = \frac{(I_s - i_K)/2I_s}{t/t_K}$$

$$\tan \alpha_2 = \frac{(I_s + i_K)/2I_s}{1 - t/t_K}$$

In obige Gleichungen eingesetzt, ergibt dies die

Stromdichte unter Lamelle 1 $J_1 = J_B \cdot \tan \alpha_1$ (2.30 a)

Stromdichte unter Lamelle 2 $J_2 = J_B \cdot \tan \alpha_2$ (2.30 b)

Die Folge einer Unterkommutierung läßt sich mit den Gl. (2.30 a, b) aus den Bildern 2.30 b und 2.31 bestimmen. Im Vergleich zum geradlinigen Verlauf wird während der gesamten Kurzschlußzeit t_K immer $\tan \alpha_1 < 1$ und $\tan \alpha_2 > 1$ Die Stromdichte der ablaufenden Bürstenkante, d. h. bei Lamelle 2 ist damit stets größer als der Mittelwert J_B. Ist die Überhöhung zu stark, so tritt Bürstenfeuer auf, was auf die Dauer eine Beschädigung von Kohle und Lamelle verursacht.

Der Verlauf aller Teilströme der kommutierenden Ankerspule (in Bild 2.30 a) und die Lage der beiden Lamellen zur Kohlebürste zu Anfang und Ende des Kurzschlusses sind in Bild 2.31 gezeigt. Es werden zwei unterschiedliche Zeitverläufe für i_K ange-

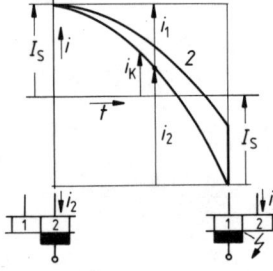

Bild 2.31 Verlauf der Ströme einer kommutierenden Ankerspule bei Unterkommutierung, Kurve *2 i_2* wird abgerissen

nommen, wobei für Kurve *2* die verzögernde Wirkung der Stromwendespannung U_r so stark ist, daß i_2 auch bei $t = t_K$ noch nicht Null ist. Dies wird jetzt aber durch den Abriß des Kontaktes zwischen Lamelle und Bürste erzwungen, wobei ein Lichtbogen entsteht. Nach Kurve *2* verzögerte Stromwendungen ergeben also sehr starkes Bürstenfeuer und sind zwingend zu vermeiden.

Querfeldspannung. Außer der Reaktanzspannung entsteht in der kurzgeschlossenen Ankerspule auch noch eine Bewegungsspannung. Sie ist die Folge des Ankerquerfeldes, wodurch in der geometrisch neutralen Zone, in der sich die Spulenstäbe gerade befinden, die Induktion B_A auftritt (Bild 2.26b). Mit der Windungszahl N_s berechnet sich die Bewegungsspannung in einer Spule zu

$$U_b = 2 \cdot N_s \cdot B_A \cdot l \cdot v_A$$

In Bild 2.32 sind die Feldlinien des Ankerquerfeldes $\Phi_A \sim B_A$ und des Streufeldes Φ_σ der kommutierenden Ankerspule dargestellt. Man erkennt, daß bei der Drehung von *1* nach *2* das Querfeld eine gleichgerichtete Flußänderung in der Ankerspule ergibt wie ihr kommutierendes Streufeld. Dies bedeutet, daß U_b dieselbe Richtung wie die Stromwendespannung U_r hat und mit $U_r + U_b$ gemeinsam die Verzögerung des Kurzschlußstromes bewirkt.

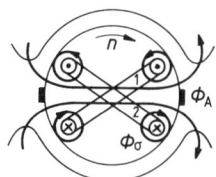

Bild 2.32 Ankerquer- und Nutstreufeld bei Stromwendung einer Ankerspule

Wendefeldspannung. Die gleichsinnige Wirkung der beiden Spannungen U_r und U_b zeigt bereits die Möglichkeit auf, die unerwünschte Unterkommutierung zu vermeiden. Dies wird erreicht, wenn man das Ankerfeld B_A in der Pollücke beseitigt und durch ein entgegengesetzt gerichtetes Wendefeld B_w ersetzt. Anstelle der Bewegungsspannung U_b tritt dann die Wendefeldspannung

$$U_w = 2 N_s \cdot B_w \cdot l \cdot v \tag{2.31}$$

mit umgekehrtem Vorzeichen wie die Reaktanzspannung U_r. Durch passende Auslegung des Wendefeldes läßt sich $U_r + U_w = 0$ erreichen, womit die geradlinige Stromwendung wiederhergestellt ist. In der Praxis geht man gerne noch etwas weiter und erhält mit $U_r + U_w < 0$ eine leicht beschleunigte Stromwendung oder Überkommutierung.

Für eine genauere Untersuchung der Stromwendung jeder Spule ist deren magnetische Kopplung mit den übrigen gleichzeitig kurzgeschlossenen Spulen der Nut zu beachten, da die Bürsten in der Praxis 2 bis 3 Lamellen überdecken. Dies führt meist zu ungleichen Reaktanzspannungen für die u Teilspulen, wobei besonders die letzte Spule der Nut eine erschwerte Stromwendung erfährt. Außerdem ist die Reaktanzspannung auch für eine Spule während der Kommutierungszeit nicht konstant. Die angegebene Begrenzung auf etwa 8 V erfolgt daher hauptsächlich mit Rücksicht auf diese Abweichungen vom errechneten Mittelwert, da nur letzterer von den Wendepolen kompensiert werden kann.

Eine Angleichung der Stromwendespannung an den Mittelwert wird durch die Ausführung der Ankerspulen als Sehnen- oder als Treppenwicklung erreicht. Im letzteren Falle liegen die zu den u Oberstäben einer Nut gehörenden Rückleiter in der Unterschicht auf zwei Nuten verteilt [3].

2.2.4 Wendepole und Kompensationswicklung

Wendefeld. Der Aufbau des Wendefeldes erfolgt durch zusätzliche Hilfs- oder Wendepole in der neutralen Zone (Bild 2.33), deren Wicklungen zum Anker gegensinnig in Reihe geschaltet sind. Die Wendepoldurchflutung $\Theta_\mathrm{w} = I_\mathrm{A} \cdot N_\mathrm{w}$ kompensiert zunächst die magnetische Spannung V_A des Ankerquerfeldes nach Gl. (2.16) in der Pollücke und baut darüberhinaus mit

$$B_\mathrm{w} = \mu_0 \cdot \frac{V_\mathrm{wL}}{\delta_\mathrm{w}}$$ (2.32 a)

das Wendefeld auf (Bild 2.33 c).

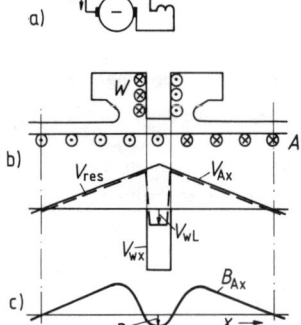

Bild 2.33 Schaltung und Wirkungsweise der Wendepole
a) Schaltung von Ankerwicklung A
   und Wendepolwicklung W
b) Verlauf der Felderregerkurven
   von Ankerwicklung V_Ax und Wendepol V_Wx
c) Resultierender Feldverlauf

Nimmt man als Bedingung für die Auslegung der Wendepole die Forderung, daß mit $U_\mathrm{r} + U_\mathrm{w} = 0$ die Wendefeldspannung den durch die Stromänderung induzierten Wert U_r aufhebt, so kann man die jeweiligen Bestimmungsgleichungen (2.27) und (2.31) gleichsetzen. Dies ergibt dann für die erforderliche Flußdichte B_w unter dem Wendepol die Beziehung

$$B_\mathrm{w} = \zeta \cdot A$$ (2.32 b)

Mit den Mittelwerten $\zeta = 5 \cdot 10^{-8}$ Vs/Acm und $A = 400$ A/cm bedeutet dies $B_\mathrm{w} = 0{,}2$ T.

Beispiel 2.7: Eine vierpolige Gleichstrommaschine hat die Daten $d_A = 35$ cm, $z_A = 270$ und $I_{AN} = 122$ A. Welche Windungszahl N_w muß der Wendepol erhalten, wenn ein Luftspalt von $\delta_w = 6,3$ mm vorgesehen ist und $\zeta = 5 \cdot 10^{-8}$ Vs/Acm beträgt?

Nach Gl. (2.14) erhält man für den Ankerstrombelag

$$A = \frac{z_A \cdot I_{AN}}{d_A \cdot \pi} = \frac{270 \cdot 122 \text{ A}}{35 \text{ cm} \cdot \pi} = 300 \text{ A/cm}$$

Damit werden nach den Gl. (2.32) eine Luftspaltinduktion

$$B_w = \zeta \cdot A = 5 \cdot 10^{-8} \text{ Vs/Acm} \cdot 300 \text{ A/cm} = 0,15 \text{ T}$$

und die magnetische Spannung

$$V_{wL} = \frac{B_w \cdot \delta_w}{\mu_0} = \frac{0,15 \text{ T} \cdot 0,0063 \text{ m}}{1,256 \cdot 10^{-6} \text{ Vs/Am}} = 752 \text{ A}$$

erforderlich.

Nach Bild 2.33 muß die Wendepolwicklung zunächst die Querdurchflutung V_A nach Gl. (2.16) abbauen und darüberhinaus V_{wL} erzeugen.

$$V_A = 0,5 \; A \cdot \tau_p = 0,5 \; A \; \frac{d_A \cdot \pi}{2p}$$

$$V_A = \frac{300 \text{ A/cm} \cdot 35 \text{ cm} \cdot \pi}{2 \cdot 4} = 4123 \text{ A}$$

Damit $\qquad \Theta_w = V_A + V_{wL} = 4875$ A

wozu die Wendepolwindungszahl

$$N_w = \Theta_w / I_{AN} = 4875 \text{ A}/122 \text{ A} = 40 \text{ Windungen}$$

benötigt werden.

Aufgabe 2.7: Die Wendepolwicklung aus Beispiel 2.7 wird irrtümlicherweise mit $N_w = 42$ Windungen ausgeführt. Wie ist jetzt der Luftspalt unter dem Wendepol zu wählen?
Ergebnis: $\delta_w = 8,38$ mm

Aufgabe 2.8: Die Gleichstrommaschine aus Beispiel 2.7 wird mit $N_s = 1$ angeführt. Bei welcher Drehzahl und $l = d_A$ erreicht die Stromwendespannung den Wert $U_r = 8$ V?
Ergebnis: $n = 4157$ min^{-1}

Kompensationswicklung. Im Bereich der Polschuhe bleibt das Ankerquerfeld durch die Wendepole unbeeinflußt und damit auch die Feldverzerrung mit ihren Folgen bestehen. Dies ist besonders dann von Nachteil, wenn man die Maschine zum Zwecke der Drehzahlsteuerung mit geschwächtem Erregerfeld betreiben will. In diesem Fall muß vielfach das Ankerquerfeld auch im Bereich der Hauptpole kompensiert werden, da andernfalls, wie nachstehend gezeigt ist, eine zu starke Feldverzerrung auftritt.

In der Darstellung von Bild 2.34 erreicht eine Gleichstrommaschine bei voller Erregung mit V_{EN} im Leerlauf die Luftspaltinduktion B_L und durch Überlagerung der Ankerquerdurchflutung V_{Aq} an einer Polkante etwa den Höchstwert $B_{maxN} = 1,13 \; B_L$.

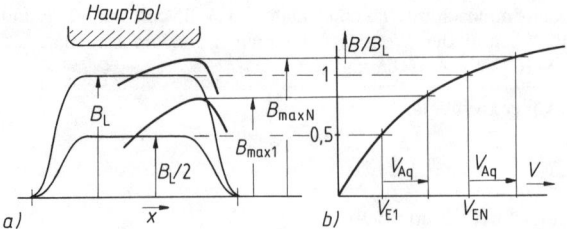

Bild 2.34 Bestimmung der Feldverzerrung bei geschwächtem Erregerfeld
a) Verlauf der Luftspaltinduktion   b) Magnetisierungskennlinie im Polbereich

Reduziert man die Luftspaltinduktion mit $0{,}5\,B_L$ auf den halben Wert, so ist dazu nur noch die Erregerdurchflutung V_{E1} erforderlich, der sich bei unveränderter Belastung wieder V_{Aq} addiert. An der einen Polkante entsteht damit nach der Kennlinie in Bild 2.34 der Höchstwert $B_{max\,1} = 0{,}8B_L$, was bezogen auf die halbierte Leerlaufinduktion einer Erhöhung um den Faktor 1,6 entspricht. Nach Gl. (2.22) steigt damit als Folge der Feldschwächung die maximale Lamellenspannung um den Faktor $1{,}6/1{,}13 = 1{,}42$ an. Lag die Auslegung der Maschine schon bei V_{EN} an der zulässigen Grenze, so besteht bei Feldschwächung die Gefahr von Überschlägen an der Stromwenderisolation, was Rundfeuer einleiten kann.

Zur Beseitigung der Feldverzerrung auch im Bereich der Hauptpole erhalten alle Maschinen großer Leistung und Motoren für einen weiten Feldschwächbereich eine sogenannte Kompensationswicklung. Sie liegt in eigenen Nuten entlang der Polschuhe (Bild 2.35a), ist mit der Wendepolwicklung in Reihe geschaltet und damit ebenfalls vom Ankerstrom durchflossen. In Bild 2.35b erkennt man, daß die Kompensationswicklung wie eine Verlagerung eines Teils der Wendepolwindungen auf die benachbarten Polschuhe wirkt.

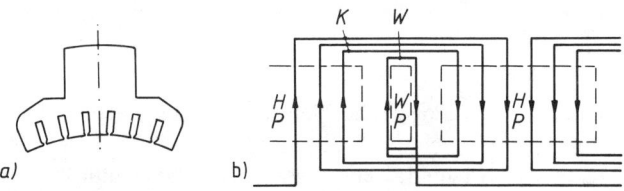

Bild 2.35 Kompensationswicklung
a) Hauptpol mit Nuten für eine Kompensationswicklung
b) Schaltung von Wendepolwicklung W und Kompensationswicklung K

Die Leiterzahl in den Polschuhnuten wird so gewählt, daß sich entlang des Polbogens ein Strombelag ausbildet, der entgegengesetzt gleich dem Ankerstrombelag ist. Die resultierende Durchflutung durch den Ankerstrom wird damit im Bereich der Hauptpole zu Null, womit die Ankerrückwirkung beseitigt ist. In Bild 2.36 sind die einzelnen

Verläufe der magnetischen Spannungen mit der Entlastung der Wendepolwicklung W gezeigt.

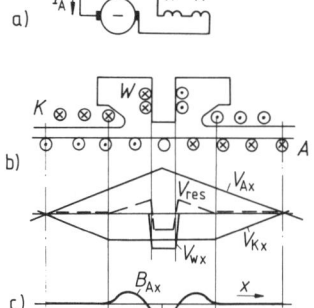

Bild 2.36 Schaltung und Wirkungsweise der Kompensationswicklung K
a) Schaltung der Wicklungen
b) Verlauf der Felderregerkurven
  V_{Ax} Ankerwicklung
  V_{Wx} Wendepolwicklung
  V_{Kx} Kompensationswicklung
c) Resultierender Feldverlauf

Aufgabe 2.9: Die Gleichstrommaschine aus Beispiel 2.7 soll eine Kompensationswicklung mit $Q_K = 6$ Nuten/Pol erhalten. Welche Leiterzahl/Nut z_K ist erforderlich, wenn der Ankerstrombelag im Bereich der Polschuhe ($\alpha = 0,71$) gerade aufgehoben werden soll?
Ergebnis: $z_K = 8$

Hilfsreihenschlußwicklung. Da die Kompensationswicklung konstruktiv aufwendig und damit teuer ist, wird bei Maschinen bis zu mittleren Leistungen meist darauf verzichtet. Um trotzdem die Feldschwächung durch die Ankerrückwirkung ausgleichen zu können, wird vielfach eine Hilfsreihenschlußwicklung auch Kompoundwicklung genannt zusätzlich auf die Hauptpole konzentrisch zur Erregerwicklung aufgebracht (Bild 2.37). Derartige Ausführungen sind im nächsten Abschnitt als Doppelschlußmaschinen behandelt.

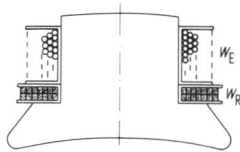

Bild 2.37 Hauptpol mit Doppelschlußerregung
  W_E Erregerwicklung W_R Reihenschlußwicklung

Die Kompoundwicklung ist als zusätzliche Reihenschluß-Erregerwicklung vom Ankerstrom durchflossen und verstärkt lastabhängig die Durchflutung des Erregerfeldes. Sie wirkt damit wie eine stetige Erhöhung des Erregerstromes, was den gesamten Feldverlauf $B = f(x)$ im Bereich der Hauptpole anhebt und so den Fluß Φ verstärkt. Die Feldverzerrung unter den Polschuhen wird durch die Kompoundwicklung nicht beseitigt, dies vermag allein die Kompensationswicklung.

Resultierende Feldkurven. In Bild 2.38 ist, ausgehend vom Verlauf des Erregerfeldes im Leerlauf, die prinzipielle Wirkung aller besprochener Einzelwicklungen auf die

Feldkurve der Gleichstrommaschine zusammengestellt. Die Wicklungen werden nacheinander zugeschaltet. Dabei fehlen die in Bild 2.24 gezeigten Schwankungen der Kurven durch die Nut-Zahnfolge des Ankers.

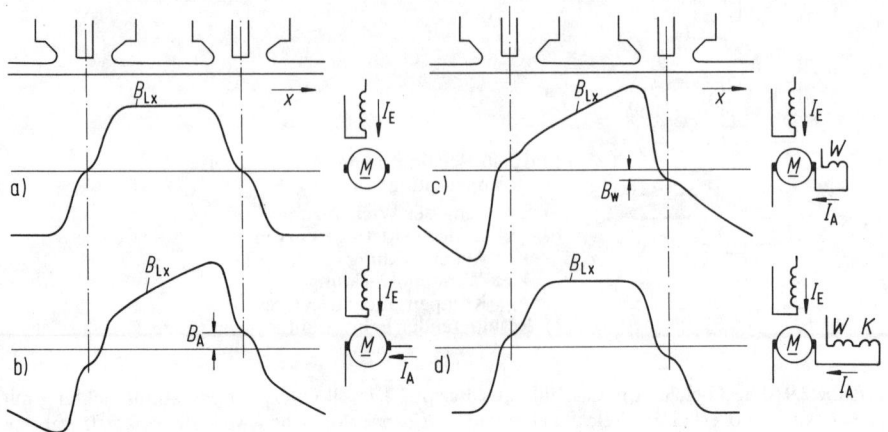

Bild 2.38 Feldkurven B_{Lx} einer Gleichstrommaschine
Es sind folgende Wicklungen zugeschaltet:
a) Erregerwicklung   c) Erreger-, Anker- und Wendepolwicklung
b) Erreger- und Ankerwicklung   d) Erreger-, Anker-, Wendepol- und Kompensationswicklung

Die symmetrische Erregerfeldkurve (Teil a) wird durch die stromdurchflossene Ankerwicklung verzerrt und in der geometrisch neutralen Zone ein Querfeld B_A (Teil b) erzeugt. Die Wendepolwicklung W hebt dieses Querfeld auf und bildet das entgegengerichtete Wendefeld B_w aus (Teil c). Sie bleibt aber in ihrer Wirkung auf die Pollücke begrenzt. Erst die Kompensationswicklung K beseitigt die Feldverzerrung im Bereich der Hauptpole (Teil d) und vermeidet damit die lastabhängige Feldschwächung. Bei Verwendung einer Kompoundwicklung anstelle einer Kompensationswicklung wird der Feldverlauf nach Teil c im Bereich des Hauptpols etwas angehoben, bleibt aber in seiner Form erhalten.

Bürstenverschiebung. Nach Bild 2.38 ist zu erkennen, daß sich die Reaktanzspannung auch ohne Wendepolwicklung durch eine Bürstenverschiebung aufheben läßt. Die kommutierende Spule wird durch die neue Bürstenlage aus der geometrisch neutralen Zone hinaus in den Bereich des nächsten Hauptfeldes gelegt, wodurch wieder eine der Reaktanzspannung entgegengerichtete Bewegungsspannung entsteht. Allerdings muß diese Bürstenverstellung zur Kompensation der stromabhängigen Reaktanzspannung je nach Belastung variiert werden. Dies beschränkt die Anwendung auf kleine Maschinen, wo mitunter eine feste mittlere Verschiebung vorgenommen ist.

2.3 Betriebskennlinien von Gleichstrommaschinen

2.3.1 Anschlußbezeichnungen und Schaltbilder

Für die Darstellung der Wicklungen einer Gleichstrommaschine gelten nach DIN 40 900 Teil 6 (3.88) neue Schaltzeichen. Das gewohnte ausgefüllte Rechteck ist im Sinne einer internationalen Vereinheitlichung durch eine Anzahl Kreisbögen ersetzt. Für die Anschlußbezeichnungen gelten die Bestimmungen in VDE 0530 T. 8.

Alle Anschlußstellen der Wicklungen werden durch Großbuchstaben und Zahlen gekennzeichnet. Dabei legt der Buchstabe die Art der Wicklung fest, Anfang und Ende werden durch die Zahlen 1 und 2 unterschieden. Nachstehende Übersicht bringt eine Auswahl aus VDE 0530 Teil 8.

Maschinenteil	Anschlußbezeichnung
Anker(wicklung)	A 1 – A 2
Wendepolwicklung	B 1 – B 2
Kompensationswicklung	C 1 – C 2
Erregerwicklung (Reihenschluß)	D 1 – D 2
Erregerwicklung (Nebenschluß)	E 1 – E 2
Erregerwicklung (Fremderregung)	F 1 – F 2

Schaltung der Erregerwicklung. Die das Hauptfeld der Gleichstrommaschine erzeugende Erregerwicklung im Ständer kann auf drei verschiedene Arten geschaltet werden.

Bei der Reihen- oder Hauptschlußwicklung sind Anker- und Erregerwicklung hintereinandergeschaltet (Bild 2.39 a). Die Erregung ist damit nicht konstant, sondern proportional dem Belastungsstrom. Die Reihenschlußwicklung besitzt entsprechend relativ wenige aber querschnittstarke Windungen. Maschinen mit dieser Schaltung sind z. B. die Universalmotoren in E-Werkzeugen und die Antriebe in Straßenbahnen, O-Bussen und teilweise bei Elektroautos.

Die Nebenschluß-Erregerwicklung liegt parallel zum Anker und damit an einer festen Spannung (Bild 2.39 b). Der Erregerstrom ist belastungsunabhängig und beträgt nur wenige Prozent des Ankerstromes. Die Nebenschlußwicklung benötigt eine hohe Windungszahl bei geringem Drahtdurchmesser.

Die fremderregte Erregerwicklung erhält etwa dieselbe Auslegung wie eine Nebenschlußwicklung, aber eine vom Anker eigene unabhängige Spannungsversorgung (Bild 2.39 c). Im Bereich der Industrieantriebe wird fast ausschließlich diese Fremderregung verwendet, da die Gleichstrommaschine hier immer eine Drehzahlregelung erhält. Wie in Abschnitt 2.4.1 gezeigt wird, müssen dazu die Anker- und die Erregerspannung getrennt voneinander einstellbar sein.

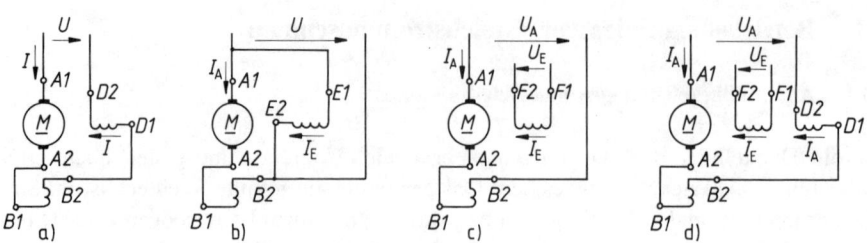

Bild 2.39 Schaltbilder von Gleichstrommotoren (Rechtslauf)
a) Reihenschlußmotor   b) Nebenschlußmotor
c) Fremderregter Motor   d) Doppelschlußmotor

Bei der Ausführung einer Doppelschlußmaschine (Bild 2.39 d) verstärkt man die Fremd- bzw. Nebenschlußerregung durch eine zusätzliche Reihenschlußwicklung. Mit dieser auch Kompoundierung genannten ankerstromabhängigen Zusatzerregung läßt sich am einfachsten die unfreiwillige Schwächung des Hauptpolfeldes durch die Ankerrückwirkung vermeiden. Zu beachten ist allerdings, daß bei einem Wechsel der Polarität von I_A oder I_E in Bild 2.39 d zur Änderung der Drehrichtung, eine Umschaltung der Hilfsreihenschlußwicklung D1–D2 erfolgt, da ansonsten beide Erregungen gegeneinander gerichtet wären.

Schaltbilder. Die verschiedenen Ausführungen der Erregerwicklung ergeben die Schaltbilder für Gleichstrommotoren nach Bild 2.39. Für die Polarität der sich weitgehend aufhebenden Magnetfelder in der Querachse ist festgelegt, daß die Wicklungen von Anker und Wendepol richtig geschaltet sind, wenn überall der Strom in Richtung von der niederen zur höheren Kennzahl fließt. Es ist daher nicht nötig, wie hier angegeben, die Gegenschaltung des Wendepols auch zeichentechnisch zu beachten. Ebenso kann die Andeutung der Kohlebürsten am Anker entfallen.

Für den Drehsinn der Motoren ergibt sich bei einer Stromrichtung in allen Wicklungen von der Kennzahl 1 nach 2 Rechtslauf. Dies bedeutet, daß in den Schaltbildern der Pfeil des Erregerstromes I_E stets auf den Anker zu gerichtet ist. Das Ankerdrehmoment wirkt dann in der Richtung, in welcher der Pfeil des Ankerstromes I_A bei Drehung auf kürzestem Wege mit der Richtung von I_E übereinstimmt.

2.3.2 Kennlinien von Gleichstromgeneratoren

Leerlauf. Nach Gleichung (2.19 a) besteht an den offenen Ankerklemmen des Gleichstromgenerators die Quellenspannung $U_q = 4\,N \cdot p \cdot n \cdot \Phi$. Die Abhängigkeit dieser Leerlaufspannung vom Erregerstrom I_E bei konstanter Drehzahl bezeichnet man als Leerlaufkennlinie $U_q = f(I_E)$ (Bild 2.40). Wegen $U_q \sim \Phi$ und $I_E \sim \Theta_E$ hat diese denselben Verlauf wie die Magnetisierungskennlinie des gesamten Erregerkreises und verringert im oberen Teil ihre Steigung mit wachsender magnetischer Sättigung. War die

Maschine schon einmal erregt, so besteht bereits bei $I_E = 0$ durch die Hysterese des Eisens eine Remanenzspannung U_{rem}. Dieser Anfangswert von einigen Prozent der Bemessungsspannung ist entscheidend für die Möglichkeit der Selbsterregung.

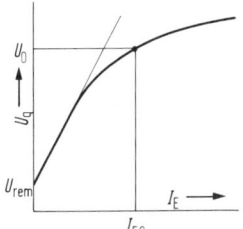

Bild 2.40 Leerlaufkennlinie eines Generators
U_{rem} Remanenzspannung

Selbsterregung. Beim selbsterregten Generator liegt die Erregerwicklung an der eigenen Klemmenspannung (Bild 2.41), so daß nach Schließen des Schalters S zunächst für die Erregung nur die Remanenzspannung zur Verfügung steht. Bei richtiger Polung (andernfalls spricht man von Selbstmordschaltung) verstärkt der anfangs sehr geringe Erregerstrom das Hauptfeld vom Remanenzwert aus und erhöht dadurch auch die Klemmenspannung. Die Erregung steigt so ebenfalls weiter an und es entsteht ein aufklingender Vorgang, der schließlich einen stabilen Endwert erreicht.

Während des Feldaufbaus steht bei Vernachlässigung des geringen ohmschen Spannungsfalles im Anker die Erregerspannung

$$u_E = u_q = f(i_E)$$

zur Verfügung. Für den Erregerkreis gilt damit die Spannungsgleichung

$$u_q = R_E \cdot i_E + L_E \frac{di_E}{dt} \qquad (2.33)$$

da in der Wicklung durch den ansteigenden Erregerstrom eine Spannung der Selbstinduktion auftritt. Solange nach Bild 2.42, das die Spannungsaufteilung für einen beliebigen Augenblick angibt, $u_q > R_E \cdot i_E$ besteht, bleibt $di_E/dt > 0$, und der Feldaufbau geht weiter. Erst im Schnittpunkt zwischen Leerlaufkennlinie und der Widerstandsgeraden $U_E = R_E \cdot I_E$ ist der stationäre Zustand mit einem stabilen Arbeitspunkt erreicht.

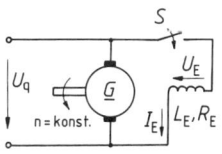

Bild 2.41 Selbsterregung einer
Gleichstrommaschine

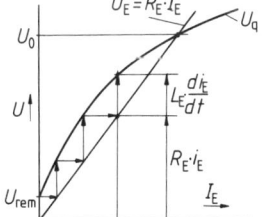

Bild 2.42 Verlauf
der Selbsterregung

Kritischer Widerstand. Mit steilerer Widerstandsgeraden, d. h. größerem Gesamtwiderstand R_E im Erregerkreis sinkt die erreichbare Leerlaufspannung (Bild 2.43). Die Spannung des selbsterregten Generators kann somit durch einen Feldsteller mit einstellbarem Widerstand variiert werden. Die untere Grenze dieser Steuerung ist erreicht, wenn sich beim sogenannten kritischen Widerstand R_{krit} kein eindeutiger Schnittpunkt mehr einstellt.

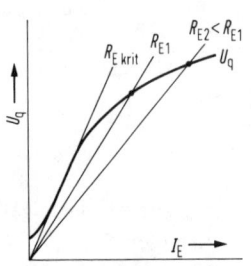

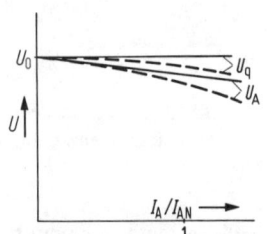

Bild 2.44
Belastungskennlinien fremderregter Generatoren
—— konstantes Erregerfeld
- - - - Feldschwächung durch Ankerrückwirkung

Bild 2.43 Spannungseinstellung
bei Selbsterregung

Belastung fremderregter Generatoren. Wird der Gleichstromgenerator belastet (Schaltung entsprechend Bild 2.39 c), so sinkt die Klemmenspannung durch den Spannungsfall am Widerstand des Ankerkreises R_A und den Kohlebürsten mit $2 U_B \approx 2$ V auf

$$U_A = U_q - \Delta U = U_q - (R_A \cdot I_A + 2 U_B) \tag{2.34}$$

Diese Beziehung bestimmt den für die Praxis wichtigen Verlauf $U_A = \mathrm{f}(I_A)$, der als Belastungskennlinie bezeichnet wird. Die Quellenspannung in Gleichung (2.34) ist dabei trotz konstanter Erregung und Drehzahl nur dann unabhängig von der Belastung, wenn die Ankerrückwirkung durch eine Kompensationswicklung beseitigt ist. Andernfalls sinken Erregerfluß und die induzierte Spannung mit der Belastung, wobei für diese unfreiwillige Feldschwächung etwa eine quadratische Abhängigkeit vom Ankerstrom angenommen werden darf. Die Belastungskurve des unkompensierten Generators ist damit stärker geneigt (Bild 2.44). Die Klemmenspannung ergibt sich jeweils durch Abzug des gesamten ohmschen Spannungsfalls ΔU von der vorhandenen Quellenspannung.

Beispiel 2.8: Ein fremderregter mit konstanter Drehzahl $n = 1500$ U/min angetriebener Gleichstromgenerator hat folgende Daten: $U_0 = 230$ V im Leerlauf, $I_{AN} = 120$ A, Ankerkreiswiderstand $R_A = 0{,}1$ Ohm, $2 U_B = 2$ V. Welchen Verlauf hat die Belastungskennlinie $U_A = \mathrm{f}(I_A)$?

a) bei Ausführung mit Kompensationswicklung

b) ohne diese und Ankerrückwirkung nach $\Phi = \Phi_0 \left[1 - 0{,}05 \left(\dfrac{I_A}{I_{AN}} \right)^2 \right]$

Nach Gleichung (2.19) ist bei $n = $ konst. $U_q \sim \Phi$ und damit $U_q = U_0 \dfrac{\Phi}{\Phi_0}$

Die Klemmenspannung U_A ergibt sich nach Gleichung (2.34) zu

$$U_A = U_q - (R_A \cdot I_A + 2\,U_B).$$

Tabelle:

$I_A =$	0	30	60	90	120 A
$R_A \cdot I_A + 2\,U_B =$	0	5	8	11	14 V
mit Kompensationswicklung $U_q =$			230		V
$U_A = 230$	225	222	219	216 V	
ohne Kompensationswicklung					
$\Phi/\Phi_0 =$	1	0,997	0,987	0,972	0,95
$U_q = 230$	229	227	223,5	218,5 V	
$U_A = 230$	224	219	212,5	204,5 V	

Aufgabe 2.10: Wie muß die Drehzahl des Generators ohne Kompensationswicklung erhöht werden, so daß die Klemmenspannung bei Bemessungsbelastung $U_A = 230$ V bleibt?
Ergebnis: $n_N = 1675$ U/min

Aufgabe 2.11: Ein fremderregter Generator für $I_{AN} = 70$ A, $R_A = 0,06$ Ohm, $2U_B = 2$ V gibt bei einer Leerlaufspannung von $U_0 = 230$ V im Bemessungsbetrieb nur noch 210 V ab. Es ist die Feldschwächung durch Ankerrückwirkung anzugeben.
Ergebnis: $\Phi = 0,94\, \Phi_0$

Belastung selbsterregter Generatoren. Betreibt man den Generator mit Selbsterregung (Schaltung entsprechend Bild 2.39b), so ist zu erwarten, daß die Klemmenspannung noch stärker belastungsabhängig wird. Bei festem Widerstand im Feldkreis bleibt der Erregerstrom nämlich nicht wie bei Fremderregung konstant, sondern sinkt mit der Klemmenspannung.

Der Verlauf der Belastungskennlinie $U_A = f(I_A)$ läßt sich über eine Schar von $U_A = f(I_E)$ Kurven (Bild 2.45) konstruieren. Diese Kennlinien geben die bei einem festen Belastungsstrom I_A und beliebiger Erregung erreichbare Klemmenspannung an.

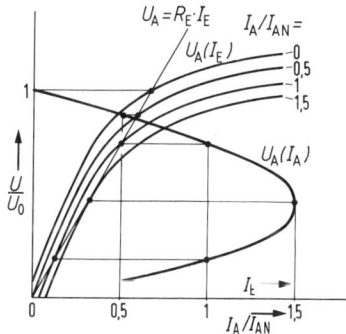

Bild 2.45 Konstruktion der Belastungskennlinie eines selbsterregten Generators

Welche Werte sich dann bei dem vorhandenen Erregerkreiswiderstand R_E einstellen, wird durch die Schnittpunkte der Widerstandsgeraden $U_A = R_E \cdot I_E$ mit den Kurven $U_A = f(I_E)$ festgelegt. Trägt man die Klemmenspannungen über den angenommenen Belastungsströmen auf, so erhält man die in Bild 2.45 eingetragene Kennlinie $U_A = f(I_A)$. Der Generator ist nur bis zu einem maximalen Strom belastbar, da bei einer weiteren Widerstandsverminderung des äußeren Kreises sowohl Strom wie Spannung zurückgehen. Für $U_A = 0$, d.h. bei Klemmenkurzschluß fließt ein Kurzschluß-strom, den die Remanenzspannung über den Ankerkreiswiderstand aufrecht erhält.

Doppelschlußgeneratoren. Bei der Darstellung der Einzelfelder einer Gleichstromma-schine wurde bereits erwähnt, daß die Feldschwächung infolge Ankerrückwirkung durch eine zusätzliche Reihenschlußwicklung vermieden werden kann. Man bezeich-net derartig ausgeführte Maschinen als Doppelschlußgeneratoren (Bild 2.39 d), wobei beide Erregerwicklungen nach Bild 2.37 konzentrisch um den Hauptpol gelegt sind. Die auch als Kompoundwicklung bezeichnete Zusatzerregung wird so ausgelegt, daß sie auch den ohmschen Spannungsabfall ausgleicht. Es lassen sich damit Spannungs-kennlinien $U_A = f(I_A)$ erreichen, die den vom Feldsteller vorgegebenen Leerlaufwert bis zur Vollast auf 3 bis 4% Abweichung genau einhalten. Eine zu starke positive Rei-henschlußerregung ergibt einen ansteigenden Spannungsverlauf und wird als Über-kompoundierung bezeichnet. Wirkt die Zusatzerregung in entgegengesetzter Richtung wie die Nebenschlußwicklung, so spricht man von Gegenkompoundierung.

Gleichstromerzeugung. Durch die Entwicklung der Stromrichtertechnik zur Leistungs-elektronik wird heute die für Nahverkehrsbahnen, Elektrolyseanlagen und weitere Anwendungen erforderliche Gleichstromenergie über gesteuerte Gleichrichter aus dem Drehstromnetz bezogen. Der Gleichstromgenerator hat praktisch nur im Leo-nardumformer (s. Abschn. 2.4.1) eine bescheidene Stellung behalten, doch ist auch dieser Maschinenumformer weitgehend durch Thyristorschaltungen verdrängt. Ursa-che dieser Entwicklung sind die wesentlichen Vorteile der Stromrichtertechnik durch:
- besseren Wirkungsgrad der Umformung
- weniger Platzbedarf und Wartung, keine Geräusche
- günstigere regeltechnische Eigenschaften.

2.3.3 Kennlinien von Gleichstrommotoren

Drehmoment-Drehzahlkennlinie. Das stationäre Betriebsverhalten eines Gleichstrom-motors läßt sich über die Ersatzschaltung in Bild 2.46 mit den eingetragenen Größen bestimmen. Vernachlässigt man zunächst den Bürstenspannungsfall $2 U_B$, so erhält man die Spannungsgleichung im Ankerkreis

$$U_A = U_q + R_A \cdot I_A \qquad (2.35)$$

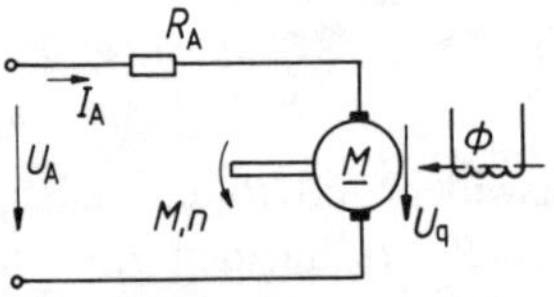

Bild 2.46 Ersatzschaltung zur Bestimmung des stationären Betriebsverhaltens

Für die Quellenspannung U_q gilt nach Gl.(2.19)

$$U_q = z_A \cdot \frac{p}{a} \cdot \Phi \cdot n$$

und mit der Maschinenkonstanten

$$c = z_A \cdot \frac{p}{a}$$

$$U_q = c \cdot \Phi \cdot n \tag{2.36}$$

Aus den Gl.(2.35) und (2.36) läßt sich die Abhängigkeit der Drehzahl vom Ankerstrom zu

$$n = \frac{U_A}{c \cdot \Phi} - \frac{R_A \cdot I_A}{c \cdot \Phi} \tag{2.37}$$

angeben.

Für das Drehmoment gilt schließlich nach Gl.(2.23), wenn man mit $M = M_i$ das Verlustmoment vernachlässigt

$$M = d_A \cdot p \cdot \Phi \cdot A$$

Ersetzt man den Ankerstrombelag nach Gl.(2.14) und führt wieder die Maschinenkonstante c ein, so gilt

$$M = \frac{c}{2\pi} \cdot \Phi \cdot I_A \tag{2.38}$$

Die Gleichungen (2.37) und (2.38) ergeben dann die allgemeine Drehzahl-Drehmomentbeziehung

$$n = \frac{U_A}{c \cdot \Phi} - \frac{2\pi \cdot R_A}{(c \cdot \Phi)^2} \cdot M \tag{2.39}$$

Alle Gleichungen gelten unabhängig von der Schaltung der Erregerwicklung für jeden stationären Betriebszustand.

Drehzahlstabilität. Vor der Auswertung von Gleichung (2.39) für die einzelnen Motortypen soll der Begriff der statischen Drehzahlstabilität erläutert werden.

Treibt ein Motor eine Arbeitsmaschine mit dem Momentenbedarf $M_w = f(n)$ an, so ergibt sich die Betriebsdrehzahl aus dem Schnittpunkt beider Drehzahl-Drehmomentkurven. Dieser Arbeitspunkt ist (Bild 2.47) nur dann stabil, wenn bei Drehzahlen über dem Schnittpunkt das Lastmoment M_w überwiegt und bei Drehzahlen darunter das Antriebsmoment des Motors M. Für diese sogenannte statische Stabilität muß damit die allgemeine Bedingung

$$\left(\frac{dM_w}{dn}\right)_{Last} > \left(\frac{dM}{dn}\right)_{Motor} \tag{2.40}$$

erfüllt sein.

Nach dieser Beziehung ist der Betriebspunkt P in Bild 2.47 stabil, dagegen sind P_1 und P_2 in Bild 2.48 instabil.

Die Entscheidung, welcher Gleichgewichtszustand beim Schnittpunkt zweier Kennlinien vorliegt, läßt sich leicht nach den Folgen einer momentanen Störung treffen.

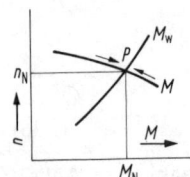

Bild 2.47 Stabiler
Arbeitspunkt zwischen
Motorkennlinie M
und Lastkennlinie M_W

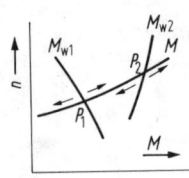

Bild 2.48 Instabile
Arbeitspunkte zwischen
Motor- und Lastkennlinie

Kehrt der Antrieb nach dem Abklingen eines Stoßes wieder zu der früheren Drehzahl zurück, so ist dieser Arbeitspunkt stabil, entfernt er sich davon, so lag ein labiles Gleichgewicht vor.

Wie in Bild 2.48, so führt in vielen Fällen eine mit dem Moment ansteigende Drehzahlkennlinie eines Motors zu instabilem Verhalten. Ein derartiger Verlauf wird daher von vornherein als unbrauchbar vermieden.

Fremderregung. Da Gleichstrommotoren stets als drehzahlgeregelte Antriebe verwendet werden, kommt allgemein die Schaltung nach Bild 2.39 c mit getrennter Spannungsversorgung für Anker- und Feldkreis zum Einsatz. Die Erregerwicklung erhält damit einen konstanten Gleichstrom und ohne Berücksichtigung der Ankerrückwirkung einen von der Belastung unabhängigen Fluß Φ. Unter dieser Voraussetzung sinkt die Drehzahl nach Gl. (2.39) als Folge des Spannungsfalls im Ankerkreis bei steigender Belastung (Bild 2.49) von der

Leerlaufdrehzahl $\qquad n_0 = \dfrac{U_A}{c \cdot \Phi}$ $\qquad\qquad$ (2.41)

um die Drehzahländerung $\quad \Delta n = \dfrac{2\pi \cdot R_A}{(c \cdot \Phi)^2} \cdot M$ $\qquad$ (2.42)

nach $\qquad\qquad\qquad n = n_0 - \Delta n$ $\qquad\qquad\qquad$ (2.43)

ab.

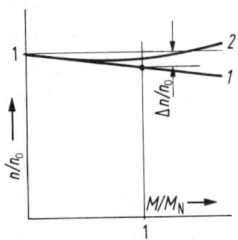

Bild 2.49 Drehzahlkennlinie des fremderregten Gleichstrommotors
1 ohne Ankerrückwirkung   *2* mit Ankerrückwirkung

Für das Verhältnis $\Delta n / n_0$ ergibt sich nach Gleichung (2.37) bei Multiplikation mit dem Ankerstrom

$$\frac{\Delta n}{n_0} = \frac{I_A^2 \cdot R_A}{I_A \cdot U_A} = \frac{P_{CuA}}{P_A} \qquad\qquad (2.44)$$

Da mit Rücksicht auf die Erwärmung und einen guten Wirkungsgrad das Verhältnis P_{CuA}/P_A also Ankerverluste zu Ankerleistung möglichst klein zu halten ist, beträgt der Drehzahlabfall bis zur vollen Belastung nur einige Prozent. Man bezeichnet eine derartige Drehzahlkurve als harte Kennlinie mit Nebenschlußverhalten.

Bei unkompensierten Maschinen wird das Feld durch die Ankerrückwirkung mit steigender Belastung geschwächt. Dadurch vergrößert sich das überwiegende erste Glied in Gleichung (2.39) stetig und verringert den Drehzahlabfall. Mitunter wirkt sich dies so stark aus, daß schon im Bereich von M_N ein Wiederansteigen der Drehzahl (Bild 2.49, Kurve 2) erfolgt. Derartige Kennlinien wurden bereits als instabil bezeichnet und müssen durch entsprechende Auslegung des Motors vermieden werden.

Beispiel 2.9: Ein fremderregter Gleichstrommotor mit $U_{AN} = 220\,\text{V}$, $R_A = 0{,}151\,\text{Ohm}$, $n_0 = 1450\,\text{U/min}$ besitzt ein Bemessungsmoment von $M_N = 72{,}6\,\text{Nm}$. Es ist die Betriebsdrehzahl bei Halb- und Vollast

a) ohne Ankerrückwirkung mit $\Phi = \Phi_0 = \text{konstant}$

b) mit Ankerrückwirkung nach $\Phi = \Phi_0 \left[1 - 0{,}05 \left(\dfrac{M}{M_N}\right)^2\right]$ anzugeben.

Nach Gleichung (2.39) ist $n = n_0 - \Delta n = \dfrac{U_A}{c \cdot \Phi} - \dfrac{2\,\pi \cdot R_A}{(c \cdot \Phi)^2} \cdot M$

und damit $c \cdot \Phi_0 = \dfrac{U_A}{n_0}$

a) Bei $\Phi = \Phi_0$ ist $\Delta n_a = \left(\dfrac{n_0}{U_A}\right)^2 \cdot 2\,\pi \cdot R_A \cdot M$ mit $n_0 = 24{,}2\,\text{s}^{-1}$

Halblast: $M = 36{,}3\,\text{Nm} = 36{,}3\,\text{Ws}$

$$\Delta n_a = \frac{24{,}2^2 \cdot 2\,\pi \cdot 0{,}151\,\Omega}{\text{s}^2 \cdot 220^2\,\text{V}^2} \cdot 36{,}3\,\text{Ws} = 0{,}417\,\text{s}^{-1} = 25\,\text{U/min}$$

$n = 1425\,\text{U/min}$

Vollast: $M = 72{,}6\,\text{Nm}$, $\Delta n_a = 2 \cdot 25\,\text{U/min} = 50\,\text{U/min}$

$n = 1400\,\text{U/min}$

b) Bei $\Phi < \Phi_0$ gilt $n = n_0 \dfrac{\Phi_0}{\Phi} - \Delta n_a \left(\dfrac{\Phi_0}{\Phi}\right)^2$

Halblast: $\Phi/\Phi_0 = 1 - 0{,}05 \cdot 0{,}5^2 = 0{,}9875$

$$n = 1450\,\text{U/min} \cdot \frac{1}{0{,}9875} - 25\,\text{U/min} \cdot \frac{1}{0{,}9875^2}$$

$n = 1468\,\text{U/min} - 25{,}6\,\text{U/min}$

$n \approx 1442\,\text{U/min}$

Vollast: $\Phi/\Phi_0 = 1 - 0{,}05 = 0{,}95$

$$n = 1450\,\text{U/min} \cdot \frac{1}{0{,}95} - 50\,\text{U/min} \cdot \frac{1}{0{,}95^2}$$

$n = 1526\,\text{U/min} - 55{,}4\,\text{U/min}$

$n \approx 1471\,\text{U/min}$

Aufgabe 2.12: Mit der Vereinfachung $M = M_i$ ist der Ankerstrom anzugeben, der bei Belastung mit M_N in den Fällen a) und b) benötigt wird.
Ergebnis: a) $I_{AN} = 50{,}1\,\text{A}$, b) $I_{AN} = 52{,}7\,\text{A}$

Aufgabe 2.13: Ein fremderregter Gleichstrommotor mit Kompensationswicklung und einer Leerlaufdrehzahl $n_0 = 1600$ U/min besitzt im Bemessungsbetrieb einen Wirkungsgrad $\eta = 0,88$. Die Kupferverluste des Ankerkreises betragen die Hälfte, die Erregerverluste ein Sechstel der Gesamtverluste. Es ist die Betriebsdrehzahl zu bestimmen.

Ergebnis: $n_N = 1502$ U/min

Doppelschlußmotoren. Wie beim Generator bietet sich zum Ausgleich der unfreiwilligen Feldschwächung die zusätzliche Reihenschlußerregung durch eine Kompoundwicklung an (Bild 2.39 d). Diese ist konstruktiv wesentlich einfacher und damit billiger als die Kompensationswicklung und wird bei Gleichstrommaschinen ab mittleren Leistungen oft vorgesehen. Im Unterschied zur Kompensationswicklung beseitigt die Kompoundwicklung die Ankerrückwirkung jedoch nicht, sondern gleicht nur deren eine Folge, nämlich die Flußabnahme aus. Die Feldverzerrung wird dagegen nicht aufgehoben.

Die Auslegung der Zusatzerregung erfolgt im allgemeinen so, daß ein leichter Drehzahlabfall mit der Belastung (Bild 2.50, Kurve 2) erreicht wird. Ist die Reihenschlußwicklung zu kräftig, so sinkt die Drehzahl stark ab, während bei einer Gegenkompoundierung mit feldschwächender Wirkung der Drehzahlverlauf entsprechend Kurve 1 instabil ist.

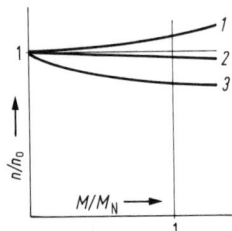

Bild 2.50 Drehzahlkennlinien
des Doppelschlußmotors

1 Gegenkompoundierung
2 normale Kompoundierung
3 Überkompoundierung

Längskomponente des Ankerfeldes. Eine weitere Möglichkeit zur Drehzahlstabilisierung besteht in einer Bürstenverschiebung um den Winkel β in Drehrichtung, soweit dies mit Rücksicht auf die Stromwendung zulässig ist. Nach Bild 2.51 erhält das Ankerfeld dabei eine Längskomponente proportional $\sin\beta$, die feldverstärkend wirkt. Die Flußabnahme durch Ankerrückwirkung kann damit ausgeglichen werden.

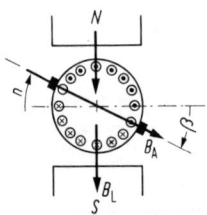

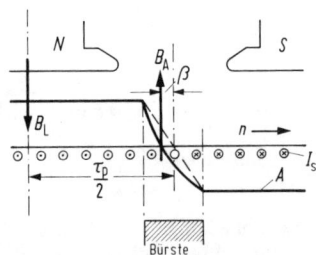

Bild 2.51 Feldverstärkung durch
Bürstenverschiebung

Bild 2.52 Feldschwächung infolge Überkommutierung

Eine unbeabsichtigte Kompoundierung wird mitunter durch ein zu starkes Wendepol-feld, wie es zur Erzielung einer Überkommutierung notwendig ist, hervorgerufen. Die Achse des Ankerfeldes verlagert sich dabei entgegen der Drehrichtung aus der neu-tralen Zone, so daß die Wirkung einer Bürstenverschiebung in dieser Richtung auf-tritt (Bild 2.52). Das Ankerfeld bildet eine kleine feldschwächende Komponente aus, die genügen kann, um die Drehzahlkennlinie von Motoren, deren Erregerfeld zur Drehzahlerhöhung stark herabgesetzt ist, instabil zu machen.

Reihenschlußmotor. Der Gleichstrom-Reihenschlußmotor besitzt wegen $I_A = I_E = I$ ei-ne laststromabhängige Felderregung, womit ohne Berücksichtigung der magnetischen Sättigung die lineare Beziehung $\Phi = c_I \cdot I$ entsteht. Aus Gl. (2.36) erhält man dann mit $c \cdot c_I = c_R$ für einen Reihenschlußmotor die Quellenspannung nach

$$U_q = c_R \cdot I \cdot n$$

Das Drehmoment errechnet sich dann über Gl. (2.38) zu

$$M = \frac{c_R}{2\pi} \cdot I^2 \qquad\qquad (2.45)$$

Dabei ist wie zuvor beim fremderregten Motor $M = M_i$ gesetzt.

Aus $U_q = c_R \cdot n \cdot I$ und $U_q = U - R_A \cdot I$ läßt sich mit Gl. (2.45) auch die Drehzahl-Dreh-momentbeziehung angeben. Man erhält

$$n = \frac{U}{\sqrt{2\pi c_R \cdot M}} - \frac{R_A}{c_R} \qquad\qquad (2.46)$$

Anstelle der relativ harten Kennlinie der fremderregten Maschine ergibt sich beim Reihenschlußmotor ein hyperbolischer Drehzahlverlauf (Bild 2.53). Im ideellen Leer-lauf mit $I = 0$ steigt die Drehzahl nach G. (2.37) auf

$$n_0 = \frac{U}{c \cdot \Phi_{rem}}$$

und ist nur durch den Remanenzfluß begrenzt. Dies bedeutet, daß Reihenschlußmo-toren nur unter Belastung betrieben werden dürfen, damit die Drehzahl keine mecha-nisch unzulässigen Werte annimmt. Ausgenommen sind kleine Maschinen, wo bereits durch die Reibungsverluste ein genügender Leerlaufstrom entsteht, dessen Feld die

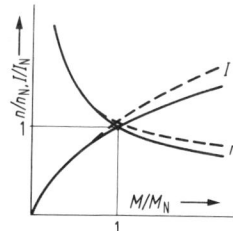

Bild 2.53 Kennlinien des Reihenschlußmotors
——— ohne magnetische Sättigung   - - - mit Sättigung

maximale Drehzahl begrenzt. Auf Grund der magnetischen Sättigung weichen die Kurven $n = f(M)$ und $I = f(M)$ bei größeren Momenten von dem theoretischen Verlauf ab und nähern sich dem Nebenschlußverhalten.

Der Gleichstrom-Reihenschlußmotor findet seine Anwendung fast ausschließlich als Fahrmotor in Nahverkehrs- und Industriebahnen. Wegen $M \sim I^2$ sind hier die für das häufige Anfahren erforderlichen hohen Drehmomente mit geringerer Netzbelastung als beim fremderregten Motor erreichbar, für den $M \sim I_A$ gilt.

Beispiel 2.10: Die Leistungsschilddaten eines Gleichstrom-Reihenschlußmotors lauten: $U_N = 220$ V, $I_N = 40$ A, $n_N = 1680$ U/min. Der Ankerkreiswiderstand beträgt $R_A = 0,7\,\Omega$. Bei welchem relativen Laststrom I/I_N erreicht der Motor die Drehzahl $3n_N$?

Mit $U_{qN} = U - R_A \cdot I = 220$ V $- 0,7\,\Omega \cdot 40$ A $= 192$ V wird die Maschinenkonstante c_R

$$c_R = \frac{U_{qN}}{n_N \cdot I_N} = \frac{192\text{ V}}{28\text{ s}^{-1} \cdot 40\text{ A}} = 0,171\,\Omega\text{s}$$

Bei dreifacher Bemessungsdrehzahl gilt nach Gl. (2.46)

$$3\,n_N = \frac{U}{\sqrt{2\pi\,c_R \cdot M}} - \frac{R_A}{c_R} \quad \text{und daraus } M = \left(\frac{U}{3\,n_N + R_A/c_R}\right)^2 \cdot \frac{1}{2\pi c_R}$$

$$M = \left(\frac{220\text{ V}}{3 \cdot 28\text{ s}^{-1} + 0,7\,\Omega/0,171\,\Omega\text{s}}\right)^2 \cdot \frac{1}{2\pi \cdot 0,171\,\Omega\text{s}} = 5,8\text{ Nm}$$

Das Drehmoment $M = 5,8$ Nm erfordert nach Gl. (2.45) den Strom

$$I = \sqrt{\frac{2\pi}{c_R} \cdot M} = \sqrt{\frac{2\pi \cdot 5,8\text{ Ws}}{0,171\,\Omega\text{s}}} = 14,6\text{ A} = 0,37 \cdot I_N$$

Beispiel 2.11: Ein Gleichstrom-Reihenschlußmotor hat die Daten: $U_N = 300$ V, $I_N = 48$ A, $M_N = 98$ Nm, $n_N = 1200$ U/min. Bei welcher Spannung bleibt der Motor bei M_N stehen?

Mit $M_N = \frac{c_R}{2\pi} \cdot I_N^2$ wird $c_R = \frac{2\pi \cdot 98\text{ Ws}}{(48\text{ A})^2} = 0,267\,\Omega\text{s}$

Aus Gl. (2.46) errechnet sich der Ankerkreiswiderstand R_A zu

$$R_A = c_R \left(\frac{U_N}{\sqrt{2\pi c_R \cdot M_N}} - n_N\right)$$

$$= 0,267\,\Omega\text{s} \left(\frac{300\text{ V}}{\sqrt{2\pi \cdot 0,267\,\Omega\text{s} \cdot 98\text{ Ws}}} - 20\text{ s}^{-1}\right) = 0,91\,\Omega$$

Für Drehzahl Null gilt

$$\frac{U}{\sqrt{2\pi\,c_R \cdot M_N}} = \frac{R_A}{c_R}$$

$$U = \sqrt{2\pi \cdot 0,267\,\Omega\text{s} \cdot 98\text{ Ws}} \cdot \frac{0,91\,\Omega}{0,267\,\Omega\text{s}} = 43,7\text{ V}$$

2.4 Steuerung von Gleichstrommotoren

2.4.1 Methoden der Drehzahleinstellung

Aus der Drehzahl-Drehmomentbeziehung nach Gl. (2.39) erhält man bei Vergröße-rung des Ankerkreiswiderstandes R_A durch den Vorwiderstand R_v die Gleichung

$$n = \frac{U_A}{c \cdot \Phi} - \frac{2\pi(R_A + R_V)}{(c \cdot \Phi)^2} \cdot M$$

Danach ist die Zuordnung $n = f(M)$ durch die Größen

- Ankerspannung mit $U_A \leqq U_{AN}$

- Feldschwächung mit $\Phi \leqq \Phi_N$

- Ankervorwiderstand $R_A \rightarrow R_A + R_V$

zu beeinflussen.

Alle drei Steuerverfahren eignen sich sowohl für fremderregte Maschinen wie für Reihenschlußmotoren, wobei zunächst der fremderregte Motor behandelt werden soll.

Ankervorwiderstände. Wird nach Gl. (2.39) im Ankerkreis ein Vorwiderstand R_V zuge-schaltet (Bild 2.54), so hat dies nach Gl. (2.41) keinen Einfluß auf die Leerlaufdreh-zahl n_0. Die Drehzahländerung Δn erhöht sich dagegen auf

$$\Delta n = \frac{2\pi(R_A + R_V)}{(c \cdot \Phi)^2} \cdot M$$

und man erhält nach Bild 2.55 immer steilere Kennlinien $n = f(M)$. Der große Nach-teil dieses Verfahrens besteht aber in den hohen Stromwärmeverlusten in R_V.

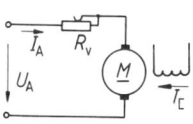

Bild 2.54 Drehzahleinstellung durch Ankervorwiderstand R_v

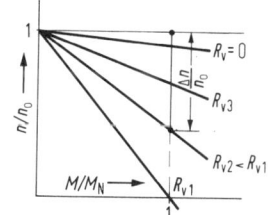

Bild 2.55 Drehzahlkennlinien bei Einsatz von Ankervorwiderständen R_v

Bei konstantem Moment $M \sim \Phi \cdot I_A$ nimmt die Maschine eine von der Drehzahl unab-hängige Ankerleistung $P_A = U \cdot I_A = P_2 + P_v$ auf. An der Welle steht jedoch nur der Anteil $P_2 = 2\pi \cdot n \cdot M$ zur Verfügung, der Rest $P_v = I_A^2(R_A + R_v)$ wird in Stromwärme umgesetzt.

Vernachlässigt man in der Energiebilanz die Eisen- und Reibungsverluste sowie die Erregerleistung, so gilt für den Wirkungsgrad

$$\eta = 1 - \frac{P_\text{v}}{P_\text{A}}$$

und damit nach Gl. (2.44)

$$\eta = 1 - \frac{\Delta n}{n_0} = \frac{n}{n_0}$$

Der Wirkungsgrad geht also proportional mit der Drehzahl zurück, womit diese Art der Drehzahleinstellung vor allem für größere Motoren und im Dauerbetrieb unwirtschaftlich ist.

Ankerspannungs- und Feldstellbereich. Eine Änderung der Ankerspannung U_A bzw. des Hauptpolfeldes Φ über den Erregerstrom I_E beeinflußt nach Gl. (2.41) die Leerlaufdrehzahl

$$n_0 = \frac{U_\text{A}}{c \cdot \Phi}$$

Da mit Rücksicht auf die zulässige Lamellenspannung am Stromwender und die magnetische Sättigung praktisch mit $U_\text{A} \leqq U_\text{AN}$ und $\Phi \leqq \Phi_\text{N}$ nur eine Verringerung der Größen möglich ist, grenzen sich die beiden Steuerverfahren wie folgt ab:

1. Ankerstellbereich mit $U_\text{A} \leqq U_\text{AN}$ bei Erregerfeld Φ_N für
   Drehzahlen $0 \leqq n \leqq n_\text{N}$.
2. Feldschwächbereich mit $\Phi \leqq \Phi_\text{N}$ bei Ankerspannung U_AN für
   Drehzahlen $n_\text{N} \leqq n \leqq n_\text{max}$.

Die obere Drehzahlgrenze n_max liegt bei etwa $n_\text{max} = 2 n_\text{N}$ bis $4 n_\text{N}$ und ist außer durch die Fliehkraftbeanspruchung vor allem durch die Probleme der Stromwendung bestimmt.

Anker- und Feldstellbereich lösen sich bei der Drehzahl M_n gegenseitig ab und ergeben zusammen das geschlossene Kennlinienfeld in Bild 2.56. Steht für die Energieversorgung der Gleichstrommaschine eine für Anker- und Feldkreis unabhängige, variable Gleichspannung zur Verfügung, so kann die Drehzahl der Maschine in einem sehr großen Bereich stufenlos eingestellt werden. Dies ist der große Vorzug der Gleichstrommaschine, der ihr vor der Entwicklung der Frequenzumrichter für Drehstrommotoren den Markt für drehzahlgeregelte Antriebe sicherte [151].

Da im Dauerbetrieb der Maschine der Ankerstrom I_AN nicht überschritten werden darf, sinkt nach $M \sim \Phi \cdot I_\text{A}$ im Feldstellbereich das verfügbare Drehmoment. Man erhält die in Bild 2.56 angegebene Grenze.

Betriebsdiagramme. Trägt man die im ganzen Drehzahlbereich gegebenen Größen der fremderregten Maschine bei konstantem Ankerstrom I_AN über der Drehzahl auf, so erhält man Bild 2.57. Entscheidend ist, daß im Bereich $U_\text{A} \leqq U_\text{AN}$ ein Betrieb mit konstantem Drehmoment, darüber mit konstanter Leistung möglich ist.

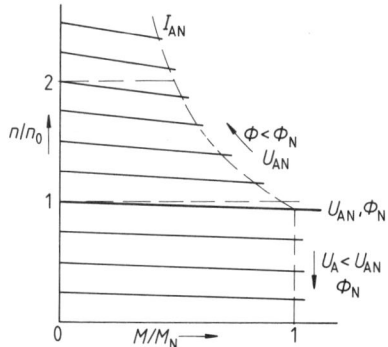

Bild 2.56 Drehzahlkennlinienfeld
eines fremderregten Motors
im Anker- und Feldstellbereich

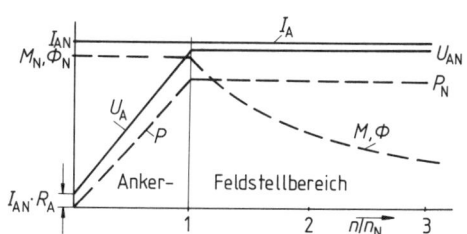

Bild 2.57 Betriebsdiagramm eines
fremderregten Motors im Anker- und Feldstellbereich für Ankernennstrom I_{AN}

Reihenschlußmotoren. Aus der im letzten Abschnitt abgeleiteten Drehzahl-Drehmomentbeziehung

$$n = \frac{U}{\sqrt{2\pi c_R \cdot M}} - \frac{R_A}{c_R}$$

ergibt sich, daß grundsätzlich die gleichen Steuerverfahren wie bei der fremderregten
Maschine verwendbar sind. Wegen $\Phi = c_1 \cdot I$ und $U_q = c_R \cdot I \cdot n$ ist die Möglichkeit der
Feldschwächung im Faktor c_R enthalten, der dabei kleiner wird.

Die Zuschaltung von Ankervorwiderständen bewirkt somit eine belastungsunabhängi-
ge Verminderung der Drehzahl (Bild 2.58) um einen festen Betrag, ohne den hyperbo-
lischen Verlauf des ersten Gliedes der Gleichung zu beeinflussen. Diese Steuerung ist
wie beim fremderregten Motor mit zusätzlichen Verlusten verbunden, da dem Netz
bei festem Moment trotz sinkender Drehzahl eine konstante elektrische Leistung entnommen wird.

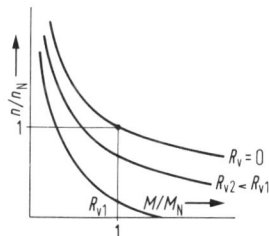

Bild 2.58 Drehzahlkennlinien eines
Reihenschlußmotors mit Vorwiderständen

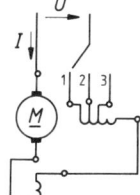

Bild 2.59 Feldschwächung beim
Reihenschlußmotor durch
Anzapfung der Erregerwicklung

Zur Erhöhung der Drehzahl durch Feldschwächung verwendet man in der Regel eine
Anzapfung der Erregerwicklung in mehreren Stufen (Bild 2.59). Die Erregerdurchflu-

tung wird dadurch entsprechend der reduzierten Windungszahl verringert und ergibt damit eine Feldschwächung.

Wie beim fremderregten Motor ist die Herabsetzung der Klemmenspannung das wichtigste Steuerverfahren. Zusammen mit der Feldschwächung erhält man das Kennlinienfeld nach Bild 2.60, in dem im Bereich $0 \leq n \leq n_{max}$ jede Drehzahl eingestellt werden kann.

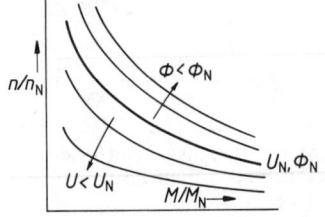

Bild 2.60 Drehzahlkennlinien eines Reihenschlußmotors bei Spannungsabsenkung und Feldschwächung

Da Reihenschlußmotoren praktisch nur im Bahnbetrieb und damit an einer konstanten Fahrdrahtspannung eingesetzt werden, erfolgt die Spannungsänderung über Gleichstromsteller nach Abschnitt 2.5.2.

Beispiel 2.12: Zur Drehzahlsteuerung eines kleinen Gleichstrommotors mit Dauermagneterregung stehen zwei Festwiderstände $R_1 = R_2 = 40\,\Omega$ zur Verfügung. Daten des Motors:
$U_{AN} = 220\,V$, $I_{AN} = 1,7\,A$, $R_A = 8,65\,\Omega$.
Leerlaufdrehzahl bei U_{AN} ist $n_0 = 2400\,U/min$.
Ankerrückwirkung und die Bürstenübergangsspannung können vernachlässigt werden.
Welche Drehzahlen ergeben sich bei Ankerstrom I_{AN} und einer Schaltung nach Bild 2.61 mit $U_N = 220\,V$ bei
a) Schalter S auf   b) Schalter S zu?

a) Bei konstantem Feld gilt die Proportion $\dfrac{n}{n_0} = \dfrac{U_q}{U_{AN}}$

$$U_q = U_{AN} - I_{AN}(R_A + R_1) = 220\,V - 1,7\,A \cdot 48,65\,\Omega = 137,3\,V$$

$$n = 2400\,U/min \;\frac{137,3\,V}{220\,V} = 1498\,U/min$$

b) Die beiden Widerstände wirken als Spannungsteiler, es wird die Motorspannung zu $U_M = 76\,V$ geschätzt.

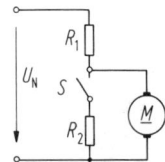

Bild 2.61
Drehzahleinstellung
durch Widerstände
(Beispiel 2.12)

Motorklemmenwiderstand $R_i = \dfrac{U_M}{I_{AN}} = \dfrac{76\,V}{1,7\,A} = 44,7\,\Omega$

Parallelwiderstand $R_p = \dfrac{R_2 \cdot R_i}{R_2 + R_i} = \dfrac{40 \cdot 44,7}{84,7}\,\Omega = 21,1\,\Omega$

Spannung am Motor $U_M = U_N \dfrac{R_p}{R_1 + R_p} = 220\,V\,\dfrac{21,1\,\Omega}{61,1\,\Omega} = 76\,V$

Motorquellenspannung $U_q = U_M - I_{AN} \cdot R_A = 76\,V - 1,7\,A \cdot 8,65\,\Omega = 61,3\,V$

Drehzahl bei Bemessungsstrom $n = 2400\,U/min \cdot \dfrac{61,3\,V}{220\,V} = 669\,U/min$

Aufgabe 2.14: Wie groß wird in beiden Fällen der Wirkungsgrad der Schaltung, wenn man nur die Stromwärmeverluste berücksichtigt?
Ergebnis: a) $\eta = 0{,}624$ b) $\eta = 0{,}132$

Leonard-Umformer. Die zur Drehzahlsteuerung einer Gleichstrommaschine erforderliche variable Ankerspannung erzeugt man heute fast immer über eine Stromrichterschaltung, worauf im nächsten Abschnitt eingegangen wird. Trotzdem ist auch der Leonardsatz genannte Maschinenumformer noch im Einsatz und soll nachstehend besprochen werden.

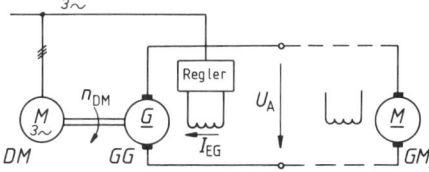

Bild 2.62 Aufbau eines Leonard-Umformers
DM Drehstrom-Asynchronmotor
GG Gleichstromgenerator

Ein Leonard-Umformer (Bild 2.62) besteht aus einem Drehstrom-Asynchronmotor *DM*, der an das 50 Hz-Netz angeschlossen wird und mit seiner nur wenig lastabhängigen Drehzahl n_{DM} einen angekuppelten Gleichstromgenerator *GG* antreibt. Der Erregerstrom I_{EG} des Generators läßt sich über einen Gleichrichter (Regler) in beiden Polaritäten zwischen Null und dem Bemessungswert beliebig einstellen. Auf diese Weise kann die Ankerspannung U_A des Leonardgenerators *GG* stufenlos im Bereich $-U_{AN} \leq U_A \leq +U_{AN}$ variiert werden. Für den Gleichstromantrieb *GM* steht damit eine Spannungsquelle für beide Dreh- und Energierichtungen zur Verfügung.

Soll der Antrieb GM abgebremst werden, so muß der aus Gl. (2.35) zu

$$I_A = \frac{U_A - U_q}{R_A} \tag{2.47}$$

berechnete Ankerstrom seine Richtung umkehren also negativ werden. Die Ankerspannung muß dazu nach $U_A < U_{qM}$ durch eine Verringerung von I_{EG} so reduziert werden, daß der gewünschte Bremsstrom entsteht. Mit dann sinkender Drehzahl des Antriebs *GM* wird die Ankerspannung entsprechend ständig weiter abgesenkt. Bei dieser Nutzbremsung wird die Maschine *GG*, der jetzt Gleichstrom zugeführt wird, zum Motor, der jetzt die Drehstrommaschine *DM* antreibt. Diese arbeitet dann als Drehstromgenerator und speist in das Netz ein. Leonard-Umformer erlauben also ohne Mehraufwand Motor- und Generatorbetrieb in jeweils beiden Drehrichtungen.

Im Vergleich zu den Schaltungen der Stromrichtertechnik hat der Leonard-Umformer jedoch trotzdem so gravierende Nachteile, daß er wie erwähnt weitgehend verdrängt ist. Für eine vergleichende Bewertung gelten etwa die nachstehenden Aussagen bezogen auf den Maschinenumformer:

Vorteile:
- Dämpfung von Laststößen durch die kinetische Energie der rotierenden Massen.
- Sinusförmige Netzströme und etwa konstante Blindleistungsaufnahme.
- Robuste Anlage, gut überlastungsfähig, einfache Technik.

Nachteile:
- Schlechter Wirkungsgrad.
- Fundament erforderlich, hoher Platzbedarf, Geräusche.
- Wartungsaufwand für Stromwender und Lager.
- Geringe Dynamik durch Zeitkonstante der Erregerwicklung des Generators.

2.4.2 Anlassen und Bremsbetrieb

Einschaltstrom. Bei der Inbetriebnahme einer fremderregten Gleichstrommaschine wird zunächst die Erregerspannung zugeschaltet, womit sich der Hauptpolfluß Φ einstellt. Legt man danach die Ankerspannung U_A an, so steigt bei noch stillstehender Maschine wegen $U_q = 0$ der Ankerstrom mit der Zeitkonstanten $T_A = L_A / R_A$ auf den Kurzschlußwert

$$I_{Ak} = \frac{U_A - 2 U_B}{R_A} \tag{2.48}$$

an. Mit U_B ist in dieser Gleichung die Bürstenübergangsspannung berücksichtigt. In der Praxis wird der Wert I_{Ak} allerdings nicht erreicht, da der Motor bereits während des ansteigenden Ankerstromes beschleunigt und damit die Quellenspannung U_q wirksam wird. Die Stromspitze liegt aber so hoch, daß nur Motoren kleiner Leistung direkt auf die volle Ankerspannung geschaltet werden dürfen.

Da Gleichstrommaschinen als drehzahlgesteuerte Antriebe heute mit Schaltungen der Leistungselektronik betrieben werden, erfolgt der Anlauf im Rahmen der Regelung der Maschine. Ein Drehzahlsollwert wird unter Beachtung einer einstellbaren Ankerstromgrenze durch allmähliches Vergrößern der Ankerspannung erreicht. Die nachstehend vorgestellte Technik des Anlaufs mit Anlaßwiderständen hat nur noch sehr geringe Bedeutung, z. B. wenn der Motor nur über eine Feldschwächung gesteuert wird.

Anlaßwiderstände. Beim Anlassen des Nebenschlußmotors (Bild 2.63) wird die Erregung voll eingeschaltet. Durch die größte Widerstandsstufe

$$R_{v1} = \frac{U_A - 2 U_B}{I_{sp}} - R_A \tag{2.49}$$

wird die Drehzahlkennlinie so gesenkt, daß im Stillstand der Spitzenstrom I_{sp} auftritt. Der Motor läuft entlang Kurve *1* hoch, wobei der Ankerstrom mit steigender Drehzahl zurückgeht. Erreicht er den Schaltstrom I_{sch}, so wird, um ein kräftiges Beschleunigungsmoment zu behalten, auf die nächste Widerstandsstufe R_{v2} umgeschaltet. Dieser Vorgang wiederholt sich, bis bei $R_v = 0$ die normale Betriebskennlinie erreicht ist.

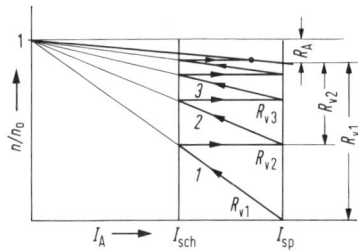

Bild 2.63 Bestimmung der Anlasserstufen beim Nebenschlußmotor
I_{sch} Schaltstrom I_{sp} Anlaßspitzenstrom

Bei konstantem Erregerfeld gilt die Proportion $U_{\mathrm{q}} / U_{\mathrm{N}} = n/n_0$, so daß die Drehzahl-kurven auch die Aufteilung der Ankerspannung in induzierte Spannung U_{q} und ohmschen Spannungsabfall $\Delta U \sim \Delta n = n_0 - n$ angeben. Der Bürstenspannungsabfall sei dabei vernachlässigt. Im Stillstand ist dann $\Delta U = I_{\mathrm{sp}} (R_{\mathrm{v1}} + R_{\mathrm{A}}) \sim n_0$, während bei $R_{\mathrm{v}} = 0$, $\Delta U = I_{\mathrm{sp}} \cdot R_{\mathrm{A}}$ gilt. Die normale Betriebskennlinie teilt damit die Ordinate in I_{sp} im Verhältnis R_{v1} zu R_{A} auf. Die weitere Abstufung des gesamten Vorwiderstan-des R_{v1} wird dann durch die dazwischenliegenden Drehzahlkurven vorgenommen.

Bremsbetrieb. Von einem elektrischen Antrieb wird oft auch verlangt, daß er den Bremsvorgang übernimmt, der wie bei Hebezeugen und Bahnen einen beträchtlichen Anteil am Gesamtbetrieb ausmachen kann. Die bremsende Gleichstrommaschine ar-beitet als Generator, wobei prinzipiell sowohl Nutzbremsung mit Rücklieferung der Energie ins Netz wie Verlust- oder Widerstandsbremsung möglich sind.

Nutzbremsung. Fremderregte Gleichstrommaschinen werden im allgemeinen mit Schaltungen der Leistungselektronik versorgt, die man für einen Vierquadrantenbe-trieb als Umkehrstromrichter ausführen kann. Zur Nutzbremsung, d.h. einer Rückge-winnung der Bewegungsenergie rotierender Massen, wird die Ankerspannung auf $U_{\mathrm{A}} < U_{\mathrm{qM}}$ reduziert, womit sich wie beim Leonardumformer Ankerstrom- und Ener-gierichtung umkehren. Es ist ein Bremsbetrieb bis zum Stillstand möglich.

Bei Reihenschlußmotoren im Bahnbetrieb an einer festen Fahrdrahtspannung erfor-dert Nutzbremsung den Einsatz der in Abschnitt 2.5.2 besprochenen Gleichstromstel-ler.

Widerstandsbremsung. Es wird nur der Anker der fremderregten Maschine vom Netz getrennt und auf einen Stufenwiderstand R_{v} geschaltet. Die Bremskennlinien ergeben sich aus Gl. (2.39) mit $U_{\mathrm{A}} = 0$ und dem Gesamtwiderstand $R_{\mathrm{A}} + R_{\mathrm{v}}$ im Ankerkreis zu

$$n = - \frac{2\pi (R_{\mathrm{A}} + R_{\mathrm{v}})}{(c \cdot \Phi)^2} \cdot M \qquad (2.50)$$

Bei festem Erregerstrom, d.h. $\Phi = $ konst. erhält man damit die Ursprungsgeraden in Bild 2.64. Durch Verringern von R_{v} kann eine Abbremsung bis zum Stillstand erfolgen.

Betreibt man die Maschine mit Selbsterregung, so ist ein Bremsbetrieb nur im oberen Drehzahlbereich möglich. Darunter ergibt sich zwischen Leerlaufkennlinie und Wi-derstandsgeraden des Erregerkreises kein Schnittpunkt mehr und der Generator wird stromlos.

Der Reihenschlußmotor ist zur Widerstandsbremsung sehr gut geeignet. Wegen $\Phi \sim I$ bleiben Erregerfeld und Bremsmoment auch bei kleinen Drehzahlen erhalten, sofern man den Belastungswiderstand mit der Drehzahl verkleinert. Beim Übergang auf den Bremsbetrieb muß die Reihenschlußwicklung umgepolt werden, damit der umgekehrt fließende Ankerstrom nicht die Remanenz auslöscht.

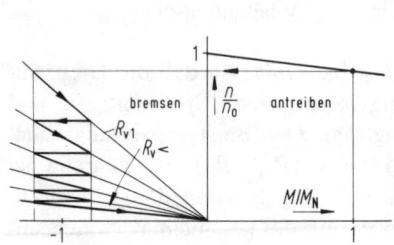

Bild 2.64 Widerstandsbremsung eines Nebenschlußmotors bei fester Erregung

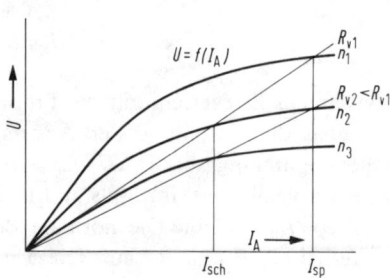

Bild 2.65 Widerstandsbremsung des selbsterregten Reihenschlußmotors

Im Bahnbetrieb mit Reihenschlußmaschinen als Fahrmotoren wird, sofern keine Gleichstromsteller mit der Möglichkeit einer Nutzbremsung vorhanden sind, stets Widerstandsbremsung angewandt (Bild 2.65). Durch Selbsterregung stellt sich im Schnittpunkt der Spannungskurve $U=f(I)$ bei der Drehzahl n_1 mit der Widerstandsgeraden R_{v1} der zulässige maximale Belastungsstrom I_{sp} ein. Mit sinkender Drehzahl verlagert sich der Schnittpunkt nach unten und erreicht bei n_2 den Schaltstrom I_{sch}. Um ein genügendes Bremsmoment beizubehalten, wird jetzt die nächst kleinere Widerstandsstufe eingeschaltet. Dieser Vorgang wiederholt sich, bis bei sehr kleinen Drehzahlen die Maschine kurzgeschlossen ist. Die Bremsung ist fast bis zum Stillstand möglich.

Beispiel 2.13: Ein fremderregter Gleichstrommotor mit $U_{AN}=220\,\text{V}$, $2\,U_B=2\,\text{V}$, $I_{AN}=47\,\text{A}$, $R_A=0{,}18\,\text{Ohm}$, $n_0=1520\,\text{U/min}$ soll über eine Anlaßautomatik hochlaufen. Um nicht zu viele Widerstandsstufen zu erhalten, wird der Anlaßspitzenstrom $I_{sp}=2\,I_{AN}$ und der Schaltstrom $I_{sch}=1{,}05\,I_{AN}$ gewählt. Es sind der maximale Anlaßwiderstand R_{v1} und die Drehzahl, bei welcher die erste Umschaltung erfolgt, anzugeben.

Man erhält die erste Widerstandsstufe bei $n=0$ zu

$$R_{v1}=\frac{U_A-2\,U_B}{I_{sp}}-R_A=\frac{218\,\text{V}}{2\cdot 47\,\text{A}}-0{,}18\,\Omega=2{,}14\,\Omega$$

Nach Bild 2.63 besteht für die Drehzahl bei der ersten Umschaltung die Beziehung (Strahlensatz)

$$\frac{n}{n_0}=\frac{I_{sp}-I_{sch}}{I_{sp}}$$

Damit wird

$$n=n_0\left(1-\frac{I_{sch}}{I_{sp}}\right)=1520\,\text{U/min}\left(1-\frac{1{,}05}{2}\right)$$
$$n=722\,\text{U/min}$$

Aufgabe 2.15: Die übrigen Widerstandsstufen des obigen Beispiels sind mit der Vereinfachung $2\, U_B = 0$ graphisch zu bestimmen.
Ergebnis: $R_{v1} = 2,14\,\text{Ohm}$, $R_{v2} = 1,04\,\text{Ohm}$, $R_{v3} = 0,46\,\text{Ohm}$, $R_{v4} = 0,156\,\text{Ohm}$

Aufgabe 2.16: Ein fremderregter Gleichstrommotor hat bei seiner Bemessungsleistung P_N gegenüber Leerlauf ($\Phi = \text{konst.}$) einen Drehzahlabfall von 50 U/min. In welchem Drehzahlbereich kann man nach Gleichung (2.50) mit dem Moment M_N bremsen, wenn ein vielstufiger Widerstand mit $R_{v\,max} = 9R_A$ zur Verfügung steht.
Ergebnis: 500 U/min bis 50 U/min

2.4.3 Dynamisches Verhalten von Gleichstrommaschinen

Nach jeder Schalthandlung oder einem Belastungsstoß stellt sich der neue stationäre Betriebszustand erst nach einer bestimmten Übergangszeit ein. Dazwischen liegen elektrische und mechanische Ausgleichsvorgänge, die das dynamische Verhalten einer Maschine kennzeichnen.

Differentialgleichungssystem. Die Übergangsfunktionen der elektrischen und mechanischen Größen eines dynamischen Vorgangs lassen sich stets durch ein System von Differential- und algebraischen Gleichungen berechnen. Dies enthält vor allem die Spannungsgleichungen der einzelnen Stromkreise und eine Bewegungsgleichung.

Bei der fremderregten Gleichstrommaschine bestehen mit dem Anker- und dem Erregerkreis zwei Wicklungssysteme (Bild 2.66), deren Achsen senkrecht aufeinanderstehen. Sie sind daher entkoppelt und wirken bei vernachlässigter Ankerrückwirkung nicht aufeinander ein. Der Ankerkreis enthält außer dem resultierenden ohmschen Widerstand R_A eine Induktivität L_A, die aus den Luftspalt- und Streufeldern der Anker-, Wendepol- und eventuell Kompensationswicklung gebildet wird. Der Erregerkreis besitzt neben dem Widerstand R_E die gegenüber L_A wesentlich größere Erregerinduktivität L_E. Die Bewegungsgleichung erfaßt schließlich die Beziehung zwischen dem Maschinenmoment M_t, dem Antriebs- oder Lastmoment M_w und dem Beschleunigungsmoment $2\pi \cdot J \cdot dn/dt$. Das gesamte Gleichungssystem lautet für die fremderregte Maschine:

$$u_A = u_q + R_A \cdot i_A + L_A \cdot \frac{di_A}{dt} \qquad (2.51)$$

$$u_E = R_E \cdot i_E + L_E \cdot \frac{di_E}{dt} \qquad (2.52)$$

$$M_t = M_w + 2\pi \cdot J \cdot \frac{dn}{dt} \qquad (2.53)$$

mit $\quad u_q = c \cdot n \cdot \Phi_t, \quad M_t = \frac{c}{2\pi} \cdot i_A \cdot \Phi_t, \quad \Phi_t = f(i_E)$

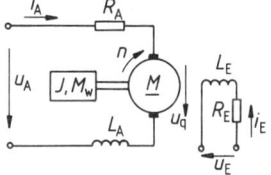

Bild 2.66 Ersatzschaltung des fremderregten Gleichstrommotors für dynamische Vorgänge

Für das Trägheitsmoment J ist der resultierende Wert des gesamten Maschinensatzes einzusetzen.

Die analytische Berechnung der Übergangsfunktion eines bestimmten dynamischen Vorgangs ist, von einfachen Fällen abgesehen, meist sehr aufwendig. Als ein sehr wichtiges mathematisches Hilfsmittel erweist sich dabei die Methode der Laplace-Transformation [21].

Besonders wenn auch die magnetische Sättigung der einzelnen Kreise berücksichtigt werden muß, ist es praktisch unumgänglich, die Lösung des Gleichungssystems über einen Digital- oder vor allem Analogrechner vorzunehmen. Die gesuchten Übergangskurven können dann unmittelbar über einen Schreiber dargestellt werden.

Im Folgenden soll als Beispiel eines dynamischen Verhaltens ein einfacher Schaltvorgang an einem Nebenschlußgenerator untersucht werden.

Beispiel 2.14: Ein selbsterregter Gleichstromgenerator (Bild 2.67) wird mit konstanter Drehzahl angetrieben und besitzt bei $i_E = I_{E0}$ die Leerlaufspannung U_0. Es ist der Verlauf des Ankerstromes bei einem Klemmenkurzschluß anzugeben. Die Ankerrückwirkung und die magnetische Sättigung sollen vernachlässigt werden.

Gleichungssystem des Schaltvorgangs:

Ankerkreis $u_q = R_A \cdot i_A + L_A \cdot \dfrac{di_A}{dt}$

mit $u_q = U_0 \dfrac{i_E}{I_{E0}}$

Erregerkreis $0 = R_E \cdot i_E + L_E \cdot \dfrac{di_E}{dt}$

Eine Bewegungsgleichung ist bei $n = $ konstant nicht erforderlich.

Anfangsbedingungen bei $t = 0$

$i_A = i_E = I_{E0}$, $u_q = U_0$

Spannungsgleichung bei $t < 0$ und mit $R_A \ll R_E$

$U_0 = R_E \cdot I_{E0}$ und damit $I_{E0} = \dfrac{U_0}{R_E}$

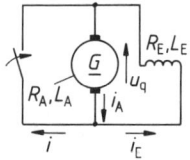

Bild 2.67
Klemmenkurzschluß
eines selbsterregten,
leerlaufenden
Generators
(Beispiel 2.14)

Zur Lösung der Erregerkreisgleichung eignet sich der Ansatz

$i_E = A \cdot e^{-\frac{t}{T_E}}$,   d.h. $\dfrac{di_E}{dt} = -\dfrac{A}{T_E} \cdot e^{-\frac{t}{T_E}}$

Eingesetzt ergibt dies

$0 = R_E \cdot A - A \cdot \dfrac{L_E}{T_E}$ und $T_E = \dfrac{L_E}{R_E}$

Aus der Anfangsbedingung $i_E = I_{E0}$ folgt $A = I_{E0}$ und der Erregerstromverlauf

$i_E = I_{E0} \cdot e^{-\frac{t}{T_E}}$.

Die Quellenspannung verläuft wegen $u_q = U_0 \dfrac{i_E}{I_{E0}}$

nach $u_q = U_0 \cdot e^{-\frac{t}{T_E}}$

Damit lautet die Ankerkreisgleichung

$$U_0 e^{-\frac{t}{T_E}} = R_A \cdot i_A + L_A \cdot \frac{di_A}{dt}$$

Für die Lösung der homogenen Differentialgleichung

$$0 = R_A \cdot i_A + L_A \frac{di_A}{dt}$$

eignet sich entsprechend dem Erregerkreis der Ansatz

$$i_A = B \cdot e^{-\frac{t}{T_A}}, \quad \text{d. h.} \quad \frac{di_A}{dt} = -\frac{B}{T_A} e^{-\frac{t}{T_A}} \quad \text{und} \quad T_A = \frac{L_A}{R_A}$$

Für die inhomogene Differentialgleichung (mit $U_0 e^{-\frac{t}{T_E}}$) wird

$$i_A = C \cdot e^{-\frac{t}{T_E}}, \quad \frac{di_A}{dt} = -\frac{C}{T_E} \cdot e^{-\frac{t}{T_E}}$$

angenommen. Setzt man diesen Ansatz in die Ankerkreisgleichung ein, so erhält man zur Zeit $t=0$ für die Konstante C

$$U_0 = R_A \cdot C - \frac{L_A}{T_E} \cdot C$$

$$C = \frac{U_0}{R_A - L_A / T_E} = \frac{U_0}{R_A} \cdot \frac{T_E}{T_E - T_A}$$

Für die vollständige Lösung, d. h. die Addition von homogenem und inhomogenem Ansatz, gilt damit

$$i_A = \frac{U_0}{R_A} \cdot \frac{T_E}{T_E - T_A} e^{-\frac{t}{T_E}} + B \cdot e^{-\frac{t}{T_A}}$$

Bei $t=0$ ist $i_A = I_{E0}$ und folglich

$$B = I_{E0} - \frac{U_0}{R_A} \frac{T_E}{T_E - T_A}$$

Die Übergangsfunktion des Ankerstromes im Falle des Kurzschlusses lautet somit

$$i_A = +\frac{U_0}{R_A} \cdot \frac{T_E}{T_E - T_A} \left(e^{-\frac{t}{T_E}} - e^{-\frac{t}{T_A}} \right) + \frac{U_0}{R_E} \cdot e^{-\frac{t}{T_A}}$$

Für die Zeitkonstanten des Anker- und des Feldkreises gelten etwa $T_A = 0{,}02\,\text{s}$ bis $0{,}06\,\text{s}$, $T_E = 0{,}4\,\text{s}$ bis $1{,}2\,\text{s}$, wobei die Werte mit der Maschinenleistung zunehmen. Dies bedeutet, daß der Ankerstrom schon nach $0{,}1$ bis $0{,}2\,\text{s}$ mit

$$i_A \approx \frac{U_0}{R_A} e^{-\frac{t}{T_E}}$$

abklingt. Der Verlauf der Übergangsfunktion ist in Bild 2.68 unmaßstäblich dargestellt.

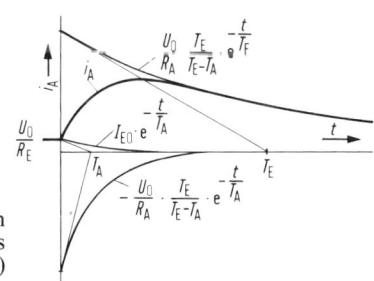

Bild 2.68 Ankerstromverlauf nach dem Klemmenkurzschluß eines selbsterregten Generators (Beispiel 2.14)

2.5 Stromrichterbetrieb der Gleichstrommaschine

2.5.1 Netzgeführte Stromrichterantriebe

Für die Versorgung und Steuerung von Gleichstrommaschinen mit Ausnahme der Servoantriebe und von Fahrzeugmotoren in Gleichstrombahnen werden sogenannte netzgeführte Stromrichter der Leistungselektronik eingesetzt. Diese Schaltungen bilden die variable Gleichspannung für die Drehzahländerung der Motoren durch Anschnittsteuerung der gleichgerichteten Netzwechselspannungen. Der gewünschten Gleichspannung U_d sind dadurch Oberschwingungen überlagert, deren Folgen in Abschnitt 2.5.3 behandelt werden.

Als Stellglied wird bei netzgeführten Schaltungen der Thyristor verwendet, dessen Fertigungsprogramm bis über 1000 A Durchlaßstrom und 4000 V Spitzensperrspannung reicht. Thyristoren sind nach ihrer Wirkung einschaltbare Dioden, die durch einen Stromimpuls auf die Steuerelektrode während der positiven Halbschwingung der Netzspannung in den leitenden Zustand gebracht werden (Bild 2.69). Da dieser nur bis zum nächsten Stromnulldurchgang besteht, muß ein Thyristor netzsynchron gezündet werden, was die Möglichkeit der Spannungssteuerung ergibt. Über alle Halbleiter und ihre Schaltungstechnik ist eine sehr umfangreiche Literatur vorhanden, auf die hier verwiesen wird [22-25].

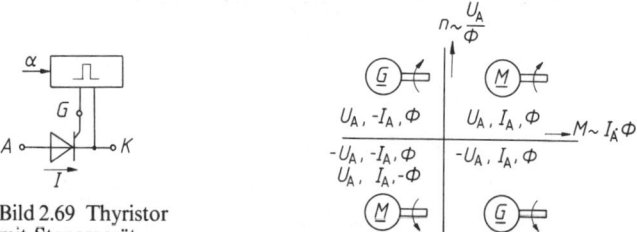

Bild 2.69 Thyristor mit Steuergerät

Bild 2.70 Steuerung einer Gleichstrommaschine im Vierquadrantenbetrieb

Ein- und Mehrquadrantenbetrieb. Bei der Projektierung eines Gleichstromantriebs muß neben den Bemessungsdaten P_N, U_N und n_N auch bekannt sein, ob beide Drehrichtungen und eventl. eine Nutzbremsung erforderlich sind. Diese verschiedenen Betriebszustände einer Gleichstrommaschine lassen sich durch die Lage ihrer Drehzahl-Drehmomentkurve $n=f(M)$ in einem der vier Quadranten (Bild 2.70) angeben. Durch die Beziehungen $n \sim U_A/\Phi$ und $M \sim I_A \cdot \Phi$ liegt dabei fest, welche Vorzeichen Ankerspannung, -strom und Erregerfeld in den verschiedenen Arbeitsweisen besitzen müssen. Der Bezugswert ist der Motorbetrieb des ersten Quadranten, in dem alle Größen positiv gezählt werden. Für den Übergang in den Motorbetrieb mit negativer Drehrichtung ist mit der Feldumkehr Φ auf $-\Phi$ ein zweites Verfahren angegeben, das ebenfalls Bedeutung besitzt. Innerhalb jedes Quadranten läßt sich die Drehzahl zwischen Stillstand und dem Bemessungswert durch Steuerung der Ankerspannung und darüberhinaus durch Feldschwächung beliebig variieren.

Stromrichterschaltungen. Für den Leistungsteil des Gleichrichters werden in der Praxis im wesentlichen zwei Grundschaltungen eingesetzt. Im Bereich bis ca. 5 kW (10 kW) verwendet man meist die Zweipuls-Brückenschaltung B2 (Einphasen-Brückenschaltung) für den Anschluß an das Wechselstromnetz. Darüberhinaus und bis zu den höchsten Leistungen wählt man die Sechspuls-Brückenschaltung B6 (Drehstrom-Brückenschaltung) [26, 27].

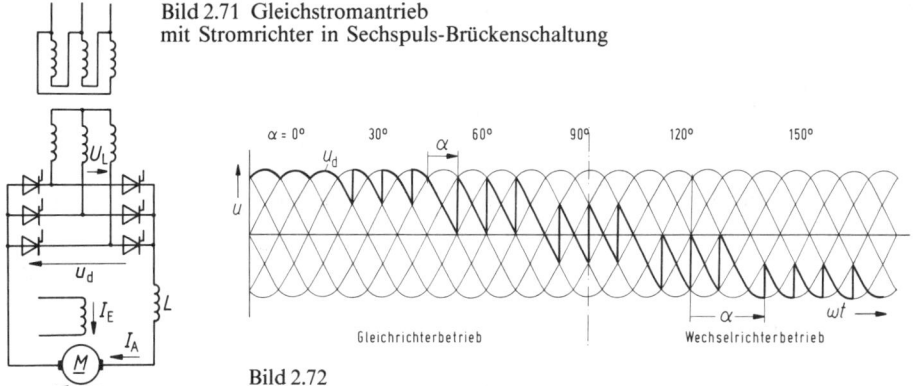

Bild 2.71 Gleichstromantrieb
mit Stromrichter in Sechspuls-Brückenschaltung

Bild 2.72
Bildung der Gleichspannung u_d bei einer Sechspuls-Brückenschaltung

Die Bildung der momentanen Stromrichterspannung u_d erfolgt nach dem in Bild 2.72 für die Drehstrom-Brückenschaltung gültigen Diagramm. Der maximale Mittelwert U_{d0} entsteht durch die Hüllkurve der Netzspannung U_L und beträgt bei der Einphasenbrückenschaltung

$$U_{d0} = \frac{2\sqrt{2}}{\pi} \cdot U_L \qquad (2.54a)$$

und bei der Drehstrom-Brückenschaltung

$$U_{d0} = \frac{3\sqrt{2}}{\pi} \cdot U_L \qquad (2.54b)$$

Durch die Anschnittsteuerung, d.h. verspätete Zündung der Thyristoren um den Zündwinkel α, sinkt der Mittelwert U_d der Gleichspannung nach

$$U_d = U_{d0} \cdot \cos \alpha \qquad (2.55)$$

Für $\alpha > 90°$ entstehen negative Gleichspannungs-Mittelwerte, was auf Grund der durch die Ventilwirkung vorgegebenen Stromrichtung eine Umkehr der Energierichtung bedeutet. In diesem sogenannten Wechselrichterbetrieb gibt der Stromrichter die Bremsenergie des Antriebs ins Netz zurück. Die maximale Aussteuerung ist mit Rücksicht auf den einwandfreien Betrieb des Stromrichters bei $\alpha \approx 150°$ erreicht. Der gesamte Verlauf des Diagramms nach Bild 2.72 hat dabei als Voraussetzung, daß für den Laststrom stets $i_A > 0$ gilt, d.h. daß er nicht „lückt".

Werden keine negativen Gleichspannungen benötigt, so kann man die Hälfte der Thyristoren durch Dioden ersetzen und erhält eine halbgesteuerte Schaltung. Hier berechnet sich die Abhängigkeit der Gleichspannung vom Steuerwinkel α nach

$$U_d = \frac{1}{2} U_{d0} (1 + \cos\alpha) \tag{2.56}$$

Ein Gleichstromantrieb mit einem Stromrichter in Einphasen-Brückenschaltung ist in Bild 2.73 dargestellt. Die angegebene Schaltung zeigt gleichzeitig die Prinzipien der üblichen Regelung. Die Einstellung der gewünschten Drehzahl n_{soll} über die Ankerspannung erfolgt nicht direkt, sondern mit Hilfe einer unterlagerten Stromregelung. Der Drehzahlregler $N1$ liefert lediglich den zulässigen Ankerstrom-Sollwert und erst der Ausgang des Stromreglers $N2$ steuert das Impulsgerät $N3$ der Thyristorschaltung an. Mit dieser Technik wird erreicht, daß bei einem neuen Drehzahlsollwert das Impulsgerät nicht unmittelbar den nach Gl.(2.55) erforderlichen Zündwinkel α und somit die neue Gleichspannung einstellt, sondern dies erst allmählich unter Einhaltung eines zulässigen maximalen Ankerstromes geschieht. Alle Umsteuervorgänge (Anlaufen, Drehzahländerung, Reversieren) werden damit in kürzester Zeit entlang der Stromgrenze ausgeführt.

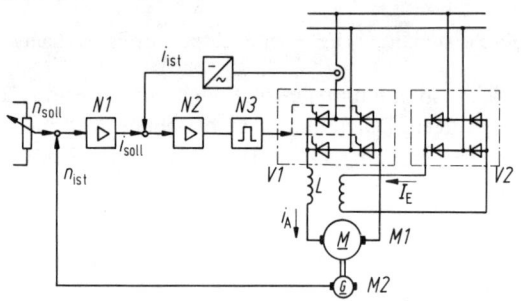

Bild 2.73 Gleichstromantrieb
mit Zweipuls-Brückenschaltung
V1 Vollgesteuerte Zweipulsbrücke
V2 Diodenbrücke
N1 Drehzahlregeler
N2 Stromregler
N3 Impulsgerät
M2 Tachogenerator

Ankerumschaltung. Sind für einen Gleichstromantrieb beide Drehrichtungen vorgesehen, so muß eine Momentenumkehr und damit nach $M \sim \Phi \cdot I_A$ bei fester Erregung eine Umpolung des Ankerstromes möglich sein. Da bei einem gesteuerten Gleichrichter die Stromrichtung festliegt, müssen besondere Schaltungsmaßnahmen getroffen werden. Sind keine raschen Umsteuerungen erforderlich, so kann bis zu Leistungen von einigen 100 kW eine mechanische Umschaltung durch Schütze erfolgen (Bild 2.74 a). Dabei entsteht eine stromlose Pause von ca. 0,1 s bis 0,2 s, in welcher der Motor nicht geführt ist.

Feldumkehr. Bei Umkehr des Drehmomentes kann die alte Ankerstromrichtung dann beibehalten werden, wenn eine Änderung der Feldrichtung erfolgt. Da die Erregerleistung nur wenige Prozent der Ankerleistung beträgt, kann man hier ohne zu hohen Aufwand zwei gegenparallele Stromrichter verwenden (Bild 2.74 b). Jeder übernimmt eine Erregerstromrichtung, wobei bei jeder Umsteuerung mit Rücksicht auf den Feldabbau eine Pause von 0,5 bis 2,5 s entsteht.

Umkehrstromrichter. Will man einen Antrieb möglichst rasch umsteuern, so wird als aufwendigste Lösung die Gegenparallelschaltung zweier Stromrichter im Ankerkreis vorgesehen (Bild 2.74 c). Hier sind mehrere unterschiedliche Schaltungsausführungen und regeltechnische Varianten üblich.

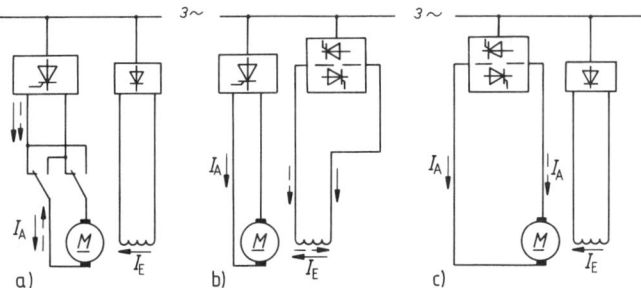

Bild 2.74 Schaltungen für Umkehrantriebe
a) Ankerumschaltung mit einem Polwender   b) Feldumkehr durch zwei Stromrichter
c) Gegenparallelschaltung zweier Stromrichter im Ankerkreis

In der kreisstromfreien Technik ist je nach gewünschter Richtung von I_A ein Stromrichter in Betrieb, der andere aber gesperrt. Die Umschaltung auf die andere Polarität erfolgt durch eine Kommandostufe in etwa 5 ms bis 10 ms.

In der Schaltung mit Kreisstrom sind stets beide Teilstromrichter im Einsatz, wobei der eine im Gleichrichterbetrieb den Laststrom führt, während der andere bei gleicher Spannung in Wechselrichteraussteuerung wartet. Zwischen beiden Brückenschaltungen stellt man zur Verbesserung der regeltechnischen Eigenschaften einen kleinen Kreisstrom ein.

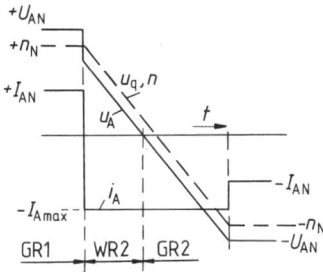

Bild 2.75 Verlauf der Motorgrößen bei einem Reversiervorgang

In Bild 2.75 sind der prinzipielle Verlauf der Motorgrößen und die Betriebsarten des Umkehrstromrichters mit den zwei gegenparallelen Schaltungen 1 und 2 für einen Reversiervorgang dargestellt. Ausgangspunkt ist der Motorbetrieb im Rechtslauf bei Belastung mit I_{AN} und n_N, den der Teilstromrichter 1 in Gleichrichteraussteuerung (GR1) übernimmt. Mit einer Sollwertänderung der Drehzahl von $+n_N$ auf $-n_N$ wird die Spannung am Stromrichterausgang so auf $U_A < U_q$ reduziert, daß sich nach

Gl. (2.47) der Ankerstrom von $+I_{AN}$ auf $-I_{A\,max}$ umkehrt. Dies bedeutet eine Nutz-bremsung des Antriebs, die von Stromrichter 2 übernommen wird, der in Wechsel-richteraussteuerung (WR2) die Leistung $U_A \cdot I_{A\,max}$ ins Netz zurückliefert und dabei seine Spannung ständig den proportional zur sinkenden Drehzahl immer kleineren Werten von U_q anpaßt. Auf diese Weise wird der Antrieb mit maximaler Verzögerung an der eingestellten Stromgrenze abgebremst und nach dem Stillstand mit jetzt negativer Ankerspannung in die neue Drehrichtung beschleunigt. Hierfür bleibt Stromrichter 2 eingeschaltet, der jetzt im Gleichrichterbetrieb (GR2) den Motorlinks-lauf übernimmt.

Beispiel 2.15: Zur Versorgung eines Gleichstrommotors von $P_N = 100\,\text{kW}$, $\eta_M = 0,90$ stehen zwei Möglichkeiten zur Auswahl:
a) Ein Leonardumformer mit Drehstrommotor $\eta_D = 0,92$, Steuergenerator $\eta_G = 0,90$
b) Ein Thyristor-Stromrichter in Sechspuls-Brückenschaltung B6 für direkten Netzanschluß.
Die Durchlaßverluste pro Thyristor betragen 120 W, außerdem wird als Leistungsbedarf für die Steuer- und Schutzeinrichtungen ein Wert von $P_v = 500\,\text{W}$ angenommen.
Es ist der Wirkungsgrad der beiden Versorgungsvarianten zu bestimmen.

a) Wirkungsgrad des Umformers $\eta_U = \eta_D \cdot \eta_G = 0,92 \cdot 0,90 = 0,828$
b) Abgabeleistung des Stromrichters

$$P_{S2} = P_N/\eta_M = 100\,\text{kW}/0,90 = 111,11\,\text{kW}$$

Verluste des Stromrichters $P_{Sv} = 500\,\text{W} + 6 \cdot 120\,\text{W} = 1,22\,\text{kW}$
Aufnahmeleistung des Stromrichters $P_{S1} = P_{S2} + P_{Sv} = 112,33\,\text{kW}$
Wirkungsgrad des Stromrichters $\eta_S = 1 - P_{Sv}/P_{S1} = 1 - 1,22\,\text{kW}/112,33\,\text{kW} = 0,989$

2.5.2 Antriebe mit Gleichstromsteller

Pulsbetrieb. Während bei allen netzgeführten Stromrichterschaltungen die Bildung der variablen Ankerspannung durch Phasenanschnittsteuerung der Netzwechselspan-nung erfolgt, arbeitet der Gleichstromsteller bereits mit einer konstanten Gleichspan-nung am Eingang. Diese steht beim Einsatz des Antriebs als Fahrmotor in Straßen-bahnen und O-Bussen durch das Oberleitungsnetz und bei Elektrospeicherfahrzeugen durch die Batterie unmittelbar zur Verfügung. Zur Steuerung von Gleichstrom-Servo-antrieben mit Gleichstromstellern wird sie über eine Diodenbrücke aus der Netzspan-nung erzeugt.

Das Grundprinzip der Gleichstromstellertechnik ist in Bild 2.76 dargestellt. Durch ein elektronisches Stellglied S wird die Netzspannung U_N mit möglichst hoher Frequenz f_P pulsförmig auf den Antrieb geschaltet. Bei der häufig verwendeten Pulsbreiten-steuerung ist dabei innerhalb der konstanten Periodendauer $t_P = 1/f_P$ die Einschaltzeit t_E einstellbar. In den Pausenzeiten t_A fließt der Ankerstrom i_A über einen Freilauf-kreis mit der Diode D weiter. Auf diese Weise entwickelt der Anker trotz der schubar-tigen Energiezufuhr dauernd ein Drehmoment, das allerdings proportional zum Ver-lauf $i_A = f(t)$ etwas pulsiert.

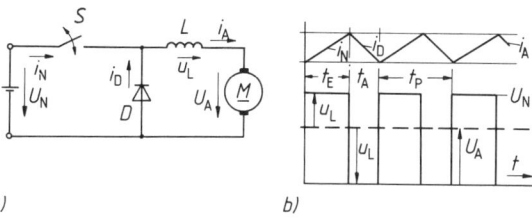

Bild 2.76
Technik eines Gleichstromstellers
a) Prinzipschaltung
S elektronischer Ein-Ausschalter
L Glättungsinduktivität
D Freilaufdiode
b) Pulsbreitensteuerung der
   Gleichspannung U_A

Der zeitliche Verlauf der Motorgrößen u_A und i_A für eine bestimmte Einschaltzeit t_E ist in Bild 2.76 b angegeben, wobei folgende Betriebszustände zu unterscheiden sind:

Stellglied S während der Zeit t_E geschlossen:

Der Antrieb nimmt mit $i_A = i_N$ Energie aus dem Netz auf. Die Spannungsgleichung des Kreises lautet

$$U_N = U_A + u_L$$

wobei $\quad u_L = L \cdot \dfrac{\mathrm{d}i_A}{\mathrm{d}t}$

der Spannungsfall an der Kreisinduktivität L infolge des ansteigenden Stromes i_A ist.

Stellglied während der Zeit t_A geöffnet:
Im Freilaufkreis gilt die Gleichung

$$U_A + u_L = 0$$

wobei der Strom mit $i_A = i_D$ infolge der magnetischen Energie der Induktivität L nur langsam abklingt. Die Spannung u_L hat gegenüber der Zeit t_E umgekehrtes Vorzeichen und hält die Ankerspannung aufrecht.

Insgesamt schwankt der Strom um den Wert Δi, der um so kleiner ist, je größer die Pulsfrequenz f_P und die Induktivität L gewählt werden.
Mit den allgemeinen Beziehungen

$$u_L = L\frac{\mathrm{d}i}{\mathrm{d}t} \quad \text{und} \quad \Delta i = \frac{1}{L}\int_0^t u_L \mathrm{d}t$$

folgt bei gleichem Δi in beiden Zeiten für die Spannungsflächen

$$|u_L \cdot t_E| = |u_L \cdot t_A|$$

Dies bedeutet, daß sich die Ankerspannung als Mittelwert der Spannungsimpulse in Bild 2.75 b einstellt und mit der Beziehung

$$U_A = U_N \cdot \frac{t_E}{t_P} \tag{2.57}$$

bei $0 \le t_E \le t_P$ stufenlos zwischen Null und U_N variiert werden kann.

Als Stellglied kommen in Frage:
- Schalttransistoren bis zu mittleren Leistungen aber mit hoher Schaltfrequenz.
- GTO-Thyristoren, die über einen negativen Stromimpuls wieder löschbar sind.
- Thyristoren mit Zwangskommutierung bis zu den höchsten Leistungen.

Zwangskommutierter Thyristorsteller. Steller mit Zwangskommutierung werden schon seit vielen Jahren zur Steuerung von Fahrzeugantrieben eingesetzt [28, 29]. In Bild 2.77 ist die klassische Schaltung am Beispiel der Steuerung eines Gleichstrom-Reihenschlußmotors an einer Batteriespannung gezeigt. Der umrandete Schaltungsteil stellt den Hauptthyristor *V1* mit der Löschschaltung dar und erfüllt die Aufgabe des Ein- und Ausschaltens der Batterieversorgung.

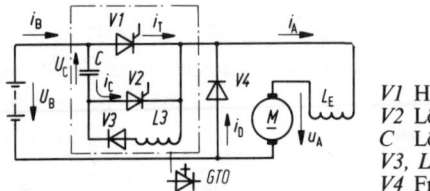

V1 Hauptthyristor
V2 Löschthyristor
C Löschkondensator
V3, L3 Umschwingkreis
V4 Freilaufdiode

Bild 2.77 Schaltung eines Gleichstromstellers mit zwangskommutiertem Thyristor

Während der Einschaltzeit des Hauptthyristors *V1* ist der Kondensator *C* wie eingezeichnet auf die Spannung $U_C = -U_B$ aufgeladen. Soll *V1* gesperrt werden, so muß der Hilfsthyristor *V2* gezündet werden, womit der Laststrom unter dem Einfluß der Kondensatorspannung mit $i_A = i_C$ auf den Löschkreis wechselt (Zwangskommutierung) und damit $i_T = 0$ erzwingt. Damit kann *V1* seine Sperrfähigkeit wiedererlangen, während der Kondensator durch den Laststrom auf die Spannung $-U_C$ umgeladen wird. Erreicht die Kondensatorspannung den Wert U_B, so sperrt auch der Hilfsthyristor wieder und der Laststrom fließt unter der Wirkung der Motorinduktivität mit $i_A = i_D$ über die Freilaufdiode *V4* weiter. Mit dem nächsten Einschalten übernimmt wieder *V1* den Laststrom, gleichzeitig fließt eine Stromhalbschwingung über den Umschwingkreis der Diode *V3* und lädt den Kondensator auf die zur nächsten Löschung erforderliche Polarität auf.

Durch die Entwicklung von abschaltbaren Thyristoren (GTO-Thyristor = Gate Turn Off-Thyristor) mit etwa denselben Strom- und Spannungsgrenzwerten wie normale Thyristoren hat die Schaltung zur Zwangskommutierung weitgehend ihre Bedeutung verloren. Die gesamte in Bild 2.77 umrandete Löschschaltung wird dann wie skizziert durch einen GTO ersetzt.

Gleichstromsteller gestatten durch Vertauschen der Anordnung von Freilaufdiode und Schaltthyristor auch eine Rücklieferung von Energie ins Netz. Damit ist die bei Fahrzeugantrieben sehr erwünschte Nutzbremsung möglich.

Transistorsteller. Für Gleichstrom-Servoantriebe bis zu Drehmomenten von etwa 50 Nm verwendet man heute gerne transistorisierte Gleichstromsteller in der Schaltung nach Bild 2.78. Über eine Diodenbrücke wird eine Gleichspannung U_d erzeugt und mit einem möglichst großen Pufferkondensator konstant gehalten. Die nachfolgende Brückenschaltung mit den Transistoren *T1* bis *T4* erlaubt dann einen Vierquadrantenbetrieb mit Ankerstrom in beiden Richtungen. Für den eingetragenen Strompfeil i_A mit z. B. Motorbetrieb, Rechtslauf sind *T1* und *T4* einzuschalten, bei der anderen dann *T2* und *T3*. Ist im Bremsbetrieb nur wenig Energie aufzunehmen, so kann dies durch den Pufferkondensator *C* erfolgen. Darüberhinaus muß man einen Ballastwiderstand quer in den Zwischenkreis, d. h. parallel zu C schalten, dessen Ohmwert durch Takten eingestellt werden kann.

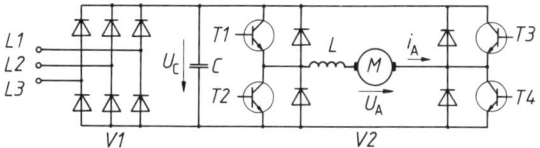

V1 Diodengleichrichter
V2 Transistor-Brückenschaltung
C Glättungskondensator

Bild 2.78 Prinzipschaltung eines Transistorstellers

Im Unterschied zu Thyristorstellern, deren Taktfrequenz mit Rücksicht auf die Freiwerdezeit der Bauelemente nur bei einigen 100 Hz liegt, erreicht man bei Transistorstellern Schaltfrequenzen von über 10 kHz. Dies bedeutet für die Regelung nahezu keine Totzeit und für den Motor einen Formfaktor des Ankerstromes von $F \approx 1$. Transistorsteller werden daher gerne für Positioniermotoren eingesetzt, wobei bei Mehrachsantrieben ein gemeinsamer Zwischenkreis verwendet wird. Diese Technik ist besonders auch für den Bremsbetrieb wirtschaftlich, da die rückgespeiste Energie unmittelbar für die anderen Antriebe zur Verfügung steht [30].

2.5.3 Probleme der Stromrichterspeisung

Der Betrieb einer Gleichstrommaschine über einen Stromrichter hat auf die Auslegung und das Verhalten der Maschine teils beträchtliche Auswirkungen. Bei der heutigen Bedeutung der Leistungselektronik im Bereich der Antriebstechnik muß daher auf die maschinenbezogene Problematik der Stromrichterspeisung eingegangen werden.

Oberschwingungen. Die Ausgangsspannung eines Stromrichters enthält grundsätzlich Wechselanteile, die sich dem Gleichspannungsmittelwert U_d überlagern. Die Frequenz dieser Oberschwingungen läßt sich aus der Ordnungszahl

$$v = p \cdot k \qquad \text{mit} \quad k = 1; 2; 3 \ldots$$

zu

$$f_v = f_N \cdot v$$

berechnen. Die Pulszahl p des Stromrichters ist eine Kenngröße der Schaltung, sie beträgt bei der Drehstrombrücke $p = 6$, bei der Einphasenbrücke $p = 2$. Die Amplituden der Oberschwingungen in der Gleichspannung sind ebenfalls von der Schaltung abhängig, darüber hinaus aber auch von der Aussteuerung und der Belastung.

Für einen Antrieb mit einem Stromrichter in Einphasen-Brückenschaltung nach Bild 2.73 zeigt das Diagramm in Bild 2.79 die Folgen dieser welligen Gleichspannung u_d.

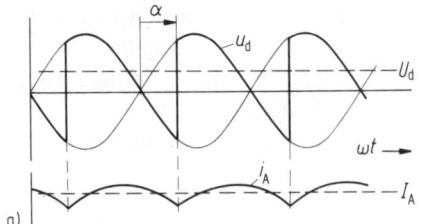 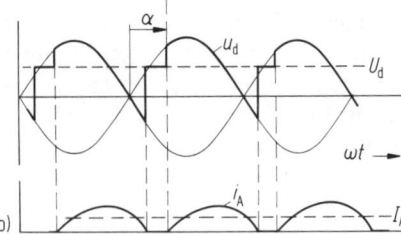

Bild 2.79 Strom- und Spannungsdiagramm der Zweipuls-Brückenschaltung, Steuerwinkel $\alpha = 60°$
a) mittlere Stromglättung   b) lückender Ankerstrom

Dem für das Drehmoment maßgebenden Mittelwert des Ankerstromes I_A sind Wechselanteile überlagert, deren Größe durch die Induktivität des Ankers L_A und einer evtl. Glättungsdrossel L_D bestimmt wird. Ohne Drossel oder bei geringer Belastung kann die Welligkeit so groß werden, daß der Ankerstrom kurzzeitig Null ist, d. h. er „lückt".

Den Unterschied zwischen Einphasen- und Drehstrombrücke bezüglich der Oberschwingungen veranschaulicht Bild 2.80, dessen Oszillogramme für einen Motor von 3 kW bei Ankerstrom I_{AN} und etwa halber Bemessungsdrehzahl aufgenommen wurden. Die Größe von L_d betrug ein Vielfaches der Ankerinduktivität L_A und war bei beiden Schaltungen gleich. Der Wert reicht aus, um bei Drehstrom-Brückenschaltung einen fast reinen Gleichstrom i_A zu erzwingen. Beide Aufnahmen zeigen Übereinstimmung mit Bild 2.72 bzw. Bild 2.79 a.

Stromwelligkeit. Bei Grundfrequenzen der Oberschwingungen von 100 Hz bis 300 Hz entsprechend $p = 2$ bzw. 6 sind die ohmschen Ankerkreiswiderstände gegenüber den induktiven zu vernachlässigen. Für die Beziehung zwischen den Augenblickswerten der Oberschwingungen in Spannung und Strom gilt damit die Verknüpfung.

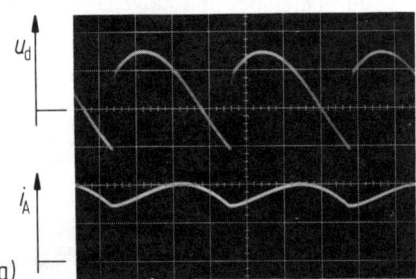 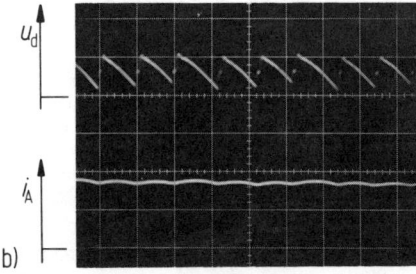

Bild 2.80 Oszillogramme von Strom und Spannung eines Stromrichterantriebs für 3 kW, 240 V bei Nennmoment und gleicher Glättungsdrossel
a) Einphasen-Brückenschaltung $\alpha = 60°$,   b) Drehstrom-Brückenschaltung $\alpha = 45°$

$$u_\sim = L \cdot \frac{\mathrm{d}i_\sim}{\mathrm{d}t}$$

$$i_\sim = \frac{1}{L} \int u_\sim \mathrm{d}t$$

Definiert man nach Bild 2.81 eine Stromwelligkeit

$$w_i = \frac{i_2 - i_1}{2\,I_A} \qquad (2.58)$$

so ergibt die Integration zwischen den Zeiten t_1 bis t_2

$$i_2 - i_1 = \frac{1}{L} \int_{t_1}^{t_2} u_\sim \mathrm{d}t$$

Bezieht man die durch das Integral bestimmte Spannungsfläche auf die maximale Gleichspannung U_{d0}, so erhält man einen relativen Wert

$$a = \frac{1}{U_{d0}} \cdot \int_{t_1}^{t_2} u_\sim \mathrm{d}t \qquad (2.59)$$

der nur von der betrachteten Schaltung und der Aussteuerung abhängt. Dabei ist vorausgesetzt, daß der Ankerstrom i_A nicht lückt. Die bezogenen Spannungsflächen sind nach [32] für die wichtigsten Schaltungen in Bild 2.82 angegeben.

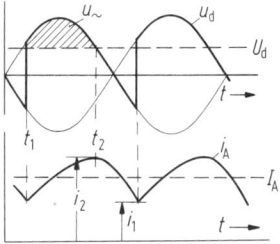

Bild 2.81 Bestimmung der Stromwelligkeit

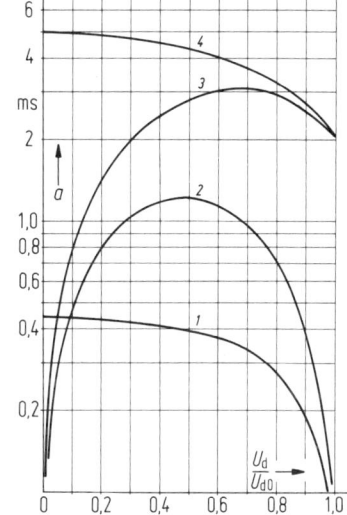

Bild 2.82 Diagramm der relativen Spannungszeitfläche a der Oberschwingungen
1 vollgesteuerte Sechspuls-Brückenschaltung
2 halbgesteuerte Sechspuls-Brückenschaltung
3 halbgesteuerte Zweipuls-Brückenschaltung
4 vollgesteuerte Zweipuls-Brückenschaltung

Setzt man obige Gleichungen in die getroffene Definition der Stromwelligkeit ein, so wird,

$$w_i = \frac{a \cdot U_{d0}}{2\,I_A \cdot L} \tag{2.60}$$

mit $L = L_A + L_D$ \hfill (2.61)

Gleichung 2.60 kann dazu benutzt werden, bei gegebener Kreisinduktivität L die Welligkeit zu kontrollieren. Im allgemeinen wird dabei mit Rücksicht auf die nachstehend erläuterte Leistungsminderung und Kommutierungsbeanspruchung zumindest ein Lücken des Stromes vermieden. Bei gegebenem w_i läßt sich dafür nach Gl.(2.61) die erforderliche Glättungsdrossel L_D berechnen.

Ankerstrom-Formfaktor. Anstelle einer zulässigen Ankerstrom-Welligkeit wird heute bei stromrichtergespeisten Gleichstromantrieben vielfach ein maximaler Formfaktor F des Ankerstromes i_A vorgeschrieben. Dieser ist als Quotient des Effektivwertes I_{Aeff} von i_A und des drehmomentbildenden Mittelwertes I_A definiert und läßt sich ebenfalls über Gl.(2.59) bestimmen.

Nach Bild 2.81 kann man mit guter Näherung den gesamten Ankerstrom i_A als einen dem Minimalwert i_1 überlagerten, gleichgerichteten Wechselstrom der Amplitude $i_2 - i_1$ auffassen. Effektivwert und Mittelwert dieser Ersatzkurve lassen sich leicht berechnen und man erhält

$$F = \frac{I_{Aeff}}{I_A} = \sqrt{1 + \left(\frac{i_2 - i_1}{I_A}\right)^2 \cdot \frac{\pi^2 - 8}{2\pi^2}}$$

Mit den Gleichungen (2.58) und (2.60) wird daraus

$$F = \sqrt{1 + \left(\frac{a \cdot U_{d0}}{L \cdot I_A}\right)^2 \cdot \frac{\pi^2 - 8}{2\pi^2}} \tag{2.62}$$

Auch diese Beziehung gilt nur bis zur Lückgrenze. Nach der Gleichung wird der Formfaktor durch den Ausdruck $(a \cdot U_{d0})/(L \cdot I_A)$ bestimmt. Dies entspricht der Erfahrung, daß der Glättungsaufwand (L) um so größer wird, je höher der Oberschwingungsanteil (a) in der Gleichspannungskurve und je kleiner der Laststrom I_A ist [31-33].

Beispiel 2.16: Für einen Stromrichterantrieb in vollgesteuerter Einphasen-Brückenschaltung mit $U_{d0} = \frac{2\sqrt{2}}{\pi}$. U_N gilt bei Aussteuerung mit $\alpha \rightarrow 90° \; U_d = 0$ und das Diagramm nach Bild 2.83.

Es ist der Wert a nach Gl.(2.59) für $\alpha = 90°$ zu bestimmen und mit dem entsprechenden Punkt für $U_d / U_{d0} = 0$ in Bild 2.82 zu vergleichen.
Wie groß ist die Stromwelligkeit w_i an der Lückgrenze mit $i_1 = 0$? Welche Beziehung gilt bei $\alpha = 90°$ und Lückgrenze zwischen dem Ankerstrom I_A und der Gesamtinduktivität L?
Für die Spannungsfläche gilt bei $\alpha = 90°$

$$A = \int_{\omega t = \pi/2}^{\omega t = \pi} \sqrt{2}\, U_N \cdot \sin \omega t \, d\omega t = \frac{2\sqrt{2}}{\pi} \cdot U_N \cdot 5\,\text{ms}$$

und damit $a = A / U_{d0} = 5\,\text{ms}$, was mit Bild 2.82, Kurve 4 übereinstimmt.

Der Stromverlauf entspricht einer Sinushalbschwingung mit den Werten $i_1 = 0$, $i_2 = I_{max}$, $I_A = \dfrac{2}{\pi} \cdot I_{max}$.

Die Welligkeit nach Gl. (2.58) wird mit

$$w_i = \frac{i_2 - i_1}{2 I_A} = \frac{I_{max}}{4 I_{max}/\pi} = \frac{\pi}{4} = 0{,}785$$

Nach Gl. (2.60) gilt für die Induktivität

$$L = \frac{a \cdot U_{d0}}{2 I_A \cdot w_i} = \frac{5\,\text{ms} \cdot 2 \cdot \sqrt{2} \cdot U_N}{\pi \cdot 2 I_A \cdot \pi/4}$$

$$= \frac{20 \cdot \sqrt{2}}{\pi^2}\,\text{ms}\,\frac{U_N}{I_A}$$

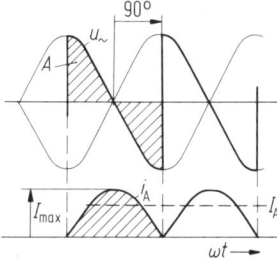

Bild 2.83 Lückgrenze
des Ankerstromes bei $a = 90°$

Leistungsminderung. Die Wechselanteile des Ankerstromes beeinflussen zwar nicht den drehmomentbildenden Mittelwert I_A, erhöhen aber den die Kupferverluste des Ankers bestimmenden Effektivstrom. Dürfen mit Rücksicht auf die Erwärmung die Verluste des reinen Gleichstrombetriebs mit I_{AN} nicht überschritten werden, so gilt für die zulässigen Stromwärmeverluste bei Stromrichterspeisung die Bedingung

$$R_A \cdot I_A^2 + \sum R_{A\nu} \cdot I_{A\nu}^2 = R_A \cdot I_{AN}^2$$

Dabei bedeutet $I_{A\nu}$ der Effektivwert einer Ankerstromoberschwingung und $R_{A\nu}$ der zugehörige Ankerkreiswiderstand. Durch Stromverdrängung bei höheren Frequenzen kann dabei $R_{A\nu} > R_A$ auftreten [3].

Aus obiger Verlustbilanz errechnet sich der zulässige Mittelwert des Ankerstromes zu

$$I_A \lesseqgtr I_{AN} \cdot \sqrt{1 - \Sigma \frac{R_{A\nu}}{R_A} \left(\frac{I_{A\nu}}{I_{AN}} \right)^2} \qquad (2.63)$$

mit $\qquad I_{A\nu} = \dfrac{U_\nu}{\omega_\nu \cdot L} \qquad\qquad\qquad\qquad\qquad (2.64)$

U_ν ist dabei der Effektivwert der Spannungs-Oberschwingung mit der Ordnungszahl ν.

Die Berechnung des zulässigen Ankerstromes I_A wird einfacher, wenn man das zuvor gewonnene Ergebnis für den Formfaktor verwendet. Da im Effektivwert alle Oberschwingungen enthalten sind, gilt jetzt

$$I_{Aeff} = F \cdot I_A \leqq I_{AN}$$

und damit nach Gl. (2.62)

$$I_A \leqq I_{AN} \cdot \sqrt{1 - \left(\frac{a \cdot U_{d0}}{L \cdot I_{AN}} \right)^2 \cdot \frac{\pi^2 - 8}{2\pi^2}} \qquad (2.65)$$

Die Auswertung dieser Gleichung ist in Bild 2.84 für den Motor aus Beispiel 2.17 angegeben. Die Ankerkreisinduktivität L ist dabei so gewählt, daß im Betriebspunkt mit dem höchsten Oberschwingungsanteil in der Gleichspannung gerade die Lückgrenze erreicht wird.

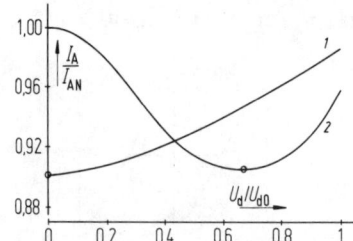

Bild 2.84 Leistungsminderung durch Stromoberschwingungen
1 vollgesteuerte Zweipuls-Brückenschaltung
2 halbgesteuerte Zweipuls-Brückenschaltung
0 Lückgrenze

Man erkennt, daß die erforderliche Leistungsabsenkung nicht wesentlich ist, sie beträgt etwa 10%. Soll die Maschine länger im unteren Drehzahlbereich arbeiten, so ist von größerem Einfluß, welche Art der Kühlung vorliegt. Erfolgt diese über einen eigenen Lüfter, so muß die Leistung mit Rücksicht auf die verminderte Wärmeabgabe weit stärker reduziert werden.

Beispiel 2.17: Für einen Stromrichterantrieb in halbgesteuerter Einphasen-Brückenschaltung ist ein fremderregter Motor vorgesehen. Der Antrieb hat folgende Daten:

$P_N = 6\,\mathrm{kW}$, $U_{AN} = 300\,\mathrm{V}$, $U_{d0} = 342\,\mathrm{V}$, $n_N = 1980\,\mathrm{U/min}$, $L_A = 7\,\mathrm{mH}$, $I_{AN} = 23\,\mathrm{A}$

a) Welche Glättungsinduktivität L_D ist vorzusehen, wenn die nach Gl. (2.58) definierte Welligkeit des Ankerstromes bei $I_A = 0{,}5\,I_{AN}$ und ungünstiger Aussteuerung U_d / U_{d0} den Wert $w_i = 0{,}7$ erreichen darf?

b) Welcher relative maximale Ankerstrom I_A / I_{AN} ist bei dieser Auslegung zulässig, wenn die Stromwärmeverluste bei I_{AN} einzuhalten sind?

c) Welchen Wert erhält man für den Formfaktor F bei Betrieb nach a)?

a) Für die halbgesteuerte Einphasenbrücke gilt Kurve 3 in Bild 2.82 und damit ein Maximalwert $a = 3{,}1\,\mathrm{ms}$ bei $U_d / U_{d0} = 0{,}7$. Mit $I_A = 0{,}5\,I_{AN}$ ergibt sich nach Gl. (2.60) die erforderliche Gesamtinduktivität

$$L = \frac{a \cdot U_{d0}}{2\,I_A \cdot w_i} = \frac{3{,}1\,\mathrm{ms} \cdot 342\,\mathrm{V}}{2 \cdot 0{,}5 \cdot 23\,\mathrm{A} \cdot 0{,}7} = 66\,\mathrm{mH}$$

Für die Glättungsdrosselspule bleibt $L_D = L - L_A = 66\,\mathrm{mH} - 7\,\mathrm{mH} = 59\,\mathrm{mH}$

b) Nach Gl. (2.65) erhält man für den relativen zulässigen Ankerstrom

$$\frac{I_A}{I_{AN}} \leq \sqrt{1 - \left(\frac{a \cdot U_{d0}}{L \cdot I_{AN}}\right)^2 \cdot \frac{\pi^2 - 8}{2\pi^2}} = \sqrt{1 - \left(\frac{3{,}1\,\mathrm{ms} \cdot 342\,\mathrm{V}}{66\,\mathrm{mH} \cdot 23\,\mathrm{A}}\right)^2 \cdot \frac{\pi^2 - 8}{2\pi^2}}$$

$$\frac{I_A}{I_{AN}} \leq 0{,}977$$

c) Der Formfaktor errechnet sich aus Gl. (2.62) zu

$$F = \sqrt{1 + \left(\frac{a \cdot U_{d0}}{L \cdot I_A}\right)^2 \frac{\pi^2 - 8}{2\pi^2}} = \sqrt{1 + \left(\frac{3{,}1\,\mathrm{ms} \cdot 342\,\mathrm{V}}{66\,\mathrm{mH} \cdot 11{,}5\,\mathrm{A}}\right)^2 \cdot \frac{\pi^2 - 8}{2\pi^2}}$$

$$F = 1{,}09$$

Aufgabe 2.17: Für einen Motor mit $P_N = 6\,\mathrm{kW}$, $U_N = 440\,\mathrm{V}$, $I_{AN} = 15{,}3\,\mathrm{A}$, $L_A = 10\,\mathrm{mH}$ steht als Versorgung eine vollgesteuerte Drehstrom-Brückenschaltung mit $U_{d0} = 515\,\mathrm{V}$ zur Verfügung. Welcher Formfaktor des Ankerstromes ergibt sich bei I_{AN} und $U_d / U_{d0} = 0{,}5$? Bei welchem Verhältnis I_A / I_{AN} und der Spannung U_N wird ein Formfaktor $F = 1{,}04$ erreicht?
Ergebnis: $F = 1{,}08$, $I_A / I_{AN} = 0{,}87$

Aufgabe 2.18: Ein kleinerer Gleichstrommotor für $U_N = 180\,V$, $I_{AN} = 8\,A$, $n_N = 1200\,U/min$, $L_A = 15\,mH$ soll über eine halbgesteuerte Einphasen-Brückenschaltung mit $U_{d0} = 200\,V$ versorgt werden. Die Maschine wird im Drehzahlbereich $0 \leqq n \leqq n_N$ mit dem Bemessungsmoment belastet. Welche Glättungsinduktivität L_D ist vorzusehen, wenn der Formfaktor F in keinem Betriebspunkt größer als $F = 1,05$ sein darf?

Ergebnis: $L_D = 59,5\,mH$

Pendelmomente. Da das Drehmoment dem Ankerstrom proportional ist, entstehen durch Oberschwingungsströme $I_{A\nu}$ nach Gl.(2.64) im Ankerstrom Wechselmomente M_ν, die sich dem Mittelwert überlagern. Diese Momente pendeln um den Mittelwert und leisten keinen Beitrag zur Abgabeleistung, können jedoch Anlaß beachtlicher mechanischer Schwingungen mit der entsprechenden Laufunruhe sein.

Faßt man alle Stromoberschwingungen $I_{A\nu}$ in einem Ersatzwechselstrom $I_{A\sim}$ mit der Frequenz $f_\sim = f_N \cdot p$ der ersten Oberschwingung zusammen, so gilt für den Ankerstrom-Effektivwert

$$I_{Aeff} = \sqrt{I_A^2 + I_{A\sim}^2}$$

und damit über den Formfaktor F

$$I_{A\sim} = I_A \sqrt{F^2 - 1}$$

Mit obiger Gleichung läßt sich die Amplitude des resultierenden Pendelmomentes zu

$$\hat{M}_\sim = \sqrt{2}\, M_N \cdot \frac{I_{A\sim}}{I_{AN}}$$

$$\hat{M}_\sim = \sqrt{2}\, M_N \cdot \frac{I_A}{I_{AN}} \cdot \sqrt{F^2 - 1} \tag{2.66}$$

bestimmen.

Sind der Gleichstrommotor und die Arbeitsmaschine so starr miteinander gekuppelt, daß die Resonanzfrequenz der Torsionsverbindung außerhalb der Anregung durch die Stromoberschwingungen liegt, so erzeugt das Pendelmoment eine minimale Drehzahlschwankung der Amplitude

$$\Delta \hat{n} = \frac{\hat{M}_\sim}{(2\pi)^2 \cdot f_\sim \cdot J}$$

Der Wert J ist das Trägheitsmoment der Anlage. In Winkelgraden ausgedrückt, ergibt sich eine Pendelung um den Winkel

$$\hat{\varphi} = \frac{180°}{\pi} \cdot \frac{\hat{M}_\sim}{(2\pi f_\sim)^2 \cdot J} \tag{2.67}$$

Im Resonanzfall, der bei einem Zweimassensystem mit den Daten

J_M - Trägheitsmoment des Ankers
J_L - Trägheitsmoment der Last
c - Federsteife des Wellenstrangs (Drehmoment/Bogeneinheit)

bei der Frequenz

$$f_0 = \frac{1}{2\pi} \cdot \sqrt{\frac{c}{J_M} + \frac{c}{J_L}} \qquad (2.68)$$

auftritt, entstehen dagegen sehr starke Drehzahlschwankungen, welche die Anlage zerstören. Der Wert f_0 darf daher nicht mit der Frequenz f_ν einer Stromoberschwingung zusammenfallen.

Beispiel 2.18: Der in Beispiel 2.17 definierte Motor für $P_N = 6\,\text{kW}$, $n_N = 1980\,\text{U/min}$ wird in einer Zweipuls-Brückenschaltung bei M_N mit einem Formfaktor $F = 1,07$ betrieben. Die Trägheitsmomente von Motor und Belastung können mit $J_M = J_L = 0,10\,\text{Ws}^3$ angenommen werden.

a) Um welche Winkelamplitude $\hat{\varphi}$ pendelt der Antrieb bei starrer Wellenverbindung?
b) Bei dem Drehmoment M_N betrage die Torsion des Wellenstranges $0,01°$. Welche Eigenfrequenz f_0 hat das System Motor – Last etwa?

a) Bemessungsmoment des Motors

$$M_N = \frac{P_N}{2\pi n_N} = \frac{6000\,\text{W}}{2\pi \cdot 33\,\text{s}^{-1}} = 28,94\,\text{Ws}$$

Pendelmoment bei M_N nach Gl. (2.66)

$$\hat{M}_\sim = \sqrt{2}\,M_N \cdot \sqrt{F^2 - 1} = \sqrt{2} \cdot 28,94\,\text{Ws} \cdot \sqrt{1,07^2 - 1}$$
$$\hat{M}_\sim = 15,58\,\text{Ws}$$

Mit $p = 2$ bei B2-Schaltung beträgt die Frequenz des Pendelmomentes

$$f_\sim = f_N \cdot p = 100\,\text{Hz}$$

Amplitude der Winkelpendelung nach Gl. (2.67)

$$\hat{\varphi} = \frac{180°}{\pi} \cdot \frac{\hat{M}_\sim}{(2\pi f_\sim)^2 \cdot J} = \frac{180° \cdot 15,58\,\text{Ws}}{\pi(2\pi \cdot 100\,\text{Hz})^2 \cdot 0,20\,\text{Ws}^3}$$

$$\hat{\varphi} = 0,011°$$

b) Federsteife

$$c = \frac{M}{\hat{\alpha}}, \qquad \hat{\alpha} = 0,01° \cdot \frac{\pi}{180°} = 0,1745 \cdot 10^{-3}$$

$$c = \frac{28,94\,\text{Ws}}{0,1745 \cdot 10^{-3}} = 0,1658 \cdot 10^6\,\text{Ws}$$

Resonanzfrequenz nach Gl. (2.68)

$$f_0 = \frac{1}{2\pi} \cdot \sqrt{\frac{c}{J_M} + \frac{c}{J_L}} = \frac{1}{2\pi} \cdot \sqrt{\frac{2 \cdot 0,1658 \cdot 10^6\,\text{Ws}}{0,10\,\text{Ws}^3}}$$

$$f_0 = 290\,\text{Hz}$$

Wirbelstromdämpfung. Gleichstrommaschinen werden in klassischer Bauart mit massivem Jochring ausgeführt, der außer dem Hauptfeld auch den Wendepolfluß aufnimmt (Bild 2.85). Enthält der Ankerstrom nun Wechselanteile, so bilden Anker- und Wendepolwicklung neben dem mittleren Wendefeld Φ_w ebenfalls überlagerte Wechselflüsse Φ_v aus. Diese Flußschwingungen können im massiven Joch Wirbelströme erzeugen und damit auf den Feldverlauf rückwirken [34].

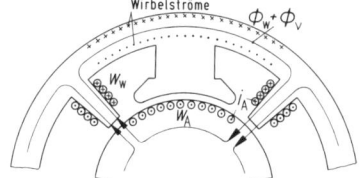

Bild 2.85 Wirbelstromdämpfung im Wendefeldkreis bei massivem Jochring

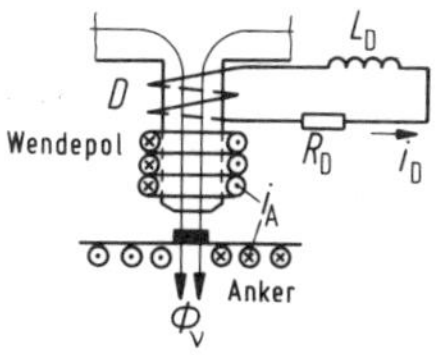

Bild 2.86 Darstellung von Dämpfungskreisen im Wendefeld durch eine Kurzschlußwicklung D

Das Verhalten der Maschine mit Wirbelstromdämpfung durch massive Teile im Feldverlauf kann mit guter Näherung durch Annahme eines völlig geblechten Magnetkreises, d.h. ohne Wirbelstromeinfluß und einer Dämpfungswicklung D um den Wendepol (Bild 2.86) dargestellt werden. Dieser Ersatzkreis für die verteilte Wirbelstrom-Durchflutung ist durch seine Zeitkonstante $T_D = L_D/R_D$ und eine Streuziffer $\sigma_D = L_{D\sigma}/L_D$ bestimmt. Beide Werte lassen sich nach [35] aus den geometrischen Abmessungen der Maschine berechnen. Für einen Motor von 11 kW gilt z.B. etwa $T_D = 8$ ms und $\sigma_D = 0{,}2$.

Der Gleichfluß Φ_w, der durch den Mittelwert I_A der Wicklungsströme erzeugt wird, bleibt von der Dämpfungswicklung völlig unbeeinflußt. Für die Oberschwingungsanteile Φ_v bedeutet der Ersatzkreis dagegen eine zusätzliche Durchflutung $\Theta_D = I_D \cdot N_D$, die zusammen mit der Erregung von Anker- und Wendepolwicklung durch die Stromoberschwingungen I_{Av} die wirksame Magnetisierungs-Durchflutung bildet.

Die Berechnung der Wirbelstromdämpfung erfolgt anhand der allgemeinen Ersatzschaltung zweier gekoppelter Spulen nach Bild 2.87a. Da alles auf eine Windungszahl bezogen ist, kann anstelle von Durchflutungen mit Strömen gerechnet werden, wobei I_μ der für das Wendefeld Φ_v maßgebende Erregerstrom ist. Man erhält die Gleichungen

$$\underline{I}_\mu = \underline{I}_{Av} + \underline{I}_D$$
$$0 = j\omega_v L_h \cdot \underline{I}_\mu + R_D \cdot \underline{I}_D + j\omega_v L_{D\sigma} \underline{I}_D$$

und daraus mit $L_D = L_h + L_{D\sigma}$, $\sigma_D = L_{D\sigma}/L_D$, $T_D = L_D/R_D$

$$\underline{I}_\mu = \frac{1 + j\omega_v\,\sigma_D T_D}{1 + j\omega_v T_D} \cdot \underline{I}_{Av} \tag{2.69}$$

Das Ergebnis ist eine Ortskurve $\underline{I}_\mu = f(\omega_v T_D)$ nach Bild 2.87b, in welcher der Zeiger $\underline{I}_\mu$ und damit der Wert Φ_v mit wachsendem $\omega_v T_D$ immer kleiner wird und gegenüber der ungedämpften Lage in der reellen Achse nacheilt.

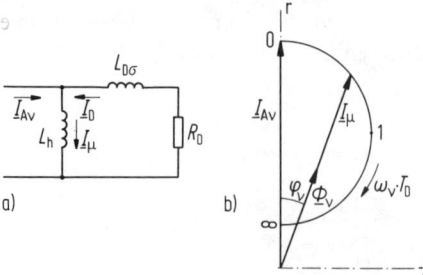

Bild 2.87 Bestimmung der Dämpfung im Wendefeldkreis

a) Ersatzschaltung der gekoppelten Wicklungen nach Bild 2.86

b) Ortskurve des Magnetisierungsstromes für Oberfelder

Die Auswirkung auf die Stromwendung ist schließlich in Bild 2.88 gezeigt. Bei einer ideal geblechten Maschine mit $\omega_v T_D = 0$, d.h. ohne Wirbelstromeinfluß wird die durch die Oberschwingungsströme $\underline{I}_{Av}$ erzeugte Reaktanzspannung

$$\underline{U}_{rv} = c_r \cdot n \cdot \underline{I}_{Av}$$

durch die Wendefeldspannung

$$\underline{U}_{wv} = c \cdot n \cdot \underline{\Phi}_v = c_w \cdot n \cdot \underline{I}_{Av}$$

völlig aufgehoben (s. Abschn. 2.2.3). Dies entspricht dem Zeigerbild 2.88a und der Auslegung der Maschine für reinen Gleichstrom.

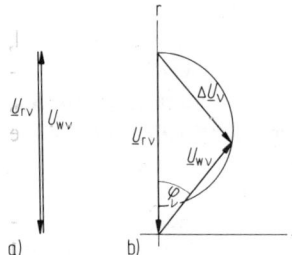

Bild 2.88 Stromwendung der Stromoberschwingungen

a) vollständige Kompensation der Stromwendespannung

b) Restspannung ΔU_v durch unvollständige Kompensation infolge Dämpfung

Bei massivem Jochring und Wirbelstromdämpfung gilt dagegen Bild 2.88b. Die Wendefeldspannung U_{wv} ist nicht in der Lage, die Reaktanzspannung U_{rv} voll zu kompensieren. Es tritt vielmehr gegenüber der ungestörten Stromwendung eine Spannung ΔU_v auf, die in der kommutierenden Spule einen Kurzschlußstrom hervorruft. Die Folgen sind, wie bei zu schwach ausgelegten Wendepolen im normalen Gleichstrombetrieb, verstärktes Bürstenfeuer und damit Beschädigungen von Lauffläche und Kohlebürsten.

Zur Beherrschung der Stromwendung einer stromrichtergespeisten Gleichstrommaschine sind damit alternativ folgende Maßnahmen erforderlich:

1. Eine völlig geblechte Ausführung der Maschine, womit ähnlich wie beim Einphasen-Bahnmotor auch eine ungestörte Stromwendung der Wechselstromanteile $I_{A\nu}$ möglich ist.

2. Bei massivem Jochring die Verwendung einer Glättungsdrossel, welche die Stromoberschwingungen $I_{A\nu}$ auf einen zulässigen Wert begrenzt. Dadurch werden gleichzeitig auch die erhöhten Stromwärmeverluste $\Sigma R_{A\nu} \cdot I_{A\nu}^2$ verringert.

Beispiel 2.19: Wie groß wird die unkompensierte Restspannung ΔU_ν in der kommutierenden Spule eines stromrichtergespeisten Motors mit massivem Jochring, wenn die Reaktanzspannung durch die erste Stromoberschwingung $I_{A\nu}$ mit $f_\nu = 100$ Hz den Wert $U_{r\nu} = 1{,}6$ V beträgt? Die Daten des Ersatzkreises für die Wirbelstromdämpfung können mit $T_D = 8$ ms und $\sigma_D = 0{,}2$ angenommen werden.

Nach Bild 2.87 und Gl.(2.69) gilt für den Magnetisierungsstrom des Wendefeldes

$$\underline{I}_\mu = \frac{1 + j\omega_\nu\,\sigma_D T_D}{1 + j\,\omega_\nu T_D} \cdot \underline{I}_{A\nu}$$

Trennt man Real- und Blindanteil, so erhält man den Phasenwinkel $\tan \varphi_\nu$

$$\tan \varphi_\nu = \frac{\omega_\nu T_D(1 - \sigma_D)}{1 + \sigma_D \omega_\nu^2 T_D^2} = \frac{2\pi \cdot 100\,\mathrm{s}^{-1} \cdot 8\,\mathrm{ms}(1 - 0{,}2)}{1 + 0{,}2(2\pi \cdot 100\,\mathrm{s}^{-1} \cdot 8\,\mathrm{ms})^2} = 0{,}664$$

$$\varphi_\nu = 33{,}6°$$

Aus Bild 2.87 erhält man den Durchmesser der Ortskurve zu $I_{A\nu}\,(1 - \sigma_D) = 0{,}8\,I_{A\nu}$ und damit auch den Durchmesser in Bild 2.89 zu $0{,}8\,U_{r\nu} = 0{,}8 \cdot 1{,}6$ V $= 1{,}28$ V. Die grafische Auswertung ergibt daraus $\Delta U_\nu = 0{,}90$ V.

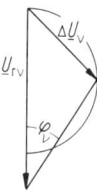

Bild 2.89 Bestimmung der Restspannung für Beispiel 2.19

Stromanstiegsgeschwindigkeit. Auch ohne Einfluß von Stromoberschwingungen kann sich die Wirbelstromdämpfung sehr ungünstig auf die Stromwendung geregelter Gleichstromantriebe auswirken [36]. Diese werden heute mit Stromanstiegsgeschwindigkeiten von über $100\,I_N/s$ bis kurzzeitig über den doppelten Nennstrom hinaus beschleunigt, was mit einer Stromrichterschaltung leicht möglich ist. Mit Rücksicht auf eine einwandfreie Stromwendung muß dabei verlangt werden, daß das Wendefeld dem Ankerstrom möglichst unverzögert folgt.

Die Folge der Dämpfung bei einer nicht völlig geblechten Maschine soll wieder über den Wirbelstrom-Ersatzkreis des Wendepols (Bild 2.87) dargestellt werden. Für die Kurzschlußwicklung gilt bei Verwendung der Augenblickswerte die Spannungsgleichung

$$0 = R_D \cdot i_D + L_{D\sigma}\frac{di_D}{dt} + L_h\frac{di_\mu}{dt}$$

und mit $i_\mu = i_A + i_D$

$$0 = R_D \cdot i_D + L_D \frac{di_D}{dt} + L_h \frac{di_A}{dt} \tag{2.70}$$

Wird der Ankerstrom der Maschine durch eine Stromrichterschaltung nach

$$i_A = k \cdot I_{AN} \cdot t$$

hochgeregelt, so entsteht in dem Ersatzkreis während des linearen Ankerstromanstiegs wegen

$$\frac{di_A}{dt} = k \cdot I_{AN}$$

die konstante Spannung $L_h \cdot k \cdot I_{AN}$.

Die Lösung der obigen Differentialgleichung ergibt den Kurzschlußstrom

$$i_D = -\frac{k \cdot L_h}{R_D} \cdot I_{AN} \, (1 - e^{-t \cdot \frac{R_D}{L_D}})$$

Mit der Streuziffer

$$\sigma_D = \frac{L_{D\sigma}}{L_D} = 1 - \frac{L_h}{L_D} \tag{2.71}$$

und der Zeitkonstanten

$$T_D = \frac{L_D}{R_D} \tag{2.72}$$

des Ersatzkreises wird daraus

$$i_D = -k(1 - \sigma_D) \cdot T_D I_{AN}(1 - e^{-\frac{t}{T_D}}) \tag{2.73}$$

Im Wendefeldkreis wirkt infolge dieses induzierten Stromes eine zusätzliche Durchflutung $\Theta_D = i_D \cdot w_D$, welche den Wendepolamperewindungen entgegengerichtet ist (Bild 2.90). Die wirksame Wendepoldurchflutung sinkt auf $\Theta_\mu = V_{wL} + \Theta_D$ und ist daher nicht mehr in der Lage, das erforderliche Wendefeld B_w aufzubauen. Die erzeugte Wendefeldspannung $U_w \sim B_w$ bleibt stets geringer als die Reaktanzspannung $U_r \sim i_A$, so daß nicht wie stationär $U_w \approx U_r$ erreicht wird, sondern eine Unterkommutierung entsteht.

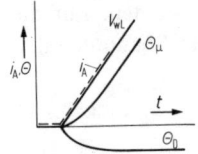

Bild 2.90 Wirbelstromdämpfung bei raschen Ankerstromanstiegen
V_{wL} Sollwert der Wendefelddurchflutung
Θ_D Gegendurchflutung infolge Wirbelstromdämpfung
Θ_μ wirksame Wendefelddurchflutung

3   Transformatoren

Geschichtliche Entwicklung. In den Anfängen der Elektrizitätswirtschaft waren Energieerzeugung und -verbrauch räumlich eng verbunden. Eine Überbrückung weiter Entfernungen war bei dem damaligen Gleichstromsystem wegen der zu großen Stromwärmeverluste auf den Leitungen nicht möglich. Diese lassen sich nur dadurch in wirtschaftlichen Grenzen halten, daß für den Energietransport wesentlich höhere Spannungen mit entsprechend kleinen Strömen gewählt werden, als sie im Kraftwerk und beim Verbraucher möglich sind.

Die Aufgabe der Umwandlung der elektrischen Energie auf beliebige Spannungswerte läßt sich bei Wechselstrom sehr einfach über das Induktionsgesetz lösen. Bereits Faraday verwendete bei der Entdeckung dieser Erscheinung zwei gekoppelte Spulen und damit das Prinzip eines Transformators.

1856 baute der Engländer S. Varley den ersten Transformator mit eisengeschlossenem Kreis.

1888 veröffentlichte Gisbert Kapp grundlegende Arbeiten über die Theorie des Transformators.

1889-1891 erfand Michael v. Dolivo-Dobrowolsky den Drehstromtransformator und die noch heute gültige Dreischenkelbauform.

Den Durchbruch zur Energieversorgung mit dreiphasigem Wechselstrom oder Drehstrom bahnte 1891 die historische Energieübertragung von ca. 100 kW an, die von Lauffen/Neckar zu einer elektrotechnischen Ausstellung in Frankfurt/Main über 175 km mit 15 kV Spannung führte [36, 37]. In den nächsten Jahrzehnten entstand eine weiträumige Verbundwirtschaft, wobei die Standorte der Kraftwerke nach dem Vorhandensein ausnützbarer Wasserkräfte oder z. B. großer Braunkohlevorkommen ausgewählt wurden. Für den Energietransport in die Verbraucherschwerpunkte entstanden Überlandleitungen.

Die Fernübertragung erfolgt heute in Westeuropa durch 220 kV oder 380 kV Drehspannung und für größere Entfernungen, wie z. B. in Kanada oder der UdSSR bereits mit Spannungen bis 750 kV. Daneben bestehen zur engeren Versorgung von Bezirken und Städten Netze mit Spannungen von 6 kV bis 110 kV. Auf dem Weg von der Energieerzeugung bei Spannungen bis etwa 27 kV bis zum Verbraucher mit 230 V/400 V ist daher eine Transformatorleistung in einem Netz installiert, welche die der Generatoren um ein Mehrfaches übertrifft (Bild 3.1).

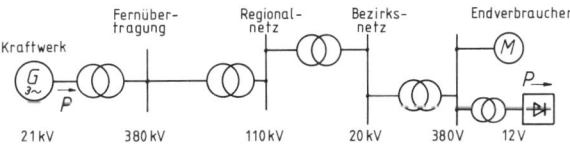

Bild 3.1 Transformatoren im Übertragungsweg elektrischer Energie

Leistungsbereich. Die Fertigung von Transformatoren reicht heute von kleinsten Einphasentypen im Wattbereich bis zu Grenzleistungen von derzeit ca. 1500 MVA in einer Einheit. Kleintransformatoren werden in großer Stückzahl zur Versorgung von Steuer- und Regelgeräten eingesetzt und erhalten oft eine für mehrere Spannungsstufen ausgelegte Sekundärwicklung.

Verteiler- und Netztransformatoren im Leistungsbereich zwischen 100 kVA bis 2000 kVA dienen der Endversorgung der Verbraucher bei 220 V/380 V aus dem Mittelspannungsnetz.

Maschinentransformatoren mit Grenzleistungen bis ca. 1500 MVA sind in Kraftwerken dem Turbogenerator nachgeschaltet und speisen direkt in das 220 kV oder 380 kV Netz ein. Diese Großtransformatoren werden ohne ihre Ölfüllung auf dem Wasserweg oder bei Massen bis etwa 450 t mit vielachsigen Spezialwagen transportiert, wobei die Hochspannungsisolatoren und Zusatzgeräte abgebaut sind [38–41].

Wandertransformatoren gestatten durch Anpassung ihrer Abmessungen an das Bahnprofil einen Transport in praktisch betriebsbereitem Zustand. Bei diesen Einheiten mit Leistungen bis ca. 400 MVA besteht daher die Möglichkeit eines raschen Wechsels des Einsatzortes.

Drehstrombank nennt man die Zusammenschaltung von drei Einphasentransformatoren. Als Beispiel sei hier die 1000 MVA Bank des westdeutschen 380 kV-Netzes erwähnt, die aus drei 333,3 MVA Einphaseneinheiten besteht.

Prinzip des Transformators. Der prinzipielle Aufbau eines Transformators ist sehr einfach. Zwei Wicklungen umfassen einen geschlossenen Eisenkern, der sie auf diese Weise mit etwa demselben magnetischen Wechselfluß verkettet. Dadurch verhalten sich nach dem Induktionsgesetz die zwei Klemmenspannungen praktisch wie die Windungszahlen der Wicklungen. Der Transformator gibt also die über die Primärwicklung aufgenommene Leistung nach Abzug der inneren Verluste über die Sekundärwicklung mit niederer oder höherer Spannung wieder ab.

3.1   Aufbau und Bauformen

3.1.1   Eisenkerne von Einphasen- und Drehstromtransformatoren

Eisenquerschnitt. Der magnetische Kreis des Wechselfeldes muß mit Rücksicht auf die Wirbelstromverluste aus Blechen geschichtet sein, wozu heute durchweg kornorientierte 0,23 mm bis 0,35 mm starke Bleche Verwendung finden. Die gegenseitige Isolation erfolgte früher durch aufgeklebtes Papier oder Lackierung. Heute übernimmt diese Aufgabe eine sehr dünne Silikat-Phosphatschicht, die bereits während des Auswalzens der Bleche aufgebracht wird.

Um den Innendurchmesser der Transformatorwicklungen möglichst gut auszunützen, nähert man durch eine 5 bis 15-fache Stufung der Blechbreiten den Eisenquerschnitt

(Bild 3.2) an die Kreisform an. Mit Rücksicht auf die Geräuschbildung und zur Erzielung einer optimalen magnetischen Leitfähigkeit werden die Blechstreifen nicht stumpf, sondern verzapft zusammengesetzt. Bei kornorientierten Blechen muß dabei zur Beibehaltung der magnetischen Vorzugsrichtung ein Schrägschnitt (Bild 3.3) vorgesehen werden.

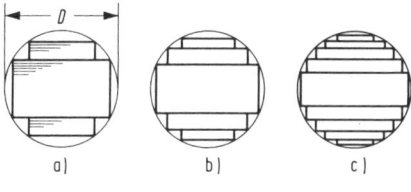

a)   b)   c)

Bild 3.2 Stufenweise Anpassung des Kernquerschnitts $A_{Fe} = D^2 \cdot \dfrac{\pi}{4} \cdot k_a \cdot f_{Fe}$ an die Kreisform

k_a geometrischer Ausnützungsfaktor, f_{Fe} Eisenfüllfaktor
a) zwei Blechbreiten $k_a = 0{,}787$,
b) drei Blechbreiten $k_a = 0{,}851$,
c) fünf Blechbreiten $k_a = 0{,}908$

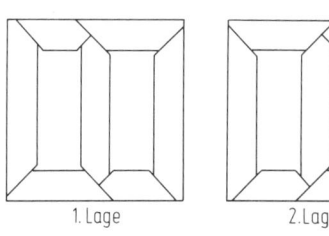

1. Lage   2. Lage

Bild 3.3 Schichtung eines Dreischenkelkerns mit kornorientierten Blechen

Kernaufbau. Die gestuften Blechpakete werden durch Bandagen z. B. aus Glasfaser zu einem kompakten Querschnitt zusammengepreßt. Ferner kann eine Verkeilung mit dem zylindrischen Wicklungsträger erfolgen. Bei großen Leistungen bringt man im Bereich des unteren und oberen Jochs zusätzlich eine kräftige Preßkonstruktion an (Bild 3.4). Um Zusatzverluste zu vermeiden, ist man bestrebt, weitestgehend Pressungen mit Bolzen quer durch das Eisen zu vermeiden.

Bild 3.4 Bolzenloser Dreischenkel-Eisenkern eines Drehstromtransformators für 24 MVA (Trafo-Union, Nürnberg)

Einphasenkerne. Mit dem Kern- und dem Manteltyp (Bilder 3.5 und 3.6) bestehen zwei grundsätzliche Bauformen von Einphasentransformatoren. Allgemein bezeichnet man den von der Wicklung umschlossenen Teil des Eisenweges als Schenkel, Säule oder Kern und den äußeren Rückschluß als Joch.

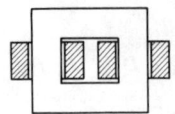 Bild 3.5 Aufbau eines Einphasen-Kerntransformators

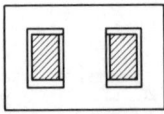 Bild 3.6 Aufbau eines Einphasen-Manteltransformators

Beim Einphasen-Kerntransformator ist auf jedem Schenkel die halbe Windungszahl untergebracht und der Eisenquerschnitt überall gleich.

Der Einphasen-Manteltransformator trägt die gesamte Wicklung auf einem Mittelschenkel und spart durch die Aufteilung des Rückschlusses an Bauhöhe, da jede Jochhälfte nur den halben Fluß führt.

Drehstromkerne. Konzentriert man die Wicklungen von drei Einphasen-Kerntransformatoren, die an ein Drehstromsystem angeschlossen sind, jeweils auf einem Schenkel, so wird in einer Leiterschleife, welche die drei zusammengestellten freien Schenkel umfaßt, keine Spannung induziert. Die Kernflüsse sind wie die Strangspannungen jeweils 120° el gegeneinander zeitlich verschoben und ergänzen sich in den Sternpunkten zu Null. Verbindet man die Joche miteinander, so können die freien Schenkel entfallen (Bild 3.7). Dies ergibt die als Tempeltyp bezeichnete Bauform eines symmetrischen Drehstromtransformators, die jedoch konstruktiv ungünstig ist. Die Ausführung läßt sich vereinfachen, indem man alle drei Schenkel in eine Ebene legt (Bild 3.8). Es entsteht damit die Bauart des unsymmetrischen Drehstrom-Kerntransformators, in der heute die meisten Einheiten ausgeführt sind. Die Bezeichnung unsymmetrisch bezieht sich auf den Bedarf an Magnetisierungsdurchflutung für die drei Stränge, der für den mittleren auf Grund des kürzeren Eisenweges geringer ist.

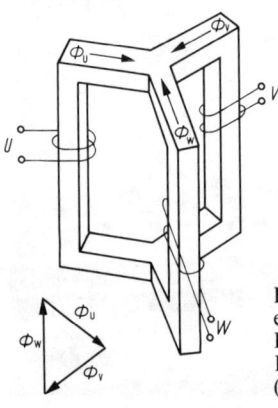

Bild 3.7 Aufbau eines symmetrischen Drehstrom-Kerntransformators (Tempeltyp)

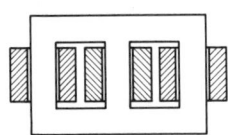

Bild 3.8 Aufbau eines Drehstrom-Kerntransformators (Dreischenkelkern)

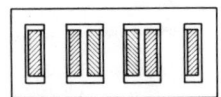

Bild 3.9 Drehstromtransformator mit Fünfschenkelkern

Besonders für sehr große Leistungen wird auch der Fünfschenkelkern (Bild 3.9) ausgeführt, der zwei zusätzliche äußere Rückschlüsse besitzt. Dadurch kann der Jochquerschnitt auf etwa 60% des Wertes der Schenkel gesenkt werden, womit man an Bauhöhe spart.

3.1.2 Wicklungen

Nach der grundsätzlichen Ausführung lassen sich bei Transformatoren Zylinderwicklungen und Scheibenwicklungen unterscheiden. Innerhalb dieser zwei Typen bestehen je nach den Anforderungen durch die Höhe der Spannung, der Leistung und der besonderen Betriebsbedingungen sehr vielfältige Konstruktionen.

Zylinderwicklung. Meist wird die Zylinderwicklung (Bild 3.10) bevorzugt, wobei aus isolationstechnischen Gründen die Unterspannungswicklung dem Eisenkern zugewandt ist. Für niedrige Betriebsspannungen werden ein- oder mehrlagige Röhren aus Profilleitern hergestellt, die bei größeren Stromstärken in parallele Teilleiter aufgeteilt sind. Bei großen Leistungen muß man die Teilleiter zur Vermeidung von Zusatzkupferverlusten durch Stromverdrängung außerdem verdrillen.

Für höhere Spannungen wird die Zylinderwicklung in einzelne übereinanderliegende Spulen aufgeteilt. Diese können bei Querschnitten unter ca. 5 mm² aus Runddraht bestehen und sind durch Hartpapierscheiben voneinander getrennt.

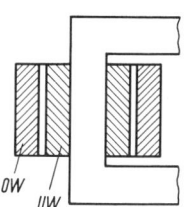

Bild 3.10 Zylinderwicklung
UW Unterspannungswicklung
OW Oberspannungswicklung

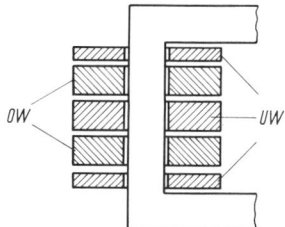

Bild 3.11 Scheibenwicklung
UW Unterspannungswicklung
OW Oberspannungswicklung

Scheibenwicklung. Bei der Scheibenwicklung (Bild 3.11) werden Ober- und Unterspannungswicklung unterteilt und abwechselnd übereinandergeschichtet. Zur Erzielung einer besseren Verkettung der Wicklungen und mit Rücksicht auf die Isolation beginnt und endet der Aufbau mit je einer Halbspule der Unterspannungsseite.

Isolation. Zur Leiterisolation wird meist und vor allem bei Betrieb des Transformators in einem Ölkessel eine Papierumbandelung gewählt. Zwischenisolationen, Abstützungen und die Distanzierung erfolgen durch Preßspan, Hartpapier und Holz. Die Beherrschung der teilweise hohen Betriebsspannungen auf möglichst engem Raum stellt hohe konstruktive Anforderungen an die Gestaltung der Transformatorisolation. Als

Folge von Gewittern oder Schalthandlungen im Netz können überdies stoßartige Überspannungen auftreten, die zusätzlich ausgehalten werden müssen und besondere isolationstechnische Maßnahmen erfordern.

3.1.3 Wachstumsgesetze und Kühlung

In der Gleichung $S = U \cdot I$ für die Scheinleistung eines Wechselstromtransformators erhält man bei Vernachlässigung des Spannungsfalls am Wicklungswiderstand die Spannung U nach Gl. (1.1) aus dem verketteten Magnetfluß $\Phi_t = \Phi \cdot \sin \omega t$. Es gilt

$$u = N \cdot \omega \cdot \Phi \sin (\omega t + \pi/2)$$

Durch Gleichsetzen mit der allgemeinen Gleichung $u = \sqrt{2}\, U \cdot \sin \omega t$ entsteht damit als Verknüpfung zwischen dem Effektivwert U und dem Scheitelwert des Magnetflusses Φ eines Transformators die grundsätzliche Beziehung

$$U = \sqrt{2}\, \pi \cdot f \cdot N \cdot \Phi$$

Für die Scheinleistung ergibt sich dann

$$S = \sqrt{2}\, \pi \cdot f \cdot N \cdot \Phi \cdot I$$

Führt man die spezifischen Belastungen des Leitermaterials und des Magnetwerkstoffes, d.h. die Stromdichte J und die Flußdichte B ein, so wird mit

$$\Phi = B \cdot A_{Fe} \quad \text{und} \quad I \cdot N = J \cdot A_L N = J \cdot A_{Cu}$$

$$S = \sqrt{2}\, \pi \cdot f \cdot B \cdot J \cdot A_{Fe} \cdot A_{Cu} \tag{3.1}$$

Dabei bedeuten A_{Fe} der Querschnitt des Eisenkerns und A_{Cu} den resultierenden Leiterquerschnitt aller Windungen einer Wicklung.

Wachstumsgesetze. Mit Gleichung (3.1) lassen sich die Wachstumsgesetze der Transformatoren angeben, welche die Auswirkungen einer gleichmäßigen linearen Vergrößerung aller geometrischen Abmessungen z.B. um den Faktor k beschreiben. Bei konstanten spezifischen Beanspruchungen B und J gegenüber dem Bezugstransformator der Leistung S steigen Kupfer- und Eisenquerschnitt jeweils quadratisch und die Leistung S^* des neuen Transformators damit nach

$$S^* = S \cdot k^4$$

an. Die Masse und die Verluste erhöhen sich mit dem Volumen nach

$$m^* = m \cdot k^3 \quad \text{und} \quad P_v^* = P_v \cdot k^3$$

Die zur Kühlung vorhandene Oberfläche bleibt am weitesten zurück, es gilt

$$O^* = O \cdot k^2$$

Zwischen den Daten des alten Transformators und den mit * gekennzeichneten neuen, besteht damit folgender Zusammenhang:

$$m^* = m \cdot \left(\frac{S^*}{S}\right)^{3/4}, \quad P_v^* = P_v \cdot \left(\frac{S^*}{S}\right)^{3/4}, \quad O^* = O \cdot \left(\frac{P_v^*}{P_v}\right)^{2/3} \qquad (3.2)$$

Die Erhöhung der Einheitsleistung bei konstanten spezifischen Beanspruchungen ergibt damit
- eine geringere relative Masse in kg/kVA
- weniger relative Verluste in kW/kVA
- eine kleinere relative Kühlfläche in m²/kW.

Beim Übergang auf eine höhere Einheitsleistung erhält man also als Vorteile eine größere spezifische Leistung (kVA/kg) und einen besseren Wirkungsgrad, muß jedoch zur Abfuhr der Verlustleistung immer intensivere Kühlverfahren anwenden.

Verluste und Wirkungsgrad. Der Wirkungsgrad von Transformatoren ist durch den Einsatz kornorientierter Bleche mit geringen Eisenverlusten, das Fehlen von Luftspalt, Zahnungen und bewegten Teilen höher als der rotierender elektrischer Maschinen. In der Auslegung nach DIN 42500-510 werden bei reiner Wirkbelastung im Leistungsbereich von 100 kW bis 100 MW etwa Werte von 97,7% bis 99,5% erreicht.

Es treten Eisenverluste P_{Fe} und Stromwärmeverluste (Kupferverluste) P_{Cu} auf, wobei die ersteren nach $P_{Fe} \sim B^2 \sim U^2$ wegen der konstanten Betriebsspannung U_N belastungsunabhängig stets in voller Höhe mit P_{FeN} vorhanden sind. Man bemüht sich daher, den Anteil P_{FeN} klein zu halten und führt bei Leistungstransformatoren ein Verlustverhältnis $P_{FeN}/P_{CuN} = a = 0{,}17$ bis $0{,}25$ aus.

Der wirtschaftlichen Bedeutung entsprechend wird für die Projektierung eines Transformators oft zwischen Hersteller und Kunde eine sogenannte Verlustbewertung vereinbart. Sie liegt für Eisenverluste bei 8 DM/W bis 20 DM/W und für die Stromwärmeverluste bei 4 DM/W bis 8 DM/W und spielt bei der Bewertung von Angeboten und Garantieangaben eine wichtige Rolle [44].

Wirkungsgradkurve. Der Wert des Verlustverhältnisses a bestimmt bei Transformatoren – und prinzipiell auch bei allen rotierenden Maschinen – Lage und Maximalwert der Wirkungsgradkurve $\eta = f(P)$. Bei beliebiger Belastung erhält man

die Aufnahmeleistung $\qquad P_1 = U_1 \cdot I_1 \cdot \cos \varphi_1$

die Verluste $\qquad\qquad P_v = P_{FeN} + P_{CuN} \left(\dfrac{P_1}{P_{1N}}\right)^2$

den Wirkungsgrad $\qquad \eta = 1 - \dfrac{P_v}{P_1}$

Für die Kupferverluste gilt dabei wegen $I_1 \sim P_1$ bei konstanten Werten für Spannung und $\cos \varphi_1$ eine quadratische Abhängigkeit von der Leistung. Für die Wirkungsgradkurve erhält man damit die Beziehung

$$\eta = 1 - \frac{a + (P_1/P_{1N})^2}{P_1} \cdot P_{CuN}$$

Differenziert man diese Gleichung und setzt $d\eta/dP_1 = 0$, so erhält man mit

$$(P_1)_{\eta\,\text{max}} = \sqrt{a} \cdot P_{1N} \quad \text{bzw.} \quad (S_1)_{\eta\,\text{max}} = \sqrt{a} \cdot S_{1N} \tag{3.3}$$

die Aufnahmeleistung, bei welcher der Wirkungsgrad seinen Maximalwert erreicht. Sein Wert errechnet sich durch Einsetzen von Gl. (3.3) in die Beziehung $\eta = f(P_1)$ zu

$$\eta_{\text{max}} = 1 - 2\,\frac{\sqrt{P_{\text{FeN}} \cdot P_{\text{CuN}}}}{P_{1N}} \tag{3.4a}$$

während der Wirkungsgrad bei der Aufnahmeleistung P_{1N} im Bemessungspunkt

$$\eta_N = 1 - \frac{P_{\text{FeN}} + P_{\text{CuN}}}{P_{1N}} \tag{3.4b}$$

beträgt.

Im Punkt des maximalen Wirkungsgrades sind die Stromwärmeverluste und Eisenverluste des Transformators gleichgroß. Bild 3.12 zeigt den Einfluß des Verlustverhältnisses a auf die Teillastverluste und die Wirkungsgradkurve.

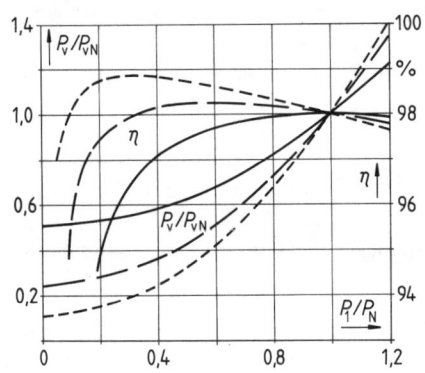

Bild 3.12 Relative Teillastverluste P_v/P_{vN} und Wirkungsgrad η von Transformatoren Parameter $a = P_{\text{FeN}}/P_{\text{CuN}}$ und $\eta_N = 0,98$
- - - - - $a = 0,1$ ——— $a = 0,3$ ——— $a = 1$

Beispiel 3.1: Ein Drehstromtransformator nach DIN 42504 für $S_N = 2000\,\text{kVA}$ hat die Verluste $P_{\text{FeN}} = 3,2\,\text{kW}$ und $P_{\text{CuN}} = 21\,\text{kW}$.
a) Wie groß sind der maximale und der Wirkungsgrad η_N bei $P_{1N} = 2000\,\text{kW}$?

Nach Gl. (3.4a, b) erhält man

$$\eta_{\text{max}} = 1 - 2 \cdot \frac{\sqrt{3,2\,\text{kW} \cdot 21\,\text{kW}}}{2000\,\text{kW}} = 99,18\%$$

$$\eta_N = 1 - \frac{3,2\,\text{kW} + 21\,\text{kW}}{2000\,\text{kW}} = 98,79\%$$

b) Bei gleichbleibenden Gesamtverlusten von $P_v = 24,2\,\text{kW}$ wird ein Verlustverhältnis $a = 0,1$ realisiert. Welcher DM-Betrag kann dem Angebotspreis im Vergleich zu obiger Auslegung bei einer Verlustbewertung von $k_{\text{Fe}} = 8\,\text{DM/W}$ und $k_{\text{Cu}} = 4\,\text{DM/W}$ gutgeschrieben werden?

Es gilt $P_{FeN} + P_{CuN} = 24,2\,kW$ mit $P_{FeN} = aP_{CuN} = 0,1 \cdot P_{CuN}$

$1,1P_{CuN} = 24,2\,kW$ damit $P_{CuN} = 22\,kW$, $P_{FeN} = 2,2\,kW$

Der Vergleich mit früherer Auslegung ergibt die Differenzen:

$$\Delta P_{FeN} = -1\,kW \quad - \text{Gewinn: } 8000\,DM$$
$$\Delta P_{CuN} = +1\,kW \quad - \text{Verlust: } 4000\,DM$$

Insgesamt entsteht also eine Gutschrift von DM 4000,−

Aufgabe 3.1: Welches Verlustverhältnis a ist bei einem Transformator mit $P_{1N} = 100\,kW$ und $P_{vN} = 2\,kW$ realisiert, wenn der maximale Wirkungsgrad 98,4% beträgt?
Ergebnis: $a = 0,25$

Aufgabe 3.2: Auf welchen Wert sinkt der Wirkungsgrad η_N eines Transformators mit $a = 0,25$, wenn $\eta_{max} = 0,98$ ist?
Ergebnis: $\eta_N = 0,975$

Aufgabe 3.3: Ein Einphasentransformator für $S_1 = 10\,kVA$ besitzt bei Halblast gleichgroße Eisen- und Kupferverluste und mit reiner Wirkbelastung von $P_{1N} = 10\,kW$ einen Wirkungsgrad η_N von 96%. Wie groß sind die Verluste bei P_{1N}? Bei welcher Teillast P_1 hat der Transformator ebenfalls einen Wirkungsgrad von 96%?
Ergebnis: $P_{FeN} = 80\,W$, $P_{CuN} = 320\,W$, $P_1 = 2,5\,kW$

Kühlungsarten. Nach dem Wachstumsgesetz nehmen bei einer Vergrößerung der Einheitsleistung und konstanten spezifischen Belastungen der Eisen- und Kupferquerschnitte die Verluste rascher als die Oberfläche zu, womit die Wärmeabgabe immer schwieriger wird. Dies bedeutet, daß man mit Rücksicht auf die begrenzte zulässige Erwärmung der Isolierstoffe immer intensivere und aufwendigere Kühlungsmethoden anwenden muß.

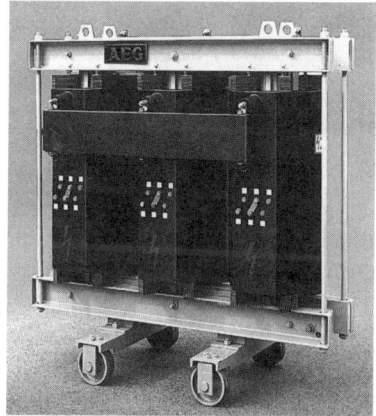

Bild 3.13 Verteilungstransformator mit Gießharzisolierung
(Trafo-Union, Nürnberg)

Bild 3.14 Verteilungstransformator 630 kVA mit Wellblechkessel (Trafo-Union, Nürnberg)

Für kleinere Leistungen genügen Trockentransformatoren, deren Wicklungen der freien Luft ausgesetzt sind. Ferner werden für Leistungen bis zu ca. 10 MVA und 30 kV auch Transformatoren mit Gießharzisolierung gebaut (Bild 3.13), bei denen die vergossene Wicklung einen kompakten Zylinder bildet [42, 43]. Für größere Transformatoren und hohe Betriebsspannungen setzt man den Transformator in einen Ölkessel (Bild 3.14). Öl besitzt gegenüber Luft neben einer wesentlich besseren Isolationsfestigkeit den weiteren Vorteil, daß es die Wärme sowohl besser annimmt (Wärmeübergangszahl), als auch besser weiterleitet (Wärmeleitfähigkeit). Die Kesselwandung der Öltransformatoren erhält eine Wellung zur Oberflächenvergrößerung. Bei noch größeren Leistungen werden an der Kesselwandung Radiatoren (Bild 3.15) angebracht, deren Sammelrohre oben und unten in den Kessel münden. Durch die natürliche Wär-

Bild 3.15 Netztransformator
40 MVA mit Radiatoren
(Trafo-Union, Nürnberg)

mebewegung wird das Öl in den Radiatoren laufend rückgekühlt. Größte Einheiten erhalten zusätzlich äußere Lüfter und schließlich eine Zwangsumwälzung des Öls durch Pumpen und Rückkühlung über angeflanschte Luft- oder Wasserkühler.

3.2 Betriebsverhalten des Einphasentransformators

3.2.1 Spannungsgleichungen und Ersatzschaltung

Streu- und Hauptfeld. In der prinzipiellen Anordnung eines Transformators nach Bild 3.16 sind zwei Wicklungen mit den Windungszahlen N_1 und N_2 auf einem gemeinsamen Eisenkern magnetisch gekoppelt. Führen beide Wicklungen Strom, so entstehen die Durchflutungen Θ_1 und Θ_2, die nach dem Grundgesetz magnetischer Kreise $\Phi = \Theta \cdot \Lambda$ die eingetragenen Felder erzeugen. Beide Wicklungen bilden danach auf dem Eisenweg mit dem hohen magnetischen Leitwert Λ_h den Hauptfluß Φ_h und zusätzlich entsprechend dem Streuleitwert $\Lambda_\sigma \ll \Lambda_h$ je einen sogenannten Streufluß Φ_σ aus. Die Feldlinien der Streuflüsse sind nur mit der eigenen Wicklung verkettet und induzieren dort nach

$$u_\sigma = N\frac{\mathrm{d}\Phi_\sigma}{\mathrm{d}t} = L_\sigma \cdot \frac{\mathrm{d}i}{\mathrm{d}t}$$

eine Spannung der Selbstinduktion.

Nach Abschnitt 1.1.1 werden in Wechselstromkreisen durch Selbstinduktion entstandene Spannungen als Spannungsfall an einem Blindwiderstand erfaßt, so daß man jeder Wicklung des Transformators neben ihrem ohmschen Widerstand R einen Streublindwiderstand $X_\sigma = 2\pi f \cdot L_\sigma$ zuordnen kann. Es entsteht damit in Bild 3.17 der Aufbau eines idealen Transformators, in dem zwei widerstandslose Wicklungen streuungsfrei miteinander gekoppelt sind. Die realen Verhältnisse werden dann durch die jeweils vorgeschalteten Scheinwiderstände aus R und X_σ erfaßt.

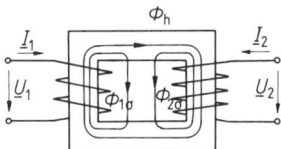

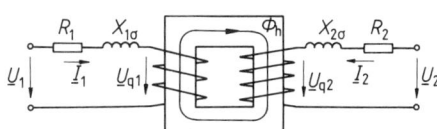

Bild 3.16 Aufbau und Felder eines Transformators

Bild 3.17 Idealer Transformator mit vorgeschalteten Wirk- und Blindwiderständen

Spannungsgleichungen. Die Darstellung eines Transformators in Bild 3.17 wird zur reinen Ersatzschaltung, wenn man die Wirkung aller Feldanteile durch ihre Induktivitäten, bzw. Blindwiderstände darstellt. Mit der allgemeinen Definition $L = N^2 \cdot \Lambda$ erhält man für die Streuwege die Streuinduktivitäten

$$L_{1\sigma} = N_1^2 \cdot \Lambda_{1\sigma}, \qquad L_{2\sigma} = N_2^2 \cdot \Lambda_{2\sigma}, \qquad (3.5\,\mathrm{a,b})$$

Auf dem gemeinsamen Hauptweg mit dem Leitwert Λ_h ergeben sich je eine Hauptinduktivität und eine Gegeninduktivität

$$L_{1\mathrm{h}} = N_1^2 \cdot \Lambda_\mathrm{h} \qquad L_{2\mathrm{h}} = N_2^2 \cdot \Lambda_\mathrm{h} \qquad (3.5\,\mathrm{c,d})$$

$$L_{12} = N_1 \cdot N_2 \cdot \Lambda_\mathrm{h} \qquad (3.5\,\mathrm{e})$$

Die Spannungsgleichungen beider Seiten lauten damit:

$$u_1 = R_1 \cdot i_1 + L_{1\sigma} \cdot \frac{\mathrm{d}i_1}{\mathrm{d}t} + L_{1\mathrm{h}} \cdot \frac{\mathrm{d}i_1}{\mathrm{d}t} + L_{12} \cdot \frac{\mathrm{d}i_2}{\mathrm{d}t} \qquad (3.6\,\mathrm{a})$$

$$u_2 = R_2 \cdot i_2 + L_{2\sigma} \cdot \frac{\mathrm{d}i_2}{\mathrm{d}t} + L_{2\mathrm{h}} \cdot \frac{\mathrm{d}i_2}{\mathrm{d}t} + L_{12} \cdot \frac{\mathrm{d}i_1}{\mathrm{d}t} \qquad (3.7\,\mathrm{a})$$

Zur Behandlung des Transformators als Vierpol im Netz ist es üblich, beide Gleichungen auf die Windungszahl N_1 der Primärseite zu beziehen. Dies geschieht, wenn man das letzte Glied von Gleichung (3.6 a) mit N_1/N_2 erweitert und Gleichung (3.7 a) mit demselben Wert multipliziert.

Mit $i_2' = i_2 \cdot N_2 / N_1$ entstehen die Gleichungen

$$u_1 = R_1 \cdot i_1 + L_{1\sigma}\frac{di_1}{dt} + L_{1h}\frac{di_1}{dt} + L_{12}\frac{N_1}{N_2}\frac{di_2'}{dt}$$

$$u_2\frac{N_1}{N_2} = R_2\left(\frac{N_1}{N_2}\right)^2 \cdot i_2' + L_{2\sigma}\left(\frac{N_1}{N_2}\right)^2\frac{di_2'}{dt} + L_{2h}\left(\frac{N_1}{N_2}\right)^2\frac{di_2'}{dt} + L_{12}\frac{N_1}{N_2}\frac{di_1}{dt}$$

Nach Gl. (3.5 a, b, c) gilt

$$L_{12}\frac{N_1}{N_2} = L_{1h} = L_h$$

$$L_{2h}\left(\frac{N_1}{N_2}\right)^2 = L_{1h} = L_h$$

während alle übrigen mit dem Wert N_1/N_2 umgeformten Größen zur Kennzeichnung einen Strich erhalten. Damit lauten die Spannungsgleichungen beider Wicklungen

$$u_1 = R_1 \cdot i_1 + L_{1\sigma} \cdot \frac{di_1}{dt} + L_h\left(\frac{di_1}{dt} + \frac{di_2'}{dt}\right) \tag{3.6b}$$

$$u_2' = R_2' \cdot i_2' + L_{2\sigma}'\frac{di_2'}{dt} + L_h\left(\frac{di_1}{dt} + \frac{di_2'}{dt}\right) \tag{3.7b}$$

Anstelle mit den Augenblickswerten der Differentialgleichung rechnet man bei stationären Betriebszuständen mit den Effektivwerten und erhält in komplexer Schreibweise

$$\underline{U}_1 = R_1 \cdot \underline{I}_1 + jX_{1\sigma} \cdot \underline{I}_1 + jX_h(\underline{I}_1 + \underline{I}_2') \tag{3.6c}$$

$$\underline{U}_2' = R_2' \cdot \underline{I}_2' + jX_{2\sigma}' \cdot \underline{I}_2' + jX_h(\underline{I}_1 + \underline{I}_2') \tag{3.7c}$$

Ersatzschaltung. Die Gleichungen (3.6 c und 3.7 c) sind Maschengleichungen eines Vierpols nach Bild 3.18, der damit die allgemeine Ersatzschaltung für zwei magnetisch gekoppelte Wicklungen darstellt.

Die Umrechnung der Daten der Sekundärwicklung auf die primäre Windungszahl N_1 hat dazu geführt, daß durch das Hauptfeld auf beiden Seiten die gleiche Quellenspannung U_q induziert wird. Damit ist die in Bild 3.18 vorgenommene galvanische Kopplung beider Wicklungen möglich. In der Ersatzschaltung erscheint U_q als Spannungsfall des gemeinsamen Magnetisierungsstromes I_μ an der Hauptinduktivität X_h.

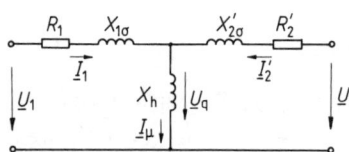

Bild 3.18 Ersatzschaltung eines Transformators ohne Eisenverluste

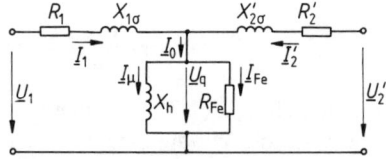

Bild 3.19 Vollständige Ersatzschaltung eines Transformators

Um in der Ersatzschaltung auch die Eisenverluste des Hauptflusses zu erfassen, legt man parallel zu der Hauptreaktanz X_h einen sogenannten Eisenverlustwiderstand R_{Fe}. Mit $P_{Fe} = U_q^2 / R_{Fe}$ gibt dieser wegen $U_q \sim \Phi \sim B$ und $P_{Fe} \sim B^2$ die Abhängigkeit der Eisenverluste richtig wieder. Damit entsteht das endgültige Ersatzschaltbild des Transformators (Bild 3.19), aus dem das gesamte stationäre Betriebsverhalten berechnet werden kann.

Umrechnungen. Die Formeln zur Umrechnung der sekundären Werte auf die Primärseite lassen sich über die Bedingung der Energiekonstanz bestimmen. Wird die Spannung mit dem Windungszahlverhältnis N_1 / N_2 nach

$$U_2' = U_2 \cdot \frac{N_1}{N_2} \tag{3.8}$$

geändert, so folgt bei gleichbleibender Strangleistung

$$P_2' = P_2$$
$$U_2' \cdot I_2' = U_2 \cdot I_2$$

und $\qquad I_2' = I_2 \cdot \dfrac{N_2}{N_1}$ $\tag{3.9}$

Für die Kupferverluste gilt $P_{Cu2}' = P_{Cu2}$

$$R_2' \cdot I_2'^2 = R_2 \cdot I_2^2$$

$$R_2' = R_2 \cdot \left(\frac{N_1}{N_2} \right)^2 \tag{3.10}$$

Über die Konstanz der magnetischen Energie folgt ebenso

$$X_{2\sigma}' = X_{2\sigma} \cdot \left(\frac{N_1}{N_2} \right)^2 \tag{3.11}$$

Das Größenverhältnis der einzelnen Ersatzkreisdaten ist stark von der Nennleistung des Transformators abhängig. Es gilt etwa $R_1 \approx R_2'$ und $X_{1\sigma} \approx X_{2\sigma}'$, wobei die Streureaktanzen bei mittleren Leistungen etwa den doppelten Wert der Widerstände besitzen. Bei großen Einheiten übertrifft die induktive Streuspannung den ohmschen Spannungsfall um das 20 bis 30fache. Die Werte für X_h und R_{Fe} liegen etwa drei bzw. vier Zehnerpotenzen über denen der Streureaktanzen.

Beispiel 3.2: Für einen Drehstromtransformator der Bemessungsleistung $S_N = 100\,\mathrm{kVA}$ in Ausführung nach DIN 42500 wurde bei Sternschaltung der Wicklungen primärseitig gemessen:
Leerlaufversuch: $\qquad P_0 = 0{,}32\,\mathrm{kW}$, $U_0 = 20\,\mathrm{kV}$, $I_0 = 0{,}0723\,\mathrm{A}$
Kurzschlußversuch: $P_k = 1{,}75\,\mathrm{kW}$, $U_k = 0{,}8\,\mathrm{kV}$, $I_k = 2{,}89\,\mathrm{A}$
Es sind die Daten des Ersatzschaltbildes (Bild 3.19) mit der Annahme $R_1 = R_2'$ und $X_{1\sigma} = X_{2\sigma}'$ zu bestimmen.

Im Leerlauf kann auf Grund der angegebenen Größenverhältnisse R_1 und $X_{1\sigma}$ gegenüber dem Querzweig vernachlässigt werden. Dann gilt:

$$I_{Fe} = \frac{P_0}{\sqrt{3} \cdot U_0} = \frac{0{,}32 \cdot 10^3 \, W}{\sqrt{3} \cdot 20 \cdot 10^3 \, V} = 0{,}00924 \, A$$

$$I_\mu = \sqrt{I_0^2 - I_{Fe}^2} = \sqrt{0{,}0723^2 - 0{,}00924^2} \, A = 0{,}0717 \, A$$

$$X_h = \frac{U_0}{\sqrt{3} \cdot I_\mu} = \frac{20 \cdot 10^3 \, V}{\sqrt{3} \cdot 0{,}0717 \, A} = 161 \cdot 10^3 \, \Omega$$

$$R_{Fe} = \frac{U_0}{\sqrt{3} \cdot I_{Fe}} = \frac{20 \cdot 10^3 \, V}{\sqrt{3} \cdot 0{,}00923 \, A} = 125 \cdot 10^4 \, \Omega$$

Bei kurzgeschlossenen Sekundärklemmen kann der Einfluß des hochohmigen Querzweiges vernachlässigt werden. Dann gilt:

$$\cos\varphi_k = \frac{P_k}{\sqrt{3} \cdot U_k \cdot I_k} = \frac{1{,}75 \cdot 10^3 \, W}{\sqrt{3} \cdot 0{,}8 \cdot 10^3 \, V \cdot 2{,}89 \, A} = 0{,}437, \quad \sin\varphi_k = 0{,}90$$

Die gesamte Längsimpedanz wird

$$Z_k = \frac{U_k}{I_k} = \frac{0{,}8 \cdot 10^3 \, V}{\sqrt{3} \cdot 2{,}89 \, A} = 160 \, \Omega$$

damit
$$\begin{aligned} R_1 + R_2' &= Z_k \cdot \cos\varphi_k, & X_{1\sigma} + X_{2\sigma}' &= Z_k \cdot \sin\varphi_k \\ &= 160 \, \Omega \cdot 0{,}437, & &= 160 \, \Omega \cdot 0{,}90 \\ &\approx 70 \, \Omega & &\approx 144 \, \Omega \\ R_1 = R_2' &= 35 \, \Omega & X_{1\sigma} = X_{2\sigma}' &= 72 \, \Omega \end{aligned}$$

Aufgabe 3.4: Wie groß ist der maximale Wirkungsgrad des obigen Transformators bei $P_{1N} = 100 \, kW$, $P_{FeN} = P_0$ und $P_{CuN} = P_k$?
Ergebnis: $\eta_{max} = 0{,}985$

Aufgabe 3.5: Ein Einphasentransformator für $U_{1N} = 500 \, V$ und $P_{1N} = 50 \, kW$ bei $\cos\varphi_1 = 1$ besitzt bei $P_1 = 25 \, kW$ seinen maximalen Wirkungsgrad $\eta_{max} = 0{,}97$. Über die Eisen- und Kupferverluste sind die Widerstände R_{Fe} und $R_1 = R_2'$ der Ersatzschaltung zu bestimmen.
Ergebnis: $R_{Fe} = 667 \, \Omega$, $R_1 = R_2' = 0{,}075 \, \Omega$

3.2.2 Leerlauf und Magnetisierung

Spannungsformel. Nach der Darstellung eines Transformators in Bild 3.17 erzeugt das Hauptfeld in den beiden Wicklungen die Spannungen

$$u_{q1} = N_1 \cdot \frac{d\Phi_{ht}}{dt} \quad \text{und} \quad u_{q2} = N_2 \frac{d\Phi_{ht}}{dt}$$

womit ein Spannungsverhältnis

$$\frac{U_{q1}}{U_{q2}} = \frac{N_1}{N_2} \tag{3.12}$$

entsteht. Der Effektivwert der induzierten Spannung wird mit

$$\Phi_{ht} = \Phi_h \cdot \sin \omega t \quad \text{und} \quad u_q = \omega \cdot N \cdot \Phi_h \cdot \cos \omega t$$

$$U_q = \sqrt{2} \cdot \pi \cdot f \cdot N \cdot \Phi_h = 4{,}44 \cdot f \cdot N \cdot \Phi_h \tag{3.13}$$

Im Leerlauf ist $U_{q2} = U_2$ und mit sehr guter Näherung auch $U_{q1} = U_1$, so daß sich nach Gleichung (3.12) die Klemmenspannungen mit

$$U_1 : U_2 \approx N_1 : N_2 \tag{3.14}$$

wie die Windungszahlen verhalten.

Beispiel 3.3: Ein Drehstromtransformator für $S = 250$ kVA, $U_N = 10$ kV/0,525 kV soll einen fünf-stufigen Kernquerschnitt des Durchmessers $D = 14{,}1$ cm erhalten. Die Kerninduktion betrage $B = 1{,}6$ T und der Eisenfüllfaktor $f_{Fe} = 0{,}96$. Es sind die erforderlichen Windungszahlen des Transformators bei beidseitiger Sternschaltung abzuschätzen.
Nach Bild 3.2 wird der aktive Eisenquerschnitt

$$A_{Fe} = D^2 \cdot \frac{\pi}{4} \cdot k_a \cdot f_{Fe} = 14{,}1^2 \, cm^2 \cdot \frac{\pi}{4} \cdot 0{,}908 \cdot 0{,}96 = 136 \, cm^2$$

Mit $\Phi = B \cdot A_{Fe}$ erhält man den Kernfluß

$$\Phi = 16 \cdot 10^{-5} \, Vs/cm^2 \cdot 136 \, cm^2 = 0{,}02176 \, Vs$$

Nach Gleichung (3.13) und mit $U_q \approx U$, $\Phi_h \approx \Phi$ wird die Windungszahl der Oberspannungsseite

$$N_1 = \frac{U_{q1}}{\sqrt{2} \, \pi \cdot f \cdot \Phi_h} = \frac{10^4 \, V}{\sqrt{3} \cdot \sqrt{2} \cdot \pi \cdot 50 \, s^{-1} \cdot 0{,}02176 \, Vs} = 1195 \, \text{Wdg.}$$

Damit nach Gleichung (3.12)

$$N_2 = N_1 \cdot \frac{U_{q2}}{U_{q1}} = 1195 \cdot \frac{0{,}525}{10} = 63 \, \text{Wdg.}$$

Aufgabe 3.6: Der obige Transformator soll einen Kernquerschnitt aus nur zwei Blechbreiten erhalten. Wie müssen die Windungszahlen korrigiert werden, wenn die Kerninduktion $B = 1{,}68$ T betragen soll?
Ergebnis: $N_1 = 1312$, $N_2 = 69$ Wdg

Leerlaufdaten. Als Bemessungsspannungen eines Transformators sind nach VDE 0532 primärseitig die der Auslegung zugrundeliegende Spannung und für die Sekundärseite die zugehörige Leerlaufspannung festgelegt.

Der Leerlaufstrom I_0 eines Leistungstransformators beträgt mit etwa 2,5% bei 100 kVA und ca. 0,9% bei 10 MVA nur einen kleinen Bruchteil des Bemessungs-stromes. Er dient überwiegend der Magnetisierung und enthält eine kleine Wirk-komponente hauptsächlich zur Deckung der Eisenverluste.

Den besten Überblick über das Leerlaufverhalten ergibt das Zeigerdiagramm (Bild 3.20) nach der Ersatzschaltung von Bild 3.19. Die Primärwicklung entnimmt dem Netz der Spannung $\underline{U}_1$ einen stark induktiven Leerlaufstrom $\underline{I}_0$, der am ohm-schen Widerstand R_1 und der Streureaktanz $X_{1\sigma}$ je einen Spannungsabfall hervorruft. Es bleibt mit $\underline{U}_q$ die Spannung der Selbstinduktion durch das Hauptfeld Φ_h, dessen Zeiger der Spannung 90° nacheilt. Der Leerlaufstrom $\underline{I}_0$ wird bezogen auf die Rich-

tung von $\underline{U}_q$ in eine Wirk- und eine Blindkomponente zerlegt. Der mit $\underline{U}_q$ phasengleiche Anteil $\underline{I}_{Fe}$ deckt die Eisenverluste, während die Blindkomponente $\underline{I}_\mu$ die Magnetisierungsdurchflutung bildet. Da $\underline{I}_{Fe}$ nur größenordnungsmäßig 10% ausmacht,
unterscheiden sich Leerlauf- und Magnetisierungsstrom kaum. Der geringe Anteil des
Streuflusses an den Eisenverlusten ist in dieser Darstellung vernachlässigt.

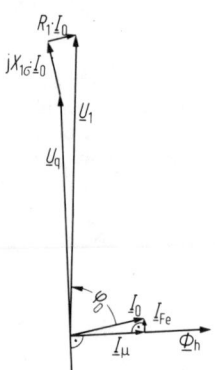

Bild 3.20 Zeigerdiagramm des
leerlaufenden Transformators

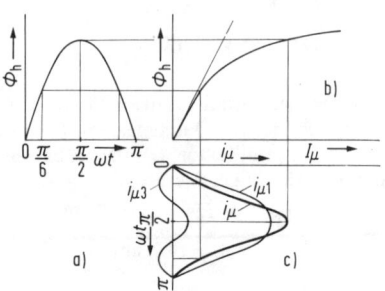

Bild 3.21 Bestimmung der Kurvenform des
Magnetisierungsstromes i_μ
a) zeitlich sinusförmiger Flußverlauf
b) Magnetisierungskennlinie
c) zeitlicher Verlauf des Magnetisierungsstromes i_μ

Analyse des Magnetisierungsstromes. Spannung und Magnetisierungsstrom des Transformators sind über die Dynamoblechkennlinie miteinander verknüpft. Dies bedeutet
bei Nenninduktionen im Eisen von 1,5 bis 1,7 T wegen der magnetischen Sättigung
eine nichtlineare Zuordnung zwischen Φ_{ht} und i_μ. Der entstehende zeitliche Verlauf
des Magnetisierungsstromes läßt sich bei gegebener sinusförmiger Flußänderung konstruieren (Bild 3.21), wobei vereinfacht die Hysterese vernachlässigt ist. Die Analyse
der Stromkurve ergibt neben der Grundschwingung ungeradzahlige Oberschwingungen mit nach der Ordnungszahl abnehmenden Amplituden. Es ist (Vorzeichen in I_μ
enthalten)

$$i_\mu = \sqrt{2}\, I_{\mu 1} \cdot \sin\omega t + \sqrt{2}\, I_{\mu 3} \cdot \sin 3\omega t + \sqrt{2}\, I_{\mu 5} \cdot \sin 5\omega t + \cdots \sqrt{2}\, I_{\mu\nu} \cdot \sin\nu\omega t$$

mit

$$\nu = 2n + 1 \quad \text{und} \quad n = 0;\ 1;\ 2;\ 3\ldots$$

Für kornorientierte Bleche ergibt die Analyse bei $B = 1,6$ T etwa folgende Einzeleffek-
tivwerte bezogen auf den Gesamtwert

$$I_\mu = \sqrt{I_{\mu 1}^2 + I_{\mu 3}^2 + \ldots I_{\mu\nu}^2}$$

Ordnungszahl $\nu = 1$ 3   5   7   9

$\qquad\qquad I_{\mu\nu}/I_\mu = 0,86$ 0,40   0,23   0,12   0,07

Zur Erzeugung eines seitlich sinusförmigen Flusses müssen sich entsprechend der
Magnetisierungskennlinie der Blechsorte alle Stromanteile der Analyse ausbilden

können. Werden einzelne Harmonische daran gehindert, so entsteht ein oberschwingungshaltiger Fluß und damit eine verzerrte Spannung. Auf diesen Zusammenhang wird bei den Drehstromschaltungen noch näher eingegangen.

Beispiel 3.4: Ein Drehstromtransformator, dessen Primär- und Sekundärwicklung in Sternschaltung ausgeführt sind, hat die Bemessungsleistung $S = 630\,\text{kVA}$ bei $U_{1N} = 20\,\text{kV}$. In der Auslegung nach DIN 42500 erhält man den relativen Leerlaufstrom $I_0 = 0,018\,I_N$ und die Leerlaufverluste $P_{v0} = 1,3\,\text{kW}$. Es ist der Magnetisierungsstrom dieses Transformators zu berechnen.

Primärer Bemessungsstrom $\quad I_{1N} = \dfrac{S}{\sqrt{3} \cdot U_{1N}} = \dfrac{630 \cdot 10^3\,\text{VA}}{\sqrt{3} \cdot 20 \cdot 10^3\,\text{V}} = 18,2\,\text{A}$

Leerlaufstrom $\quad I_0 = 0,018\,I_{1N} = 0,018 \cdot 18,2\,\text{A} = 0,327\,\text{A}$

Für den Eisenverluststrom I_{Fe} gilt mit guter Genauigkeit

$$I_{\text{Fe}} = \frac{P_{v0}}{\sqrt{3} \cdot U_{1N}} = \frac{1,3 \cdot 10^3\,\text{W}}{\sqrt{3} \cdot 20 \cdot 10^3\,\text{V}} = 0,0375\,\text{A}$$

Nach dem Zeigerdiagramm (Bild 3.20) wird der Magnetisierungsstrom

$$I_\mu = \sqrt{I_0^2 - I_{\text{Fe}}^2} = \sqrt{0,327^2 - 0,0375^2}\,\text{A} = 0,325\,\text{A}$$

Aufgabe 3.7: Die Analyse des Magnetisierungsstromes eines Transformators ergibt für die Effektivwerte der ersten vier Harmonischen folgende Beziehung: $I_{\mu 7} : I_{\mu 5} : I_{\mu 3} : I_{\mu 1} = 1 : 2 : 4 : 8$ bei $I_{\mu 1} = 14,5\,\text{A}$. Wie groß ist der gesamte Magnetisierungsstrom, wenn weitere Oberschwingungen vernachlässigt werden können?
Ergebnis: $I_\mu = 16,7\,\text{A}$

Einschaltstromstoß. Schaltet man einen sekundär unbelasteten Transformator mit seiner Primärwicklung an das Netz, so stellt sich der stationäre Leerlaufstrom erst nach Abklingen eines elektromagnetischen Ausgleichsvorgangs ein. Bei Vernachlässigung aller netzseitigen Spannungsfälle durch den Einschaltstrom entspricht der Schaltvorgang dem Zuschalten der starren Netzspannung

$$u_1 = \sqrt{2}\,U_1 \cdot \sin(\omega t + \alpha)$$

auf eine Spule mit dem Wicklungswiderstand R_1. Es gilt die Spannungsgleichung

$$u_1 = R_1 \cdot i_1 + L_1 \frac{\mathrm{d}i_1}{\mathrm{d}t} = R_1 \cdot i_1 + N_1 \frac{\mathrm{d}\Phi_{1t}}{\mathrm{d}t}$$

Kombiniert man beide Gleichungen und beachtet die in Abschnitt 3.1.3 festgestellte Beziehung $\sqrt{2}\,U_1 = \omega \cdot N_1 \cdot \Phi_1$, so läßt sich der zeitliche Verlauf des mit der Primärwicklung verketteten Flusses Φ_{1t} zu

$$\Phi_{1t} = -\Phi_1 \cdot \cos(\omega t + \alpha) + C - \frac{R_1}{N_1} \cdot \int i_1\,\mathrm{d}t$$

berechnen. Die Integrationskonstante C ergibt sich aus den Anfangsbedingungen $i_1 = 0$ und $\Phi_{1t} = \Phi_{\text{rem}}$ bei $t = 0$. Sie lautet damit

$$C = \Phi_1 \cdot \cos\alpha + \Phi_{\text{rem}}$$

Mit dieser Konstanten erhält man für die Funktion $\Phi_{1t} = f(t)$ die Beziehung

$$\boldsymbol{\Phi_{1t}} = -\,\boldsymbol{\Phi_1} \cdot \cos(\omega t + a) + \boldsymbol{\Phi_1} \cdot \cos a + \boldsymbol{\Phi_{rem}} - \frac{R_1}{N_1} \int i_1 \mathrm{d}t \qquad (3.15)$$

Sie beschreibt den Verlauf des Flusses nach dem Einschalten des Transformators bei $t = 0$. Der Integralterm berücksichtigt das Abklingen der Schaltspitzen durch die dämpfende Wirkung des ohmschen Wicklungswiderstandes R_1.

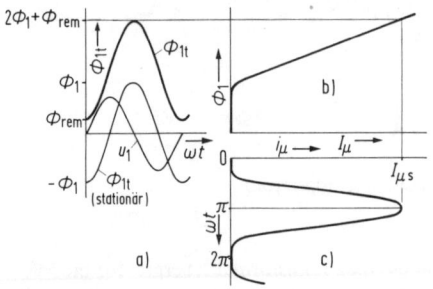

Bild 3.22
Bestimmung des Einschaltstromstoßes $I_{\mu s}$
a) Spannungs- und Flußverlauf bei $R_1 = 0$
b) Magnetisierungskennlinie
c) Erste Spitze des Einschaltstromes

Als ungünstigsten Schaltaugenblick ergibt Gl. (3.15) mit $\alpha = 0$ den Nulldurchgang der Netzspannung. In diesem Falle muß bei $\omega t = \pi$ eine halbe Periode nach dem Einschalten die Primärwicklung den maximalen Fluß

$$\Phi_{max} = 2\Phi_1 + \Phi_{rem}$$

erzeugen. Da beim Fluß Φ_1 bereits Kerninduktionen von etwa 1,5 T vorhanden sind, entstehen bei Φ_{max} extreme Sättigungen, vor allem wenn aus dem früheren Betrieb ein positiver Remanenzfluß Φ_{rem} zurückgeblieben ist. Dieser hat im übrigen im eisengeschlossenen Magnetkreis eines Transformators wesentlich höhere Werte als bei rotierenden Maschinen mit ihrem Luftspalt. Zur Erzeugung von Φ_{max} sind damit beträchtliche Stromspitzen $I_{\mu s}$ erforderlich, die je nach Aufbau und Leistung des Transformators Werte bis zum ca. 15fachen Scheitelwert des Bemessungsstromes betragen. Der Einschaltstromstoß klingt bei Transformatoren kleiner Leistung innerhalb eines Sekundenbruchteils, bei großen Einheiten wegen des relativ geringen Wicklungswiderstandes R_1 innerhalb einiger Sekunden ab.

Der Schaltvorgang ist in Bild 3.22 für den ungünstigsten Fall mit $u_1 = 0$ bei $t = 0$ dargestellt. Der stationäre Flußwert $-\Phi_1$ für diesen Augenblick kann sich nicht plötzlich einstellen, sondern der Verlauf Φ_{1t} muß mit dem Anfangswert Φ_{rem} beginnen. Da Spannung und Fluß nur nach $u = N \cdot \mathrm{d}\Phi/\mathrm{d}t$ verknüpft sind, steigt der Flußverlauf von Φ_{rem} aus mit dem erforderlichen Differentialquotienten an und erfüllt damit die Spannungsgleichung der Primärseite. Die maximale Flußamplitude erreicht ohne Berücksichtigung der Dämpfung den Wert $2\Phi_1 + \Phi_{rem}$. Die Vereinfachung $R_1 = 0$ hat dabei für die Bestimmung der ersten Stromspitze $i_1 = I_{\mu s}$ fast keinen Einfluß.

In Bild 3.23 ist der Einschaltstromstoß bei einem Einphasentransformator für 2,2 kVA, 220 V/110 V bei Einschalten im Spannungsnulldurchgang gezeigt. Die erste Stromspitze erreicht etwa den 14fachen Bemessungsstrom-Scheitelwert.

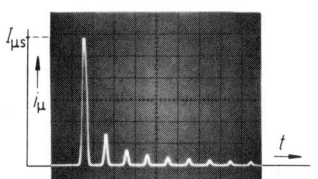

Bild 3.23 Oszillogramm des Einschaltstromes eines 2,2 kVA Transformators

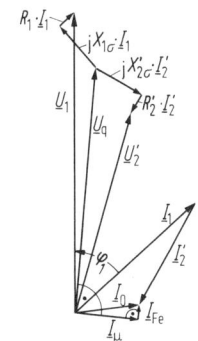

Bild 3.24 Vollständiges Zeigerdiagramm bei ohmsch-induktiver Belastung

3.2.3 Belastung des Transformators

Die Folgen einer beliebigen Belastung des Transformators können über die vollständige Ersatzschaltung nach Bild 3.19 bestimmt werden. So erhält man für den wichtigsten Fall einer ohmsch-induktiven Last auf der Sekundärseite das Zeigerdiagramm aller Ströme und Spannungen nach Bild 3.24.

Entsprechend dem VPS liegt der Zeiger des Primärstromes bei ohmsch-induktiver Belastung im 1. Quadranten, da der Transformator Energie aus dem Netz bezieht. Die Wirkkomponente von $\underline{I}'_2$ ist der Sekundärspannung entgegengerichtet und zeigt damit an, daß an den Sekundärklemmen Energie abgegeben wird. Das Dreieck der Stromzeiger veranschaulicht das für den Transformator wichtige Prinzip des Durchflutungsgleichgewichtes.

Es ist $\quad \underline{I}_1 + \underline{I}'_2 = \underline{I}_0$

und mit $\quad \underline{I}_0 \approx \underline{I}_\mu$

$$\underline{I}_1 + \frac{N_2}{N_1} \cdot \underline{I}_2 \approx \underline{I}_\mu$$

$$N_1 \cdot \underline{I}_1 + N_2 \cdot \underline{I}_2 \approx N_1 \cdot \underline{I}_\mu \qquad (3.16)$$

Primäre und sekundäre Wicklung bilden gemeinsam die Magnetisierungsdurchflutung zur Erzeugung des Hauptfeldes. Ändert sich $\underline{I}'_2$ infolge der Belastung, so reagiert die Primärseite in der Weise, daß die resultierende Durchflutung ein der Spannung $\underline{U}_q$ proportionales Feld aufrechterhalten kann. Die Spannung des Querzweiges unterscheidet sich durch die jeweiligen Spannungsabfälle an den ohmschen Widerständen und Streureaktanzen von den beiden Klemmenspannungen. Für $\underline{I}'_2 = 0$ wird $\underline{U}'_2 = \underline{U}_q$ und $\underline{I}_1 = \underline{I}_0$, womit die Ersatzschaltung selbstverständlich auch den Leerlaufbetrieb erfaßt.

Vereinfachtes Ersatzschaltbild. Zur Untersuchung der Spannungshaltung eines Transformators bei beliebiger Belastung kann man den hochohmigen Querzweig und damit den Magnetisierungsstrom vernachlässigen. Damit wird $\underline{I}_1 = -\underline{I}_2' = \underline{I}$, und es gilt die vereinfachte Ersatzschaltung (Bild 3.25) mit der Zusammenfassung

$$R_k = R_1 + R_2' \tag{3.17a}$$

und $\quad X_k = X_{1\sigma} + X_{2\sigma}' \tag{3.17b}$

Im Zeigerdiagramm (Bild 3.26) unterscheiden sich die beiden Klemmenspannungen durch ein Spannungsdreieck, das den Namen Kappsches Dreieck trägt. Für einen be-

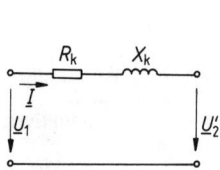

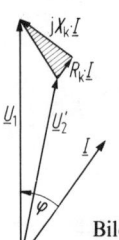

Bild 3.25 Vereinfachte
Ersatzschaltung

Bild 3.26 Vereinfachtes Zeigerdiagramm
bei ohmsch-induktiver Belastung

stimmten Stromwert besitzt dies eine konstante Größe und dreht sich nur je nach der Phasenlage des Stromes um die Spitze der Primärspannung. Bei konstanter Belastung und beliebigem Leistungsfaktor $\cos\varphi$ ergibt sich damit als Ortskurve des Zeigers $\underline{U}_2'$ (Bild 3.27) ein Kreis um die Primärspannung mit dem Radius $I \cdot Z_k$ bei

$$Z_k = \sqrt{R_k^2 + X_k^2} \tag{3.18}$$

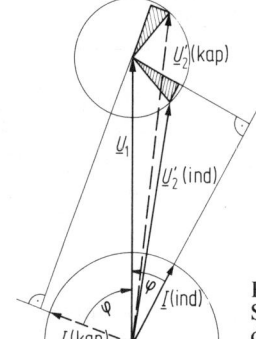

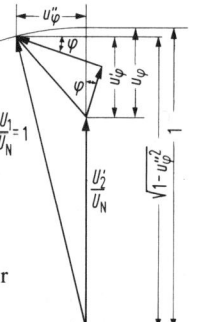

Bild 3.27 Bestimmung der
Sekundärspannung mit
dem Kappschen Dreieck

Bild 3.28 Bestimmung
der relativen
Spannungsänderung

Spannungsänderung. Während bei ohmscher und vor allem induktiver Belastung $U_2' < U_1$ wird, steigt die abgegebene Spannung bei stark kapazitivem Strom mit $U_2' > U_1$ über den Leerlaufwert an. Allgemein ist als Spannungsänderung eines Transformators nach VDE 0532 der Unterschied zwischen Leerlauf- und Vollastspannung auf der Abgabeseite bei Bemessungsstrom festgelegt. Man gibt diese Differenz

$$U_{1\varphi} = U_1 - U_2' \quad \text{oder} \quad U_{2\varphi} = U_{20} - U_2$$

gerne in einem relativen Wert an, d.h. bezieht sie nach $u_\varphi = U_\varphi/U_N$ auf die Bemessungsspannung. Nach Bild 3.28 ergibt sich dann bei beliebigem Leistungsfaktor $\cos\varphi$ und Bemessungsstrom

$$u_\varphi = u'_\varphi + 1 - \sqrt{1 - u''^2_\varphi} \qquad (3.19\,\text{a})$$

mit $\qquad u'_\varphi = u_X \cdot \sin\varphi + u_R \cdot \cos\varphi$
$\qquad\qquad u''_\varphi = u_X \cdot \cos\varphi - u_R \cdot \sin\varphi$

Dabei bedeuten u_R und u_X die Katheten des Kappschen Dreiecks nach

$$u_R = \frac{R_k \cdot I_{1N}}{U_1} \quad \text{und} \quad u_X = \frac{X_k \cdot I_{1N}}{U_1} \qquad (3.20\,\text{a, b})$$

Wegen $u''_\varphi \ll 1$ läßt sich Gl.(3.19 a) vereinfachen und man erhält für beliebige Belastung $n = I_1 / I_{1N}$

$$u_\varphi = n \cdot u'_\varphi + \frac{1}{2}(n \cdot u''_\varphi)^2 \qquad (3.19\,\text{b})$$

Die Sekundärspannung bei Belastung ergibt sich dann zu

$$U'_2 = U_1(1 - u_\varphi) \quad \text{bzw.} \quad U_2 = U_{20}(1 - u_\varphi) \qquad (3.21\,\text{a, b})$$

Beispiel 3.5: Der Drehstromtransformator aus Beispiel 3.2 mit $R_k = 70\,\text{Ohm}$ und $X_k = 144\,\text{Ohm}$ habe die Leerlaufspannungen 20 kV/0,4 kV.

a) Wie groß ist die sekundäre Klemmenspannung bei Bemessungsstrom und $\cos\varphi = 0,8$ ind. nach dem vereinfachten Ersatzschaltbild?

Bemessungsstrom $\quad I_{1N} = \dfrac{S}{\sqrt{3}\,U_1} = \dfrac{10^5\,\text{VA}}{\sqrt{3} \cdot 20 \cdot 10^3\,\text{V}} = 2,89\,\text{A}$

Spannungsänderung nach Gleichung (3.19 a)

$$u_R = \frac{R_k \cdot I_{1N}}{U_1} = \sqrt{3} \cdot \frac{70\,\Omega \cdot 2,89\,\text{A}}{20 \cdot 10^3\,\text{V}} = 17,5 \cdot 10^{-3}$$

$$u_X = \frac{X_k \cdot I_{1N}}{U_1} = \sqrt{3}\,\frac{144\,\Omega \cdot 2,89\,\text{A}}{20 \cdot 10^3\,\text{V}} = 36,0 \cdot 10^{-3}$$

$$u'_\varphi = u_X \cdot \sin\varphi + u_R \cdot \cos\varphi = (36 \cdot 0,6 + 17,5 \cdot 0,8) \cdot 10^{-3} = 0,0356$$

$$u''_\varphi = u_X \cdot \cos\varphi - u_R \cdot \sin\varphi = (36 \cdot 0,8 - 17,5 \cdot 0,6) \cdot 10^{-3} = 0,0183$$

$$u_\varphi = u'_\varphi + 1 - \sqrt{1 - u''^2_\varphi}$$

$$u_\varphi = 0,0356 + 1 - \sqrt{1 - 0,0183^2} = 0,0358$$

Nach Gl.(3.19 b) erhält man bei $n = 1$

$$u_\varphi = u'_\varphi + \frac{1}{2}u''^2_\varphi$$

$$u_\varphi = 0,0356 + \frac{1}{2} \cdot 0,0183^2 = 0,0358$$

d.h. denselben Wert.

$$U_{2\varphi} = u_\varphi \cdot U_{20} = 0,0358 \cdot 400\,\text{V}$$
$$U_{2\varphi} = 14,3\,\text{V}$$
$$U_2 = U_{20} - U_{2\varphi} = 400\,\text{V} - 14,3\,\text{V}$$
$$U_2 = 385,7\,\text{V}$$

b) Bei welchem Leistungsfaktor $\cos\varphi$ wird mit der Vereinfachung $u_\varphi = u'_\varphi$ die Spannungsänderung zu Null?

Es ist $\quad u'_\varphi = 0$, wenn $X_\mathrm{k} \cdot \sin\varphi = -R_\mathrm{k} \cdot \cos\varphi$

$\qquad \tan\varphi = -R_\mathrm{k}/X_\mathrm{k} = -70\,\Omega/144\,\Omega = -0{,}486$

$\qquad \cos\varphi = 0{,}899 \text{ kap}$

3.2.4 Kurzschluß des Transformators

Dauerkurzschluß. Durch den Kurzschluß der Sekundärklemmen eines Transformators wird aus der Ersatzschaltung (Bild 3.19) ein Zweipol mit der Eingangsimpedanz $\underline{Z}_\mathrm{k} = R_\mathrm{k} + \mathrm{j}X_\mathrm{k}$. Wegen R_Fe, $X_\mathrm{h} \gg R'_2$, $X'_{2\sigma}$ gilt mit guter Näherung wie bereits in den Gleichungen (3.17 a, b) definiert:

$$R_\mathrm{k} = R_1 + R'_2 \quad \text{und} \quad X_\mathrm{k} = X_{1\sigma} + X'_{2\sigma}$$

Für den Dauerkurzschluß eines Transformators entsteht über das vereinfachte Ersatzschaltbild das Zeigerdiagramm nach Bild 3.29. Die Wirkkomponente des Stromes wird zur Deckung der Kupferverluste benötigt, da die Eisenverluste im Kurzschluß sehr klein sind.

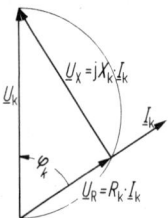   Bild 3.29 Zeigerdiagramm im Dauerkurzschluß

Kurzschlußspannung. Eine wichtige Kenngröße ist die Kurzschlußspannung U_k, die primärseitig angelegt werden muß, um bei kurzgeschlossener Sekundärwicklung den Bemessungsstrom zu erreichen. Sie ergibt sich zu $U_\mathrm{k} = I_{1\mathrm{N}} \cdot Z_\mathrm{k}$ und wird als relative Kurzschlußspannung u_k auf die Bemessungsspannung bezogen,

$$u_\mathrm{k} = \frac{U_\mathrm{k}}{U_1} \cdot 100\% \tag{3.22}$$

Ihr Wert beträgt bei Transformatoren nach DIN 42 500–508 etwa 4 bis 12% und steigt mit wachsender Leistung.

Anstelle wie in den Gl. (3.20 a, b) mit den Werten R_k und X_k lassen sich die Katheten des Kappschen Dreiecks u_R und u_X auch über die Stromwärmeverluste $P_\mathrm{k} = R_\mathrm{k} \cdot I_{1\mathrm{N}}^2$ der Wicklungen im Kurzschluß und die relative Kurzschlußspannung u_k berechnen. Erweitert man in Gl. (3.20 a) die rechte Seite mit $I_{1\mathrm{N}}$, so erhält man den Quotienten $P_\mathrm{k}/S_\mathrm{N}$ und mit Bild 3.29 gilt dann

$$u_R = \frac{P_k}{S_N} \qquad u_X = \sqrt{u_k{}^2 - u_R{}^2} \qquad\qquad (3.20\,c,\,d)$$

Aus der relativen Kurzschlußspannung läßt sich der Dauerkurzschlußstrom I_{kN} bei der Bemessungsspannung berechnen. Es ist

$$I_{kN} = \frac{U_1}{Z_k} = \frac{U_1 \cdot I_{1N}}{Z_k \cdot I_{1N}} = I_{1N} \cdot \frac{U_1}{U_k}$$

$$I_{kN} = I_{1N} \cdot \frac{100\%}{u_k} \qquad\qquad (3.23)$$

Bei Transformatoren sind damit Dauerkurzschlußströme vom 10 bis 25fachen Bemessungsstrom zu erwarten.

Feldverlauf im Dauerkurzschluß. Bei der üblichen Auslegung der Wicklungen kann

$$R_1 + jX_{1\sigma} \approx R_2' + jX_{2\sigma}'$$

angenommen werden. Danach teilt sich die Netzspannung in der vollständigen Ersatzschaltung (Bild 3.19) im Kurzschlußfalle etwa hälftig auf die primären Längswerte $R_1 + jX_{1\sigma}$ und den Querzweig auf. Vernachlässigt man den ohmschen Widerstand, so gelten für die Wicklungen die Spannungsgleichungen

$$u_1 = N_1 \cdot \left(\frac{d\Phi_{1\sigma t}}{dt} + \frac{d\Phi_{ht}}{dt} \right)$$

$$0 = N_2 \cdot \left(\frac{d\Phi_{2\sigma t}}{dt} + \frac{d\Phi_{ht}}{dt} \right)$$

Für die Darstellung der Felder des kurzgeschlossenen Transformators (Bild 3.30) bedeutet dies, daß sich rechnerisch ein Hauptfluß von etwa dem halben Normalwert ausbildet. Im Bereich der Sekundärwicklung wird Φ_h durch den entgegengesetzt gerichteten Streufluß $\Phi_{2\sigma} = -\Phi_h$ kompensiert, so daß die resultierende Flußverkettung, wie es die Spannungsgleichung verlangt, Null ist. Beide Wicklungen erzeugen also jeweils auf ihrem Streuweg einen Fluß vom halben Bemessungswert.

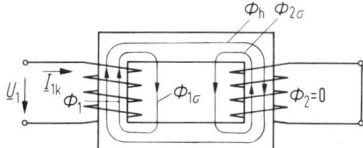

Bild 3.30 Feldverlauf im Dauerkurzschluß bei $R = 0$

Beispiel 3.6: Von einem Drehstromtransformator in Sternschaltung sind bekannt: $P_{1N} = 500\,\text{kW}$ bei $\cos \varphi = 1$, $U_1 = 20\,\text{kV}$, $\eta = 0,983$, $P_{FeN}/P_{CuN} = 0,15$, $\cos \varphi_k = 0,246$. Es sind die relative Kurzschlußspannung und der primäre Dauerkurzschlußstrom bei Bemessungsspannung anzugeben.

Verluste im Bemessungsbetrieb:

$$P_{vN} = P_{1N}(1 - \eta_N)$$
$$P_{vN} = 500\,\text{kW} \cdot 0,017 = 8,5\,\text{kW}$$

Aufteilung der Verluste: $P_{FeN} + P_{CuN} = 8,5\,\text{kW}$, $P_{FeN} = 0,15\,P_{CuN}$
ergibt: $P_{CuN} = 7,39\,\text{kW}$, $P_{FeN} = 1,11\,\text{kW}$

Im Kurzschlußversuch gilt:

$$\cos\,\varphi_k = \frac{R_k}{Z_k} = \frac{3\cdot R_k\cdot I_{1N}^2}{Z_k\cdot I_{1N}/U_1\cdot 3\,U_1\cdot I_{1N}} = \frac{P_{CuN}}{u_k\cdot P_{1N}}$$

$$u_k = \frac{P_{CuN}}{\cos\,\varphi_k\cdot P_{1N}} = \frac{7,39\cdot 10^3\,\text{W}}{0,246\cdot 500\cdot 10^3\,\text{W}} = 0,06 = 6\%$$

Für den Dauerkurzschlußstrom erhält man

$$I_k = \frac{I_{1N}}{u_k} = \frac{P_{1N}}{u_k\cdot \sqrt{3}\cdot U_1} = \frac{500\cdot 10^3\,\text{W}}{0,06\cdot \sqrt{3}\cdot 20\cdot 10^3\,\text{V}} = 240,6\,\text{A}$$

Aufgabe 3.8: Welchen Wert nimmt die relative Kurzschlußspannung an, wenn bei obigem Transformator die ohmschen Widerstände halbiert werden?
Ergebnis: $u_k = 5,86\%$

Stoßkurzschluß. Wird ein am Netz leerlaufender Transformator sekundärseitig plötzlich kurzgeschlossen, so entsteht der stationäre Betriebszustand erst nach einem elektromagnetischen Ausgleichsvorgang. Die Primärwicklung kann den zur Klemmenspannung $u_1 = \sqrt{2}\,U_1\cdot\sin\,\omega t$ zugehörigen Dauerkurzschlußstrom

$$i_k = \sqrt{2}\cdot I_k\cdot\sin(\omega t - \varphi_k)\quad\text{mit}\quad\tan\,\varphi_k = X_k/R_k$$

im Schaltaugenblick nicht sofort annehmen, da die Anfangsbedingung $i_s \approx 0$ bei $t = 0$ einzuhalten ist. Dies geschieht durch ein exponentiell mit

$$T_k = \frac{X_k}{\omega R_k} \tag{3.24}$$

abklingendes Gleichstromglied i_{gl} nach der Beziehung

$$i_s = 0 = i_k + i_{gl}$$

Tritt der Kurzschluß bei $\omega t = 0$ im Spannungs-Nulldurchgang ein, so wird

$$i_{gl} = \sqrt{2}\,I_k\cdot\sin\,\varphi_k\cdot e^{-\frac{t}{T_k}}$$

und damit der Stoßkurzschlußstrom

$$i_s = \sqrt{2}\,I_k\left[\sin\,(\omega t - \varphi_k) + \sin\,\varphi_k\cdot e^{-\frac{t}{T_k}}\right] \tag{3.25}$$

(Bild 3.31). In diesem Fall entsteht die maximale Stromspitze bei $\omega t = \varphi_k + \pi/2$ d.h. etwas früher als eine Halbperiode nach Kurzschlußeintritt. Dann gilt wegen

$$\frac{t}{T_k} = \frac{R_k}{X_k}\cdot\omega t$$

für den Stoßkurzschlußstrom

$$I_s = \sqrt{2}\,I_k\left(1 + \sin\,\varphi_k\cdot e^{-\frac{R_k}{X_k}\left(\frac{\pi}{2} + \varphi_k\right)}\right) \tag{3.26}$$

Bei Großtransformatoren kann man $X_k/R_k \approx 30$ annehmen, so daß die erste Stromspitze etwa das 1,9fache des Dauerkurzschlußwertes beträgt.

Praktisch denselben Stoßkurzschlußstrom erhält man für den Zeitpunkt $\omega t = \varphi_k - \pi/2$ d.h. für den Augenblick der Spannung, zu dem der Scheitelwert des stationären Kurzschlußstromes gehört. Hier steigt der Ausgleichsstrom i_{gl} auf den Maximalwert $\sqrt{2} \cdot I_k$, doch wird dafür die erste Stromspitze erst nach einer Halbperiode erreicht. Beide Wirkungen heben sich praktsich auf.

Der Stoßkurzschlußstrom führt zu den größten mechanischen Beanspruchungen im Betrieb eines Transformators. Zur Aufnahme der sehr großen Stromkräfte müssen die Wicklungen eine starke Abstützung und Pressung erhalten.

Aufgabe 3.9: Ein 40 MVA Drehstrom-Transformator besitzt einen primären Bemessungsstrom von $I_{1N} = 210 \text{A}$ und $u_k = 12\%$ bei einem Verhältnis $R_k : X_k = 1 : 25$. Es ist die erste Amplitude des Kurzschlußstromes I_s bei Kurzschlußeintritt im Spannungs-Nulldurchgang anzugeben.
Ergebnis: $I_s = 4,66 \text{kA}$

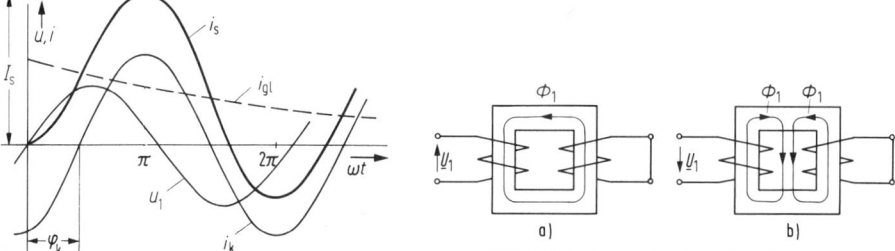

Bild 3.31 Verlauf des
Stoßkurzschlußstromes i_s bei Kurzschluß
im Spannungsnulldurchgang

Bild 3.32 Feldverlauf im Stoßkurzschluß
a) Kurzschluß mit $\omega t = 0$
   im Spannungsnulldurchgang
b) eine halbe Periode später mit $\omega t = \pi$

Feldverlauf bei Stoßkurzschluß. Auch für den Fall des Stoßkurzschlusses soll der magnetische Feldverlauf prinzipiell dargestellt werden (Bild 3.32). Zur Zeit $\omega t = 0$ umfassen mit $u_1 = 0$ beide Wicklungen etwa den vollen Fluß $\Phi_h \approx \Phi_1$. Die jetzt kurzgeschlossene Sekundärwicklung ist nun bestrebt, den im Kurzschlußzeitpunkt verketteten Fluß aufrechtzuerhalten. Sie erreicht dies, indem sie, wie jede niederohmig geschlossene Schleife, durch Selbstinduktion einen Strom ausbildet, welcher nach dem Lenzschen Gesetz der versuchten Flußänderung entgegenwirkt. Die Primärwicklung muß dagegen entsprechend der angelegten Netzspannung und $u_1 \sim d\Phi_{1t}/dt$ den mit ihr verketteten Fluß zeitlich sinusförmig ändern. Eine halbe Periode nach $\omega t = 0$ benötigt die Primärwicklung den Fluß $-\Phi_1$, während die Sekundärwicklung $+\Phi_1$ beibehält. Beide Felder würden sich auf dem normalen Eisenweg aufheben und weichen daher auf den Streupfad aus. Jede Wicklung muß jetzt etwa den Bemessungsfluß auf dem Streuwege erzeugen gegenüber dem halben Wert bei Dauerkurzschluß. Ohne Berücksichtigung der Dämpfung ist dazu auch die doppelte Stromamplitude im Vergleich zum Dauerkurzschluß notwendig.

3.2.5 Transformatorgeräusche

Geräuschquelle. Die Ursache des Transformatorgeräusches liegt in der Erscheinung der Magnetostriktion, die eine induktionsabhängige Längenänderung der Kernbleche in der Größenordnung von einigen μm/m bewirkt. Durch das 50 Hz-Wechselfeld wird dadurch der Kern in mechanische Schwingungen mit einer Grundfrequenz von 100 Hz gebracht.

Die Schwingungen übertragen sich teilweise über die mechanische Verbindung zwischen Kern und Kessel, vor allem aber über das bei diesen Frequenzen schallharte Öl, auf die Außenwand. Von hier aus wird die Energie als Luftschall abgestrahlt. In unmittelbarer Nähe von großen Transformatoren können so Geräuschstärken entstehen, die man als Lärm empfindet.

Mit dem Vordringen von immer größeren Einheiten in Wohnbezirke mußten auch Maßnahmen zur Begrenzung des Transformatorgeräusches getroffen werden [45]. So legen die Vorschriften in VDI 3739 die zulässigen Werte für die Geräuschemission von Transformatoren in Abhängigkeit von der Leistung fest.

Lärmbekämpfung. Da Kernbleche ohne den Effekt der Magnetostriktion noch nicht verfügbar sind, kann die Geräuschquelle nicht wesentlich beeinflußt werden. Man muß sich auf eine sorgfältige Schichtung und Pressung des Kerns beschränken und im übrigen darauf achten, daß die mechanischen Eigenfrequenzen des Kerns nicht mit den Schwingungsfrequenzen übereinstimmen und Resonanzen hervorrufen.

Die Lärmbekämpfung konzentriert sich auf sekundäre Maßnahmen, welche die Schallausbreitung verhindern sollen. Es werden vor allem Dämmschichten an der Kesselwandung angebracht, die einen Teil der Schallenergie absorbieren, d. h. in Wärme umsetzen. Bei Transformatoren mit angebauten Ventilatoren ist zusätzlich das Auftreten von Lüftergeräuschen zu beachten. Man verwendet nicht zu hochtourige Gebläse und versieht die Ventilatoren mit Schallabsorptionskonstruktionen.

Die wirksamste Maßnahme, eine Lärmbelastung der Umgebung zu vermeiden, stellt die Aufstellung des Transformators in einer geschlossenen Zelle dar. Die Dämmwirkung der Wände ist so groß, daß nur noch wenig Schallenergie ins Freie gelangt. Es ist allerdings notwendig, Luftöffnungen mit Absorbern zu versehen und schalldichte Doppeltüren auszuführen.

3.3 Betriebsverhalten von Drehstromtransformatoren

3.3.1 Schaltzeichen und Schaltgruppen

Schaltbild. Da die Energieversorgung heute auf dem Drehstromsystem beruht, werden Leistungstransformatoren fast immer als Drehstromeinheiten gebaut. Für die elektrische Schaltung der drei Ober- und Unterspannungswicklungen bestehen dabei eine Vielzahl von Möglichkeiten, von denen die wichtigsten in den VDE-Bestimmungen VDE 0532 zusammengestellt sind.

Die Darstellung der Wicklungen erfolgt nach Bild 3.33 a, das gleichzeitig die vollständigen Anschlußbezeichnungen nach DIN 42402 enthält. Die vor den Buchstaben U, V und W stehenden Zahlen 1 und 2 kennzeichnen die Ober- bzw. Unterspannungswicklung. Die den Buchstaben nachgestellten Zahlen 1 und 2 bezeichnen Anfang und Ende eines Wicklungsstrangs und werden oft weggelassen.

Zur Kennzeichnung der Schaltung von Ober- und Unterspannungswicklung dient die Schaltgruppe, welche außerdem die Phasenlage der Spannungen zueinander angibt. Mit der Stern-, der Dreieck- und der Zickzackschaltung bestehen drei Möglichkeiten zur Verbindung der Wicklungen jeder Seite. Ihnen sind die Zeichen Y, D und Z für die Oberspannungsseite und y, d bzw. z für die Unterspannungsseite zugeordnet.

Ist der Sternpunkt einer Wicklung in Stern- oder Zickzackschaltung herausgeführt, wird zur Kennzeichnung ein N bzw. n zugefügt, z. B. Yzn, YNd.

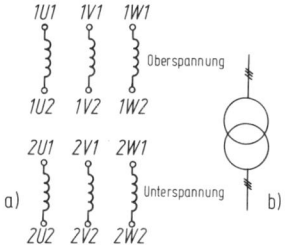

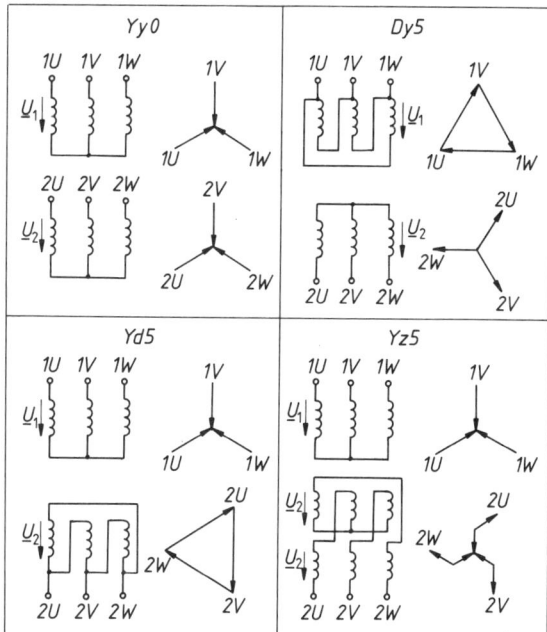

Bild 3.33 Schaltzeichen von Drehstromtransformatoren
a) Anschlußbezeichnungen und Darstellung der Wicklungen
b) Schaltkurzzeichen

Tafel 3.1 Schaltgruppen mit Spannungsdiagrammen von Drehstromtransformatoren

Schaltgruppe und Kennzahl. In Tafel 3.1 werden aus den in VDE 0532, Teil 4 aufgeführten Schaltgruppen die vier wichtigsten angegeben. Ober- und Unterspannungswicklung jedes Kerns haben denselben Wickelsinn und sind so gezeichnet, daß die Anfänge der Spulen stets oben liegen. Außerdem sind für einen Strang die Bezugspfeile für die Spulenspannungen eingetragen, die ober- und unterspannungsseitig die gleiche Richtung haben. Auf der Grundlage dieser Vereinbarungen lassen sich die zu den Schaltungsbildern aufgetragenen Zeigerdiagramme aufstellen. Die gegenseitige Phasenlage beider Drehspannungssysteme wird durch eine Kennzahl ausgedrückt, die angibt, um welches Vielfache von 30° die Unterspannung der Oberspannung nacheilt. Zur Ermittlung der Kennzahl wird ein Uhrzifferblatt verwendet (Bild 3.34). Wie am Beispiel der Schaltgruppe Dy 5 gezeigt ist, wird der Punkt 1 V der Oberspannungsseite mit der 12 bzw. 0 zur Deckung gebracht. Trägt man danach das Zeigerbild der Unterspannung phasenrichtig ein, so legt der Zeiger nach 2 V als Stundenzeiger die Kennzahl fest.

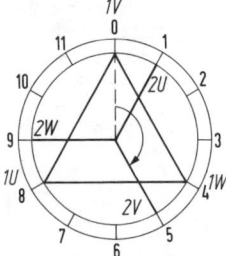

Bild 3.34 Festlegung der Kennzahl einer Schaltgruppe (Dy 5)

Auf das Verhalten und die Anwendung der einzelnen Schaltgruppen soll erst im Abschnitt 3.3.3 eingegangen werden.

3.3.2 Magnetisierung von Drehstromtransformatoren

Freie Magnetisierung. In Abschnitt 3.2.2 wurde bereits festgestellt, daß ein Transformator zur Erzeugung eines zeitlich sinusförmigen Flusses einen Magnetisierungsstrom mit einer netzfrequenten Grundschwingung und deren ungeradzahligen Oberschwingungen aufnehmen muß. Dasselbe gilt nun bei Drehstromtransformatoren für jeden der drei Wicklungsstränge, wobei in der üblichen Dreischenkel-Bauform zusätzlich für den mittleren Kern wegen der hier geringeren magnetischen Weglänge ein verminderter Durchflutungsbedarf besteht.

Für die Magnetisierung eines Drehstromtransformators ist nun bedeutsam, daß die 3. Stromoberschwingung und ihre ungeradzahligen Vielfachen (9., 15.) eine gegenseitige Phasenverschiebung von $3 \cdot 120° = 360° = 0°$ aufweisen, d.h. in allen drei Wicklungen gleichphasig sind. Dies bedeutet, daß sich die durch drei teilbaren Stromoberschwingungen im Magnetisierungsstrom in einer Sternschaltung nicht zu Null addieren können, sondern einen Rückleiter benötigen. Eine vollständige oder freie Magnetisierung eines Drehstromtransformators ist damit nur dann möglich, wenn bei primärer Sternschaltung der Sternpunkt- oder Neutralleiter angeschlossen ist. Die andere Möglichkeit besteht in der Ausführung einer Dreieckwicklung auf einer Seite oder als interne Ausgleichswicklung, in welcher die gleichphasigen Stromoberschwingungen als Kreisstrom fließen können.

Erzwungene Magnetisierung. Wie ausgeführt, können sich bei einer Schaltung Yyn (Bild 3.35) eines Drehstromtransformators die durch drei teilbaren Stromoberschwingungen wegen des fehlenden Neutralleiters N auf der Eingangsseite nicht ausbilden. Zur Erzeugung eines sinusförmigen Flusses fehlt damit ein Durchflutungsanteil, was zu einer Verzerrung der Kurvenform von Feld und Strangspannung führen muß. Subtrahiert man nach Bild 3.36 von dem gesamten Magnetisierungsstrom i_μ des sinusförmigen Flusses Φ_1, die 3. Harmonische, so bildet der Reststrom $i_\mu - i_{\mu3}$ das Feld Φ_{1-3} aus.

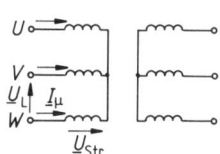

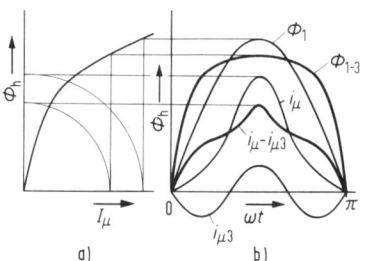

Bild 3.35 Magnetisierungsstrom in Schaltung Yy ohne primären Neutralleiter

Bild 3.36 Erzwungene Magnetisierung durch Unterdrückung der dritten Stromoberschwingung
a) Magnetisierungskennlinie
b) Strom- und Feldverlauf

Sein Verlauf ist gegenüber der Sinusform abgeflacht und enthält jetzt seinerseits eine dritte Oberschwingung. In der Strangspannung U_{Str}, die bei Verteilertransformatoren als 230 V-Wert für Wechselspannungsverbraucher benötigt wird, treten somit eine 150 Hz Oberschwingung und weitere durch drei teilbare Anteile auf, die in allen drei Strängen gleichphasig sind. Die Außenleiterspannung 400 V bleibt dagegen sinusförmig, da sich hier in der Differenz zweier Strangspannungen die Oberschwingungen aufheben.

In der Bauform des Dreischenkelkerns werden die Magnetisierungsverhältnisse durch die magnetische Unsymmetrie weiter erschwert (Bild 3.37). Ohne primären Neutrallei-

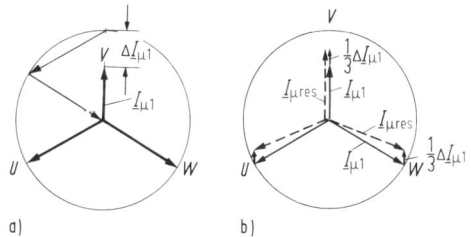

Bild 3.37 Unsymmetrische Magnetisierung beim Dreischenkelkern
a) Zeigerdiagramm der Grundschwingungsströme bei freier Magnetisierung
b) Erzwungene Grundschwingungsströme bei Schaltgruppe Yyn.
—— freie Magnetisierung
--- erzwungene Magnetisierung

ter oder eine Dreieckwicklung können sich jetzt auch die Grundschwingung des Magnetisierungstromes und alle anderen Harmonischen nicht frei ausbilden. Für den praktischen Betrieb bedeutet dies, daß Verteilertransformatoren nicht in Schaltgruppe Yyn verwendet werden dürfen. Dies ist jedoch bereits mit Rücksicht auf eine mögliche unsymmetrische Belastung nicht zulässig, womit der Magnetisierung keine besondere Beachtung zu widmen ist. Da seit Einführung der kornorientierten Bleche der Magnetisierungsstrom eines Transformators maximal einige Prozent des Bemessungsstromes beträgt, ist die Netzbelastung durch Oberschwingungen unerheblich.

3.3.3 Drehstromschaltungen bei unsymmetrischer Belastung

Durchflutungsgleichgewicht. Bei gleichmäßiger Belastung aller drei Stränge verhält sich jeder Drehstromtransformator, von den erwähnten Besonderheiten der Magnetisierung abgesehen, wie die einphasige Bauart. Das Betriebsverhalten läßt sich über das bekannte Ersatzschaltbild und Zeigerdiagramm, das jetzt für einen Strang gilt, berechnen. Die Erzeugung des Nutzflusses wird durch die Belastung nicht gestört, da sich für jeden Strang nach Bild 3.38 mit $\underline{I}_1 + \underline{I}_2' = \underline{I}_0 \approx \underline{I}_\mu$ stets ein Amperewindungsausgleich einstellt. Mit $\underline{I}_0 \rightarrow 0$ bedeutet dies, daß jede Durchflutung eines sekundären Laststromes $\underline{I}_2'$ durch einen entsprechenden Primärstrom $\underline{I}_1$ kompensiert wird.

Anders liegen die Verhältnisse bei unsymmetrischer Strombelastung der drei Stränge, wie sie bei Verteilertransformatoren durch ungleiche Lastverteilung auftreten kann. Da dem Verbraucher mit der Strang- und der Außenleiterspannung die zwei Spannungswerte 230 V und 400 V zur Verfügung gestellt werden, kommt für die Schaltung der Sekundärwicklung nur eine Stern- oder Zickzackschaltung in Frage. Nachstehend soll nun untersucht werden, inwieweit für verschiedene unsymmetrische Lastfälle in den möglichen Schaltgruppen eine ungestörte Kompensation der Laststrom-Durchflutungen möglich ist.

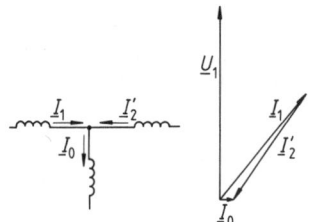 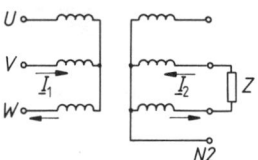

Bild 3.38 Laststromkompensation   Bild 3.39 Zweisträngige Belastung
beim Transformator   bei Schaltgruppe Yyn

Zweisträngige Belastung in Stern-Sternschaltung. Wird der Transformator in der Schaltgruppe Yyn nach Bild 3.39 nur zwischen zwei Außenleitern belastet, so ist das Durchflutungsgleichgewicht nicht gestört. Der Sekundärstrom $\underline{I}_2$ in zwei Strängen wird durch den entsprechenden Strom $\underline{I}_1$ kompensiert, die dritte Wicklung bleibt stromlos.

Einsträngige Belastung in Stern-Sternschaltung. Der zweite extrem unsymmetrische Lastfall (Bild 3.40) tritt bei einer einsträngigen Last zwischen Außenleiter und Sternpunkt auf. Da der primäre Sternpunktleiter fehlt, ist eine gleichartige Stromaufnahme auf der Eingangsseite nicht möglich, so daß sich die angegebene Verteilung einstellt. Für die Durchflutung des Transformators in der üblichen Dreischenkelbauform ergibt sich damit ein Schema nach Bild 3.41.

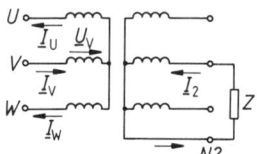

Bild 3.40 Einsträngige Belastung bei Schaltgruppe Yyn

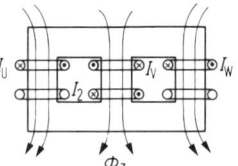

Bild 3.41 Gleichphasiger Zusatzfluß eines Dreischenkelkerns infolge einsträngiger Belastung

Zur Berechnung der drei primären Strangströme wird zunächst die Knotenpunktsgleichung aus Bild 3.40 gebildet. Zwei weitere Gleichungen erhält man aus der Bedingung, daß die Summe der Laststrom-Durchflutungen längs der zwei Transformatorfenster in Bild 3.41 Null sein müssen. Dies ist erforderlich, da das primärseitig an den Transformator angelegte symmetrische Spannungssystem nur gleichphasige Zusatzflüsse pro Kern zuläßt.

Für die Berechnung der Strangströme $\underline{I}_U$, $\underline{I}_V$ und $\underline{I}_W$ gelten damit die Bedingungen:

Knotenpunktregel	–	$\underline{I}_U - \underline{I}_V + \underline{I}_W = 0$
Umlauf linkes Fenster	–	$\underline{I}_U + \underline{I}_V - \underline{I}'_2 = 0$
Umlauf rechtes Fenster	–	$\underline{I}_V + \underline{I}_W - \underline{I}'_2 = 0$

Die Auswertung der drei Gleichungen ergibt die Strangströme

$$I_U = I_W = \frac{1}{3} I'_2 \quad \text{und} \quad I_V = \frac{2}{3} I'_2 \tag{3.27}$$

Damit entstehen folgende resultierende Laststrom-Durchflutungen pro Schenkel

äußere Schenkel: $\quad \Theta_{zU,\,W} = N_1 \cdot I_{U,\,W} = \frac{1}{3} N_1 \cdot I'_2$

mittlerer Schenkel: $\quad \Theta_{zV} = N_1 (I'_2 - I_v) = \frac{1}{3} N_1 \cdot I'_2$

Diese lastabhängigen Zusatzdurchflutungen erzeugen in allen drei Strängen gleichgerichtete Flüsse Φ_z (Bild 3.41), die sich über die Luft oder die Kesselwandung schließen müssen. Sie induzieren in den Strangwicklungen gleichgerichtete Zusatzspannungen $\Delta\underline{U}_z$, wie dies in Bild 3.42 für den Strang V dargestellt ist. Durch den eigentlichen Magnetisierungsstrom, der wegen $\underline{I}_\mu \ll \underline{I}'_2$ nicht eingetragen ist, entsteht der normale Kernfluß Φ_h und die Strangspannung $\underline{U}'$. Der mit $\underline{I}'_2$ ohmsch-induktiv angenommene Laststrom wird durch $\underline{I}_V$ nur zu zwei Dritteln kompensiert und ergibt zusätzlich die

Magnetisierungs-Durchflutung Θ_z. Der Fluß $\Phi_z \sim \Theta_z$ induziert in der Wicklung die Spannung $\Delta \underline{U}_z$. Die resultierende Strangspannung ist damit $\underline{U} = \underline{U}' + \Delta \underline{U}_z$.

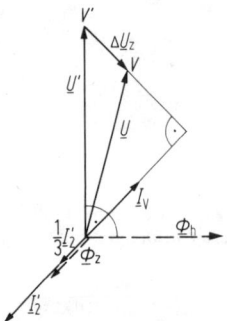

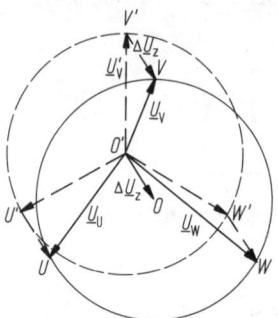

Bild 3.42 Zeigerdiagramm des belasteten Wicklungsstrangs bei einsträngiger Belastung in Schaltgruppe Yyn

Bild 3.43 Sternpunktsverschiebung bei einsträngiger Belastung in Schaltgruppe Yyn

Sternpunktsverlagerung. Addiert man zu allen drei Strangspannungen den Zusatzbetrag $\Delta \underline{U}_z$ (Bild 3.43), so entstehen die Strangspannungen zwischen $O'U$, $O'V$, $O'W$. Da die Außenleiterwerte und so das Dreieck UVW durch das Netz fest vorgegeben sind, bedeutet dies eine Sternpunktsverschiebung von O nach O'. Die einphasig belastete Wicklung bricht in ihrer Strangspannung teilweise zusammen. Inwieweit das geschieht, hängt nach $\Phi_z = \Theta_z \cdot \Lambda_z$ bei gegebener Belastung und damit Θ_z von dem magnetischen Leitwert Λ_z ab, den der Zusatzfluß vorfindet. In der Bauform des Dreischenkelkerns ist der Zusatzfluß auf den Weg von Joch zu Joch, d.h. auf den Streuweg beschränkt. Bei drei zusammengeschalteten Einphasentransformatoren oder dem Fünfschenkelkern kann er sich dagegen recht kräftig auf dem Eisenwege über den freien Rückschluß ausbilden. Hier ist bei Sternpunktsbelastung eine starke Nullpunktverschiebung zu erwarten.

Sternschaltung mit Ausgleichswicklung. Führt man den Transformator bei primärer und sekundärer Sternschaltung mit einer zusätzlichen Dreieckwicklung (Bild 3.44)

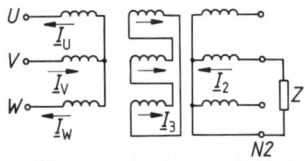

Bild 3.44 Einsträngige Belastung in Schaltgruppe Yyn mit Ausgleichswicklung

aus, so ist eine Kompensation der Lastdurchflutung auch bei einsträngigem Sekundärstrom möglich. Die Ausgleichswicklung führt den zuvor nicht kompensierten Anteil $\underline{I}_3' = \underline{I}_2'/3$ als Kreisstrom. Für den belasteten Strang z.B. gilt die Durchflutungsgleichung der Lastströme

$$\Theta_V = N_1 (\underline{I}_2' - \underline{I}_3' - \underline{I}_V) = N_1 (\underline{I}_2' - \frac{1}{3}\,\underline{I}_2' - \frac{2}{3}\,\underline{I}_2') = 0$$

Die Belastung des sekundären Sternpunktleiters führt damit bei Stern-Sternschaltung mit Ausgleichswicklung nicht zu einer Sternpunktsverschiebung.

Dreieck-Sternschaltung. Nach Bild 3.45 erkennt man, daß die Sternpunktsbelastung keine Störung des magnetischen Gleichgewichtes hervorruft, da auch auf der Primärseite nur der belastete Strang Strom führt.

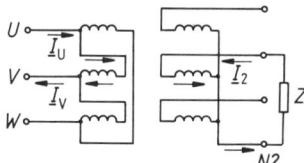

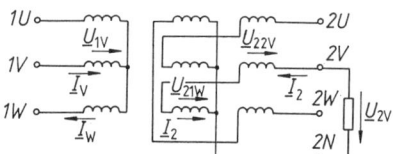

Bild 3.45 Einsträngige Belastung
in Schaltgruppe Dyn

Bild 3.46 Einsträngige Belastung
in Schaltgruppe Yzn

Stern-Zickzackschaltung. Hier wird nach Bild 3.46 die Sekundärwicklung jeweils hälftig auf zwei Kerne verteilt, so daß ein einsträngiger Laststrom I_2 entsprechend magnetisiert. Fließt I_2 z. B. in den Strangwicklungen V und W, so kann dieser jetzt primärseitig durch I_v und I_w voll kompensiert werden.

Die Konstruktion der Spannungsdiagramme mit den in Bild 3.46 definierten Zählpfeilen für die drei Zeiger eines Strangs ergibt Bild 3.47.

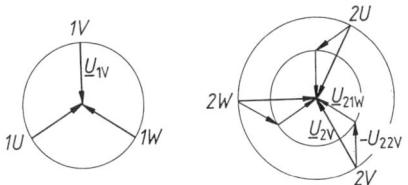

Bild 3.47 Spannungsdiagramme
bei Schaltgruppe Yzn5

Durch die Phasenverschiebung der zwei Teilzeiger U_{21} und U_{22} entsteht eine Minderung der Wicklungsausnutzung im Bezug auf die Höhe der Sekundärspannung. Ist N_2 die gesamte sekundäre Windungszahl pro Kern, so gilt für die Beziehung

$$U_2 = U_1 \cdot \frac{\sqrt{3}}{2} \cdot \frac{N_2}{N_1} \qquad (3.28)$$

Auswahl der Schaltgruppen. Die Zulässigkeit einer einsträngigen Belastung von Drehstromtransformatoren verschiedener Schaltgruppen ist in VDE 0532, Teil 10 entsprechend den obigen Ergebnissen geregelt. Danach dürfen Transformatoren in Stern-Sternschaltung ohne Ausgleichswicklung in den Bauarten als Mantel- und als Fünfschenkelkern sowie als Transformatorenbank nicht und Dreischenkeltransformatoren nur bis 10% des Bemessungsstromes einphasig belastet werden. Bei allen übrigen

Schaltungen ist eine Sternpunktsbelastung bis zum vollen Strom zulässig. Für die Anwendung der in Tabelle 3.1 angegebenen Schaltgruppen bedeutet dies:

Die Schaltgruppe Yyn0 ist ohne Ausgleichswicklung für Verteilertransformatoren nicht geeignet. Da man jedoch Wicklung und Isolation nur für die Strangspannung $U_1/\sqrt{3}$ auslegen muß, wird die Stern-Sternschaltung mit Ausgleichswicklung bei Hochspannungstransformatoren für Fernleitungen angewandt.

Kleine Verteilertransformatoren in Ortsnetzen erhalten mit Rücksicht auf die gute Sternpunktsbelastbarkeit oft die Schaltung Yzn5, größere Einheiten dagegen die Schaltung Dyn5, die ebenfalls voll einsträngig belastet werden darf.

Die Verbindung der Kraftwerksgeneratoren mit dem Hochspannungsnetz erfolgt vielfach über Maschinentransformatoren der Schaltgruppe Yd5. Die Dreieckswicklung liegt auf der Generatorseite und ermöglicht eine freie Magnetisierung, während die Sternschaltung der Oberspannungsseite wieder isoliertechnische Vorteile bringt.

3.3.4 Parallelbetrieb von Transformatoren

Bedingungen für den Parallelbetrieb. Im Folgenden wird nur die unmittelbare Parallelschaltung über eine auf beiden Seiten gemeinsame Sammelschiene betrachtet (Bild 3.48). Voraussetzung für diesen Betrieb sind nach VDE 0532, Teil 10 folgende Bedingungen an die Daten der Transformatoren:

1. Die Bemessungsspannungen und die Frequenz müssen übereinstimmen.
2. Die Schaltgruppen müssen zueinander passen. Unterschiedliche Kennzahlen können allerdings durch einen entsprechenden Klemmenanschluß ausgeglichen werden.
3. Die Kurzschlußspannungen müssen innerhalb der zulässigen Toleranzen gleich sein.
4. Das Verhältnis der Leistungen soll nicht größer als 3:1 sein.

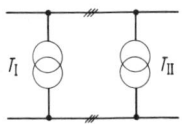

Bild 3.48 Direkter Parallelbetrieb zweier Transformatoren

Die beiden ersten Bedingungen sind selbstverständlich. Nach Betrag oder Phasenwinkel ungleiche sekundäre Leerlaufspannungen $\underline{U}_{20}$ paralleler Transformatoren hätten einen Ausgleichsstrom zur Folge, welche der Differenz der beiden Spannungen $\Delta \underline{U}_2 = \underline{U}_{20\mathrm{I}} - \underline{U}_{20\mathrm{II}}$ proportional sind. Dieser Kreisstrom wird nur durch die ohmschen Widerstände und die Streureaktanzen begrenzt.

Lastverteilung. Auch bei genau gleichen Leerlaufspannungen ist noch keine gleichmäßige Lastverteilung beider Transformatoren sichergestellt. Die Parallelschaltung erzwingt lediglich gleiche Klemmenspannungen auf beiden Netzseiten und damit nach der gemeinsamen Ersatzschaltung (Bild 3.49) gleiche resultierende Spannungsfälle

$$I_\mathrm{I} \cdot Z_\mathrm{kI} = I_\mathrm{II} \cdot Z_\mathrm{kII}$$

Wird obige Gleichung durch U_1 dividiert und mit I_NI bzw. I_NII erweitert, so erhält man

$$\left(\frac{I}{I_\mathrm{N}}\right)_\mathrm{I} \cdot \frac{I_\mathrm{NI} \cdot Z_\mathrm{kI}}{U_1} = \left(\frac{I}{I_\mathrm{N}}\right)_\mathrm{II} \cdot \frac{I_\mathrm{NII} \cdot Z_\mathrm{kII}}{U_1}$$

Daraus folgt mit

$$\left(\frac{I}{I_\mathrm{N}}\right)_\mathrm{I} : \left(\frac{I}{I_\mathrm{N}}\right)_\mathrm{II} = u_\mathrm{kII} : u_\mathrm{kI} \tag{3.29}$$

das Ergebnis:

Die prozentualen Belastungen von parallelgeschalteten Transformatoren verhalten sich umgekehrt wie die relativen Kurzschlußspannungen.

Nur bei Transformatoren mit gleichen u_k-Werten erfolgt eine Verteilung der Gesamtbelastung entsprechend den Bemessungsströmen. Ansonsten wird der Transformator mit der geringeren Kurzschlußspannung, d. h. den relativ kleineren Innenwiderständen den größeren Stromanteil übernehmen und damit eventuell überlastet.

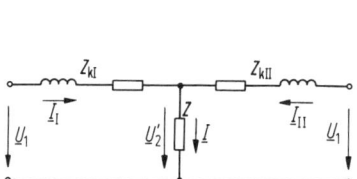

Bild 3.49 Ersatzschaltbild paralleler Transformatoren

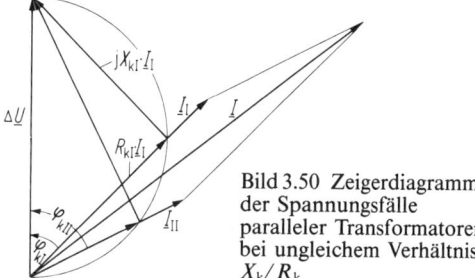

Bild 3.50 Zeigerdiagramm der Spannungsfälle paralleler Transformatoren bei ungleichem Verhältnis $X_\mathrm{k}/R_\mathrm{k}$

Leistungsverhältnis. Wie aus dem Zeigerdiagramm der Spannungsfälle ersichtlich ist, wird die algebraische Summe der Einzelströme bei ungleichen Kurzschlußleistungsfaktoren $\cos\varphi_\mathrm{k}$ größer als der Gesamtstrom (Bild 3.50). Um dies zu vermeiden, sollen parallelgeschaltete Transformatoren ein etwa gleiches Verhältnis $X_\mathrm{k}/R_\mathrm{k} = \tan\varphi_\mathrm{k}$ besitzen. Da dies mit wachsender Leistung immer größer wird, ist es zweckmäßig, die Leistungen paralleler Einheiten nicht zu unterschiedlich zu wählen. Dies entspricht der oben unter 4. definierten Bedingung.

Diese Forderung sichert außerdem keinen zu großen Unterschied im relativen Magnetisierungsstrom. Andernfalls können durch deren ungleiche primäre Spannungsfälle bereits unterschiedliche Leerlaufspannungen und damit ein Ausgleichsstrom entstehen.

Beispiel 3.7: Zwei Transformatoren Tr I und Tr II in Schaltgruppe $Yy0$ und mit $U = 6\,\text{kV}/0,5\,\text{kV}$, $S_1 = 250\,\text{kVA}$, $u_{k1} = 5\%$, $S_{II} = 100\,\text{kVA}$, $u_{kII} = 4\%$ sind parallelgeschaltet. Die Kurzschluß-Leistungsfaktoren stimmen überein.

a) Wie groß kann der sekundäre Gesamtstrom werden, ohne daß ein Bemessungsstrom überschritten wird?

Bemessungsstrom von Tr I: $\quad I_{NI} = \dfrac{250 \cdot 10^3\,\text{VA}}{\sqrt{3} \cdot 6 \cdot 10^3\,\text{V}} = 24,06\,\text{A}$

Bemessungsstrom von Tr II: $\quad I_{NII} = \dfrac{100 \cdot 10^3\,\text{VA}}{\sqrt{3} \cdot 6 \cdot 10^3\,\text{V}} = 9,62\,\text{A}$

Die zulässige Belastung wird durch den Transformator mit der kleineren relativen Kurzschlußspannung festgelegt. Führt Tr II den Bemessungsstrom von 9,62 A, so gilt nach Gl. (3.29)

$$\left(\frac{I}{I_N}\right)_{I} : 1 = u_{kII} : u_{kI} = \frac{4}{5}$$

$$I_I = 0,8\,I_{NI} = 0,8 \cdot 24,06\,\text{A} = 19,23\,\text{A}$$

Für den sekundären Gesamtstrom erhält man

$$I_{2\,\text{ges}} = \left(\frac{U_1}{U_2}\right)_N \cdot (I_I + I_{II})_1$$

$$= \frac{6}{0,5} \cdot (19,23\,\text{A} + 9,62\,\text{A}) = 346,2\,\text{A}$$

b) Wie ist die Stromverteilung bei $I_{2\,\text{ges}} = 433\,\text{A}$?

Es gilt (1) $\quad \dfrac{I_I}{I_{II}} \cdot \dfrac{I_{NII}}{I_{NI}} = \dfrac{u_{kII}}{u_{kI}}$

(2) $\quad I_I + I_{II} = I_{\text{ges}}, \quad I_{\text{ges}} = I_{2\,\text{ges}} \cdot \left(\dfrac{U_2}{U_1}\right)_N$

damit aus Gleichung (1) $\quad I_I = \dfrac{4}{5} \cdot \dfrac{24,06\,\text{A}}{9,62\,\text{A}} \cdot I_{II} = 2 \cdot I_{II}$

in Gleichung (2) eingesetzt, ergibt

$$3\,I_{II} = 433\,\text{A} \cdot \frac{0,5}{6} = 36,08\,\text{A}$$

$$I_{II} = 12,02\,\text{A}, \quad I_I = 24,06\,\text{A} = I_{NI}$$

Aufgabe 3.10: a) Wie groß muß u_{kII} werden, so daß bei voller Belastung von Tr I der zweite Transformator nur 10% Überlast erhält? b) Die Kurzschluß-Leistungsfaktoren der beiden Transformatoren seien $\cos\varphi_{kI} = 0,2$, $\cos\varphi_{kII} = 0,6$. Welcher sekundäre Gesamtstrom besteht, wenn primärseitig die Teilströme $I_I = 19,3\,\text{A}$ und $I_{II} = 9,63\,\text{A}$ gemessen werden?

Ergebnis: a) $u_{kII} = 4,55\%$, b) $I_{2\,\text{ges}} = 340\,\text{A}$

3.4 Sondertransformatoren

3.4.1 Übersetzungsänderung und Phasenvervielfachung

Transformatoren mit Stufenschalter. Netztransformatoren besitzen im allgemeinen Wicklungsanzapfungen, um die Übersetzung den Betriebsanforderungen anzupassen. In einfachen Fällen genügt es, durch einen Umsteller auf der Oberspannungsseite im spannungslosen Zustand die Windungszahl gelegentlich zu variieren. Wird dagegen ein ständiger Ausgleich der belastungsabhängigen Spannungsfälle verlangt, so ist eine möglichst feinstufige Übersetzungsänderung unter Last erforderlich.

Der Einstellbereich hängt von den zu erwartenden Spannungsschwankungen ab und kann bei Netztransformatoren über 20% betragen. Die Stufenspannung darf dabei mit Rücksicht auf Helligkeitsschwankungen der Glühlampen nicht mehr als 1,5 bis 2% betragen. Die Umschaltung erfolgt nach dem in Bild 3.51 angegebenen Prinzip in zwei Abschnitten. Zuerst wird der Wähler auf die nächste Stufe gebracht, wobei der Lastkreis über die alte Stellung geschlossen bleibt. Erst danach schaltet ein Lastumschalter den Strangstrom über Begrenzungswiderstände ohne Unterbrechung auf die neue Stufe. Der Einstellbereich umfaßt eine Grob- und eine Feinstufe und wird auf der Oberspannungsseite im Sternpunkt angeordnet.

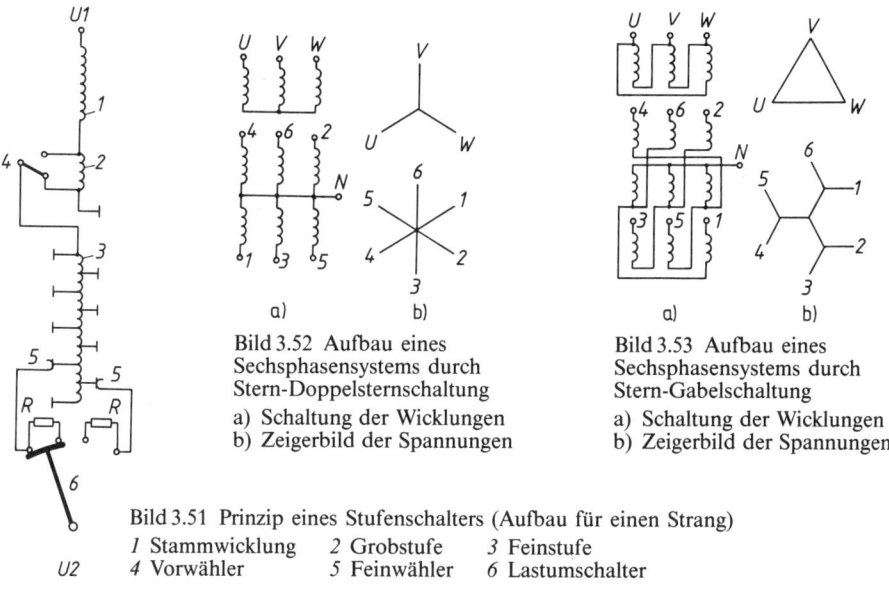

Bild 3.52 Aufbau eines Sechsphasensystems durch Stern-Doppelsternschaltung
a) Schaltung der Wicklungen
b) Zeigerbild der Spannungen

Bild 3.53 Aufbau eines Sechsphasensystems durch Stern-Gabelschaltung
a) Schaltung der Wicklungen
b) Zeigerbild der Spannungen

Bild 3.51 Prinzip eines Stufenschalters (Aufbau für einen Strang)
1 Stammwicklung *2* Grobstufe   *3* Feinstufe
4 Vorwähler   *5* Feinwähler *6* Lastumschalter

Phasenvervielfacher. Bei Stromrichtertransformatoren wird häufig eine Erhöhung der sekundären Strangzahl vorgesehen, um durch ein 6- oder 12-Phasensystem eine geringere Welligkeit der Gleichspannung zu erhalten. Es existieren eine Vielzahl von Transformatorschaltungen, von denen die Bilder 3.52 und 3.53 zwei Möglichkeiten der Erzeugung einer sechsphasigen Spannung angeben.

3.4.2 Kleintransformatoren und Meßwandler

Kleintransformatoren. Neben den bisher ausschließlich behandelten Leistungstransformatoren werden in großem Umfang auch kleine, hauptsächlich einphasige Transformatoren gebaut. Sie dienen meist der Energieversorgung von Steuer- und Regeleinrichtungen und reduzieren vielfach die Verbraucherspannung auf Werte zwischen 6 und 42 V.

Für den Entwurf dieser Kleintransformatoren stehen mit DIN 41300-309 sehr umfassende Unterlagen zur Verfügung. Sie enthalten bereits die für die genormten Blechschnitte günstigste elektrische und magnetische Auslegung. Die Ausführung erfolgt als Trockentransformator mit meist natürlicher Luftkühlung. Im Unterschied zu großen Transformatoren enthält der gesamte Spannungsverlust durch den relativ hohen Wicklungswiderstand eine große ohmsche Komponente. Außerdem ist der relative Leerlaufstrom wesentlich größer.

Strom- und Spannungswandler. Die an sich zu den Meßgeräten zählenden Strom- und Spannungswandler sollen hier nur kurz dargestellt werden. Beides sind Transformatoren, wobei die Stromwandler im Kurzschluß, die Spannungswandler im Leerlauf arbeiten.

Der Stromwandler (Bild 3.54) hat die Aufgabe, den ihm primärseitig eingeprägten Strom I_1 in eine für das Amperemeter geeignete Größenordnung zu übertragen. Diese Übersetzung soll nach Betrag und Phasenlage möglichst fehlerlos erfolgen. Bezüglich der Definition der verschiedenen Wandlerfehler, wie auch aller weiterer Normung, soll auf die VDE-Bestimmungen VDE 0414 verwiesen werden.

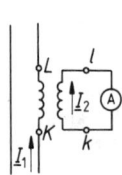

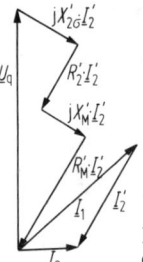

Bild 3.54 Schaltung eines Stromwandlers

Bild 3.55 Zeigerdiagramm eines belasteten Stromwandlers

Meßfehler bei Stromwandlern. Aus dem Zeigerdiagramm (Bild 3.55) des durch ein Amperemeter sekundärseitig kurzgeschlossenen Wandlers ist zu erkennen, daß die Fehlerursache in der Entstehung eines Magnetisierungsstromes $I_0 \approx I_\mu$ liegt. Dadurch ist die anzustrebende Bedingung $I_1 + I'_2 = 0$ oder $I_2 = -I_1 \cdot N_1/N_2$ nicht mehr erfüllt. Zur Herabsetzung des Meßfehlers ist es zunächst notwendig, die induzierte Spannung U_q kleinzuhalten, da dieser das Hauptfeld und damit der erforderliche Magnetisierungsstrom proportional sind. Nach $U_q = I'_2 \cdot Z'_2$ muß somit die gesamte sekundäre Impedanz

$$Z_2 = (R_2 + j X_{2\sigma}) + (R_M + j X_M)$$

welche die Werte der Wicklung (Index 2) und des Meßgerätes (Index M) enthält, möglichst gering werden. Stromwandler erhalten deswegen eine kleine Streuung und müssen durch das Amperemeter (die Bürde) niederohmig abgeschlossen sein. Darüberhinaus sinkt der Fehler durch Verwendung einer Blechsorte mit sehr großer Permeabilität, da dann zur Erzeugung eines bestimmten Hauptfeldes nur eine entsprechend kleine Magnetisierungs-Durchflutung erforderlich ist.

Spannungswandler. Spannungswandler dienen zur Herabsetzung der Hochspannung auf einen bequem meßbaren Wert. Da auch die Beziehung $U_1/U_2 = N_1/N_2$ nicht exakt gilt, tritt wieder ein Übersetzungsfehler auf. Er wird durch Spannungsabfälle an den Längswerten der Ersatzschaltung des Transformators hervorgerufen und besteht infolge des Magnetisierungsstromes auch bei $\underline{I}_2 = 0$, d.h. einem sehr hochohmigen Voltmeter.

3.4.3 Spartransformatoren und Drosselspulen

Werden die zwei Wicklungen eines Transformators anstelle in der üblichen Vollschaltung, nach Bild 3.56b verbunden, so entsteht ein Spartransformator. Diese Schaltung ergibt teilweise beträchtliche Kostenersparnisse, denen allerdings auch einige Nachteile gegenüberstehen.

Spartransformatoren [46] werden hauptsächlich zum Ausgleich von Spannungsschwankungen in Netzen und als Sondertransformatoren, z.B. im Bahnbetrieb zur Speisung von Fahrmotoren eingesetzt. Heute dienen sie ferner zur Kupplung von Höchstspannungsnetzen, z.B. der Spannungen 380 kV/220 kV.

Typen- und Durchgangsleistung. Das Verhalten der Sparschaltung sei anhand einer einphasigen Bauart dargestellt. Wicklungen und Kern des Transformators sind so ausgelegt, daß man in der Vollschaltung (Bild 3.56a) die Typenleistung

$$S_T = U_1 \cdot I_P = U_R \cdot I_2 \tag{3.30}$$

erhält. Verluste und Magnetisierungsstrom sollen bei dieser Betrachtung vernachlässigt werden. In der Sparschaltung (Bild 3.56b) kann man dagegen bei gleicher Belastung der Wicklungen die Durchgangsleistung

$$S_D = U_1 \cdot I_1 = U_2 \cdot I_2 \tag{3.31}$$

übertragen. Ein Vergleich der jeweiligen Ausgangsleistungen ergibt nach den Gleichungen (3.30) und (3.31) unmittelbar

$$S_T = S_D \cdot \left(\frac{U_R}{U_2}\right)$$

und mit $\quad U_R = U_2 - U_1 = U_2 \cdot \left(1 - \frac{U_1}{U_2}\right)$

$$S_T = S_D \cdot \left(1 - \frac{U_1}{U_2}\right) \tag{3.32}$$

Die Typenleistung, welche den Materialaufwand festlegt, ist somit beim Spartransformator stets kleiner als die Durchgangsleistung S_D. Beim Volltransformator sind beide

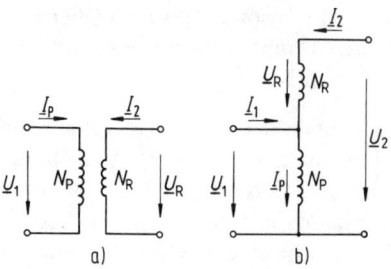
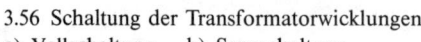

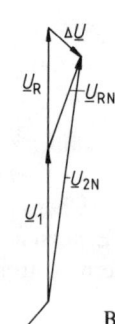

a)   b)

3.56 Schaltung der Transformatorwicklungen   Bild 3.57 Zeigerdiagramm
a) Vollschaltung   b) Sparschaltung   eines Spartransformators

Leistungen dagegen identisch. Besonders bei kleinen Spannungsänderungen mit $U_1/U_2 \rightarrow 1$ wird daher die Kostenersparnis beträchtlich. Der Grund liegt darin, daß nur die Leistung S_T transformatorisch übertragen wird, während der in $S_D = U_1 \cdot I_1$ enthaltene Anteil $U_1 \cdot I_2$ direkt über die galvanische Verbindung beider Netzseiten geliefert wird.

Bild 3.57 zeigt das Spannungsdiagramm des Spartransformators bei ohmsch-induktiver Belastung. Da der Wert U_1 durch das primäre Netz fest vorgegeben wird, ist nur die Änderung ΔU der Spannung an der Reihenwicklung N_R wirksam. Dort sinkt die Spannung bei Bemessungsstrom I_{2N} von U_R auf U_{RN} und damit an Ausgang des Spartransformators von $U_2 = U_1 + U_R$ im Leerlauf auf U_{2N}.

Kurzschlußstrom. Damit bei Vollschaltung $U_R = 0$ entsteht, muß mit ΔU als Spannung am Wirk- und Streublindwiderstand der Reihenwicklung beim Strom I_{2N} ein Dauerkurzschlußstrom

$$I_{kT} = I_{2N} \cdot \frac{U_R}{\Delta U}$$

auftreten.

Bei Sparschaltung muß dagegen im Kurzschlußfall $U_2 = 0$ sein, d.h. der Spannungsfall an der Reihenwicklung muß auf $U_R + U_1$ ansteigen. Dies erfordert den entsprechend höheren Strom

$$I_{kD} = I_{2N} \frac{U_1 + U_R}{\Delta U}$$

und damit

$$I_{kD} = I_{kT} \frac{U_1 + U_R}{U_R}$$

Wegen $U_R = U_2 - U_1$ erhält man damit den Dauerkurzschlußstrom I_{kD} eines Spartransformators im Bezug zum Wert bei Vollschaltung nach

$$I_{kD} = \frac{I_{kT}}{1 - U_1/U_2} \tag{2.33}$$

Nach Gl. (3.23) besteht zwischen Dauerkurzschlußstrom und der relativen Kurz-schlußspannung umgekehrte Proportionalität. Dies bedeutet für das Verhältnis der Kurzschlußspannungen eines Transformators in Spar- oder Vollschaltung die Beziehung

$$\frac{U_{kD}}{U_{kT}} = \frac{I_{kT}}{I_{kD}}$$

und $\qquad u_{kD} = u_{kT} \cdot \left(1 - \frac{U_1}{U_2}\right)$ $\tag{3.34}$

Gleichung (3.33) gibt den wesentlichsten Nachteil der Sparschaltung an. Der Kurz-schlußstrom ist um den Faktor $1/(1 - U_1/U_2)$ größer als bei Vollschaltung und er-reicht bei kleinen Spannungsunterschieden mit $U_1/U_2 \rightarrow 1$ Werte, die ohne äußere Be-grenzungsdrosseln nicht beherrscht werden können. Ein weiterer Nachteil ist die galvanische Verbindung der zwei Netzteile, was sich bei Schadensfällen ungünstig auswirken kann.

Beispiel 3.8: Ein Volltransformator mit den Daten $U_1/U_R = 220\,\text{V}/40\,\text{V}$, $I_P/I_2 = 1\,\text{A}/5{,}5\,\text{A}$, $u_{kT} = 10\%$ soll als Spartransformator für $U_1/U_2 = 220\,\text{V}/260\,\text{V}$ geschaltet werden. Wie groß wird seine Durchgangsleistung und sein primärer Dauerkurzschlußstrom?
Die Typenleistung ist $S_T = 220\,\text{V} \cdot 1\,\text{A} = 220\,\text{VA}$

In Sparschaltung wird die Übersetzung

$$\frac{U_1}{U_2} = \frac{220\,\text{V}}{260\,\text{V}} = 0{,}846$$

und daraus die Durchgangsleistung nach Gleichung (3.32)

$$S_D = S_T \cdot \frac{1}{1 - U_1/U_2} = \frac{220\,\text{VA}}{1 - 0{,}846} = 1429\,\text{VA}$$

In Vollschaltung ist der Kurzschlußstrom

$$I_{kT} = \frac{I_{1N}}{u_k} = \frac{1\,\text{A}}{0{,}1} = 10\,\text{A}$$

Für die Sparschaltung gilt nach Gleichung (3.33)

$$I_{kD} = \frac{I_{kT}}{1 - U_1/U_2} = \frac{10\,\text{A}}{1 - 0{,}846} = 65\,\text{A}$$

Drehstrombank. Dem Hauptvorteil des Spartransformators, eine eventl. wesentlich höhere Durchgangsleistung S_D als ein vergleichbarer Volltyp zur Verfügung zu stel-len, verdankt er einen weltweiten Einsatz für Netzkupplungen. So ergibt sich im Bei-spiel der westdeutschen 660 MVA und 1000 MVA-Drehstrom-Spartransformatorbän-ke mit Spannungen von $U_1 = 220\,\text{kV}$ und $U_2 = 380\,\text{kV}$ eine den Materialaufwand festlegende Typenleistung von nur $S_T = 0{,}42\,S_D$. Die Aufteilung auf drei Einheiten vereinfacht auch die Reservehaltung für Schadensfälle. Man kann sich auf die Bereitstellung eines vierten Einphasentransformators beschränken und braucht keine zweite Drehstromeinheit.

Trotzdem wird der Spartransformator allmählich in den Netzen von der Vollschaltung verdrängt, voran vor allem die erwähnten Kurzschlußstromprobleme Schuld sind. Dazu kommt, daß heute auch bei den größten verlangten Leistungen bahntransportfähige Volltransformatoren gebaut werden können.

Drosselspulen. Nutzt man den gesamten Wickelraum eines Eisenkerns nur für eine Wicklung/Strang, so erhält man eine Drosselspule mit etwa der doppelten Typenleistung wie bei Ausführung eines Transformators. An sinusförmiger Spannung stellt sie einen fast reinen induktiven Verbraucher dar.

Drosselspulen kommen in Anlagen der Energieverteilung mehrfach zum Einsatz. So werden zum Ausgleich der kapazitiven Netzbelastung durch leerlaufende Hochspannungsleitungen Kompensations-Drosselspulen mit Leistungen bis 250 Mvar eingesetzt. In Mittelspannungsnetzen sind ferner die erstmals 1917 von Petersen vorgeschlagenen Erdschlußspulen zwischen Erde und Transformatorsternpunkt üblich, um so den kapazitiven Erdschluß-Lichtbogenstrom selbsttätig zu löschen. Auch diese Einphasendrosseln erreichen Leistungen von über 10 Mvar.

Bei stromrichtergespeisten Gleichstromantrieben verwendet man Glättungsspulen zur Verringerung der Oberschwingungen im Ankerstrom (s. Abschn. 2.5). Der Mittelwert I_A führt dabei zu einer Vormagnetisierung des Eisenkerns, so daß für die Wirkung der Glättung die sättigungsabhängige differentielle Induktivität

$$L_d = N \cdot \frac{\Delta \Phi}{\Delta I}$$

im Arbeitspunkt A maßgebend ist (Bild 3.58). Als Kernformen kommen wie bei Kleintransformatoren die M-, UI- und EI-Schnitte nach DIN 41300 zum Einsatz.

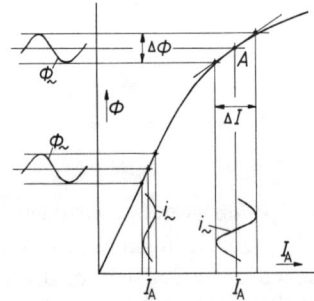

Bild 3.58 Abhängigkeit der Induktivität L einer Glättungsdrosselspule von der Vormagnetisierung durch einen Gleichstrom I_A

4 Allgemeine Grundlagen der Drehstrommaschinen

Die asynchronen und synchronen Drehstrommaschinen besitzen im Ständer denselben prinzipiellen Aufbau und erfordern zur Darstellung ihres Verhaltens eine Reihe gleicher physikalischer Begriffe. Es ist daher zweckmäßig, diese Gemeinsamkeiten in einem einleitenden Kapitel zusammengefaßt zu behandeln. Dies gilt insbesonders für den allgemeinen Aufbau der Drehstromwicklungen, ihre Wicklungsfaktoren sowie die Grundlagen zur Beschreibung von umlaufenden Durchflutungen und deren Felder.

4.1 Drehstromwicklungen

4.1.1 Ausführungsformen von Drehstromwicklungen

Aufbau der Drehstromwicklungen. Die prinzipielle Ausführung läßt sich am einfachsten aus den Anforderungen zur Erzeugung einer dreiphasigen Wechselspannung erläutern. Eine solche Drehspannung erhält man mit einer Anordnung nach Bild 4.1. Ein aus Dynamoblechen geschichtetes Ständerblechpaket enthält in Nuten am Bohrungsumfang gleichmäßig verteilte Leiter, die zu drei räumlich versetzten Wicklungssträngen zusammengeschaltet werden. Durch den Läufer wird ein Gleichfeld erzeugt, das eine sinusförmige Feldverteilung längs des Luftspalts aufbaut. Hat der Läufer eine konstante Drehzahl, so induziert das Feld in den einzelnen Spulen zeitlich sinusförmige Spannungen, die sich innerhalb jedes Wicklungsstranges zu einem resultierenden Wert addieren. Die Berechnung dieses Induktionsvorgangs kann über die Beziehung $u_q = B \cdot l \cdot v$ erfolgen.

Ist d_1 der Bohrungsdurchmesser des Ständerblechpaketes der 2 p-poligen Maschine, so bezeichnet man den Umfangsanteil

$$\tau_p = \frac{d_1 \cdot \pi}{2 p} \tag{4.1}$$

wieder als Polteilung. Sie entspricht der Länge einer Halbwelle der sinusförmigen Induktionsverteilung im Luftspalt und damit einem elektrischen Winkel $\gamma = 180°$. Bei einer zweipoligen Maschine mit $p = 1$ stimmen somit der räumlich mechanische und der elektrische Winkel überein, während allgemein die Beziehung gilt

$$\gamma_{el} = p \cdot \gamma_{mech} \tag{4.2}$$

Zur Erzeugung einer symmetrischen dreiphasigen Spannung sind nun an die Gestaltung der Drehstromwicklung folgende Bedingungen zu stellen:
1. Die drei Wicklungsstränge müssen denselben Spulenaufbau und gleiche Gesamtwindungszahl N besitzen.
2. Die drei Wicklungsanfänge mit den Bezeichnungen U1, V1 und W1 müssen um je 120° el. gegeneinander versetzt sein.

Die Leiterstäbe in Bild 4.1 sind daher wie gekennzeichnet gleichmäßig auf die drei Wicklungsstränge aufzuteilen, von denen jeder ein Drittel der Polteilung belegt.

In Bild 4.2 ist die Lage der Leiter in Bezug auf den Flußdichteverlauf entlang des Bohrungsumfangs angegeben. Man erkennt, daß entsprechend der Beziehung $u = B \cdot l \cdot v$ in um eine Polteilung versetzten Leitern eine gleichgroße aber um 180° phasenverschobene Spannung entsteht.

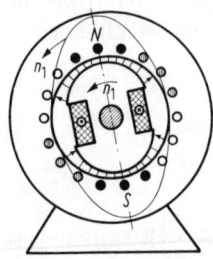

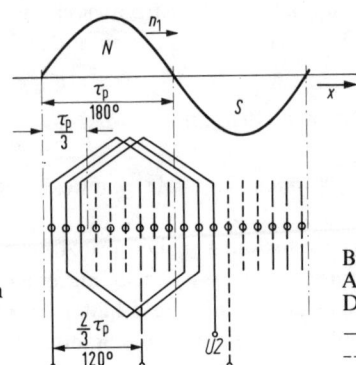

Bild 4.1 Erzeugung einer mehrphasigen Spannung durch ein räumlich sinusförmiges Läuferdrehfeld (Die gleichgezeichneten Leiter gehören jeweils zu einem Wicklungsstrang)

Bild 4.2 Prinzipieller Aufbau einer Drehstromwicklung
——— 1. Strang,
--- 2. Strang,
------ 3. Strang

Einschichtwicklungen. Die Schaltung der Leiter eines Strangs zu einer Spulengruppe pro Polpaar kann auf zwei Arten erfolgen, was am Beispiel eines vierpoligen Ständers mit 24 Nuten gezeigt werden soll.

1. Man verbindet stets Leiter miteinander, deren Abstand mit $W = \tau_p$ genau der Polteilung entspricht. Es ergeben sich dann wie in Bild 4.3 gezeigt Spulen gleicher Weite.

2. Die gleichen Leiter eines Strangs werden wie in Bild 4.4 zu einer konzentrischen Spulengruppe verbunden. Die Teilspulen haben jetzt eine ungleiche Weite und man erreicht nur im Mittel $W = \tau_p$.

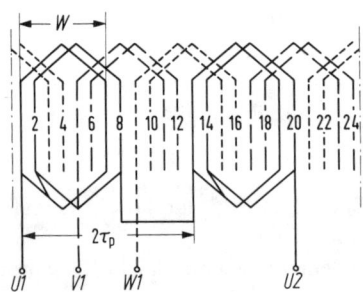

Bild 4.3 Einschicht-Drehstromwicklung mit Spulen gleicher Weite
$p=2$, $q=2$, $Q=24$

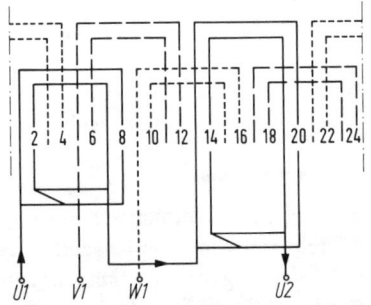

Bild 4.4 Einschicht-Drehstromwicklung mit Spulen ungleicher Weite (Zweietagenwicklung)
$p=2$, $q=2$, $Q=24$

Beide Ausführungsformen ergeben dieselbe Gesamtspannung und unterscheiden sich nur im Wickelkopf. Mit Rücksicht auf die maschinelle Fertigung in Wickelautomaten verwendet man heute bei Serienmaschinen immer die Ausführung mit konzentrischen Spulen, d. h. nach Bild 4.4.

Ist Q die gesamte Ständernutzahl und m die Strangzahl einer Drehstromwicklung, so entfallen innerhalb einer Polteilung

$$q = \frac{Q}{2\,p \cdot m} \qquad (4.3)$$

Nuten auf einen Strang. Enthält die Nut z_Q nicht parallelgeschaltete Leiter, so gilt für die gesamte Windungszahl eines Strangs

$$N = \frac{z_Q \cdot Q}{2\,m} = z_Q \cdot p \cdot q \qquad (4.4)$$

Die bisher angegebenen Wicklungen bezeichnet man als Einschichtwicklungen, da je nur eine Spulenseite mit eventuell z_Q Einzelwindungen in jeder Nut liegt. Die Spulenweite muß hier im Mittel genau eine Polteilung betragen, da bei einem kürzeren Schritt die Rückleiter teilweise den Platz der Spulenseiten eines anderen Strangs einnehmen würden. Einschichtwicklungen sind somit stets Durchmesserwicklungen mit $W = \tau_p$.

Beispiel 4.1: Gegeben ist ein Ständerblechschnitt mit 48 Nuten, die Runddrähte von einem Gesamtquerschnitt von $35{,}4\,\text{mm}^2$ und einem Einzeldrahtdurchmesser von maximal $2\,\text{mm}$ aufnehmen können. Es ist eine vierpolige ungesehnte Drehstromwicklung mit 80 Wdg./Strang auszulegen und der zulässige Strangstrom bei $J = 4\,\text{A/mm}^2$ anzugeben.

Nach Gleichung (4.3) wird die Zahl der Nuten pro Pol und Strang

$$q = \frac{Q}{2\,p \cdot m} = \frac{48}{2 \cdot 2 \cdot 3} = 4$$

Um 80 Wdg. zu erhalten, sind damit $z_Q = \dfrac{N}{p \cdot q} = \dfrac{80}{2 \cdot 4} = 10$ Drähte in Reihe zu schalten.

Für eine Windung verbleibt ein Querschnitt von

$$\frac{A_{Cu}}{z_Q} = \frac{35{,}4\,\text{mm}^2}{10} = 3{,}54\,\text{mm}^2$$

Für einen Leiter ergibt dies einen Durchmesser $d > 2\,\text{mm}$, so daß zwei Runddrähte mit $A = 1{,}77\,\text{mm}^2$ Querschnitt und

$$d_s = \sqrt{\frac{4}{\pi} \cdot A_s} = \sqrt{\frac{4}{\pi} \cdot 1{,}77\,\text{mm}^2} = 1{,}5\,\text{mm}$$

parallelzuschalten sind. Der zulässige Ständerstrom wird

$$I_1 = J \cdot 2 \cdot A_s = 4\,\text{A/mm}^2 \cdot 2 \cdot 1{,}77\,\text{mm}^2 = 14{,}16\,\text{A}$$

Aufgabe 4.1: Welche Windungszahl kann bei 20 Leiterstäben/Nut für eine achtpolige Wicklung bei $Q = 48$ maximal erreicht werden?
Ergebnis: $N = 160\,\text{Wdg.}$

Zweischichtwicklungen. Eine Sehnenwicklung ist nur bei Ausführung einer Zwei-schichtwicklung (Bild 4.5), die beide genannten Spulenformen erhalten kann, möglich. Wie wieder am Beispiel eines Ständers mit $Q=24$, $q=2$ zu erkennen ist, entstehen hier doppelt soviel Spulengruppen wie bei der Einschichtwicklung. Ober- und Unter-schicht eines Strangs sind um die Sehnung gegeneinander verschoben, ohne daß dies einen anderen Strang behindert.

In allen bisherigen Wicklungen war q als Anzahl der Nuten pro Pol und Strang ganz-zahlig, womit diese Ausführung auch die Bezeichnung Ganzlochwicklung trägt. Für Drehstromgeneratoren erweist es sich jedoch, wie noch gezeigt wird, als sehr günstig, den rechnerischen q-Wert nach Gleichung (4.3) bruchzahlig zu wählen. In der prakti-schen Ausführung bedeutet dies, daß die einzelnen Spulengruppen eines Strangs un-terschiedliche Windungszahlen (Bild 4.6) besitzen. Bei einer vierpoligen Wicklung mit $q=2,5$ erhält z.B. von den beiden Spulengruppen eines Strangs die eine $q=3$, die zweite $q=2$ und die Wicklung damit im Mittel $q=2,5$. Man bezeichnet solche Wick-lungen als Bruchlochwicklungen und führt sie sowohl als Ein- wie als Zweischicht-wicklungen aus.

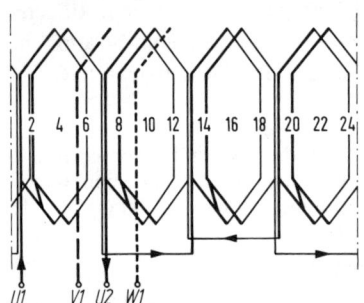

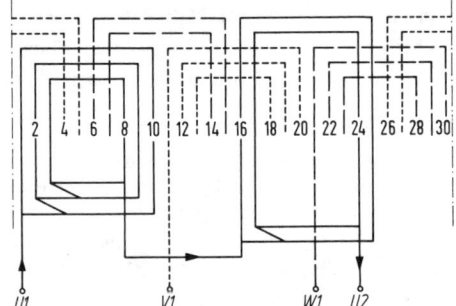

Bild 4.5 Zweischicht-Drehstromwicklung
$p=2$, $q=2$, $Q=24$ (gesehnt)
— Oberschicht, —— Unterschicht

Bild 4.6 Einschicht-Bruchlochwicklung
$p=2$, $q=2,5$, $Q=30$

4.1.2 Wicklungsfaktoren

Ungesehnte Ganzlochwicklungen. Die Achse des räumlich sinusförmigen Läuferfeldes erreicht während ihrer Drehbewegung die q Leiter einer Spulengruppe, die in benach-barten Nuten liegen, nacheinander mit einer kleinen Zeitdifferenz. Die Zeiger der Stabspannungen sind damit nicht gleichphasig, sondern addieren sich unter dem Winkel

$$\alpha = p \cdot \frac{2\pi}{Q} = \frac{180°}{m \cdot q} \tag{4.5}$$

Da ungesehnte Wicklungen stets als Spulenweite eine Polteilung besitzen, sind die Stabspannungen einer Windung 180° phasenverschoben. Die Teilspannungen der Hin- und Rückleiter einer Spule ergeben damit einen Zeiger doppelten Betrages.

Addiert man jetzt die q Spulenspannungen der Spulengruppe, so ergibt sich z. B. für $q=3$ ein Schema nach Bild 4.7. Die resultierende Spannung U_{gr} wird kleiner als die algebraische Summe der drei Spulenspannungen U_{sp}. Es ist also zu unterscheiden, ob die $q \cdot z_Q$ Windungen der Spulengruppe in einer Nut liegen oder gleichmäßig auf q Nuten verteilt sind. Um dies zu berücksichtigen, wird ein sogenannter Zonen- oder Gruppenfaktor

$$k_{d1} = \frac{U_{gr}}{q \cdot U_{sp}} = \frac{\text{geometrische Spannungssumme}}{\text{algebraische Spannungssumme}} \leq 1 \qquad (4.6)$$

definiert, mit welchem die Windungszahl der Wicklung zu multiplizieren ist. Anstelle eines Gesamtbetrages der N-fachen Windungsspannung wird durch die Phasenverschiebung nur der $N \cdot k_{d1}$fache Wert erreicht.

Für die Berechnung des Zonenfaktors folgt aus Bild 4.7

$$U_{gr} = 2\, r \cdot \sin\, q\, \frac{\alpha}{2} \quad \text{und} \quad r = \frac{U_{sp}}{2 \cdot \sin\, \alpha/2}$$

Mit diesen Beziehungen wird nach Gleichung (4.6) der Zonenfaktor für Ganzlochwicklungen

$$k_{d1} = \frac{\sin q\, \dfrac{\alpha}{2}}{q \cdot \sin \dfrac{\alpha}{2}} \qquad (4.7)$$

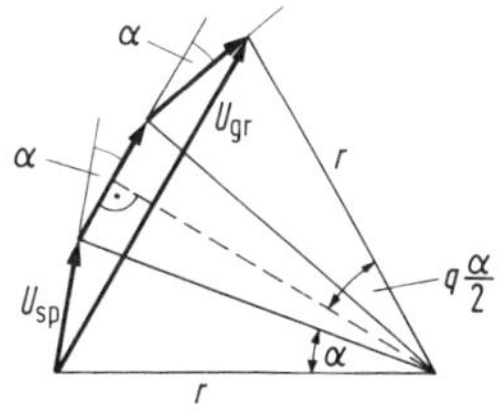

Bild 4.7
Bestimmung des Zonenfaktors

Beispiel 4.2: Es ist der Zonenfaktor einer Drehstromwicklung mit der Annahme auszurechnen, daß die Leiter gleichmäßig als Belag über die 60°-Zone verteilt sind, d. h. $\alpha \to 0$, $q \to \infty$.
Nach Bild 4.7 erhält man bei $q \to \infty$ den Zonenfaktor als Verhältnis von Bogen zu Sehne eines Sechstelkreises. Es ist

$$k_{d1} = \frac{\text{Sehne}}{\text{Bogen}} = \frac{r}{\dfrac{2\,\pi}{6} \cdot r} = \frac{3}{\pi} = 0{,}955$$

Ebenso nach Gleichung (4.7) mit $q \cdot \alpha = 60° \triangleq \dfrac{\pi}{3}$ und $\sin \dfrac{\alpha}{2} \to \dfrac{\alpha}{2}$

$$k_{d1} = \frac{\sin q\, \dfrac{\alpha}{2}}{q \cdot \sin \dfrac{\alpha}{2}} = \frac{\sin 30°}{q \cdot \dfrac{\alpha}{2}} = \frac{0{,}5}{\pi/6} = \frac{3}{\pi}$$

Aufgabe 4.2: Um eine möglichst große einphasige Wechselspannung zu erhalten, wird eine Wicklung über die volle Polteilung, also mit dreifacher Windungszahl, gewickelt, die zwei anderen Stränge entfallen. Es ist der Zonenfaktor dieser Wicklung auszurechnen und die Größe der erzeugten Spannung im Verhältnis zu dem Wert bei normaler Drehstromwicklung anzugeben. Dabei soll wie im Beispiel 4.2 $\alpha \to 0$, $q \to \infty$ angenommen werden.
Ergebnis: $k_{d1} = 2/\pi$, $(U_{Str})_{m=1} = 2\,(U_{Str})_{m=3}$

Gesehnte Ganzlochwicklungen. Ist die Spulenweite W kleiner als die Polteilung (Bild 4.8), so dürfen die zwei Stabspannungen U_s einer Windung ebenfalls nicht mehr algebraisch addiert werden. Diese zusätzliche Spannungsminderung (Bild 4.9) wird durch einen Sehnungsfaktor

$$k_{p1} = \frac{U_{sp}}{2\,U_s}$$

erfaßt.

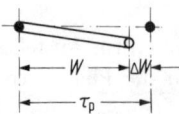

Bild 4.8 Spulenweite W
einer gesehnten Wicklung

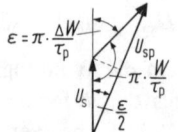

Bild 4.9 Bestimmung
des Sehnungsfaktors

Mit den Beziehungen

$$U_{sp} = 2\,U_s \cdot \cos \frac{\varepsilon}{2} = 2\,U_s \cdot \sin \frac{\pi}{2} \cdot \frac{W}{\tau_p}$$

erhält man für den Sehnungsfaktor

$$k_{p1} = \cos \frac{\varepsilon}{2} = \sin \frac{\pi}{2} \cdot \frac{W}{\tau_p} \tag{4.8}$$

Der Zonenfaktor bleibt durch die Sehnung unbeeinflußt, so daß im allgemeinen Fall zur Berechnung der induzierten Gesamtspannung in einem Wicklungsstrang die Windungszahl mit dem Wicklungsfaktor

$$k_{w1} = k_{d1} \cdot k_{p1} \tag{4.9}$$

zu multiplizieren ist.

Anstelle der auf $2 \cdot p \cdot q$ Nuten verteilten Strangwindungszahl $N = z_Q \cdot p \cdot q$ rechnet man mit Hilfe des Wicklungsfaktors mit dem reduzierten Wert $N \cdot k_{w1}$, wonach die Wicklung wie eine konzentrierte Spule behandelt wird.

Wicklungsfaktor der Oberfelder. Treten in der Induktionsverteilung des Läuferfeldes neben dem Grundfeld auch Oberfelder der Ordnungszahl ν auf (Bild 4.10), so erstrekken sich deren Halbwellen nur über einen Umfangsteil, welcher dem $1/\nu$fachen des Grundwellenwertes entspricht. Es gilt daher

$$\tau_{p\nu} = \frac{\tau_p}{\nu} \tag{4.10}$$

womit jeder für das Grundfeld angegebene Winkel für ein Oberfeld mit dessen Ordnungszahl ν zu multiplizieren und insbesondere

$$\alpha_\nu = \nu \cdot \alpha \tag{4.11}$$

zu setzen ist. Die in der Ständerwicklung durch die Oberfelder induzierten Leiterspannungen sind sowohl in Bild 4.7 wie nach Bild 4.9 unter dem ν-fachen Winkel zu addieren. Damit erhält man den Zonenfaktor und den Sehnungsfaktor für ein beliebiges Oberfeld zu

$$k_{dv} = \frac{\sin q \cdot \dfrac{v \cdot \alpha}{2}}{q \cdot \sin \dfrac{v \cdot \alpha}{2}} \qquad (4.12)$$

und $\qquad k_{pv} = \cos \dfrac{v \cdot \varepsilon}{2} = \sin \dfrac{\pi}{2} \cdot v \cdot \dfrac{W}{\tau_p} \qquad (4.13)$

Der resultierende Wicklungsfaktor ergibt sich nach

$$k_{wv} = k_{dv} \cdot k_{pv} \qquad (4.14)$$

wobei für $v = 1$ wieder der Grundwellenwert entsteht.

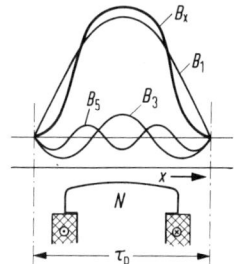

Bild 4.10 Läuferdrehfeld B_x mit Grundfeld B_1 sowie 3. und 5. Oberfeld

Beispiel 4.3: Eine vierpolige Drehstromwicklung mit $q = 4$ ist so zu sehnen, daß die 5. und 7. Oberschwingung in der Spannungskurve möglichst stark unterdrückt werden. Die Wicklungsfaktoren k_{w1}, k_{w5} und k_{w7} sind anzugeben.

Für den Sehnungsfaktor gilt nach Gleichung (4.13) $k_{pv} = \cos v \cdot \dfrac{\varepsilon}{2}$. Der notwendige Sehnungswinkel errechnet sich daher nach

$$k_{p5} = \cos \frac{5 \cdot \varepsilon}{2} = 0 \quad \text{und} \quad k_{p7} = \cos \frac{7 \cdot \varepsilon}{2} = 0$$

zu $\qquad \varepsilon = 36°$ und $\varepsilon = 25,7°$

Bei $q = 4$ wird nach Gleichung (4.5) $\alpha = \dfrac{60°}{4} = 15°$

Eine optimale Unterdrückung beider Oberwellenanteile erhält man somit durch eine Sehnung um zwei Nuten mit $\varepsilon = 2\,\alpha = 30°$.

Damit wird $k_{p1} = \cos 15° = 0,966$, $k_{p5} = \cos 5 \cdot 15° = 0,259$
$k_{p7} = \cos 7 \cdot 15° = -0,259$

Für den Zonenfaktor ergibt Gleichung (4.12)

$$k_{d1} = \frac{\sin 4 \cdot \dfrac{15°}{2}}{4 \cdot \sin \dfrac{15°}{2}} = 0,958$$

$$k_{d5} = 0,205, \quad k_{d7} = -0,158$$

Die Wicklungsfaktoren $k_{wv} = k_{dv} \cdot k_{pv}$ lauten

$k_{w1} = 0,958 \cdot 0,966 = 0,925$, $k_{w5} = 0,205 \cdot 0,259 = 0,0531$
$k_{w7} = 0,158 \cdot 0,259 = 0,0409$

Aufgabe 4.3: Welcher q-Wert und welche Sehnung müssen gewählt werden, so daß bei einer vierpoligen Wicklung die 5. Oberschwingung genau zu Null wird? Wie wird dann k_{w1}?
Ergebnis: $q = 5$, Sehnung um 3 Nuten, $k_{w1} = 0,910$

Aufgabe 4.4: In ein Blechpaket mit $Q = 24$ Nuten soll eine vierpolige Wechselstromwicklung eingebracht werden. Sie wird nur über 2/3 der Polteilung verteilt, und es soll $U_3 = 0$ werden. Wie ist die Spulenweite W zu wählen und wie groß wird k_{w1}?
Ergebnis: $W/\tau_p = 2/3$, $k_{w1} = 0{,}725$

Bedeutung der Wicklungsfaktoren. Der Wicklungsfaktor nach Gleichung (4.14) legt fest, inwieweit die Drehstromwicklung in Bezug auf die induzierte Strangspannung an eine beliebige Feldwelle des Läufers angepaßt ist. Für das Grundfeld wird man möglichst $k_{w1}{\rightarrow}1$ anstreben, um die vorhandene Windungszahl $N = z_Q \cdot p \cdot q$ gut auszunutzen. Für die Oberfelder ist dagegen $k_{w\nu}{\rightarrow}0$ erwünscht, so daß trotz einer νten Harmonischen im Läuferfeld keine Spannungen νfacher Frequenz in der Wicklung entstehen. Erreicht man z. B. $k_{w5} = 0$, so bedeutet dies, daß das Oberfeld 5. Ordnungszahl zwar in den einzelnen Leitern der Spulengruppe Spannungen induziert, diese sich jedoch resultierend zu Null ergänzen. Welche Werte der Zonenfaktor für die wichtigsten Oberfelder in Abhängigkeit von der ausgeführten Nutzahl pro Pol und Strang annimmt, zeigt Tafel 4.1.

Tafel 4.1 Zonenfaktoren von dreiphasigen Ganzlochwicklungen

q	$\nu = 1$	3	5	7	9
1	1,000	1,000	1,000	1,000	1,000
2	0,966	0,707	0,259	0,259	0,707
3	0,960	0,667	0,217	0,177	0,333
4	0,958	0,654	0,205	0,158	0,271
∞	0,955	0,636	0,191	0,136	0,212
q	$\nu = 11$	13	15	17	19
1	1,000	1,000	1,000	1,000	1,000
2	0,966	0,966	0,707	0,259	0,259
3	0,177	0,217	0,667	0,960	0,960
4	0,126	0,126	0,271	0,158	0,205
∞	0,087	0,073	0,127	0,056	0,050

Der Zonenfaktor ist für die Oberfelder zum Teil wesentlich kleiner als für das Grundfeld, was mit Rücksicht auf die angestrebte sinusförmige Strangspannung sehr erwünscht ist. Will man einem Oberfeld vollständig seine Wirkung auf die Ständerwicklung nehmen, so kann dies durch eine passende zusätzliche Sehnung erfolgen (Beispiel 4.3).

Nutungsharmonische. Unter der Vielzahl der Oberfelder, die auf eine Drehstromwicklung einwirken können, gibt es eine Gruppe, deren Einfluß sich nicht durch den Wicklungsfaktor unterdrücken läßt. Diese sogenannten Nutungsharmonischen haben stets den Zonenfaktor des Grundfeldes und können aus der Bedingung $k_{d\nu} = k_{d1}$ bestimmt werden. Ein Gleichsetzen von Gl. (4.7) und (4.12) führt zu der Forderung

$$v \frac{\alpha}{2} - k \cdot \pi = \pm \frac{\alpha}{2}$$

und mit $\alpha = 2\pi p/Q$ nach Gl. (4.5) zu den Ordnungszahlen

$$v = k \frac{Q}{p} \pm 1 = 2\,k \cdot m \cdot q \pm 1 \quad \text{mit} \quad k = 1;\ 2;\ 3 \text{ usw.} \tag{4.15}$$

Für diese Harmonische ergibt sich nach Tafel 4.1 in der Tat derselbe Wert wie für das Grundfeld, wie z. B. für $q = 2$ mit $v = 11$ und 13 zu erkennen ist. Eine Nutungsharmonische in der Feldkurve eines Generators erscheint damit in voller relativer Höhe auch im Spannungsverlauf.

Die angegebenen Formeln für den Wicklungsfaktor gelten nicht für Bruchlochwicklungen, so daß z. B. nicht $q = 2,5$ in Gleichung (4.12) eingesetzt werden darf. Zur Analyse einer Bruchlochwicklung müssen sämtliche Stabspannungen eines Stranges einzeln herangezogen werden, da die Spulengruppen nicht mehr gleichwertig sind. Dies führt zu dem Ergebnis, daß eine Bruchlochwicklung bezüglich ihres resultierenden Wicklungsfaktors einer Ganzlochwicklung mit wesentlich höherem q-Wert gleichwertig ist. So hat z. B. die Wicklung nach Bild 4.6 mit $q = 2,5$ den Wicklungsfaktor einer Wicklung mit $q = 5$ und einer Sehnung um eine Nut. Bei etwa gleicher Gesamtnutzahl lassen sich mit einer Bruchlochwicklung damit Oberwelleneinflüsse besser beseitigen als mit einer Ganzlochwicklung. Bruchlochwicklungen werden daher gerne für Drehstromgeneratoren verwendet.

4.2 Umlaufende Magnetfelder

4.2.1 Durchflutung und Feld eines Wicklungsstranges

Felderregerkurve. Wird ein Strang der Drehstromwicklung stromdurchflossen, so baut die entstehende Durchflutung ein magnetisches Feld auf, wie es in Bild 4.11 am Beispiel eines zweipoligen Ständers mit $q = 4$ gezeigt ist. Um die Verteilung der Induktion entlang des Luftspaltes angeben zu können, muß der räumliche Verlauf der für einen Luftspalt verfügbaren magnetischen Spannung V_{Str} bekannt sein. Man bezeichnet $V_{Str} = f(x)$ als Felderregerkurve und konzentriert zu ihrer Bestimmung den Strom einer Nut punktförmig in deren Mitte. Die magnetische Spannung ändert sich dann innerhalb der 60° Zone eines Strangs treppenförmig, da im Abstand der Nutteilung jeweils die Amperewindungen einer Nut hinzukommen. Außerhalb des Wicklungsbereichs steht jeder Feldlinie die volle Durchflutung $\Theta_{Str} = 2 \cdot V_{Str}$ zur Verfügung.

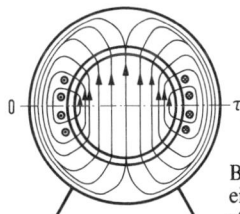

Bild 4.11 Magnetfeld eines Ständerwicklungsstrangs $p = 1$, $q = 4$

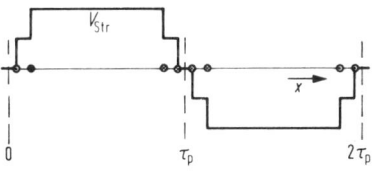

Bild 4.12 Felderregerkurve eines Wicklungsstrangs $q = 4$

Die Felderregerkurve eines Wicklungsstrangs ist damit bei $q > 1$ eine Treppenkurve, die neben der angestrebten räumlichen Sinusform über einer Polteilung zusätzliche Oberwellenanteile enthält. Zur Analyse sei zunächst eine Wicklung mit $q = 1$ betrachtet, so daß eine Recteckkurve (Bild 4.13) als Durchflutungsverlauf entsteht. Die Amplitude der magnetischen Spannung wird

$$V_n = z_Q \frac{\sqrt{2}}{2} \cdot I_1$$

wenn die z_Q Leiter jeder Nut jeweils den Strom I_1 führen. Nach Fourier läßt sich das Rechteck der Breite τ_p in eine Grundwelle und alle ungeradzahligen Oberwellen zerlegen. Die Anteile enthalten die Scheitelwerte der Grundwelle

$$V_{n1} = \frac{4}{\pi} \cdot V_n$$

und der Harmonischen

$$V_{n\nu} = \frac{4}{\nu \cdot \pi} \cdot V_n$$

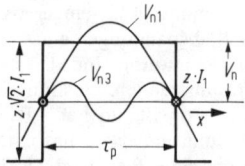

Bild 4.13 Felderregerkurve V_n bei $q = 1$ mit Grundwelle und 3. Harmonischen

Die Treppenkurve mit $q > 1$ entspricht nun der Addition von q Rechteckfeldern (Bild 4.14), die jeweils um eine Nutteilung τ_Q gegeneinander verschoben sind. Man erhält daher die Analyse der Felderregerkurve eines Strangs, wenn man die Harmonischen der Einzelrechtecke unter Berücksichtigung ihrer gegenseitigen Phasenverschiebung addiert. Dies geschieht, wie bereits bei Bildung der resultierenden Spannung einer Spulengruppe, durch Einführung des Wicklungsfaktors. Die Felderregerkurve eines Wicklungsstranges enthält so eine Grundwelle der Amplitude

$$V_{Str1} = \frac{4}{\pi} \cdot \frac{z_Q \sqrt{2}}{2} \cdot I_1 \cdot q \cdot k_{w1}$$

und ungeradzahlige Oberwellen des Scheitelwertes

$$V_{Str\nu} = \frac{4}{\nu \cdot \pi} \cdot \frac{z_Q \sqrt{2}}{2} \cdot I_1 \cdot q \cdot k_{w\nu}$$

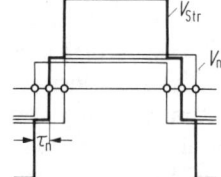

Bild 4.14 Analyse der treppenförmigen Felderregerkurve V_{Str}

Für den räumlichen und gleichzeitig zeitlichen Verlauf der einzelnen Anteile bestehen bei einem Verlauf des Wicklungsstromes nach $i_1 = \sqrt{2}\, I_1 \cos \omega t$ die Gleichungen

$$V_{1x,t} = V_{Str1} \cdot \sin \pi \frac{x}{\tau_p} \cdot \cos \omega t \qquad\qquad (4.16)$$

$$V_{\nu x,t} = V_{Str\nu} \cdot \sin \nu\pi \frac{x}{\tau_p} \cdot \cos \omega t \qquad\qquad (4.17)$$

Die Anteile haben damit eine unterschiedliche Wellenlänge, schwingen jedoch alle synchron mit der Frequenz des Strangstromes.

Die Durchflutung eines Wicklungsstranges ergibt sich für den geschlossenen Feldlinienweg zu $\Theta_{\text{Str}} = 2\,V_{\text{Str}}$. Dies bedeutet für die Grundwelle den Scheitelwert

$$\Theta_{\text{Str}\,1} = \frac{4\sqrt{2}}{\pi} \cdot \frac{N_1}{p} \cdot k_{\text{w}1} \cdot I_1 \tag{4.18}$$

und die ungeradzahligen Harmonischen

$$\Theta_{\text{Str}\,\nu} = \frac{4\sqrt{2}}{\nu \cdot \pi} \cdot \frac{N_1}{p} \cdot k_{\text{w}\nu} \cdot I_1 \tag{4.19}$$

Strombelag. Wird die Nutung sehr fein, so geht im Grenzfall mit $\tau_Q \to 0$, d.h. $q \to \infty$ der Strom in einen gleichmäßigen Belag der Breite $\tau_{\text{p}}/3$ und der Amplitude $\sqrt{2} \cdot A$ über (Bild 4.15). Für den Strombelag A, der für die thermische Ausnützung der Maschine eine wichtige Rolle spielt, gilt die Beziehung

$$A = \frac{2\,m \cdot N_1 \cdot I_1}{d_1 \cdot \pi} \tag{4.20}$$

wenn die $2 \cdot m \cdot N$ Gesamtleiter entlang der Ständerbohrung des Durchmessers d_1 jeweils den Strom I_1 führen. Der ausführbare Strombelag steigt mit dem Durchmesser und liegt im Bereich $A = 200\,\text{A/cm}$ bis $600\,\text{A/cm}$.

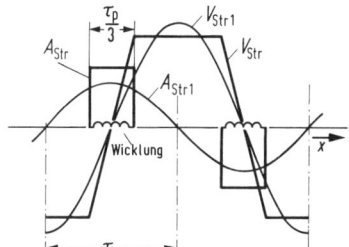

Bild 4.15 Strombelag und Felderregerkurve eines Strangs bei $q \to \infty$

Anstelle der Treppenform erhält die Felderregerkurve bei $q \to \infty$ die Form eines Trapezes. In Bild 4.15 sind zusätzlich die Grundwellen von Strombelag und Felderregerkurve eingetragen und man erkennt die schon von der Gleichstrommaschine her bekannte Beziehung

$$V_{\text{Str}} - \int\limits_{0}^{x} A_{\text{Str}} \text{d}x \tag{4.21}$$

Strangfeld. Der Verlauf der Induktionsverteilung entlang der Ständerbohrung hängt bei gegebener Erregung von der örtlichen Luftspaltweite zwischen Ständer und Läufer ab. Sind beide zylindrisch, so ist $\delta = $ konstant und bei Vernachlässigung des Einflusses der Nutung und der Eisensättigung ergibt sich für den Induktionsverlauf dieselbe Treppenkurve wie für die Felderregerkurve. Fließt in der Wicklung der

Wechselstrom $i_1 = \sqrt{2} \cdot I_1 \cos \omega t$, so pulsieren auch alle Durchflutungsanteile der Gleichungen (4.16) und (4.17) mit Netzfrequenz. Daraus folgt für die Induktionsverteilung des magnetischen Feldes eines Wicklungsstrangs die Beziehung

$$B_{x,t} = \left[B_1 \cdot \sin \pi \frac{x}{\tau_p} + B_3 \cdot \sin 3\pi \cdot \frac{x}{\tau_p} + \ldots + B_\nu \cdot \sin \nu\pi \cdot \frac{x}{\tau_p} \right] \cos \omega t \qquad (4.22)$$

Es besteht aus einer räumlichen Grundwelle und ungeradzahligen Harmonischen, die alle mit der Frequenz des Ständerstromes zeitlich synchron pulsieren.

4.2.2 Drehfelder

Drehfeld-Erregerkurve. Wird die dreiphasige Wicklung an ein symmetrisches Drehstromsystem angeschlossen, so bilden die drei Stränge entsprechend ihrer räumlichen Lage und der zeitlichen Phase ihrer Ströme je eine Felderregerkurve aus. In Bild 4.16 ist dies für zwei Zeitpunkte $\omega t = 0$ und $\omega t = \pi/6$, in denen die Phasen- oder Strangströme die angegebenen Augenblickswerte besitzen, festgehalten. Die Wicklungsstränge sind durch 60° Beläge dargestellt, die bei den Hinleitern oberhalb, den Rückleitern unterhalb der x-Achse liegen. Aus dem momentanen Verlauf werden nur die Grundwellen $V_{U, V, W}$ berücksichtigt.

Bestimmt man nun jeweils durch Überlagerung der Strangwerte die resultierende Felderregerkurve der gesamten Drehstromwicklung, so ergibt sich ein sinusförmiger Gesamtverlauf der konstanten Amplitude

$$V_1 = \frac{m}{2} \cdot V_{Str1}.$$

Dabei bedeutet $m = 3$ die Strangzahl der Wicklung. Die Lage des Maximums der Kurve zur Achse eines Wicklungsstrangs stimmt überdies stets mit der Lage des betreffenden Strangstromes im Zeigerdiagramm überein. In der Zeitspanne $\Delta \omega t = \pi/6$ bewegt sich das Maximum um den Umfangsteil $\Delta x = \tau_p/6$ weiter.

Die Amplitude der Gesamtdurchflutung einer Drehstromwicklung ergibt sich wieder aus $\Theta_1 = 2 V_1$ und mit Gl. (4.16) zu

$$\Theta_1 = \frac{2\sqrt{2}}{\pi} \cdot m \cdot \frac{N_1 \cdot k_{w1}}{p} \cdot I_1 \qquad (4.23)$$

Diese Gleichung ist die Grundlage der Berechnung des magnetischen Kreises der Drehstrommaschine und zur Bestimmung des Magnetisierungsstromes.

Durch die Addition der drei Strangkurven entsteht eine räumlich sinusförmige Gesamtdurchflutung, die innerhalb einer Periode des Ständerstromes der Frequenz f_1 den Weg $2\tau_p$ zurücklegt. Bei p Polpaaren am Umfang ist damit die Drehzahl der Drehdurchflutung

$$n_1 = \frac{f_1}{p} \qquad (4.24)$$

Nach der grafischen Bestimmung von Amplitude und Drehzahl der Drehfelderregung in Bild 4.16 soll das Ergebnis auch mathematisch hergeleitet werden.

Bei einem räumlichen Versatz der drei Strangwicklungen um jeweils $2\pi/3$ und einer ebensolchen zeitlichen Phasenverschiebung der Strangströme, erhält man nach Gl. (4.16) die folgenden Beziehungen für die Grundwellen der drei Felderregerkurven:

Strang U: $V_U = V_{Str} \cdot \sin \pi \dfrac{x}{\tau_p} \cdot \cos \omega t$

Strang V: $V_V = V_{Str} \cdot \sin \left(\pi \dfrac{x}{\tau_p} - \dfrac{2\pi}{3} \right) \cdot \cos \left(\omega t - \dfrac{2\pi}{3} \right)$

Strang W: $V_W = V_{Str} \cdot \sin \left(\pi \dfrac{x}{\tau_p} - \dfrac{4\pi}{3} \right) \cdot \cos \left(\omega t - \dfrac{4\pi}{3} \right)$

Dabei ist angenommen, daß der Strangstrom $\underline{I}_U$ zum Zeitpunkt $\omega t = 0$ seinen Scheitelwert besitzt.

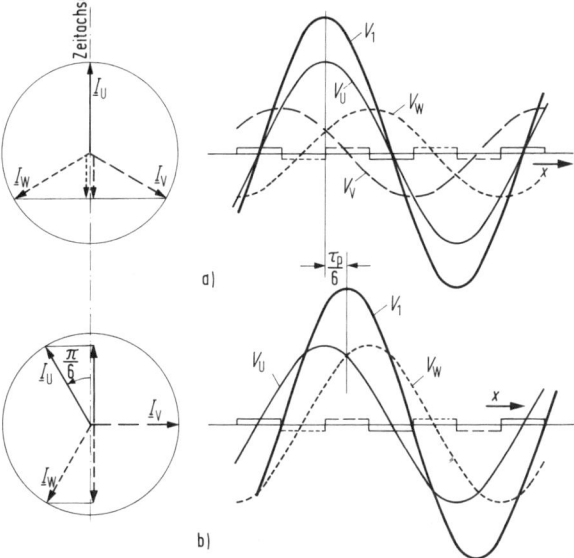

a)

b)

Bild 4.16 Addition der Felderregerkurven (Grundwellen) der 3 Stränge
a) Zeitpunkt $\omega t = 0$ mit $i_U = \sqrt{2} \cdot I_1$, $i_v = i_w = -0{,}5 \cdot \sqrt{2} \cdot I_1$
b) Zeitpunkt $\omega t = \pi/6$ mit $i_U = \sqrt{3}/2 \cdot \sqrt{2} \cdot I_1$, $i_v = 0$, $i_w = -i_U$

Für die Drehfeld-Erregerkurve gilt dann

$$V_{1\,x,\,t} = V_U + V_V + V_W$$

und man erhält mit Hilfe der Additionstheoreme und durch Zusammenfassen

$$V_{1\,x,\,t} = \frac{3}{2}\, V_{Str} \cdot \sin \left(\pi \frac{x}{\tau_p} - \omega t \right) \qquad (4.25)$$

Diese Gleichung beschreibt eine räumlich sinusförmige Kurve, die mit der Winkelgeschwindigkeit ω rotiert. Für $\omega t = 0$ errechnet sich die Lage des Maximums aus

$$\sin\left(\pi\frac{x}{\tau_p} - 0\right) = 1 \rightarrow x = \frac{\tau_p}{2}$$

für $\omega t = 2\pi$ aus

$$\sin\left(\pi\frac{x}{\tau_p} - 2\pi\right) = 1 \rightarrow x = \frac{\tau_p}{2} + 2\tau_p$$

Die in Gl. (4.24) festgestellte Drehzahl der Drehfeld-Erregerkurve ist damit bestätigt.

Beispiel 4.4: Für einen Drehstrommotor mit $P_N = 22\,\text{kW}$, $220\,\text{V}/380\,\text{V}$, $I_{1N} = 43\,\text{A}$ liegen folgende Entwurfswerte vor:
Bohrungsdurchmesser $d_1 = 18\,\text{cm}$, Luftspalt $\delta = 0,04\,\text{cm}$,
Ständerwicklung mit $p = 2$, $N_1 = 60\,\text{Wdg.}$, $k_{w1} = 0,958$.
Wie groß ist der Strombelag im Ständer bei P_N? Welchen Scheitelwert Θ_1 muß die Drehdurchflutung im Leerlauf erreichen, wenn die Amplitude des Drehfeldes den Wert $B_L = 0,8\,\text{T}$ besitzt? Der Eisenweg kann durch eine 50%ige Luftspaltvergrößerung berücksichtigt werden.
Wie groß wird etwa der Leerlaufstrom des Motors?
Aus Gl. (4.20) ergibt sich der Strombelag durch die Ständerwicklung zu

$$A_1 = \frac{2\,m \cdot N_1 \cdot I_1}{d_1 \cdot \pi} = \frac{2 \cdot 3 \cdot 60 \cdot 43\,\text{A}}{18\,\text{cm} \cdot \pi} = 274\,\text{A/cm}$$

Nach $B_L = \mu_0 H_L = \mu_0 \cdot \dfrac{\Theta_L}{2\,\delta}$ berechnet sich die erforderliche Drehdurchflutung zu

$$\Theta_1 = \frac{1}{\mu_0} \cdot B_L \cdot 2\,\delta \cdot 1,5$$

wobei der Faktor 1,5 den Eisenanteil erfaßt.

$$\Theta_1 = \frac{10^8}{1,25} \cdot \frac{\text{A cm}}{\text{Vs}} \cdot 0,8 \cdot 10^{-4}\,\frac{\text{Vs}}{\text{cm}^2} \cdot 2 \cdot 0,04\,\text{cm} \cdot 1,5$$

$$\Theta_1 = 768\,\text{A}$$

Nach Gl. (4.23) wird der Ständerstrom I_1 im Leerlauf, der hier fast ausschließlich der Magnetisierung dient

$$I_1 = \Theta_1 \cdot \frac{\pi}{2\sqrt{2}} \cdot \frac{p}{m \cdot N_1 \cdot k_{w1}} = \frac{768\,\text{A} \cdot \pi \cdot 2}{2\sqrt{2} \cdot 3 \cdot 60 \cdot 0,958} = 9,9\,\text{A}$$

Aufgabe 4.5: Welchen Bohrungsdurchmesser muß der Ständerblechschnitt von Beispiel 4.1 erhalten, wenn mit Rücksicht auf die Erwärmung ein Strombelag $A = 160\,\text{A/cm}$ zulässig ist? Wie groß ist die Drehdurchflutung Θ_1 der Ständerwicklung bei Bemessungsstrom?
Ergebnis: $d_1 = 13,5\,\text{cm}$, $\Theta_1 = 1466\,\text{A}$

Drehfeld. Da zwischen dem Verlauf von Felderregerkurve und Flußdichte eine Proportionalität besteht, gelten vorstehende Betrachtungen auch für die resultierende Feldkurve $B_{x,t}$. Die Drehstromwicklung erzeugt somit über die Grundwellen der drei Strangdurchflutungen ein magnetisches Feld sinusförmiger Gestalt, das wie das

Gleichfeld des Läufers nach Bild 4.1 rotiert und die Bezeichnung Drehfeld erhalten hat. In Übereinstimmung mit Gl. (4.25) gilt für den Verlauf des Drehfeldes $B_{x,t}$

$$B_{x,t} = B_1 \cdot \sin\left(\pi \frac{x}{\tau_p} - \omega t\right) \qquad (4.26)$$

wobei B_1 die Amplitude der im Luftspalt räumlich sinusförmig verteilten Flußdichte bedeutet.

Die Entstehung des Ständerdrehfeldes konstanter Amplitude ist an zwei Voraussetzungen gebunden. Zunächst müssen die m Stränge der Drehstromwicklung untereinander gleich und in ihren Anfängen um den Winkel $2\pi/m$ räumlich versetzt sein. Außerdem müssen die m Wicklungsströme einen symmetrischen Stern mit der zeitlichen Phasenverschiebung von $360°/m$ bilden. Für den wichtigsten Fall des Dreiphasensystems bedeutet dies einen Versatz der Wicklungsstränge um $2\pi/3 = 2\tau_p/3$ und eine Phasenverschiebung der Ströme um $120°$. Sind diese Voraussetzungen nicht erfüllt, so entsteht als umlaufendes Feld ein sogenanntes elliptisches Drehfeld, das eine veränderliche Amplitude besitzt.

Zerlegung eines Wechselfeldes. Ein räumlich sinusförmiges Wechselfeld $\underline{B}_{Str}$, das durch einen pulsierenden Zeiger in Richtung seiner Achse festliegt (Bild 4.17), kann stets in zwei gegensinnig umlaufende Drehfelder halber Wechselfeldamplitude zerlegt werden. Entsprechend dem gewünschten positiven Drehsinne bezeichnet man das Teilfeld $\underline{B}_m$ als mit- oder rechtläufig, die Komponente $\underline{B}_g$ dagegen als gegenläufig. Diese Zerlegung gibt die Möglichkeit, das resultierende Drehfeld von beliebig räumlich angeordneten und von phasenverschobenen Strömen gleicher Frequenz gespeisten Wicklungssträngen zu bestimmen.

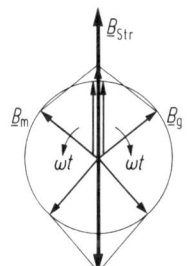

Bild 4.17 Zerlegung eines Wechselfeldes in gegensinnig rotierende Teildrehfelder $\underline{B}_m$ und $\underline{B}_g$

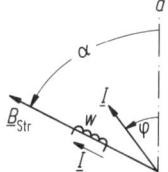

Bild 4.18 Zur Bestimmung der Teildrehfelder eines Wechselfeldes $\underline{B}_{Str}$

Versteht man in Bild 4.17 die Größe $\underline{B}_{Str}$ als Zeiger, der die Lage der Amplitude des räumlich sinusförmigen Strangfeldes festlegt, so gilt

$$\underline{B}_{Str} = \underline{B}_{Str} \cdot \cos \omega t$$

Die Zerlegung in zwei Teildrehfelder entspricht dann der Trennung nach

$$\underline{B}_{Str} \cdot \cos \omega t = \frac{1}{2}\underline{B}_{Str} \cdot e^{j\omega t} + \frac{1}{2}\underline{B}_{Str} \cdot e^{-j\omega t} \qquad (4.27)$$

mit dem Mitfeld $\underline{B}_m = \dfrac{1}{2} \underline{B}_{Str} \cdot e^{j\omega t}$

und dem Gegenfeld $\underline{B}_g = \dfrac{1}{2} \underline{B}_{Str} \cdot e^{-j\omega t}$

Der Beweis für Gl. (4.27) ist durch die Beziehung

$$e^{\pm j\omega t} = \cos \omega t \pm j \sin \omega t$$

gegeben.

Addition von Feldern. Die Darstellung eines Drehfeldes durch einen Zeiger $\underline{B}$ gestattet auch die Bestimmung des resultierenden Drehfeldes mehrerer räumlich verteilter Wicklungen, die von zeitlich phasenverschobenen Strangströmen gespeist werden.

In Bild 4.18 werde eine Bezugsachse a festgelegt, der gegenüber die Wicklung w den räumlichen Versatzwinkel α und der Erregerstrom I den Phasenwinkel φ besitzt. Für die Teildrehfelder dieser Wicklung mit dem Wechselfeld $\underline{B}_{Str}$ gilt dann:

Mitfeld $\underline{B}_m = \dfrac{1}{2} \underline{B}_{Str} \cdot e^{j(\omega t + \varphi)} \cdot e^{j\alpha}$ (4.28)

Gegenfeld $\underline{B}_g = \dfrac{1}{2} \underline{B}_{Str} \cdot e^{-j(\omega t + \varphi)} \cdot e^{j\alpha}$ (4.29)

Diese Zerlegung kann für jeden Strang erfolgen und danach die Addition gleichsinnig rotierender Felder vorgenommen werden.

Als Beispiel sei wieder eine symmetrische Drehstromwicklung betrachtet (Bild 4.19). Bezugswert für die räumliche Lage der Wicklung und die Phasenfolge der Ströme sei der Strang W, so daß gilt:

$$\varphi_V = \frac{2\pi}{3}, \quad \alpha_V = -\frac{2\pi}{3}$$

$$\varphi_U = \frac{4\pi}{3}, \quad \alpha_U = -\frac{4\pi}{3}$$

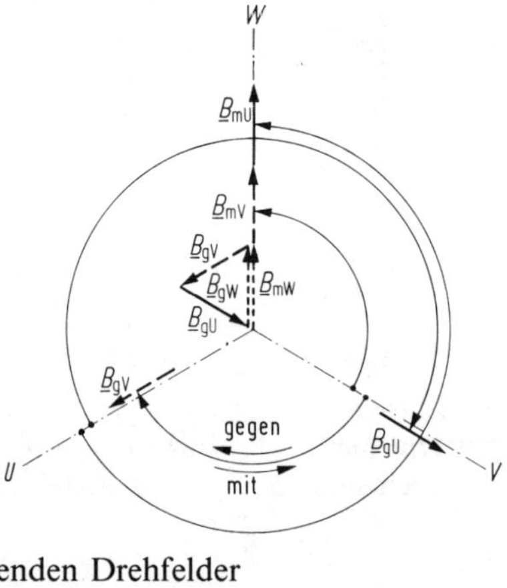

Bild 4.19
Addition der Teildrehfelder einer Drehstromwicklung
(Zeitpunkt im Scheitelwert des Strangstromes $\underline{I}_w$)

Nach Gl. (4.28) und (4.29) entstehen die resultierenden Drehfelder

Mitfeld $\underline{B}_m = \underline{B}_{mW} + \underline{B}_{mV} + \underline{B}_{mU}$

$$= \frac{1}{2} \underline{B}_{Str} \left[e^{j\omega t} + e^{j\left(\omega t + \frac{2\pi}{3}\right)} \cdot e^{-j\frac{2\pi}{3}} + e^{j\left(\omega t + \frac{4\pi}{3}\right)} \cdot e^{-j\frac{4\pi}{3}} \right]$$

Gegenfeld $\underline{B}_g = \underline{B}_{gW} + \underline{B}_{gV} + \underline{B}_{gU}$

$$= \frac{1}{2}\, \underline{B}_{Str}\left[e^{-j\omega t} + e^{-j\left(\omega t + \frac{2\pi}{3}\right)} \cdot e^{-\frac{2\pi}{3}} + e^{-j\left(\omega t + \frac{4\pi}{3}\right)} \cdot e^{-j\frac{4\pi}{3}}\right]$$

Für $\omega t = 0$ ergibt dies die in Bild 4.19 angegebene Lage aller Teildrehfelder und allgemein bei m Strangwicklungen das resultierende Mitfeld

$$B_m = \frac{m}{2} \cdot B_{Str} \tag{4.30}$$

Die Summe der Gegenfelder ist Null. Ist die Wicklungsanordnung oder das angelegte Spannungssystem unsymmetrisch, so wird das gegenläufige resultierende Feld nicht Null und bildet zusammen mit dem mitläufigen ein gemeinsames elliptisches Drehfeld nach Bild 4.20 (s. Beispiel 4.5).

Beispiel 4.5: Eine zweisträngige Ständerwicklung (Bild 4.20a) besitzt zwei gleiche, senkrecht aufeinanderstehende Stränge. Um ein Kreisdrehfeld zu erhalten, müßten die Strangströme $\underline{I}_a$ und $\underline{I}_b$ betragsmäßig gleich und zeitlich 90° zueinander verschoben sein. Es ist die Ortskurve der resultierenden umlaufenden Durchflutung $\underline{\Theta}$ aus deren mit- und gegenlaufenden Komponenten $\underline{\Theta}_m$ bzw. $\underline{\Theta}_g$ zu bestimmen, wenn die Ströme 120° zueinander phasenverschoben sind.

Bezieht man alle Winkel auf die Daten des Stranges A, so wird entsprechend Bild 4.18 $\alpha = -\pi/2$ und $\varphi = 2\pi/3$.

Damit erhält man die resultierenden Teildurchflutungen:

Mitdurchflutung $\quad \underline{\Theta}_m = \underline{\Theta}_{ma} + \underline{\Theta}_{mb}$

$$\underline{\Theta}_m = \underline{\Theta}_{ma}\left(e^{j\omega t} + e^{j\left(\omega t + \frac{2\pi}{3}\right)} \cdot e^{-j\frac{\pi}{2}}\right)$$

Gegendurchflutung $\quad \underline{\Theta}_g = \underline{\Theta}_{ga} + \underline{\Theta}_{gb}$

$$\underline{\Theta}_g = \underline{\Theta}_{ga}\left(e^{-j\omega t} + e^{-j\left(\omega t + \frac{2\pi}{3}\right)} \cdot e^{-j\frac{\pi}{2}}\right)$$

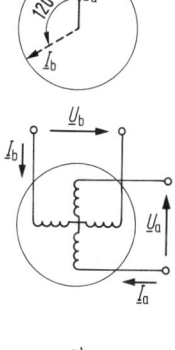

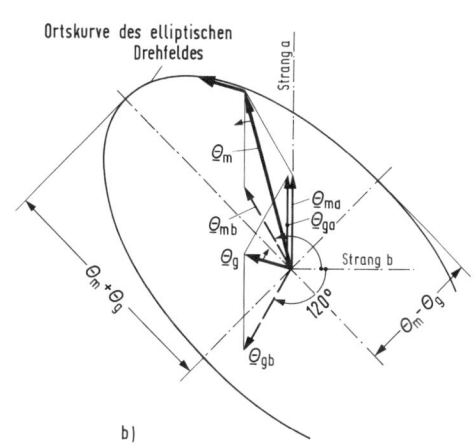

a)   b)

Bild 4.20 Bildung einer elliptischen Drehdurchflutung
a) Wicklungen und Strangströme des Motors in Beispiel 4.5
b) Bestimmung der resultierenden elliptischen Drehdurchflutung

Für $\omega t = 0$ erreichen die Zeiger die in Bild 4.20 angegebene Lage. Es entsteht eine elliptische Drehdurchflutung mit den Grenzwerten $\Theta_m + \Theta_g$ und $\Theta_m - \Theta_g$, wobei die große Halbachse um 45° zur Senkrechten geneigt ist.

Oberfelder. Aus den Treppenkurven, die bei konstantem Luftspalt sowohl die Felderreger- wie die Induktionskurve eines Wicklungsstrangs angeben, wurden in Bild 4.16 nur die Grundwellen zum resultierenden Drehfeld addiert. Die Oberwellen bilden jedoch mit Ausnahme der durch drei teilbaren Anteile ebenfalls je ein gemeinsames Drehfeld. Für die Scheitelwerte dieser Oberwellendrehfelder oder kürzer Oberfelder gilt dabei nach den Gleichungen (4.18) und (4.19)

$$B_\nu = B_1 \cdot \frac{k_{w\nu}}{\nu \cdot k_{w1}} \qquad\qquad (4.31)$$

so daß die Amplituden B_ν mit wachsender Ordnungszahl rasch abnehmen.

Die Ordnungszahlen ν der durch eine symmetrische Drehstromwicklung insgesamt erzeugten Drehfelder ergibt sich aus der Beziehung

$$\nu = \pm m \cdot k + 1 \quad \text{mit} \quad k = 0, 2, 4, 6, \ldots$$

zu $\qquad \nu = 1 \quad -5 \quad 7 \quad -11 \quad 13 \quad -17 \quad 19$ usw.

Das Minuszeichen bedeutet, daß das betreffende Drehfeld mit entgegengesetztem Sinne wie das Grundfeld mit $\nu = 1$ umläuft.

Die 3., 9. Harmonischen usw. treten als Drehfeld nicht auf, da die betreffenden Strangfelder räumlich gleichphasig sind und sich wegen der zeitlichen 120° Verschiebung damit zu Null ergänzen.

Außer dem Drehfeld der Grundwelle bildet eine symmetrische Drehstromwicklung somit eine Vielzahl Oberwellendrehfelder aus, deren Polteilung τ_p/ν ist (Bild 4.21).

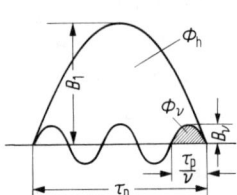

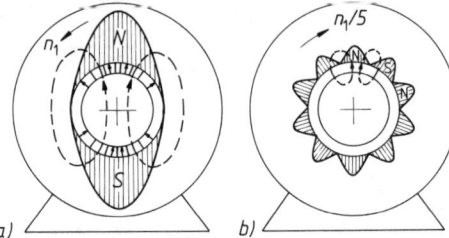

Bild 4.21 Bestimmung der den
Drehfeldern B_1 und B_ν
zugeordneten Flüsse Φ_1 und Φ_ν

Bild 4.22 Darstellung des Ständerdrehfeldes eines Motors
a) Grundfeld $\nu = 1$,   b) Oberfeld $\nu = -5$

Ihre Polzahl beträgt somit $p_\nu = \nu \cdot p$ und nach Gleichung (4.24) folgt daraus die Umlaufdrehzahl

$$n_\nu = \frac{f_1}{\nu \cdot p} = \frac{n_1}{\nu} \qquad\qquad (4.32)$$

Die Oberwellendrehfelder rotieren mit einer Drehzahl, welche der Grundwellendrehzahl einer $2\,vp$ poligen Wicklung entspricht. Man kann dies Ergebnis so deuten, als ob im Luftspalt die Grundwellendrehfelder von einer Vielzahl Maschinen unterschiedlicher Polzahl überlagert wären (Bild 4.22).

4.2.3 Blindwiderstände einer Drehstromwicklung

Hauptreaktanz. Jeder Strang der Drehstromwicklung besitzt nach der allgemeinen Definition $L = N \cdot \Phi / I$ eine dem Drehfeldfluß Φ_h proportionale Hauptinduktivität

$$L_h = N_1 \cdot k_{w1} \cdot \frac{\Phi_h}{\hat{\imath}_1}$$

wobei $\hat{\imath}_1 = \sqrt{2} \cdot I_1$ der Scheitelwert des Strangstromes ist. Die Drehdurchflutung Θ_1 nach Gl. (4.23) erzeugt im Luftspalt der Weite δ die Induktionsamplitude

$$B_1 = \frac{\Theta_1}{2\,\delta} \cdot \mu_0$$

des sinusförmigen Feldverlaufs. Dabei ist der Eisenweg vernachlässigt oder durch einen Zuschlag zum Luftspalt erfaßt. Das räumlich sinusförmige Drehfeld ergibt den Hauptfluß

$$\Phi_h = \frac{2}{\pi} \cdot B_1 \cdot \tau_p \cdot l$$

Kombiniert man die vorstehenden Gleichungen mit Gl. (4.23), so erhält man für die Hauptinduktivität

$$L_h = \frac{2}{\pi^2} \cdot \mu_0 \, \frac{l \cdot \tau_p}{\delta \cdot p} \cdot (N_1 \cdot k_{w1})^2 \cdot m$$

Der zugehörige Hauptblindwiderstand wird dann

$$X_h = 2\,\pi f_1 \cdot L_h$$

$$X_h = \frac{4}{\pi} \cdot \mu_0 \cdot f_1 \cdot \frac{l \cdot \tau_p}{\delta \cdot p} \cdot m \, (N_1 \cdot k_{w1})^2 \tag{4.33}$$

Der Hauptblindwiderstand oder die Hauptreaktanz X_h ist eine Kenngröße der Drehstrommaschine und Bestandteil der Ersatzschaltung. Der Wert ist durch den Einfluß des Eisenweges sättigungsabhängig, was sich in Gl. (4.33) durch eine allmähliche Vergrößerung des Luftspalts ausdrücken läßt.

Streureaktanz. Die stromdurchflossene Drehstromwicklung erzeugt neben dem Drehfeld im Luftspalt auch Streufelder, die nicht mit der Läuferseite verkettet sind. Es sind dies Feldlinien im Bereich der Nuten und des Stirnraumes (Bild 4.23), die nach

$$L_\sigma = N_1 \cdot \frac{\Phi_\sigma}{\hat{\imath}_1} \quad \text{und} \quad X_\sigma = 2\,\pi f_1 \cdot L_\sigma$$

einen Streublindwiderstand oder eine Streureaktanz X_σ hervorrufen. Man berechnet den Wert aus der magnetischen Energie des Nutenstreufeldes $\Phi_{\sigma n}$, im Stirnraum über Messungen an Wickelkopfmodellen.

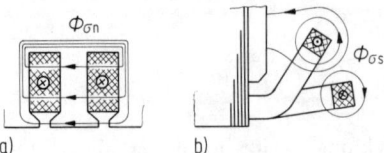

Bild 4.23 Streufelder einer Drehstromwicklung
a) Nutstreufeld,   b) Stirnstreufeld

Außer dem Grundfeld mit dem Scheitelwert B_1 und den eben erwähnten Streufeldern umfaßt die Drehstromwicklung auch die in Abschn. 4.2.2 aufgeführten Oberfelder. Diese Drehfelder höherer Polzahl erzeugen nach Gl. (4.32) mit

$$f_\nu = n_\nu \cdot p_\nu = \frac{n_1}{\nu} \cdot \nu \cdot p = n_1 \cdot p = f_1$$

netzfrequente Spannungen der Selbstinduktion. Da diese Oberfelder jedoch keinen Beitrag zur Leistung der $2p$ poligen Maschine leisten, faßt man sie zu einer soge-nannten Oberwellenstreuung, auch doppelverkettete Streuung genannt, zusammen. Es entsteht damit ein weiterer Streublindwiderstand X_ν, den man mit den Werten der Nutstreuung $X_{\sigma n}$ und Stirnstreuung $X_{\sigma s}$ zu einem gesamten Streublindwiderstand

$$X_\sigma = X_{\sigma n} + X_{\sigma s} + X_\nu \tag{4.34}$$

addiert. Der Wert X_σ läßt sich für die Ständer- und die Läuferwicklung getrennt be-rechnen und spielt in der Ersatzschaltung der Drehstrommaschine dieselbe Rolle wie beim Transformator.

Aufgabe 4.6: Die in Beispiel 4.4 behandelte Drehstrommaschine hat eine Länge von $l = 16\,\text{cm}$. a) Wie groß ist bei Vernachlässigung des Eisenweges die Hauptreaktanz der Drehstromwick-lung?
Ergebnis: $X_h = 22{,}4\,\Omega$

4.2.4   Spannungserzeugung und Drehmoment

Spannung durch ein Läufergleichfeld. Die durch ein Läuferfeld der Drehzahl n_1 in der Ständerwicklung induzierte Spannung soll über die Beziehung $u_q = B \cdot l \cdot v$ berechnet werden. Die räumliche Induktionsverteilung kann dabei außer dem Grundfeld belie-bige Oberfelder der Ordnungszahl ν enthalten. Ist B_1 die Amplitude des Grundfeldes Φ_h, so wird der Scheitelwert der Spannung in den N Windungen eines Strangs bei $\nu = 2\,\tau_p \cdot p \cdot n_1$

$$\sqrt{2}\,U_{q1} = 2\,l \cdot B_1 \cdot N_1 \cdot k_{w1} \cdot 2\,\tau_p \cdot p \cdot n_1$$

Mit Gleichung (4.24) und wegen

$$\Phi_h = \frac{2}{\pi} \cdot B_1 \cdot l \cdot \tau_p \tag{4.35}$$

erhält man für den Effektivwert

$$U_{q1} = \sqrt{2}\ \pi \cdot N_1 \cdot k_{w1} \cdot f_1 \cdot \Phi_h$$

$$U_{q1} = 4{,}44 \cdot N_1 \cdot k_{w1} \cdot f_1 \cdot \Phi_h \tag{4.36}$$

Gleichung (4.36) stimmt genau mit der Formel für die induzierte Spannung im Transformator überein, wenn man die wirksame Windungszahl $N_1 \cdot k_{w1}$ zugrunde legt. Dies ist verständlich, da es für die Spannungserzeugung in einer Wicklung nach $u_q \sim d\Phi_t/dt$ gleichwertig sein muß, ob die Änderung des umschlossenen Flusses durch zeitlich sinusförmiges Pulsieren eines feststehenden Feldes oder durch eine konstante Relativbewegung eines räumlich sinusförmigen Feldes entsteht.

Die Oberwellendrehfelder des Läufers rotieren zur Ständerwicklung ebenfalls mit n_1, womit man für die Amplitude einer Oberschwingung der Frequenz $v \cdot f_1$ in der Strangspannung die Beziehung

erhält. Mit

$$\sqrt{2}U_{qv} = 2\ l \cdot B_v \cdot N_1 \cdot k_{wv} \cdot 2\ \tau_p \cdot p \cdot n_1$$

$$\Phi_v = \frac{2}{\pi} \cdot B_v \cdot l \cdot \frac{\tau_p}{v}$$

(Bild 4.21) wird daraus der Effektivwert

$$U_{qv} = 4{,}44 \cdot N_1 \cdot k_{wv} \cdot f_1 \cdot v \cdot \Phi_v \tag{4.37}$$

Beispiel 4.6: Im Ständer einer Drehstrommaschine befindet sich eine Zweischichtwicklung mit $p=2$, $q=4$, $N=80$. Der gleichstromerregte Läufer erzeugt ein räumlich sinusförmiges Feld B_1 mit dem Fluß $\Phi_h = 14\ \text{mVs}$ und ein Oberfeld $B_5 = 0{,}1\ B_1$. Die Drehzahl ist $n = 1500\ \text{U/min}$. Es ist der Effektivwert der Grundschwingung und der 5. Harmonischen der Strangspannung a) ohne Sehnung, b) bei Sehnung um 2 Nuten auszurechnen.

Für das Verhältnis $\dfrac{\Phi_v}{\Phi_h}$ gilt nach Bild 4.21 die Beziehung

$$\frac{\Phi_v}{\Phi_h} = \frac{1}{v} \cdot \frac{B_v}{B_1}$$

und damit $\Phi_5 = \dfrac{1}{5} \cdot 0{,}1 \cdot 14\ \text{mVs} = 0{,}28\ \text{mVs}$

Nach Gleichung (4.24) ist ferner $f_1 = p \cdot n_1 = 2 \cdot 25\ \text{s}^{-1} = 50\ \text{Hz}$

a) ohne Sehnung gilt nach Tabelle 4.1

$$k_{w1} = k_{d1} = 0{,}958, \quad k_{w5} = k_{d5} = 0{,}205$$

und damit nach den Gleichungen (4.36) und (4.37)

$$U_{q1} = 4{,}44 \cdot N_1 \cdot k_{w1} \cdot f_1 \cdot \Phi_h = 4{,}44 \cdot 80 \cdot 0{,}958 \cdot 50\ \text{s}^{-1} \cdot 14 \cdot 10^{-3}\ \text{Vs} = 238\ \text{V}$$
$$U_{q5} = 4{,}44 \cdot N_1 \cdot k_{w5} \cdot 5 \cdot f_1 \cdot \Phi_5 = 4{,}44 \cdot 80 \cdot 0{,}205 \cdot 50\ \text{s}^{-1} \cdot 5 \cdot 0{,}28 \cdot 10^{-3}\ \text{Vs} = 5{,}1\ \text{V}$$

b) mit Sehnung um 2 Nuten gilt nach Beispiel 4.3

$$k_{w1} = 0{,}925 \quad \text{und} \quad k_{w5} = 0{,}0531$$

und damit

$$U_{q1} = 238\ \text{V} \cdot \frac{0{,}925}{0{,}958} = 230\ \text{V}, \quad U_{q5} = 5{,}1\ \text{V} \cdot \frac{0{,}0531}{0{,}205} = 1{,}32\ \text{V}$$

Aufgabe 4.7: Das Läuferfeld eines Drehstromgenerators sei rechteckförmig und rotiere mit $f_1 = 50$ Hz. Wie groß werden die Oberschwingungen 5. und 7. Ordnungszahl in der Strangspannung bezogen auf die Grundschwingung bei $q = 3$ ohne Sehnung?
Ergebnis: $U_5 = 0,0452\, U_1$, $U_7 = 0,0263\, U_1$

Aufgabe 4.8: Die Spannungskurve eines kleinen Generators mit einer ungesehnten Ständerwicklung von $q = 3$ enthält außer der Grundschwingung U_1 eine dritte Harmonische U_3. Der gesamte Effektivwert der Spannung ist $U = 1,01\, U_1$. Wie groß ist die Amplitude B_3 des Oberfeldes der gleichstromerregten Läuferwicklung bezogen auf die Grundwelle B_1?
Ergebnis: $B_3 = 0,204\, B_1$

Spannung durch ein Ständerdrehfeld. Die durch die Durchflutungen der Ständerwicklung entstandenen Drehfelder induzieren auf Grund ihrer durch die Gleichungen (4.24) und (4.32) festgelegten Drehzahlen ebenfalls Spannungen in den einzelnen Strängen. Da das Feld von den Ständerströmen selbst erzeugt ist, handelt es sich dabei um eine Spannung der Selbstinduktion.

Der Effektivwert der durch das Grundfeld erzeugten Spannung ergibt sich unmittelbar aus Gleichung (4.36), da die Relativdrehzahl wieder n_1 beträgt. Bezüglich der Oberwellendrehfelder ist zu beachten, daß diese im Unterschied zu denen des gleichstromerregten Läufers die Drehzahl n_1/ν besitzen. Sie induzieren damit nach

$$f_\nu = \frac{n_1}{\nu} \cdot \nu \cdot p = f_1$$

keine Oberschwingungen, sondern netzfrequente Spannungen des Effektivwertes

$$U_{q\nu} = 4,44 \cdot N_1 \cdot k_{w\nu} \cdot f_1 \cdot \Phi_\nu \tag{4.38}$$

in der Ständerwicklung. Dies wird verständlich, wenn man beachtet, daß ein durch Wicklungsströme der Netzfrequenz f_1 erzeugtes Feld keine Spannungen fremder Frequenz in der eigenen Wicklung induzieren kann.

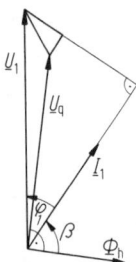

Bild 4.24 Zeigerbild zur Bestimmung der inneren Leistung

Drehmoment. Wie beim Transformator unterscheidet sich bei einer Drehstrommaschine die Klemmenspannung U_1 vom induzierten Wert U_q durch die Spannungsabfälle des Primärstromes (Bild 4.24). Zu beachten ist dabei der ohmsche Anteil an R_1 und die Streuspannung am Blindwiderstand $X_{1\sigma}$. Der Zeiger des Drehfeldflusses Φ_h liegt wegen $u_q \sim d\Phi_h/dt$ 90° zu $\underline{U}_q$ nacheilend.

Das Produkt von U_q und I_1 des Zeigerdiagramms legt analog der entsprechenden Definition bei der Gleichstrommaschine eine innere Leistung oder Luftspaltleistung

$$P_L = m U_q \cdot I_1 \cdot \cos (90° - \beta) = m \cdot U_q \cdot I_1 \cdot \sin \beta$$

fest. Da P_L durch das mit Synchrondrehzahl n_1 rotierende Drehfeld übertragen wird, errechnet sich das zugehörige innere Drehmoment der Drehstrommaschine zu

$$M_i = \frac{P_L}{2 \pi n_1} = \frac{m}{2 \pi n_1} \cdot U_q \cdot I_1 \cdot \sin \beta$$

Mit $U_q = \sqrt{2} \cdot \pi \cdot f_1 \cdot N_1 \cdot k_{w1} \cdot \Phi_h$ nach Gl. (4.36) und $n_1 = f_1 / p$ wird daraus

$$M_i = \frac{\sqrt{2}}{2} \cdot m \cdot p \cdot N_1 \cdot k_{w1} \cdot \Phi_h \cdot I_1 \cdot \sin \beta$$

$$\boldsymbol{M_i = c \cdot \Phi_h \cdot I_1 \cdot \sin \beta} \qquad (4.39)$$

Wie bei der Gleichstrommaschine ist also auch bei Drehstrommotoren das Drehmoment durch das Produkt Fluß mal Laststrom bestimmt. Bei der Drehstrommaschine ist zusätzlich der Phasenwinkel β zwischen den beiden Größen zu beachten.

4.3 Symmetrische Komponenten

4.3.1 Dreiphasensystem

Wird eine Drehstromwicklung durch unsymmetrische Strangströme gespeist, so läßt sich das entsprechende umlaufende Magnetfeld nach Abschnitt 4.2.2 in ein mit- und ein gegensinniges Kreisfeld zerlegen. Diese Aufteilung in symmetrische Anteile erfolgt vorteilhafter jedoch bereits bei den ungleichen Strangströmen. Hierzu wendet man die Methode der „Symmetrischen Komponenten" [47] an, die sich als ein sehr wichtiges Hilfsmittel bei der Berechnung unsymmetrischer Schaltungen und Belastungsfälle erweist.

Mit-, Gegen- und Nullsystem. Die Zerlegung eines Drehstromsystems in symmetrische Komponenten erfolgt mit Hilfe der komplexen Rechnung, nach der die Multiplikation eines Zeigers mit $e^{j\varphi}$ eine gegenuhrzeigersinnige Drehung um den Winkel φ bedeutet (Bild 4.25).

Definiert man

$$a = e^{j\,120°} = -\frac{1}{2} + j\,\frac{\sqrt{3}}{2} \qquad (4.40)$$

und

$$a^2 = e^{j\,240°} = -\frac{1}{2} - j\,\frac{\sqrt{3}}{2} \qquad (4.41)$$

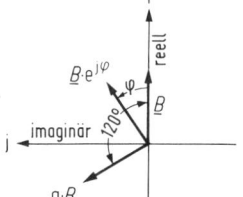

Bild 4.25
Drehung eines Zeigers in der komplexen Zahlenebene

so gelten für die drei symmetrischen Systeme nach Bild 4.26 folgende Beziehungen

Mitsystem: $\underline{I}_{mU} = \underline{I}_m$, $\underline{I}_{mV} = a^2 \cdot \underline{I}_m$, $\underline{I}_{mW} = a \cdot \underline{I}_m$ (4.42)

Gegensystem: $\underline{I}_{gU} = \underline{I}_g$, $\underline{I}_{gV} = a \cdot \underline{I}_g$, $\underline{I}_{gW} = a^2 \cdot \underline{I}_g$ (4.43)

Nullsystem: $\underline{I}_{0U} = \underline{I}_{0V} = \underline{I}_{0W} = \underline{I}_0$ (4.44)

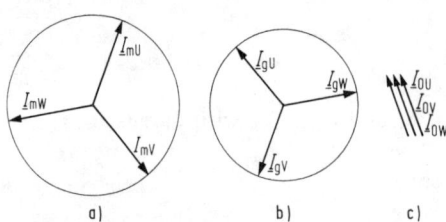 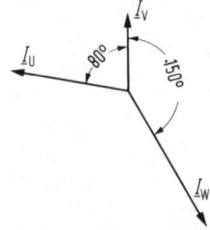

Bild 4.26 Symmetrische Komponenten des
Drehstromsystems
a) Mitsystem, b) Gegensystem, c) Nullsystem

Bild 4.27 Unsymmetrisches
Drehstromsystem
(Beispiel 4.7)

In diese drei Anteile kann jedes beliebige unsymmetrische Drehstromsystem
(Bild 4.27) zerlegt und dadurch eindeutig bestimmt werden. Eine Nullkomponente
wird dabei nur dann auftreten, wenn ein Mittelpunktsleiter vorhanden ist, über den
der Summenstrom

$$3\underline{I}_0 = \underline{I}_U + \underline{I}_V + \underline{I}_W \tag{4.45}$$

zurückfließen kann. Durch die Zerlegung enthält jeder Strangwert alle drei Stromkomponenten und es gilt

$$\underline{I}_U = \underline{I}_0 + \underline{I}_{mU} + \underline{I}_{gU} \tag{4.46a}$$

$$\underline{I}_V = \underline{I}_0 + \underline{I}_{mV} + \underline{I}_{gV} \tag{4.46b}$$

$$\underline{I}_W = \underline{I}_0 + \underline{I}_{mW} + \underline{I}_{gW} \tag{4.46c}$$

Setzt man in diese Beziehungen die Gleichungen (4.42) bis (4.44) ein und löst durch
Multiplikation mit a bzw. a^2 nach $\underline{I}_{mU}$ und $\underline{I}_{gU}$ auf, so erhält man für die Ströme der
drei symmetrischen Komponenten

Mitsystem $\underline{I}_m = \dfrac{1}{3}\,(\underline{I}_U + a\underline{I}_V + a^2\underline{I}_W)$ (4.47a)

Gegensystem $\underline{I}_g = \dfrac{1}{3}\,(\underline{I}_U + a^2\underline{I}_V + a\underline{I}_W)$ (4.47b)

Nullsystem $\underline{I}_0 = \dfrac{1}{3}\,(\underline{I}_U + \underline{I}_V + \underline{I}_W)$ (4.47c)

Sie berechnen sich somit aus den unsymmetrischen Strangströmen mit Hilfe der Faktoren a und a^2. Dabei ist zu beachten, daß $a^3 = 1$ und $1 + a + a^2 = 0$ ergibt.

Beispiel 4.7: In einem Drehstromsystem mit Nulleiter fließen infolge unsymmetrischer Belastung die Strangströme nach Bild 4.27 mit $I_U = 35$ A, $I_V = 20$ A, $I_W = 50$ A. Das Stromsystem ist graphisch in seine symmetrischen Komponenten zu zerlegen.

Die graphische Lösung ist in Bild 4.28 durchgeführt. Man erhält $\underline{I}_0 = 6,5$ A durch Addition der drei Zeiger nach Gleichung (4.47 c). Durch Drehung der Zeiger $\underline{I}_V$ und $\underline{I}_W$ und Addition gemäß den Gleichungen (4.47 a, b) ergibt sich die Größe und Phasenlage der Zeiger $\underline{I}_{mU} = 35,5$ A und $\underline{I}_{gU} = 13,3$ A des Mit- und des Gegensystems.

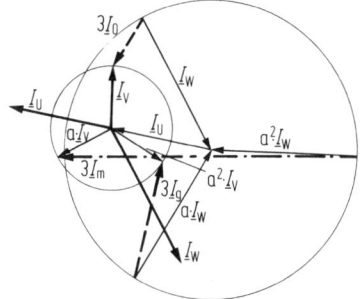

Bild 4.28 Grafische Bestimmung
der symmetrischen Komponenten

Wirkung der symmetrischen Komponenten. Während das Mitsystem der Ströme in der Drehstrommaschine das mitlaufende Kreisdrehfeld aufbaut, bildet das Gegensystem das gegenläufige oder inverse Kreisdrehfeld aus. Die Teilströme finden dabei im allgemeinen in der Maschine ungleiche Scheinwiderstände $\underline{Z} = R + jX$ vor. Man muß den symmetrischen Komponenten daher jeweils eigene Impedanzen $\underline{Z}_0$, $\underline{Z}_m$ und $\underline{Z}_g$ zuordnen, an denen durch die Ströme Spannungsfälle

$$\underline{U}_m = \underline{I}_m \cdot \underline{Z}_m, \quad \underline{U}_g = \underline{I}_g \cdot \underline{Z}_g, \quad \underline{U}_0 = \underline{I}_0 \cdot \underline{Z}_0$$

entstehen. Die Spannung U in einem Strang setzt sich damit aus den Anteilen

$$\underline{U} = \underline{I}_m \cdot \underline{Z}_m + \underline{I}_g \cdot \underline{Z}_g + \underline{I}_0 \cdot \underline{Z}_0 \tag{4.48}$$

zusammen.

Die unterschiedliche Größe der wirksamen Scheinwiderstände für die einzelnen Komponenten erklärt sich daraus, daß sich der Läufer der Maschine in Richtung des Mitsystems dreht. Die Verkettung des mitlaufenden Drehfeldes zur Läuferwicklung ist damit anders als die des gegenläufigen. Auf die Berechnung der jeweiligen Werte wird bei der Behandlung der Drehstrommaschinen noch im einzelnen eingegangen.

4.3.2 Zweiphasensystem

Kleinmaschinen, die an einem Wechselstromnetz betrieben werden, sind hierzu meist mit einer zweisträngigen Ständerwicklung ausgeführt. Um ein Kreisdrehfeld aufbauen zu können, müssen die zwei Stränge A und H räumlich 90° zueinander versetzt und die zugehörigen Ströme zeitlich um denselben Winkel phasenverschoben sein. Die

symmetrischen Komponenten einer Zweiphasenmaschine bestehen damit aus einem
Mit- und dem Gegensystem nach Bild 4.29. Es gilt für das Mitsystem

$$\underline{I}_{mA} = \underline{I}_m, \quad \underline{I}_{mH} = j\underline{I}_m \tag{4.49}$$

und für das Gegensystem

$$\underline{I}_{gA} = \underline{I}_g, \quad \underline{I}_{gH} = -j\underline{I}_g \tag{4.50}$$

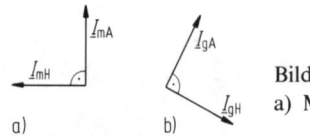

a)   b)

Bild 4.29 Symmetrische Komponenten des Zweiphasensystems
a) Mitsystem,   b) Gegensystem

Die Definition eines Nullsystems wäre sinnlos, da im allgemeinen stets $\underline{I}_A + \underline{I}_H \neq 0$ ist.
Die Wicklungsströme werden nach

$$\underline{I}_A = \underline{I}_{mA} + \underline{I}_{gA}, \quad \underline{I}_H = \underline{I}_{mH} + \underline{I}_{gH} \tag{4.51}$$

wieder aus beiden symmetrischen Komponenten gebildet. Diese lassen sich über die
Gleichungen (4.49) bis (4.51) aus den Strömen $\underline{I}_A$ und $\underline{I}_H$ zu

$$\underline{I}_m = \frac{1}{2}(\underline{I}_A - j\underline{I}_H), \quad \underline{I}_g = \frac{1}{2}(\underline{I}_A + j\underline{I}_H) \tag{4.52}$$

berechnen.

Im allgemeinen finden auch im Zweiphasensystem die Ströme $\underline{I}_m$ und $\underline{I}_g$ ungleiche
Impedanzen $\underline{Z}_m$ und $\underline{Z}_g$ vor, so daß sich die gesamte Spannung eines Strangs wieder
zu

$$\underline{U} = \underline{I}_m \cdot \underline{Z}_m + \underline{I}_g \cdot \underline{Z}_g \tag{4.53}$$

berechnet.

In den praktischen Umgang mit der Methode der symmetrischen Komponenten soll
das folgende Beispiel einführen.

Beispiel 4.8: Ein Motor mit zwei gleichen 90° el. versetzten Wicklungssträngen A und H soll über
eine Zusatzimpedanz $\underline{Z}$ für einen beliebigen Lastpunkt symmetriert, d.h. mit Kreisdrehfeld am
Wechselstromnetz betrieben werden.
a) Es sind die symmetrischen Komponenten der Strangströme anzugeben.
b) Wie ist $\underline{Z}$ zu verwirklichen, wenn für den Symmetriepunkt die Daten $U = 220\,\text{V}$, $I_A = 1,1\,\text{A}$,
$\cos \varphi_A = 0,707$ gelten?

a) Spannungsgleichungen beider Stränge

$$\underline{U} = \underline{Z}_{mA} \cdot \underline{I}_{mA} + \underline{Z}_{gA} \cdot \underline{I}_{gA}$$
$$\underline{U} = \underline{Z}_{mH} \cdot \underline{I}_{mH} + \underline{Z}_{gH} \cdot \underline{I}_{gH}$$

Mit

$$\underline{I}_{mA} = \underline{I}_m, \quad \underline{I}_{mH} = +j\underline{I}_m$$
$$\underline{I}_{gA} = \underline{I}_g, \quad \underline{I}_{gH} = -j\underline{I}_g$$

wird daraus

$$\underline{U} = \underline{Z}_{mA} \cdot \underline{I}_m + \underline{Z}_{gA} \cdot \underline{I}_g \quad \bigg| \quad \cdot j\underline{Z}_{gH}; \ -j\underline{Z}_{mH}$$

$$\underline{U} = j\underline{Z}_{mH} \cdot \underline{I}_m - j\underline{Z}_{gH} \cdot \underline{I}_g \quad \bigg| \quad \cdot \underline{Z}_{gA}; \ \underline{Z}_{mA}$$

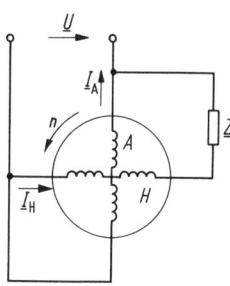

Multipliziert man diese Beziehungen wie angegeben und addiert sie anschließend, so erhält man die Ströme

$$\underline{I}_m = \underline{U} \cdot \frac{\underline{Z}_{gH} - j\underline{Z}_{gA}}{\underline{Z}_{mA} \cdot \underline{Z}_{gH} + \underline{Z}_{mH} \cdot \underline{Z}_{gA}}$$

$$\underline{I}_g = \underline{U} \cdot \frac{\underline{Z}_{mH} + j\underline{Z}_{mA}}{\underline{Z}_{mA} \cdot \underline{Z}_{gH} + \underline{Z}_{mH} \cdot \underline{Z}_{gA}}$$

Da beide Wicklungsstränge gleich sind, gilt

$$\underline{Z}_{mA} = \underline{Z}_m, \quad \underline{Z}_{mH} = \underline{Z}_m + \underline{Z}$$

$$\underline{Z}_{gA} = \underline{Z}_g, \quad \underline{Z}_{gH} = \underline{Z}_g + \underline{Z}$$

Bild 4.30 Schaltung des zweisträngigen Motors in Beispiel 4.8

Setzt man dies in die vorstehenden Stromgleichungen ein, so erhält man die symmetrischen Stromkomponenten zu

$$\underline{I}_m = \underline{U} \cdot \frac{\underline{Z}_g + \underline{Z} - j\underline{Z}_g}{\underline{Z}_m \, (\underline{Z}_g + \underline{Z}) + \underline{Z}_g \, (\underline{Z}_m + \underline{Z})}$$

$$\underline{I}_g = \underline{U} \cdot \frac{\underline{Z}_m + \underline{Z} + j\underline{Z}_m}{\underline{Z}_m \, (\underline{Z}_g + \underline{Z}) + \underline{Z}_g \, (\underline{Z}_m + \underline{Z})}$$

b) Symmetrischer Betrieb liegt vor, wenn der Motor ein Kreisdrehfeld erzeugt. Dies ist der Fall, sobald $\underline{I}_g = 0$ wird und damit nur das Mitsystem auftritt.

$$\underline{I}_g = 0 \rightarrow 0 = \underline{Z}_m + \underline{Z} + j\underline{Z}_m$$

$$\underline{Z} = -(\underline{Z}_m + j\underline{Z}_m)$$

Im Symmetriepunkt gilt

$$Z_{mA} = \frac{U_A}{I_A} = \frac{220\,\text{V}}{1,1\,\text{A}} = 200\,\Omega, \quad Z_m = 200\,\Omega$$

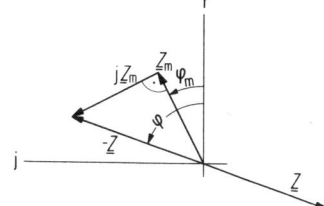

damit wird nach Bild 4.31

$$Z = \sqrt{2} \cdot Z_m = 283\,\Omega$$

Bild 4.31 Bestimmung der Vorschaltimpedanz $\underline{Z}$ in Beispiel 4.8

Mit $\cos \varphi_A = 0,707$ ist $\varphi_A = \varphi_m = 45°$ und damit $\varphi = 90°$.

Die vorzuschaltende Impedanz ist also ein reiner kapazitiver Widerstand, d.h. ein Kondensator der Kapazität

$$C = \frac{1}{\omega Z} = \frac{1}{314\,\text{s}^{-1} \cdot 283\,\Omega} = 11,2\,\mu\text{F}$$

5   Asynchronmaschinen

Geschichtliche Entwicklung. Die Wirkungsweise der Asynchronmaschine beruht auf der Entstehung eines Drehfeldes durch eine mehrsträngige Wicklung. Ihre Erfindung fällt in die Zeit um 1885 durch den Italiener Galileo Ferraris und den Jugoslawen Nicola Tesla. Michael v. Dolivo-Dobrowolski war es dann wieder, der unter Verwendung des Dreiphasensystems, für das er den Namen Drehstrom prägte, 1889 den ersten dreiphasigen Asynchronmotor baute. Bereits zu Beginn der neunziger Jahre wurden sowohl Motoren mit Schleifring- als auch mit Käfigläufern gefertigt [48].

Der Asynchronmotor besitzt besonders in der Ausführung mit Käfigläufer gegenüber der Gleichstrommaschine den Vorteil des wesentlich einfacheren und robusteren konstruktiven Aufbaus. Er ist damit preisgünstiger und bedarf nur geringer Wartung. Von Nachteil ist die nach $n \approx n_1 = f_1/p$ enge Bindung der Betriebsdrehzahl an die Frequenz der Ständerspannung. Im normalen 50 Hz-Netzbetrieb sind damit nur Werte um $3000 \, min^{-1}$, $1500 \, min^{-1}$, $1000 \, min^{-1}$ usw. erreichbar. Erst die Entwicklung der Leistungselektronik und insbesonders der Frequenzumrichter haben Verfahren zur verlustarmen Drehzahlsteuerung der AsM gebracht [49].

Leistungsbereich. Kleine Asynchronmotoren unter 1 kW Leistung werden heute in sehr großer Stückzahl als Einphasenmotoren für Haushalt und Gewerbe gebaut. Im Bereich mittlerer Leistungen herrscht der Käfigläufer für 220 V/380 V Drehspannung vor. Die ausführbare Grenzleistung [50] für Drehstrom-Asynchronmaschinen steigt etwa proportional der Polzahl und liegt bei Verwendung der normalen Luftkühlung für vierpolige Motoren bei ca. 30 MW. Die größten Einheiten werden bei Spannungen von 3,6 bis maximal 10 kV zum Antrieb von Kesselspeisepumpen in Kraftwerken und Turboverdichtern in Stahlwerken und in der chemischen Industrie verwendet. Als Beispiel seien Motoren mit Leistungen von 5,8 MW, bzw. 16 MW bei jeweils 6 kV Spannung und $n = 2990$ U/min bzw. 1496 U/min genannt.

5.1   Aufbau und Wirkungsweise

5.1.1   Ständer und Läufer der Asynchronmaschine

Ständer. Das Ständergehäuse, das sowohl eine Schweißkonstruktion als auch gegossen sein kann, nimmt das aktive aus gegeneinander isolierten Dynamoblechen geschichtete Eisenpaket auf. Längs der Bohrung erhält das Blechpaket Nuten zur Aufnahme der meist dreisträngigen Wicklung. Ein Beispiel für den Aufbau des Ständers einer Drehstrom-Asynchronmaschine zeigt Bild 5.1. Die Nuten sind bei Maschinen kleiner bis mittlerer Leistung meist halbgeschlossen, so daß die Drähte der Wicklung einzeln eingeträufelt werden müssen (Bild 5.2). Bei großen Leistungen und höheren Spannungen verwendet man offene Nuten und fertig isolierte Formspulen.

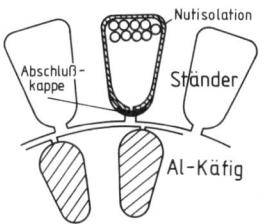

Bild 5.2 Nuten eines Asynchronmotors mit Träufelwicklung
im Ständer und Käfigläufer

Bild 5.1 Ständer einer Drehstrom-Asynchronmaschine für 430 kW, 500 V mit Zweischicht-
Formspulen (ABB, Mannheim)

Läufer. Der Läufer trägt ebenfalls ein direkt auf die Welle oder auf eine Tragkonstruktion geschichtetes Blechpaket mit Nuten zur Aufnahme der Läuferwicklung. Um
den Amperewindungsbedarf für die Luftspaltinduktion der Maschine möglichst gering zu halten, wird der Luftspalt zwischen Ständer- und Läufereisen teilweise so
klein wie konstruktiv möglich gewählt. Er liegt bis zu mittleren Leistungen bei einigen
Zehntel Millimetern.

In der Bauform als Schleifringläufer (Bild 5.3) enthalten auch die Läufernuten eine
Drehstromwicklung, deren Enden intern verbunden und deren Anfänge über drei
Schleifringe und Kohlebürsten zu den Klemmbrett-Anschlüssen K, L und M geführt
werden. Hier können Widerstände oder ein Stromrichter angeschlossen werden.

In der Bauform als Käfigläufer (Bild 5.4) ist die Läuferwicklung nicht mehr zugänglich. Die Nuten sind mit einem Profilstab aus Kupfer, Bronze oder Aluminium ausge-
füllt und die Leiter auf beiden Seiten über Ringe verbunden. Bei Verwendung von

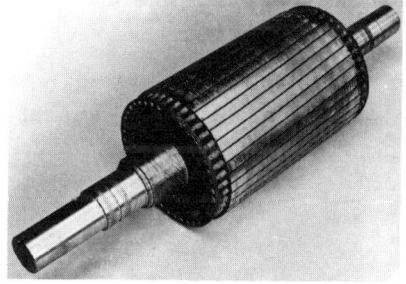

Bild 5.3 Schleifringläufer
einer Drehstrom-Asynchronmaschine
(Siemens AG, Erlangen)

Bild 5.4 Doppelstab-Käfigläufer einer
Drehstrom-Asynchronmaschine für 132 kW
(Siemens AG, Erlangen)

Aluminium gießt man die Käfigwicklung komplett in die Läufernuten. Es sind sehr mannigfaltige Nutausführungen mit Einfach- oder Doppelkäfigen üblich, wie in Abschnitt 5.5.1 noch dargestellt wird.

5.1.2 Asynchrones Drehmoment und Frequenzumformung

Asynchrones Drehmoment. Wird die Ständerwicklung an ein Drehspannungssystem gelegt, so nehmen die drei Stränge Ströme auf, die je eine zeitlich und räumlich phasenverschobene Durchflutung aufbauen. Resultierend bildet sich eine Drehdurchflutung und bei zunächst alleiniger Berücksichtigung der räumlichen Grundwelle entsteht ein magnetisches Drehfeld der Synchrondrehzahl

$$n_1 = \frac{f_1}{p} \tag{5.1}$$

Da das Drehfeld über den noch stehenden Läufer hinwegläuft, induziert es in den Leitern der Läuferwicklung eine Spannung. Bei geschlossener Wicklung entstehen Stabströme, die nach $F = B \cdot l \cdot I$ Tangentialkräfte bzw. über den Läuferradius ein Drehmoment bewirken. Dem Lenzschen Gesetz gemäß läuft der Rotor in Drehfeldrichtung an, um die Relativdrehzahl zum Ständerdrehfeld zu verringern und damit der Ursache der Induktion entgegenzuwirken. Erreicht die Motordrehzahl den Wert n, so ist die Relativdrehzahl auf den Betrag $\Delta n = n_1 - n$ zurückgegangen. Im Falle $n = n_1$ ist $\Delta n = 0$, womit die Spannungsinduktion und damit Stabstrom und Drehmoment zu Null werden. Der Asynchronmotor kann daher die Drehfeldzahl nicht exakt erreichen, da er auch im Leerlauf ein geringes Moment zur Überwindung der eigenen Reibungsverluste benötigt. Er läuft nicht synchron, d.h. im Gleichlauf mit dem Ständerdrehfeld, sondern stets asynchron.

Man bezeichnet den relativen Unterschied zwischen Drehfeld- und Motordrehzahl als Schlupf s und definiert

$$s = \frac{\Delta n}{n_1} = \frac{n_1 - n}{n_1} \tag{5.2}$$

Für die Betriebsdrehzahl der Asynchronmaschine gilt damit die Beziehung

$$n = n_1 (1 - s) \tag{5.3}$$

Läuferspannung. Die Frequenz von Läuferspannung und -strom ist von der Schlupfdrehzahl Δn abhängig und erreicht im Stillstand den Wert der Netzfrequenz f_1, da hier die Umlaufdrehzahl des Drehfeldes für beide Wicklungen gleich ist. Im Lauf ändert sich die Läuferfrequenz proportional Δn nach

$$f_2 = f_1 \cdot \frac{\Delta n}{n_1} = s \cdot f_1 \tag{5.4}$$

Auch die Größe der Läuferspannung ist der Schlupfdrehzahl proportional. Nach Gleichung (4.36) beträgt die in einem Strang der Ständerwicklung durch den Hauptfluß Φ_h des Grundwellendrehfeldes induzierte Spannung

$$U_{q1} = 4,44 \cdot f_1 \cdot N_1 \cdot k_{w1} \cdot \Phi_h \qquad (5.5)$$

Im Stillstand erzeugt dasselbe Drehfeld in der Läuferwicklung die sogenannte Läuferstillstandsspannung U_{q20}, die wegen $f_2 = f_1$ bei $s = 1$ ebenfalls Netzfrequenz besitzt. Ihr Wert kann bei stehender Maschine an den offenen Läuferklemmen gemessen werden und errechnet sich entsprechend Gl. (5.5) zu

$$U_{q20} = 4,44 \cdot f_1 \cdot N_2 \cdot k_{w2} \cdot \Phi_h \qquad (5.6)$$

Bei Betrieb der Maschine mit dem Schlupf s sinkt die Läuferspannung dann auf

$$U_{q2} = s \cdot U_{q20} \qquad (5.7)$$

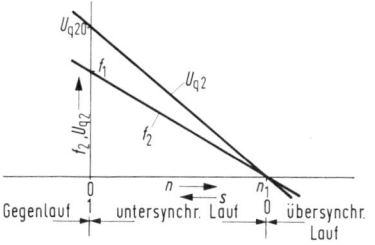

Bild 5.5 Verlauf der Läuferspannung und -frequenz in Abhängigkeit vom Schlupf

Im Stillstand verhalten sich demnach die induzierten Spannungen in Ständer- und Läuferwicklung mit

$$\frac{U_{q1}}{U_{q20}} = \frac{N_1 \cdot k_{w1}}{N_2 \cdot k_{w2}} \qquad (5.8)$$

wie die wirksamen Windungszahlen.

Frequenzumformer. Nach Gl. (5.4) ist es möglich, über die drei Läuferklemmen einer Asynchronmaschine eine Drehspannung variabler Frequenz zu erzeugen. Wird als Antrieb ein Käfigläufermotor gewählt, so erhält man einen asynchronen Frequenzumformer nach Bild 5.6.

Sind p_F und p_M die Polpaarzahlen von Schleifringläufer F und Antrieb M, so gilt für den Schlupf des Frequenzwandlers nach Gl. (5.2)

$$s_F = \frac{n_{1F} \pm n}{n_{1F}} \quad \text{mit} \quad n = n_{1M} \cdot (1 - s_M)$$

Das Minuszeichen ist dabei für Antrieb des Schleifringläufers in seiner Drehfeldrichtung zu setzen. Mit Gl. (5.4) erhält man die möglichen Läuferfrequenzen zu

$$f_2 = f_1 \cdot s_F = f_1 \cdot \left[1 \pm \frac{n_{1M}}{n_{1F}} (1 - s_M) \right]$$

$$f_2 = f_1 \cdot \left[1 \pm \frac{p_F}{p_M} (1 - s_M) \right] \qquad (5.9)$$

Für die Leistungsbilanz gelten mit den Bezugsrichtungen nach Bild 5.6 nach Abschnitt 5.2.2 bei vernachlässigten Verlusten die Beziehungen:

$$P_{1F} = P_{2F}/s_F, \quad P_{2M} = P_{1F}(s_F - 1), \quad P_{1M} = P_{2M}/(1 - s_M) \tag{5.10}$$

Bei $s_F > 1$ wird dem Schleifringläufer sowohl über den Ständer wie die Welle Leistung zugeführt.

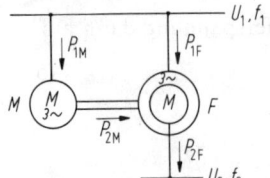

Bild 5.6 Aufbau eines asynchronen Frequenzwandlers

Verwendet man als Antrieb M eine polumschaltbare Maschine, so besteht nach Gl. (5.9) die Möglichkeit, vier verschiedene Frequenzen zu erzeugen. Vor der Entwicklung der stationären Frequenzumrichter mit Schaltungen der Leistungselektronik wurden derartige Maschinenumformer z. B. zur Versorgung von schnellaufenden Gruppenantrieben eingesetzt. Mit einem drehzahlvariablen Antrieb bleibt der Schleifringläufermotor aber auch heute eine einfache Technik zur Erzeugung einer sinusförmigen Drehspannung einstellbaren Frequenz für den Laborbetrieb.

Beispiel 5.1: Zur Versorgung eines Mehrmotorenantriebs mit stufenweiser Drehzahleinstellung steht ein asynchroner Frequenzwandler nach Bild 5.6 zur Verfügung. Folgende Daten sind gegeben:

Motor M: $P_N = 30$ kW, polumschaltbar 3000/1500 U/min

Schleifringläufer F: $P_N = 37$ kW, zehnpolig.

a) Welche Frequenzen sind im Leerlauf des Umformers einstellbar?

b) Welche Leistung P_{F2} kann bei der höchsten Frequenz und der Bemessungsleistung P_N des Motors entnommen werden? Verluste sollen vernachlässigt und $s_N = 0{,}05$ angenommen werden.

a) Mögliche Leerlauffrequenzen

$$f_2 = f_1 (1 \pm p_F/p_M) \text{ bei } p_F = 5 \text{ und } p_M = 1 \text{ bzw. } 2$$

Minuszeichen bei gleicher Drehfeldrichtung beider Maschinen.

	$p_M = 1$	$p_M = 2$
gleiche Drehfeldrichtung	$f_2 = 200$ Hz	$f_2 = 75$ Hz
ungleiche Drehfeldrichtung	$f_2 = 300$ Hz	$f_2 = 175$ Hz

b) Bei $f_2 = 300$ Hz gilt $s_F = f_2/f_1 = 300$ Hz/50 Hz $= 6$ und damit bei $P_{2M} = P_N = 30$ kW

$$P_{1F} = \frac{P_{2M}}{s_F - 1} = 30 \text{ kW}/5 = 6 \text{ kW}$$

$$P_{2F} = P_{1F} \cdot s_F = 6 \text{ kW} \cdot 6 = 36 \text{ kW}$$

Der Hauptteil der Leistung von $P_{2F} = 36$ kW wird also über die Welle des Umformers zugeführt.

Beispiel 5.2: Ein Drehstrom-Schleifringläufermotor mit Dreieckschaltung soll als Frequenzwandler verwendet und an den Schleifringen im Leerlauf eine Strangspannung von $U_2 = 48$ V, $f_2 = 10$ Hz entnommen werden. Die Daten der Ständerwicklung sind $U_{q1} = 200$ V, $f_1 = 50$ Hz, $N_1 = 80$, $p = 2$. Wie groß müssen die Läuferwindungszahl N_2 bei $k_{w2} = k_{w1}$ und die Drehzahl gewählt werden?

Nach Gleichung (5.4) ist $f_2 = s \cdot f_1$, womit zur Erzeugung einer 10 Hz-Spannung ein Schlupf $s = 10/50 = 0,2$ einzustellen ist. Für die Betriebsdrehzahl erhält man nach Gleichung (5.3)

$$n = \frac{f_1}{p}\,(1-s) = \frac{50\,\text{s}^{-1}}{2}\,(1-0,2) = 20\,\text{s}^{-1} = 1200\,\text{U/min}$$

Die Läuferstillstandsspannung wird nach Gleichung (5.7) mit $U_{q2} = U_2$

$$U_{q20} = \frac{U_{q2}}{s} = \frac{48\,\text{V}}{0,2} = 240\,\text{V}$$

Um diese Spannung zu erzeugen, ist eine sekundäre Windungszahl nach Gleichung (5.8)

$$N_2 = N_1 \cdot \frac{U_{q20}}{U_{q1}} \cdot \frac{k_{w1}}{k_{w2}} = 80 \cdot \frac{240\,\text{V}}{200\,\text{V}} = 96\,\text{Wdg}.$$

notwendig.

Aufgabe 5.1: Welche Spannung kann durch dieselbe Maschine noch bei einer Läuferfrequenz von $f_2 = 1$ Hz erzeugt werden? Die Netzfrequenz soll dabei $f_1 = 60$ Hz betragen und das Ständerdrehfeld durch entsprechende Spannungsänderung die Größe wie in Beispiel 5.2 besitzen.
Ergebnis: $U_2 = 4,8$ V

Aufgabe 5.2: Ein sechspoliger Drehstrom-Schleifringläufermotor besitzt eine Ständerwicklung für $U_1 = 220$ V$\triangle$, $N_1 = 63$ Wdg., $f_1 = 50$ Hz. Welche 60 Hz Leerlaufspannung U_2 kann den Läuferklemmen bei dessen Sternschaltung und $N_2 = 72$ Wdg., $U_{q1} \approx U_1$, $k_{w2} = k_{w1}$ entnommen werden? Mit welcher Drehzahl muß man den Läufer antreiben?
Ergebnis: $n = -200$ U/min, $U_2 \approx 523$ V

Magnetisierungsdurchflutung. Genau wie die Ständerwicklung über ihre netzfrequenten Strangströme die Drehdurchflutung $\underline{\Theta}_1$ erzeugt, baut bei belasteter Maschine die Läuferwicklung über ihre schlupffrequenten Strangströme eine eigene Drehdurchflutung $\underline{\Theta}_2$ auf. Diese besitzt zum Läufer die Drehzahl

$$n_2 = \frac{f_2}{p} = s \cdot \frac{f_1}{p}$$

$$n_2 = \Delta n$$

In Bezug auf den Ständer ist noch die Betriebsdrehzahl n zu addieren, so daß auch die Drehdurchflutung $\underline{\Theta}_2$ resultierend mit $n_1 = \Delta n + n$ umläuft. Beide räumlich sinusförmig verteilten Durchflutungen rotieren synchron und können zu einem gemeinsamen Wert $\underline{\Theta}_\mu$ addiert werden (Bild 5.7). Das Drehfeld der belasteten Asynchronmaschine bildet sich somit nicht wie im Leerlauf nur als Folge der primären Durchflutung, sondern wie beim Transformator durch die resultierende Magnetisierungsdurchflutung

$$\underline{\Theta}_\mu = \underline{\Theta}_1 + \underline{\Theta}_2 \qquad (5.11)$$

aus.

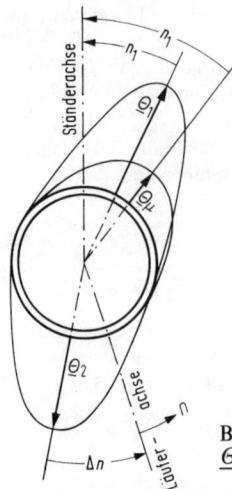

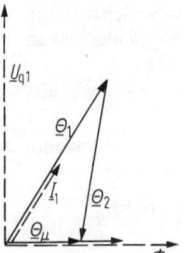

Bild 5.8 Zeigerdiagramm der
Drehdurchflutungen

Bild 5.7 Darstellung der sinusförmigen Drehdurchflutungen
Θ_1, Θ_2 und Θ_μ (nur positive Halbwelle gezeichnet)

Drehfeld-Raumdiagramm. Die Darstellung der räumlichen Lage der Einzeldrehfelder bzw. ihrer Durchflutungen kann zusammen mit den Strömen und Spannungen eines Strangs in einem Zeigerdiagramm erfolgen. Dies ist auf Grund der bereits in Bild 4.16 festgestellten Tatsache möglich, daß der Zeiger eines Strangstromes auch die Lage der resultierenden Durchflutung der Drehstromwicklung festlegt. So gibt in Bild 5.8 der Zeiger $\underline{I}_1$ nicht nur seine zeitliche Phase zur induzierten Spannung $\underline{U}_{q1}$ an, sondern darüber hinaus die räumliche Stellung der Drehdurchflutung Θ_1 zur ebenfalls in der Senkrechten liegenden Achse der betreffenden Strangwicklung.

Führt auch die Läuferwicklung Strom, so läßt sich in dem Diagramm auch die Drehdurchflutung Θ_2 angeben, da diese wie Θ_1 mit n_1 rotiert. Damit ist die Lage der Magnetisierungsdurchflutung Θ_μ und des resultierenden Drehfeldes $\underline{B}$ bekannt. Seine Stellung entspricht der zeitlichen Phase des Zeigers $\underline{\Phi}_h$, der wegen $u_q \sim d\Phi_{ht}/dt$ der induzierten Spannung 90° nacheilt. Im Augenblick des Spannungsmaximums ist also der mit der Strangwicklung verkettete Fluß des Drehfeldes Null.

Insgesamt besagt das Ergebnis nach Bild 5.8, daß bei einer Drehstrommaschine das zeitliche Diagramm der Wechselstromgrößen $\underline{I}_1$ und $\underline{\Phi}_h$ mit dem Raumdiagramm der Drehfeldgrößen Θ_1 und $\underline{B}$ übereinstimmt. Bezugspunkt sowohl für die Augenblickswerte der Stranggrößen wie für die räumliche Lage der Drehfeldgrößen zur Strangwicklung ist die senkrechte Zeitachse, in die üblicherweise die Spannung gelegt wird.

5.1.3 Drehtransformatoren

Einfachdrehregler. Nach Gleichung (5.8) verhält sich die Drehstrom-Asynchronmaschine im Stillstand wie ein Transformator. Die Größe der in der Läufer- und der Ständerwicklung induzierten Spannung hängt von den jeweiligen Windungszahlen und ihre Phasenlage von der räumlichen Stellung der Wicklungsachsen ab. Verdreht man den Läufer um den elektrischen Winkel β, so ändert sich auch die zeitliche Phasenlage beider Spannungen zueinander um denselben Wert. Diese Tatsache wird in Drehtransformatoren oder Drehreglern zur Erzeugung einer stufenlos einstellbaren Drehspannung ausgenützt.

In der Schaltung als Einfachdrehregler (Bild 5.9) liegt die Läuferwicklung am Primärnetz der Sternspannung $\underline{U}_N$ und die Ständerwicklung in Reihe zwischen Ein- und Ausgang. Die Wicklungsspannungen $\underline{U}_1$ und $\underline{U}_2 = \underline{U}_N$ addieren sich dadurch unter dem Verdrehwinkel β der Wicklungsachsen. Sieht man von allen Spannungsverlusten ab, so erreicht die abgegebene Spannung $\underline{U}_L = \underline{U}_N + \underline{U}_1$ jeden Punkt der Ortskurve nach Bild 5.11. Es entsteht ein kontinuierlicher Steuerbereich zwischen $U_N - U_1$ bis $U_N + U_1$.

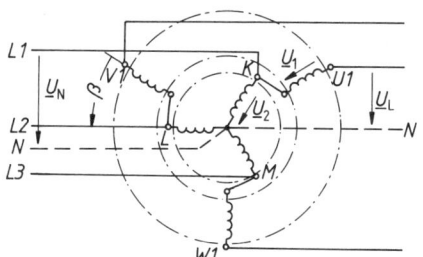

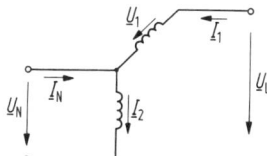

Bild 5.10 Einsträngige Schaltung der Wicklungen eines Drehtransformators

Bild 5.9 Schaltung eines einfachen läufergespeisten Drehtransformators

Lastdiagramme. Das prinzipielle Verhalten des läufergespeisten Drehreglers soll über die Schaltung für einen Strang nach Bild 5.10 erläutert werden. Dabei sind alle Verluste und inneren Spannungsfälle vernachlässigt und die Richtungspfeile wie beim Spartransformator gewählt.

Für die Belastung des Drehreglers spielt die Wahl der Verdrehrichtung eine wichtige Rolle. Man erhält bei gegebenem Laststrom I_1 dann den kleinsten Läuferstrom I_2, wenn der Läufer entgegen seiner Drehfeldrichtung verstellt wird. Diese Wahl stimmt mit der Drehrichtung überein, in welcher der Läufer bei Entfernen der Blockierung rotiert.

Das Verhalten der Schaltung für beide Verdrehrichtungen ist in Bild 5.11 dargestellt. Erfolgt die Drehung des Läufers in seiner Drehfeldrichtung (Bild 5.11a), so eilt die Ständerspannung $\underline{U}_1$ dem Zeiger $\underline{U}_N$ um den Winkel β vor. Bei reiner Wirkbelastung und den Zählpfeilen nach Bild 5.10 liegt der Ständerstrom $\underline{I}_1$ in Gegenphase zur Verbraucherspannung $\underline{U}_L$. Die Läuferwicklung nimmt zunächst den Leerlaufstrom $\underline{I}_0$ zur Magnetisierung des Drehfeldes auf und darüberhinaus eine Stromkomponente $\underline{I}_1'$ zum Ausgleich der Ständerdurchflutung infolge $\underline{I}_1$. Bei gleicher Achsenlage ($\beta = 0$) beider Seiten wäre dazu der Strom $\underline{I}_1'' = -\underline{I}_1 \cdot N_1 / N_2$ erforderlich, wobei übereinstimmende Wicklungsfaktoren der Drehstromwicklungen angenommen sind. Bei einer Verdrehung um den Winkel $+\beta$ gilt dann

$$\underline{I}'_1 = \underline{I}''_1 \cdot e^{-j\beta}$$

und $\underline{I}_2 = \underline{I}_0 + \underline{I}'_1, \quad \underline{I}_N = \underline{I}_2 - \underline{I}_1$

Verdreht man den Läufer entgegen seiner Drehfeldrichtung, so erhält man nach Bild 5.11b bei derselben Steuerkurve der Verbraucherspannung $U_L = f(\beta)$ und gleicher Belastung I_1 kleinere Läuferströme I_2. Die Verdrehung entgegen der Läufer-drehfeldrichtung, d.h. im Sinne des wirkenden Drehmomentes ist also günstiger.

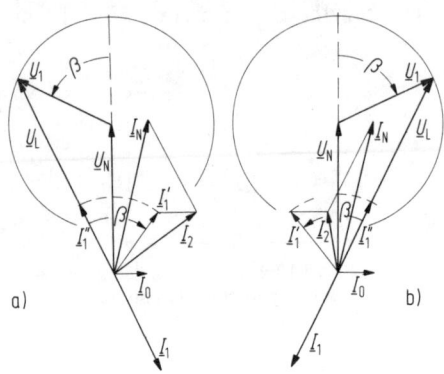

a)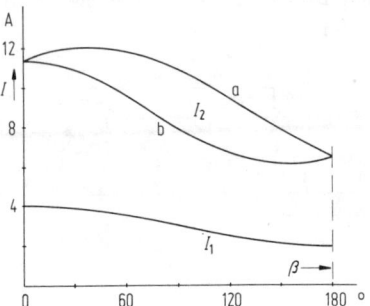

b)

Bild 5.11 Zeigerdiagramm der Spannungen und Ströme des Drehtransformators
a) Verdrehung in Drehfeldrichtung,
b) Verdrehung gegen Drehfeldrichtung

Bild 5.12 Wicklungsströme eines 3 kW Schleifringläufermotors in der Schaltung als Drehtransformator bei Belastung durch einen Festwiderstand
Kurve a bei Verdrehung nach Bild 5.11 a
Kurve b bei Verdrehung nach Bild 5.11 b

Vorstehende Überlegungen werden durch die in Bild 5.12 angegebenen Belastungs-kennlinien eines 3 kW Schleifringläufermotors in der Schaltung als Drehtransforma-tor nach Bild 5.9 bestätigt. Während der Kurvenverlauf $I_1 = f(\beta)$ praktisch unabhän-gig von der Drehrichtung nach Bild 5.11 ist, erhält man für $I_2 = f(\beta)$ die beiden Kurven a und b.

Durch die galvanische Verbindung zwischen Netz- und Verbraucherseite erhält der Drehregler wie ein Spartransformator eine erhöhte Durchgangsleistung P_D (s. Bei-spiel 5.3) im Vergleich zur Typenleistung P_T des Motors. Bei Vernachlässigung aller Verluste und der Magnetisierung gilt

$$P_D = P_T \cdot \frac{U_L}{U_1}$$

Wegen $U_L = f(\beta)$ ist das Verhältnis P_D/P_T vom Verdrehwinkel β abhängig. Für $\beta = 90°$ ergibt sich

$$P_D = P_T \sqrt{1 + (U_2/U_1)^2}$$

Doppeldrehregler. Ist eine mit der Primärspannung phasengleiche Ausgangsspannung erwünscht, so muß man einen Doppeldrehregler (Bild 5.13) verwenden, der aus zwei mechanisch gekuppelten einfachen Drehtransformatoren DR1 und DR2 besteht. Die beiden Läuferwicklungen N_2 liegen mit vertauschter Phasenfolge am Netz, so daß zwei gegensinnig umlaufende Drehfelder entstehen. Die Ständerwicklungen N_1 sind so wie sie zu den Läufersträngen gehören miteinander in Reihe geschaltet. Die abgegebene Spannung $\underline{U}_L = \underline{U}_N + \underline{U}_{1I} + \underline{U}_{1II}$ ist stets in Phase mit der Primärspannung (Bild 5.14).

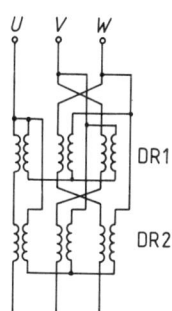

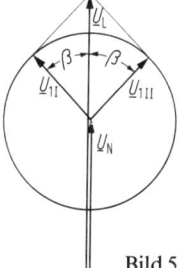

Bild 5.13 Schaltung eines Doppeldrehtransformators

Bild 5.14 Zeigerdiagramm der Spannungen eines Doppeldrehtransformators

Beispiel 5.3: Ein Schleifringläufermotor mit beidseitiger Sternschaltung soll als Drehregler benutzt werden. Die Daten der Läuferwicklung sind $N_2 = 96$, $p = 2$, $U_2 = 220$ V. Der Ständerblechschnitt hat 48 Nuten.

a) Wie groß muß die in Reihe geschaltete Leiterzahl z_1 werden, so daß eine einstellbare Spannung im Bereich $U = 220\,\text{V} \pm 33,3\%$ entsteht?
Es soll $U_\text{max} = 4/3\,U_2$ sein mit $U_\text{max} = U_1 + U_2$

und damit $U_1 = \dfrac{1}{3}\,U_2$

Nach Gleichung (5.8) ist $\dfrac{U_{q1}}{U_{q20}} = \dfrac{N_1 \cdot k_{w1}}{N_2 \cdot k_{w2}}$ und angenähert

$$\frac{N_1}{N_2} = \frac{U_1}{U_2}, \text{ d.h. } N_1 = 96 \cdot \frac{1}{3} = 32 \text{ Wdg.}$$

Bei $N_1 = 48$ sind $q_1 = \dfrac{Q_1}{2\,p \cdot m} = \dfrac{48}{2 \cdot 2 \cdot 3} = 4$ Nuten/Pol und Strang auszuführen. Die Leiterzahl pro Nut wird damit (Gleichung 4.4)

$$z_1 = \frac{N_1}{p \cdot q_1} = \frac{32}{2 \cdot 4} = 4$$

b) Wie groß ist bei einem Betrieb nach Bild 5.11 mit reiner Wirkbelastung $I_1 = 10$ A bei $\beta = 90°$ die Durchgangsleistung P_D und die Typenleistung P_T? Der Magnetisierungsstrom soll vernachlässigt werden.

Mit $U_N = U_2 = 220$ V und $U_1 = \dfrac{1}{3} \cdot 220\,\text{V} = 73,3$ V

wird nach Bild 5.11b bei $\beta = 90°$

$$U_L = \sqrt{U_N^2 + U_1^2} = \sqrt{220^2 + 73,3^2}\ \text{V} = 231,9\ \text{V}$$

Für den Läuferstrom I_2 gilt bei $I_\mu = 0$

$$I_2 = I_1' = I_1 \cdot \frac{N_1}{N_2} = 10\,\text{A} \cdot \frac{32}{96} = 3,33\,\text{A}$$

und für den Netzstrom wegen $\beta = 90°$

$$I_N = \sqrt{I_1^2 + I_2^2} = \sqrt{10^2 + 3,33^2}\,\text{A} = 10,54\,\text{A}$$

Typenleistung $\qquad P_T = U_1 \cdot I_1 = 73,3\,\text{V} \cdot 10\,\text{A} = 733\,\text{W}$

oder $\qquad\qquad\quad P_T = U_2 \cdot I_2 = 220\,\text{V} \cdot 3,33\,\text{A} = 733\,\text{W}$

Durchgangsleistung $\;\; P_D = U_L \cdot I_1 = 231,9\,\text{V} \cdot 10\,\text{A} = 2319\,\text{W}$

oder $\qquad\qquad\quad P_D = U_N \cdot I_N = 220\,\text{V} \cdot 10,54\,\text{A} = 2319\,\text{W}$

Aufgabe 5.3: Welchen Einstellbereich besitzen zwei Drehtransformatoren nach Beispiel 5.3 in der Schaltung als Doppeldrehregler?
Ergebnis: $U_{min} = 73,3\,\text{V}$, $U_{max} = 366,7\,\text{V}$

5.2   Darstellung der Betriebseigenschaften

5.2.1   Spannungsgleichungen und Ersatzschaltung

Spannungsgleichungen. Wie beim Transformator für die Primär- und Sekundärseite läßt sich bei der Asynchronmaschine eine Spannungsgleichung der Ständer- und der Läuferwicklung aufstellen. Sie lauten jeweils für einen Strang:

$$\underline{U}_1 = R_1 \cdot \underline{I}_1 + jX_{1\sigma} \cdot \underline{I}_1 + \underline{U}_{q1} \tag{5.12}$$

$$0 = R_2 \cdot \underline{I}_2 + s \cdot jX_{2\sigma} \cdot \underline{I}_2 + \underline{U}_{q2} \tag{5.13}$$

Beide Wicklungen sind mit dem gemeinsam erregten Drehfeld verkettet, dessen Fluß Φ_h nach den Gl. (5.5) und (5.6) die Spannungen U_{q1} bzw. U_{q2} erzeugt. Die beiden Streublindwiderstände $X_{1\sigma}$ und $X_{2\sigma}$ berücksichtigen die Wirkung der in Abschnitt 4.2.3 beschriebenen Feldanteile, die nicht zum Hauptfeld Φ_h gehören, also im wesentlichen die Selbstinduktion durch die Streufelder. Da auf der Läuferseite die Frequenz $f_2 = s \cdot f_1$ besteht, ist der für Stillstand berechnete Wert $X_{2\sigma} = 2\pi f_1 \cdot L_{2\sigma}$ mit dem Schlupf s zu multiplizieren.

Übersetzungsverhältnisse. Um wie beim Transformator eine galvanisch gekoppelte Ersatzschaltung der Wicklungen zu erhalten, werden die Läufergrößen auf die Ständerwindungszahl umgerechnet und dies wieder mit einem Hochkomma gekennzeichnet. Über die Gl. (5.7) und (5.8) erhält man dann mit $U_{q1} = U_q$ den induzierten Läuferwert zu $U_{q2}' = s \cdot U_{q20}' = s \cdot U_q$ und damit die beiden obigen Spannungsgleichungen in der Form

$$\underline{U}_1 = R_1 \cdot \underline{I}_1 + jX_{1\sigma} \cdot \underline{I}_1 + \underline{U}_q \tag{5.12}$$

$$0 = R_2' \cdot \underline{I}_2' + s \cdot jX_{2\sigma}' \cdot \underline{I}_2' + s \cdot \underline{U}_q \tag{5.14}$$

Aus der Bedingung nach gleichbleibender Durchflutung bei der Umrechnung folgt für den Strom bei beliebiger Ständer- und Läuferstrangzahl

$$I_2' \cdot m_1 \cdot N_1 \cdot k_{w1} = I_2 \cdot m_2 \cdot N_2 \cdot k_{w2}$$

$$I_2' = I_2 \cdot \frac{m_2 \cdot N_2 \cdot k_{w2}}{m_1 \cdot N_1 \cdot k_{w1}} \tag{5.15}$$

Die Forderung nach Konstanz der Kupferverluste und Streublindleistungen bringt schließlich

$$m_1 \cdot R_2' \cdot I_2'^2 = m_2 \cdot R_2 \cdot I_2^2$$

$$R_2' = R_2 \cdot \frac{m_1 \, (N_1 \cdot k_{w1})^2}{m_2 \, (N_2 \cdot k_{w2})^2} \tag{5.16}$$

und $\qquad X_{2\sigma}' = X_{2\sigma} \cdot \dfrac{m_1 \, (N_1 \cdot k_{w1})^2}{m_2 \, (N_2 \cdot k_{w2})^2} \tag{5.17}$

Ersatzschaltbild. Die durch das Hauptfeld induzierte Spannung $\underline{U}_q$ in den Gleichungen (5.12) und (5.14) kann wie beim Transformator als Spannungsfall des gemeinsamen Magnetisierungsstromes $\underline{I}_\mu = \underline{I}_1 + \underline{I}_2'$ an der Hauptreaktanz X_h der Ständerwicklung nach Gl. (4.33) dargestellt werden. Damit entstehen die Beziehungen

$$\underline{U}_1 = R_1 \cdot \underline{I}_1 + jX_{1\sigma} \cdot \underline{I}_1 + jX_h \, (\underline{I}_1 + \underline{I}_2') \tag{5.18}$$

$$0 = \frac{R_2'}{s} \cdot \underline{I}_2' + jX_{2\sigma}' \cdot \underline{I}_2' + jX_h \, (\underline{I}_1 + \underline{I}_2') \tag{5.19}$$

Die Gleichung der Läuferseite wurde dabei gleichzeitig durch den Schlupf s dividiert. Trennt man die Größe R_2'/s nach

$$\frac{R_2'}{s} = R_2' + R_2' \, \frac{1-s}{s}$$

so bilden die beiden Gleichungen (5.18) und (5.19) die Maschengleichungen der Ersatzschaltung nach Bild 5.15.

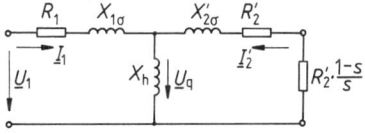

Bild 5.15 Ersatzschaltbild der Asynchronmaschine mit Darstellung der mechanischen Belastung durch einen Nutzwiderstand

Nutzwiderstand. Dieser Ersatzstromkreis der Asynchronmaschine stimmt genau mit dem eines Transformators überein, der mit dem Nutzwiderstand $R_2' \, (1-s)/s$ abgeschlossen ist. Bei der Asynchronmaschine stellt er die elektrische Nachbildung der mechanischen Belastung der Welle dar, während in dem Widerstand R_2' die Stromwärmeverluste der Läuferwicklung umgesetzt werden. Da der Schlupf die Motordrehzahl eindeutig festlegt, besagt die Ersatzschaltung:

Das elektrische Verhalten einer Asynchronmaschine mit geschlossenem Läuferkreis entspricht bei einer beliebigen Drehzahl dem Betrieb eines Transformators gleicher Ersatzdaten, der mit dem Widerstand R_2' $(1-s)/s$ belastet ist.

Wie beim Transformator lassen sich auch die Eisenverluste in der Ersatzschaltung erfassen. Vernachlässigt man wieder den Verlustanteil der Streuflüsse, so wird die Eisenwärme des Hauptfeldes durch einen Widerstand R_{Fe} parallel zur Hauptreaktanz X_h berücksichtigt. Damit erhält man die endgültige Ersatzschaltung (Bild 5.16) der Asynchronmaschine, wobei die Aufteilung von R_2'/s üblicherweise unterbleibt.

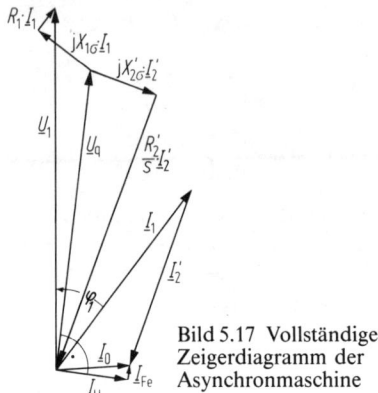

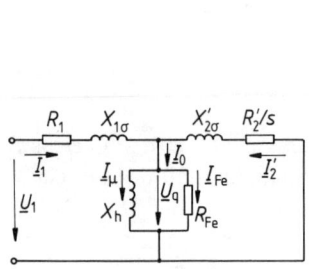

Bild 5.16 Vollständiges Ersatzschaltbild
der Asynchronmaschine

Bild 5.17 Vollständiges
Zeigerdiagramm der
Asynchronmaschine

Zeigerdiagramm. Über die Ersatzschaltung läßt sich das Zeigerdiagramm des Motors (Bild 5.17) für jede beliebige durch den Schlupf festgelegte Belastung angeben. An die Stelle der Sekundärspannung des Transformators tritt der ohmsche Spannungsfall $\underline{I}_2' \cdot R_2'(1-s)/s$. Im idealen Leerlauf mit $s \to 0$ wird die Sekundärseite wegen $R_2'/s \to \infty$ stromlos, so daß die Läuferwicklung wie geöffnet erscheint. Der Motor nimmt nur noch einen Leerlaufstrom hauptsächlich zur Magnetisierung auf.

5.2.2   Leistungsaufteilung und Drehmoment

Vereinfachte Ersatzschaltung. Die Berechnung des Betriebsverhaltens der Asynchronmaschine und insbesondere der Funktion $I_1 = f(s)$ wird wesentlich erleichtert, wenn man den Eisenverlustwiderstand R_{Fe} in Bild 5.16 parallel zu den Eingangsklemmen legt. Es entsteht damit die vereinfachte Ersatzschaltung in Bild 5.18, die für die Praxis fast immer genügend genau ist. Die Eisenverluste P_{Fe} sind jetzt von der Belastung un-

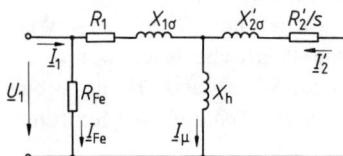

Bild 5.18 Vereinfachte Ersatzschaltung
der Asynchronmaschine

abhängig angenommen, was der üblichen Bestimmung in einem Leerlaufversuch entspricht.

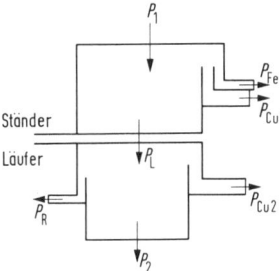

Bild 5.19 Leistungsbilanz der Asynchronmaschine

Leistungsbilanz. Die Leistungsbilanz der Asynchronmaschine sei zunächst qualitativ anhand eines Schemas (Bild 5.19) dargestellt. Von der aufgenommenen Wirkleistung P_1 werden bereits im Ständer die Kupferverluste der Wicklung P_{Cu1} und die Eisenverluste P_{Fe} in Wärme umgesetzt. Letztere kann man, da im normalen Betriebsbereich die Läuferfrequenz nur wenige Hertz beträgt, ganz dem Ständereisen zuordnen. Auf den Läufer wird die Luftspaltleistung P_L[1] übertragen, von der dann die Stromwärmeverluste der Läuferwicklung P_{Cu2} abzuziehen sind. Die restliche Leistung P_{2i} erscheint für den Motor elektrisch bereits als abgegeben, obwohl noch der Betrag P_R zur Deckung der mechanischen Reibungs- und Ventilationsverluste benötigt wird. An der Welle steht schließlich die Leistung P_2 zur Verfügung.

Sämtliche in der Leistungsbilanz aufgeführten elektrischen Einzelleistungen lassen sich auch über das Ersatzschaltbild (Bild 5.18) berechnen. So gilt für die primären Verluste in den m Wicklungssträngen:

$$P_{Cu1} = m \cdot I_1^2 \cdot R_1 \tag{5.20}$$

$$P_{Fe} = m \cdot \frac{U_1^2}{R_{Fe}} \tag{5.21}$$

Die auf die Sekundärseite der Ersatzschaltung übertragene Luftspaltleistung $P_L = P_1 - P_{Cu1} - P_{Fe}$ wird in dem Widerstand R_2'/s umgesetzt. Es ist damit

$$P_L = m \cdot I_2'^2 \cdot \frac{R_2'}{s} \tag{5.22}$$

worin die Stromwärmeverluste der Läuferwicklung mit

$$P_{Cu2} = m \cdot I_2'^2 \cdot R_2' \tag{5.23}$$

enthalten sind. Für die abgegebene Leistung zuzüglich Reibungsverlusten $P_2 + P_R$ erhält man aus den Gleichungen (5.22) und (5.23)

$$P_2 + P_R = P_L - P_{Cu2} = m \cdot I_2'^2 \cdot \frac{R_2'}{s} (1 - s)$$

---

[1] Diese wird im Schrifttum auch als innere Leistung P_i oder Drehfeldleistung P_D bezeichnet.

und die Aufteilung

$$P_2 + P_R = P_L (1 - s) \tag{5.24}$$

$$P_{Cu2} = P_L \cdot s \tag{5.25}$$

Drehmoment. Für das Drehmoment gilt die allgemeine Beziehung

$$M = \frac{P_2}{2\,\pi n}$$

Setzt man darin n und P_2 nach Gl. (5.3) bzw. (5.24) ein, so wird

$$M = \frac{P_L (1-s)}{2\,\pi n_1 (1-s)} - \frac{P_R}{2\,\pi n} = M_i - M_R$$

Wie bei der Gleichstrommaschine bezeichnet man

$$M_i = \frac{P_L}{2\,\pi n_1} \tag{5.26}$$

als inneres Moment.

Die Gleichung (5.26) ist eine für die Asynchronmaschine sehr wichtige Beziehung. Sie besagt, daß das innere Drehmoment unabhängig von der Betriebsdrehzahl stets allein aus der Luftspaltleistung berechnet werden kann. Das an der Welle verfügbare Moment ist nach $M = M_i - M_R$ noch um ein zur Überwindung der eigenen mechanischen Reibung erforderliches Moment M_R kleiner.

Drehmomentgleichung. Luftspaltleistung und Drehmoment lassen sich entsprechend den Gl. (5.22) und (5.26) für beliebige Schlupfwerte aus der Ersatzschaltung der Asynchronmaschine nach Bild 5.18 berechnen. Definiert man für die gesamten Blindwiderstände von Ständer- und Läuferwicklung

$$X_1 = X_h + X_{1\sigma}, \quad X_2' = X_h + X_{2\sigma}' \tag{5.27}$$

so ergibt die Auswertung der beiden Spannungsgleichungen (5.18, 5.19) die Wicklungsströme

$$\underline{I}_1 = \frac{\dfrac{R_2'}{s} + j X_2'}{(R_1 + j X_1)\left(\dfrac{R_2'}{s} + j X_2'\right) + X_h^2} \cdot \underline{U}_1 \tag{5.28}$$

$$\underline{I}_2' = -\frac{j X_h}{(R_1 + j X_1)\left(\dfrac{R_2'}{s} + j X_2'\right) + X_h^2} \cdot \underline{U}_1 \tag{5.29}$$

In Gl. (5.28) ist nur der Eisenverlustwiderstand R_{Fe} der Ersatzschaltung nicht berücksichtigt, was aber unproblematisch ist, da dieser die Ergebnisse der übrigen Werte nicht beeinflußt. Der Eisenverluststrom $\underline{I}_{Fe}$ kann nachträglich durch Addition zu $\underline{I}_1$ nach Gl. (5.28) erfaßt werden.

Die meist für die Berechnung der Drehmoment-Schlupfbeziehung vorgenommene Vereinfachung $R_1 = 0$ führt bei Drehzahlsteuerung der Asynchronmaschine über einen Umrichter im unteren Frequenzbereich zu unzulässigen Fehlern, da hier nicht mehr $R_1 < 2\pi \cdot f_1 \cdot L_\sigma$ gilt. Die Berechnung wird damit aufwendiger, doch sind zur Kürzung die einfachen Zwischenumformungen weggelassen.

Trennt man in Gl. (5.29) den Läuferstrom in Wirkanteil I'_{2w} und Blindanteil I'_{2b}, so ergibt sich mit

$$I'^2_2 = I'^2_{2w} + I'^2_{2b}$$

$$I'^2_2 = \frac{X_h^2}{(R_1\dfrac{R'_2}{s} + X_h^2 - X_1 X'_2)^2 + (R_1 X'_2 + \dfrac{R'_2}{s} X_1)^2} \cdot U_1^2$$

Für das innere Drehmoment gilt nach den Gl. (5.22) und (5.26)

$$M_i = \frac{m}{2\pi n_1} \cdot \frac{R'_2}{s} \cdot I'^2_2$$

Für die nachfolgenden Berechnungen ist es sinnvoll, die

primäre Streuziffer $\qquad \sigma_1 = \dfrac{X_{1\sigma}}{X_h}$ $\qquad\qquad\qquad\qquad$ (5.30)

sekundäre Streuziffer $\qquad \sigma_2 = \dfrac{X'_{2\sigma}}{X_h}$ $\qquad\qquad\qquad\qquad$ (5.31)

gesamte Streuziffer $\qquad \sigma = 1 - \dfrac{X_h^2}{X_1 \cdot X'_2}, \; = 1 - \dfrac{1}{(1+\sigma_1)(1+\sigma_2)}$ $\qquad$ (5.32)

einzuführen. Nach einigen Umformungen ergibt sich damit die allgemeine Drehmoment-Schlupfbeziehung zu

$$M_i = \frac{m \cdot U_1^2}{2\pi n_1} \cdot \frac{1-\sigma}{\dfrac{R'_2}{s \cdot X_1 X'_2}(R_1^2 + X_1^2) + \dfrac{s X'_2}{R'_2 X_1}(R_1^2 + \sigma^2 X_1^2) + 2R_1(1-\sigma)} \qquad (5.33)$$

Differenziert man diese Gleichung $M_i = f(s)$ und setzt die erste Ableitung gleich Null, so erhält man den Punkt des maximalen Drehmomentes beim sogenannten Kippschlupf

$$s_K = \frac{R'_2}{X'_2} \cdot \sqrt{\frac{R_1^2 + X_1^2}{R_1^2 + \sigma^2 X_1^2}} \qquad (5.34a)$$

Das zugehörige Maximalmoment wird entsprechend als Kippmoment M_K bezeichnet und berechnet sich durch Einsetzen von Gl. (5.34a) in (5.33) zu

$$M_K = \frac{m \cdot U_1^2}{4\pi n_1} \cdot \frac{1-\sigma}{R_1(1-\sigma) + \sqrt{(R_1^2 + \sigma^2 X_1^2)(1 + R_1^2/X_1^2)}} \qquad (5.35a)$$

Daten des Kippunktes. Für die Betrachtung der grundsätzlichen Zusammenhänge sollen die Gl. (5.34a) und (5.35a) vereinfacht werden. So gilt bei kleinen Streuziffern $X_1 \approx X_2'$ und damit nach Gl. (5.32)

$$\sigma X_1 = X_1 - \frac{X_h^2}{X_2'} = X_h + X_{1\sigma} - X_h \frac{X_2' - X_{2\sigma}'}{X_2'} = X_{1\sigma} + X_{2\sigma}' \frac{1}{1 + \sigma_2}$$

$$\sigma X_1 \approx X_{1\sigma} + X_{2\sigma}' = X_\sigma$$

Im 50 Hz-Betrieb wird ferner stets $R_1 \ll X_1$ sein, womit für die Daten des Kippunktes die nachstehenden Beziehungen entstehen:

$$s_K = \frac{R_2'}{\sqrt{R_1^2 + X_\sigma^2}} \approx \frac{R_2'}{X_\sigma} \qquad (5.34\,\mathrm{b})$$

$$M_K = \frac{m \cdot U_1^2}{4\,\pi n_1} \cdot \frac{1 - \sigma}{R_1(1 - \sigma) + \sqrt{R_1^2 + X_\sigma^2}} \approx \frac{m \cdot U_1^2}{4\,\pi n_1 \cdot X_\sigma} \qquad (5.35\,\mathrm{b})$$

Kloßsche Gleichung. Ersetzt man in Gl. (5.33) den Quotienten R_2'/X_2' über Gl. (5.34a), so erhält man für die Funktion $M_i = f(s)$ den Ausdruck

$$M_i = \frac{m \cdot U_1^2}{4\,\pi n_1} \cdot \frac{2\,(1 - \sigma)}{2R_1\,(1 - \sigma) + \sqrt{(R_1^2 + \sigma^2 X_1^2)\,(1 + R_1^2/X_1^2)} \cdot (s/s_K + s_K/s)}$$

Er enthält das Kippmoment nach Gl.(5.35a), das im wesentlichen nur mit relativen Schlupfwerten verknüpft ist. Bei Vernachlässigung des Terms $2R_1(1 - \sigma)$ erhält man somit die bezogene Momentengleichung

$$\frac{M}{M_K} = \frac{2}{\dfrac{s}{s_K} + \dfrac{s_K}{s}} \qquad (5.36)$$

wobei vereinfacht $M = M_i$ gesetzt ist. Gleichung (5.36) stellt eine allgemeine Drehmomentbeziehung dar, die für alle Asynchronmaschinen gültig und als Kloßsche Gleichung bekannt ist. Sind die Daten des Kippunktes einer Maschine gegeben, so kann mit ihr das Drehmoment für einen beliebigen Schlupf bestimmt werden.

Die Auswertung von Gl. (5.36) ergibt den Verlauf $M/M_K = f(s)$ nach Bild 5.20. Für

$$\frac{s}{s_K} \ll 1 \text{ ist } \frac{M}{M_K} \approx 2 \cdot \frac{s}{s_K}$$

wonach die Drehzahl $n = n_1\,(1 - s)$ linear wie beim Gleichstrom-Nebenschlußmotor leicht mit der Belastung abfällt. Für

$$\frac{s}{s_K} \gg 1 \text{ ist } \frac{M}{M_K} \approx 2\,\frac{s_K}{s}$$

wonach das Drehmoment während des Anlaufs nach einer Hyperbel zunimmt.

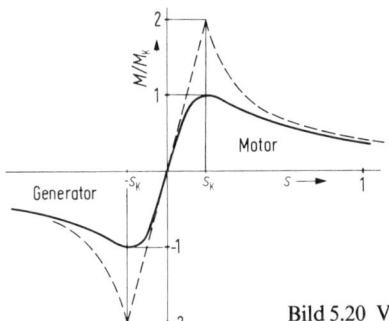

Bild 5.20 Verlauf des Drehmomentes nach der Kloßschen Formel

Beispiel 5.4: Ein vierpoliger Drehstrom-Asynchronmotor für $P_N = 22\,\text{kW}$, $U_N = 220\,\text{V}\Delta$, $f_1 = 50\,\text{Hz}$, hat folgende Daten seiner Ersatzschaltung:

$R_1 = 0{,}14\,\Omega$, $R_2' = 0{,}20\,\Omega$, $X_{1\sigma} = 0{,}45\,\Omega$, $X_{2\sigma}' = 0{,}40\,\Omega$, $X_h = 13\,\Omega$

Es sind zu bestimmen:

a) Kippschlupf und Kippmoment

b) Welche Werte erhält man für s_K und M_K mit den Näherungsgleichungen?

c) Wie groß ist das Anzugsmoment M_A?

d) Wie groß ist die Drehzahl des Motors, wenn die Stromwärmeverluste im Läufer $P_{Cu2} = 900\,\text{W}$ und die Reibungsverluste $P_R = 200\,\text{W}$ betragen?

a) Die Maschine hat die Blindwiderstände

$$X_1 = X_h + X_{1\sigma} = 13{,}45\,\Omega, \quad X_2' = X_h + X_{2\sigma}' = 13{,}40\,\Omega$$

und die Streuziffer

$$\sigma = 1 - \frac{X_h^2}{X_1 \cdot X_2'} = 1 - \frac{13^2\,\Omega^2}{13{,}45\,\Omega \cdot 13{,}4\,\Omega} = 0{,}0623$$

Für die Daten des Kippunktes erhält man unter Beachtung des Ständerwiderstandes und der Streuziffer nach den Gl. (5.34 a) und (5.35 a)

$$s_K = \frac{R_2'}{X_2'} \cdot \sqrt{\frac{R_1^2 + X_1^2}{R_1^2 + \sigma^2 X_1^2}} = \frac{0{,}20\,\Omega}{13{,}4\,\Omega} \cdot \sqrt{\frac{(0{,}14^2 + 13{,}45^2)\,\Omega^2}{(0{,}14^2 + 0{,}0623^2 \cdot 13{,}45^2)\,\Omega^2}} = 0{,}2363$$

$$M_K = \frac{m \cdot U_1^2}{4\,\pi n_1} \cdot \frac{1 - \sigma}{R_1(1 - \sigma) + \sqrt{(R_1^2 + \sigma^2 X_1^2)(1 + R_1^2/X_1^2)}}$$

$$M_K = \frac{3 \cdot 220^2\,\text{V}^2}{4\,\pi \cdot 25\,\text{s}^{-1}} \cdot \frac{1 - 0{,}0623}{0{,}14\,\Omega \cdot 0{,}937 + \sqrt{(0{,}14^2 + 0{,}0623^2 \cdot 13{,}45^2)\,\Omega^2\,(1 + 0{,}14^2/13{,}45^2)}}$$

$$M_K = 441{,}9\,\text{Nm}$$

b) Mit den Näherungsgleichungen (5.34 b) und (5.35 b) ergibt sich

$$s_K \approx \frac{R_2'}{X_\sigma} = \frac{0{,}20\,\Omega}{0{,}45\,\Omega + 0{,}40\,\Omega} = 0{,}2353$$

$$M_K \approx \frac{m \cdot U_1^2}{4\,\pi n_1 \cdot X_\sigma} = \frac{3 \cdot 220^2\,\text{V}^2}{4\,\pi \cdot 25\,\text{s}^{-1} \cdot 0{,}85\,\Omega} = 543{,}7\,\text{Nm}$$

c) Über die Kloßsche Formel erhält man mit $s = 1$ das Anlaufmoment

$$M_A = M_K \cdot \frac{2}{s_K + 1/s_K} = 441,9 \, \text{Nm} \cdot \frac{2}{0,236 + 1/0,236} = 197,6 \, \text{Nm}$$

d) Für die Luftspaltleistung gilt

$$P_{LN} = P_N + P_{Cu2} + P_R = 22 \, \text{kW} + 0,90 \, \text{kW} + 0,20 \, \text{kW} = 23,1 \, \text{kW}$$

und damit nach Gl. (5.25)

$$s_N = \left(\frac{P_{Cu2}}{P_L}\right)_N = \frac{0,90 \, \text{kW}}{23,1 \, \text{kW}} = 0,039$$

Die Drehzahl beträgt dann nach Gl. (5.3)

$$n_N = n_1 \, (1 - s_N) = 1500 \, \text{U/min} \, (1 - 0,039) = 1442 \, \text{U/min}$$

Aufgabe 5.4: Wie groß ist das Anlaufmoment eines vierpoligen Asynchronmotors, der im Stillstand $P_1 = 4 \, \text{kW}$ aufnimmt, wenn davon 50% primäre Verluste sind?
Ergebnis: $M_A = 12,75 \, \text{Nm}$

Aufgabe 5.5: Der sekundäre Anlaufstrom eines Kurzschlußläufermotors ist das Sechsfache des Wertes bei Betrieb mit $s_N = 0,03$. Es ist das Verhältnis Anlauf- zu Bemessungsmoment M_A/M_N anzugeben.
Ergebnis: $M_A/M_N = 1,08$

5.2.3   Stromortskurve

Kreisdiagramm. Nach der Ersatzschaltung ist der Ständerstrom der Asynchronmaschine bei fester Klemmenspannung und konstanten Widerständen und Reaktanzen nur eine Funktion des Schlupfes. Für den Zeiger $\underline{I}_1 = f(s)$ entsteht dadurch eine für die Maschine charakteristische Ortskurve, aus der sich viele weitere Aussagen über das Betriebsverhalten herleiten lassen.

Die Bestimmung dieses Diagramms erfolgt durch Auswertung der komplexen Gleichung für den Ständerstrom $\underline{I}_1$ nach Gl. (5.28) entsprechend der Ersatzschaltung nach Bild 5.15. Die Eisenverluste bleiben damit zunächst unberücksichtigt, sie lassen sich bei Verwendung der vereinfachten Ersatzschaltung nach Bild 5.18 leicht nachträglich einfügen. Nach Gl. (5.28) gilt

$$\underline{I}_1 = \frac{\dfrac{R_2'}{s} + j X_2'}{(R_1 + j X_1)\left(\dfrac{R_2'}{s} + j X_2'\right) + X_h^2} \cdot \underline{U}_1 \tag{5.28}$$

Mit Hilfe der Ortskurventheorie läßt sich nun zeigen, daß diese Gleichung der allgemeinen Form

$$\underline{I}_1 = \frac{\underline{A} + \underline{B} \cdot s}{\underline{C} + \underline{D} \cdot s} \cdot \underline{U}_1$$

für den Zeiger $\underline{I}_1 = f(s)$ bei fester Klemmenspannung $\underline{U}_1$ einen Kreis beschreibt. Die Konstanten $\underline{A}$, $\underline{B}$, $\underline{C}$ und $\underline{D}$ sind, wie sich durch Vergleich mit Gleichung (5.28) erkennen läßt, Kombinationen komplexer Widerstände. Der Schlupf s ist eine reelle Variable.

Berechnung des Kreisdiagramms. Die Lage der Stromortskurve in der komplexen Zahlenebene soll durch Berechnung von drei charakteristischen Kreispunkten P_0, P_k und P_∞ erfolgen. Nach Gleichung (5.28) ist

$$\underline{I}_1 = \frac{\underline{U}_1}{\underline{Z}_1}$$

worin
$$\underline{Z}_1 = \frac{(R_1 + jX_1)\left(\dfrac{R_2'}{s} + jX_2'\right) + X_h^2}{\left(\dfrac{R_2'}{s} + jX_2'\right)} \tag{5.37}$$

die an den Eingangsklemmen der Ersatzschaltung (Bild 5.15) gemessene Gesamtimpedanz darstellt. Trennt man $\underline{Z}_1 = R(s) + jX(s)$ in Real- und Imaginärteil auf, so entsteht

$$R(s) = R_1 + \frac{R_2'}{s} \cdot \frac{X_h^2}{\left(\dfrac{R_2'}{s}\right)^2 + X_2'^2} \tag{5.38}$$

$$\cdot X(s) = X_1 - X_2' \cdot \frac{X_h^2}{\left(\dfrac{R_2'}{s}\right)^2 + X_2'^2} \tag{5.39}$$

Leerlaufpunkt P_0 bei $s = 0$:
Für $s = 0$ verschwinden die zweiten Glieder obiger Gleichungen und es werden

$$R(s) = R_1 \text{ und } X(s) = X_1$$

Dies Ergebnis stimmt mit dem Widerstand der Ersatzschaltung nach Bild 5.15 bei $s = 0$, d.h. offenem Läuferkreis überein. Man erhält den Leerlaufstrom zu

$$I_0 = \frac{U_1}{\sqrt{R_1^2 + X_1^2}} \text{ bei } \tan \varphi_0 = \frac{X_1}{R_1}$$

Kurzschlußpunkt P_k bei $s = 1$:
Für $s = 1$ erhält man mit $R_2' \ll X_2'$ und $X_2' = X_h + X_{2\sigma}'$

$$R(s) = R_1 + R_2' \frac{X_h^2}{(X_h + X_{2\sigma}')^2} = R_1 + R_2' \cdot \frac{1}{\left(1 + \dfrac{X_{2\sigma}'}{X_h}\right)^2}$$

$$X(s) = X_1 - \frac{X_h^2}{X_2'}$$

Beide Gleichungen können mit Hilfe der bereits in Abschnitt 5.2.2 definierten Streuziffern

$$\sigma_1 = \frac{X_{1\sigma}}{X_h}, \quad \sigma_2 = \frac{X_{2\sigma}'}{X_h}, \quad \sigma = 1 - \frac{X_h^2}{X_1 \cdot X_2'}$$

noch vereinfacht werden.

Bei stehender Maschine treten damit an den Eingangsklemmen der Kurzschlußwiderstand

$$R(s) = R_k = R_1 + \frac{R_2'}{(1+\sigma_2)^2} \approx R_1 + R_2'$$

und die Kurzschlußreaktanz

$$X(s) = X_k = \sigma \cdot X_1 \approx X_{1\sigma} + X_{2\sigma}'$$

auf. Sie entsprechen um so genauer der Summe beider Wicklungs- bzw. Streublindwiderstände, je größer X_h im Vergleich zu den Streublindwiderständen ist. Für den Stromzeiger im Kurzschluß erhält man

$$I_k = \frac{U_1}{\sqrt{R_k^2 + X_k^2}} \quad \text{bei} \quad \tan\varphi_k = \frac{X_k}{R_k}$$

Kreispunkt P_∞ bei $s = \infty$:
Für $s = \infty$ errechnet sich aus den Gleichungen (5.38) und (5.39)

$$R(s) = R_1 \quad \text{und} \quad X(s) = X_k$$

Dies ergibt den Stromzeiger

$$I_\infty = \frac{U_1}{\sqrt{R_1^2 + X_k^2}} \quad \text{bei} \quad \tan\varphi_\infty = \frac{X_k}{R_1}$$

Die Konstruktion des Kreisdiagramms aus den drei Stromzeigern $\underline{I}_0$, $\underline{I}_k$, $\underline{I}_\infty$ erfolgt üblicherweise in Bezug auf die in der reellen Achse liegende Spannung $\underline{U}_1$ (Bild 5.21). Der Mittelpunkt M ist durch die Lage von P_0, P_k und P_∞ über den Schnittpunkt der Mittelsenkrechten eindeutig festgelegt. Der Zeiger des Ständerstromes $\underline{I}_1$ für einen beliebigen Schlupf s ergibt sich vom Koordinaten-Ursprung aus an den Kreispunkt $P(s)$.

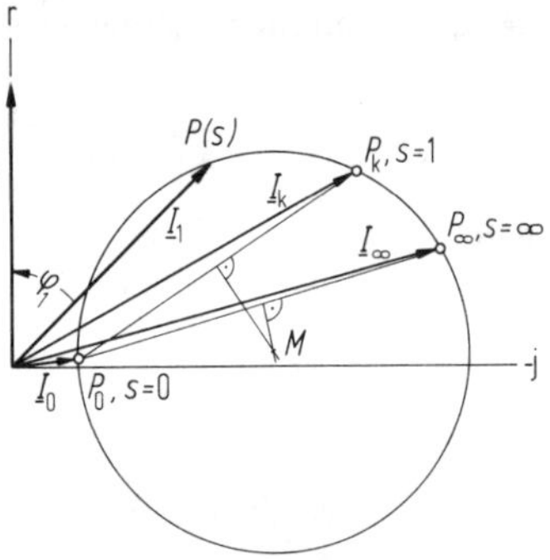

Bild 5.21 Bestimmung der Ortskurve
des Ständerstromes aus den
Punkten P_0, P_k und P_∞

Das Kreisdiagramm wurde um die Jahrhundertwende von Heyland und Osanna entwickelt und trägt daher auch die Bezeichnung Heylandkreis.

Beispiel 5.5: Der Entwurf eines vierpoligen Drehstrom-Asynchronmotors für $P_2 = 22\,\text{kW}$, $U_1 = 220\,\text{V}\ \Delta$ ergibt die Ersatzkreisdaten: $R_1 = 0,15\,\Omega$, $R_2' = 0,25\,\Omega$, $X_{1\sigma} = 0,65\,\Omega$, $X_{2\sigma}' = 0,55\,\Omega$, $X_h = 18,8\,\Omega$. Es sind die drei Punkte P_0, P_k und P_∞ der Ortskurve $\underline{I}_1 = f(s)$ anzugeben.

Kreispunkt P_0:
Es ist $X_1 = X_{1\sigma} + X_h = 19{,}45\,\Omega$, $X'_2 = X'_{2\sigma} + X_h = 19{,}35\,\Omega$
Wegen $R_1 \ll X_1$ wird

$$I_0 \approx I_\mu = \frac{U_1}{X_1} = \frac{220\,\text{V}}{19{,}45\,\Omega} = 11{,}3\,\text{A}, \qquad \varphi_0 \approx 90°$$

Der Kreispunkt P_0 liegt damit praktisch auf der imaginären Achse.
Kreispunkt P_k:

Sekundäre Streuziffer $\quad \sigma_2 = \dfrac{X'_{2\sigma}}{X_h} = \dfrac{0{,}55\,\Omega}{18{,}8\,\Omega} = 0{,}0293$

Gesamte Streuziffer $\quad \sigma = 1 - \dfrac{X_h^2}{X_1 \cdot X'_2} = 1 - \dfrac{18{,}8\,\Omega^2}{19{,}45\,\Omega \cdot 19{,}35\,\Omega} = 1 - 0{,}94$

$$\sigma = 0{,}06$$

Der Wirk- und der Blindanteil der Kurzschlußimpedanz werden:

$$R_k = R_1 + \frac{R'_2}{(1 + \sigma_2)^2} = 0{,}15\,\Omega + \frac{0{,}25\,\Omega}{1{,}0293^2} = 0{,}386\,\Omega$$

$$X_k = \sigma \cdot X_1 = 0{,}06 \cdot 19{,}45\,\Omega = 1{,}167\,\Omega$$

Damit ist $\quad Z_k = \sqrt{R_k^2 + X_k^2} = \sqrt{0{,}386^2 + 1{,}167^2}\,\Omega = 1{,}23\,\Omega$

und $\quad I_k = \dfrac{U_1}{Z_k} = \dfrac{220\,\text{V}}{1{,}23\,\Omega} = 179\,\text{A}, \quad \tan\varphi_k = \dfrac{X_k}{R_k} = \dfrac{1{,}167\,\Omega}{0{,}386\,\Omega} = 3{,}02 \quad \varphi_k \approx 71{,}7°$

Kreispunkt P_∞:
Man erhält den Zeiger $\underline{I}_\infty$ über

$$Z_\infty = \sqrt{R_1^2 + X_k^2} = \sqrt{0{,}15^2 + 1{,}167^2}\,\Omega = 1{,}18\,\Omega$$

$$I_\infty = \frac{U_1}{Z_\infty} = \frac{220\,\text{V}}{1{,}18\,\Omega} = 186{,}4\,\text{A}, \quad \tan\varphi_\infty = \frac{X_k}{R_1} = \frac{1{,}167\,\Omega}{0{,}15\,\Omega} = 7{,}78$$

$$\varphi_\infty = 82{,}7°$$

Der Kreismittelpunkt läßt sich über den Schnittpunkt der Mittelsenkrechten der Sehnen $P_0 P_k$ und $P_0 P_\infty$ bestimmen.

Koordinaten des Kreisdiagramms. Eine weitere Möglichkeit zur Bestimmung der Lage der Stromortskurve besteht in der Angabe des Radius R und der Mittelpunktskoordinaten $M(x_m/y_m)$ nach Bild (5.22). Die Auswertung der Stromgleichung $\underline{I}_1 = f(s)$ ergibt mit $r_1 = R_1/X_1$

$$R = \frac{U_1}{2\,X_1} \cdot \frac{1 - \sigma}{r_1^2 + \sigma} \qquad (5.40)$$

$$x_m = R \cdot \frac{1 + \sigma}{1 - \sigma} \qquad (5.41)$$

$$y_m = R \cdot \frac{2\,r_1}{1 - \sigma} \qquad (5.42)$$

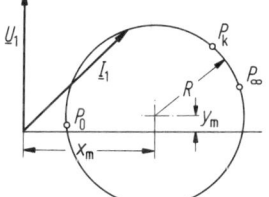

Bild 5.22 Bestimmung der Stromortskurve aus Radius und Mittelpunktskoordinaten

Alle drei Größen besitzen die Maßeinheit Ampere, lassen sich also wie der Stromzeiger eintragen.

Interessant ist die in obigen Gleichungen enthaltene Tatsache, daß Lage und Durchmesser der Stromortskurve unabhängig vom Läuferwiderstand der Maschine sind. Der Wert R_2 beeinflußt nur die Schlupfeinteilung des Kreises, d.h. z.B. die Lage des Kurzschlußpunktes.

Die Kenntnis der Koordinatengleichungen genügt zwar zur Bestimmung des Kreises, ergibt aber nicht die Lage der drei charakteristischen Punkte P_0, P_k und P_∞. Da diese aber für die Auswertung des Diagramms benötigt werden, bestimmt man im allgemeinen, wie bereits dargestellt, auch die Lage des Kreises direkt aus den Stromzeigern $\underline{I}_0$, $\underline{I}_k$ und $\underline{I}_\infty$.

Beispiel 5.6: Es sind Mittelpunkt und Durchmesser des in Beispiel 5.5 bestimmten Kreisdiagramms zu berechnen.

Mit $U_1 = 220\,\mathrm{V}$, $X_1 = 19,45\,\Omega$, $\sigma = 0,06$, $R_1 = 0,15\,\Omega$ wird

$$r_1 = R_1/X_1 = 0,15/19,45 = 7,71 \cdot 10^{-3}$$

$$R = \frac{U_1}{2\,X_1} \cdot \frac{1-\sigma}{r_1^2 + \sigma} = \frac{220\,\mathrm{V}}{2\cdot 19,45\,\Omega} \cdot \frac{1-0,06}{7,71^2 \cdot 10^{-6} + 0,06} = 88,5\,\mathrm{A}$$

$$x_\mathrm{m} = R \cdot \frac{1+\sigma}{1-\sigma} = 88,5\,\mathrm{A}\ \frac{1,06}{0,94} = 99,8\,\mathrm{A}$$

$$y_\mathrm{m} = R \cdot \frac{2\,r_1}{1-\sigma} = 88,5\,\mathrm{A}\ \frac{2\cdot 7,71 \cdot 10^{-3}}{0,94} = 1,45\,\mathrm{A}$$

Schlupfgerade. Für die Einteilung des Kreisumfangs in Schlupfwerte gibt es verschiedene graphische Verfahren. Meist wird die Konstruktion nach Bild 5.23 angewandt. Man wählt einen beliebigen Kreispunkt P_B und eine Parallele zur Sehne $P_\mathrm{B}P_\infty$. Auf dieser Geraden werden durch die Sehnen $P_\mathrm{B}P_0$ und $P_\mathrm{B}P_K$ die Schlupfwerte $s = 0$ und $s = 1$ festgelegt und der Zwischenraum linear unterteilt. Um den Schlupfpunkt P_s zu erhalten, ist danach eine Gerade von P_B durch s zu zeichnen, die den Kreis in P_s schneidet.

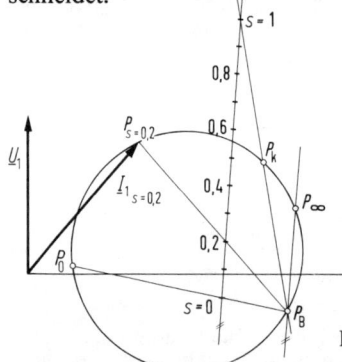

Bild 5.23 Konstruktion der Schlupfgeraden

Aufgabe 5.6: Mit den Daten und dem Ergebnis von Beispiel 5.5 ist das Kreisdiagramm mit der Schlupfgeraden zu zeichnen. Für den Bemessungspunkt des Motors mit $s_\mathrm{N} = 0,04$ sind daraus der Ständerstrom I_1 und das Moment M_N anzugeben. Wie groß ist ferner das Verhältnis M_K/M_N und M_A/M_N?

Ergebnis: $I_1 = 41\,\text{A}$, $M_N = 147\,\text{Nm}$, $M_K/M_N = 2{,}25$, $M_A/M_N = 0{,}96$

Verlustaufteilung. Das über die Spannungsgleichungen der Ersatzschaltung nach Bild 5.15 abgeleitete Kreisdiagramm erfaßt nicht den allerdings sehr kleinen Wirkstromanteil $\underline{I}_{Fe}$ der Eisenverluste. Man kann diese jedoch nachträglich berücksichtigen, indem man die waagrechte $-j$ Achse von 0 nach 0' um den Eisenverluststrom

$$\underline{I}_{Fe} = \frac{U_1}{R_{Fe}} \tag{5.43}$$

absenkt (Bild 5.24). Die Eisenverluste werden damit als konstanter Betrag unabhängig von der Belastung eingeführt und sind in der Wirkkomponente des Leerlaufstromes enthalten.

In der Praxis ist ab Maschinenleistungen von einigen kW die gesamte Wirkkomponente des Leerlaufstromes so gering, daß der Punkt P_0 fast auf der $-j$ Achse liegt. Der Eisenverlustanteil ist dann ohne Einfluß auf den Gesamtstrom.

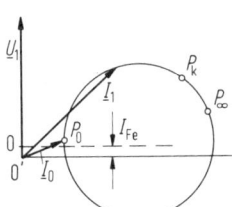

Bild 5.24 Berücksichtigung der Eisenverluste in der Stromortskurve

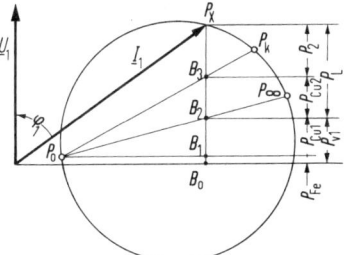

Bild 5.25 Bestimmung der Einzelleistungen

Trägt man im Kreisdiagramm (Bild 5.25) den Stromzeiger $\underline{I}_1$ in einem beliebigen Betriebspunkt P_x an, so entspricht die Strecke $P_x B_0$ dem vom Netz gelieferten Wirkstrom $I_{1w} = I_1 \cos\varphi_1$. Nach $P_1 = m_1 \cdot U_1 \cdot I_1 \cdot \cos\varphi_1 = m_1 \cdot U_1 \cdot I_{1w}$ ist sie jedoch auch ein Maß für die aufgenommene Wirkleistung P_1 der Maschine.

Die abgegebene Leistung P_2 wird im Leerlauf bei $s=0$ und im Stillstand bei $s=1$ jeweils Null. Dazwischen ist sie mit guter Näherung der Strecke $\overline{P_x B_3}$ proportional, die auf der Senkrechten $P_x B_0$ durch die Verbindungsgeraden $P_0 P_k$ entsteht. Man bezeichnet diese Gerade daher auch als Leistungslinie.

In den Punkten P_0 und P_∞ wird die von der Maschine aufgenommene Leistung nur auf der Ständerseite umgesetzt, da im Leerlauf der Läuferkreis offen und bei $s=\infty$ $R_2/s = 0$ ist. Näherungsweise erhält man daher über die Verbindungsgerade $P_0 P_\infty$ mit der Strecke $\overline{B_0 B_2}$ die gesamten Ständerverluste P_{v1} im Betriebspunkt P_x. Vernachlässigt man die Leerlaufkupferverluste gegenüber den Eisenverlusten, so läßt sich P_{v1} durch den Punkt B_1 auf der Höhe von P_0 in die Ständerkupferverluste P_{Cu1} und Eisenverluste P_{Fe} aufteilen. Von der Gesamtleistung bleiben dann nur noch die Läufer-kupferverluste übrig, die damit durch die Strecke $\overline{B_2 B_3}$ dargestellt werden.

Nach den Gleichungen (5.24) und (5.25) wird die Luftspaltleistung der Asynchronma-schine $P_L = P_2 + P_{Cu2}$, wenn man die Reibungsverluste P_R der abgegebenen Leistung zuschlägt. Damit entsteht im Kreisdiagramm in der Strecke $\overline{B_2 P_x}$ ein Maß für die Luftspaltleistung und das Drehmoment M_i der Maschine. Die Verbindungslinie $P_0 P_\infty$ trägt daher auch die Bezeichnung Drehmomentlinie.

Leistungs- und Drehmomentmaßstab. Zur Bestimmung von Leistungen und Drehmo-ment aus dem Kreisdiagramm muß ein Maßstab bekannt sein. Nach $P = m_1 \cdot U_1 \cdot I_{1w}$ und Gl. (5.26) erhält man:

Strommaßstab	m_I	in A/cm
Leistungsmaßstab	$m_P = 3 \cdot U_1 \cdot m_1$	in W/cm
Drehmomentmaßstab	$m_M = 9{,}55 \cdot m_P / n_1$	in Nm/cm
mit n_1 in U/min		

Meßtechnische Bestimmung des Kreisdiagramms. Von den zur Konstruktion der Stromortskurve verwendeten drei charakteristischen Punkten lassen sich P_0 und P_k in einem Leerlauf- bzw. einem Kurzschlußversuch experimentell bestimmen. Um den Kreis eindeutig festzulegen, ist dann entweder noch die Aufnahme eines beliebigen Lastpunktes dazwischen notwendig oder man verwendet eine Näherung zur Mittel-punktsbestimmung. Auch dafür gibt es eine Reihe Möglichkeiten, von denen in Bild 5.26 ein Verfahren dargestellt ist. Man trägt hierbei im Punkt P_k den Winkel $90° - \varphi_k$ von der Sehne $P_0 P_k$ aus an und erhält den Mittelpunkt M im Schnittpunkt zwischen dem freien Schenkel und der Mittelsenkrechten auf $P_0 P_k$.

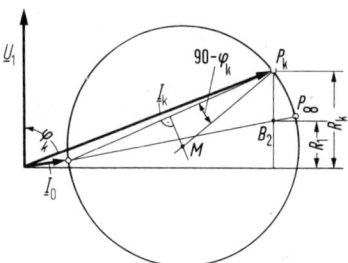

Bild 5.26 Festlegung des Kreismittelpunktes aus P_0 und P_k

Um die Schlupfgerade eintragen zu können, muß auch die Lage des Punktes P_∞ be-kannt sein. Diesen erhält man mit guter Genauigkeit dadurch, daß man die Senkrech-te in P_k gleich dem Kurzschlußwiderstand

$$R_k = \frac{U_k}{I_k} \cdot \cos \varphi_k$$

setzt und über $R_k \approx R_1 + R_2'$ unterteilt. Die Verbindungslinie $P_0 B_2$ ergibt dann die Drehmomentlinie $P_0 P_\infty$.

Leerlauf- und Kurzschlußversuch. Der in einem Leerlaufversuch bei der Bemessungs-spannung U_N bestimmte Strom $\underline{I}_0^*$ entspricht nicht dem Zeiger des Punktes P_0 mit $s = 0$, da der Motor zur Deckung der mechanischen Reibung bereits ein Drehmoment entwickelt. Es muß also aus $\underline{I}_0^*$ die durch die Reibungsverluste P_R bedingte Wirk-komponente entfernt werden, um den Leerlaufstrom $\underline{I}_0$ zu erhalten. Man bestimmt die Lage von P_0 aus den Stromkomponenten:

Blindanteil $\qquad I_b = I_\mu = I_0^* \cdot \sin \varphi_0^*$

Wirkanteil $\qquad I_w = I_0^* \cdot \cos \varphi_0^* - \dfrac{P_R}{3\, U_{1\,\text{Str}}}$

Die Reibungsverluste P_R lassen sich aus der aufgenommenen Leerlaufleistung P_0 be-rechnen. Diese besteht nach

$$P_0 = P_{Cu0} + P_{Fe} + P_R$$

aus den Leerlaufkupferverlusten $\quad P_{Cu0} = 3 \cdot R_1 \cdot I_0^{*2}$
den Eisenverlusten $\quad P_{Fe} \sim U^2$
und den Lager- und Luftreibungsverlusten $\quad P_R$.

Man nimmt bei $n \approx n_1$ eine Meßreihe P_0, $I_0^* = f(U_1)$ auf und errechnet $P_{Fe+R} = f(U_1^2)$. Diese Kurve ist wegen der quadratischen Abhängigkeit der Eisenverluste von der Spannung etwa eine Gerade (Bild 5.27), die auf der Ordinatenachse, d.h. bei $U_1^2 = 0$, die Reibungsverluste abschneidet.

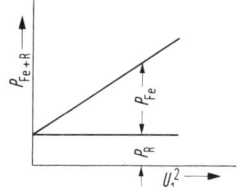

Bild 5.27 Trennung der Eisen- und Reibungsverluste aus dem Leerlaufversuch

Der Kurzschlußversuch wird mit Rücksicht auf die Wicklungserwärmung stets bei verminderter Spannung durchgeführt und der Stromwert I_k linear auf die Bemessungs-spannung umgerechnet. Durch

$$I_{kN} = I_k \cdot \frac{U_N}{U_k} \quad \text{und} \quad \cos \varphi_k = \left(\frac{P_k}{I_k \cdot U_k} \right)_{\text{Str}}$$

liegt die Lage des Kurzschlußpunktes fest. In Wirklichkeit ist der Kurzschlußstrom bei Nennspannung allerdings etwas größer als diese Umrechnung ergibt. Auf die Gründe dafür wird im Anschluß eingegangen.

Beispiel 5.7: Zur meßtechnischen Bestimmung der Stromortskurve eines Asynchronmotors mit $U_{NStr} = 220$ V wurde in Sternschaltung durchgeführt:
a) ein Leerlaufversuch bei $n \approx n_1$, $R_1 = 0{,}96$ Ohm

$U_0 =$	100	150	200	250	300	380 V
$I_0^* =$	2,7	2,1	1,7	1,8	2,2	3,3 A
$P_0 =$	291	308	333	375	424	521 W

b) ein Kurzschlußversuch mit $U_k = 100$ V, $I_k = 10,2$ A, $P_k = 655$ W.
Es sind die Punkte P_0 und P_k festzulegen.
Aus der Leerlaufmessung bei U_N erhält man

$$\cos \varphi_0^* = \frac{P_0}{\sqrt{3} \cdot U_0 \cdot I_0^*} = \frac{521 \text{ W}}{\sqrt{3} \cdot 380 \text{ V} \cdot 3,3 \text{ A}} = 0,240, \quad \sin \varphi_0^* = 0,971$$

Dies ergibt die Blindkomponente des Leerlaufstromes zu

$$I_\mu = I_0^* \cdot \sin \varphi_0^* = 3,3 \text{ A} \cdot 0,971 = 3,2 \text{ A}$$

Zur Berechnung der Wirkkomponente I_w sind die Reibungsverluste P_R zu bestimmen.
Man berechnet $P_{Fe+R} = P_0 - 3 \cdot R_1 \cdot I_0^{*2}$ und trägt $P_{Fe+R} = f(U_0)^2$ auf (Bild 5.27).
Durch den Ordinatenabschnitt ergibt sich $P_R = 255$ W und

$$I_w = I_0^* \cdot \cos \varphi_0^* - \frac{P_R}{3 \cdot U_{Str}} = 3,3 \text{ A} \cdot 0,24 - \frac{255 \text{ W}}{3 \cdot 220 \text{ V}} = 0,405 \text{ A}$$

Damit liegt der Stromzeiger im Leerlaufpunkt P_0 mit

$$\underline{I}_0 = (0,405 - j\, 3,2) \text{ A}$$

fest.
Den Kurzschlußpunkt P_k erhält man aus

$$\cos \varphi_k = \frac{P_k}{\sqrt{3} \cdot U_k \cdot I_k} = \frac{655 \text{ W}}{\sqrt{3} \cdot 100 \text{ V} \cdot 10,2 \text{ A}} = 0,37$$

$$I_{kN} = 10,2 \text{ A} \cdot \frac{380 \text{ V}}{100 \text{ V}} = 38,8 \text{ A}$$

Aufgabe 5.7: Die Berechnung der Eisen- und Reibungsverluste aus Beispiel 5.7 und ihre Trennung ist durchzuführen.

Abweichungen zwischen errechneter und gemessener Stromortskurve. Nimmt man an einer Asynchronmaschine den Ständerstrom und das Drehmoment vom Leerlauf bis in den Bremsbetrieb auf, so ergeben sich teils beträchtliche Abweichungen zu dem aus der Stromortskurve errechneten Verlauf. Dies hat eine ganze Reihe von Ursachen.

1. Das Kreisdiagramm berücksichtigt wie das angegebene Ersatzschaltbild nur die Grundwelle des Ständerdrehfeldes. Alle Oberwellenerscheinungen, die sich vor allem auf das Drehmoment stark auswirken können, sind damit zunächst nicht erfaßt.

2. Die Widerstandswerte der Wicklungen gelten nur für die der Berechnung zugrunde liegende Betriebstemperatur. Da der ohmsche Widerstand etwa 4%/10 K ansteigt, können vor allem zwischen den Anlaufwerten bei kalter oder betriebswarmer Maschine merkliche Unterschiede entstehen.

Sobald die Stäbe eines Kurzschlußläufers eine bestimmte Höhe überschreiten, macht sich der Einfluß der Stromverdrängung bemerkbar. Er führt zu einer Abhängigkeit von R_2 von der Läuferfrequenz. Diese Erscheinung wird in der Bauform des Stromverdrängungsläufers bewußt verstärkt und läßt sich bei der Berechnung der Stromortskurve berücksichtigen. Sie zählt damit nicht zu den sonst unfreiwilligen Abweichungen.

3. Die Blindwiderstände der Ersatzschaltung sind nicht wie angenommen konstant, sondern infolge der Eisensättigung stromabhängig. Dabei ist bei kleinen Schlupfwerten die Veränderung der Hauptreaktanz und etwa ab dem Kippschlupf die der Streureaktanzen zu beachten. Insgesamt entstehen durch diese Sättigung Abweichungen von der Kreisform nach Bild 5.28.

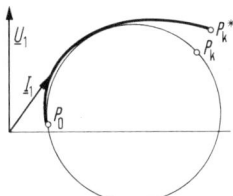

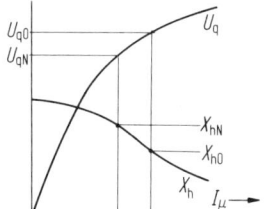

Bild 5.28 Abweichung der Stromortskurve von der Kreisform

Bild 5.29 Abhängigkeit des Hauptblindwiderstandes X_h von der Sättigung

Im Leerlaufpunkt P_0 liegt die induzierte Spannung U_{q0} üblicherweise bereits im gekrümmten Teil der Magnetisierungskennlinie $U_q = f(I_\mu)$, (Bild 5.29). Sinkt nun bei Belastung durch den primären Spannungsfall $\underline{I}_1 \cdot (R_1 + jX_{1\sigma})$ der Wert U_q auf $U_{qN} < U_{q0}$, so geht der Durchflutungsbedarf noch stärker zurück und der Quotient $X_h = U_q/I_\mu$ steigt von X_{h0} auf X_{hN} an. Dadurch ergeben sich bei kleineren Schlupfwerten, wo I_1 noch mehr als bei $s \to 1$ durch die Größe der Hauptreaktanz X_h mitbestimmt wird, in Wirklichkeit geringere Ströme als nach dem Kreisdiagramm.

Die Streureaktanz $X_{1\sigma} + X'_{2\sigma}$ wird durch die magnetische Sättigung verringert, da bei Strömen wesentlich über I_N der Durchflutungsbedarf für den Eisenweg des Streuflusses nicht mehr vernachlässigt werden darf. Für den Nutstreufluß über den Nutschlitz (Bild 5.30) bedeutet dies z. B. eine starke örtliche Sättigung an den Zahnspitzen. Dies wirkt wie eine allmähliche Erweiterung von b auf b' und damit wie eine Verringerung der Nutstreuinduktivität. Da der Strom mit

$$I_k \approx \frac{U_1}{\sqrt{(R_1 + R'_2)^2 + (X_{1\sigma} + X'_{2\sigma})^2}}$$

und $\quad R_1; \; R'_2 < X_{1\sigma}; \; X'_{2\sigma}$

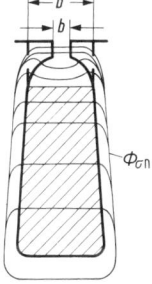

Bild 5.30 Scheinbare Erweiterung der Nutöffnung b auf b' infolge Sättigung der Zahnspitzen durch den Nutstreufluß

bei $s = 1$ wesentlich durch die Streureaktanzen begrenzt wird, nimmt der Kreisdurchmesser allmählich zu. Anstelle des aus dem Kurzschlußversuch mit dem Bemessungsstrom umgerechneten Punktes P_k erhält man in Wirklichkeit P_k^* (Bild 5.28).

5.2.4   Betriebsbereiche und Belastungskennlinien

Einteilung des Kreisumfangs. Die möglichen Betriebszustände der Asynchronmaschine sind durch den Wert des Schlupfes festgelegt und belegen jeweils einen bestimmten Teil des Kreisumfangs.

Dem Motorbetrieb sind mit dem Drehzahlbereich $0 \leq n \leq n_1$ die Schlupfwerte $0 \leq s \leq 1$ zugeordnet. Dies entspricht in Bild 5.31 dem Kreisumfang zwischen P_0 und P_k. Die zur Spannung phasengleiche Wirkkomponente des Ständerstromes bedeutet eine Leistungsaufnahme aus dem Netz und Ausbildung eines Momentes in Drehfeldrichtung.

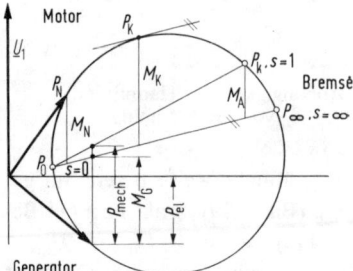

Bild 5.31 Einteilung des Kreisdiagramms nach Betriebsbereichen

Im Bereich zwischen P_k und P_∞ ist $s > 1$, d.h. die Maschine läuft nach Gleichung (5.3) mit negativer Drehzahl oder entgegen der Drehfeldrichtung. Da das Maschinenmoment sich nicht umkehrt, muß der Asynchronmotor im Bereich $s > 1$ angetrieben werden und arbeitet damit zwischen P_k und P_∞ als Bremse.

Unterhalb der imaginären Achse ist der Wirkanteil des Ständerstromes in Gegenphase mit der Netzspannung, womit nach dem VPS Generatorbetrieb vorliegt. Der Schlupf ist mit $s < 0$ negativ, und die Maschine wird mit übersynchroner Drehzahl $n = n_1 (1 + |s|)$ angetrieben. Die Leistungs- und Momentenlinie des Kreisdiagramms bleiben auch für den Generatorbetrieb gültig. So ist die Entfernung Leistungslinie-Kreis im Motorbetrieb der an der Welle abgegebenen beim Generator der zugeführten mechanischen Leistung proportional. Der Drehmomentbedarf des Generators wird durch den Wert M_G, die dem Netz zugeführte elektrische Leistung durch P_{el} festgelegt. Die weitere Darstellung des Generatorbetriebes der Asynchronmaschine soll gesondert in Abschnitt 5.5.3 erfolgen.

Kenndaten des Motorbetriebes. Für den üblichen Motorbereich der Asynchronmaschine lassen sich dem Kreisdiagramm (Bild 5.31) alle Betriebsgrößen, insbesondere die für Anlauf, Kipppunkt und Leerlauf entnehmen und die Kurven $I_1 = f(s)$ und $M = f(s)$ (Bild 5.32) angeben. Das höchste erreichbare Drehmoment wurde bereits in Abschnitt 5.2.2 als Kippmoment M_K bezeichnet und mit dem zugehörigen Kippschlupf s_K berechnet. Es ergibt sich aus der Stromortskurve durch die Tangente parallel zur Drehmomentenlinie $P_0 P_\infty$.

Der Schlupf s_N des Asynchronmotors beträgt für Motorleistungen über 1 kW etwa 1 bis 6%, wobei große Maschinen im Bemessungsbetrieb die geringsten Abweichungen von der Synchrondrehzahl aufweisen. Der Kippschlupf hat etwa den 4- bis 6fachen Wert von s_N und liegt damit bei 6 bis 30%. Die kurzzeitige Überlastungsfähigkeit des Motors wird durch das Kippmoment begrenzt, wobei man etwa $M_K : M_N = 2$ bis 3 annehmen darf. Die Kurve des Ständerstromes steigt vom Leerlaufwert bei $s = 0$ stetig an und erreicht im Stillstand den 4- bis 7fachen Bemessungsstrom. Auf die hieraus resultierenden Schwierigkeiten wird im Zusammenhang mit dem Anlassen noch eingegangen.

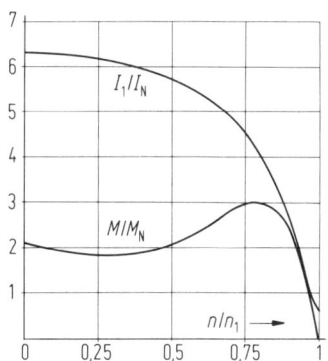

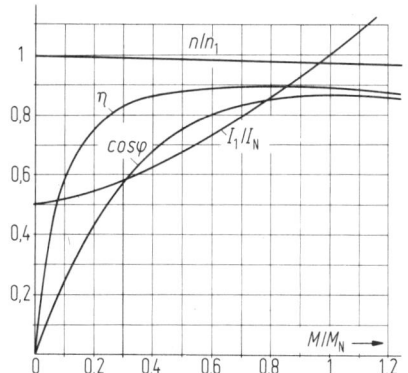

Bild 5.32 Verlauf von Drehmoment und Ständerstrom im Motorbereich

Bild 5.33 Betriebskennlinien der Asynchronmaschine

Belastungskurven. Um einen Überblick über das Verhalten des Asynchronmotors zwischen Leerlauf und Vollast zu erhalten, werden die einzelnen Motordaten über dem abgegebenen Drehmoment aufgetragen. Bild 5.33 zeigt ein Beispiel für einen Käfigläufermotor für 380 V mit $P_N = 11$ kW. Die Drehzahl hat wie beim fremderregten Gleichstrommotor einen flach abfallenden Verlauf, der wieder als Nebenschlußcharakteristik bezeichnet wird. Der Leerlaufstrom beträgt etwa 25 bis 60% von I_N und ist im Vergleich zum Transformator vor allem deshalb so groß, weil zur Überwindung des Luftspaltes ein erhöhter Amperewindungsbedarf besteht. Während der Wirkungsgrad bei nicht zu kleiner Teillast noch gut ist, sinkt der Leistungsfaktor $\cos \varphi$ rascher ab. Laufen somit in einem Netzabschnitt viele Asynchronmotoren mit Teillast, so entsteht insgesamt ein hoher Blindstromanteil, der zu einer ungünstigen Ausnutzung der Installation führt. Hier bietet sich eine Blindleistungskompensation durch eine Kondensatorbatterie oder eine Synchronmaschine an, um den Leistungsfaktor in der Zuleitung zu verbessern.

Beispiel 5.8: Einem Kurzschlußläufermotor für $P_N = 22$ kW, $U = 380$ V, $I_N = 43$ A in Sternschaltung, $\cos \varphi_N = 0{,}89$ soll eine Kondensatorbatterie in Dreieckschaltung zur Übernahme der Blindleistung zugeschaltet werden.
Welche Leistung Q_c muß die Kondensatorbatterie erhalten und welche Kapazität pro Strang?

Für die Blindleistungsaufnahme des Motors gilt

$$Q = \sqrt{3} \cdot U \cdot I_N \cdot \sin \varphi_N = \sqrt{3} \cdot 380\,\text{V} \cdot 43\,\text{A} \cdot 0{,}456 = 12{,}91\,\text{kvar}$$

Nach DIN 48500 ist eine Kondensatoreinheit mit $Q_C = 12{,}5$ kvar zu wählen.
Die Kapazität ergibt sich aus

$$Q_C = 3\,I_C \cdot U = 3\,U^2/X_C$$
$$Q_C = 3\,\omega C \cdot U^2$$

zu $\qquad C = \dfrac{Q_C}{3\,\omega U^2} = \dfrac{12\,500\,\text{var}}{3 \cdot 314\,\text{s}^{-1} \cdot 380^2\,\text{V}^2} = 91{,}85\,\mu\text{F}$

Die vom Netz zu liefernde Scheinleistung geht durch die Batterie auf

$$S = \sqrt{P_1^2 + (Q - Q_C)^2}$$

zurück. Dabei ist die Wirkleistung

$$P_1 = \sqrt{3}\; U \cdot I_N \cdot \cos \varphi_N = \sqrt{3} \cdot 380\,\text{V} \cdot 43\,\text{A} \cdot 0{,}89 = 25{,}19\,\text{kW}$$
$$S = \sqrt{25{,}19^2 + 0{,}41^2}\;\text{kVA} = 25{,}193\,\text{kVA}$$

Dies ergibt den Netzstrom

$$I = \frac{S}{\sqrt{3} \cdot U} = \frac{25193\,\text{VA}}{\sqrt{3} \cdot 380\,\text{V}} = 38{,}3\,\text{A}$$

5.2.5 Drehmomente und Kräfte der Oberfelder

Oberwellendrehfelder. Wie bereits in Abschnitt 4.2.2 gezeigt wurde, bildet eine mehrsträngige symmetrische Ständerwicklung infolge der Treppendurchflutung ihrer einzelnen Stränge Drehfelder der Ordnungszahl

$$v = \pm k \cdot m_1 + 1, \text{ mit } k = 0;\ 2;\ 4;\ 6 \text{ usw.}$$

aus. Dabei bedeuten m_1 die Strangzahl und k eine beliebige geradzahlige ganze Zahl einschließlich Null. Es entstehen damit außer dem Grundwellenfeld nach

$$v = 1 \quad -5 \quad 7 \quad -11 \quad 13 \quad -17 \quad 19 \text{ usw.}$$

alle ungeradzahligen und nicht durch drei teilbaren Oberwellendrehfelder. Das Minuszeichen bedeutet, daß das betreffende Drehfeld im entgegengesetzten Sinne wie das Grundfeld mit $v = 1$ umläuft.

Asynchrone Oberfeldmomente. Die Oberwellendrehfelder oder kürzer Oberfelder besitzen nach Gleichung (4.32) die Synchrondrehzahl

$$n_v = \frac{n_1}{v} \qquad\qquad\qquad\qquad\qquad\qquad\qquad (4.32)$$

und können damit entsprechend ihrer Relativdrehzahl

$$\Delta n_v = n_v - n$$

in der Läuferwicklung Ströme induzieren. Deren Frequenz ist

$$f_{2v} = v \cdot p \cdot \Delta n_v$$

und damit nach den Gleichungen (4.24) und (4.32)

$$f_{2\nu}=f_1 \cdot \frac{\Delta n_\nu}{n_\nu}$$

Definiert man analog zur Grundwelle

$$f_{2\nu}=s_\nu \cdot f_1 \tag{5.44}$$

so erhält man den Schlupf des Läufers zur ν. Feldoberwelle des Ständers mit

$$s_\nu = \frac{\Delta n_\nu}{n_\nu} = 1 - \nu\,(1-s) \tag{5.45}$$

Genau wie die Läuferströme $\underline{I'_2}$ nun mit dem Grundwellendrehfeld ein Drehmoment bei $s \neq 0$ ausbilden, erzeugen die Läuferströme der Drehfeldoberwellen ein asynchrones Drehmoment bei $s_\nu \neq 0$. Diese Oberfeldmomente M_ν überlagern sich dem der Grundwelle, so daß an der Welle der Maschine nur der resultierende Wert zur Verfügung steht (Bild 5.34).

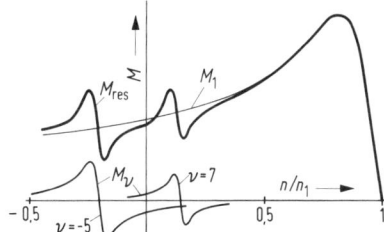

Bild 5.34 Asynchrone Oberfeldmomente durch Wicklungsharmonische

In den Synchronpunkten bei $s_\nu = 0$, d.h. wenn der Läufer die Drehzahl des betreffenden Oberwellendrehfeldes besitzt, ist $M_\nu = 0$. Außerhalb dieser Punkte, die nach Gleichung (5.45) dem Schlupf

$$s = 1 - \frac{1}{\nu}$$

entsprechen, ruft jedes Oberfeldmoment Einsattelungen der Grundwellen-Kennlinie hervor. Das resultierende Wellenmoment hat einen Verlauf wie er etwa bei der mechanischen Kupplung einer Hauptmaschine der Polzahl $2p$ mit einer Reihe von schwächeren Motoren steigender Polzahl $\nu \cdot 2p$ entsteht. Während des Hochlaufs arbeiten die mitlaufenden „Oberwellenmaschinen" bis $s_\nu = 0$ im Motorbetrieb und verstärken das resultierende Moment, danach bremsen sie im Generatorbetrieb.

Den stärksten Einfluß auf das Drehmoment besitzen neben der 5. und 7. Oberwelle die Nutungsharmonischen mit der Ordnungszahl nach Gleichung (4.15)

$$\nu = \pm k\,\frac{Q}{p} + 1, \quad \text{mit} \quad k = 1;\ 2;\ 3\ \text{usw.}$$

da diese nach Tabelle 4.1 den Grundwellenwicklungsfaktor besitzen.

Synchrone Oberfeldmomente. Außer der Ständerwicklung mit dem Strom $\underline{I}_1$, erzeugt auch die Läuferwicklung durch den Strom $\underline{I}_2'$ neben der Grundwellendurchflutung ungeradzahlige Harmonische, die Oberwellendrehfelder ausbilden können. Diese rotieren zum Läufer mit der Drehzahl $s \cdot n_1/\nu$, da die Grundwelle selbst mit $s \cdot n_1$ umläuft. Besitzen nun eine beliebige Ständeroberwelle und ein Läuferoberwellenfeld, die beide dieselbe Polzahl aufweisen, in irgendeinem Betriebspunkt dieselbe Umlaufdrehzahl, so können sie zusammen ein Drehmoment ausbilden. Es entspricht dies der Wirkungsweise der Synchronmaschine, wo auch das vom Läuferstrom erregte Polradfeld und das Drehfeld des Ständerstromes nur bei ihrer Synchrondrehzahl ein von Null verschiedenes mittleres Moment erzeugen.

Als Beispiel für die Entstehung eines synchronen Oberfeldmomentes seien wieder die Nutungsharmonischen betrachtet. Besitzt eine vierpolige Maschine die Nutzahlen $Q_1 = 24$, $Q_2 = 28$, so entstehen nach Gleichung (4.15) die Oberwellenfelder für $k = 1$

Ständer: $\nu_1 = \pm 12 + 1 = \quad 13$ (mitlaufend)
$\qquad\qquad\qquad\quad = -11$ (gegenlaufend)

Läufer: $\nu_2 = \pm 14 + 1 = \quad 15$ (mitlaufend)
$\qquad\qquad\qquad\quad = -13$ (gegenlaufend)

Es kann damit ein Drehmoment der 13. Harmonischen entstehen, wenn die Umlaufdrehzahlen übereinstimmen. Für die mitlaufende Ständerwelle gilt

$$(n_{13})_1 = \frac{n_1}{13}$$

für die gegenläufige Läuferwelle

$$(n_{13})_2 = -\frac{s \cdot n_1}{13} = -\frac{n_1 - n}{13}$$

da die Läufergrundwelle nur mit $s \cdot n_1$ rotiert. In Bezug auf den Ständer addiert sich die Motordrehzahl, so daß bei gleicher Umlaufdrehzahl gelten muß

$$(n_{13})_1 = (n_{13})_2 + n$$

$$\frac{n_1}{13} = -\frac{n_1 - n}{13} + n$$

und daraus

$$n = \frac{n_1}{7}$$

Bei der Drehzahl $n_1/7$ tritt damit ein synchrones Oberfeldmoment auf (Bild 5.35), das den Motor bei dieser Drehzahl zu halten versucht. Außerhalb seiner synchronen Drehzahl pulsiert das Moment zeitlich um den Mittelwert Null und kann zu Geräuschen Anlaß geben.

Besonders unangenehm sind synchrone Momente, die im Stillstand auftreten (Totpunkte), da sie ein Anlaufen des Läufers zu verhindern versuchen (Kleben des Läufers).

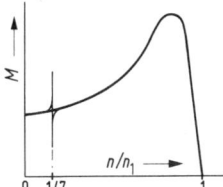

Bild 5.35 Synchrones Oberfeldmoment

Beispiel 5.9: Ein Kurzschlußläufermotor ohne Nutschrägung und Sehnung hat die Nutzahlen $Q_1 = 36$, $Q_2 = 16$ und $p = 2$. Es sind die Drehzahlen n_x anzugeben, bei denen in der Drehmomentkurve Einsattelungen zu erwarten sind.

Es entstehen asynchrone Oberfeldmomente durch Ständerdrehfelder der Ordnungszahl $v = (-5)$, 7, (-11), 13, (-17), 19, (-23) usw., wobei die eingeklammerten Werte im Bremsbereich liegen.

Die Synchronpunkte dieser Momente liegen bei den Drehzahlen n_1/v. Wegen $p = 2$ wird $n_1 = 1500$ U/min und damit

$$v = \quad 7 \qquad 13 \qquad 19$$
$$n_x = n_1/v = 214{,}3 \quad 115{,}4 \quad 79 \text{ U/min}$$

Synchrone Oberfeldmomente:

Nutungsharmonische der Ständerwicklung

$$v_1 = \pm k \cdot \frac{Q_1}{p} + 1 = \pm k \cdot 18 + 1$$

$$k = 1 \qquad\qquad 2$$
$$v_1 = -17; \ 19 \quad -35; \ 37$$

Nutungsharmonische der Läuferwicklung

$$v_2 = \pm k \cdot \frac{Q_2}{p} + 1 = \pm k \cdot 8 + 1$$

$$k = 1 \qquad\qquad 2$$
$$v_2 = -7; \ 9 \quad -15; \ 17$$

Es können zusammenarbeiten

7. Ständerwelle (mitl.) mit -7. Läuferwelle (gegenl.)
-17. Ständerwelle (gegenl.) mit 17. Läuferwelle (mitl.).

Die Synchrondrehzahlen lassen sich nach der Beziehung

$$\frac{n_1}{v_1} = \frac{n_1 - n}{v_2} + n$$

berechnen, wobei das Vorzeichen von v zu beachten ist.

$v_1 = 7$:
$$\frac{n_1}{7} = -\frac{n_1 - n}{7} + n$$

$$n = \frac{n_1}{4} = 375 \text{ U/min}$$

$v_1 = -17$:
$$-\frac{n_1}{17} = \frac{n_1 - n}{17} + n$$

$$n = -\frac{n_1}{8} = -187{,}5 \text{ U/min}$$

Aufgabe 5.8: Ein vierpoliger Drehstrom-Asynchronmotor hat die Nutzahlen $Q_1 = 24$, $Q_2 = 20$. Bei welchen Drehzahlen treten synchrone Oberwellenmomente auf, wenn man nur die Nutungsharmonischen bis $k = 1$ berücksichtigt?

Ergebnis: $n = -300 \text{ U/min}$

Maßnahmen zur Unterdrückung der parasitären Momente. Die erste Maßnahme zur Vermeidung von Oberfeldmomenten muß darin bestehen, die Ständerwicklung so auszulegen, daß die stärksten Oberwellenfelder garnicht oder nur schwach auftreten. Dies läßt sich nach Abschnitt 4.2.2 verwirklichen, wenn die betreffenden Wicklungsfaktoren durch $q > 1$ und eine zusätzliche Sehnung möglichst klein gehalten werden. Auf diese Weise lassen sich zumindest die 5. und 7. Harmonische beseitigen.

Über den Wicklungsfaktor nicht zu beeinflussen sind die Nutungsharmonischen, die nach Abschnitt 4.2.2 stets den Grundwellenwicklungsfaktor besitzen. Da diese Oberwellenfelder somit nicht zu vermeiden sind, kann man nur noch ihre Wirkung auf die Läuferstäbe aufheben. Dies geschieht nach Bild 5.36 durch eine Schrägung der Läufernuten um eine Ständernutteilung. Dadurch wird die Verkettung der Läuferstäbe mit der Nutungsoberwelle für $k = 1$ zu Null, so daß in der Wicklung keine entsprechenden Ströme induziert werden können, womit auch kein Drehmoment entsteht. Mit dem Betrag τ_{n1} schrägt man für die nicht existierende Ordnungszahl $v = Q/p$ und erfaßt damit gleichmäßig die benachbarten Ordnungszahlen $v = \pm Q/p + 1$.

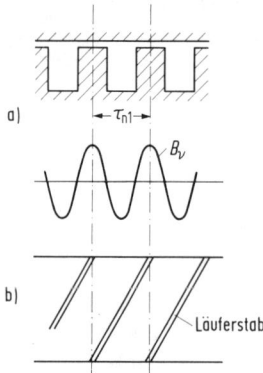

Bild 5.36 Nutschrägung zur Entkopplung der Läuferwicklung von Ständer-Nutungsharmonischen
a) Ständernutteilung und Lage der fiktiven Nutungsharmonischen B_v mit $v = Q/p$
b) Schrägung der Läufernuten um eine Ständernutteilung

Oberfeldmomente durch Zusatzeisenverluste. Mißt man die Drehmoment-Drehzahlkurve einer Asynchronmaschine, vor allem in der Bauform als Kurzschlußläufer, und läßt die relativ spitzen Einsattelungen durch die bereits besprochenen Oberfeldmomente außer Acht, so erhält man im allgemeinen den Verlauf $M = f(n)$ nach Bild 5.37. Das Wellenmoment ist im Motorbetrieb kleiner als der Grundwellenwert und weicht im Bremsbereich sogar wesentlich davon ab.

Die Ursache dieser Differenzen sind zusätzliche parasitäre Drehmomente, die vor allem wieder durch die Nutungsharmonischen entstehen. Im Unterschied zu den bisher behandelten Oberfeldmomenten werden sie nicht durch Ströme in der Läuferwicklung, sondern durch zusätzliche Eisenverluste hervorgerufen.

An der Entstehung dieser Eisenverluste sind meist mehrere Erscheinungen gleichzeitig beteiligt [51-53]. So sind bei Käfigläufern die Stäbe gegenüber dem Eisen nicht isoliert, was bei schräggestellten Nuten zur Ausbildung von Querströmen über das Eisen von Stab zu Stab führen kann. Die Stromwärmeverluste dieser Querströme bilden einen Teil der über den Luftspalt übertragenen Leistung und sind damit drehmomentbildend.

Dasselbe trifft auf zusätzliche Eisenverluste zu, die durch die Nutungsharmonischen entstehen. Diese hochpoligen Oberwellendrehfelder rotieren zum Läufereisen mit der Drehzahl $\Delta n_v = n_1/v - n$ und magnetisieren das Dynamoblech in den Zähnen nach Gleichung (5.44) mit der Frequenz

$$f_{2v} = f_1 \left[1 - v\left(1 - s \right) \right] \tag{5.46}$$

um. Bei $Q/p = \pm 18$ und $s_K = 0{,}2$ ergibt dies z. B. im Kippunkt im Mittel über 700 Hz. Weiter können sich in einer dünnen geschlossenen Oberflächenschicht des Läufers, die durch eine Gratbildung beim Überdrehen der Bleche entsteht, Wirbelstromverluste ausbilden.

Berechnet man die als Zahnpulsationsverluste bezeichneten Eisenverluste $P_{\text{Fe}v}$ der stets paarweise auftretenden Nutungsharmonischen [54, 55], so bestimmt sich die zugehörige Luftspaltleistung nach Gleichung (5.25) zu

$$P_{\text{L}v} = \frac{P_{\text{Fe}v}}{s_v} \tag{5.47}$$

Das Oberwellendrehmoment wird dann

$$M_v = \frac{P_{\text{L}v}}{2\pi \cdot n_v} \tag{5.48}$$

Der Verlauf von parasitären Drehmomenten durch Eisenverluste ist wesentlich gestreckter als der durch Wicklungsströme und ergibt die in Bild 5.37 dargestellten Kurven.

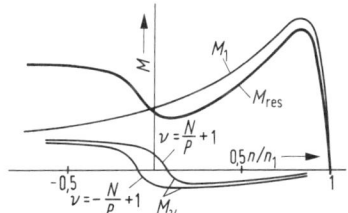

Bild 5.37 Oberfeldmomente M_v durch Zusatzeisenverluste der Nutungsharmonischen
$v = \pm Q/p + 1$
M_1 Grundfeldmoment

Resultierende Momentenkurve. Das Wellenmoment der Asynchronmaschine ist nach vorstehenden Aussagen ein Summenwert, der sich aus dem gewünschten Moment M_1 des Grunddrehfeldes mit der Drehzahl n_1 und überlagerten Störmomenten ergibt. In welchem Umfang die gemessene Momentenkurve vom eigentlichen Grundfeldverlauf abweichen kann, zeigt Bild 5.38 am Beispiel eines älteren sechspoligen Käfigläufer-motors für $P_N = 2,2$ kW.

Bei den Nutzahlen $Q_1 = 36$, $Q_2 = 44$ und einer Läufernutschrägung um eine halbe Läufernutteilung ist deutlich der Einfluß von asynchronen Oberfeldmomenten 5. bis 13. Ordnungszahl zu erkennen. Die hohen Momentwerte bei negativen Drehzahlen sind nach Bild 5.37 hauptsächlich auf Zusatzeisenverluste zurückzuführen.

Die angegebene Kurve wurde bei einer Teilspannung von $0,3 \cdot U_N$ aufgenommen, wo-bei die Oberfeldanteile besonders deutlich hervortreten. Bei Bemessungsspannung und damit hohen Wicklungsströmen im Anlaufbereich tritt durch die Sättigung der Zahn-köpfe infolge des Streuflusses ein Abschleifen des eckigen treppenförmigen Feldver-laufs der Wicklungsstränge auf. Dies führt zu einem Absinken der Oberfeldanteile und damit auch der Störmomente.

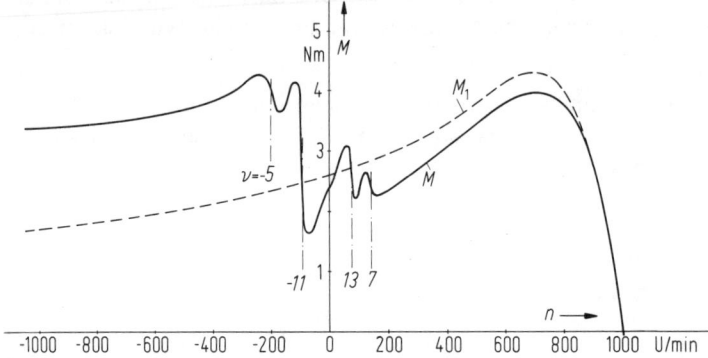

Bild 5.38 Gemessene Momentenkurve eines Drehstrom-Käfigläufers für $P_N = 2,2$ kW bei $U_1 = 0,3\,U_N$, $p=3$, $Q_1 = 36$, $Q_2 = 44$, Einschichtwicklung

Rüttelkräfte. Außer für die unerwünschten Einsattelungen in der Momentenkurve sind die Oberwellenfelder auch für die Entstehung einseitiger radialer Zugkräfte zwi-schen Ständer und Läufer verantwortlich. Sie entstehen durch gegensinnig umlaufen-de Harmonische, deren Ordnungszahlen nebeneinander liegen, so daß die Felder eine Schwebung ausbilden. Entlang des Bohrungsumfangs bilden sich gegenüberliegend eine Zone großer Luftspaltinduktion und eine kleiner Induktion aus. Da diese unglei-che Feldverteilung umläuft, ruft sie rotierende einseitige Zugkräfte hervor. Dadurch werden einzelne Maschinenteile zu Schwingungen angeregt, was besonders dann, wenn Resonanzen entstehen, zu Geräuschen führt.

Beispiel 5.10: Ein vierpoliger Kurzschlußläufermotor hat die Daten:

$Q_1 = 36$, $P_{2N} = 4$ kW, $M_N = 26,8$ Nm, $s_N = 0,05$,
$M_K / M_N = 2,4$, $s_K = 0,2$, $I_K / I_N = 3,9$

Es sei angenommen, daß die Oberwellendrehfelder der Nutungsharmonischen $v = -17$ und 19 bei I_N in den Läuferzähnen zusammen Wirbelstromverluste von 0,4% der Bemessungsleistung erzeugen. Es ist abzuschätzen, um welchen Betrag das Kippmoment durch die Oberfeldmomente dieser Zusatzeisenverluste zurückgeht.

Es kann angenommen werden, daß bei konstanter Ummagnetisierungsfrequenz in den Läuferzähnen die Wirbelstromverluste durch die Nutungsharmonischen mit dem Quadrat des Ständerstromes ansteigen. Damit wird

$$P^*_{Fe\nu} = 0{,}004\, P_{2N} \cdot \left(\frac{I_K}{I_N}\right)^2 = 0{,}004 \cdot 4000\text{ W} \cdot 3{,}9^2 = 243{,}3\text{ W}$$

Die Ummagnetisierungsfrequenz im Läufer errechnet sich nach Gleichung (5.44) und (5.45) zu

$$f_{2\nu} = f_1 \cdot s_\nu \quad \text{mit} \quad s_\nu = 1 - \nu(1-s)$$

Nach Bild 5.37 reduziert sowohl das Oberfeldmoment der -17. wie 19. Nutungsharmonischen das Kippmoment. Man macht daher nur einen geringen Fehler, wenn man mit dem mittleren Schlupf

$$s_{\nu m} = \nu(1-s)$$

rechnet, der zu einer fiktiven 18. Oberwelle gehört. Die Ummagnetisierungsfrequenz wird damit

im Nennpunkt $\quad f_{2\nu} = 18 \cdot 50\,(1 - s_N)$ Hz
im Kippunkt $\quad f_{2\nu} = 18 \cdot 50\,(1 - s_K)$ Hz

Da die Wirbelstromverluste vom Quadrat der Frequenz abhängen, gilt damit

$$P_{Fe\nu} = P^*_{Fe\nu} \cdot \frac{(f_{2\nu})^2_K}{(f_{2\nu})^2_N} = P^*_{Fe\nu} \cdot \frac{(1-s_K)^2}{(1-s_N)^2}$$

$$P_{Fe\nu} = 243{,}3\text{ W} \cdot \left(\frac{0{,}8}{0{,}95}\right)^2 = 172{,}5\text{ W}$$

Diese Eisenverluste entsprechen der Luftspaltleistung

$$P_{L\nu} = \frac{P_{Fe\nu}}{(s_{\nu m})_K} = \frac{172{,}5\text{ W}}{18 \cdot 0{,}8} = 12\text{ W}$$

Das Oberfeldmoment errechnet sich mit $n_\nu = n_1/18$ und $n_1 = 25\text{ s}^{-1}$ zu

$$M_\nu = \frac{P_{L\nu}}{2\pi n_\nu} = \frac{18 \cdot 12\text{ W}}{2\pi \cdot 25\text{ s}^{-1}} = 1{,}375\text{ Ws}$$

$$M_\nu = 1{,}375\text{ Nm}$$

Das Kippmoment wird daher um

$$\frac{M_\nu}{M_K} = \frac{1{,}375}{2{,}4 \cdot 26{,}8} \cdot 100\% = 2{,}14\%$$

geschwächt.

5.3 Steuerung von Drehstrom-Asynchronmaschinen

5.3.1 Methoden der Drehzahleinstellung

Die wichtigsten Möglichkeiten, die zur Steuerung der Drehzahl von Asynchronmaschinen bestehen, lassen sich bereits der Grundgleichung

$$n = n_1 (1-s) = \frac{f_1}{p} (1-s)$$

entnehmen. Um die einem bestimmten Drehmoment zugeordnete Drehzahl zu verändern, bestehen danach folgende Verfahren:

1. Vergrößerung des Schlupfes s durch
   - Vorwiderstände bei Schleifringläufermotoren
   - Absenken der Klemmenspannung
   - Energierückspeisung aus dem Läufer in das Netz.

2. Änderung der Polzahl $2p$ durch
   - eine polumschaltbare Wicklung
   - getrennte Ständerwicklungen unterschiedlicher Polzahl.

3. Änderung der Frequenz f der Drehspannung durch
   - Umrichterschaltungen der Leistungselektronik.

Alle angegebenen Verfahren haben praktische Bedeutung erlangt und sollen nachstehend im einzelnen besprochen werden.

Schlupferhöhung durch Läufervorwiderstände. In der Ausführung der Maschine als Schleifringläufer besteht die Möglichkeit, an die Anschlüsse K, L, M des Läufers einen einstellbaren Drehstromwiderstand R_{2v} zuzuschalten. Der wirksame Strangwiderstand der Läuferwicklung erhöht sich damit von R_2 auf $R_2 + R_{2v}$ und man erhält die Ersatzschaltung in Bild 5.39. Sie realisiert die Spannungsgleichung (5.13) mit der Erweiterung durch R_{2v}.

Die Wirkung des Läufervorwiderstandes kann unmittelbar Bild 5.39 entnommen werden. Bei Kurzschluß der Klemmen K, L, M, d.h. $R_{2v} = 0$ genügt z.B. zur Erzeugung des Stromes I_{2N} und damit des Bemessungsmomentes eine kleine induzierte Läuferspannung U_{q2} durch den geringen Schlupf s_N. Mit R_{2v} im Läuferkreis muß für ebenfalls I_{2N} wegen des zusätzlichen Spannungsfalles U_v ein höherer Wert U_{q2} gebildet werden, was die Maschine nur durch eine Vergrößerung des Schlupfes s erreichen kann.

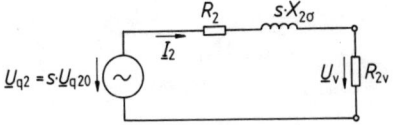

Bild 5.39 Schlupferhöhung der AsM durch einen Läufervorwiderstand R_{2v}

Der Läufervorwiderstand bewirkt also bei gegebener Belastung eine Verringerung der Betriebsdrehzahl.

Für die quantitative Auswertung ist zu beachten, daß nach dem Ersatzschaltbild der AsM jedem Betriebszustand und damit auch jedem Punkt der Stromortskurve ein fester Quotient R_2/s zugeordnet ist. Die im Kreisdiagramm nach Bild 5.23 mit Hilfe der Schlupfgeraden angegebene Schlupfeinteilung gilt also nur für einen gegebenen festen Läuferwiderstand. Ändert man den gesamten sekundären Strangwiderstand vom Wert R_2 auf $R_2 + R_{2v}$, so erhält man für einen bestimmten Betriebspunkt auf dem Kreis anstelle des Schlupfes s den neuen Wert s^* über die Gleichung

$$\frac{R_2 + R_{2v}}{s^*} = \frac{R_2}{s}$$

und damit

$$s^* = s\left(1 + \frac{R_{2v}}{R_2}\right) \tag{5.49}$$

Diese Beziehung besagt, daß sich im Kreisdiagramm der einem Umfangspunkt und damit einem konstanten Strom und Drehmoment zugeordnete Schlupfwert über den resultierenden Läuferkreiswiderstand beliebig vergrößern läßt.

Für die neue Betriebsdrehzahl n^* gilt nach $n = n_1(1 - s)$ im Vergleich zum alten Wert n

$$n^* = n - \frac{R_{2v}}{R_2}(n_1 - n) \tag{5.50}$$

Der Kippschlupf der Maschine steigt ebenfalls nach Gl. (5.49), an, während das Kippmoment, das nach Gl. (5.35a) vom Läuferwiderstand unabhängig ist, unverändert bleibt.

Eine Drehzahlsteuerung durch Zusatzwiderstände ist konstruktiv nur beim Schleifringläufermotor möglich. Hier kann über die Schleifringe der Läuferwicklung ein einstellbarer dreisträngiger Widerstand zugeschaltet werden (Bild 5.40). Die einzelnen Stufen lassen sich durch einen Handschalter oder über Schütze anwählen.

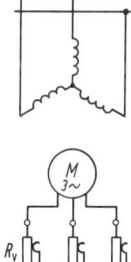

Bild 5.40 Schleifringläufer mit dreisträngigem Vorwiderstand R_v

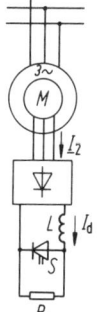

Bild 5.41 Schleifringläufermotor mit gepulstem Vorwiderstand R_d

Mit Mitteln der Leistungselektronik läßt sich nach Bild 5.41 eine kontaktlose, stetige Einstellung des wirksamen Läufervorwiderstandes erreichen. Der Läuferstrom I_2 wird dabei zunächst in einer Drehstrombrückenschaltung gleichgerichtet und danach einem Festwiderstand R_d zugeführt. Die Drosselspule L dient zur Glättung des Gleichstromes I_d. Parallel zu dem Festwiderstand liegt ein Gleichstromsteller S, der als elektronischer Ein- und Ausschalter eingesetzt ist. Ist dieser geöffnet, so fließt I_d über den Widerstand, bei geschlossenem Schalter ist R_d dagegen überbrückt.

R_d läßt sich über eine Energiebilanz in einen gleichwertigen Läufervorwiderstand R_{2v} nach Bild 5.39 umrechnen. Bezeichnet man mit t_E die Einschaltdauer von R_d und mit t_p die Periodendauer der Taktung, so erhält man die Beziehung

$$I_d{}^2 \cdot R_d \cdot t_E = 3 \cdot I_2{}^2 \cdot R_{2v} \cdot t_P$$

Mit der bei B6-Schaltungen gültigen Stromübersetzung von $I_d / I_2 = \sqrt{1,5}$ ergibt dies die Zuordnung

$$1,5 \cdot R_d \cdot t_E = 3 R_{2v} \cdot t_P$$
$$R_{2v} = \frac{1}{2} R_d \cdot \frac{t_E}{t_P}$$

Für verschiedene, wachsende Läuferwiderstände R_{2v} erhält man Drehzahl-Drehmomentkennlinien nach Bild 5.42. Nach Gl. (5.50) wird, ausgehend von der normalen Betriebskennlinie, in jedem Arbeitspunkt die Schlupfdrehzahl $n_1 - n$ um den Faktor R_{2v}/R_2 vergrößert. Das Kippmoment bleibt erhalten und kann bis in den Bereich negativer Werte verschoben werden. Im üblichen Betriebsbereich entstehen wie bei der Gleichstrommaschine mit Steuerung über Ankervorwiderstände immer steilere Geraden mit einer entsprechenden größeren Lastabhängigkeit der Drehzahl. Für alle Kurven gilt dieselbe Stromkennlinie $I_1 = f(M)$.

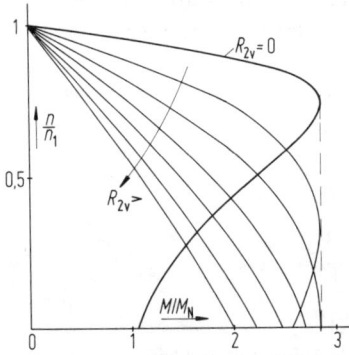

Bild 5.42 Drehzahleinstellung durch Läufervorwiderstände R_{2v}

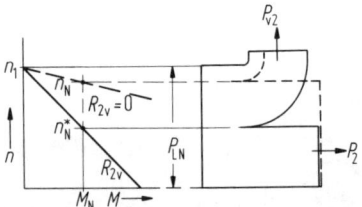

Bild 5.43 Leistungsbilanz für Nennmoment bei Drehzahlsteuerung durch Läufervorwiderstände

P_{v2} Stromwärmeverluste im Läuferkreis

Der entscheidende Nachteil dieser Steuermethode liegt in den hohen zusätzlichen Stromwärmeverlusten der Vorwiderstände. Um ein bestimmtes Moment zu erhalten, muß ein fester Betriebspunkt auf dem Kreis erreicht werden, was einer unveränderlichen aus dem Netz entnommenen Primärleistung entspricht. Die mechanische abgegebene Leistung sinkt jedoch nach $P_2 \sim n \cdot M$ mit der Drehzahl und damit auch der Wirkungsgrad.

Dies Ergebnis wird auch durch die Zerlegung der drehmoment-proportionalen Luftspaltleistung P_L in den Gleichungen (5.24) und (5.25) deutlich. Bei konstantem Moment $M \sim P_L$ geht mit steigendem Schlupf der als abgegebene Leistung $P_2 = P_L(1 - s)$ verfügbare Anteil zugunsten der gesamten Stromwärmeverluste $P_{v2} = P_L \cdot s$ zurück.

Die grafische Darstellung dieses Sachverhalts ergibt für Belastung mit dem Bemessungsmoment M_N das Diagramm nach Bild 5.43. Bei $R_{2v} = 0$ gilt die obere Drehzahlkennlinie und für M_N die gestrichelte Aufteilung der Luftspaltleistung P_{LN}. Wird ein Vorwiderstand R_{2v} zugeschaltet, so sinkt die Drehzahl auf n_N^* und man erhält die dargestellte Leistungsaufteilung.

Für Dauerbetrieb und über einen größeren Bereich ist die Drehzahleinstellung über Läufervorwiderstände daher zu unwirtschaftlich. Sie wird jedoch dort angewandt, wo kurzzeitig geringe Drehzahlen zum Anfahren, wie z.B. bei Hebezeugen, Zentrifugen verlangt werden.

Beispiel 5.11: Ein vierpoliger Drehstrom-Schleifringläufermotor gibt bei seiner Bemessungsdrehzahl von $n_N = 1446$ U/min eine Leistung von $P_2 = 22$ kW an der Welle ab, die gesamten Reibungsverluste betragen 250 W, der Läuferstrom $I_{2N} = 46$ A. Wie groß muß der Läuferzusatzwiderstand sein, so daß der Motor bei $s_K = 4{,}5\,s_N$ mit dem Kippmoment anläuft?
Der Schlupf ist nach Gleichung (5.2)

$$s_N = \frac{n_1 - n_N}{n_1} = \frac{54\,\text{U/min}}{1500\,\text{U/min}} = 0{,}036, \quad \text{damit} \quad s_K = 4{,}5 \cdot 0{,}036 = 0{,}162$$

Nach den Gleichungen (5.24) und (5.25) gilt für das Verhältnis Läuferkupferverluste zur gesamten mechanisch angegebenen Leistung

$$\frac{P_{Cu2}}{P_2 + P_R} = \frac{s}{1 - s}$$

womit man für den Bemessungspunkt $P_{Cu2} = \dfrac{0{,}036}{0{,}964}\,(22\,\text{kW} + 0{,}25\,\text{kW}) = 831\,\text{W}$ erhält.

Die Läuferkupferverluste sind $P_{Cu2} = 3 \cdot R_2 \cdot I_{2N}^2$ und

$$R_2 = \frac{831\,\text{W}}{3 \cdot 46^2 \cdot \text{A}^2} = 0{,}131\,\Omega$$

Den Läuferzusatzwiderstand erhält man über Gleichung (5.49) nach

$$\frac{R_2}{s_k} = R_2 + R_{2v}$$

$$R_{2v} = R_2 \left(\frac{1}{s_K} - 1 \right) = 0{,}131\,\Omega \left(\frac{1}{0{,}162} - 1 \right)$$

$$R_{2v} = 0{,}678\,\Omega$$

Der obige Motor habe bei $\vartheta_1 = 20\,°C$ Betriebstemperatur die Werte $n_N = 1450\,\text{U/min}$, $R_{2k} = 0{,}125\,\Omega$. Auf welchen Wert n_N^* sinkt die Drehzahl bei M_N, wenn sich der Läufer auf $\vartheta_2 = 120\,°C$ erwärmt?

Für den warmen Widerstand gilt

$$R_{2w} = R_{2k} \cdot \frac{235\,°C + \vartheta_2}{235\,°C + \vartheta_1} = 0{,}125\,\Omega \cdot \frac{355\,°C}{255\,°C} = 0{,}174\,\Omega$$

Dies entspricht einer Widerstandserhöhung von $R_{2v} = R_{2w} - R_{2k} = 0{,}049\,\Omega$.

Nach Gl. (5.50) ergibt dies die neue Drehzahl

$$n_N^* = n_N - \frac{R_{2v}}{R_2}\,(n_1 - n_N) = 1450\,\text{U/min} - \frac{0{,}049\,\Omega}{0{,}125\,\Omega} \cdot 50\,\text{U/min} = 1430\,\text{U/min}$$

Aufgabe 5.9: Ein Drehstrommotor mit dem Anlaufmoment M_{AN} hat die Widerstandsdaten $R_1 = R_2' = 0{,}25\,\text{Ohm}$, $X_{1\sigma} + X_{2\sigma}' = 1{,}0\,\text{Ohm}$. Wie verändert sich das Anzugsmoment, wenn man
a) den Primärwiderstand R_1,
b) den Läuferwiderstand R_2
verdoppelt? Es ist das Verhältnis M_A/M_{AN} unter Vernachlässigung des Querzweiges im Ersatzschaltbild anzugeben.
Ergebnis: a) $M_A/M_{AN} = 0{,}8$ b) $M_A/M_{AN} = 1{,}6$

Aufgabe 5.10: Ein Schleifringläufermotor hat die Bemessungsdaten $P_{1N} = 11{,}1\,\text{kW}$, $P_{2N} = 10\,\text{kW}$ und $s_N = 0{,}03$. Die Reibungsverluste können vernachlässigt werden. Durch Läufervorwiderstände R_{2v} soll bei Bemessungsmoment die Drehzahl $0{,}8\,n_N$ eingestellt werden. Es sind der neue Wirkungsgrad und die Einzelverluste zu bestimmen.
Ergebnis: $\eta = 0{,}72$, $P_{v1} = 790{,}7\,\text{W}$, $P_{Cu2} = 309{,}3\,\text{W}$, $P_{Rv} = 2000\,\text{W}$

Änderung der Klemmenspannung. Nach den Gleichungen (5.34) und (5.35) bleibt bei einer Verringerung der Ständerspannung U_1 der Kippschlupf s_K unverändert, während das Kippmoment mit $M_K \sim U_1^2$ quadratisch abnimmt. Bei der normalen Läuferauslegung mit $s_K = 0{,}15$ bis $0{,}3$ ergibt sich dann das Kennlinienfeld in Bild 5.44a. Dieser Verlauf bedeutet für viele Antriebsaufgaben einen sehr eingeschränkten Drehzahlstellbereich, da die Betriebspunkte unterhalb des Kippmomentes vielfach instabil sind. So wird der Motor z.B. bei einem drehzahlunabhängigen Lastmoment immer auf den Schnittpunkt P mit dem oberen Kennlinienast beschleunigen.

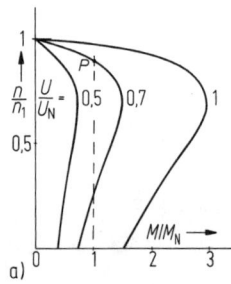
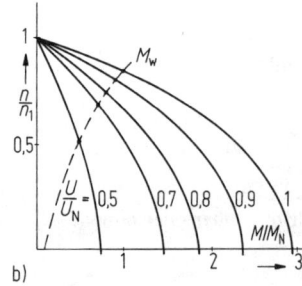

Bild 5.44 Drehzahl-Drehmomentkennlinien bei variabler Ständerspannung
a) Verlauf bei normaler Läuferauslegung,
b) Betrieb mit Widerstandsläufer,
M_W – Lüfterwiderstandsmoment

Für den Einsatz mit Spannungsabsenkung verwendet man daher meist Maschinen mit einem sogenannten Widerstandsläufer, bei dem z.B. durch einen höheren spezifischen Widerstand des Käfigs das Kippmoment erst bei $s_K \approx 1$ auftritt. Man erhält dann die weichen Drehzahlkurven in Bild 5.44b und kann jetzt praktisch den ganzen Drehzahlbereich nutzen.

Die Methode der Spannungsabsenkung eignet sich besonders zur Drehzahleinstellung bei kleinen Lüfter- und Pumpenantrieben, da hier das erforderliche Drehmoment $M_w \sim n^2$ ist. Eine derartige Lastkurve ist in Bild 5.44b mit möglichen stabilen Arbeitspunkten eingetragen. Bei niedrigen Drehzahlen, d.h. hohen Schlupfwerten sind mit $P_2 \sim n^3$ nur geringe Abgabeleistungen erforderlich, was im Hinblick auf die Läuferverluste P_{Cu2} sehr erwünscht ist. Nach den Gl. (5.24) und (5.25) errechnen sich diese zu

$$P_{Cu2} = P_2 \cdot \frac{s}{1-s}$$

steigen also bei fester Abgabeleistung P_2 überproportional mit s an. Auf dieses Problem wird in Abschnitt 5.4.1 im Zusammenhang mit der Technik der Drehstromsteller noch näher eingegangen.

Polumschaltung. Eine Änderung der Polpaarzahl p des Ständerdrehfeldes ergibt nach Gl. (5.1) eine grobstufige Drehzahlsteuerung. Man verwendet dazu Maschinen mit Käfigläufer, da dieser im Gegensatz zur Schleifringläuferwicklung mit ihrer gegebenen Spulenweite nicht an eine feste Polzahl gebunden ist. Der Wechsel auf die neue Polpaarzahl kann entweder dadurch erreicht werden, daß in den Ständernuten zwei getrennte Drehstromwicklungen unterschiedlicher Polzahl liegen, von denen stets nur eine in Betrieb ist oder durch die Umschaltung der Spulengruppen einer einzigen Wicklung. Für eine mehrfach polumschaltbare Maschine verwendet man auch eine Kombination beider Verfahren.

Anwendungsgebiete polumschaltbarer Motoren sind z.B. Werkzeugmaschinen und Hebezeuge, wo neben der Betriebsdrehzahl eine Langsamstufe zum Positionieren erforderlich ist. Bei Pumpen- und Lüfterantrieben läßt sich mit der Polumschaltung eine grobstufige Änderung der Förderleistung erreichen. Durch den Anlauf über die höhere zur niederen Polzahl im Betrieb kann man ferner die Anlaufverlustwärme im Läufer wesentlich herabsetzen.

Dahlanderschaltung. Die wichtigste Technik zur Polumschaltung ist die Dahlanderschaltung der Drehstromwicklung, die eine Änderung der Polpaarzahl im Verhältnis $p_2 : p_1 = 2 : 1$ ermöglicht. In Bild 5.45 ist das Wicklungsschema eines Strangs für eine 4/2polige Ausführung angegeben, wobei folgender grundsätzlicher Aufbau zu erkennen ist:

- Die Spulenweite der Wicklung stimmt mit der Polteilung der höherpoligen Ausführung (p_2) überein, womit für die kleinere Polpaarzahl p_1 eine Sehnung um $\varepsilon = 90°$ besteht.
- Die Zonenbreite entspricht der normalen Breite der Polpaarzahl p_1 mit der Lochzahl q_1. Bezogen auf p_2 ist die Zonenbreite damit doppelt so breit wie üblich.
- Für die Polpaarzahl p_2 werden alle Spulengruppen eines Strangs in Reihe geschaltet, bei p_1 erfolgt eine Aufteilung auf zwei parallele Zweige.

Mit obigen Vorgaben gelten für das Beispiel einer 4/2poligen Dahlanderschaltung die in Bild 5.45 b eingetragenen Stromrichtungen. Wie bereits in Abschn. 4.2.1 gezeigt, lassen sich dann für beide Fälle die treppenförmigen Felderregerkurven eines Wicklungsstrangs (Bild 5.45 c) angeben, die jeweils eine Grundwelle der gewünschten Polzahl enthalten. Die Addition der drei Strangkurven ergibt wieder die vier- oder zweipolige Drehdurchflutung.

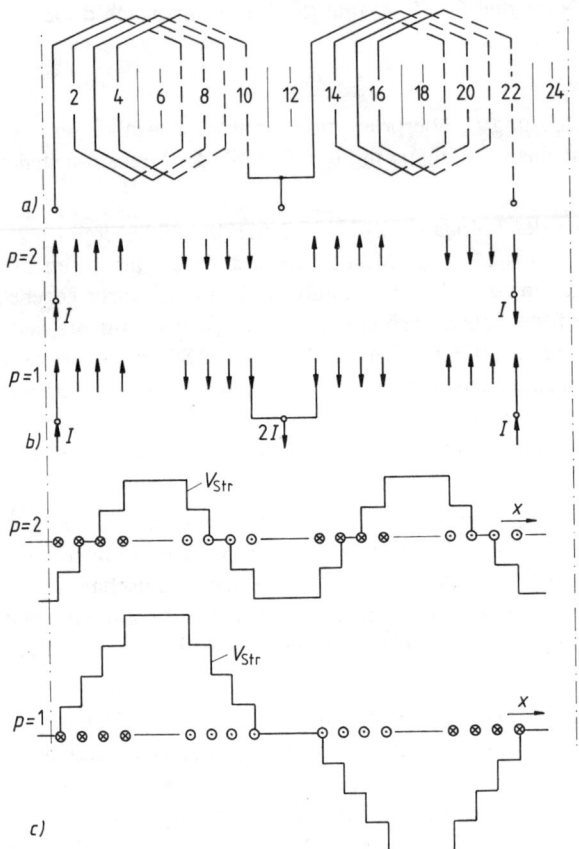

Bild 5.45 Polumschaltung
mit der Dahlanderschaltung
$p_1 : p_2 = 1:2$, $q = 4$
a) Wicklungsschema
   eines Strangs
b) Stromverteilung
   in den Leitern
c) Felderregerkurven
   eines Strangs

Für die Verbindung der drei Wicklungsstränge und ihrer Anschlüsse an das Netz bestehen je nach dem gewünschten Leistungsverhältnis verschiedene Möglichkeiten. Bei der höheren Polzahl mit Reihenschaltung der Spulengruppen kann eine Stern- oder eine Dreieckschaltung verwendet werden. Für die niedere Polzahl mit ihren parallelen Zweigen nimmt man praktisch immer die Doppelsternschaltung.

Bild 5.46 zeigt die drei Möglichkeiten und die bei konstantem Strangstrom I und gleicher Außenleiterspannung U erreichbaren Scheinleistungen. Wegen der verschiedenen Wirkungsgrade, Leistungsfaktoren und Kühlbedingungen weichen die Bemessungsleistungen P_N teils wesentlich davon ab.

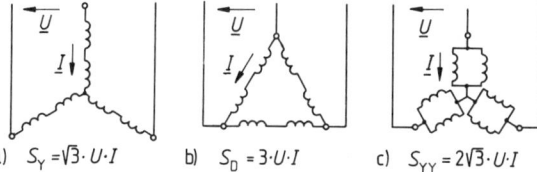

a) $S_Y = \sqrt{3} \cdot U \cdot I$ b) $S_D = 3 \cdot U \cdot I$ c) $S_{YY} = 2\sqrt{3} \cdot U \cdot I$

Bild 5.46 Schaltung der Spulengruppen einer Dahlanderschaltung
a) Sternschaltung b) Dreieckschaltung c) Doppelsternschaltung

Die Kombination Dreieck/Doppelstern (D/YY) für die niedere/hohe Drehzahl wird als Standardschaltung eingesetzt. Wie die Angaben in Tafel 5.1 zeigen, gilt für das Leistungsverhältnis bei den beiden Drehzahlen $P_{YY}/P_D = 1,2$ bis $1,8$. Die Schaltung Stern/Doppelstern (Y/YY) für die niedere/hohe Drehzahl wird bei Lüfterantrieben mit der Charakteristik $M \sim n^2$ eingesetzt. Hier gilt etwa $P_{YY}/P_Y = 4$ bis 6.

Tafel 5.1 Nennleistungen in kW für Drehstrommotoren der Baugröße 112 M

Synchrondrehzahl	Normmotor	D/YY - polumschaltbarer Motor - Y/YY			
3000 U/min	6,1	4,7		4,8	
1500 U/min	4,5	3,7	2,9	1,2	3,6
750 U/min	1,8		1,6		0,9

5.3.2. Betrieb mit frequenzvariabler Spannung

Proportionalität U/f. Nach der Grundgleichung

$$n = \frac{f_1}{p}(1 - s)$$

kann die Drehzahl einer Asynchronmaschine stufenlos über die Frequenz der angelegten Drehspannung verändert werden. Solange man für deren Erzeugung einen eigenen Drehstromgenerator benötigte, der z. B. durch einen Gleichstrommotor mit der entsprechenden Drehzahl angetrieben wurde, war diese Möglichkeit der Drehzahlsteuerung nur sehr begrenzt wirtschaftlich einsetzbar. Anwendungsgebiete waren allenfalls Gruppenantriebe der Holzbearbeitung und Textilindustrie mit einer jeweils einheitlichen Drehzahl und damit der Möglichkeit einer gemeinsamen Versorgung. Durch die Entwicklung der Leistungselektronik ist die Frequenzänderung jedoch zur wichtigsten Steuertechnik von Drehstrommotoren geworden. Die Schaltungen und

Wirkungsweise der hier eingesetzten Frequenzumrichter werden in Abschnitt 5.4.3 besprochen.

Das Drehmoment einer Asynchronmaschine wird nach Gl. (4.39) mit

$$M_i = c \cdot \Phi_h \cdot I_1 \cdot \sin \angle (\Phi_h, I_1)$$

wie bei einer Gleichstrommaschine durch das Produkt Erregerfeld mal Laststrom bestimmt. Um die Ausnutzung des Bemessungsbetriebs zu erhalten, muß man daher bei einer Frequenzsteuerung den Fluß des magnetischen Kreises nach Gl. (4.36)

$$\Phi_h = \frac{1}{\sqrt{2} \cdot \pi \cdot N_1 \cdot k_{w_1}} \cdot \frac{U_q}{f_1}$$

aufrechterhalten. Vernachlässigt man zunächst den Spannungsfall in der Ständerwicklung, setzt also $U_q = U_1$, so bedeutet dies prinzipiell, daß jede Frequenzänderung eine proportionale Anpassung der Spannungshöhe, d. h. die Zuordnung $U_1 \sim f_1$ erfordert.

Stromortskurven. Wird eine Asynchronmaschine am Netz mit proportional zueinander geänderten Frequenz- und Spannungswerten betrieben, so entsteht in der Beziehung für die Stromortskurve $\underline{I}_1 = f(s)$ nach Gl. (5.28) über die Blindwiderstände in der Kreisfrequenz $\omega_1 = 2\pi \cdot f_1$ eine weitere Variable. Mit der Streuziffer σ nach Gl. (5.32) und

$$X_1 = \omega_1 L_1 \qquad X_2' = \omega_1 L_2'$$

erhält man dann die allgemeinere Stromgleichung

$$\underline{I}_1 = \frac{U_1}{\omega_1} \cdot \frac{\dfrac{R_2'}{s} + j\omega_1 L_2'}{\dfrac{R_1}{\omega_1} \cdot \dfrac{R_2'}{s} - \sigma\omega_1 L_1 L_2' + j\left(R_1 L_2' + \dfrac{R_2'}{s} L_1\right)} \tag{5.51}$$

Bei frequenzproportionaler Spannungsänderung ist

$$U_1/f_1 = U_N/f_N = \text{konstant}$$

und es ergibt sich für jede Kreisfrequenz ω_1 eine eigene Stromortskurve, in welcher der Schlupf s die übliche Variable ist.

Die Kreisdiagramme können über die jeweiligen Stromwerte $\underline{I}_0$ und $\underline{I}_\infty$ bei $s=0$ und $s=\infty$ bestimmt werden. Beide Zeiger liegen in Abhängigkeit von ω_1 selbst wieder auf einem Kreis.

Kreis für $\underline{I}_0$:
Für $s = 0$ erhält man aus Gl. (5.51)

$$\underline{I}_0 = \frac{U_N}{\omega_N} \cdot \frac{1}{R_1/\omega_1 + jL_1} \tag{5.51a}$$

Dies ist die Gleichung eines Kreises K_0, dessen Mittelpunkt auf der imaginären Achse liegt. Es gilt für:

$$\omega_1 = 0: \quad \underline{I}_0 = 0$$
$$\omega_1 = \infty: \quad \underline{I}_0 = \frac{U_N}{j\omega_N L_1}$$

Kreis für $\underline{I}_\infty$:
Für $s = \infty$ erhält man wieder aus Gl. (5.51)

$$\underline{I}_\infty = \frac{U_N}{\omega_N} \cdot \frac{1}{R_1/\omega_1 + j\sigma L_1} \tag{5.51 b}$$

Damit beschreibt auch $\underline{I}_\infty$ einen Kreis K_∞ mit den Endpunkten

$$\omega_1 = 0: \quad \underline{I}_\infty = 0$$
$$\omega_1 = \infty: \quad \underline{I}_\infty = \frac{U_N}{j\omega_N \sigma L_1}$$

Das Ergebnis ist in Bild 5.47 dargestellt.

Alle möglichen Kreisdiagramme $\underline{I}_1 = f(\omega_1, s)$ für beliebige Kreisfrequenz $\omega_1 = 2\pi f_1$ und proportionale Klemmenspannung U_1 liegen zwischen den beiden Kreisen K_0 und K_∞. Die Konstruktion des jeweiligen Mittelpunktes kann, wie angegeben, über die Berührungspunkte P_0 und P_∞ erfolgen.

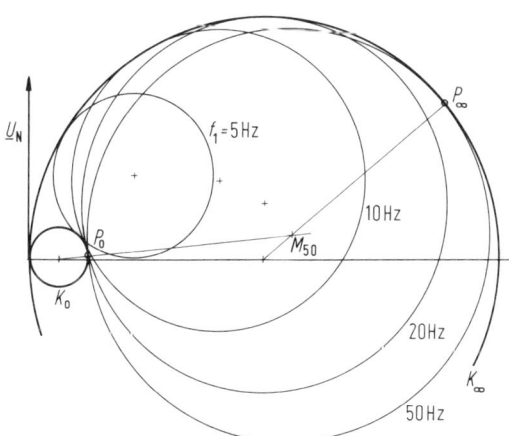

Bild 5.47 Stromortskurven bei Frequenzsteuerung und konstantem Verhältnis $\dfrac{U_1}{\omega_1} = \dfrac{U_N}{\omega_N}$

Bild 5.47 läßt erkennen, daß etwa ab $f_1 < 20\,\text{Hz}$ der Kreisdurchmesser und damit das Kippmoment stark abnehmen. Der Grund liegt darin, daß sich der Einfluß des

Ständerwiderstandes immer mehr bemerkbar macht und den Wert U_q überproportional herabsetzt.

Steuerkennlinie. Um eine gleichbleibende magnetische Ausnutzung und damit die volle Drehmomentbelastbarkeit der Maschine bis zu den kleinsten Drehzahlen zu erhalten, müssen ein konstanter Magnetisierungsstrom und damit nach der Ersatzschaltung die Proportion $U_q \sim f_1$ eingehalten werden. Diese Bedingung läßt sich näherungsweise durch ein Anheben der Steuerkennlinie nach Bild 5.48 erreichen, wobei dies jedoch lastabhängig erfolgen muß.

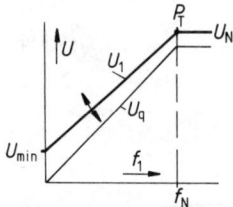

Bild 5.48 Steuerkennlinie $U_1 = g(f_1)$ eines Frequenzumrichters

Für den Leerlauf bedeutet die Forderung $U_q \sim f_1$, daß der Strom I_0 in Gl. (5.51a) frequenzunabhängig seinen Bemessungswert I_{0N}, der praktisch nur durch den Ständerblindwiderstand $X_1 = \omega_N L_1$ bestimmt wird, behalten muß. Damit entsteht die Bedingung

$$I_{0N} = \frac{U_N}{\omega_N L_1} = \frac{U_1}{\omega_1} \cdot \frac{1}{\sqrt{(R_1/\omega_1)^2 + L_1^2}}$$

Die Umformung liefert die Steuergleichung

$$U_1 = U_N \frac{f_1}{f_N} \cdot \sqrt{1 + \left(\frac{R_1}{X_1} \cdot \frac{f_N}{f_1}\right)^2}$$

mit dem Anfangswert bei $f_1 \to 0$

$$U_{\min 0} = U_N \cdot \frac{R_1}{X_1}$$

Diese Spannungsanhebung reicht allerdings nicht aus, um auch bei Belastung den vollen Drehfeldfluß und damit z. B. das Bemessungskippmoment zu gewährleisten. Dies erhält man mit $f_1 \to 0$ über Gl. (3.35a) zu

$$M_K = \frac{mp(1 - \sigma)}{4\pi f_N} \cdot \frac{X_1}{R_1^2} \cdot U_{\min}^2$$

Soll der Wert nach Gl. (3.35b) eingehalten werden, so führt dies zu der Forderung

$$U_{\min K} = U_N \frac{R_1}{\sqrt{X_\sigma \cdot X_1}}$$

Mit den Daten aus Beispiel 5.4 ergeben sich die Anfangswerte $U_{\min 0} = 0,01 \cdot U_N$ und $U_{\min K} = 0,04 \cdot U_N$. Stellt man also konstant den höheren Wert $U_{\min K}$ ein, so nimmt die Maschine einen zu großen Leerlaufstrom auf. Die Kennlinie $U_1 = g(f_1)$ des Umrichters muß also lastabhängig korrigiert werden. Dies erfordert eine Bestimmung des Schlupfes s und damit die Erfassung der Läuferdrehzahl, womit man dann gleich auf eine Drehzahlregelung des Antriebs übergehen kann.

In der Praxis läßt sich die Spannungs-Frequenz-Kennlinie der Umrichterschaltungen ohne Drehzahlregelung nach Bild 5.48 oft durch eine veränderliche Neigung um den Eck- oder Typenpunkt P_T auf die speziellen Daten der eingesetzten Asynchronmaschine einstellen. In P_T endet der Proportionalbereich der $U_1 - f_1$-Kennlinie mit den Bemessungswerten des Antriebs hinsichtlich Betriebsspannung und Leistung. Zwar werden schon mit Rücksicht auf den Einsatz von preiswerten IEC-Normmotoren vielfach die Werte $U_N = 400$ V und $f_N = 50$ Hz gewählt, jedoch ist vor allem letzteres nicht erforderlich. So führt man z.B. für Hebezeuge Motoren mit Bemessungsfrequenzen bis hinunter zu 20 Hz aus und kann dadurch die hier gefragten geringen Drehzahlen auch mit den üblichen vierpoligen Maschinen erreichen. Umgekehrt werden Antriebe für die Textilindustrie z.B. mit $f_N = 87$ Hz projektiert. Allgemein kann man durch die freie Wahl von f_N den Drehzahlbereich auf die Erfordernisse der Anlage anpassen.

Betriebsdiagramme. Da die Maschine mit Betrieb im Typenpunkt P_T bereits den Bemessungswert der Spannung U_N und ihre volle Leistung erreicht hat, wird zur weiteren Drehzahlsteigerung nur noch die Frequenz auf $f_1 > f_N$ erhöht. Bei konstanter Betriebsspannung $U_1 = U_N$ bedeutet dies wegen $\Phi \sim U_N/f_1$ eine laufende Minderung des Drehfeldflusses, d.h. der magnetischen Ausnutzung. Wie bei einer Drehzahleinstellung der Gleichstrommaschine unterscheidet man also auch bei der Frequenzsteuerung von Asynchronmaschinen einen Proportional- und einen Feldstellbereich. Spannung, Leistung und Drehmoment lassen sich wie dort in einem Betriebsdiagramm nach Bild 5.49 über der Drehzahl darstellen. Unterhalb des Typenpunktes P_T ist wieder ein Betrieb mit dem Drehmoment $M = M_N$, danach mit der Leistung P_N möglich.

Der Verlauf der Kennlinien $n = f(M)$ einer frequenzgesteuerten Asynchronmaschine soll prinzipiell über einige charakteristische Werte bestimmt werden:

Leerlaufdrehzahl. Nach Gl. (5.1) gilt mit dem Bezugswert n_{1N} bei der Frequenz f_N

$$n_1 = n_{1N} \frac{f_1}{f_N} \tag{5.52}$$

Kippschlupf. Nach Gl. (5.34b) erhält man

$$s_K = \frac{R_2'}{X^\sigma} = s_{KN} \frac{f_N}{f_1}$$

Kippmoment. Nach der vereinfachten Beziehung in Gl. (5.35b) wird

$$M_K = \frac{mU_1^2}{4\pi n_1 \cdot X_\sigma} = M_{KN} \left(\frac{U_1}{U_N} \right)^2 \cdot \left(\frac{f_N}{f_1} \right)^2 \tag{5.53}$$

wobei die nach Bild 5.48 im unteren Drehzahlbereich erforderliche Spannungs-anhebung bereits berücksichtigt ist.

Schlupfdrehzahl bei M_K. Mit $\Delta n = n_1 \cdot s$ erhält man als Drehzahlabsenkung bei M_K

$$\Delta n_K = n_1 \cdot s_K = \frac{f_1}{p} \cdot s_{KN} \cdot \frac{f_N}{f_1} = \Delta n_{KN}$$

Solange $U_1 \sim f_1$ eingestellt wird, bleibt demnach das Kippmoment konstant und die dortige Drehzahl liegt stets um denselben Betrag Δn_{KN} unterhalb des jeweiligen Leerlaufwertes. Dies bedeutet parallele Kennlinien $n = f(M)$, wie bei der fremderregten Gleichstrommaschine bei Änderung der Ankerspannung und voller Erregung. Im Bereich der Feldschwächung sinkt das Kippmoment und die Drehzahlkennlinie verkürzt sich entsprechend. Damit entsteht eine immer stärkere Neigung der Kenn-linien, was wieder dem Verhalten der Gleichstrommaschine im Feldstellbereich entspricht. Das gesamte Drehzahl-Kennlinienfeld der frequenzgesteuerten Asynchron-maschine ist in Bild 5.50 angegeben.

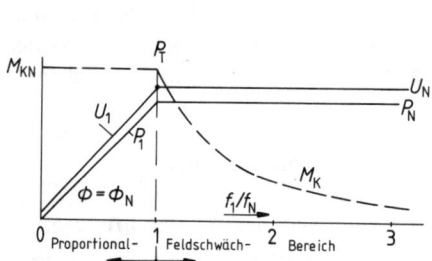

Bild 5.49 Betriebsdiagramme der AsM am Frequenzumrichter

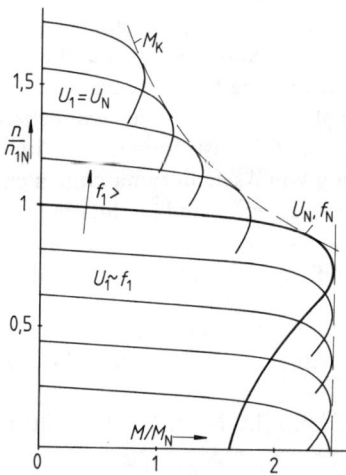

Bild 5.50 Drehzahlkennlinien der frequenz-gesteuerten Asynchronmaschine

Grenzen des Feldschwächbereichs. Da bei Betrieb der Asynchronmaschine mit der Bemessungsleistung P_N im Feldschwächbereich das an der Welle geforderte Moment M linear, das zugehörige Kippmoment M_K jedoch quadratisch mit der Frequenz abnimmt, ergibt sich eine höchstzulässige Drehzahl n_{max} für diesen Einsatz. Sie ist erreicht, wenn nach Bild 5.51 an der Stelle G der Abstand zwischen Kippmoment

$$M_K = M_{KN} \cdot \left(\frac{f_N}{f_{max}}\right)^2$$

und dem notwendigen Wellenmoment

$$M = M_N \cdot \frac{n_N}{n_{max}}$$

bis auf den erforderlichen Sicherheitsabstand gesunken ist. Vernachlässigt man mit $n_N/n_{max} = f_N/f_{max}$ den jeweiligen Schlupf und setzt die Grenze G bei einem Verhältnis $M/M_K = a < 1$ an, so erhält man die maximal zulässige Betriebsfrequenz im Feldschwächbereich mit der Leistung P_N nach Einsetzen obiger Beziehungen zu

$$f_{max} = a \cdot \frac{M_{KN}}{M_N} \cdot f_N$$

Bei etwa $M_{KN}/M_N = 3$ und $a = 0,7$ ist diese Grenze für $f_N = 50\,\text{Hz}$ bereits bei $105\,\text{Hz}$ erreicht. Will man die volle Leistung im Feldschwächbereich bei wesentlich höheren Drehzahlen, so müssen also Maschinen mit relativ sehr großem Kippmoment eingesetzt werden. Dies bedeutet nach Gl. (5.35b), daß der Streublindwiderstand X_σ verringert werden muß, was durch eine geeignete Wicklungsauslegung erreicht werden kann. Es lassen sich Maschinen mit Werten $M_{KN}/M_N \leq 10$ realisieren [82].

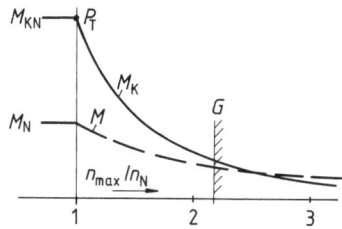

Bild 5.51 Verlauf von Kippmoment M_K und Lastmoment M bei Betrieb mit der Leistung P_N im Feldschwächbereich
G Drehzahlgrenze

Beispiel 5.12: Ein vierpoliger Asynchronmotor hat die Daten $U_N = 380\,\text{V}$, $50\,\text{Hz}$ in Sternschaltung, $P_N = 4,5\,\text{kW}$, $n_N = 1440\,\text{min}^{-1}$, Kippschlupf $s_{KN} = 0,25$
a) Bei welcher Frequenz f_{ND} liegt der Typenpunkt P_T in Dreieckschaltung (Index D) und welchen Wert darf die maximale Betriebsfrequenz f_{max} hier für Betrieb mit P_N und dem Abstand $a = 0,7$ zum Kippunkt annehmen?
Mit den Gl. (5.1) und (5.2) wird der Schlupf $s_N = 60\,\text{min}^{-1}/1500\,\text{min}^{-1} = 0,04$ und damit nach der Kloss'schen Gleichung (5.36) das Drehmomentverhältnis bei Bemessungsbetrieb

$$M_{KN}/M_N = 0,5(s_{KN}/s_N + s_N/s_{KN}) = 0,5(6,25 + 0,16) = 3,2$$

Für den Typenpunkt mit der Leistung P_N gilt die Bedingung

$$\left(\frac{U_1}{U_N} \cdot \frac{f_N}{f_1}\right)^2 = 1 \quad \text{damit} \quad f_1 = f_{ND} = \frac{U_{ND}}{U_N} \cdot f_N$$

$f_{ND} = \sqrt{3} \cdot 50\,\text{Hz} = 86{,}6\,\text{Hz}$

Die maximale Betriebsfrequenz im Feldschwächbereich beträgt

$$f_{max} = a f_{ND} M_{KN}/M_N = 0{,}7 \cdot 86{,}6\,\text{Hz} \cdot 3{,}2 = 194\,\text{Hz}$$

b) Der Motor wird in Sternschaltung bei $U_N = 380\,\text{V}$, $f_1 = 100\,\text{Hz}$ mit s_N betrieben. Wie groß ist bei Vernachlässigung der Reibungsverluste die Abgabeleistung P_2?

Neues Kippmoment $M_K = M_{KN} \cdot \left(\dfrac{f_N}{f_1}\right)^2 = 3{,}2 M_N \left(\dfrac{50\,\text{Hz}}{100\,\text{Hz}}\right)^2 = 0{,}8 M_N$

Neuer Kippschlupf $s_K = s_{KN} \cdot \dfrac{f_N}{f_1} = 0{,}25 \cdot 0{,}5 = 0{,}125$

Drehmoment nach Kloss'scher Gleichung

$$M = 0{,}8 M_N \cdot \frac{2}{0{,}125/0{,}04 + 0{,}04/0{,}125} = 0{,}464 M_N$$

Betriebsdrehzahl bei 100 Hz $n = 3000\,\text{min}^{-1}\,(1 - s_N) = 0{,}96 \cdot 3000\,\text{min}^{-1} = 2880\,\text{min}^{-1}$

Abgabeleistung $P_2 = P_N \cdot M/M_N \cdot n/n_N = 4{,}5\,\text{kW} \cdot 0{,}464 \cdot 2880/1440 = 4{,}18\,\text{kW}$

Aufgabe 5.11: Ein vierpoliger Drehstrom-Asynchronmotor für $f_N = 50\,\text{Hz}$ und mit $s_N = 0{,}03$, $s_{KN} = 0{,}3$ soll im Feldschwächbereich mit der Leistung P_N betrieben werden. Bei welchen Maximalwerten f_{max} und n_{max} wird das Kippmoment gleich dem Lastmoment? Ergebnis: $f_{max} = 244{,}3\,\text{Hz}$, $n_{max} = 6879\,\text{min}^{-1}$

5.3.3 Anlassen und Bremsbetrieb

Wird der stillstehende Asynchronmotor auf die volle Betriebsspannung geschaltet, so fließt nach Abklingen des Einschaltvorgangs bei noch stillstehender Maschine entsprechend dem Kreisdiagramm der 4 bis 7fache Bemessungsstrom. Diese hohe Strombelastung kann zu störenden Spannungseinbrüchen führen, so daß in öffentlichen Versorgungsnetzen nur Motoren bis zu einigen Kilowatt Leistung direkt eingeschaltet werden dürfen. Für größere Maschinen muß man zur Herabsetzung des hohen Anlaufstroms besondere Maßnahmen ergreifen.

Anlassen von Schleifringläufermotoren. Hier ist wie zur Drehzahlsteuerung die Möglichkeit gegeben, durch Läuferzusatzwiderstände die Schlupfeinteilung der Stromortskurve (Bild 5.52) zu verändern. Durch einen Vorwiderstand R_{2v} aus Gl. (5.49) mit

$$R_{2v} = R_2 \cdot \left(\frac{1}{s} - 1\right) \tag{5.54}$$

kann man mit dem Strom und Drehmoment jedes beliebigen Kreispunktes mit dem Schlupf s anfahren. Will man im Anlauf z. B. nur den Strom I_N zulassen, so gilt mit $s = s_N$ und $n_N = n_1 (1 - s_N)$

$$(R_{2v})_{I_N} = R_2 \cdot \frac{n_N}{n_1 - n_N}$$

Durch die Erhöhung des Läuferkreiswiderstandes wird der Kurzschlußpunkt P_k bis in den Punkt P_k^* mit dem gewünschten Anlaufstrom I_k^* verschoben. Anstelle des Schlupfes s ohne Vorwiderstand besteht mit R_{2v} in P_k^* jetzt der Schlupf $s = 1$ (Bild 5.52).

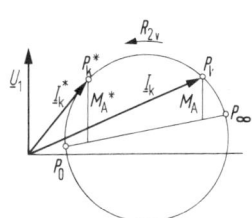
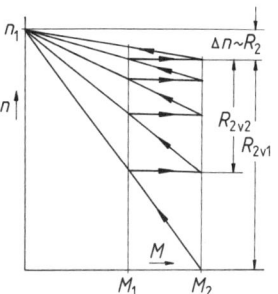

Bild 5.52 Einfluß von Läufervorwiderständen auf die Lage des Kurzschlußpunktes P_k^*

Bild 5.53 Anlaßvorgang beim Schleifringläufermotor

Widerstandsstufen des Anlassers. Um während des Hochlaufs der Maschine ein genügend großes Beschleunigungsmoment zu erhalten, wird der Anlaßwiderstand mit steigender Drehzahl stufenweise abgeschaltet. Entsprechend den Bestimmungen bei Gleichstrommaschinen sind auch für die Auslegung von Drehstromanlassern in VDE 0660 Richtlinien festgelegt. Man wählt für den Anlaßspitzenstrom I_{sp} im Ständer etwa das 1,5fache, für den Schaltstrom etwa das 1,1fache des Bemessungsstromes.

Die Abstufung des Anlaßwiderstandes kann über das Drehzahl-Kennlinienfeld $n = f(M)$ in Bild 5.53 erfolgen. Im betrachteten Bereich mit M_2 beim Anlaßspitzenstrom I_{sp} und M_1 im Umschaltpunkt sind die Kurven praktisch Geraden, d.h. es gilt nach Bild 5.20 der lineare Bereich der Kloss'schen Gleichung mit der Zuordnung $M \sim M_K \cdot s / s_K$. Dies deutet für die originale Nebenschlußkennlinie bei $R_{2v} = 0$ für den Drehzahlrückgang $\Delta n = s \cdot n_1$ oder die Proportion $\Delta n \sim s_K \sim R_2$ und bei Einsatz eines Vorwiderstandes damit $\Delta n^* \sim R_2 + R_{2v}$. Es gilt also die in Bild 5.52 eingetragene Stufung. In Übereinstimmung mit Gl. (5.50) erhält man die Proportion

$$\frac{R_{2v}}{R_2} = \frac{n - n^*}{n_1 - n} = \frac{\Delta n^*}{\Delta n}$$

mit dem in Bild 5.53 angegebenen Höchstwert R_{2v1} bei $n = 0$. Die Widerstandswerte können also aus den Drehzahlen bei M_2 bestimmt werden.

Beispiel 5.12: Bei einem vierpoligen Schleifringläufermotor mit $P_{2N} = 10\,\text{kW}$ und $n_N = 1455\,\text{U}/$min wird im Stillstand bei Sternschaltung der Läuferwicklung zwischen zwei Schleifringen eine Spannung von 350 V gemessen. Es sind der Rotornennstrom I_{2N} und der Widerstand R_2 zu bestimmen, wenn für den Bemessungspunkt $\cos\varphi_2 \approx 1$ gilt. Wie groß muß der Anlaßwiderstand pro Strang werden, wenn mit dem Bemessungsstrom angefahren werden soll?

Mit $P_R = 0$ gilt nach Gleichung (5.24) $P_L = \dfrac{P_2}{1-s}$

und damit bei $s_N = \dfrac{45\,\text{U}/\text{min}}{1500\,\text{U}/\text{min}} = 0{,}03$ für die Luftspaltleistung im Bemessungspunkt

$$P_{LN} = \frac{10\,\text{kW}}{1-0{,}03} = 10{,}3\,\text{kW}$$

Wegen $\cos\varphi_2 \approx 1$ wird

$$P_{LN} = \sqrt{3} \cdot U_{20} \cdot I_{2N} \text{ und der Läuferstrom}$$

$$I_{2N} = \frac{10{,}3 \cdot 10^3\,\text{W}}{\sqrt{3} \cdot 350\,\text{V}} = 17\,\text{A}$$

Für die Kupferverluste erhält man aus Gleichung (5.25)

$$P_{\text{Cu2N}} = P_{LN} \cdot s_N = 3 \cdot R_2 \cdot I_{2N}^2$$

und damit

$$R_2 = \frac{0{,}03 \cdot 10{,}3 \cdot 10^3\,\text{W}}{3 \cdot 17^2\,\text{A}^2} = 0{,}356\,\Omega$$

Der Anlaßwiderstand berechnet sich nach Gleichung (5.54) zu

$$R_{2v} = \frac{R_2}{s_N} - R_2 = \frac{0{,}356\,\Omega}{0{,}03} - 0{,}357\,\Omega$$

$$R_{2v} = 11{,}5\,\Omega$$

Elektronischer Anlasser. Unter dieser Bezeichnung sind heute Drehstromsteller (s. Abschnitt 5.4.1) auf dem Markt, welche die Motorspannung von einem Anfangswert U_A innerhalb einer einstellbaren Rampenzeit auf den Betriebswert U_N hochfahren. U_A kann so gewählt werden, daß der Anlaufstrom den zulässigen Grenzwert I_{sp} nicht überschreitet. Damit dies auch während des Hochlaufs z. B. gegen ein hohes Lastträgheitsmoment nicht geschieht, kann man die Elektronik mit einer unterlagerten Stromerfassung versehen, welche die weitere Spannungsanhebung nur im Rahmen einer einstellbaren Strombegrenzung zuläßt.

Mitunter muß ein Motor eingeschaltet bleiben, obwohl längere Leerlaufzeiten vorhanden sind, d. h. es liegt die Betriebsart S6 vor. Hier kann obiger elektronischer Anlasser auch zur Energieeinsparung verwendet werden, indem er in den Leerlaufzeiten die Motorspannung auf U_0 herabsetzt. Durch den dann geringeren Leerlaufstrom sinken einmal die Stromwärmeverluste P_{Cu0} aber vor allem die Eisenverluste auf

$$P_{\text{Fe}} = P_{\text{FeN}} \cdot \left(\frac{U_0}{U_N}\right)^2$$

Infolge der Zusatzverluste durch die nichtsinusförmige Spannung des Stellers sind die Werte in Wirklichkeit wieder etwas höher. Welche Einsparung bei einer bestimmten Betriebsart ungefähr erreicht werden kann, soll nachstehende Überschlagsrechnung zeigen.

Ein Drehstrommotor wird im Durchlaufbetrieb S6 eingesetzt, wobei über 25% der Spieldauer t_S, d. h. während einer relativen Einschaltdauer von $t_r = 0{,}25$ Belastung mit den Verlusten P_{vN} auftritt. In der restlichen Zeit $t_S(1 - t_r)$ läuft die Maschine im Leerlauf mit den Verlusten $P_{v0} = P_{FeN} = P_{vN}/3$.

Senkt man in der Leerlaufzeit die Spannung auf $U_0/U_N < 1$ herab, so ergeben sich die mittleren Verluste während der Spieldauer näherungsweise zu

$$P_{vM} = P_{vN}\left[t_r + \frac{1}{3}\left(\frac{U_0}{U_N}\right)^2 \cdot (1 - t_r)\right]$$

Wird $U_0/U_N = 1/3$ eingestellt, so ergibt sich $P_{vM} = 0{,}28\,P_{vN}$, während ohne die Absenkung der Spannung der mittlere Wert $P_{vM} = 0{,}5\,P_{vN}$ auftritt. Bei einer 7,5 kW Maschine mit $P_{vN} = 1000$ W lassen sich in obiger Betriebsart somit 220 W einsparen.

Stern-Dreieckschaltung. Ist wie bei Käfigläufermotoren die Verwendung eines Anlassers nicht möglich, so wird zum Anlauf im allgemeinen die Primärspannung herabgesetzt. Bei kleinen bis mittleren Leistungen erfolgt dies meist über die Stern-Dreieckschaltung der Ständerwicklung mit einem Walzenschalter oder über Schütze. Der Motor wird zunächst in Stern angefahren und nach dem Hochlauf auf Dreieck umgeschaltet. Gegenüber dem Normalbetrieb beträgt die Strangspannung nur das $1/\sqrt{3}$ fache des Nennwertes, womit das Anzugsmoment auf $\frac{1}{3}$ des Betrages bei Dreieckschaltung zurückgeht. Gleichzeitig sinkt auch der Anlaufstrom in der Zuleitung auf $\frac{1}{3}$ des Normalwertes (Bild 5.54).

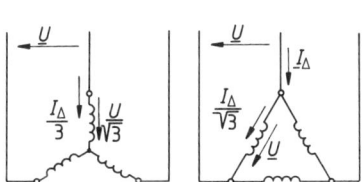

Bild 5.54 Spannungen und Ströme bei Stern-Dreieckanlauf

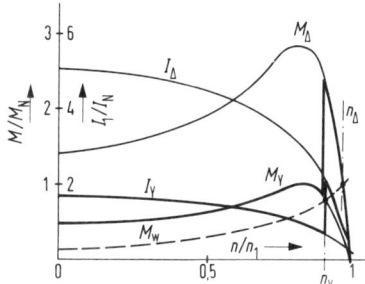

Bild 5.55 Strom- und Momentenverlauf bei Stern-Dreieckanlauf
n_Y Betriebsdrehzahl bei Sternschaltung, n_Δ Betriebsdrehzahl bei Dreieckschaltung,
--- Verlauf des Lastmomentes M_w

Stern-Dreieck-Anlauf. Ohne Beachtung der elektromagnetischen Ausgleichsvorgänge beim Ein- und Umschalten der Maschine erhält man bei Stern-Dreieckanlauf die Strom- und Momentenkennlinien nach Bild 5.55. Muß der Motor gegen ein Lastmoment M_w hochlaufen, so ist der Verlauf des Lastmomentes über der Drehzahl zu beachten. Eine Beschleunigung des Antriebs ist nur solange möglich, wie $M > M_w$ ist, d.h. der Motor bleibt bei der Drehzahl n_Y hängen und muß auf Dreieck umgeschaltet werden. Liegt dieser Punkt zu niedrig, so tritt auch hier noch ein großer Stromstoß auf, womit die Stern-Dreieckschaltung nur wenig wirksam ist.

Günstiger bezüglich des Anzugsmomentes verhalten sich Maschinen mit Stromverdrängungsläufer. Beim Doppelstabkäfig z.B. liegt das Anzugsmoment im Bereich des Kippwertes, so daß es auch bei verminderter Spannung nicht wesentlich unter das Bemessungsmoment sinkt.

Anlaßtransformatoren. Bei großen Motorleistungen verwendet man zum Hochlauf auch Anlaßtransformatoren in Sparschaltung (Bild 5.56). Wird die Motorspannung von U_1 auf U_1^* reduziert, sinkt im gleichen Verhältnis auch der Ständerstrom I_1^*. Der Netzstrom I_1 wird durch die Transformatorübersetzung nochmals um denselben Faktor herabgesetzt, so daß sowohl der Anlaufstrom wie das Moment mit dem Quadrat der Motorspannung zurückgehen. Nach dem Hochlauf wird zunächst der Schalter S_2 geöffnet, womit der Spartransformator noch als Drosselspule wirkt. Danach legt man den Motor über S_1 an die volle Netzspannung.

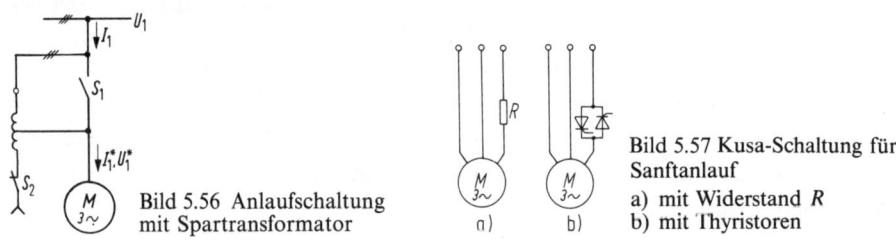

Bild 5.56 Anlaufschaltung mit Spartransformator

a)   b)

Bild 5.57 Kusa-Schaltung für Sanftanlauf
a) mit Widerstand R
b) mit Thyristoren

Kusaschaltung. Um bei **Ku**rzschlußläufern einen **S**anftanlauf zu ermöglichen, kann man in die Zuleitung einen einsträngigen Widerstand (Bild 5.57a) oder eine Drosselspule einschalten. Der Motor läuft dann mit einem vom Widerstandswert R abhängigen elliptischen Drehfeld und das Anzugsmoment läßt sich zwischen dem vollen Wert und Null einstellen [56].

Die Anzugsströme werden in dieser Schaltung ungleich, wobei allerdings nur der im Strang mit R wesentlich zurückgeht. Anstelle des Vorwiderstandes R kann man auch ein antiparalleles Thyristorpaar in einen Strang einschalten und durch kontinuierliches Verstellen des Zündwinkels einen Sanftanlauf erhalten (Bild 5.57b). In der Praxis verwendet man heute zum Sanftanlauf mit kleinen Werten für Anlaufstrom und -moment meist gleich den zuvor beschriebenen elektronischen Anlasser.

Weitere Möglichkeiten zur Begrenzung des Anlaufstromes bestehen in der Verwendung eines Anwurfmotors oder einer Aufteilung der Ständerwicklung [57].

Bremsschaltungen des Asynchronmotors. Wie bei der Gleichstrommaschine unterscheidet man zwischen Verlustbremsung, wobei die Energie in Wärme umgesetzt wird und der Nutzbremsung mit Energierücklieferung an das Netz. Letzteres bedeutet Generatorbetrieb der Asynchronmaschine und wird erst in Abschnitt 5.5.3 behandelt.

Gleichstrombremsung. Wird die Ständerwicklung der Asynchronmaschine mit Gleichstrom erregt, so baut die Grundwellendurchflutung ein räumlich sinusförmiges und zeitlich konstantes Feld auf. Dies entspricht einer bestimmten Momentaufnahme des Drehfeldes, wobei in Bild 5.58 für verschiedene Schaltungen die Gleichströme I_d angegeben sind, die dieselbe Durchflutung wie der Ständerstrom I_N aufbauen. In der Schaltung a wird z.B. durch den Gleichstrom der Augenblick erfaßt, wo die Strangströme die Werte $i_u = i_{max}$, $i_v = i_w = -0,5\, i_{max}$ besitzen. Dreht sich der Rotor, so werden in der kurzgeschlossenen Läuferwicklung Ströme induziert, die ein Bremsmoment ausbilden. Da die Relativbewegung zwischen Feld und den Läuferstäben gleich der Betriebsdrehzahl ist, spielt diese bei der Gleichstrombremsung die Rolle der Schlupfdrehzahl des Motorbetriebes.

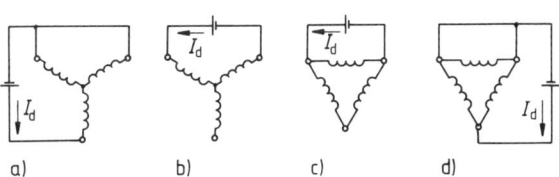

a)   b)   c)   d)

Bild 5.58 Schaltungen
zur Gleichstrombremsung der Asynchronmaschine

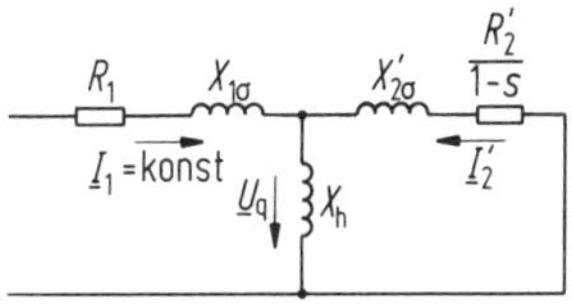

Bild 5.59 Ersatzschaltbild der
Asynchronmaschine
bei Gleichstrombremsung

a) $I_d = \sqrt{2}\, I_N$ b) $I_d = \sqrt{\dfrac{3}{2}}\, I_N$ c) $I_d = \dfrac{3}{\sqrt{2}}\, I_N$ d) $I_d = \sqrt{6}\, I_N$

Das Verhalten der Maschine bei Gleichstrombremsung läßt sich mit der üblichen Ersatzschaltung beschreiben, wenn man auf der Primärseite, anstelle eine feste Spannung anzulegen, einen konstanten Strom I_1 einprägt (Bild 5.59) [58, 59]. Die Ständergrößen R_1 und $X_{1\sigma}$ beeinflussen das erzeugte Drehmoment nicht, da der Strom I_1 vorgegeben ist. Dieser Wechselstrom ist so zu wählen, daß er dieselbe Ständerdurchflutung wie der Gleichstrom aufbaut. Will man für den Schlupf die Definition nach Gleichung (5.2) beibehalten, so muß man bei der Gleichstrombremsung dem sekundären Widerstand in der Ersatzschaltung den Wert $R'_2/(1-s)$ zuordnen.

Die Bremskennlinien (Bild 5.60) können unmittelbar aus dem Ersatzschaltbild berechnet werden und haben einen sehr ähnlichen Verlauf wie die Motorkennlinie $M = f(s)$.

Über die in $R'_2/(1-s)$ umgesetzte Luftspaltleistung erhält man für das Bremsmoment

$$M_{Br} = \frac{m}{2\,\pi n_1} \cdot \frac{R'_2}{1-s} \cdot I'^2_2 \qquad (5.55)$$

Bei vernachlässigtem Wert $X'_{2\sigma}$ ergibt sich das Kippmoment der Bremskennlinie zu

$$M_{BK} = \frac{m}{4\,\pi n_1} \cdot X_h \cdot I_1^2 \tag{5.56}$$

Es tritt bei der Drehzahl

$$n_K = n_1 \cdot \frac{R'_2}{X_h} \tag{5.57}$$

auf, d.h. wegen $R'_2 \ll X_h$ bei sehr kleinen Werten. Für den Hauptblindwiderstand ist der sättigungsabhängige Quotient $X_h = U_q / I_\mu$ einzusetzen. Beim Schleifringläufer läßt sich das einer Drehzahl zugeordnete Bremsmoment wieder durch Zusatzwiderstände beeinflussen [58, 59].

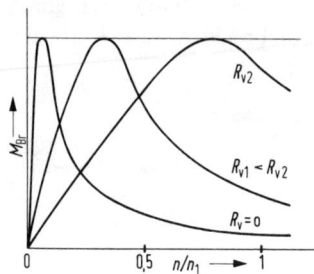

Bild 5.60 Bremsmomentkennlinien
bei Gleichstrombremsung und Läufervorwiderständen

Beispiel 5.13: Ein vierpoliger Schleifringläufermotor mit den Daten $P_\searrow = 22\,\text{kW}$, $U_N = 380\,\text{V}$ Sternschaltung, $I_N = 43\,\text{A}$, $R_1 = 0,18\,\Omega$, $R'_2 = 0,16\,\Omega$, $X_h = 30\,\Omega$ soll nach Schaltung in Bild 5.58a eine Gleichstrombremsung erhalten.

a) Welche Leistung hat die Batterie zu liefern, wenn die Ständerdurchflutung von I_N erreicht werden soll?

b) Wie groß wird das Bremsmoment bei halber Synchrondrehzahl und $I_d = I_N$, wenn ein Läufervorwiderstand $R'_{2v} = 9\,R'_2$ zugeschaltet wird? Es kann $X'_{2\sigma} = 0$ vereinfacht und die Sättigung von X_h vernachlässigt werden.

a) Nach Bild 5.58a gilt bei Erregung auf Ständerdurchflutung von I_N

$$I_d = \sqrt{2}\ I_N = \sqrt{2} \cdot 43\,\text{A} = 60,8\,\text{A}$$

und der resultierende Wicklungswiderstand

$$R_d = R_1 + R_1 \| R_1 = \frac{3}{2}\,R_1$$

Stromwärmeverluste

$$P_d = R_d \cdot I_d^2 = \frac{3}{2}\,R_1 \cdot (\sqrt{2} \cdot I_N)^2 = 3\,R_1 \cdot I_N^2 = 3 \cdot 0,18\,\Omega \cdot 43^2\,\text{A}^2 = 333\,\text{W}$$

b) Bei $X'_{2\sigma} = 0$ gelten nach Bild 5.59 folgende Beziehungen

$$I_1^2 = I_\mu^2 + I_2'^2, \quad I_2'/I_\mu = X_h \cdot \frac{1-s}{R'_2}$$

Bei einem Gesamtwiderstand $R_2' + R_{2v}' = 10\, R_2' = 1{,}6\,\Omega$ und $X_h = 30\,\Omega$, $s = 0{,}5$ erhält man

$$I_\mu = I_2' \frac{R_2'}{X_h(1-s)} = I_2' \frac{1{,}6\,\Omega}{30\,\Omega \cdot 0{,}5} = 0{,}1067 \cdot I_2'$$

Da in Bild 5.58a der Gleichstrom gleich dem Scheitelwert des Ständerstromes ist, wird $I_1 = I_d/\sqrt{2} = 43\,\text{A}/\sqrt{2} = 30{,}4\,\text{A}$ und damit

$$I_2' = \sqrt{\frac{I_1^2}{1 + (I_\mu/I_2')^2}} = \sqrt{\frac{30{,}4^2 \text{A}^2}{1 + 0{,}1067^2}} = 30{,}2\,\text{A}$$

Bremsmoment

$$M_{Br} = \frac{3}{2\,\pi n_1} \cdot \frac{10\, R_2'}{1-s} \cdot I_2'^2$$

$$M_{Br} = \frac{3}{2\,\pi \cdot 25\,\text{s}^{-1}} \cdot \frac{1{,}6\,\Omega}{0{,}5} \cdot 30{,}2^2\,\text{A}^2$$

$$M_{Br} = 55{,}7\,\text{Nm}$$

Gegenstrombremsung. Ändert man aus dem Motorbetrieb bei der Drehzahl $n \approx n_1$ heraus durch Vertauschen zweier Zuleitungen (Bild 5.61) die Drehfeldrichtung, so besteht unmittelbar danach der Schlupf $s \approx 2$. Die Maschine, die zuvor noch mit dem Moment M_M belastet war, bremst nun nach Bild 5.62 mit dem Moment M_{Br} ab, wobei alle Ausgleichsvorgänge wieder vernachlässigt sind. Bei $n = 0$ muß abgeschaltet werden, da der Motor andernfalls in seiner neuen Drehfeldrichtung hochläuft. Auch bei dieser Gegenstrombremsung läßt sich bei Schleifringläufermotoren das Bremsmoment durch Zusatzwiderstände R_{2v} beeinflussen.

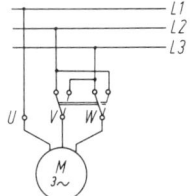

Bild 5.61 Änderung der
Drehfeldrichtung zur
Gegenstrombremsung

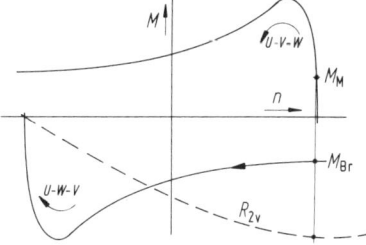

Bild 5.62 Bremskennlinie bei Gegenstrombremsung

Ohne Vorwiderstände R_{2v} und bei der Spannung U_N nimmt der Motor bei $s = 2$ nach dem Kreisdiagramm Ströme I_1 auf, die über dem Kurzschlußwert I_k liegen. Für einen ständigen, betriebsmäßigen Einsatz der Gegenstrombremsung muß daher der Ständerstrom entweder durch Herabsetzen der Klemmenspannung oder durch Zuschalten von R_{2v} begrenzt werden.

Die Gegenstrombremsung kann z.B. bei Hubwerken zum Absenken der Last verwendet werden. Um ein Gewicht mit dem wirksamen Moment M_w mit konstanter Geschwindigkeit abzulassen, bleibt die Asynchronmaschine im Hubsinne geschaltet und die Momentenkennlinie wird mit dem Widerstand R_{2v} so stark verschoben, daß bei der gewünschten Senkdrehzahl ein stabiler Schnittpunkt entsteht (s. Beispiel 5.14).

Beispiel 5.14: Ein leerlaufender vierpoliger Drehstrommotor mit den Daten $I_{2N} = 46 \text{ A}$, $R_2 = 0,25 \text{ Ohm}$, $s_k = 0,16$ soll beim Umschalten auf Gegenstrombremsung das Anfangsbremsmoment M_K entwickeln. Wie groß muß der Zusatzwiderstand werden?
Nach Gleichung (5.49) gilt

$$\frac{R_2}{s_K} = \frac{R_2 + R_{2v}}{s^*}$$

mit $s^* = 2$ unmittelbar nach der Umschaltung.

Daraus $R_{2v} = 2\,\dfrac{R_2}{s_K} - R_2 = 2 \cdot \dfrac{0,25\,\Omega}{0,16} - 0,25\,\Omega = 2,88\,\Omega$

Aufgabe 5.12: Der Motor aus Beispiel 5.14 soll in einem Hebezeug eine Last mit der konstanten Drehzahl von 300 U/min absenken, wobei er im Hubsinne eingeschaltet bleibt. Wie groß ist der Läuferzusatzwiderstand zu wählen, so daß in dem Arbeitspunkt der Rotorstrom I_{2N} und das Bemessungsdrehmoment von 290 Nm entstehen? Die mechanischen Reibungsverluste können vernachlässigt werden.
Ergebnis: $R_{2v} = 8,36 \text{ Ohm}$

5.3.4 Dynamisches Verhalten von Asynchronmaschinen

Das übliche Ersatzschaltbild und das daraus entwickelte Kreisdiagramm erfassen nur den stationären Betrieb der Asynchronmaschine. Sie gelten nicht für die Dauer von elektromagnetischen Ausgleichsvorgängen als Folge von Schalthandlungen, wie Zuschalten an das Netz, Stern-Dreieckumschaltung, Laststößen usw.

Differentialgleichungssystem. Wie bei der Gleichstrommaschine muß man zur Berechnung des dynamischen Verhaltens der Asynchronmaschine das Differentialgleichungssystem der Wicklungsspannungen und eine Bewegungsgleichung aufstellen [60]. Die dreisträngige symmetrische Maschine kann dazu durch das Schema nach Bild 5.63 dargestellt werden. Bei drei Ständer- und drei Läufersträngen erhält man mit der Bewegungsgleichung insgesamt sieben Differentialgleichungen. Da auf deren Auswertung wegen der Höhe des Rechenaufwandes doch verzichtet werden müßte, soll, um wenigstens den prinzipiellen Aufbau zu zeigen, nur die Gleichung für einen Ständerstrang angegeben werden. Nach Bild 5.63 gilt für die Spannung in der Wicklung U:

$$u_u = R_1 \cdot i_{1u} + \frac{\mathrm{d}}{\mathrm{d}t}\left[L_1 \cdot i_{1u} + L_{1h}\left(i_{1v} \cdot \cos\frac{2\,\pi}{3} + i_{1w} \cdot \cos\frac{4\,\pi}{3}\right)\right] +$$

$$+ \ddot{u} \cdot L_{2h} \cdot \frac{\mathrm{d}}{\mathrm{d}t}\left[i_{2u} \cdot \cos\beta + i_{2v} \cdot \cos\left(\beta + \frac{2\,\pi}{3}\right) + i_{2w} \cdot \cos\left(\beta + \frac{4\,\pi}{3}\right)\right]$$

Dabei bedeuten
R_1 = der ohmsche Wicklungswiderstand
$L_1 = L_{1h} + L_{1\sigma}$ die Haupt- und Streuinduktivität eines Ständerstrangs
L_{2h} = die Hauptinduktivität eines Läuferstrangs.

Die cos-Funktionen berücksichtigen die räumliche Lage der Wicklungsstränge zueinander, die sich gegenüber dem Läufer zudem mit dem Drehwinkel β ändert.

Das Differential-Gleichungssystem für die Beschreibung des dynamischen Verhaltens der Asynchronmaschine ist durch die trigonometrischen Verknüpfungen kompliziert und wird für die Verarbeitung meist umgeformt. Wie in Abschnitt 6.3.4 am Beispiel der Synchronmaschine gezeigt, führt man eine Koordinatentransformation ein, und erhält damit eine Modellmaschine mit gleichem Verhalten. Die Berechnung eines dynamischen Vorgangs erfolgt danach unter Beachtung der Randbedingungen auf einer elektronischen Rechenanlage [61].

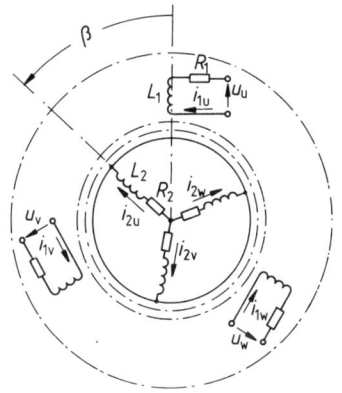

Bild 5.63 Schema der dreisträngigen Asynchronmaschine

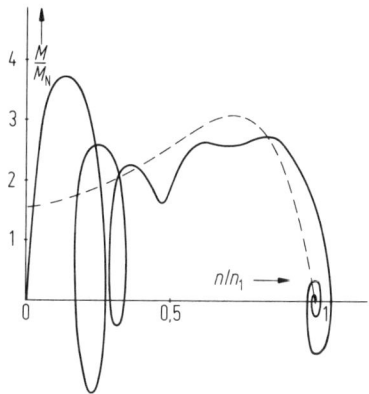

Bild 5.64 Dynamische Momentenkennlinie eines kleineren Asynchronmotors bei Leeranlauf

Eines der wichtigsten Ergebnisse dieser Berechnungen ist die Erkenntnis, daß die Asynchronmaschine im dynamischen Betrieb Drehmomente entwickeln und Ströme führen kann, die völlig außerhalb der stationären Kennlinien liegen [62]. Es ist dies die Folge der elektromagnetischen Ausgleichsvorgänge des Schaltaugenblicks mit Gleichstromanteilen in den Strangströmen. Für den unbelasteten Hochlauf eines Motors kleinerer Leistung sind z. B. Drehmoment-Drehzahldiagramme nach Bild 5.64 typisch, die stark von der gestrichelten Dauerbetriebskurve abweichen. Das Moment pendelt mehrfach bis in den negativen Bereich, die Drehzahl schwingt über n_1 hinaus, das Kippmoment wird überschritten. Die Form dieser Hochlaufkurven ist allerdings stark von den Motordaten, insbesondere dem Wert des Trägheitsmomentes abhängig.

Einschaltströme und -momente. Einer der wichtigsten Schaltvorgänge ist das Anlegen der Betriebsspannung an die Ständerwicklung. Die Berechnung der dabei auftretenden Einschaltströme und Momente kann vereinfacht unter der Annahme erfolgen, daß der Läufer noch stillsteht. Für die innerhalb der ersten Perioden auftretenden

Strom- und Drehmomentspitzen bringt diese Vereinfachung keinen unzulässigen Fehler [63, 64].

Die Berechnung des Einschaltvorgangs ergibt, daß die Strangströme aus den stationären Kurzschlußströmen und exponentiell abklingenden Ausgleichsgliedern bestehen, welche die Anfangsbedingungen $i=0$ bei $t=0$ erfüllen. Sie bewirken, daß die entstehenden Stromspitzen größer als der stationäre Kurzschlußstrom werden. Für das von der Asynchronmaschine entwickelte Drehmoment erhält man z. B. einen Verlauf nach Bild 5.65, wobei die maximale Spitze nicht in der ersten Halbschwingung aufzutreten braucht. Einen großen Einfluß auf Größe und Verlauf des Einschaltmomentes besitzt

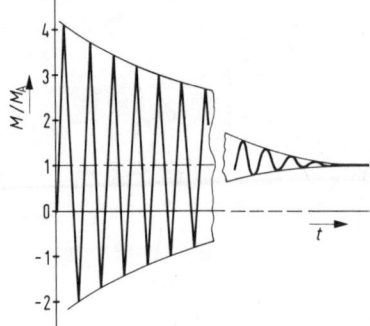

Bild 5.65 Verlauf des Einschaltmomentes einer Asynchronmaschine bei blockiertem Läufer (2 Stränge bei $u=0$, den dritten $\pi/2$ verzögert eingeschaltet)

die Phasenlage der Drehspannung im Schaltaugenblick und die Annahme, ob die Zuschaltung für alle drei Stränge gleichzeitig oder z. B. durch eine Unsymmetrie des Schalters einphasig verzögert erfolgt. Im ungünstigsten Fall ergibt sich für die maximale Drehmomentspitze etwa

$$M_{\mathrm{max}} = M_A \left(1 + \frac{\sqrt{2}}{\sin \varphi}\right) \tag{5.58}$$

wobei M_A das stationäre Anlaufmoment bedeutet. Der Winkel φ, der sich aus den Zeitkonstanten der Maschine berechnen läßt, kann näherungsweise nach $\varphi = 90° - \varphi_k$ aus dem Kurzschlußleistungsfaktor cos φ_k bestimmt werden. Bezogen auf das Kippmoment ergibt die obige Gleichung Drehmomentspitzen von unter Umständen mehr als dem doppelten Wert. Diese extremen Beanspruchungen müssen von dem Wellenende der Maschine, wenn auch nur sehr kurzzeitig, ausgehalten werden.

5.4   Stromrichtergespeiste Drehstrom-Asynchronmaschinen

Die Entwicklung der Leistungselektronik hat die Anwendung der unter Abschnitt 5.3.1 beschriebenen Verfahren zur Drehzahleinstellung der Asynchronmaschine stark beeinflußt. Dies gilt vor allem für die Technik der Frequenzumrichter, durch die das System Asynchronmotor + Umrichter zu einer Alternative zum stromrichtergespeisten Gleichstromantrieb wurde [65].

Nachstehend werden die auf der Basis von Stromrichterschaltungen eingesetzten Verfahren zur Drehzahlsteuerung der Asynchronmaschine behandelt. Die Wirkungsweise der Stromrichter wird nur hinsichtlich der Spannungsbildung besprochen, darüberhinaus muß auf das angeführte Schrifttum verwiesen werden [25-28].

5.4.1 Spannungsänderung mit Drehstromstellern

In Abschnitt 5.3.1 wurde die Drehzahlsteuerung der Asynchronmaschine durch Absenken der Ständerspannung besprochen (Bild 5.44). Anstatt eines Stelltransformators verwendet man dazu fast immer eine Stromrichterschaltung mit je einem antiparallelen Thyristorpaar oder einen Triac in den Zuleitungen.

Der prinzipielle Aufbau dieser Drehstromsteller genannten Schaltung ist in Bild 5.66 gezeigt. Der Drehzahlregelung ist wieder ein Stromregelkreis unterlagert, womit der Steuerwinkel α bei einem neuen Drehzahlsollwert nur im Rahmen der eingestellten Stromgrenze geändert wird.

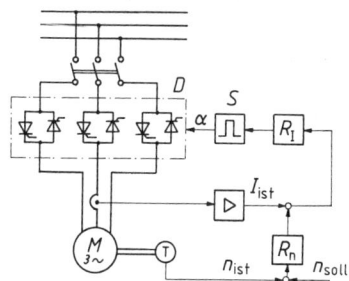

Bild 5.66 Spannungssteuerung durch einen Drehstromsteller

D Drehstromsteller, S Steuergerät
R_1 Stromregler R_n Drehzahlregeler
T Tachogenerator

Das Ergebnis dieser Spannungssteuerung soll an dem einfachen Fall eines Wechselstromstellers mit ohmsch-induktiver Belastung nach Bild 5.67 gezeigt werden. Durch Anschnittsteuerung jeder Halbschwingung mit dem Zündwinkel α wird die am Verbraucher anliegende Spannung u_L beliebig zwischen dem vollen Wert bei $\alpha = \alpha_{min}$ und Null bei $\alpha = 180°$ einstellbar. Die Kurvenform ist allerdings im Gegensatz zum Einsatz eines Stelltransformators nicht mehr sinusförmig, sondern enthält Oberschwingungen.

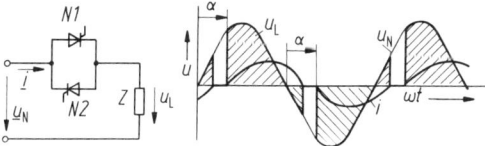

Bild 5.67 Spannungssteuerung durch einen Wechselstromsteller
a) Schaltung mit antiparallelen Thyristoren N1 und N2,
b) Diagramm des Stromes und der Lastspannung

Bei der Steuerung eines Motors über einen Drehstromsteller liegt für diesen ebenfalls eine ohmsch-induktive Belastung vor. Die auftretenden Kurvenformen sind hier zusätzlich von der Entscheidung abhängig, ob auch ein Leiter an den Wicklungssternpunkt angeschlossen wird. Ist dies der Fall, so entsprechen die Diagramme den Ergebnissen beim Wechselstromsteller, ohne N-Anschluß erhält man dagegen noch mehr verzerrte Kurvenformen. So ergibt z. B. die Speisung eines 3 kW Kurzschlußläufermotors mit 0,6 U_N bei etwa ein Drittel Synchrondrehzahl die Liniendiagramme nach Bild 5.68. Die starken Oberschwingungen in Strom und Spannung erzeugen erhöhte Eisen- und Stromwärmeverluste in der Maschine [66–68].

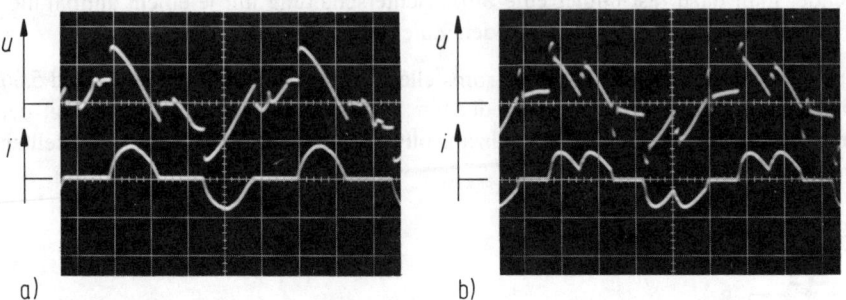

Bild 5.68 Oszillogramme von Strom und Strangspannung eines 3 kW Drehstrommotors bei Spannungssteuerung mit Drehstromsteller $U = 0{,}6\ U_N$, $n \approx n_1/3$
a) mit Sternpunktsanschluß,   b) ohne Sternpunktsanschluß

Dem Einsatz des Stellers zur Drehzahlsteuerung sind durch die dabei auftretenden Läuferverluste Grenzen gesetzt. Mit Gl. (5.25) gilt für die Stromwärmeverluste im Läufer

$$P_{Cu2} = s \cdot P_L$$

und mit $s = (n_1 - n)/n_1$, $P_L = 2\pi n_1 \cdot M$

erhält man $P_{Cu2} = 2\pi(n_1 - n) \cdot M$

Für die Abgabeleistung gilt allgemein

$$P_2 = 2\pi n \cdot M$$

Bezieht man die Verlust- und die Abgabeleistung auf ihre Bemessungswerte, so ergibt sich

$$P_{Cu2} = P_{Cu2N} \cdot \frac{n_1 - n}{n_1 - n_N} \cdot \frac{M}{M_N}$$

$$P_2 = P_N \cdot \frac{n}{n_N} \cdot \frac{M}{M_N}$$

Die Läuferverluste sind damit wegen $M = M_w$ vom Verlauf des Lastmomentes $M_w = f(n)$ abhängig. Für die wichtigsten Charakteristiken bestehen nachstehende Zusammenhänge:

1. Konstantes Lastmoment $M_w = M_N$

$$P_{Cu2} = P_{Cu2N} \cdot \frac{1 - n/n_1}{s_N}$$

$$P_2 = P_N \frac{n/n_1}{1 - s_N}$$

Der Höchstwert der Läuferverluste wird bei $n = 0$ mit

$$P_{Cu2M} = P_{Cu2N}/s_N$$

erreicht.

2. Lastmoment $M_w = M_N \cdot \dfrac{n}{n_N}$

$$P_{Cu2} = P_{Cu2N} \cdot \frac{1 - n/n_1}{s_N} \cdot \frac{n/n_1}{1 - s_N}$$

$$P_2 = P_N \left(\frac{n/n_1}{1 - s_N}\right)^2$$

Über den Differentialquotienten dP_{Cu2}/dn erhält man den Maximalwert der Verluste bei $n = 0,5\, n_1$ mit

$$P_{Cu2M} = \frac{0,25}{s_N(1 - s_N)} \cdot P_{Cu2N}$$

3. Lastmoment $M_w = M_N \cdot \left(\dfrac{n}{n_N}\right)^2$

$$P_{Cu2} = P_{Cu2N} \cdot \frac{1 - n/n_1}{s_N} \cdot \left(\frac{n/n_1}{1 - s_N}\right)^2$$

$$P_2 = P_N \left(\frac{n/n_1}{1 - s_N}\right)^3$$

Die Maximalverluste ergeben sich diesmal bei $n = \dfrac{2}{3}\, n_1$ mit

$$P_{Cu2M} = \frac{4 \cdot P_{Cu2N}}{27\, s_N(1 - s_N)^2}$$

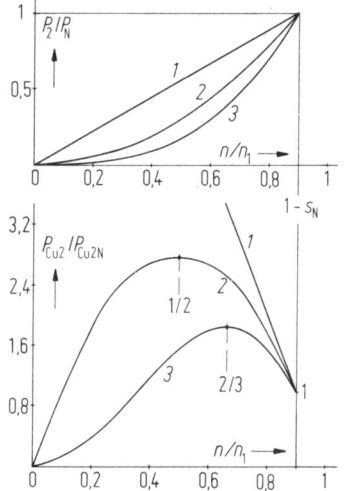

Bild 5.69 Relative Läuferverluste und Abgabeleistungen bei verschiedenen Lastcharakteristiken $M_w = f(n)$ in Abhängigkeit von der Drehzahl bei $s_N = 0,1$
$1\ M_w = M_N$,
$2\ M_w = M_N \cdot \dfrac{n}{n_N}$,
$3\ M_w = M_N \cdot \left(\dfrac{n}{n_N}\right)^2$

Die Auswertung dieser Ergebnisse ist mit $s_N = 0,1$ in Bild 5.69 dargestellt. Besonders bei konstantem Lastmoment ergeben sich sehr hohe Verlustwerte, die in diesem Fall bei $n = 0$ den 10fachen Bemessungswert ausmachen.

Der Einsatz des Drehstromstellers zur Drehzahlsteuerung beschränkt sich daher auf kleine Pumpen- und Lüfterantriebe mit einer Charakteristik $M_w \sim n^2$. Hier bleibt nach Bild 5.69 die Läuferwärme noch in vertretbaren Grenzen. Ein Beispiel für die Auslegung eines Antriebs ist nachstehend angegeben.

Beispiel 5.15: Eine Pumpe mit einer Antriebsleistung $P_p = 3{,}2$ kW bei $n_N = 3000$ U/min und quadratischem Momentenbedarf nach $M_p = M_N (n/n_N)^2$ soll über einen Kurzschlußläufermotor im Bereich $n = 1500$ U/min bis 2800 U/min drehzahlgesteuert werden.

Es ist die Typenleistung eines Asynchronmotors mit Widerstandsläufer zu bestimmen, der über einen Drehstromsteller mit variabler Klemmenspannung betrieben wird. Es soll im ganzen Drehzahlbereich Dauerbetrieb möglich sein.

Motordaten:
Verlustverhältnis $P_{Cu1}/P_{Cu2} = 0{,}7$,
Wirkungsgrad im Nennbereich $\eta = 0{,}8$.

Die Eisen- und Reibungsverluste können durch den Faktor $k_v = 1{,}5$ zu den Kupferverlusten und die verminderte Kühlung durch den Reduktionsfaktor $f_v = 0{,}88$ erfaßt werden.

Es ist eine zweipolige Maschine mit $n_1 = 3000$ U/min vorzusehen, die dann bei voller Spannung den oberen Drehzahlbereich von 2800 U/min erfaßt.

Für die Läuferverluste gilt bei beliebiger Drehzahl mit

$$P_{Cu2} = s \cdot P_L, \quad P_L = 2\pi n_1 \cdot M, \quad M = M_N \cdot \left(\frac{n}{n_1}\right)^2$$

$$P_{Cu2} = \frac{n_1 - n}{n_1} \cdot 2\pi n_1 \cdot M_N \cdot \left(\frac{n}{n_1}\right)^2$$

Bei der angegebenen Lastcharakteristik $M_p \sim n^2$ treten die maximalen Läuferverluste nach Bild 5.69 bei $n = \frac{2}{3} n_1$ auf und betragen hier

$$P_{Cu2M} = \frac{8}{27} \cdot \pi \cdot n_1 \cdot M_N$$

Das Pumpenmoment ist $M_N = \dfrac{P_p}{2\pi n_N} = \dfrac{3{,}2 \text{ kW}}{2\pi \cdot 50 \text{ s}^{-1}} = 10{,}2$ Ws

Die Gesamtverluste berechnen sich nach Datenangabe mit $P_{Cu1} = 0{,}7 \, P_{Cu2}$ zu

$$P_v = k_v \cdot 1{,}7 \, P_{Cu2M}$$

$$P_v = 1{,}5 \cdot 1{,}7 \cdot \frac{8}{27} \cdot \pi \cdot 50 \text{ s}^{-1} \cdot 10{,}2 \text{ Ws} = 1211 \text{ W}$$

Für die zulässigen Verluste des Motors der Typenleistung P_T gilt

$$P_{vT} = f_v \cdot P_T \frac{1 - \eta}{\eta}$$

wobei $f_v < 1$ die verminderte Kühlung erfaßt.

Der Motor muß so ausgelegt werden, daß mindestens $P_{vT} = P_v$ ist. Dies bedeutet die Mindestleistung

$$P_T = \frac{P_{vT} \cdot \eta}{f_v (1 - \eta)} = \frac{1211 \text{ W} \cdot 0{,}80}{0{,}88 \cdot 0{,}20} = 5{,}5 \text{ kW}$$

Es ist ein zweipoliger Motor mit $P_N = 5{,}5$ kW zu wählen.

5.4.2 Untersynchrone Stromrichterkaskade

Läuferrückspeisung. Bei der Drehzahlsteuerung eines Schleifringläufermotors durch Vorwiderstände R_{2v} wird die dem Läufer entnommene Leistung P_{2el} ausschließlich mit $P_{2el} = 3 \cdot R_{2v} \cdot I_2^2$ in Wärme umgesetzt. Um dies zu vermeiden, werden schon lange Techniken eingesetzt, mit denen die bei der Drehzahlabsenkung freiwerdende Energie an das Netz zurückgegeben werden kann.

Bis zur Entwicklung der Leistungselektronik anfang der 60iger Jahre löste man diese Aufgabe der Energierückspeisung mit Maschinenumformern, z.B. in der Scherbiuskaskade. Hier wird die schlupffrequente Läuferleistung P_{2el} in einem sogenannten Einankerumformer gleichgerichtet und einem nachgeschalteten Gleichstrommotor zugeführt. Dieser treibt eine angekuppelte Asynchronmaschine übersynchron an, womit diese im Generatorbetrieb in das Netz zurückspeist. Insgesamt arbeiten zwischen den Läuferklemmen und dem Drehstromnetz also drei elektrisch in Reihe geschaltete Maschinen, ein Aufwand, der sich nur bei großen Antriebsleistungen lohnte.

Die Leistungselektronik vereinfacht die Technik der Läuferrückspeisung wesentlich. Nach Bild 5.70 wird an die Schleifringe ein statischer Umrichter, der aus einem Diodengleichrichter *GR* und einem vollgesteuerten Thyristorstromrichter *WR* in Wechsel-

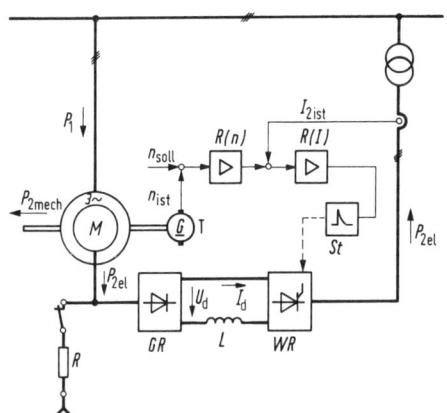

Bild 5.70 Untersynchrone Stromrichterkaskade zur Drehzahlsteuerung von Schleifringläufermotoren
GR Diodengleichrichter,
WR Wechselrichter,
R(n) Drehzahlregler,
R(I) Stromregler,
R Anlaßwiderstand

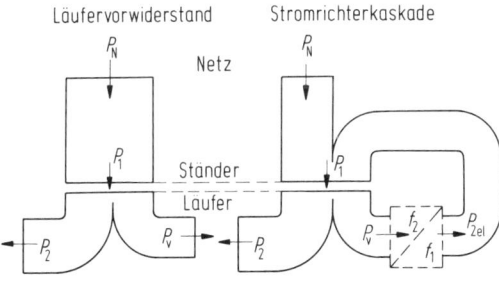

Bild 5.71 Vergleichende Leistungsbilanz bei Drehzahlsteuerung durch Läuferwiderstände und Stromrichterkaskade

richteraussteuerung besteht, angeschlossen. Der Weg über den Gleichstrom-Zwischenkreis ist erforderlich, um die beiden Drehstromsysteme mit der Schlupffrequenz f_2 auf der Läuferseite und der Frequenz f_1 netzseitig voneinander zu entkoppeln. Ein nachgeschalteter Transformator dient der Spannungsanpassung, der Drehstromwiderstand R zum Anfahren des Antriebs. Der gesamte Aufbau wird als untersynchrone Stromrichterkaskade (USK) bezeichnet. Im Vergleich zur Drehzahlsteuerung über Vorwiderstände gilt bei vernachlässigten Verlusten die Gegenüberstellung der Leistungsbilanzen aus Bild 6.71 [69–72].

Das Verhalten eines Schleifringläufermotors mit einer USK soll über die Ersatzschaltung in Bild 6.72 gezeigt werden. Läufer und Netz mit den Spannungen $\underline{U}_{q2} = s \cdot \underline{U}_{20}$ und $\underline{U}_N$ sind im Zwischenkreis über die Gleichspannungen U_{d1} und U_{d2} miteinander verbunden. U_{d1} ergibt sich schlupfabhängig durch Gleichrichtung der Läuferspannung, U_{d2} ist über den Steuerwinkel α des Wechselrichters *WR* einstellbar. Die Drosselspule L nimmt die Spannungsoberschwingungen, d.h. die Unterschiede in den Augenblickswerten auf.

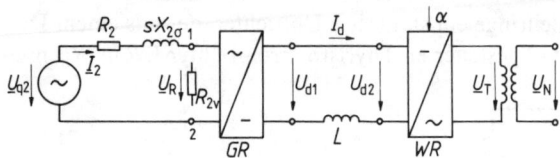

Bild 5.72 Ersatzschaltung eines Drehstrom-Schleifringläufermotors
mit untersynchroner Stromrichterkaskade
GR Diodengleichrichter   *WR* Thyristorwechselrichter

Für den Vergleich mit der Wirkung eines Läufervorwiderstandes ist in Bild 5.72 zwischen den Läuferklemmen 1-2 der Widerstand $\cdot R_{2v}$ mit dem Spannungsfall $U_R = I_2 \cdot R_{2v}$ angedeutet. Die Wirkung dieser Spannung übernimmt bei der USK die Wechselrichterspannung U_{d2}. Ein Läuferstrom $I_2 \sim I_d$ und damit ein Drehmoment $M \sim I_2$ können erst dann entstehen, wenn durch einen entsprechend großen Schlupf s die Läuferspannung U_{q2} so groß geworden ist, daß die Bedingung $U_{d1} = U_{d2}$ erreicht ist. Erst jetzt kann im Zwischenkreis ein Strom I_d fließen und damit eine Leistung $P_d = U_d \cdot I_d$ an den Wechselrichter abgegeben werden. Im Unterschied zum Spannungsfall U_R an einem Läufervorwiderstand ist die Wechselrichterspannung U_{d2} außerdem nicht vom Läuferstrom I_2 und damit von der Belastung abhängig. Dies bedeutet, daß auch ein Absenken der Leerlaufdrehzahl erreicht werden kann.

Für die Spannung des Gleichrichters *GR* in Drehstrombrückenschaltung gilt nach Gl.(2.54b)

$$U_{d1} = \frac{3\sqrt{2}}{\pi} U_L = \frac{3\sqrt{6}}{\pi} \cdot s \cdot U_{20}$$

wobei U_{20} der Strangwert der Läuferstillstandsspannung ist.

Die Wechselrichterspannung U_{d2} ergibt sich mit dem Bezugspfeil in Bild 5.72 und $\alpha \geqq 90°$ zu

$$U_{d2} = -\frac{3\sqrt{6}}{\pi} \cdot U_T \cdot \cos\alpha$$

U_T ist die sekundäre Strangspannung des in vielen Fällen nachgeschalteten Transformators.

Im Leerlauf mit $I_2 \sim I_d \rightarrow 0$ stellt sich damit über die Bedingung

$$U_{d1} = U_{d2}$$
$$s_0 \cdot U_{20} = -U_T \cdot \cos\alpha$$

der Leerlaufschlupf

$$s_0 = -\frac{U_T}{U_{20}} \cdot \cos\alpha$$

ein. Für $\alpha = 90°$ erhält man daraus $s_0 = 0$ und die Leerlaufdrehzahl $n_0 = n_1$, d.h. das Ergebnis bei kurzgeschlossenem Läufer. Allgemein gilt mit

$$n_0 = n_1 \cdot (1 - s)$$

für die Leerlaufdrehzahl

$$n_0 = n_1 \cdot \left(1 + \frac{U_T}{U_{20}} \cdot \cos\alpha\right) \qquad 90° \leq \alpha \leq 150° \tag{5.59}$$

wenn man die Trittgrenze des Wechselrichters bei $\alpha = 150°$ ansetzt. Das Verhältnis U_T/U_{20} bestimmt den maximal erreichbaren Leerlaufschlupf

$$s_{0\,max} = -\frac{U_T}{U_{20}} \cdot \cos 150° = \frac{\sqrt{3}}{2} \cdot \frac{U_T}{U_{20}}$$

Bei Belastung fällt die Drehzahl nach

$$n = n_0 \cdot (1 - s)$$

weiter ab und man erhält ein Feld mit parallelen Kennlinien nach Bild 5.73. Die einzelnen Nebenschlußkurven sind etwas stärker geneigt als bei einem Käfigläufermotor, da die Verluste in den Dioden, Thyristoren und der Drosselspule wie ein entsprechend erhöhter Läuferwiderstand wirken.

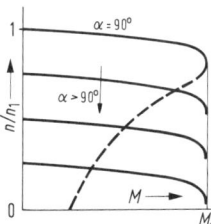

Bild 5.73 Drehzahlkennlinien bei Steuerung mit einer Stromrichterkaskade

α Steuerwinkel des Wechselrichters

Untersynchrone Stromrichterkaskaden werden dort eingesetzt, wo mit maximalen Schlupfwerten von 30% bis 50% nur ein begrenzter Drehzahlstellbereich gefordert ist. Dies ist vor allem bei großen Pumpen-, Gebläse- und Verdichterantrieben der Fall, die wegen der Charakteristik $P \sim n^3$ nicht bei kleinen Drehzahlen betrieben werden. Da die Kaskade nur für die dem Läufer entnommene Leistung also

$$P_{2\text{el}} = P_2 \cdot \frac{s}{1-s} - P_{\text{Cu2}}$$

ausgelegt werden muß, ergibt sich mit $s_{\max} \leqq 0,5$ ein Vorteil gegenüber der Gleichstrommaschine mit Einquadrantenstromrichter. Der begrenzte Stellbereich bedeutet allerdings, daß der Antrieb über den Anlaßwiderstand R in Bild 5.70, hochgefahren werden muß.

Der durch die Drosselspule L geglättete Zwischenkreisstrom I_d ergibt auf der Läuferseite den bei Drehstrombrückenschaltungen typischen 120°-Rechteckstrom, womit auch der Ständerstrom, nicht mehr sinusförmig ist. Damit entstehen wieder Zusatzverluste durch die Oberschwingungen und Pendelmomente.

Beispiel 5.16: Ein Drehstrom-Schleifringläufermotor für $P_N = 200$ kW, $U_N = 380$ V, $U_{20} = 300$ V, $\eta_M = 0,948$ soll durch eine untersynchrone Stromrichterkaskade drehzahlgesteuert werden. Der Wirkungsgrad des Umrichters mit Transformator nach Bild 5.70 kann mit $\eta_K = 0,92$ angenommen werden.

a) für den Betriebspunkt $n = 0,5\, n_1$, $M = M_N$ ist die Wirkleistungsbilanz anzugeben.

Aufnahmeleistung des Motors

$$P_1 = \frac{P_N}{\eta_M} = \frac{200\,\text{kW}}{0,948} = 211\,\text{kW}$$

Motorverluste bei M_N, I_N

$$P_{\text{vM}} = P_1 - P_N = 11\,\text{kW}$$

Abgabeleistung bei $0,5\, n_N$, M_N

$$P_{2\text{m}} = 0,5\, P_N = 100\,\text{kW}$$

Abgabeleistung an den Umrichter

$$P_{2\text{el}} = P_1 - P_{\text{vM}} - P_{2\text{m}} = 100\,\text{kW}$$

Verluste der Kaskade

$$P_{\text{vK}} = P_{2\text{el}}\,(1 - \eta_K) = 100\,\text{kW}\,(1 - 0,92) = 8\,\text{kW}$$

Rückgespeiste Leistung

$$P_K = P_{2\text{el}} - P_{\text{vK}} = 92\,\text{kW}$$

Netzleistung

$$P_D = P_1 - P_K = 119\,\text{kW}$$

Das Diagramm der Leistungen zeigt Bild 5.74.

b) Welche Übersetzung U_N/U_T muß der Transformator für $n_0 = 0,5\, n_1$ erhalten?
$n_0 = n_1\,(1 - s_0) = 0,5\, n_1$ bedeutet $s_0 = 0,5$

An der Trittgrenze des Wechselrichters gilt die Beziehung

$$s_0 = -\frac{U_T}{U_{20}} \cdot \cos 150°$$

und damit für die Transformatorübersetzung bei $U_{20} = 300\,\text{V}$ Leiterspannung

$$U_T = 0,5 \cdot \frac{2}{\sqrt{3}} \cdot 300\,\text{V} = 173\,\text{V}$$
$$U_T/U_N = 173\,\text{V}/380\,\text{V}$$

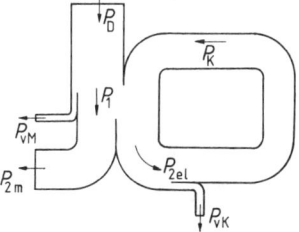

Bild 5.74 Leistungsbilanz eines Antriebs mit USK
Zahlenwerte in Beispiel 5.16

c) Wie groß wird der Gleichstrom I_d im Zwischenkreis bei Bemessungsmoment?
Bei der niedrigsten Drehzahl ist $P_{2el} = 100\,\text{kW}$ mit

$$P_{2el} = U_d \cdot I_d = \frac{3\sqrt{2}}{\pi} \cdot s \cdot U_{20} \cdot I_d$$

wobei sich die Gleichspannung U_d nach Gl.(2.54b) berechnet. Man erhält damit mit $s = 0,5$

$$I_d = \frac{\pi}{3\sqrt{2}} \cdot \frac{P_{2el}}{s \cdot U_{20}} = \frac{\pi}{3\sqrt{2}} \cdot \frac{100\,\text{kW}}{0,5 \cdot 300\,\text{V}} = 494\,\text{A}$$

5.4.3 Umrichterbetrieb der Drehstrom-Asynchronmaschine

Die in Abschnitt 5.3.2 behandelte Drehzahlsteuerung der Asynchronmaschine über
eine Drehspannung einstellbarer Frequenz erlangt in der elektrischen Antriebstechnik
wachsende Bedeutung. Die Kombination Drehstrom-Käfigläufermotor mit Frequenzumrichter verdrängt zunehmend die stromrichtergespeiste Gleichstrommaschine als
die bislang klassische Lösung für drehzahlgeregelte Antriebe. Der Grund liegt in einer Reihe von Vorteilen im Vergleich zum Einsatz eines fremderregten Gleichstrommotors wie:
- Höhere Grenzdrehzahlen
- Kleineres Läuferträgheitsmoment und günstigeres Leistungsgewicht
- Keine Stromwenderprobleme (Kohlestaub und Bürstenfeuer), daher
- Geringer Wartungsaufwand
- Einfachere explosionsgeschützte Ausführung (EExe)

Im Vergleich zur Technik eines netzgeführten Stromrichters für einen Gleichstrommotor erfordert der Leistungsteil und die Regelelektronik eines Frequenzumrichters zur Drehzahlsteuerung der Asynchronmaschine einen hohen Aufwand. Dies gilt vor allem für den Wechselrichter, der aus den Gleichstromwerten des Zwischenkreises ein in Frequenz und Effektivwert einstellbares neues Drehspannungssystem erzeugen muß.

Um hier möglichst günstige Lösungen zu erhalten, wurden für die verschiedenen Antriebsaufgaben unterschiedliche Umrichtertechniken entwickelt, wovon nachstehend die typischen Varianten vorgestellt werden [73–75].

I-Umrichter. Den prinzipiellen Aufbau eines Stromzwischenkreis-Umrichters (I-Umrichters) zeigt Bild 5.75. Der netzseitige Stromrichter $V1$ in Sechspuls-Brückenschaltung liefert einen durch die Anschnittsteuerung der Thyristoren einstellbaren Gleichstrom I_d, der infolge der Induktivität L der Zwischenkreisspule für den nachgeschalteten Stromrichter $V2$ eingeprägt ist.

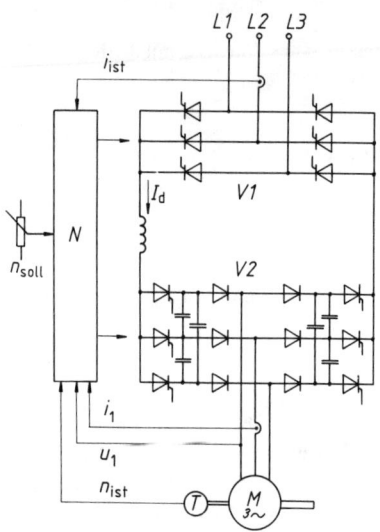

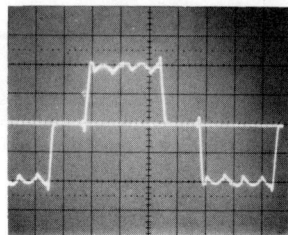

Bild 5.76 Oszillogramm des Strangstromes i_1 in Bild 5.74 für einen 3 kW Motor bei $f_1 = 25$ Hz

Bild 5.75 Drehstrom-Asynchronmaschine mit Stromzwischenkreis-Umrichter
$V1$ netzgeführter Stromrichter in Sechspuls-Brückenschaltung
$V2$ Wechselrichter mit Zwangskommutierung
N Steuer- und Regelelektronik

Bezüglich der genauen Wirkungsweise des Stromrichters $V2$, der als selbstgeführter Wechselrichter arbeitet, sei auf die umfangreiche Literatur verwiesen. Die Technik der Phasenfolgelöschung mit den sechs Kondensatoren erlaubt ein Ein- und Ausschalten der Thyristoren, so daß der Gleichstrom I_d nach Bild 5.76 in 120°-Stromblöcken in jedem Wicklungsstrang fließt. Durch das zyklische Aufschalten des Stromes an die Motorklemmen U-V, V-W, W-U usw. entsteht ein sprungförmig umlaufendes Ständerfeld einstellbarer Frequenz. Das Verhalten der Asynchronmaschine entspricht damit grundsätzlich einem Betrieb mit eingeprägtem Drehstromsystem variabler Frequenz.

Für die Funktion der Regelelektronik gibt es je nach den Anforderungen an die Dynamik des Antriebs unterschiedliche Konzepte. Mit entsprechendem Aufwand lassen sich etwa die Stellzeiten eines Gleichstromantriebs erreichen. Besonders einfach und ohne Mehraufwand im Leistungsteil ist ein Vierquadrantenbetrieb möglich. Mit einer Spannungsumkehr im Zwischenkreis durch Wechselrichteraussteuerung von *V1* bei unveränderter Stromrichtung kann eine Rückspeisung von Bremsenergie ins Netz erfolgen. Drehrichtungsumkehr erzielt man durch Änderung der Ansteuerfolge der maschinenseitigen Thyristoren, was einen Wechsel in der Drehfeldrichtung bewirkt.

Für Drehstromantriebe mit I-Umrichtern können normale Normmotoren verwendet werden, wobei allerdings auf Grund der nichtsinusförmigen Ströme und Spannungen erhöhte Stromwärme- und Eisenverluste auftreten. Im allgemeinen genügt es zum Ausgleich, die Leistung um ca. 10% herabzusetzen. Typische Anwendungsbereiche sind vorzugsweise Einzelantriebe für Pumpen, Lüfter, Extruder und Zentrifugen bei Leistungen von 20 kW bis 1500 kW. Der typische Frequenzbereich liegt bei 5 Hz bis 150 Hz und einem Verhältnis $n_{min}/n_{max} = 1/20$ [76–78].

U-Umrichter. Schaltet man in den Zwischenkreis eines Umrichters anstelle der Induktivität *L* quer zum Ausgang des netzseitigen Stromrichters einen Kondensator *C*, so erhält man einen Umrichter mit Gleichspannungs-Zwischenkreis. Bild 5.77 zeigt als Beispiel einen transistorisierten Aufbau, der derzeit bis zu Nennleistungen von einigen 100 kVA gefertigt wird.

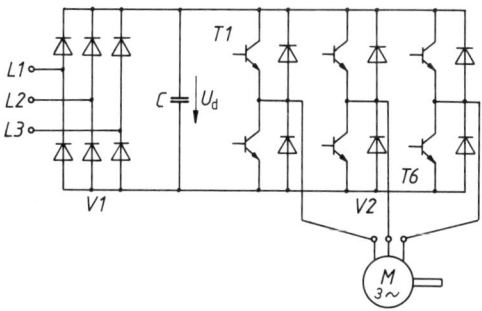

Bild 5.77 Prinzipschaltung eines transistorisierten Spannungszwischenkreis-Umrichters
V1 Diodengleichrichter
V2 Wechselrichter

Durch die Sechspuls-Diodenbrücke *V1* wird der Kondensator *C* maximal auf den Scheitelwert der Außenleiterspannung aufgeladen, womit der Zwischenkreis eine praktisch konstante Gleichspannung U_d erhält. Netzseitig wirkt die Schaltung wie ein Drehstromladegerät für *C*, so daß der Leiterstrom aus zwei Stromimpulsen pro Halbschwingung (Bild 5.78) besteht. Da im Gegensatz zu den netzgeführten Stromrichtern für Gleichstromantriebe keine Anschnittsteuerung angewandt wird, treten auch keine drehzahlabhängigen Blindströme auf, sondern der Netzstrom ist ein wenn auch stark oberschwingungshaltiger Wirkstrom.

Die Wechselrichterschaltung *V2* erzeugt aus der Zwischenkreisspannung U_d durch zyklisches Ansteuern der Leistungstransistoren *T1* bis *T6* die neue Drehspannung der gewünschten Frequenz. In der einfachsten Ausführung kann dies eine verkürzte Rechteckspannung sein, wie sie in Bild 5.79 zusammen mit dem zugehörigen Strang strom aufgenommen wurde. In diesem Falle muß die nach Bild 5.48 erforderliche Proportionalität $U \sim f$ durch einen Gleichstromsteller im Zwischenkreis sichergestellt werden.

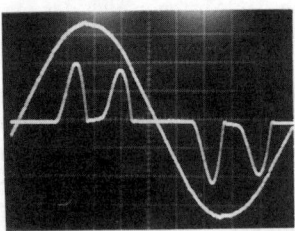

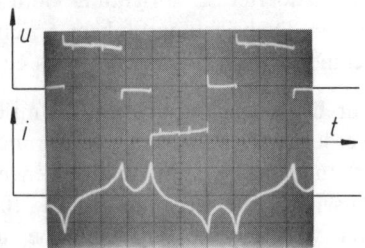

Bild 5.78 Netzstrom und Strangspannung eines Pulsumrichters nach Bild 5.76

Bild 5.79 Strangspannung und -strom eines 4 kW Kurzschlußläufermotors bei Betrieb mit U-Umrichter und $f_1 = 25$ Hz

Der Strom- und Spannungsverlauf nach Bild 5.79 weichen wesentlich von der idealen Sinusform ab, d.h. der Motor erhält stark oberschwingungshaltige Betriebsgrößen. In ihrer Folge entstehen mechanische Schwingungen und Geräusche, sowie erhöhte Eisen- und Stromwärmeverluste. Bei Verwendung dieser Umrichterausführung, die nur noch bei höheren Frequenzen eingesetzt wird, muß daher eine bis zu 20%ige Leistungsreduktion des Motors in Kauf genommen werden [79-85].

Pulsumrichter. In dieser Technik wird die konstante Zwischenkreisspannung U_d nicht als ein Rechteckblock an die Motorklemmen gelegt, sondern in viele Einzelimpulse unterschiedlicher Spannungszeitfläche aufgeteilt. Für ihre Ansteuerung sind verschiedene Verfahren entwickelt worden. So kann durch eine Pulsweitenmodulation die

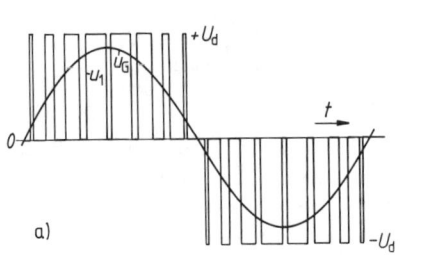

Bild 5.80 Ausgangsspannung eines Pulsumrichters
a) Pulsweitenmodulation der Zwischenkreisspannung
   Unterschwingungsverfahren, u_G Spannungs-Grundschwingung
b) Leiterspannung bei ca. 1 kHz Taktfrequenz

Breite der Einzelimpulse so variiert werden, daß die gewünschte Sinusspannung als Unterschwingung entsteht (Bild 5.80a). Bild 5.80b) zeigt eine Aufnahme der Leiterspannung bei dieser sinusbewerteten Pulsung, wobei die Taktfrequenz 1 kHz beträgt.

Ein anderes Verfahren verwendet eine Zweipunktregelung des Motorstromes, dessen Istwert man mit einer Sinuskurve der gewünschten Frequenz als Sollwert vergleicht.

Es wird ein Toleranzband festgelegt und die konstante Zwischenkreisspannung dann zugeschaltet, wenn der Iststrom dieses unterschreitet. Übersteigt er das Toleranzband, so wird U_d abgeschaltet und i_1 fällt im Freilaufkreis wieder ab. Die Abfragefrequenz dieser Zweipunktregelung kann heute bis 100 kHz betragen [82].

Die Technik der Pulswechselrichter befindet sich derzeit noch in einer stetigen Entwicklung, wobei Transsitorgeräte mit Mikroprozessorsteuerung das Ziel sind. Man ist vor allem bestrebt, die Taktfrequenz weiter zu erhöhen, um damit die Anpassung der Impulsflächen an den momentanen Sinussollwert zu verbessern. So werden die Kurvenform des Motorstromes immer mehr der Sinusform angeglichen und die Zusatzverluste vermindert. Bild 5.81 zeigt zwei Beispiele für den Motorstrom eines 2,2 kW-Käfigläufermotors bei $f_1 = 20$ Hz und Bemessungsmoment.

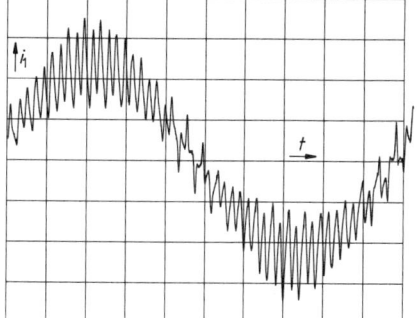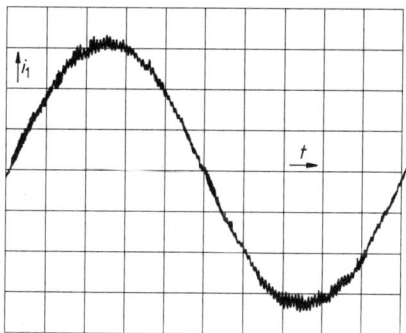

Bild 5.81 Motorstrom bei sinusbewerteter Taktung der Zwischenkreisspannung
a) Taktfrequenz ca. 1 kHz   b) Taktfrequenz ca. 20 kHz

Bei Taktfrequenzen über ca. 10 kHz und damit großem Abstand zur Grundfrequenz von meist $f_1 \leqq 100$ Hz kann zusätzlich am Ausgang des Umrichters ein LC-Tiefpaß zur Siebung verwendet werden. Danach sind Strom und Spannung am Motor praktisch sinusförmig.

Feldorientierte Regelung. Wird bei der Drehzahlsteuerung von Asynchronmaschinen über Frequenzumrichter lediglich der Effektivwert der Motorspannung nach der Steuerkennlinie $U_1 = g(f_1)$ eingestellt, so kann allenfalls im stationären Betrieb stets der Fluß φ_N eingehalten und damit die optimale Ausnutzung erreicht werden. Für dynamische Lastzustände, wie Anlauf und rasche Umsteuervorgänge ist dagegen nicht sichergestellt, daß der Ständerstrom in jedem Augenblick die zur Magnetisierung und Drehmomentbildung richtige Größe und Phasenlage hat. Ist dies gefordert, so ist ein Regelkonzept einzusetzen, mit dem es möglich ist, wie bei einer Gleichstrommaschine mit Erregerstrom I_E und Laststrom I_A den Ständerstrom in seinen Komponenten Wirk- und Blindanteil unabhängig voneinander einzustellen.

Grundlage dieser feldorientierten Regelung oder Vektorregelung ist die Beschreibung des Maschinenverhaltens durch die Einführung von Raumzeigern für alle elektrischen und magnetischen Größen. Diese Raumzeiger entstehen jeweils aus der Addition der Augenblickswerte von Strom, Spannung und Magnetfeld in den drei Strängen der Drehstromwicklung. Als anschauliches Beispiel sei auf die Bestimmung der mit Synchrondrehzahl rotierenden Drehfeld-Erregerkurve in Bild 4.16 verwiesen, die durch den Raumzeiger $\underline{V}_1$ dargestellt werden kann.

Alle Raumzeiger rotieren gegenüber dem ortsfesten durch die Lage der Ständerwicklung bestimmten Bezugssystem, das in Bild 5.82 mit der Achse A_S gekennzeichnet ist, mit der Winkelgeschwindigkeit $\dot{\varphi}_S$. Im stationären Betrieb der Maschine entspricht diese Winkelgeschwindigkeit der Kreisfrequenz ω_1. In der Technik der Vektorregelung wählt man nun für die Beschreibung des Maschinenverhaltens ein neues rotierendes Koordinatensystem, dessen Bezugsachse mit der Lage des Raumzeigers $\underline{\Phi}$ des Drehfeldflusses übereinstimmt. Auf diese Weise hat man alle Größen und insbesonders den Stromzeiger $\underline{i}_1$ und seine Komponenten i_w und i_b „feldorientiert". In diesem neuen rotierenden Bezugssystem sind alle Werte zudem Gleichstromgrößen.

Da nach Gl. (4.39) die senkrecht zum Flußzeiger liegende Stromkomponente das Drehmoment bestimmt und die parallele grundsätzlich die Magnetisierung übernimmt, hat man mit den feldorientierten Stromkomponenten i_b und i_w die Verhältnisse der fremderregten Gleichstrommaschine nachgebildet. Es gilt die Zuordnung $i_b \sim I_E$ und $i_w \sim I_A$, und man kann jetzt wie dort für das gewünschte Feld Φ und den Sollwert der Drehzahl zwei getrennte Regelkreise aufbauen.

Die gesamte Struktur einer feldorientierten Regelung ist kompliziert und Inhalt vieler Veröffentlichungen und ganzer Lehrbücher [81–85, 148–150]. Über Koordinatenwandler und Maschinenmodelle werden aus den Strangwerten der Maschine die Istwerte i_w und i_b und des Feldes bestimmt und den Reglern zugeführt. Danach muß eine Rücktransformation auf die dreisträngigen Steuerspannungen für den Betrieb des Frequenzumrichters erfolgen. Insgesamt entsteht ein hoher regeltechnischer Aufwand, den man heute mit der Mikroprozessortechnik realisiert.

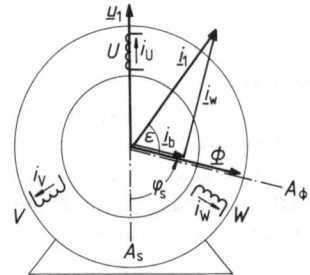

Bild 5.82 Raumzeigerdiagramm zur Realisierung der feldorientierten Regelung

A_S ortsfeste Bezugsachse für die Drehstromgrößen
A_Φ rotierende Bezugsachse des Flußraumzeigers $\underline{\Phi}$

Das Antriebssystem Asynchronmaschine + Frequenzumrichter ist heute bis in den MW-Leistungsbereich verfügbar und erreicht mit den oben skizzierten Regelverfahren die Qualität des klassischen Gleichstromantriebs mit netzgeführten Stromrichtern. Auf Grund seiner Vorteile gegenüber Gleichstrommotoren wie geringer Wartungsaufwand, hohe Grenzdrehzahl, geringeres Trägheitsmoment beherrscht die Asynchronmaschine zusammen mit der umrichtergespeisten Synchronmaschine immer mehr den Markt der drehzahlgeregelten elektrischen Antriebe in allen Bereichen der Förder- und Produktionstechnik sowie im Verkehrswesen.

5.5 Spezielle Bauformen und Betriebsarten der Drehstrom-Asynchronmaschine

5.5.1 Asynchronmotoren mit Stromverdrängungs- und Doppelstabläufer

Stromverdrängung. Jeder Leiterstab in einer Nut (Bild 5.83) umgibt sich mit einem Streufeld, dessen Induktion $B_{\sigma Q}$ an jeder Stelle innerhalb der Nuthöhe h_Q von dem jeweils umschlossenen Anteil des Leiterstroms und der Nutbreite abhängig ist.

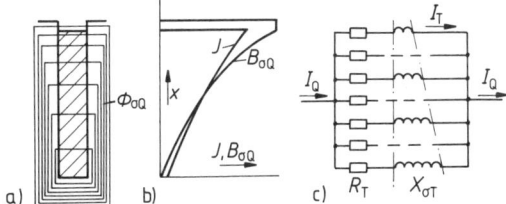

Bild 5.83 Stromverdrängung in einem Hochstab
a) Streufeldlinien   b) Stromdichte und Feldverlauf entlang des Hochstabs
c) Ersatzschaltung mit Teilleitern

Denkt man sich nun den Gesamtquerschnitt in viele dünne übereinanderliegende Teilleiter zerlegt, so sind diese jeweils von einem Streufeld umgeben, das in Richtung zur Nutöffnung immer geringer wird. Der Scheinwiderstand Z_T jedes Teilleiters besteht damit aus dem für alle gleichen ohmschen Anteil R_T und einem dem eigenen Streufeld proportionalen Streulindwiderstand $X_{\sigma T}$. Damit entsteht die in Bild 5.83c) angegebene Ersatzschaltung des Hochstabs mit nach oben abnehmenden Werten für Z_T und einer entsprechend $I_T \sim 1/Z_T$ ungleichen Aufteilung des gesamten Nutstromes I_Q auf die Teilleiter. Der Strom fließt also im wesentlichen in den oberen Zonen was man als einseitige Stromverdrängung bezeichnet. Sie ist um so ausgeprägter, je höher h_Q und die Frequenz sind.

Beeinflussung des Wirk- und Streublindwiderstandes. Die Stromwärmeverluste im Leiter sind dem Mittelwert des Quadrats der Stromdichte über dem Querschnitt proportional und damit bei Stromverdrängung stets größer als bei gleichmäßiger Verteilung desselben Gesamtstromes. Dies entspricht einer Erhöhung des wirksamen ohmschen Widerstandes $R_\sim$ gegenüber dem Gleichstromwert R_-, die um so stärker ist, je höher der Stab und die Frequenz werden.

Man berücksichtigt diese Widerstandserhöhung durch einen Faktor $k_R > 1$, den man bei der jeweiligen Frequenz aus den Leiterabmessungen berechnen kann [3]. Man erhält damit den wirksamen Widerstand zu

$$R_\sim = k_R \cdot R_-$$

Die Stromverdrängung beeinflußt auch den Wert der Streureaktanz X_σ. Der darin enthaltene Anteil der Nutstreuung verringert sich durch die Stromverdrängung, da der Nutstreuleitwert nicht mehr wie bei Gleichstrom ausgenützt wird. Man definiert daher einen Faktor $k_L < 1$, mit dem man den ohne Verdrängung errechneten Nutstreuleitwert korrigiert.

Stromortskurve bei Stromverdrängung. Asynchronmaschinen mit Stromverdrängungsläufer erhalten Stäbe nach z. B. Bild 5.84. Da der beschriebene Effekt frequenzabhängig ist, bedeutet dies, daß er wegen $f_2 = s \cdot f_1$ am stärksten im Stillstand auftritt. Mit dem Hochlauf geht die Stromverdrängung stetig zurück und verschwindet ganz im Bereich $s \to 0$. Die Stromortskurve eines Motors mit Stromverdrängungsläufer ist daher kein Kreis mehr, sondern hat einen Verlauf nach Bild 5.85. Dem Diagramm kann wieder über die Momentenlinie $P_0 P_\infty$ das Drehmoment entnommen werden.

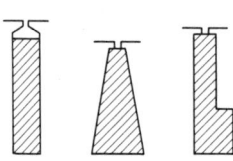

Bild 5.84 Nutformen von Stromverdrängungsläufern

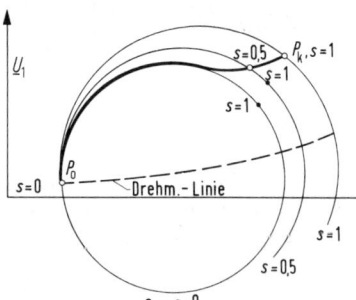

Bild 5.85 Konstruktion der Stromortskurve eines Stromverdrängungsläufers

Will man die Ortskurve berechnen, so kann dies über eine Schar von normalen Kreisen erfolgen, denen jeweils nur ein Punkt für die gesuchte Ortskurve entnommen wird. Man bestimmt für eine Reihe Schlupfwerte s_x mit $f_2 = s_x \cdot f_1$ die von der Stromverdrängung abhängigen Werte R_2' und $X_{2\sigma}'$ und zeichnet mit jedem Wertepaar ein Kreisdiagramm. Aus diesem ist jeweils nur der Stromzeiger bei s_x verwendbar, da bei allen übrigen Schlupfwerten andere Läuferfrequenzen und damit R_2' und $X_{2\sigma}'$ Werte auftreten als dem betreffenden Kreis zugrunde liegen. Man erhält eine Kreisschar, die den Punkt P_0 gemeinsam hat und deren Durchmesser infolge der kleiner werdenden Streureaktanz mit wachsendem Schlupf zunehmen. Gleichzeitig verlagert sich der Punkt P_k immer mehr nach oben, da der wirksame ohmsche Widerstand größer wird. Verbindet man die auf den Einzelkreisen gültigen Betriebspunkte, so erhält man die gesamte Stromortskurve des Stromverdrängungsläufers.

Die Stromverdrängung kann auf den Verlauf der Drehmomentkurve einen starken Einfluß ausüben (Bild 5.86). Er bezieht sich vor allem auf den abfallenden Ast und ergibt höhere Anzugsmomente als die Normalausführung.

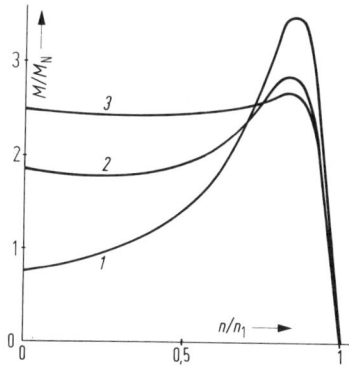

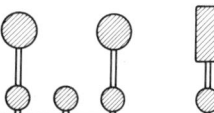

Bild 5.87 Nutformen von Doppelstabläufern

Bild 5.86 Drehmomentkennlinien verschiedener Läufertypen
1 Schleifringläufer,
2 Hoch- oder Keilstabläufer,
3 Doppelstabläufer

Doppelkäfigläufer. Besonders hohe Anzugsmomente liefert die Ausführung des Läufers mit Doppelkäfig (Bild 5.87). Man legt die obere Stabreihe mit einem Bruchteil des unteren Querschnittes aus, so daß der obere sogenannte Anlaufkäfig einen großen, der Betriebskäfig dagegen einen kleinen ohmschen Widerstand aufweist. Die Aufteilung der Streureaktanzen in der üblichsten Ausführung des Läufers zeigt Bild 5.88. Die Betriebswicklung besitzt einen nur mit ihren Stäben verketteten Streufluß und damit die eigene Streureaktanz $X_{2\sigma b}$. Alle Streulinien, die auch die Anlaufwicklung umfassen, sind dagegen vom Gesamtstrom erregt, so daß ihr Blindwiderstand $X_{2\sigma g}$ auch vom gesamten Läuferstrom durchflossen sein muß.

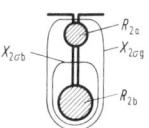

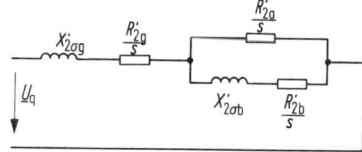

Bild 5.88 Streufeldlinien einer Doppelstabnut

Bild 5.89 Ersatzschaltbild des Läufers bei Doppelstäben mit gemeinsamen Kurzschlußringen

Für beide Wicklungen gilt bei gemeinsamen Kurzschlußringen die Schaltung nach Bild 5.89 als Läuferersatzkreis. Der Betriebskäfig besitzt auf Grund seiner Lage tief im Eisen eine hohe eigene Streureaktanz $X_{2\sigma b}$. Beide Wicklungen haben außer $X_{2\sigma g}$ auch den Ringwiderstand R_{2g} gemeinsam und jeweils ihren eigenen Wirkwiderstand.

Im Stillstand fließt der Strom wegen des großen Wertes von $X_{2\sigma b}$ im wesentlichen über den oberen Zweig und damit den Anlaufkäfig. Im Betrieb mit $s \to 0$ verteilt sich der Läuferstrom dagegen umgekehrt proportional den ohmschen Widerständen und konzentriert sich damit weitgehend auf den Betriebskäfig. Wie beim Hochstabläufer ist daher der wirksame ohmsche Widerstand für den Anlauf wesentlich vergrößert. Durch eine entsprechende Auslegung des Nutquerschnittes läßt sich die Drehmomentenkurve (Bild 5.86) des Doppelkäfigläufers weitgehend beeinflussen.

5.5.2 Linearmotoren

Aufbau. Wird der Ständer einer Drehstrom-Asynchronmaschine an einer Stelle radial aufgeschnitten und der Umfang in eine Ebene gestreckt, so entsteht ein kammartiges Blechpaket mit Drehstromwicklung. Die Rolle des Käfigläufers kann entsprechend eine Schiene aus leitendem Material wie Kupfer, Aluminium oder Eisen übernehmen.

Für den praktischen Aufbau dieser asynchronen Linearmotoren wird meist ein Schnitt nach Bild 5.90 zugrunde gelegt, so daß eine ungerade Anzahl von Polteilungen entsteht. Die Ständerwicklung besitzt dadurch in der Anfangs- und der Endzone nur die halbe Leiterzahl/Nut, während sie im Mittelbereich aus einer normalen Drehstrom-Zweischichtwicklung besteht. In der einseitigen Ausführung (Bild 5.91) benötigt der Linearmotor hinter der „Läufer"-Schiene einen magnetischen Rückschluß, der dem Rotorblechpaket entspricht. Günstiger ist daher die doppelseitige Bauform, die aus zwei spiegelbildlich angeordneten Ständern besteht (Bild 5.92) [94–97].

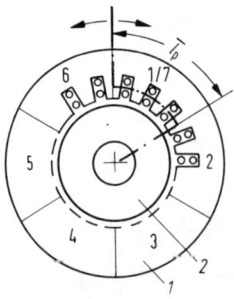

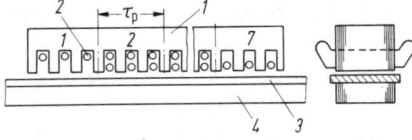

Bild 5.91 Aufbau eines einseitigen Linearmotors
1 Ständerblechpaket,
2 abgestufte Drehstromwicklung,
3 Läuferschiene,
4 magnetischer Rückschluß

Bild 5.90 Herleitung des Linearmotors
aus einer aufgeschnittenen Asynchronmaschine
1 Ständer mit Drehstromwicklung,
2 Käfigläufer

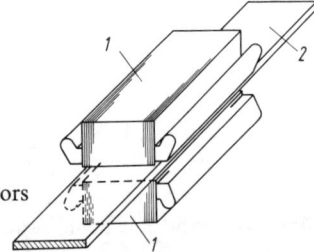

Bild 5.92 Aufbau eines doppelseitigen Linearmotors
1 Ständerblechpaket mit Drehstromwicklung,
2 Läuferschiene

Wirkungsweise und Betriebsverhalten. Anstelle des Drehfeldes der üblichen Asynchronmaschine bildet die Drehstromwicklung im Mittelbereich des Linearmotors ein reines Wanderfeld aus.

Entsprechend der Umfangsgeschwindigkeit

$$v_1 = d_1 \cdot \pi \cdot n_1 = 2\,p \cdot \tau_p \cdot \frac{f_1}{p}$$

bewegt es sich geradlinig mit

$$v_1 = 2 \cdot \tau_p \cdot f_1 \tag{5.60}$$

entlang des Ständereisens. Je nach Relativgeschwindigkeit $\Delta v = s \cdot v_1$ zur Schiene entstehen wie beim Käfigläufermotor Sekundärströme, so daß sich nach $F = B \cdot l \cdot I$ eine geradlinig wirkende Kraft ausbildet.

Zur Darstellung des Betriebsverhaltens eines Linearmotors kann, wenn man sich zunächst auf den mittleren Bereich beschränkt, die Theorie der Drehstrom-Asynchronmaschine herangezogen werden. So läßt sich aus der Momentenbeziehung

$$M_i = \frac{P_L}{2\,\pi \cdot n_1}$$

die Schubkraft F bestimmen. Es ist

$$M_i = F \cdot \frac{d_1}{2} = \frac{P_L}{2\,\pi \cdot n_1}$$

$$F = \frac{P_L}{d_1 \cdot \pi \cdot n_1}$$

$$F = \frac{P_L}{v_1} \tag{5.61}$$

Die abgegebene Leistung errechnet sich aus den Läuferkupferverlusten P_{Cu2} zu

$$P_2 = P_{Cu2} \cdot \frac{1-s}{s} - P_R$$

Die Schubkraft bewirkt bei festgehaltener Schiene eine geradlinige Bewegung des Ständers mit der Geschwindigkeit

$$v = v_1 \cdot (1-s)$$

entsprechend dem Betrieb eines normalen Asynchronmotors mit blockierter Welle und drehbarem Ständer (Rollgangsmotor). Die Höhe der Schubkraft von Linearmotoren liegt im übrigen in der Größenordnung ihrer Gewichtskraft.

Die Betriebskennlinien des Linearmotors können prinzipiell aus dem bekannten Ersatzschaltbild der Asynchronmaschine bestimmt werden. Für den praktischen Fall ist allerdings der nicht unerhebliche Einfluß der Randzonen zu beachten, die das Ergebnis verschlechtern. Das Kraft-Geschwindigkeitsdiagramm ist stark von dem wirksamen „Läuferwiderstand" R_2' und damit von dem Material der Schiene abhängig. Besonders bei Aluminium und Eisen ähnelt die Kurve $F = f(v)$ aufgrund des geringeren elektrischen Leitwertes der Momentenkennlinie $M = f(n)$ eines Motors mit Läuferzusatzwiderständen. Zur Steuerung der Geschwindigkeit des Linearmotors eignen sich alle bereits vom Käfigläufer her bekannten Verfahren. Es sind eine Polumschaltung, die Herabsetzung der Klemmenspannung und die Frequenzsteuerung möglich.

Kurz- und Langstatormotor. Infolge seiner fortlaufenden geradlinigen Bewegung muß bei einem Linearmotor ein Maschinenteil die Länge des zurückzulegenden Weges erhalten. Ob hierzu der Ständer oder die Läuferschiene gewählt wird, hängt von der Antriebsaufgabe ab und führt zu folgenden Ausführungen:

Beim Kurzstator-Linearmotor (Bild 5.93a) besitzt der Sekundärteil, d. h. die Schiene 3 die Gesamtlänge der Bewegung. Steht sie fest, so wird der Motor 1 entlang der Schiene hin- und herlaufen. Wird der Ständer 1 fixiert, so bewegt sich die Schiene, um z.B. in der Bauform des sogenannten Polysolenoid mit einer runden Stange eine Schubaufgabe ausführen zu können.

Beim Langstator-Linearmotor (Bild 5.93b) wird das kammartige Ständerblechpaket 2 mit der Drehstromwicklung über die ganze Wegstrecke verlegt. Der induzierte Teil 3 läuft dann entlang der Ständerstrecke. Im Vergleich zum bewegten Kurzstatormotor liegt der Vorteil darin, daß die Antriebsleistung nicht auf den laufenden Teil übertragen werden muß.

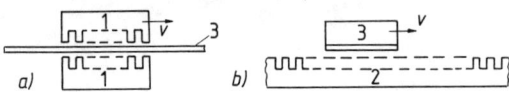

Bild 5.93 Varianten eines Linearmotors
a doppelseitiger Kurzstatormotor
b Langstatormotor

Alle drei Betriebsvarianten werden in Praxis ausgeführt. In der Ausführung mit Kurzstator ist der Linearmotor ein Serienprodukt, das für viele Stellaufgaben eingesetzt werden kann.

Bild 5.94 zeigt die Kennlinien eines heutigen serienmäßigen Linearmotors mit zwischenliegender Kupferschiene von ca. 5 mm Stärke. Der Motor wird mit Rücksicht auf die Erwärmung im Aussetzbetrieb S 3 und 40% relativer Einschaltdauer betrieben. Er erreicht hier bei einem Schlupf $s_N = 0,23$ eine Schubkraft von $F_N = 5400\,\mathrm{N}$.

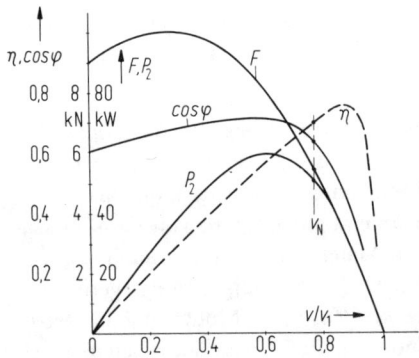

Bild 5.94 Betriebskennlinien eines Linearmotors für $F_N = 5,4\,\mathrm{kN}$, $v_1 = 12\,\mathrm{m/s}$

Anwendungen. In der industriellen Antriebstechnik kann der Linearmotor prinzipiell überall dort eingesetzt werden, wo geradlinige Bewegungen auszuführen sind. Als Beispiel seien Stapelgeräte, Torantriebe und Förderanlagen genannt. Der Motor wird hier, um genügend hohe Schubkräfte zu erhalten, meist mit einem wesentlich größeren Schlupf als die normale Asynchronmaschine betrieben. Durch den großen Luftspalt der doppelseitigen Ausführung mit einer NE-Schiene zwischen den beiden Blechpaketen, nimmt der Linearmotor bereits einen hohen Leerlaufstrom auf. Wirkungsgrad und Leistungsfaktor sind schlechter als bei einer rotierenden Maschine.

Ein wichtiger Einsatz eröffnet sich für Linearmotoren zukünftig wahrscheinlich im Antrieb von Schienenfahrzeugen hoher Reisegeschwindigkeit [97]. So könnte z.B. bei einer Einschienenbahn ein Teil der mechanischen Tragkonstruktion als induzierter Sekundärteil dienen, während ein mit dem Fahrzeug verbundener doppelseitiger Linearmotor den Antrieb bildet. Derartige Systeme mit einer zudem elektromagnetischen, d.h. berührungsfreien Lagerung sind derzeit in der Erprobung und bieten vor konventionellen Motoren einige Vorteile:

Die Zugkraft wird nicht durch Haftreibung übertragen und ist damit unabhängig vom Gewicht des Fahrzeugs. Der Sekundärteil des Motors (die Schiene) braucht nicht gekühlt zu werden, da er sich mit fortschreitender Bewegung laufend „erneuert". Im Vergleich zum klassischen Bahnmotor nach Abschnitt 7.1.1 mit Stromwender und Kohlebürsten erhält man einen einfachen, wartungsarmen Aufbau des Antriebs.

Außer den bislang erwähnten asynchronen Linearmotoren wurden auch Langstator-Ausführungen in synchroner Bauweise entwickelt. Der bewegliche Läufer erhält hier nebeneinanderliegende Elektromagnete wechselnder Polarität mit der Polteilung der Drehstromwicklung. Die Erregerleistung kann transformatorisch, d.h. ohne Gleitkontakte übertragen werden. Im Betrieb besteht die für eine Synchronmaschine typische feste räumliche Zuordnung zwischen Ständer- und Läufermagnetfeld und damit eine synchrone Geschwindigkeit des Läufers.

Diese Technik des synchronen Langstatorlinearmotors wurde auch für die TRANS-RAPID-Magnetschwebebahn auf einer 30 km-Versuchsstrecke im Emsland eingesetzt. Von der über die gesamte Strecke ausgedehnten Drehstromwicklung wird immer nur der Abschnitt an Spannung gelegt, in dem sich der Triebwagen = Läufer gerade bewegt. Die Geschwindigkeit des Zuges kann mit einem Umrichter über die Frequenz der Drehspannung gesteuert werden.

Beispiel 5.17. Ein vierpoliger Drehstrom-Käfigläufermotor für 5,5 kW, 220 V/380 V, 1440 min^{-1}, $M_A/M_N = 2$, Schutzart IP 44 hat etwa einen Bohrungsdurchmesser von $d_1 = 200$ mm und ein Gewicht von 45 kg. Es sei angenommen, daß es gelingt, mit der gegebenen Masse einen Kurzstator-Linearmotor gleicher Leistung zu fertigen.

a) Welche Anzugskraft F_A erreicht der Linearmotor etwa?

Mit $\quad M = \dfrac{d_1}{2} \cdot F_A \quad$ und $\quad M_A = 2\, M_N = 2 \cdot \dfrac{P_N}{2\,\pi \cdot M_N}$

erhält man die Anzugskraft zu

$$F_A = \frac{2\,P_N}{d_1 \cdot \pi \cdot n_N} = \frac{2 \cdot 5500\,\text{W}}{0.2\,\text{m} \cdot \pi \cdot 24\,\text{s}^{-1}} = 730\,\text{N}$$

b) Welche kleinste Synchrondrehzahl v_1 kann man mit der Auslegung $q = 2$ und einer Nut- und Zahnbreite von je $b = 4$ mm bei $f_1 = 50$ Hz erreichen?

Es gilt $\tau_P = 3 \cdot q \cdot 2 \cdot b = 3 \cdot 2 \cdot 2 \cdot 4\,\text{mm} = 48\,\text{mm}$

und damit $v_1 = 2\,\tau_p \cdot f_1 = 2 \cdot 0{,}048\,\text{m} \cdot 50\,\text{s}^{-1} = 4{,}8\,\text{m/s}$

5.5.3   Asynchrongeneratoren

Der Asynchrongenerator am Drehstromnetz. Wie bereits in Abschnitt 5.2.4 angegeben, erfaßt das Kreisdiagramm in seiner unteren Hälfte auch den Generatorbetrieb der Asynchronmaschine am Netz (Bild 5.95). Hierzu ist durch entsprechenden Antrieb ein Schlupf $s < 0$ einzustellen, so daß der Läufer schneller als das Ständerdrehfeld rotiert. Die Umkehr der Energierichtung drückt sich in der Ersatzschaltung dadurch aus, daß der Widerstand $R_2'/s < 0$ und damit vom Verbraucher zur Energiequelle wird. Man kann dem Kreisdiagramm unmittelbar entnehmen, daß auch für den Generatorbereich ein Kippmoment besteht. Wie im Motorbetrieb wird der zulässige Strom I_N jedoch weit vorher erreicht, wobei die Drehzahlen auf einer von n_1 aus leicht ansteigenden Kurve liegen.

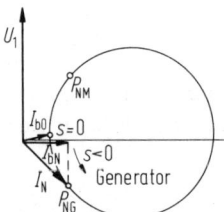

Bild 5.95 Generatorbetrieb am Netz

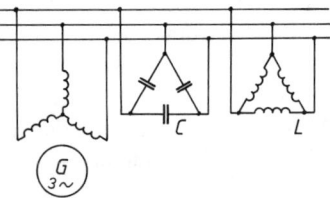

Bild 5.96 Selbsterregung des Asynchrongenerators über eine Kondensatorbatterie C, L Sättigungsdrosseln

Selbsterregte Asynchrongeneratoren. Die Richtung der Blindkomponente des Ständerstromes bleibt bei der Umkehr von Motor- in Generatorbetrieb unverändert. Dies bedeutet, daß die Asynchronmaschine ihren Magnetisierungsstrom nicht selbst erzeugen kann, sondern ihn stets über die Zuleitung beziehen muß. Im Netzbetrieb ist dies ohne weiteres möglich, da hier Synchrongeneratoren, die induktive Ströme liefern können, zur Verfügung stehen. Soll jedoch ein Asynchrongenerator ohne Anschluß an das Drehstromnetz, d.h. im Grenzfall vollständig im Alleinbetrieb arbeiten, so muß ihm die notwendige Blindleistung auf andere Weise zur Verfügung gestellt werden. Dies kann nach Bild 5.96 durch eine Kondensatorbatterie erfolgen, die selbst kapazitive Blindleistung benötigt, also induktive abgibt.

Mit der angegebenen Schaltung ist, wie bei der Gleichstrommaschine, auch eine Selbsterregung möglich. Die sättigungsabhängige Maschinenhauptreaktanz und die Kondensatoren bilden zusammen einen Schwingkreis, der bei angetriebenem Läufer durch einen Stromstoß oder den Restmagnetismus zu aufklingenden Schwingungen angeregt werden kann. Es stellt sich ein stabiler Gleichgewichtszustand (Bild 5.97) ein, der durch den Schnittpunkt der Leerlaufkennlinie mit der Kondensatorgeraden festgelegt ist. Die Größe der Leerlaufspannung ist damit durch die Wahl der Kapazität in einem größeren Bereich einstellbar.

Spannungshaltung. Nach Bild 5.95 benötigt die Asynchronmaschine bei Belastung mit I_N im Generatorbetrieb einen größeren Magnetisierungsstrom $I_\mu = I_{bN}$ als im Leerlauf mit I_{b0}. Die Folge ist, daß die Spannung des Generators mit wachsender Belastung relativ rasch sinkt, da nur so der Magnetisierungsbedarf durch eine Kondensatorbatterie mit fester Kapazität gedeckt werden kann. Wird z. B. nach Bild 5.97 im Leerlauf die Spannung U_0 erreicht, so sinkt der Wert bei Belastung auf U_N, da erst hier die erforderliche Blindstromerhöhung $\Delta I_b = I_{bN} - I_{b0}$ aufgebracht werden kann [98].

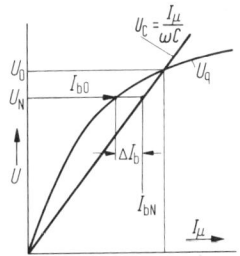

Bild 5.97 Einstellung der Leerlauf- und der Lastspannung eines selbsterregten Asynchrongenerators

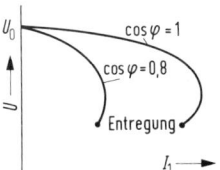

Bild 5.98 Belastungskennlinien des selbsterregten Asynchrongenerators

Die Belastungskennlinien $U = f(I_1)$ ähneln denen des selbsterregten Gleichstrom-Nebenschlußgenerators (Bild 5.98). Bei fester Drehzahl und Kondensatoreinstellung sinkt die Spannung mit der Belastung, wobei sich der Generator unterhalb eines bestimmten Wertes entregt. Dies ist der Fall, wenn der zusätzliche Blindstrom ΔI_b nach Bild 5.97 nicht weiter erhöht werden kann.

Zur Vermeidung der weichen Spannungskennlinie erhalten „kondensatorerregte Konstantspannungsgeneratoren" nach Bild 5.96 parallele Drosselspulen L zur Kondensatorbatterie geschaltet. Diese Drosseln besitzen auf Grund ihrer Magnetisierungskennlinie einen scharfen Sättigungsknick (Bild 5.99), so daß sie ab $U > U_N$ einen rasch ansteigenden Anteil des Blindstromes der Kondensatoren übernehmen. Für die Kombination Kondensator-Drosseln gilt dann die resultierende Blindstromkennlinie LC.

Die Selbsterregung des Asynchrongenerators mit Kondensator und Sättigungsdrosseln ist in Bild 5.100 dargestellt. Im Leerlauf stellt sich jetzt nur noch die Spannung U_0 anstelle U_0' ohne Drosseln ein. Die Betriebsspannung bei Belastung liegt nur noch wenig tiefer.

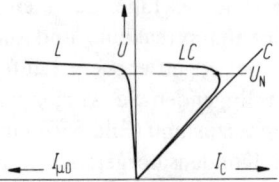

Bild 5.99 Blindstromkennlinie LC einer Kondensatorbatterie mit parallelen Sättigungsdrosseln

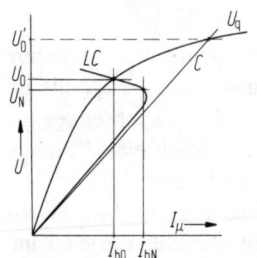

Bild 5.100 Einstellung der Spannung eines selbsterregten Asynchrongenerators mit parallelen Sättigungsdrosseln

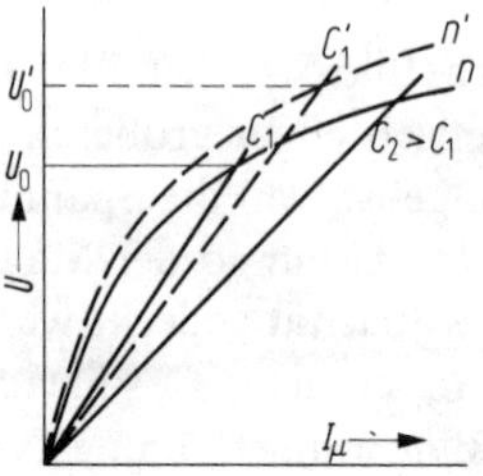

Bild 5.101 Spannungseinstellung durch Drehzahlerhöhung n nach n' (----) oder Änderung der Kapazität beim selbsterregten Asynchrongenerator

Eine bessere Spannungskonstanz ist auch dadurch möglich, daß die Kondensatorkapazität stufenweise der Belastung angepaßt oder die Antriebsdrehzahl erhöht wird (Bild 5.101). Im letzteren Falle ergeben sich die gestrichelten Kennlinien mit einer geringeren Steigung der Geraden $U = I_C/\omega C$. Die Frequenz der Klemmenspannung steigt natürlich mit der Drehzahl an.

Selbsterregte Asynchrongeneratoren [98] werden mitunter als Notstromaggregate und für kleine ferngesteuerte, wartungsfreie Kraftanlagen eingesetzt.

Beispiel 5.18: Ein vierpoliger Käfigläufermotor für $U_N = 380$ V Außenleiterspannung hat bei Synchrondrehzahl $n_1 = 1500$ min^{-1} den Leerlaufstrom $I_0 = 2{,}75$ A. Der Motor soll in der Schaltung nach Bild 5.96 mit $U_0 = 380$ V, 50 Hz selbsterregt betrieben werden. Welche Kapazität/Strang ist vorzusehen?

Im Leerlauf ist praktisch $I_\mu = I_0$ und wegen der Dreieckschaltung der Kondensatoren $I_C = I_0/\sqrt{3}$. Damit wird

$$X_C = \frac{U_0}{I_C} = \frac{\sqrt{3} \cdot 380 \text{ V}}{2{,}75 \text{ A}} = 239{,}3 \ \Omega$$

$$C = \frac{1}{2\pi \cdot f_1 \cdot X_C} = \frac{1}{2\pi \cdot 50 \text{ s}^{-1} \cdot 239{,}3 \ \Omega} = 13{,}3 \ \mu\text{F}$$

Aufgabe 5.13. Bei gleicher magnetischer Ausnutzung soll durch entsprechende Drehzahl eine 60 Hz-Spannung erzeugt werden. Welche Kapazität C ist erforderlich?
Ergebnis: $C = 9{,}2 \ \mu\text{F}$

5.5.4   Die elektrische Welle

Mitunter ist es erforderlich, daß zwei oder mehr Motoren mit genau gleicher Drehzahl laufen, ohne daß dies durch eine mechanische Verbindung erzwungen werden
kann. Derartige Fälle treten bei Verladekränen, Hubbrücken, Wehranlagen usw. auf,
wobei sich der erforderliche Gleichlauf bis auf eine möglichst gute Übereinstimmung
der Winkellagen der Läufer erstreckt.

Diese Aufgabe läßt sich mit Asynchronmotoren durch die Schaltung der elektrischen
Welle [99] lösen, wovon hier nur eine Ausführungsvariante angegeben werden soll.

Die elektrische Ausgleichswelle. Nach Bild 5.102 sind die Hauptantriebe A_I und A_{II},
die sowohl Asynchron- wie Gleichstrommotoren sein können, mit je einem Schleifringläufermotor gekuppelt. Diese liegen phasengleich am Netz und sind ebenso läu-
ferseitig verbunden.

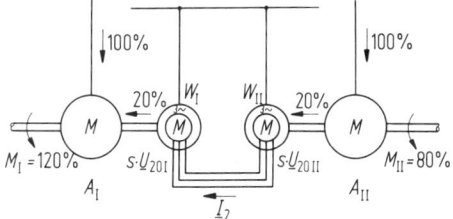

Bild 5.102 Schaltung der elektrischen
Ausgleichswelle

$A_I A_{II}$ Hauptantriebsmotoren,
$W_I W_{II}$ Ausgleichsmaschinen
            (Schleifringläufermotoren)

Im symmetrischen Betrieb bei völligem Gleichlauf werden in den beiden Läuferwick-
lungen die Spannungen $s \cdot \underline{U}_{20I}$ und $s \cdot \underline{U}_{20II}$ induziert, die sich weder nach Größe
noch Phase unterscheiden. Damit diese Spannungen möglichst groß werden, betreibt
man die Ausgleichsmotoren W_I und W_{II} mit erhöhtem Schlupf, indem man sie mit
kleinerer Polzahl ausführt und damit stark untersynchron laufen läßt. Bei gleicher
Polzahl kann man die Schleifringläufer auch entgegen ihrem Drehfeld betreiben.

Entsteht zwischen beiden Maschinensätzen z.B. mit M_I und $M_{II} < M_I$ eine ungleiche
Lastverteilung, so will der eine seine Drehzahl absenken. Dies beginnt damit, daß zunächst die beiden Läuferspannungen den Winkel ϑ gegeneinander ausbilden
(Bild 5.103). Im Läuferkreis entsteht eine Differenzspannung $\Delta \underline{U}_2$, die einen Strom
zur Folge hat. Wegen $X_\sigma > R_2'/s$ wird dieser Ausgleichsstrom im wesentlichen durch
die Streureaktanz begrenzt, so daß er $\Delta \underline{U}_2$ fast 90° nacheilt. Er ist damit etwa in Phase mit der Läuferspannung und kann ein Drehmoment ausbilden, mit dem der
Schleifringläufer W_I seinen Hauptmotor A_I unterstützt. Diese Zusatzleistung wird von

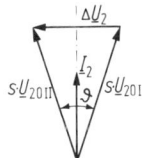

Bild 5.103 Zeigerbild der Schleifringläuferspannung
bei ungleicher Lastverteilung

W_{II} geliefert und damit A_{II} verstärkt belastet. Beide Sätze sind daher trotz unterschiedlicher Momente M_I und M_{II} gleich belastet und laufen bis auf die zum Ausgleich notwendige Winkelabweichung im Gleichlauf.

5.6   Einphasige Asynchronmaschinen

5.6.1   Einphasenmotoren ohne Hilfswicklung

Mit- und Gegenfeld. Wird der Ständer der Asynchronmaschine mit nur einem Wicklungsstrang ausgeführt (Bild 5.104), so bildet die Durchflutung nur ein Wechselfeld aus. Nach Abschnitt 4.2.2 kann dies jedoch in zwei gegensinnig umlaufende Drehfelder halber Wechselfeldamplitude zerlegt werden. Das in Motordrehrichtung rotieren-

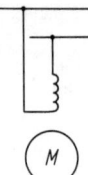

Bild 5.104 Schaltbild des einsträngigen Motors

de oder mitlaufende Feld induziert in der Läuferwicklung Ströme I_{2m} der Frequenz $f_{2m} = s \cdot f_1$ wie bei einer Drehstrommaschine. Das gegenläufige Drehfeld hat zu den Läuferstäben die Relativdrehzahl $\Delta n_g = n_1 + n$ oder den Schlupf

$$s_g = \frac{\Delta n_g}{n_1} = \frac{n_1 + n_1(1-s)}{n_1} = 2 - s$$

Es entstehen somit im Vergleich zum Kreisdrehfeld zusätzlich Läuferströme I_{2g} der Frequenz $f_{2g} = (2-s)f_1$

Jedes Teildrehfeld bildet nun mit beiden Läuferströmen je ein Drehmoment aus, womit insgesamt vier Anteile entstehen. Das Moment des mitlaufenden Feldes mit dem Strom I_{2g} und umgekehrt das von Φ_g mit I_{2m} pulsiert jedoch zeitlich um den Mittelwert Null. Beides sind also Pendelmomente, die nichts zum Nutzmoment beitragen. Es bleiben die Momente der zwei Teildrehfelder mit den jeweils eigenen Läuferströmen, die zusammen das Motormoment ergeben [100].

Ersatzschaltung. Besitzt eine Maschine also außer dem Mitdrehfeld eine gegenläufige Komponente und damit resultierend ein elliptisches Drehfeld, so treten in der Wirkung auf den Läufer zwei Schlupfwerte auf. Man definiert als Schlupf des Läufers zum Mitfeld

$$s_m = s \tag{5.62}$$

und zum Gegenfeld

$$s_g = 2 - s \tag{5.63}$$

Die Aufspaltung in Mit- und Gegenfeld zeigt sich auch in der Ersatzschaltung des einsträngigen Motors (Bild 5.105). Jedem Drehfeld ist eine Hauptreaktanz X_h mit, entsprechend der Aufteilung in zwei Drehfelder, dem halben Wert der Wechselstrom-

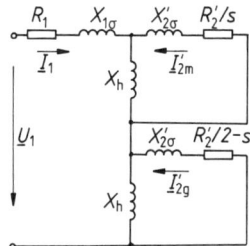

Bild 5.105 Ersatzschaltbild des Einphasenmotors

reaktanz zugeordnet. Die Einwirkung beider Drehfelder auf die Läuferwicklung wird durch je einen angekoppelten Läuferkreis erfaßt, für welche die Schlupfwerte $s_m = s$ und $s_g = 2 - s$ gelten. Für die dem Drehmoment proportionale Luftspaltleistung erhält man jetzt zwei Anteile

$$P_{Lm} = \frac{R_2}{s} \cdot I_{2m}^2 \tag{5.64}$$

$$P_{Lg} = \frac{R_2}{2-s} \cdot I_{2g}^2 \tag{5.65}$$

Das resultierende Moment beträgt damit

$$M = \frac{P_{Lm} - P_{Lg}}{2\pi n_1} \tag{5.66}$$

Im Stillstand bei $s = 1$ sind beide Läuferkreise gleichwertig und $M = 0$, so daß die Maschine nicht selbst anlaufen kann. Im Lauf überwiegt das Mitmoment der gewählten Drehrichtung und der Motor kann belastet werden.

Der Verlauf der Momentenkurve läßt sich mit Hilfe der Methode der Symmetrischen Komponenten (s. Abschnitt 4.3) berechnen. Man erhält eine Kennlinie, wie sie bei zwei in Reihe geschalteten Drehstrommotoren entsteht, deren Läufer verbunden sind (Bild 5.106). Da die Scheinwiderstände der beiden Motoren wegen der unterschiedlichen Schlupfwerte s_m und s_g nicht übereinstimmen, teilt sich auch die Netzspannung ungleich auf beide Maschinen auf. Mit den Teilwerten U_I und U_{II} erhält man, da das Drehmoment dem Quadrat der Spannung proportional ist

$$M = M_I + M_{II} = M(s) \cdot \left(\frac{U_I}{U_N}\right)^2 + M(2-s) \cdot \left(\frac{U_{II}}{U_N}\right)^2 \tag{5.67}$$

Dabei bedeuten $M(s)$ und $M(2-s)$ die Drehmomente des normalen Drehstrombetriebs bei den Schlupfwerten s und $2-s$ bei der Spannung U_N. Die Auswertung ergibt Bild 5.107.

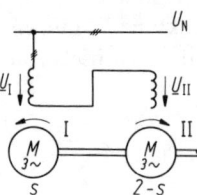

Bild 5.106 Darstellung des Einphasenmotors als Satz aus zwei gegensinnig geschalteten Drehstrommaschinen

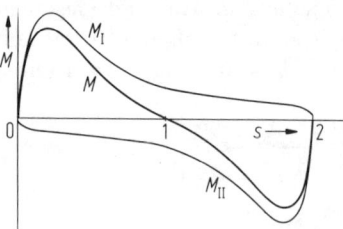

Bild 5.107 Resultierende Momentenkennlinie aus Mitmoment M_I und Gegenmoment M_{II}

5.6.2   Einphasenmotoren mit Kondensatorhilfswicklung

Die Ausführung von Kleinmaschinen als Einphasenmotoren ist wegen des einfachen Netzanschlusses sehr erwünscht, doch sollte der Motor selbst anlaufen können. Hierzu ist anstelle des Wechselfeldes ein umlaufendes Feld Voraussetzung, wozu mindestens eine zweite räumlich versetzte Wicklung benötigt wird. Dieser zweite Strang braucht nur für den Anlauf eingeschaltet sein und wird als Hilfswicklung bezeichnet [100–104].

Die Anschlußbezeichnungen für Einphasenmotoren mit Hilfswicklung sind in VDE 0530 T.8 mit

U_1-U_2 für die Hauptwicklung (Arbeitswicklung)

Z_1-Z_2 für die Hilfswicklung

festgelegt. Um Doppelindices zu vermeiden, werden im Folgenden Größen der Hauptwicklung mit dem Index A, die der Hilfswicklung mit dem Index H gekennzeichnet.

Der Zweiphasenmotor. Wird eine Asynchronmaschine mit zwei 90° gegeneinander versetzten Wicklungssträngen N_A und N_H (Bild 5.108) ausgeführt, so bildet sich ein Kreisdrehfeld aus, wenn die zeitliche Phasenverschiebung der Strangströme ebenfalls 90° beträgt. Die Windungszahlen N_A und N_H brauchen nicht übereinzustimmen, jedoch müssen dann, um gleichgroße Strangflüsse sicherzustellen, die Spannungen das Verhältnis der wirksamen Windungszahlen einhalten. Beide Stränge nehmen dann mit $P_A = P_H$ die gleiche Leistung auf und es gilt das Zeigerdiagramm nach Bild 5.109 mit den Beziehungen

$$\frac{U_A}{U_H} = \frac{I_H}{I_A} = \frac{N_A \cdot k_{wA}}{N_H \cdot k_{wH}} \tag{5.68}$$

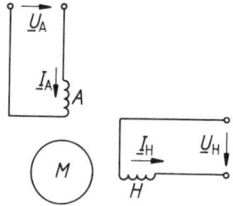

Bild 5.108 Schaltung
eines zweisträngigen Motors

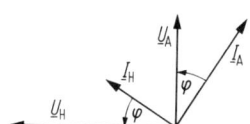

Bild 5.109 Zeigerdiagramm des zweisträngigen
Motors im symmetrischen Betrieb

Der Zweiphasenmotor verhält sich somit bei Anschluß an ein Spannungssystem nach

$$\underline{U}_H = j \, \frac{N_H \cdot k_{wH}}{N_A \cdot k_{wA}} \cdot \underline{U}_A$$

wie eine Drehstrommaschine. Es gelten mit $m = 2$ sowohl deren Ersatzschaltbild wie das Zeigerdiagramm pro Strang.

Symmetrierung durch einen Kondensator. Der symmetrische Betrieb des Zweiphasen-motors kann zumindest für einen Arbeitspunkt auch bei einphasiger Speisung erreicht werden. Hierzu ist dem als Hilfswicklung bezeichneten zweiten Strang ein Kondensa-tor zuzuschalten (Bild 5.110), dessen Kapazität sich danach richtet, für welche Be-triebspunkt, wie z. B. Nennlast oder Anlauf, die Symmetrierung vorgesehen ist.

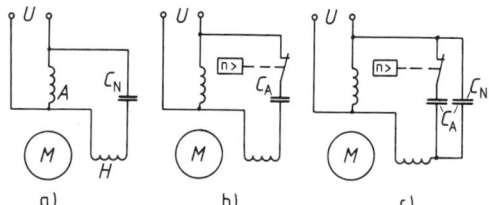

Bild 5.110 Schaltungen von Motoren
mit Kondensatorhilfswicklung
a) Betriebskondensatormotor
b) Anlaufkondensatormotor
c) Doppelkondensatormotor

Die Auslegung der Hilfswicklung und des Kondensators kann nach dem Zeiger-diagramm (Bild 5.111) erfolgen. Mit dem Arbeitspunkt für den zu symmetrierenden Betrieb liegen Größe und Phasenlage des Stromes $\underline{I}_A$ in der Hauptwicklung mit der Windungszahl N_A fest. Es muß jetzt $\underline{I}_H \perp \underline{I}_A$ und $\underline{U}_H \perp \underline{U}_A$ erreicht werden, womit das Zeigerdiagramm gegeben ist. Über das Verhältnis der Strangspannungen sind dann

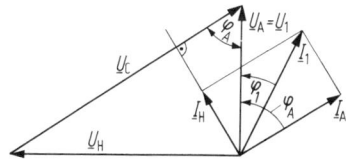

Bild 5.111 Zeigerdiagramm des Kondensatormotors
im Symmetriepunkt

nach Gl. (5.68) die Windungszahl N_H und der Hilfsstrangstrom I_H bestimmt. Das Übersetzungsverhältnis

$$\ddot{u} = \frac{N_H \cdot k_{wH}}{N_A \cdot k_{wA}} \tag{5.69}$$

und der Phasenwinkel beider Ströme sind nach Bild 5.111 und Gl. (5.68) mit $\varphi = \varphi_A$ über die Zuordnung

$$\tan \varphi = \ddot{u} \tag{5.70}$$

verknüpft. Der Betriebskondensator C_N ist für die Spannung

$$U_C = U_A \sqrt{1 + \ddot{u}^2} \tag{5.71}$$

auszulegen, während sich die erforderliche Kapazität aus

$$X_C = \left(\frac{U}{I}\right)_A \cdot \ddot{u}\sqrt{1 + \ddot{u}^2}, \qquad C_N = \frac{1}{\omega X_C} \tag{5.72}$$

errechnet. Da zwischen den Strangströmen im Symmetriepunkt eine 90°-Phasenverschiebung besteht, ergibt sich der Netzstrom zu

$$I_1 = \sqrt{I_A^2 + I_H^2} = I_A \sqrt{1 + \cot^2 \varphi} = \frac{I_A}{\sin \varphi} \tag{5.73}$$

mit dem Verschiebungsfaktor = Leistungsfaktor

$$\cos \varphi_1 = \sin 2\varphi \tag{5.74}$$

Für den Entwurf des Motors ist Gl. (5.70) entscheidend. Sie bestimmt bei gegebenen Windungszahlen von Arbeits- und Hilfswicklung den Phasenwinkel des Stromes I_{AN} für den Symmetriepunkt. Nur in diesem Betriebszustand arbeitet der Kondensatormotor mit einem Kreisdrehfeld und hat hier diegleichen Daten wie beim Anlegen einer zweiphasigen Spannung nach Gl. (5.68).

Anzugsmoment. Die Berechnung des Betriebsverhaltens von Kondensatormotoren außerhalb ihres Symmetriepunktes erfolgt mit Hilfe der in Abschnitt 4.3 kurz dargestellten Methode der Symmetrischen Komponenten [47]. Das Drehmoment ergibt sich jeweils aus der Differenz der Momente des Mit- und Gegensystems zu

$$M = M_m - M_g$$

Die beiden Anteile lassen sich aus den Drehmomenten $M(s)$ und $M(2-s)$ des symmetrischen Zweiphasenmotors bei den Schlupfwerten $s_m = s$ und $s_g = 2 - s$ berechnen, wenn man die quadratische Abhängigkeit von der Spannung berücksichtigt. Es wird

$$M_m = M(s) \cdot \left(\frac{U_m}{U_N}\right)^2 \tag{5.75}$$

$$M_g = M(2-s) \cdot \left(\frac{U_g}{U_N}\right)^2 \tag{5.76}$$

Dabei bedeuten $\underline{U}_m = \underline{Z}_m \cdot \underline{I}_m$ und $\underline{U}_g = \underline{Z}_g \cdot \underline{I}_g$ die symmetrischen Spannungskomponenten des Mit- und des Gegensystems.

Die Berechnung der Momentenkennlinie $M = f(s)$ über die Gleichungen (5.75) und (5.76) ist aufwendig und soll hier nicht durchgeführt werden. Von besonderem Interesse ist neben den Betriebsdaten bei P_N, die durch den Symmetriepunkt ja bereits festliegen, auch nur das Anzugsmoment M_{EA} des Motors. Hier gilt $s_m = s_g = s = 1$, und man erhält als Ergebnis:

$$M_{EA} = M_A \cdot \frac{\ddot{u} \cdot z \cdot \cos \varphi_k}{\ddot{u}^4 + z^2 - 2\,\ddot{u}^2 \cdot z \cdot \sin \varphi_k} \tag{5.77}$$

mit $\qquad z = \dfrac{X_C}{Z_{Ak}}$ $\tag{5.78}$

Dabei bedeuten Z_{AK} und $\cos \varphi_k$ die Kurzschlußdaten der Hauptwicklung und M_A das Anzugsmoment des symmetrischen Zweiphasenmotors.

Betriebskondensatormotor. In dieser Ausführung (Bild 5.110a) bleibt die Hilfswicklung auch nach dem Anlauf eingeschaltet. Ist die Kondensatorkapazität dabei zur Symmetrierung im Bemessungspunkt gewählt, so läßt sich dieselbe Bemessungsleistung wie im Zweiphasenbetrieb erzielen.

Diese Auslegung hat jedoch den Nachteil, daß durch den im Stillstand wieder stark unsymmetrischen Betrieb entsprechend Gleichung (5.77) nur ein geringes Anzugsmoment auftritt (Bild 5.112a). Man wählt daher gerne zur Vergrößerung des Anzugsmomentes eine etwas größere Kapazität und nimmt die im Lastbetrieb auftretenden Abweichungen von den optimalen Werten in Kauf.

Doppelkondensatormotor. Die Differentiation von Gleichung (5.77) ergibt, daß das maximale Anzugsmoment des Kondensatormotors bei $z = \ddot{u}^2$ entsteht, d.h. wenn man die Kapazität nach

$$X_{CA} = \ddot{u}^2 \cdot Z_{Ak} \tag{5.79}$$

wählt. Im Vergleich zur Symmetrierung im Nennpunkt mit C_N bedeutet dies nach Gleichung (5.72) eine Vergrößerung des Kondensators um den Faktor

$$\frac{C_A}{C_N} = \frac{X_{CN}}{X_{CA}} = \frac{Z_{AN}}{Z_{Ak}} \cdot \sqrt{1 + \frac{1}{\ddot{u}^2}}$$

Zur Verbesserung des Anzugsmomentes bedarf es daher einer höheren Kapazität $C_A > C_N$, die allerdings mit Rücksicht auf den Lastbetrieb nur im Anlauf eingeschaltet sein darf. Doppelkondensatormotoren (Bild 5.110c) erhalten daher Fliehkraftschalter oder ein Stromrelais, womit die Kapazität nach dem Hochlauf von C_A auf C_N reduziert wird. Die Drehmomentkennlinie (Bild 5.112b) hat im Anlauf einen wesentlich günstigeren Verlauf und geht nach der Umschaltung in die Kurve des Betriebskondensatormotors über.

Anlaufkondensatormotor. In dieser Ausführung (Bild 5.110b) braucht die Hilfswicklung nur für den Anlauf dimensioniert werden [104]. Es lassen sich dabei sehr hohe Anzugsmomente erzielen, die nach Gleichung (5.79) bei $z = \ddot{u}^2$ den Maximalwert

$$(M_{EA})_{opt} = M_A \cdot \frac{1}{2\,\ddot{u}} \cdot \frac{\cos\,\varphi_k}{1 - \sin\,\varphi_k} \tag{5.80}$$

erreichen und das Moment des symmetrischen Zweiphasenmotors überschreiten können. Der Motor läuft nach dem Anlauf als reine Einphasenmaschine weiter (Bild 5.112c).

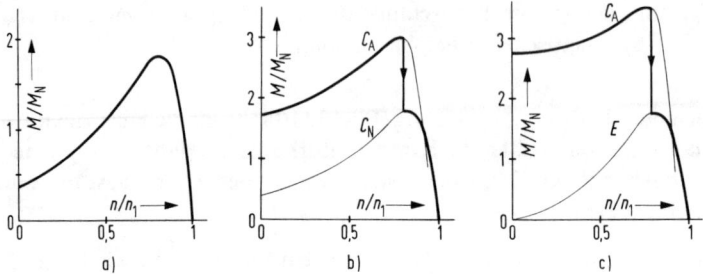

Bild 5.112 Drehmomentkennlinien von Motoren mit Kondensatorhilfswicklung
a) Betriebskondensatormotor,
b) Doppelkondensatormotor,
   C_A beide Kondensatoren eingeschaltet, C_N nur mit Betriebskondensator,
c) Anlaufkondensatormotor,
   C_A mit Anlaufkondensator, E als einsträngige Maschine

Beispiel 5.19: Ein Zweiphasenmotor hat die Strangwerte $U_A = 220\,\text{V}$, $I_A = 1,7\,\text{A}$, $N_A = 164\,\text{Wdg.}$ und $\cos\,\varphi = 0,6$. Der zweite Strang ist durch eine Hilfswicklung mit Betriebskondensator zu ersetzen. Es sind zu bestimmen

a) Windungszahl N_H und Strom I_H des Hilfsstrangs

b) die erforderliche Kapazität C_N

c) der Netzstrom I_1 und der Leistungsfaktor $\cos\,\varphi_1$.

a) Bei $\cos\varphi = 0,6$ ist $\varphi = 53,1°$, $\sin\varphi = 0,80$, $\tan\varphi = 1,33$. Nach Gleichung (5.69) erhält man für die Windungszahl der Hilfswicklung $N_b = N_a \cdot \ddot{u} = 164 \cdot 1,33 = 218\,\text{Wdg.}$ ($k_{wH} = k_{wA}$ angenommen). Der Strom wird

$$I_H = \frac{I_A}{\ddot{u}} = \frac{1,7\,\text{A}}{1,33} = 1,28\,\text{A}$$

b) Nach Gleichung (5.72) erhält man den erforderlichen kapazitiven Widerstand zu

$$X_C = \frac{U_A}{I_{AN}} \cdot \ddot{u}\,\sqrt{1 + \ddot{u}^2} = \frac{220\,\text{V}}{1,7\,\text{A}} \cdot 1,33 \cdot \sqrt{1 + 1,33^2}$$

$$X_C = 286\,\Omega$$

damit $\quad C = \dfrac{1}{\omega X_C} = \dfrac{1}{314\,\mathrm{s}^{-1} \cdot 286\,\Omega} = 11{,}1\,\mu\mathrm{F}$

c) Der Netzstrom wird

$$I_1 = \frac{I_A}{\sin\varphi} = \frac{1{,}7\,\mathrm{A}}{0{,}8} = 2{,}13\,\mathrm{A}$$

und der Leistungsfaktor

$$\cos\varphi_1 = \sin 2\,\varphi = \sin 106{,}2°$$
$$\cos\varphi_1 = 0{,}96 \text{ ind.}$$

Aufgabe 5.14: Es ist die dem Netz bei Lastbetrieb entnommene Schein-, Wirk- und Blindleistung bei a) Zweiphasenbetrieb, b) Kondensatorbetrieb des Motors anzugeben.

Ergebnis: a) $S_1 = 748\,\mathrm{VA}$, $P_1 = 449\,\mathrm{W}$, $Q_1 = 598\,\mathrm{var}$
b) $S_1 = 468\,\mathrm{VA}$, $P_1 = 449\,\mathrm{W}$, $Q_1 = 131\,\mathrm{var}$

Aufgabe 5.15: Der nach Beispiel 5.19 ausgelegte Betriebskondensatormotor habe einen Kurzschlußstrom $I_{Ak} = 3{,}1 I_A$ und $\cos\varphi_k = 0{,}48$. Wie groß sind
a) das relative Anzugsmoment M_{EA}/M_A bei der Kapazität C_N,
b) die optimale Anlaufkapazität C_A,
c) das maximale relative Anzugsmoment M_{EA}/M_A bei C_A?
Ergebnis: a) $M_{EA}/M_A = 0{,}15$, b) $C_A = 43\,\mu\mathrm{F}$, c) $M_{EA}/M_A = 1{,}47$

Aufgabe 5.16: Es sind das Verhältnis Kondensatorleistung zu aufgenommener Motorwirkleistung Q_C/P_1 und der Netzleistungsfaktor $\cos\varphi_1$ für einen bei P_1 symmetrischen Betriebskondensatormotor anzugeben. Der Phasenwinkel der Strangströme betrage $\varphi = 45°$.
Ergebnis: $Q_C/P_1 = 1$, $\cos\varphi = 1$

5.6.3 Einphasenmotoren mit Widerstandshilfswicklung

In dieser Ausführung (Bild 5.113) wird die zeitliche Verschiebung der zwei Strangströme dadurch erreicht, daß die Hilfswicklung einen erhöhten ohmschen Widerstand erhält. Dies kann z. B. durch einen geringeren Drahtquerschnitt erfolgen oder durch eine erhöhte Windungszahl, von der ein Teil bifilar, d. h. magnetisch unwirksam gewickelt wird. Letzteres erhöht die Wärmekapazität der Wicklung, was sich günstig auf die Erwärmung während des Anlaufs auswirkt.

Bezeichnet man mit R_A und R_H die Widerstände von Haupt- und Hilfswicklung und besteht ein Übersetzungsverhältnis

$$\ddot{u} = \frac{N_H \cdot k_{wH}}{N_A \cdot k_{wA}} \tag{5.81}$$

so berechnet sich der als Zusatzwiderstand R_v wirkende Anteil von R_H zu

$$R_v = R_H - R_A \cdot \ddot{u}^2 \tag{5.82}$$

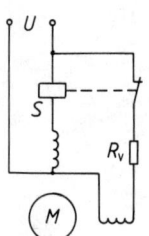

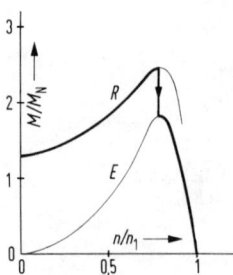

Bild 5.113 Schaltung
eines Motors mit
Widerstandshilfswicklung
S Anlaufstromrelais

Bild 5.114 Drehmomentkennlinie eines Motors
mit Widerstandshilfswicklung
R mit eingeschalteter Widerstandshilfswicklung,
E Betrieb als einsträngige Maschine

Die Hilfswicklung wird durch ein vom hohen Anlaufstrom betätigtes thermisches (Bimetall) oder elektromagnetisches Relais eingeschaltet und nach dem Erreichen des Kippmomentes wieder vom Netz getrennt. Danach läuft der Motor als reine Einphasenmaschine (Bild 5.114) weiter.

Bezieht man nach

$$r = \frac{R_v}{Z_{AK}} \qquad (5.83)$$

wie beim Kondensatormotor den Zusatzwiderstand R_v auf den Scheinwiderstand der Hauptwicklung im Kurzschluß, so läßt sich wieder das Anzugsmoment des Motors angeben. Mit Hilfe der Methode der Symmetrischen Komponenten erhält man

$$M_{EA} = M_A \frac{\ddot{u} \cdot r \cdot \sin \varphi_K}{\ddot{u}^4 + r^2 + 2 \ddot{u}^2 \cdot r \cos \varphi_K} \qquad (5.84)$$

wobei M_A das Anzugsmoment des Zweiphasenmotors mit den Daten der Arbeitswicklung bedeutet.

Will man bei vorgegebenem Übersetzungsverhältnis wieder das maximale Anzugsmoment erreichen, so bestimmt sich der erforderliche Zusatzwiderstand über das Nullsetzen der Ableitung dM_{EA}/dr. Man erhält $r = \ddot{u}^2$, d.h.

$$R_v = \ddot{u}^2 \cdot Z_{AK} \qquad (5.85)$$

Das Anzugsmoment erreicht bei dieser Auslegung den Wert

$$(M_{EA})_{opt} = M_A \frac{1}{2 \ddot{u}} \cdot \frac{\sin \varphi_K}{1 + \cos \varphi_K} \qquad (5.86a)$$

oder $\qquad (M_{EA})_{opt} = M_A \frac{\tan \varphi_K/2}{2 \ddot{u}} \qquad (5.86b)$

Durch die Widerstandshilfswicklung wird kein symmetrischer Betrieb erreicht, sondern stets nur ein elliptisches Drehfeld. Mit Rücksicht auf den hohen Anlaufstrom vom 5- bis 6fachen Bemessungsstrom und die starke thermische Belastung der Hilfswicklung liegt die übliche Leistungsgrenze dieser Motoren bei einigen hundert Watt Abgabeleistung

Beispiel 5.20: Ein zweisträngiger Motor für $U = 220$ V, $P_N = 150$ W soll eine Widerstandshilfswicklung erhalten. Ein Strang verbleibt als Hauptwicklung, wobei hierfür folgende Meßwerte vorliegen:

$R_A = 15 \Omega$, $I_{Ak} = 4,2$ A bei 220 V, cos $\varphi_k = 0,66$.

a) Welches Übersetzungsverhältnis ist zu wählen, wenn das optimale Anzugsmoment mit 50% des Zweiphasenbetriebs auszulegen ist?

b) Wie groß muß der Widerstand R_H der Hilfswicklung werden?

a) Mit $(M_{EA})_{opt} = 0,5 \, M_A$ und $\varphi_k = 48,7°$, $\tan \frac{\varphi_k}{2} = 0,453$ erhält man aus Gl. (5.86b)

$$\ddot{u} = \frac{M_A}{(M_{EA})_{opt}} \cdot \frac{1}{2} \tan \frac{\varphi_k}{2} = 2 \cdot \frac{1}{2} \cdot 0,453 = 0,453$$

b) Bei Auslegung nach $(M_{EA})_{opt}$ gilt $R_v = Z_{Ak} \cdot \ddot{u}^2$ und mit

$$Z_{Ak} = \frac{U}{I_{Ak}} = \frac{220 \text{ V}}{4,2 \text{ A}} = 52,4 \, \Omega$$

$$R_v = 52,4 \, \Omega \cdot 0,453^2 = 10,75 \, \Omega$$

Der Widerstand der Hilfswicklung ist

$$R_H = R_v + R_A \cdot \ddot{u}^2 = 10,75 \, \Omega + 15 \, \Omega \cdot 0,453^2$$

$$R_H = 13,83 \, \Omega$$

5.6.4 Der Drehstrommotor am Wechselstromnetz

Steinmetzschaltung. Auch der Drehstrommotor kann über einen Kondensator am Einphasennetz für einen festen Betriebspunkt symmetriert werden, so daß sein Verhalten dem bei Drehstromanschluß entspricht. Die bekannteste Ausführung hierfür ist die Steinmetzschaltung (Bild 5.115). Um für einen beliebigen Leistungsfaktor cos φ sym-

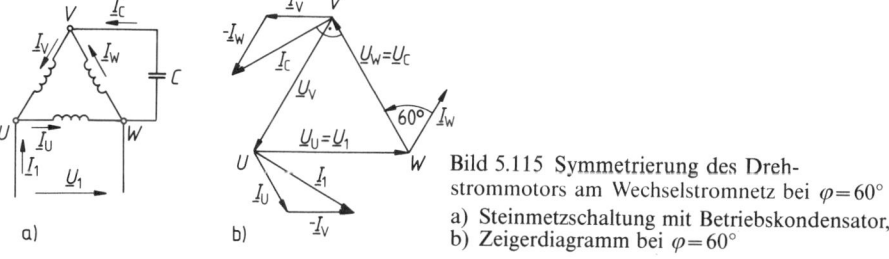

Bild 5.115 Symmetrierung des Drehstrommotors am Wechselstromnetz bei $\varphi = 60°$
a) Steinmetzschaltung mit Betriebskondensator,
b) Zeigerdiagramm bei $\varphi = 60°$

metrische Strangspannungen und -ströme zu erreichen, sind außer dem Kondensator entweder ein ohmscher Widerstand oder Induktivitäten zuzuschalten. Dieselbe Aufgabe läßt sich auch durch Verwendung eines einphasigen Spartransformators lösen (Bild 5.116).

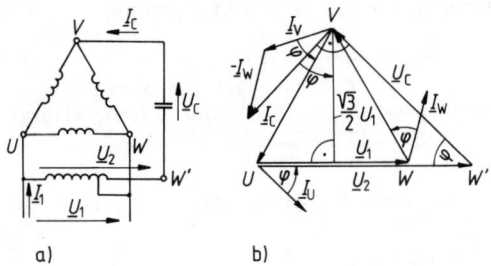

Bild 5.116 Symmetrierung des Drehstrommotors bei $\varphi < 60°$
a) Steinmetzschaltung mit Spartransformator,
b) Zeigerdiagramm bei $\varphi < 60°$

a)   b)

Allgemeine Symmetriebedingungen. Von dem symmetrischen Spannungsdreieck in Bild 5.116b werden z. B. die Punkte U und W durch die einphasige Netzspannung U_1 festgelegt, während dann der dritte Punkt V mit Hilfe der Kondensatorspannung U_C zustande kommt. Diese ergibt sich senkrecht zu dem Stromzeiger $I_C = I_v - I_w$ und stimmt im allgemeinen mit U_w nicht überein. Im Zeigerdiagramm entsteht die Spannung U_2, welche durch den Spartransformator erzeugt wird.

Aus dem Zeigerbild ergibt sich für die Kondensatorspannung

$$U_C = \frac{\sqrt{3}}{2} \cdot \frac{U_1}{\sin \varphi} \tag{5.87}$$

Für die Kapazität gilt mit $U_1 = U_{Str}$ und $I_C = \sqrt{3} \cdot I_{Str}$

$$C = \frac{I_C}{\omega U_C} = \left(\frac{I}{U}\right)_{Str} \cdot \frac{2 \sin \varphi}{\omega} \tag{5.88}$$

Aus Bild 5.116b erhält man die Ausgangsspannung U_2 des Spartransformators zu

$$U_2 = \frac{1}{2} U_1 + U_C \cdot \cos \varphi = \frac{1}{2} U_1 (1 + \sqrt{3} \cdot \cot \varphi)$$

und damit die erforderliche Übersetzung

$$\ddot{u} = U_2/U_1 = \frac{1}{2} (1 + \sqrt{3} \cdot \cot \varphi) \tag{5.89}$$

Die Durchgangsleistung S_D des Transformators beträgt nach Gl. (3.31)

$$S_D = U_2 \cdot I_2$$

und damit wegen $I_2 = I_C$

$$S_D = \frac{\sqrt{3}}{2} (U \cdot I)_{Str} \cdot (1 + \sqrt{3} \cdot \cot \varphi) \tag{5.90}$$

Die angegebenen Gleichungen erlauben die Symmetrierung der Drehstrom-Asynchronmaschine in jedem beliebigen Belastungspunkt. Bei $\varphi < 60°$ wird $\ddot{u} > 1$ und bei $\varphi > 60°$ entsprechend $\ddot{u} < 1$.

Sonderfall $\varphi = 60°$. Wird für die Symmetrierung der Maschine $\varphi = 60°$, d.h. mit cos $\varphi = 0,5$ eine Teillast gewählt, so vereinfachen sich die vorstehenden Beziehungen und man erhält mit sin $\varphi = \sqrt{3}/2$, $\cot\varphi = 1/\sqrt{3}$

$$U_C = U_1$$
$$C = \left(\frac{I}{U}\right)_{Str} \cdot \frac{\sqrt{3}}{\omega}$$
$$I_1 = \sqrt{3} \cdot I_{Str}$$
$$\ddot{u} = 1$$

Der Transformator wird also nicht mehr benötigt und der Motor entnimmt dem Wechselstromnetz den Leiterstrom der Dreieckschaltung.

Symmetrierung mit RC-Glied. Für eine Auslegung mit $\varphi > 60°$ ist nach Gl. (5.87) eine Kondensatorspannung $U_C < U_1$ erforderlich. Unter diesen Voraussetzungen kann die Symmetrierung auch durch ein RC-Glied nach Bild 5.117 erfolgen. Aus dem Zeigerdiagramm errechnen sich Widerstand R und Kondensatorblindwiderstand X_C zu

$$R = \frac{U_R}{I_C} = \frac{U_1}{\sqrt{3}\, I_{Str}} \cdot \sin(\varphi - 60°) \tag{5.91}$$

$$X_C = \frac{U_C}{I_C} = \frac{U_1}{\sqrt{3}\, I_{Str}} \cdot \cos(\varphi - 60°), \quad C = \frac{1}{\omega X_C} \tag{5.92}$$

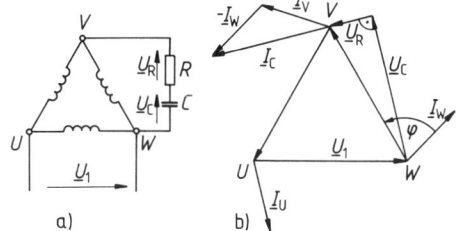

Bild 5.117 Symmetrierung des Drehstrommotors bei $\varphi > 60°$
a) Steinmetzschaltung mit Kondensator und Widerstand,
b) Zeigerdiagramm bei $\varphi > 60°$

In allen angegebenen Schaltungen stimmt im Symmetriepunkt das Betriebsverhalten der an das Wechselstromnetz angeschlossenen Maschine mit dem Drehstrombetrieb überein. Außerhalb tritt hingegen wieder ein elliptisches Drehfeld auf, so daß die Ausnutzung durch das Gegenmoment sinkt [105].

Beispiel 5.21: Ein Drehstrommotor mit den Bemessungsdaten 220 V/380 V, 1,7 A/0,97 A, cos φ = 0,77 soll in Dreieckschaltung nach Steinmetz symmetriert werden. Es sind die erforderliche Kapazität und die Auslegung des Spartransformators anzugeben.
Bei cos $\varphi = 0,77$ wird sin $\varphi = 0,638$ und $\varphi = 39,6° < 60°$, womit eine Transformatorübersetzung $\ddot{u} > 1$ notwendig ist.

Die Kondensatorspannung wird

$$U_C = \frac{\sqrt{3}}{2} \cdot \frac{U_1}{\sin \varphi} = \frac{\sqrt{3}}{2} \cdot \frac{220\,\mathrm{V}}{0{,}638} = 299\,\mathrm{V}$$

und die Kapazität

$$C = \left(\frac{I}{U}\right)_{\mathrm{Str}} \cdot \frac{2 \sin \varphi}{\omega} = \frac{0{,}97\,\mathrm{A}}{220\,\mathrm{V}} \cdot \frac{2 \cdot 0{,}638}{314\,\mathrm{s}^{-1}} = 17{,}9\,\mu\mathrm{F}$$

Für die Transformator-Übersetzung gilt

$$\ddot{u} = \frac{1}{2}\,(1 + \sqrt{3} \cot \varphi) = \frac{1}{2}\,(1 + \sqrt{3} \cdot 1{,}2068) = 1{,}545$$

Die Durchgangsleistung muß

$$S_D = \frac{\sqrt{3}}{2}\,(U \cdot I)_{\mathrm{Str}} \cdot (1 + \sqrt{3} \cot \varphi)$$

$$S_D = \frac{\sqrt{3}}{2} \cdot 220\,\mathrm{V} \cdot 0{,}97\,\mathrm{A}\,(1 + \sqrt{3} \cdot 1{,}2068) = 571{,}1\,\mathrm{VA}$$

betragen.

Aufgabe 5.17: Ein Drehstrom-Asynchronmotor nimmt in Dreieckschaltung bei $\cos \varphi = 0{,}5$ die Wirkleistung $(P_1)_3 = 100\%$ und die Schein- bzw. Blindleistung S_3, Q_3 auf. Wie ändern sich diese Leistungen (Index 1), wenn der Motor am Einphasennetz in Steinmetzschaltung symmetriert wird?

Ergebnis: $(P_1)_1 : (P_1)_3 = 1$, $S_1 : S_3 = 1/\sqrt{3}$, $Q_1 : Q_3 = 1/3$

Drehstrommotor im Einphasenbetrieb. Ein Sonderfall der einphasigen Asynchronmaschine ist der Drehstrommotor mit einer unterbrochenen Zuleitung (Bild 5.118). Der Motor läuft dann einphasig, wobei zwei Wicklungsstränge in Reihe geschaltet sind und an der verketteten Spannung $\sqrt{3} \cdot U_1$ liegen.

Für das Ersatzschaltbild des einphasig laufenden Motors bleibt die Hauptreaktanz des Drehstrombetriebes $X_h \sim m \cdot (N_1 \cdot k_{w1})^2$ erhalten. Durch die Reihenschaltung der zwei Stränge verdoppelt sich zwar einerseits die Windungszahl, dafür tritt jedoch ein Sehnungswinkel $\varepsilon = 60°$ mit $k_p = \sqrt{3}/2$ auf.

Es gilt damit

$$X_h \sim 3 \cdot (N_1 \cdot k_{w1})^2$$

und bei einphasiger Speisung

$$(X_h)_1 \sim 1 \cdot \left(2\,w_1 \cdot \frac{\sqrt{3}}{2}\right)^2$$

$$(X_h)_1 = X_h$$

Ferner ist $(X_{1\sigma})_1 = 2\,X_{1\sigma}$ und $(R_1)_1 = 2\,R_1$

$$(X'_{2\sigma})_1 = X'_{2\sigma} \quad \text{und} \quad (R'_2)_1 = R'_2$$

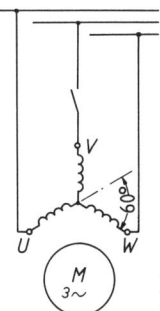

Bild 5.118 Drehstrommotor
mit einer unterbrochenen Zuleitung

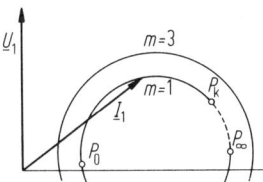

Bild 5.119 Stromortskurve des
Drehstrommotors im
drei- und einphasigen Betrieb

Stromortskurve. Das Kreisdiagramm der einphasig betriebenen Drehstrommaschine kann mit den vorstehenden Angaben über die Ersatzschaltung Bild 5.105 berechnet werden. Die Rechnung ist aufwendig und führt zu dem Ergebnis, daß in der Gleichung für den Zeiger $\underline{I}_1$ nur die Variable $\lambda = s_\mathrm{m} \cdot s_\mathrm{g} = s(2-s)$ auftritt. $\underline{I}_1 = f(\lambda)$ ergibt wie bei Drehstrombetrieb einen Kreis (Bild 5.119), allerdings mit einer Lücke zwischen $\lambda = 1$ und $\lambda = \infty$. Dies ist deswegen der Fall, weil es keine Schlupfwerte gibt, für die $\lambda > 1$ ist.

Um wenigstens die prinzipielle Lage der einphasigen Stromortskurve zu zeigen, soll das Kreisdiagramm mit der Vereinfachung $R_1 = 0$ und $X_{1\sigma} = X'_{2\sigma}$ aus den Punkten P_0 und P_∞ bestimmt werden, die damit auf der Abszissenachse liegen.

Für $s = 0$ gilt im dreiphasigen Betrieb bei $R_1 = 0$

$$(I_0)_3 = \frac{U_1}{X_\mathrm{h} + X_{1\sigma}}$$

Im einphasigen Lauf fließt nach dem Ersatzschaltbild Bild 5.105 bei $s = 0$ der Leerlaufstrom über die obere Hauptreaktanz X_h und wegen $X'_{2\sigma} \ll X_\mathrm{h}$ im wesentlichen über den unteren Läuferkreis. Damit wird, wenn man $R'_2/2$ gegenüber $X'_{2\sigma}$ vernachlässigt,

$$(I_0)_1 = \frac{\sqrt{3} \cdot U_1}{(X_{1\sigma})_1 + X_\mathrm{h} + X'_{2\sigma}} = \frac{\sqrt{3} \cdot U_1}{X_\mathrm{h} + 3\,X_{1\sigma}}$$

$$(I_0)_1 = \sqrt{3} \cdot \frac{1 + \sigma_1}{1 + 3\,\sigma_1} \cdot (I_0)_3$$

Für $s = \infty$ erhält man im dreiphasigen Betrieb mit $\sigma \ll 1$

$$(I_\infty)_3 = \frac{U_1}{X_{1\sigma} + X'_{2\sigma}} = \frac{U_1}{X_\sigma}$$

Im einphasigen Lauf wird nach Bild 5.105, wenn man nur die Läuferkreise berücksichtigt und R'_2 gegenüber $X'_{2\sigma}$ vernachlässigt,

$$(I_\infty)_1 = \frac{\sqrt{3} \cdot U_1}{(X_{1\sigma})_1 + 2\,X'_{2\sigma}} = \frac{\sqrt{3} \cdot U_1}{2\,X_\sigma}$$

$$(I_\infty)_1 = \frac{\sqrt{3}}{2} \cdot (I_\infty)_3$$

Der Leerlaufstrom ist also größer, der Strom bei $s \to \infty$ kleiner als bei Drehstrombetrieb, womit die Ortskurve innerhalb des normalen Kreisdiagramms liegt [106].

5.6.5 Spaltpolmotoren

Prinzip. Die Voraussetzungen für ein umlaufendes Ständerdrehfeld bei einem Einphasenmotor, nämlich zwei um den Winkel β räumlich versetzte Wechselfelder, die außerdem um den Winkel α zeitlich phasenverschoben sind, werden beim Spaltpolmotor durch den sehr einfachen Aufbau nach Bild 5.120 erreicht. Es zeigt einen unsymmetrischen zweipoligen Blechschnitt, der bis zu Leistungen von etwa 10 W verwendet wird.

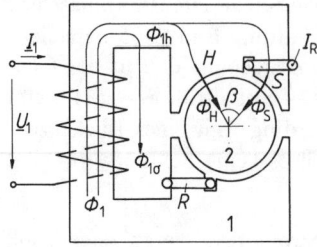
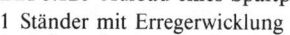
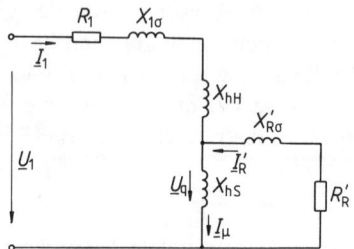

Bild 5.120 Aufbau eines Spaltpolmotors
1 Ständer mit Erregerwicklung
2 Käfigläufer
R Kurzschlußring

Bild 5.121 Ersatzschaltung eines
Spaltpolmotors für stromlosen Läufer

Die räumliche Trennung der beiden Teilfelder Φ_H und Φ_S ist durch einen Schlitz vorgenommen, der den gesamten Polbogen in einen Hauptpol H und einen Spaltpol S unterteilt. Den Spaltpol umgibt ein kräftiger Kurzschlußring R, der häufig auch zweigeteilt ausgeführt wird. Das gesamte Ständerfeld $\underline{\Phi}_1 = \underline{\Phi}_H + \underline{\Phi}_S + \underline{\Phi}_{1\sigma}$ ist mit der Hauptwicklung N_1 verkettet, die an die Netzspannung U_1 angeschlossen wird. Der Läufer erhält im allgemeinen eine Käfigwicklung, doch sind auch synchrone Bauarten mit Dauermagnetläufer auf dem Markt.

Die erforderliche zeitliche Phasenverschiebung der Felder Φ_H und Φ_S erreicht man durch deren unterschiedliche Durchflutung. Während diese für das Hauptfeld Φ_H durch den Wert $\underline{\Theta}_H = \underline{I}_1 \cdot N_1$ gegeben ist, wirkt auf das Spaltpolfeld Φ_S zusätzlich noch der Ringstrom I_R und damit die Gesamtdurchflutung $\underline{\Theta}_S = \underline{I}_1 \cdot N_1 + \underline{I}_R \cdot N_R$.

Betriebsverhalten. Läßt man für die grundsätzliche Erklärung der Drehfeldbildung die Rückwirkung des Läuferstromes außer Acht, so gilt für die Ständerwicklungen die Ersatzschaltung nach Bild 5.121. Sie entspricht der Darstellung eines kurzgeschlossenen Transformators, dessen Sekundärwicklung nur mit einem Teil des Primärflusses verkettet ist. Vom Standpunkt der Spaltpolwicklung N_R ist das Hauptpolfeld Φ_H ein Streufluß, dessen zugeordneter Blindwiderstand X_{hH} wie $X_{1\sigma}$ zu behandeln ist. Für die beiden Teilfelder gelten also nach Bild 5.121 die Zuordnungen

Hauptpolfeld $\Phi_H \sim X_{hH} \cdot I_1 \sim I_1$

Spaltpolfeld $\Phi_S \sim U_q \sim I_\mu$

Aus der Ersatzschaltung läßt sich mit Bild 5.122 das Zeigerdiagramm der Ständergrößen angeben. Den Phasenwinkel α, um den das Spaltpolfeld Φ_S dem Hauptpolfeld Φ_H nacheilt, erhält man darin aus dem Stromdiagramm $\underline{I}_1 + \underline{I}'_R = \underline{I}_\mu$. Da beide Felder weder die gleiche Größe besitzen noch der Winkel $\alpha = 90°$ erreicht wird, kann der Spaltpolmotor nur ein elliptisches Drehfeld ausbilden. Die Drehrichtung ergibt sich durch das nacheilende Feld Φ_S stets vom Haupt- zum Spaltpol.

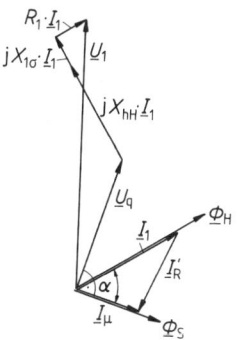

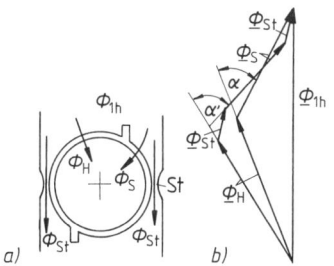

Bild 5.122 Zeigerdiagramm der
Ständergrößen eines Spaltpolmotors

Bild 5.123 Wirkung der Streustege
a) Anordnung der Teilfelder
b) Zeigerdiagramm der Teilfelder

Zur Vergrößerung des Phasenwinkels α zwischen den beiden Teilflüssen erhalten Spaltpolmotoren im Ständerblech am Rande des Polbogens meist sogenannte Streustege St. Durch sie wird nach Bild 5.123a beidseitig ein Flußanteil Φ_{St} am Läufer vorbeigeleitet. Die Wirkung dieser Maßnahme ist in Bild 5.123b zu erkennen. Da der Gesamtfluß näherungsweise konstant ist, müssen sich seine Komponenten jeweils zum gleichen Gesamtwert addieren. Ohne Streustege entsteht damit zwischen Φ_H und Φ_S der Winkel α, mit dem zusätzlichen Streuanteilen Φ_{St} dagegen der größere Winkel α'.

Kennlinien. Der Entwurf neuer Spaltpolmotoren stützt sich auch heute noch auf die Optimierung von Versuchsmustern, bei denen einzelne Parameter systematisch variiert werden. Zwar ist eine umfassende Theorie vorhanden [107, 108], doch ist die Vorausberechnung der Betriebswerte wegen der magnetischen Unsymmetrien, Sättigungszonen und Gegenfelder sehr umfangreich und unsicher.

Bedingt durch die konzentrische Erregung der Pole weicht die Feldkurve eines Spaltmotors wie die einer Gleichstrommaschine stark von der Sinusform ab. Sie enthält insbesonders eine 3. Harmonische, was sich in der Momentenkennlinie $M = f(n)$ nach Bild 5.124 durch eine Einsattelung bei $n = n_1/3$ bemerkbar macht.

Spaltpolmotoren besitzen aufgrund der Verluste in der Kurzschlußwicklung und durch das gegenläufige Drehfeld im Läuferkäfig einen relativ schlechten Wirkungsgrad. Auch bei den höchsten Leistungen von ca. 150 W erreicht er nur knapp 40%. Das Anlaufmoment ist geringer als das gleichgroßer Kondensatormotoren, der Anlaufstrom liegt etwa beim doppelten Bemessungsstrom.

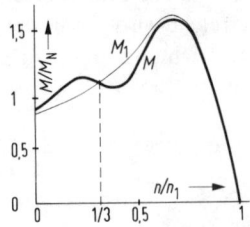

Bild 5.124 Drehmomentkennlinie eines Spaltpolmotors

Drehzahlsteuerung. Vor allem im Einsatz als Lüfterantrieb wird mitunter eine zweite Drehzahlstufe gewünscht. Diese kann bei vierpoligen Motoren durch eine spezielle Polumschaltung in der sogenannten Kreuzpolschaltung erreicht werden. Eine Drehzahlabsenkung nach Bild 5.44b durch ein kleines Kippmoment kann einfach durch Zuschalten eines Vorwiderstandes erfolgen. Ähnlich wirkt die Umschaltung einer zweigeteilten Erregerwicklung von Parallel- auf Reihenschaltung.

Bauformen. Spaltpolmotoren werden gezielt für einen bestimmten Einsatz, z.B.: als Antrieb in einem Heizlüfter oder der Laugenpumpe einer Waschmaschine gefertigt. Wie bei allen Geräten für Großserien spielen fertigungstechnische Überlegungen eine große Rolle. Bild 5.125 zeigt einige typische Bauformen für zweipolige Motoren.

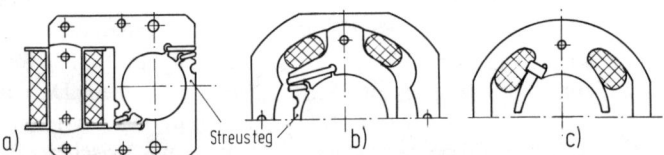

Bild 5.125 Ständerbauformen zweipoliger Spaltmotoren

Variante a) ist mit dem unsymmetrischen Blechschnitt eine sehr preisgünstige Ausführung. Sie wird zweipolig bis etwa zu Leistungen von 10 W verwendet und erreicht Wirkungsgrade von 10% bis 15%.

Variante b) besitzt einen zweigeteilten Ständerschnitt, was das Einbringen der Ständerwicklung N_1 erleichtert. Bei Leistungen von 10 W bis 50 W ergeben sich Wirkungsgrade bis 25%.

Variante c) wird bis zu den größten Leistungen von ca. 150 W auch in vierpoliger Ausführung eingesetzt.

6 Synchronmaschinen

Geschichtliche Entwicklung. Synchronmaschinen wurden zunächst als Einphasengeneratoren gebaut, die etwa ab der Mitte des 19. Jahrhunderts zur Versorgung von Beleuchtungsanlagen Anwendung fanden. Den ersten dreiphasigen Synchrongenerator entwickelten 1887 unabhängig voneinander F. A. Haselwander und Bradley. In der Folgezeit bildeten sich mit der Schenkelpolmaschine und dem Turbogenerator die im nächsten Abschnitt beschriebenen typischen Bauformen aus. Als Erfinder des Walzenläufers mit einer auf Nuten am Umfang verteilten Erregerwicklung gilt Charles, E. Brown, ein Gründer der Brown, Boveri AG.

Die weitere Entwicklung der Synchronmaschine ist eng mit dem Ausbau der elektrischen Energieversorgung zu immer größeren Generator-Einheitsleistungen verbunden. Daneben wurden aber schon immer dort, wo man eine konstante Antriebsdrehzahl benötigte oder die Möglichkeit des Phasenschieberbetriebs nutzen wollte, Synchronmotoren als Industrieantriebe eingesetzt.

Leistungsbereich. Drehstrom-Synchrongeneratoren besitzen die größten Einheitsleistungen elektrischer Maschinen. Als Turbogeneratoren für Wärmekraftwerke werden derzeit zweipolige Generatoren mit Leistungen von ca. 1200 MVA bei 50 Hz und 21 kV Nennspannung gefertigt. Bei vierpoligen Maschinen liegen die Daten sogar bei ca. 1700 MVA und 27 kV. Die größten Schenkelpolmaschinen mit senkrechter Wellenanordnung für Wasserkraftwerke erreichen über 800 MVA.

Als Industrieantrieb hat die Synchronmaschine durch die Entwicklung der Frequenzumrichter stark an Bedeutung gewonnen. Sie steht dadurch als drehzahlregelbarer Antrieb vom Bereich der Servomotoren bis zu den größten Leistungen zur Verfügung. Als Beispiel sei ein 30 MW-Hochofengebläse mit Synchronmotor und Anfahrumrichter genannt. Bis in den MW-Bereich verwendet man Synchronmotoren auch als Antriebe für Zementmühlen, Förderanlagen und Walzgerüste.

Zu großen Stückzahlen bringen es Synchronmaschinen wieder als Kleinstmotoren z. B. für Uhren, Phonogeräte und in der Feinwerktechnik.

6.1 Aufbau der Synchronmaschine

6.1.1 Bauformen

Voll- und Schenkelpolmaschine. Die prinzipiellen Unterschiede im Aufbau gleichstromerregter Synchronmaschinen zeigt Bild 6.1. Sie betreffen im wesentlichen die Konstruktion zur Erzeugung des Erregergleichfeldes.

Bei der Vollpolmaschine (Bild 6.1 a) besteht der Läufer aus einer massiven Stahlwalze, in die radial über ⅔ der Polteilung Nuten eingefräst sind. Diese nehmen die Erregerwicklung w_E auf, die damit auf mehrere konzentrisch zur Polachse liegende Spulen verteilt ist. Es werden in dieser Bauform zwei- und vierpolige Maschinen ausgeführt.

Schenkelpolmaschinen besitzen in der Innenpol-Ausführung (Bild 6.1 b) den gleichen Ständeraufbau wie Vollpolmaschinen, im Läufer dagegen ausgeprägte Einzelpole zur Erzeugung des Gleichfeldes. Wie bei Gleichstrommaschinen liegt um jeden Polkern eine Erregerwicklung w_E, während zum Luftspalt hin durch den Polschuh eine möglichst sinusförmige Feldform angestrebt wird.

Die Außenpol-Schenkelpolmaschine (Bild 6.1 c) ist ähnlich einer Gleichstrommaschine aufgebaut, nur trägt der Läufer eine Drehstromwicklung w_1, deren Anschlüsse über Schleifringe zugänglich sind. Dieser Maschinentyp wird z. B. zur bürstenlosen Erregung von Generatoren eingesetzt (s. Abschn. 6.1.2).

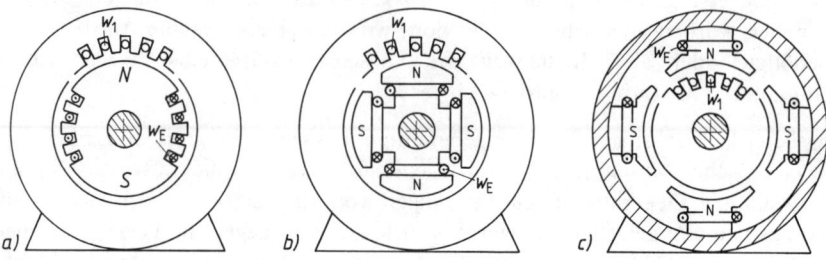

Bild 6.1 Bauformen der Synchronmaschine
a) Vollpolmaschine (Turbogenerator) b) Schenkelpolmaschine (Innenpolmaschine)
c) Schenkelpolmaschine (Außenpolmaschine)

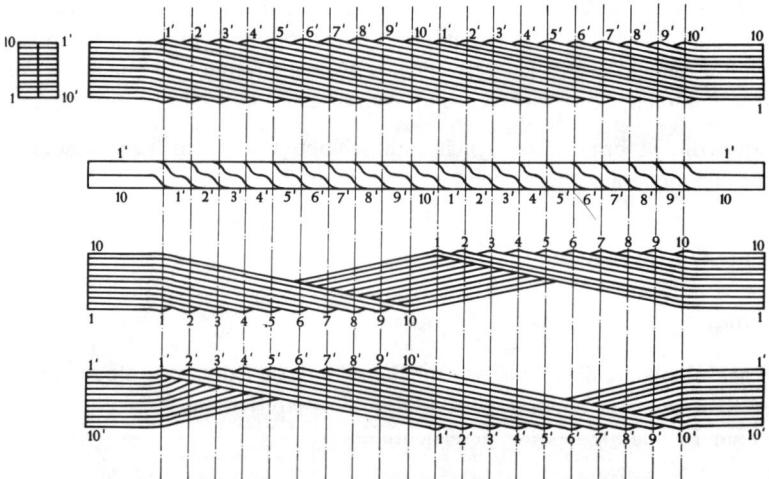

Bild 6.2 Verdrillung der parallelen Teilleiter einer Nut im Roebelstab

Ständer. Der prinzipielle Aufbau des Ständers (Stators) der Synchronmaschine wurde bereits in Bild 4.1 zur Darstellung einer Drehstromwicklung angegeben. Das Gehäuse besteht aus einer Schweißkonstruktion, die im Falle einer H_2-Kühlung gasdicht und druckfest auszuführen ist, so daß sie auch einer Knallgasexplosion standhält. Es nimmt das bei Großmaschinen aus Segmenten geschichtete Blechpaket auf, für das verlustarme, kaltgewalzte Elektrobleche verwendet werden. Die offenen Nuten entlang der Ständerbohrung nehmen die Drehstromwicklung auf, die bei größeren Leistungen als Hochspannungswicklung für 6 kV bis 27 kV ausgeführt ist. Außerdem muß der gesamte Kupferquerschnitt zur Vermeidung von Zusatzverlusten durch Stromverdrängung in parallele isolierte Einzelleiter aufgeteilt werden. Diese ändern z. B. in der Form des Roebelstabes (Bild 6.2) ihre Lage zyklisch in der Nut. Die Verdrillung ergibt für alle Teilleiter gleiche Verkettung mit dem Nutstreufluß und damit eine gleichmäßige Stromverteilung (s. Abschnitt 5.5.1).

Turbogenerator. Werden Synchrongeneratoren wie in Wärmekraftwerken von Dampf- oder Gasturbinen angetrieben, so ist man mit Rücksicht auf deren Auslegung bestrebt, die Drehzahl so groß wie möglich zu wählen. Für 50 Hz-Netze ergibt sich dann nach Gl. (4.24) mit $n_1 = f_1/p$ die höchste Drehzahl zu 3000 min^{-1} bei zweipoliger Ausführung der Maschine. Die hierbei im Läufer (Rotor) auftretenden Fliehkräfte sind so groß, daß als Bauform die Vollpolmaschine nach Bild 6.1a gewählt werden muß. Trotzdem erreicht man bei einem Durchmesser von ca. 1250 mm in den Rotorzähnen die Grenze der zulässigen mechanischen Beanspruchung. Das entsprechend der möglichen Ausnutzungsziffer C in kWmin/m^3 (s. Abschnitt 1.2.4) erforderliche Volumen $d^2 \cdot l$ muß damit durch eine große axiale Länge l realisiert werden. Turbogeneratoren großer Leistung erhalten daher einen sehr langgestreckten Läufer.

Ein Beispiel für die Ausführung einer Vollpolmaschine als Turbogenerator großer Leistung zeigen die Bilder 6.3 und 6.4. Der Wickelkopf im Ständer wird zur Aufnahme der großen Stromkräfte im Kurzschlußfall durch Abstützungen und Versteifungen gegen eine Deformation gesichert. Der Rotorkörper ist ein einteiliges Schmiedestück aus einer Stahllegierung mit hoher Permeabilität. Symmetrisch zur Polachse werden die Nuten eingefräst, welche die Profilstäbe der Erregerwicklung aufnehmen und mit einem Nutkeil aus einem unmagnetischen aber elektrisch leitendem Material z. B. einer Al-Legierung verschlossen werden. Zur Aufnahme der Fliehkräfte schiebt man über die Wickelköpfe unmagnetische Stahlkappen und schrumpft diese mit einem Bajonettverschluß auf die Läuferenden. In Verbindung mit den Nutkeilen entsteht so an der Läuferoberfläche ein leitender Käfig, den man als Dämpferwicklung bezeichnet. Sie dämpft Pendelungen des Läufers bei Laststößen und verhindert unzulässige Erwärmungen der Läuferoberfläche bei Schieflasten.

Die Versorgung der Erregerwicklung mit Gleichstrom erfolgt in der klassischen Technik über zwei an einem Wellenende aufgesetzte Schleifringe. Bei der bürstenlosen Erregung wird der Erregerstrom von einer im Läufer der angekuppelten Erregergenerator mitrotierenden Diodenschaltung geliefert.

Bild 6.3 Ständer eines
flüssigkeitsgekühlten
Turbogenerators für
400 MVA
(ABB, Mannheim)

Bild 6.4
Läufer eines 400 MVA
Turbogenerators
(ABB, Mannheim)

Schenkelpolgenerator. Wird eine Synchronmaschine von Wasserturbinen oder auch einem Dieselmotor angetrieben, so ist die Polzahl den hier gegebenen Drehzahlen von etwa $60\,\text{min}^{-1}$ bis $750\,\text{min}^{-1}$ anzupassen. Man erhält dann für $f_1 = 50\,\text{Hz}$ bei z.B. $n_1 = 75\,\text{min}^{-1}$ achtzig Pole entlang des Bohrungsumfangs, die man jetzt bei der geringen Fliehkraftbeanspruchung wie bei einer Gleichstrommaschine im Ständer als Einzelpole mit konzentrischen Erregerspulen ausführen kann. Der Läufer wird so zu einem Polrad mit großem Durchmesser und dazu vergleichsweise geringer axialer

Länge (Bilder 6.5 und 6.6). In der Ausführung für Flußkraftwerke erhalten die Maschinen eine senkrechte Bauform mit gemeinsamer Welle für Polrad und Turbine. Die größten Schenkelpolgeneratoren erreichen Einzelleistungen von mehr als 800 MVA und Läuferdurchmesser von über 15 m.

Bild 6.5 Ständer
eines Wasserkraftgenerators für
61 MVA, 11 kV, 100 U/min
(Siemens AG)

Bild 6.6 Polrad
eines Wasserkraftgenerators für
61 MVA, 11 kV, 100 U/min
(Siemens AG)

Für den Einsatz der Synchronmaschine als Motor gelten die gleichen Prinzipien. Für hochtourige Antriebe, z.B. für Verdichter und Gebläse muß man wieder die zylindrische Läuferbauform und damit Vollpolmaschinen einsetzen. Im unteren Drehzahlbereich wie bei Förderantrieben oder Walzwerksmotoren mit entsprechend hohen Polzahlen kommt dagegen die Schenkelpolmaschine zur Anwendung.

6.1.2 Erregersysteme

Erregerleistung. Für den Betrieb einer elektrisch erregten Synchronmaschine und speziell im Einsatz als Drehstromgenerator benötigt man für die Läuferwicklung einen einstellbaren Gleichstrom. Dieser wird durch das Erregersystem geliefert, dessen Regeleinrichtungen vor allem die Spannungshaltung und die Blindlaststeuerung im stationären und dynamischen Betrieb (Laststöße) übernehmen. Die erforderlichen Erregerleistungen erstrecken sich für zweipolige Turbogeneratoren von ca. 3 kW bei 100 kVA bis etwa 4000 kW bei einer 1000 MVA-Maschine. Für vierpolige Generatoren im Grenzleistungsbereich beträgt der Erregerstrom über 10 kA. Je nach Leistung der Synchronmaschine und den Gegebenheiten der Anlage, haben sich für das Erregersystem verschiedene Techniken herausgebildet [109, 110].

Gleichstrom-Erregermaschine. Die früher allgemein angewandte Erregertechnik, eine direkt angekuppelte Gleichstromhaupt- mit Hilfserregermaschine (Bild 6.7), läßt sich mit Rücksicht auf die mechanische und elektrische Belastung des Ankers nur bis zu Einheitsleistungen der Synchronmaschine von ca. 150 MVA ausführen. Dem Spannungsregler steht die konstante Ankerspannung des Hilfsgenerators, der selbsterregt ist, zur Verfügung. Von Nachteil ist bei dieser Technik die große Zeitkonstante der Erregerwicklung des Hauptgenerators, die sehr schnelle Änderungen der Erregerspannung an der Synchronmaschine unmöglich macht.

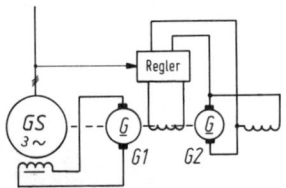

Bild 6.7 Gleichstrom-Erregermaschinen
G1 Haupterregermaschine
G2 Hilfserregermaschine

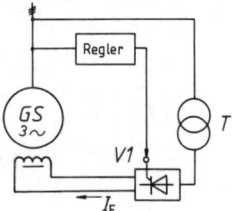

Bild 6.8 Statische Erregereinrichtung mit Erregertransformator *T* und Thyristorstromrichter *V1*

Stromrichtererregung. Moderne Erregersysteme basieren auf Schaltungen der Leistungselektronik und stehen bis zu den höchsten Leistungen zur Verfügung. Nach Art des Aufbaus der Baugruppen unterscheidet man hauptsächlich zwischen folgenden drei Verfahren:
1. Statische Erregung mit einem Thyristorstromrichter
2. Innenpol-Drehstromerregergenerator mit Dioden- oder Thyristorstromrichter
3. Außenpol-Drehstromerregergenerator mit rotierendem Diodengleichrichter

Die statische Erregereinrichtung nach Bild 6.8 benötigt keine rotierende Erregermaschine, sondern entnimmt die Leistung vom Synchrongenerator selbst. Über einen

Transformator *T*, der auch aus dem Eigenbedarfsnetz gespeist werden kann, wird ein netzgeführter Stromrichter *V1* versorgt. Mit seiner Phasenanschnittsteuerung ist dann eine schnelle Einstellung der Erregergleichspannung möglich.

Innenpol-Drehstromerregermaschinen *G1* in Bild 6.9 sind direkt an den Synchrongenerator angekuppelt. Die Drehspannung der Ständerwicklung wird entweder in einem Thyristorstromrichter *V1* in die Erregergleichspannung umgeformt und geregelt oder in einer Diodenschaltung nur gleichgerichtet. Im letzteren Fall übernimmt anstelle des Gleichrichters *V2* ein gesteuerter Stromrichter auf der Erregerseite von *G1* die Regelung durch Ändern der Drehspannung.

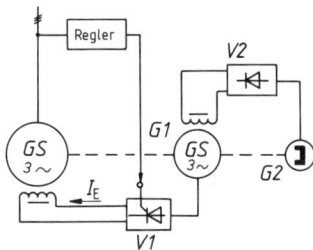

Bild 6.9 Direkt gekuppelte Innenpol-
Drehstromerregermaschine *G1*
G2 Hilfserregermaschine mit
 Dauermagnetläufer
V1 Thyristorstromrichter
V2 Diodengleichrichter

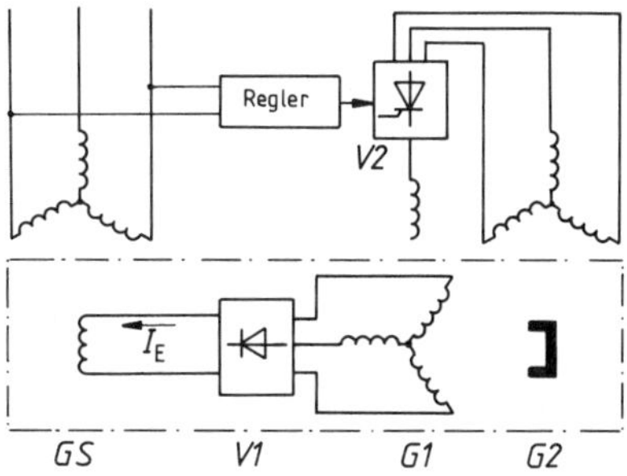

Bild 6.10 Schleifringlose Erregereinrichtung
G1 Außenpol-Drehstromerregermaschine
G2 Hilfserregermaschine mit
 Dauermagnetläufer
V1 Mitrotierender Diodengleichrichter
V2 Thyristorstromrichter
--- rotierender Teil

In den Schaltungen nach Bild 6.8 und 6.9 benötigt die Synchronmaschine zur Übernahme des Gleichstroms in die Läuferwicklung zwei Schleifringe. Bei den größten Turboeinheiten sind damit Stromstärken von über 10 kA zu übertragen, was nur mit sehr breiten Schleifringen und vielen parallelgeschalteten Kohlebürsten bei entsprechenden Verlusten möglich ist. Die Probleme dieser Stromübertragung lassen sich umgehen, wenn man die in Bild 6.10 dargestellte Erregertechnik mit einem mitrotierenden Diodengleichrichter einsetzt. Der unmittelbar mit der Synchronmaschine *GS* gekuppelte Haupterregergenerator *G1* ist wie eine Gleichstrommaschine mit Außenpolen gebaut und trägt damit die Drehstromwicklung auf dem Läufer. Zusätzlich ist hier nun eine Diodenschaltung *V1* untergebracht, welche die Drehspannung von *G1* gleichrichtet und der Erregerwicklung der Synchronmaschine *GS* zuführt. Da dies alles auf dem rotierenden Teil der Anlage erfolgt, sind keine Schleifringe notwendig. Die Regelung des Erregerstromes I_E übernimmt der Stromrichter *V2* über die Feldwicklung des Haupterregergenerators *G1*. *V2* wird seinerseits über die Drehstromwicklung im Ständer eines ebenfalls angekuppelten Hilfsgenerators *G2*, der meist einen Dauermagnetläufer hat, versorgt.

Bürstenlose Erregung. Außer für Großgeneratoren in der Technik nach Bild 6.10 wird die bürstenlose Erregung vor allem auch bei Synchronmotoren eingesetzt. Derartige Maschinen kommen in Verbindung mit Frequenzumrichtern als drehzahlregelbare Antriebe in einen weiteren Leistungsbereich zur Anwendung. Um eine kompakte Bauweise zu erhalten, wird der Erregergenerator mit auf die Motorwelle gebaut und damit in das Gehäuse der Synchronmaschine einbezogen. Das ganze Erregersystem ist damit von außen nicht mehr erkennbar [111].

In Bild 6.11 ist der mögliche Aufbau eines bürstenlosen Synchronmotors angegeben. Als Erregermaschine ist ein Drehstrom-Schleifringläufermotor gewählt, an dessen Läuferwicklung eine mitrotierende Drehstrombrückenschaltung aus Dioden angeschlossen ist. Diese erzeugt damit unmittelbar die Erregerspannung bzw. den Erregerstrom der Synchronmaschine.

Die Einstellung der erforderlichen Erregung erfolgt über eine variable Ständerspannung der AsM mit Hilfe eines Drehstromstellers. Entsprechend Gl.(5.8) wird auf diese Weise auch die Läufer- und damit auch die Erregerspannung geändert. Um auch im Stillstand und geringer Motordrehzahl eine ausreichende Erregung zur Verfügung zu haben, wird der Schleifringläufer entgegen der Drehrichtung des Ständerdrehfeldes der AsM, d.h. im Schlupfbereich $s > 1$ betrieben.

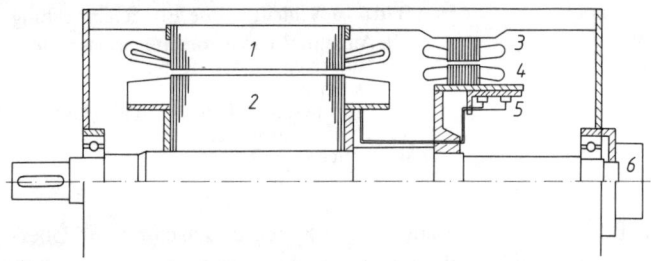

Bild 6.11 Konstruktion eines Synchronmotors mit eingebauter, bürstenloser Erregereinrichtung
1 Ständer und 2 Läufer des Synchronmotors
3 Ständer und 4 Läufer einer Drehstrom-Schleifringläufermaschine
5 Rotierender Diodensatz,   6 Polradwinkelgeber

Anstelle der Asynchronmaschine kann natürlich auch wie in Bild 6.10 eine Außenpol-Synchronmaschine verwendet werden.

Selbsterregte, kompoundierte Synchrongeneratoren. Der Synchrongenerator kann sich wie die Gleichstrommaschine selbst erregen, wenn man seine Klemmenspannung über Gleichrichter zur Erzeugung des Erregerstromes heranzieht. Darüberhinaus kann auch die zur Spannungshaltung erforderliche verstärkte Erregung bei Belastung selbsttätig durch eine Kompoundierung bereitgestellt werden. Synchronmaschinen mit einem derartigen Erregersystem werden als „Konstantspannungsgeneratoren" bezeichnet und z.B. zur Versorgung von Schiffsbordnetzen eingesetzt [112].

Die erforderliche Erregung I_{EN} der Synchronmaschine besteht nach Bild 6.12 bei Belastung aus einem der Spannung U_1 proportionalen Anteil I_{E0} und einem stromabhängigen Zusatz ΔI_E. Diese zweite Komponente wird durch die Größe und die Phasenlage des Ständerstromes I_1 bestimmt.

Für das Prinzip der Selbsterregung mit zusätzlicher Kompoundierung ist daher eine Schaltung nach Bild 6.13 geeignet. Die eine Primärwicklung eines Dreiwicklungstransformators T ist über eine Drosselspule L an die Generatorspannung angeschlossen und liefert durch die auf der Sekundärseite angeschlossene Gleichrichterschaltung die Leerlauferregung I_{E0}. Die belastungsabhängige Zusatzerregung kommt über die zweite vom Laststrom durchflossene Primärwicklung des Transformators, der hier als Stromwandler arbeitet. Der gesamte Erregerstrom I_{EN} entsteht dann durch die phasenrichtige Addition beider Anteile.

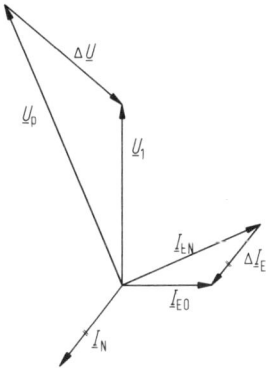

Bild 6.12 Bestimmung des Lasterregerstromes I_{EN}

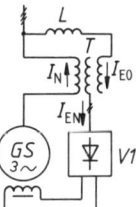

Bild 6.13 Schaltung eines selbsterregten, kompoundierten Synchrongenerators
T Dreiwicklungstransformator
$V1$ Gleichrichter

6.1.3 Synchronmaschinen mit Dauermagneterregung

Die in Abschnitt 1.2.3 beschriebenen Fortschritte in der Dauermagnettechnik haben neben der Gleichstrommaschine auch die Entwicklung dauermagneterregter Synchronmotoren gefördert. Sie werden heute bei Leistungen bis über 10 kW für Einzel- und Gruppenantriebe in der Kunstfaser- und Textilindustrie sowie zu Positionieraufgaben eingesetzt.

Für die Konstruktion des Läufers mit Ferrit- oder Seltenerd-Magneten zeigt Bild 6.14 einige Möglichkeiten. Die Varianten a) und b) besitzen Polflächen aus Weicheisen und damit prinzipiell das Verhalten einer Schenkelpolmaschine nach Bild 6.1 b bei konstantem Erregerstrom I_E. Die Bauform c) hat durch die sechs Aussparungen im Läuferblech ein deutlich verringertes Trägheitsmoment. Die Blechaußenkontur besteht meist aus einem Polygonzug, auf dessen ebener Oberfläche die quaderförmigen

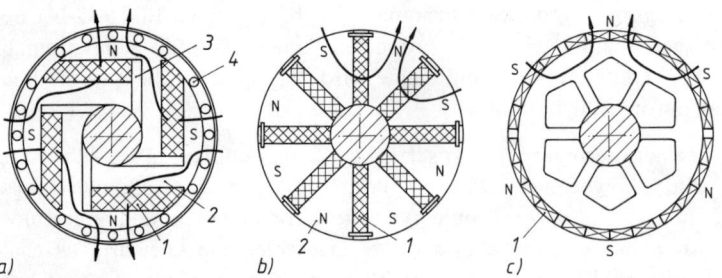

Bild 6.14 Konstruktion dauermagneterregter Läufer von Synchronmotoren

a) Vierpoliger Läufer mit   b) Achtpoliger Läufer   c) Sechspoliger Läufer mit
   Dämpferkäfig   1 Rechteckmagnete   geringem Trägheitsmoment
   1 Rechteckmagnete   2 Weicheisenpole   1 Seltenerd-Magnete
   2 Weicheisen
   3 Luftspalt
   4 Dämpferkäfig

SE-Magnete aufgeklebt werden. Eine Glasfaserbandage über dem Umfang nimmt zusätzlich Fliehkraftbeanspruchungen auf und schützt die sehr spröden Magnete vor Beschädigungen. Wegen der geringen relativen Permeabilität $\mu_\mathrm{p} \approx 1{,}1$ wirken die Oberflächenmagnete aus der Sicht des Ständers wie ein um die Magnethöhe h_D vergrößerter Luftspalt.

Die Läuferbauform in Bild 6.14c wird meist bei synchronen Servomotoren (AC-Servomotoren) gewählt, die im Nennmomentbereich bis ca. 50 Nm für Positionieraufgaben in Werkzeugmaschinen und Handhabungsrobotern Anwendung finden. Die Maschinen werden über Frequenzumrichter drehzahlgeregelt und lösen in diesem Bereich häufig die dauermagneterregte Gleichstrommaschine ab [113-121].

Für den Einsatz dauermagneterregter Synchronmaschine ist allgemein von Bedeutung, daß ohne Sondermaßnahmen [118, 119] das Läufergleichfeld durch die Werkstoffdaten und Abmessungen der Magnete fest vorgegeben ist. Es entfallen damit alle Einflußmöglichkeiten auf die Betriebsdaten, speziell auf Betrag und Phasenlage des Ständerstromes, die sonst durch die Änderung des Feldes über den Erregerstrom gegeben sind. Auf diese Probleme wird in Abschnitt 6.3.1 eingegangen.

6.2   Betriebsverhalten der Vollpolmaschine

6.2.1   Erregerfeld und Ankerrückwirkung

Feldkurve. Da die Erregerwicklung beim Vollpolläufer auf mehrere Nuten verteilt ist, ergibt sich für den Verlauf der Durchflutung V_E entlang der Polteilung τ_p und wegen des konstanten Luftspaltes auch für die Feldkurve eine Treppenform (Bild 6.15). Die ideale sinusförmige Verteilung der Flußdichte B_Lx ist damit nicht vorhanden, sondern es entstehen neben dem Grundfeld ungeradzahlige Harmonische als Oberwellenfelder.

Rotiert der Läufer mit der Drehzahl n_1, so induzieren die Teilfelder Φ_ν des Läufergleichfeldes in jedem Wicklungsstrang des Ständers nach Gl.(4.37) mit

$$U_{q\nu} = 4{,}44 \, N_1 \cdot k_{w\nu} \cdot f_1 \cdot \nu \cdot \Phi_\nu$$

Sinusspannungen der Frequenz $f_\nu = \nu \cdot f_1$. Da durch die Ausführung der Drehstromwicklung jedoch für die Wicklungsfaktoren der Oberfelder $k_{w\nu} \to 0$ erreicht wird, sind die höherfrequenten Anteile in der Gesamtspannung gering. Im Folgenden werden daher immer nur die sinusförmigen Grundwellen der Luftspaltfelder berücksichtigt.

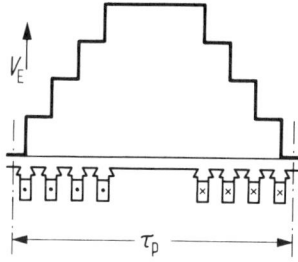

6.15 Felderregerkurve V_E eines Vollpolläufers

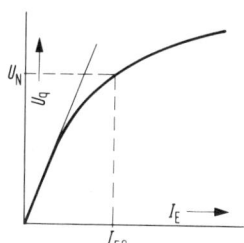

Bild 6.16 Leerlaufkennlinie eines Synchrongenerators

Mißt man nun bei konstanter Antriebsdrehzahl $n = n_1$ die bei steigender Erregung induzierte Strangspannung, so erhält man wie bei einem Gleichstromgenerator eine Leerlaufkennlinie $U_q = f(I_E)$. Sie weicht mit beginnender magnetischer Sättigung immer mehr von der Anfangssteigung ab, womit zur Erzeugung der Bemessungsspannung U_N der Leerlauferregerstrom I_{E0} erforderlich ist (Bild 6.16). Die Remanenzspannung U_{rem} von einigen Prozent des Bemessungswertes ist wieder für die Selbsterregung des Generatorbetriebs von Bedeutung.

Ankerrückwirkung. Die durch das Läufergleichfeld (Polradfeld) in einer Ständerwicklung induzierte Spannung wird auch als ideelle Polradspannung U_p bezeichnet, da dieser Wert im Belastungsfall ein reiner Rechenwert ist. Zwischen $\underline{U}_p$ und dem induzierenden Fluß $\Phi_E \sim \Theta_E$ besteht wegen $u \sim d\Phi/dt$ grundsätzlich eine 90°-Phasenver-

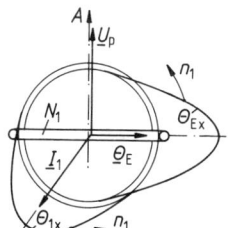

Bild 6.17 Drehdurchflutungen von Ständer- und Erregerwicklung

schiebung, so daß im Augenblick des Maximalwertes von $\underline{U}_p$ der vom Wicklungsstrang umfaßte Fluß gerade Null ist. Es gilt damit die in Bild 6.17 gezeigte
Zuordnung, wobei die Achse der Läuferfeldkurve mit Φ_E durch einem Zeiger $\underline{\Theta}_E$ der
zugehörigen Durchflutung gekennzeichnet ist.

Wird die Synchronmaschine belastet, so erzeugt die stromdurchflossene Ständerwicklung eine eigene Drehdurchflutung $\underline{\Theta}_1$, die nach Gl. (4.24) mit $n_1 = f_1/p$ und damit
synchron mit der Läuferdurchflutung rotiert. Beide Anteile bilden dann zusammen
die resultierende Felderregung, deren Wert durch die Addition von $\underline{\Theta}_E$ und $\underline{\Theta}_1$ gegeben ist.

Bereits bei der Asynchronmaschine (Abschnitt 5.1.2) wurde festgestellt, daß im Zeigerdiagramm von Spannung und Strom einer Wicklung der Zeiger $\underline{I}_1$ auch die räumliche Lage der Drehdurchflutung $\underline{\Theta}_1$ bezogen auf die mit dem Spannungszeiger zu-
sammenfallende Wicklungsachse A in Bild 6.17 angibt. Es lassen sich also auch bei
der Synchronmaschine in das Zeitzeigerdiagramm der Wechselstromgrößen $\underline{U}$ und $\underline{I}$
die Raumzeiger der Drehdurchflutungen von Ständer und Läufer aufnehmen. $\underline{\Theta}_1$
liegt stets in Richtung $\underline{I}_1$, $\underline{\Theta}_E$ eilt der ideellen Polradspannung 90° nach.

Die Addition der beiden Drehdurchflutungen ist in Bild 6.18 für den Fall des Generatorbetriebs der Synchronmaschine vorgenommen. Als Ergebnis erhält man mit

$$\underline{\Theta}_\mu = \underline{\Theta}_E + \underline{\Theta}_1 \tag{6.1}$$

die im Luftspalt resultierend wirksame Magnetisierungsdurchflutung $\underline{\Theta}_\mu$. Sie ist für
den Drehfeldfluß Φ_h der belasteten Maschine maßgebend, der in der Ständerwicklung jetzt die Spannung U_q induziert.

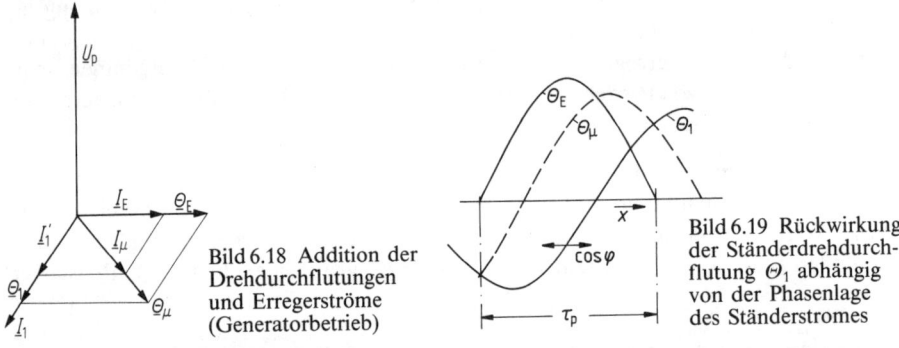

Bild 6.18 Addition der
Drehdurchflutungen
und Erregerströme
(Generatorbetrieb)

Bild 6.19 Rückwirkung
der Ständerdrehdurch-
flutung Θ_1 abhängig
von der Phasenlage
des Ständerstromes

Wie bei der Gleichstrommaschine wird also auch bei einer Synchronmaschine das
Luftspaltfeld durch den Belastungsstrom beeinflußt. Während aber dort die Lage der
rückwirkenden Ankerdurchflutung durch die Kohlebürsten räumlich fixiert wird, ist
die Zuordnung der Drehdurchflutung $\underline{\Theta}_1$ zu Θ_E vom Phasenwinkel des Ständerstromes abhängig (Bild 6.19). Je nach Betriebsweise der Synchronmaschine kann wie angedeutet, $\underline{\Theta}_1$ in Phase bis Gegenphase zu $\underline{\Theta}_E$ liegen.

Da man die Drehstromwicklung der Synchronmaschine, die ja den Belastungsstrom führt, häufig auch als Ankerwicklung bezeichnet (siehe VDE 0530, T.4), nennt man den Einfluß von $\underline{I}_1$ auf das resultierende Luftspaltfeld wieder Ankerrückwirkung.

Stromdiagramm. Anstelle der Addition der Drehdurchflutungen kann man auch direkt die Stromzeiger zusammensetzen, wenn man den Ständerstrom $\underline{I}_1$ in einen äquivalenten Erregerstrom $\underline{I}'_1$ umformt, ihn also auf die Erregerseite bezieht. Man erhält so den resultierend wirksamen Magnetisierungsstrom $\underline{I}_\mu$, mit dem aus der Leerlaufkennlinie $U_q = \mathrm{f}(I_E)$ direkt die induzierte Ständerstrangspannung U_q entnommen werden kann.

Für die Ständerdrehdurchflutung gilt nach Gl.(4.23)

$$\underline{\Theta}_1 = \frac{2\sqrt{2}}{\pi} \cdot m \cdot \frac{N_1 \cdot k_{w1}}{p} \cdot \underline{I}_1 \tag{6.2}$$

Für die Grundwelle der Treppendurchflutung der Erregerwicklung erhält man analog zu Gl.(4.18)

$$\underline{\Theta}_E = \frac{4}{\pi} \cdot \frac{N_E \cdot k_{wE}}{p} \cdot \underline{I}_E \tag{6.3}$$

Dabei stellt I_E bereits den Maximalwert des Stromes und N_E die gesamte Erregerwindungszahl dar. Setzt man die Gleichungen (6.2) und (6.3) in die Beziehung $\underline{\Theta}_\mu = \underline{\Theta}_E + \underline{\Theta}_1$ ein, so erhält man die Stromgleichung über

$$\underline{\Theta}_\mu = \frac{4}{\pi} \cdot \frac{N_E \cdot k_{wE}}{p} \cdot \underline{I}_E + \frac{2\sqrt{2}}{\pi} \cdot m \cdot \frac{N_1 \cdot k_{w1}}{p} \cdot \underline{I}_1$$

und $$\underline{I}_\mu = \underline{I}_E + \frac{m \cdot N_1 \cdot k_{w1}}{\sqrt{2}\, N_E \cdot k_{wE}} \cdot \underline{I}_1$$

zu $$\underline{I}_\mu = \underline{I}_E + \underline{I}'_1 \tag{6.4}$$

Die Umrechnung des Ständerstromes mit $\underline{I}'_1 = g \cdot \underline{I}_1$ auf die Erregerseite erfolgt über den Faktor

$$g = \frac{m}{\sqrt{2}} \cdot \frac{N_1 \cdot k_{w1}}{N_E \cdot k_{wE}} \tag{6.5}$$

Die Durchflutungen nach Gleichung (6.1) und die Erregerströme nach Gleichung (6.4) bilden im Zeigerdiagramm (Bild 6.18) ähnliche Dreiecke. Die induzierte Spannung in der Ständerwicklung der Maschine ändert sich infolge der Ankerrückwirkung vom Leerlaufwert $U_{q0} = U_p \sim \Theta_E \sim I_E$ auf $U_q \sim \Theta_\mu \sim I_\mu$ (Bild 6.20). Ohne Berücksichtigung der Sättigung sind sich auch das Spannungs- und das Erregerstromdreieck ähnlich.

Beispiel 6.1: Ein zweipoliger Turbogenerator mit dem Strangstrom $I_{1N} = 3900$ A, $\cos\varphi_N = 0{,}7$ ind. benötigt im Leerlauf zur Erzeugung der Bemessungsspannung den Leerlauferregerstrom $I_{E0} = 595$ A. Die Erregerwindungszahl beträgt $N_E = 136$ Wdg. bei $k_{wE} = 0{,}8$. Die Ständerwick-

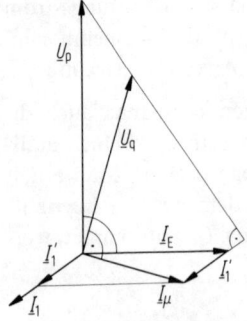

Bild 6.20
Zeigerdiagramm
der induzierten
Spannungen und
Erregerströme im
Generatorbetrieb

lung besitzt $Q_1 = 42$ Nuten mit jeweils zwei in Reihe geschalteten Stäben und eine Spulenweite von $W = 16$ Nuten. Unter Vernachlässigung der Sättigung und mit der Vereinfachung $U_1 = U_q$ ist der Erregerstrombedarf bei Belastung mit I_{1N} anzugeben.

Die Ständerwicklung besitzt

$$q_1 = \frac{Q_1}{2\,m\cdot p} = \frac{42}{2\cdot 3\cdot 1}$$

$q_1 = 7$ Nuten/Pol und Strang.

Für die Ständerwindungszahl ergibt dies

$$N_1 = z_Q \cdot p \cdot q_1 = 2\cdot 1\cdot 7 = 14 \text{ Wdg}.$$

Nach Tabelle 4.1 erhält man bei $q = 7$ etwa einen Zonenfaktor $k_{d1} = 0{,}957$. Da einer Polteilung eine Spulenweite von $Q_1/2p = 21$ entspricht, ist die Ständerwicklung nach Gleichung (4.8) um den Faktor

$$k_{p1} = \sin\frac{\pi}{2}\cdot\frac{W}{\tau_p} = \sin\frac{\pi}{2}\cdot\frac{16}{21} = 0{,}93$$

gesehnt. Für die Umrechnung des Ständerstromes in einen gleichwertigen Erregerstrom gilt nach Gleichung (6.5)

$$g = \frac{m}{\sqrt{2}}\cdot\frac{N_1\cdot k_{w1}}{N_E\cdot k_{wE}} = \frac{3\cdot 14\cdot 0{,}957\cdot 0{,}93}{\sqrt{2}\cdot 136\cdot 0{,}8} = 0{,}243$$

Damit wird $I'_{1N} = g\cdot I_{1N} = 0{,}243\cdot 3900 \text{ A} = 948 \text{ A}$.

Mit der getroffenen Vereinfachung schließen nach Bild 6.20 $\underline{I}'_1$ und die Richtung von $\underline{U}_q = \underline{U}_1$ den Phasenwinkel φ_N ein. Die Spitzen der Zeiger $\underline{I}'_1$ und $\underline{I}_\mu$ des Stromdreiecks bilden daher den Winkel $90° + \varphi_N$. Damit gilt nach dem cos-Satz

$$I_E^2 = I_\mu^2 + I_1'^2 - 2I_\mu\cdot I_1'\cdot\cos(90° + \varphi_N)$$
$$= I_\mu^2 + I_1'^2 + 2I_\mu\cdot I_1'\cdot\sin\varphi$$

Um die Spannung U_N zu erhalten, muß I_E so nachgestellt werden, daß $I_\mu = I_{E0}$ bleibt. Mit $\varphi_N = 45{,}5°$ gilt dann

$$I_E = \sqrt{595^2 + 948^2 + 2\cdot 595\cdot 948\cdot\sin 45{,}5°}\ \text{A}$$

$$I_E = 1435 \text{ A}$$

Aufgabe 6.1: Bei welchem Leistungsfaktor werden mit der Vereinfachung $U_q = U_N$ und ohne magnetische Sättigung mit obigem Generator bei halbem Bemessungsstrom die relativen Erregungen $I_E/I_{E0} = 1$ und 1,28 notwendig?

Ergebnis: $I_E/I_{E0} = 1$ bei $\cos\varphi = 0,917$ kap., $I_E/I_{E0} = 1,28$ bei $\cos\varphi = 1$

6.2.2 Zeigerdiagramm und Ersatzschaltung

Wie beim Asynchronmotor besteht auch bei der Synchronmaschine ein Unterschied zwischen der induzierten Spannung $\underline{U}_q$ und der Klemmenspannung $\underline{U}_1$ als Folge der Spannungsfälle an R_1 und $X_{1\sigma}$. Der Blindwiderstand $X_{1\sigma}$ erfaßt dabei wieder die Wirkung des gesamten Streuflusses, der von der Ständerdurchflutung erzeugt, jedoch nicht mit der Erregerwicklung verkettet ist.

Das komplette Zeigerdiagramm der Synchronmaschine für Generatorbetrieb ist in Bild 6.21 angegeben. Die in der Ständerwicklung induzierte Spannung unterscheidet sich um den Spannungsfall $\underline{I}_1 \cdot (R_1 + jX_{1\sigma})$ von der Klemmenspannung $\underline{U}_1$ und benötigt nach der Leerlaufkennlinie der Maschine (Bild 6.22) den Magnetisierungsstrom $\underline{I}_\mu$, der $\underline{U}_q$ 90° nacheilt. Um die Proportionalität zwischen dem Spannungs- und dem Stromdreieck zu erhalten, wird die Kennlinie $U_q = f(I_\mu)$ durch eine Gerade durch den Betriebspunkt ersetzt, so daß die magnetische Sättigung trotzdem richtig erfaßt ist.

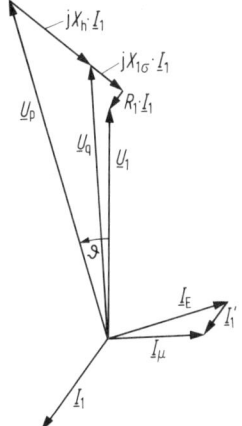

Bild 6.21 Vollständiges Zeigerdiagramm des Synchrongenerators bei ohmsch-induktiver Belastung

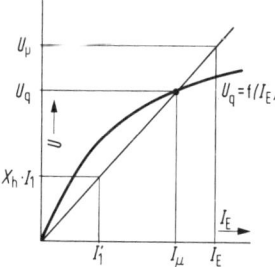

Bild 6.22 Im Betriebspunkt linearisierte Leerlaufkennlinie

Mit dem Umrechnungsfaktor g läßt sich der Strom $\underline{I}_1'$ und damit nach Gleichung (6.4) das gesamte Erregerdreieck angeben. Senkrecht zu $\underline{I}_E$ erhält man die sogenannte ideelle Polradspannung $\underline{U}_p$, die bei dieser Läufererregung nach der linearisierten Leerlaufkennlinie ohne Ankerrückwirkung, d.h. im Leerlauf vorhanden wäre. Zwischen den Zeigern $\underline{U}_p$ und $\underline{U}_q$ entsteht in der Verlängerung von $jX_{1\sigma} \cdot \underline{I}_1$ ein Spannungsfall $jX_h \cdot \underline{I}_1$, den man der Hauptreaktanz X_h der Ständerwicklung zuordnet.

Synchronreaktanz. Der Unterschied in der induzierten Spannung zwischen Leerlauf und Belastung ist die Folge der Ankerrückwirkung. Durch sie ist aus dem $\underline{I}_E$ proportionalen Leerlaufdrehfeld das durch die Größe von $\underline{I}_\mu$ bestimmte verbleibende Feld bei Belastung geworden. Entsprechend der veränderten resultierenden Drehfeldamplitude ändert sich auch die induzierte Spannung von $\underline{U}_p$ auf $\underline{U}_q$.

Dasselbe Ergebnis erhält man, wenn man nach der linearisierten Leerlaufkennlinie die Wirkung der Drehdurchflutungen von Läufer und Ständer, bzw. deren Drehfelder getrennt bestimmt und anschließend überlagert. Dann wird durch das Läuferfeld in der Ständerwicklung wie im Leerlauf die Spannung $\underline{U}_p$ induziert und durch das Ständerdrehfeld in der eigenen Wicklung der Wert $jX_h \cdot \underline{I}_1$. Diese Selbstinduktion ist dabei wie üblich durch den Spannungsfall an einem Blindwiderstand X_h erfaßt. Insgesamt bilden beide Teilspannungen den vorhandenen induzierten Wert $\underline{U}_q$. Man bezeichnet X_h als Hauptreaktanz der Ständerwicklung und zieht ihn mit der Streureaktanz nach $X_d = X_h + X_{1\sigma}$ zur Synchronreaktanz[1]) zusammen.

Ersatzschaltung. Über das Zeigerdiagramm läßt sich mit

$$\underline{U}_1 = \underline{U}_p + \underline{I}_1 \, (R_1 + j \, (X_h + X_{1\sigma})) \tag{6.6}$$

die Spannungsgleichung der Synchronmaschine für die Ständerseite angeben. Aus ihr kann man für den stationären Betrieb ein Ersatzschaltbild (Bild 6.23) aufstellen, das im Unterschied zur Asynchronmaschine nur die Ständerwicklung umfaßt. Die Läuferwicklung braucht nicht berücksichtigt zu werden, da die durch das Läuferdrehfeld ständerseitig hervorgerufene Spannung $\underline{U}_p$ in der Ersatzschaltung als Quellenspannung enthalten ist und das Ständerfeld wegen der fehlenden Relativbewegung in der Läuferwicklung ohne Wirkung bleibt. Der Unterschied zwischen der Polradspannung $\underline{U}_p$ und der Klemmenspannung $\underline{U}_1$ wird durch den Spannungsfall an den Reaktanzen X_h und $X_{1\sigma}$ und dem ohmschen Wicklungswiderstand R_1 dargestellt.

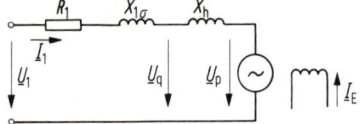

Bild 6.23 Ersatzschaltbild der Vollpolmaschine

6.2.3 Belastung der Synchronmaschine im Inselbetrieb

Spannungsänderung. Bei der Bestimmung des Betriebsverhaltens der belasteten Synchronmaschine soll zunächst angenommen werden, daß der Synchrongenerator allein das betreffende Netz speist, womit ein sogenannter Inselbetrieb vorliegt. Die Klemmenspannung wird sich dann je nach Größe und Phasenlage des Ständerstromes bei konstant eingestellter Läufererregung ändern. Der Verlauf der sich damit ergebenden

---

[1]) Auf die Unterscheidung von un- und gesättigten X_d-Werten wird erst später eingegangen.

Belastungskennlinie $U_1 = f(I_1)$ läßt sich über das Ersatzschaltbild des Generators berechnen, wobei man üblicherweise den vor allem bei größeren Maschinen relativ sehr kleinen Ständerwiderstand R_1 vernachlässigt. Bei unveränderter Erregung und damit fester Polradspannung $\underline{U}_p$ ergibt sich die Klemmenspannung $\underline{U}_1$ bei konstantem Ständerstrom und beliebigem Leistungsfaktor über eine Ortskurve, die aus einem Kreis mit dem Radius $X_d \cdot I_1$ um die Spitze von $\underline{U}_p$ besteht (Bild 6.24).

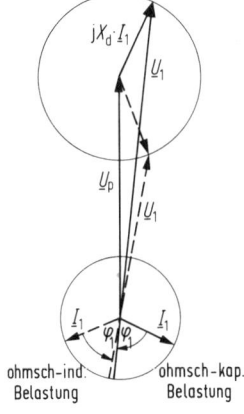

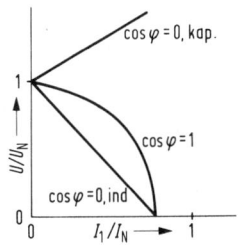

Bild 6.25 Belastungskennlinien im Inselbetrieb bei I_E = konstant

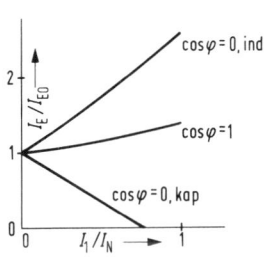

ohmsch-ind. | ohmsch-kap.
Belastung | Belastung

Bild 6.24 Ortskurve der Klemmenspannung im Inselbetrieb für I_E und I_1 = konstant und beliebigem Leistungsfaktor

Wie beim Transformator sinkt die verfügbare Klemmenspannung bei induktivem Strom unter den Leerlaufwert und liegt bei kapazitiver Belastung darüber. Wird die Erregung nicht nachgestellt, so erhält man die in Bild 6.25 angegebenen Belastungskennlinien. Um dem Verbraucher eine konstante Spannung zur Verfügung zu stellen, muß man die Erregung bei induktiver Last somit wesentlich verstärken, während sie bei kapazitivem Strom verringert werden kann (Bild 6.26).

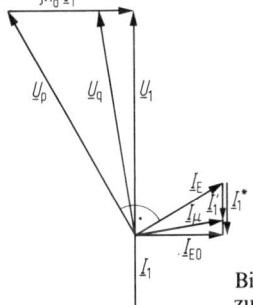

Bild 6.26 Regulierkennlinien im Inselbetrieb für konstante Klemmenspannung

Bild 6.27 Zeigerdiagramm zu Beispiel 6.2

Beispiel 6.2: Ein Drehstrom-Synchrongenerator in Sternschaltung für $U_N = 380\,\text{V}$, $I_{1N} = 100\,\text{A}$ und mit $X_d = 2,02\,\text{Ohm}$ hat eine Leerlauferregung von $I_{E0} = 2,2\,\text{A}$. Ohne Berücksichtigung der Sättigung und mit $R_1 = 0$ sind bei Leerlauferregung und reiner Wirkbelastung die Spannungskurve $U_1 = f(I_1)$ und die Regulierkennlinie $I_E = f(I_1)$ anzugeben.

Nach Bild 6.27 ist bei $\cos\varphi = 1$ der Effektivwert der Strangspannung $U_1 = \sqrt{U_p{}^2 - (X_d \cdot I_1)^2}$ und man erhält bei $U_p = 220\,\text{V}$ folgende Tabelle für die Spannung U_L zwischen zwei Klemmen:

I_1	$= 0$	25	50	75	100 A
$X_d \cdot I_1$	$= 0$	50,5	101	151,5	202 V
$U_L = \sqrt{3} \cdot U_1$	$= 380$	370	337	275	148 V

Bei reiner Wirkbelastung steht nach Bild 6.27 $\underline{I}_1'$ senkrecht auf $\underline{I}_{E0}$, womit der Erregerstrom $I_E = \sqrt{I_{E0}{}^2 + I_1^{*2}}$ wird. Ohne Sättigung gilt ferner die Proportion

$$\frac{I_1^*}{I_{E0}} = \frac{X_d \cdot I_1}{U_{NStr}}$$

und damit

$$I_E = I_{E0} \cdot \sqrt{1 + \left(\frac{X_d \cdot I_1}{U_{NStr}}\right)^2}$$

Man erhält daraus die Regulierkennlinie entsprechend der Tabelle

I_1	$= 0$	25	50	75	100 A
I_E / I_{E0}	$= 1$	1,03	1,1	1,21	1,36

Aufgabe 6.2: Es ist die Erregerleistung eines Turbogenerators mit den Daten $S_N = 214\,\text{MVA}$, $U_N = 10,5\,\text{kV}$ Leiterspannung, $I_N = 11,77\,\text{kA}$, $\cos\varphi = 0,7$ ind., $X_d = 0,93\,\text{Ohm}$ abzuschätzen, wenn im Leerlauf bei betriebswarmer Wicklung $R_E = 0,15\,\text{Ohm}$ und $I_{E0} = 820\,\text{A}$ gemessen werden? Ergebnis: $P_{EN} = 690\,\text{kW}$

Dauerkurzschluß. Erregt man den ständerseitig dreipolig kurzgeschlossenen Synchrongenerator, so wird mit $R_1 \ll X_d$ der Strom allein durch die eigene Synchronreaktanz begrenzt. Der Generator mit der Quellenspannung $\underline{U}_p$ ist durch den Blindwiderstand X_d belastet. Im Zeigerdiagramm (Bild 6.28) erscheinen nur noch phasengleiche Spannungen in der reellen und Ströme in der imaginären Achse. Der Ständerstrom erreicht einen Wert, bei dem seine Ankerrückwirkung das Hauptfeld bis auf den kleinen Betrag aufhebt, der zur Erzeugung des inneren Spannungsfalls $\underline{U}_q = -jX_{1\sigma} \cdot \underline{I}_k$ erforderlich ist.

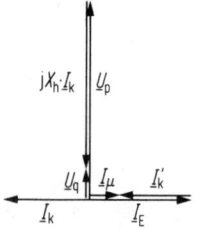

Bild 6.28 Zeigerdiagramm für Dauerkurzschluß

Die Kennlinien des Generators für Leerlauf und Kurzschluß lassen sich in einem Diagramm (Bild 6.29) zusammenfassen. Um mit relativen Werten arbeiten zu können, bezieht man dabei alle Größen auf charakteristische Daten und definiert

$$u_q = \frac{U_q}{U_N}, \quad i_k = \frac{I_k}{I_N}, \quad i_E = \frac{I_E}{I_{E0}}$$

Da das U_q proportionale Hauptfeld nur klein ist, besteht im Kurzschluß keine magnetische Sättigung und der Verlauf $i_k = f(i_E)$ ist eine Gerade. Ist nach Gl. (6.5) der Umrechnungsfaktor g bekannt, so läßt sich die Aufteilung der eingestellten Kurzschlußerregung i_{Ek} in Ankerrückwirkung $i'_k = g \cdot i_k$ und den verbleibenden Magnetisierungsstrom i_μ vornehmen.

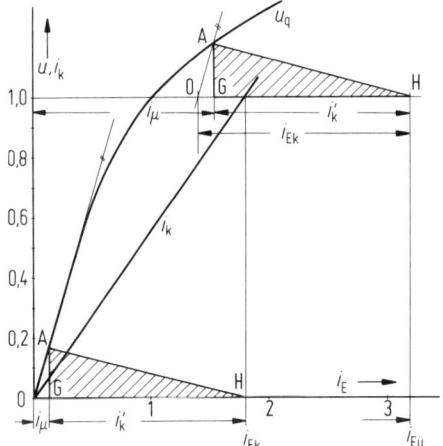

Bild 6.29 Bestimmung des Potier-Dreiecks

Potier-Dreieck. In Bild 6.29 entsteht ein Dreieck, dessen Katheten durch i'_k und die relative Spannung $u_x = \overline{GA}$ gebildet werden und das die Bezeichnung Potierdreieck trägt. Die Spannung $U_x = u_x \cdot U_N$ wird als Spannungsfall an einer Potierreaktanz X_p definiert, wobei näherungsweise $X_p \approx X_{1\sigma}$ gilt. Man bestimmt diesen Wert über einem Belastungsversuch bei $\cos \varphi = 0$ nach Bild 6.29 und benötigt ihn zur Berechnung des Bemessungserregerstromes.

Für eine Belastung mit U_N und I_N bei $\cos \varphi = 0$ ind. wird die Erregung $i_{Eü}$ erforderlich und eingestellt. Die hier zum Ausgleich der Ankerrückwirkung benötigte Erregung i'_k ist aber dieselbe wie beim Kurzschlußversuch mit $i_k = i_N$. Das Potierdreieck AGH ist demnach nur entlang der Leerlaufkennlinie $u_q = f(i_E)$ bis $u_q = 1$ verschoben. Der Schnittpunkt der Anfangstangente OA mit der Leerlaufkennlinie ergibt die Strecke $GA = u_x$. Über $X_p = u_x \cdot U_N / I_N$ liegt dann auch die Potierreaktanz fest.

Erregerstrom. Zur Bestimmung des Erregerstromes im Bemessungsbetrieb werden in VDE 0530, T.4 mehrere Verfahren angegeben, von denen eines die Potier-Reaktanz verwendet. Es entspricht dem in Bild 6.30b) enthaltenen Diagramm, während a) die Zuordnung der Größen im üblichen Zeigerbild darstellt. Die praktische Anwendung des Verfahrens ist in Beispiel 6.3 enthalten.

Beispiel 6.3: Von einem zweipoligen Drehstrom-Turbogenerator für $S_N = 214\,\text{MVA}$, $U_N = 10,5\,\text{kV}$, 50 Hz in Sternschaltung, Leerlauferregerstrom $I_{E0} = 765\,\text{A}$ sind die angegebenen Werte des Leerlauf- und Kurzschlußdiagramms mit $u = U_q / U_N$, $i_E = I_E / I_{E0}$, $i_k = I_k / I_N$ gegeben:

$i_E =$ 0,2	0,45	0,75	1,0	1,2	1,4	1,6	1,8
$u =$ 0,28	0,60	0,86	1,0	1,08	1,15	1,2	1,25
$i_k =$	0,25	linear bis					1,0

Aus einem Übererregungsversuch mit $\cos\varphi = 0$ bei der Spannung U_N wurde mit $I_{Eü} = 3{,}2 \cdot I_{E0}$ der Erregerstrom für den Ständerstrom I_N bestimmt.
In einem grafischen Verfahren sind:

a) die Potierreaktanz $X_p \approx X_{1\sigma}$
b) der Erregerstrom der Maschine für I_N und $\cos\varphi_N = 0{,}8$ induktiv zu bestimmen.

Lösung: a) Die bei den Betriebswerten U_N, I_N und $\cos\varphi = 0$ zum Ausgleich der Ankerrückwirkung erforderliche Erregung i'_k ist dieselbe wie im Kurzschlußversuch mit $I_k = I_N$. Das sogenannte Potierdreieck AGH in Bild (6.29) wird nur entlang der Leerlaufkennlinie bis $u=1$ verschoben.
Es sind bekannt:
$\overline{1H} = i_{Eü} = I_{Eü}/I_{E0} = 3{,}2$
$\overline{HO} = i_{Ek} = 1{,}8$ als Erregerstrom für $I_k = I_N$, d.h. $i_k = 1$.
$\overline{OA} =$ Anfangstangente.
Der Schnittpunkt von $\overline{OA}$ mit der Leerlaufkennlinie ergibt den Punkt A und damit $\overline{GA} = x_p$.
$i_N = 0{,}19$.
Mit der Impedanz $\quad Z_N = \dfrac{U_N}{\sqrt{3} \cdot I_N} = \dfrac{U_N^2}{S_N} = \dfrac{10{,}5^2 \cdot 10^6\,\text{V}^2}{214\,\text{MVA}} = 0{,}515\,\Omega$
wird $X_p = 0{,}19 \cdot 0{,}515\,\Omega = 0{,}098\,\Omega$

b) Der Erregerstrom i_{EN} setzt sich aus den Anteilen i_μ für die erforderliche induzierte Spannung u_q und dem Wert i'_N zur Kompensation der Ankerrückwirkung zusammen.
Konstruktion des Diagramms in Bild 6.30
$\overline{OB} = u_N = 1$
$\overline{BC} = u_x = i_N \cdot x_p = 1 \cdot 0{,}19$ – Streuspannung phasenrichtig addiert ergibt die Quellenspannung
$\overline{OC} = u_q$ – dazu ist der Magnetisierungsstrom
$\overline{DE} = \overline{OG} = i_\mu$ erforderlich.
$\overline{GH} = i'_N$ – Ankerrückwirkung des Bemessungsstromes, aus $\overline{GH}$ in Bild 6.29, da dort $i_k = i_N$.
$\overline{OH} = i_{EN} = i_\mu + i'_N$ – Erregerstrom.

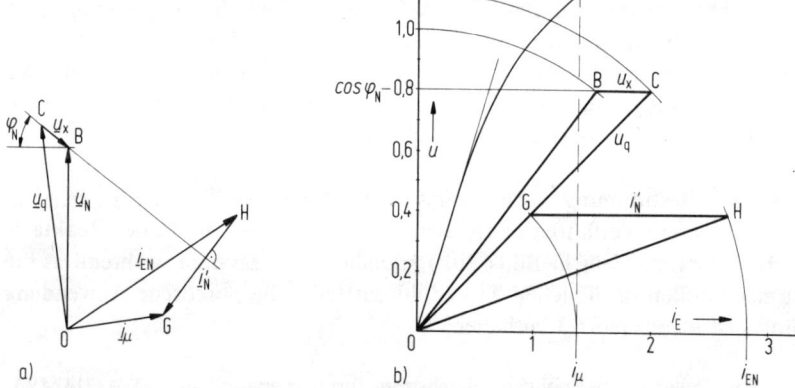

Bild 6.30 Bestimmung des Bemessungserregerstromes
a) Zeigerdiagramm der Erregerströme,   b) Konstruktion des Erregerstromes I_{EN}

Zur Verdeutlichung der Konstruktion ist im selben Diagramm links zusätzlich das übliche Zeigerbild angegeben. Die Dreiecke OBC und OGH sind in beiden Bildern jeweils gleich. Es ergibt sich $i_{EN} = 2{,}75$, d.h. $I_{EN} = i_{EN} \cdot I_{E0} = 2{,}75 \cdot 765\,\text{A} = 2104\,\text{A}$.

Leerlauf-Kurzschlußverhältnis. Wird der Generator aus dem Leerlauf heraus bei der Spannung U_N kurzgeschlossen, so fließt nach dem Ausgleichsvorgang der Kurzschlußstrom I_{k0}. Bezieht man diesen Wert auf den Bemessungsstrom, so erhält man das Leerlauf-Kurzschlußverhältnis

$$k_k = \frac{I_{k0}}{I_N} \tag{6.7}$$

das eine wichtige Maschinenkenngröße darstellt. Für den Wert des Kurzschlußstromes bei Leerlauferregung gilt nach dem Ersatzschaltbild (X_{dges}-gesättigter Wert)

$$I_{k0} = \frac{U_N}{X_{dges}} \tag{6.8}$$

Definiert man für die Maschine eine Betriebsimpedanz $Z_N = (U_N/I_N)_{Str}$, so erhält man für das Leerlauf-Kurzschlußverhältnis

$$k_k = \frac{I_{k0}}{I_N} = \frac{U_N/X_{dges}}{U_N/Z_N} = \frac{1}{X_{dges}/Z_N}$$

$$k_k = \frac{1}{x_{dges}} \tag{6.9}$$

Dabei ist x_d die auf die Betriebsimpedanz der Maschine bezogene Synchronreaktanz. Man bezeichnet diese oft angewandte allgemeingültigere Darstellung eines Wertes in relativen Größen als „per unit"-System.

Das Leerlauf-Kurzschlußverhältnis liegt bei Turbogeneratoren im Bereich 0,4 bis 0,65. Beim Kurzschluß eines mit der Spannung U_N leerlaufenden Synchrongenerators erreicht der Dauerkurzschlußstrom im Ständer somit nicht einmal den Wert von I_N.

Einfluß der Sättigung. Die Sättigung des magnetischen Kreises ist bei der Konstruktion des Zeigerdiagramms der Synchronmaschine dadurch berücksichtigt, daß die Leerlaufkennlinie durch eine Gerade im Betriebspunkt P_N (Bild 6.31) ersetzt wird. Durch die Neigung der Kennlinie $U_q = f(I_E)$ ist zur Erzeugung der Bemessungsspannung im Leerlauf anstelle I_{E0}^* der Leerlauferregerstrom I_{E0} erforderlich. Entsprechend steigt der Leerlauf-Kurzschlußstrom von I_{k0}^* auf I_{k0}.

Für die Ständerwicklung der Synchronmaschine lassen sich damit zwei Synchronreaktanzen definieren.

Der gesättigte Wert ist

$$X_{dges} = \frac{U_N}{I_{k0}} \tag{6.8}$$

und der ungesättigte Wert

$$X_\mathrm{d} = \frac{U_\mathrm{N}}{I_{k0}^*} \tag{6.10}$$

Im Folgenden wird, ohne dies durch einen Index besonders hervorzuheben, in den einzelnen Beispielen stets mit dem gesättigten Wert gerechnet, d.h. die Spannungskennlinie durch die Gerade im Betriebspunkt ersetzt.

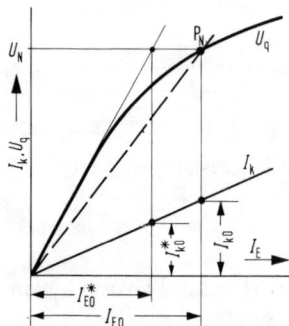

Bild 6.31 Zur Definition der ungesättigten und gesättigten Synchronreaktanz

Beispiel 6.4: Ein Turbogenerator mit $I_{1N} = 3900$ A, $I_{E0} = 595$ A besitzt das Leerlauf-Kurzschlußverhältnis $k_k = 0{,}55$ und eine Leerlaufkennlinie mit der Steigung $U_q / I_E = 14{,}1$ V/A. Der Umrechnungsfaktor ist $g = 0{,}257$. Über das Potier-Dreieck bei Dauerkurzschluß aus dem Leerlauf heraus ist bei $R_1 = 0$ der Wert der Ständer-Streureaktanz $X_{1\sigma}$ abzuschätzen.

Aus dem Leerlauf-Kurzschlußverhältnis erhält man den Dauerkurzschlußstrom zu

$$I_{k0} = k_k \cdot I_N = 0{,}55 \cdot 3900 \text{ A} = 2145 \text{ A}$$

Dies entspricht einer Ankerrückwirkung von

$$I'_{k0} = g \cdot I_{k0} = 0{,}257 \cdot 2145 \text{ A} = 551 \text{ A}$$

Zum Aufbau des Restfeldes steht nach Bild 6.29 der Strom

$$I_\mu = I_{E0} - I'_{k0} = 595 \text{ A} - 551 \text{ A} = 44 \text{ A}$$

zur Verfügung. Entsprechend der Steigung der Leerlaufkennlinie ergibt dies eine Spannung von

$$U_q = 14{,}1 \frac{\text{V}}{\text{A}} \cdot 44 \text{ A} = 620 \text{ V}$$

Diese tritt als Spannungsfall des Kurzschlußstromes I_{k0} an der Ständerstreureaktanz $X_{1\sigma}$ auf. Es ist damit

$$X_{1\sigma} = \frac{U_q}{I_{k0}} = \frac{620 \text{ V}}{2145 \text{ A}} = 0{,}289 \ \Omega$$

Aufgabe 6.3: Bei welcher Erregung I_E/I_{E0} fließt der Bemessungsstrom bei obigem Generator als Dauerkurzschlußstrom?
Ergebnis: $I_E/I_{E0} = 1{,}82$

Aufgabe 6.4: Wie groß ist das Leerlauf-Kurzschlußverhältnis eines Turbogenerators mit $I_{1N} = 5{,}5$ kA, $g = 0{,}174$, $I_{E0} = 550$ A, wenn im dreipoligen Dauerkurzschluß das Drehfeld durch die Ankerrückwirkung nur noch 6% des Leerlaufwertes beträgt?
Ergebnis: $k_k = 0{,}54$

Zwei- und einpoliger Dauerkurzschluß. Bei einem zwei- oder einpoligen Kurzschluß (Bild 6.32) kann der Ständer kein Drehfeld, sondern nur ein Wechselfeld aufbauen. Zerlegt man dies in zwei gegensinnig rotierende Teildrehfelder, so verhält sich das mitlaufende wie im symmetrischen dreipoligen Kurzschluß. Das inverse Feld dagegen rotiert mit doppelter synchroner Drehzahl über den Läufer hinweg und induziert in der Erregerwicklung eine Spannung zweifacher Netzfrequenz. Daneben entstehen in den Massivteilen des Läufers Wirbelströme, die zusätzliche Verluste und unter Umständen starke Erwärmungen hervorrufen.

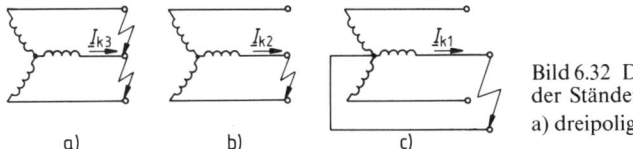

Bild 6.32 Dauerkurzschluß
der Ständerwicklung
a) dreipolig, b) zweipolig, c) einpolig

Der Ständerstrom ist bei zwei- oder einpoligem Kurzschluß größer als im symmetrischen Fall. Sein Wert läßt sich abschätzen, wenn man vereinfacht annimmt, daß durch die Rückwirkung der mitlaufenden Ständerdrehdurchflutung die Läufererregung voll kompensiert wird. Bei gegebener Erregung muß dann bei allen drei Kurzschlußarten mit

$$(\Theta_1)_{3\,\text{pol}} = (\Theta_1)_{2\,\text{pol}} = (\Theta_1)_{1\,\text{pol}}$$

die gleiche mitlaufende Ständerdrehdurchflutung entstehen. Nach Gleichung (6.2) ist die Amplitude der Drehdurchflutung

$$\Theta_1 = \frac{2 \cdot \sqrt{2}}{\pi} \cdot m \cdot \frac{N_1 \cdot k_{w1}}{p} \cdot I_1$$

wobei für die einzelnen Fälle folgende Daten einzusetzen sind.

Dreipoliger Kurzschluß: $\quad m = 3,\ N_1,\ k_{w1}$

Zweipoliger Kurzschluß: $\quad m = 1,\ 2N_1,\ k_{w1} \cdot \dfrac{\sqrt{3}}{2}$

Einpoliger Kurzschluß: $\quad m = 1,\ N_1,\ k_{w1}.$

Im zweipoligen Kurzschluß werden zwei Stränge zusammengefaßt und die räumliche 120° Verschiebung durch eine Sehnung von $\varepsilon = 60°$ berücksichtigt. Setzt man die obigen Werte in die gleichgesetzten Drehdurchflutungen ein, so erhält man für die erforderlichen Kurzschlußströme der im Leerlauf auf U_N erregten Maschine

$$3I_{k3\,\text{pol}} - \sqrt{3} \cdot I_{k2\,\text{pol}} - I_{k1\,\text{pol}}$$

In Wirklichkeit wird dies Verhältnis nicht ganz erreicht, da auch die Streureaktanzen und der Einfluß des gegenläufigen Ständerfeldes zu berücksichtigen sind. Dadurch ergeben sich für genauere Berechnungen folgende Beziehungen für die Dauerkurzschlußströme aus dem Leerlauf mit U_N heraus.

Dreipoliger Kurzschluß $\quad I_{k3} = \dfrac{U_N}{X_d}$ (6.11 a)

Zweipoliger Kurzschluß $\quad I_{k2} = \dfrac{\sqrt{3} \cdot U_N}{X_d + X_2}$ (6.11 b)

Einpoliger Kurzschluß $\quad I_{k1} = \dfrac{3 U_N}{X_d + X_2 + X_0}$ (6.11 c)

X_2 und X_0 stellen die für das gegenläufige, bzw. das Nullsystem der Symmetrischen Komponenten des Ständerfeldes wirksamen Blindwiderstände dar (Werte s. Tafel 6.1).

Aufgabe 6.5: Für einen zweipoligen Turbogenerator ist mit den jeweils mittleren Werten nach Tafel 6.1 das Verhältnis der Ständerströme im drei-, zwei- und einpoligen Dauerkurzschluß bei Leerlauferregung anzugeben.

Ergebnis: $I_{k3} : I_{k2} : I_{k1} = 1 : 1,61 : 2,7$

6.2.4 Die Synchronmaschine im Netzbetrieb

Betriebsarten. Wird eine Synchronmaschine auf das Verbundnetz geschaltet, so sind für sie Klemmenspannung und Frequenz fest vorgegeben. Dieser Fall liegt praktisch immer im Kraftwerkseinsatz vor, sowie bei Synchronmotoren ohne Drehzahlsteuerung mit Umrichtern und führt zu einem wesentlich veränderten Betriebsverhalten.

Die möglichen Betriebsarten lassen sich leicht über das vereinfachte Ersatzschaltbild (Bild 6.33) darstellen. Der Ständerstrom errechnet sich hierbei aus der Spannungsgleichung zu

$$\underline{I}_1 = -j\frac{\underline{U}_1 - \underline{U}_p}{X_d} = -j\frac{\Delta \underline{U}}{X_d}$$

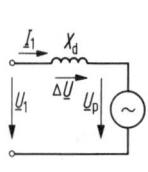
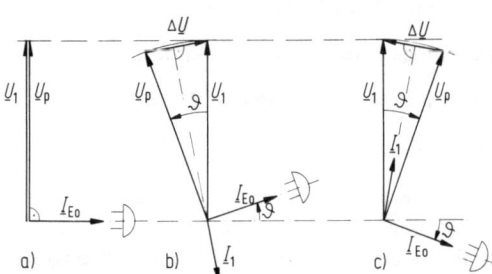

Bild 6.33 Vereinfachtes
Ersatzschaltbild mit $R_1 = 0$

Bild 6.34 Diagramme der Synchronmaschine im Netzbereich
a) Leerlauf,   b) Generatorbetrieb,   c) Motorbetrieb

a) Leerlauf. Wird die ideelle Polradspannung nach Größe und Phase gleich der Netzspannung eingestellt (Bild 6.34a), so ist mit $\Delta \underline{U} = 0$ auch $\underline{I}_1 = 0$ und die Maschine arbeitet im Leerlauf. Im Zeigerdiagramm eilt der Zeiger $\underline{I}_{E0}$, der nach Abschnitt 6.2.1 auch die Erregerfeldachse festlegt, der Netzspannung $\underline{U}_1$ um 90° nach.

b) Generatorbetrieb. Leitet man an der Welle einer Synchronmaschine über ihren Antrieb ein Drehmoment ein, so will der Läufer beschleunigen. Dies beginnt mit einem Herausdrehen der in Bild 6.34 durch den Zeiger $\underline{I}_E$ und einen Pol gekennzeichneten Erregerfeldachse aus der Leerlaufstellung um den sogenannten Polradwinkel ϑ. Als Folge entsteht eine entsprechende zeitliche Phasenverschiebung zwischen der jetzt gegenüber $\underline{U}_1$ um den Winkel ϑ voreilenden ideellen Polradspannung $\underline{U}_p$. Es bildet sich die Differenzspannung $\Delta\underline{U}$ aus, die einen ihr $90°$ nacheilenden Ständerstrom hervorruft. Nach dem VPS ist $\underline{I}_1$ fast reiner Generatorwirkstrom, d.h. die Synchronmaschine gibt elektrische Energie an das Netz ab. Die Größe des Polradwinkels ϑ stellt sich so ein, daß Gleichgewicht zwischen der zugeführten mechanischen Wellenleistung und der elektrisch abgegebenen Netzleistung besteht. Die synchrone Drehzahl bleibt erhalten, wobei sich im Unterschied zum Leerlauf nur der Zeiger $\underline{U}_p$ und die Läuferachse um den Winkel ϑ in Drehrichtung verschoben haben.

c) Motorbetrieb. Wird die leerlaufende Synchronmaschine mechanisch an der Welle belastet, so will der Läufer seine Drehzahl verringern. Sobald jedoch eine nacheilende Winkelabweichung der Polradspannung auftritt (Bild 6.34c), kann infolge der Spannung $\Delta\underline{U}$ wieder ein Ständerstrom fließen. Dieser ist fast in Phase mit $\underline{U}_1$, d.h. die Maschine nimmt elektrische Energie aus dem Netz auf. Sie entwickelt ein Motormoment, das der geforderten Last das Gleichgewicht hält. Auch hier bleibt die synchrone Drehzahl erhalten und es entsteht nur eine Winkelnacheilung der Läuferachse.

Die elastische Kupplung des Läufers an den Zeiger der Netzspannung läßt sich durch eine Federverbindung zwischen den Zeigern $\underline{U}_1$ und $\underline{U}_p$ (Bild 6.35) veranschaulichen. $\underline{U}_1$ rotiert unbeeinflußt durch das Verhalten der Maschine mit der durch das Netz vorgegebenen Kreisfrequenz ω. Der Zeiger $\underline{U}_p$ wird dann je nach der eingestellten Last mehr oder weniger zurückbleiben, so daß die dem Motormoment entsprechende Federkraft der Belastung das Gleichgewicht halten kann. Beide Zeiger laufen bis auf die lastabhängige Winkelabweichung synchron.

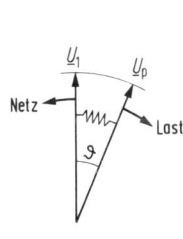

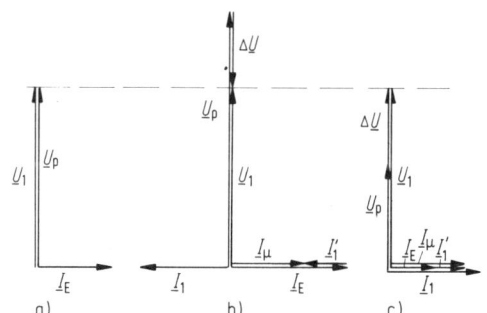

a)   b)   c)

Bild 6.35 Federverbindung
zur Darstellung der
elastischen Kupplung zwischen
Ständerdrehfeld und Polrad

Bild 6.36 Blindlastbetrieb der Synchronmaschine am Netz
a) Leerlauf
b) Übererregung mit Abgabe induktiver Blindleistung
c) Untererregung mit Aufnahme induktiver Blindleistung

d) Über- und Untererregung. In dem dargestellten Generator- wie Motorbetrieb wurde die Leerlauferregung beibehalten und nur durch Antrieb oder Belastung an der Welle eingegriffen. Bleibt die Maschine dagegen mechanisch im Leerlauf und wird dafür der Erregerstrom I_E verstellt, so ändert sich die Polradspannung nicht in ihrer Phase, sondern der Amplitude (Bild 6.36). Sowohl bei verstärkter wie verminderter Erregung liegt $\Delta \underline{U}$ in Richtung der Netzspannung, womit ein reiner Blindstrom auftritt. Bei Übererregung fließt ein kapazitiver Strom, der die Läuferdurchflutung soweit abbaut, wie es zur Erzeugung eines resultierenden der Netzspannung proportionalen Feldes erforderlich ist. Bei Untererregung verstärkt ein induktiver Blindstrom die zu schwache Läuferdurchflutung. Hier muß die Synchronmaschine wie der Asynchronmotor ihre Magnetisierungs-Blindleistung zumindest teilweise aus dem Netz beziehen.

Wirk- und Blindlaststeuerung. Aus den obigen Ergebnissen lassen sich folgende Regeln ableiten:

Eine leerlaufende Synchronmaschine geht in den Generatorbetrieb über, d. h. sie gibt elektrische Energie ab, wenn man ihrer Welle ein erhöhtes Antriebsmoment zuführt. Wird sie dagegen mechanisch belastet, so bezieht sie als Motor eine entsprechende Energie aus dem Netz.

Ändert man dagegen die Erregung einer leerlaufenden Synchronmaschine, so läßt sich nur die Blindleistungsbilanz beeinflussen. Bei Übererregung gibt die Ständerwicklung induktiven Blindstrom ab und wirkt damit wie ein Kondensator. Bei Untererregung verhält sich die Maschine durch induktive Stromaufnahme wie eine Drosselspule. In beiden Fällen spricht man von einem Phasenschieberbetrieb.

In der Praxis werden beide Steuerverfahren gleichzeitig angewandt. So betreibt man Drehstromgeneratoren in Kraftwerken praktisch immer übererregt, um so den Blindstrombedarf des Netzes zu decken. Aber auch Synchronmotoren im Netzbetrieb können neben ihrer Antriebsaufgabe durch Übererregung Blindleistung abgeben. Auf diese Weise kann der Leistungsfaktor einer Anlage nach außen verbessert werden.

Betriebsdiagramme. In Bild 6.37 sind noch einmal die Zeigerdiagramme der Vollpolmaschine für Motor- und Generatorbetrieb bei Unter- und Übererregung zusammengestellt. Der ohmsche Spannungsverlust $I_1 \cdot R_1$ ist vernachlässigt und der induktive zu $jX_d \cdot I_1$ zusammengefaßt. Der Endpunkt des Zeigers $\underline{U}_q$ ergibt sich aus der Aufteilung der Synchronreaktanz X_d nach der Beziehung $X_d = \overline{X}_h + X_{1\sigma}$.

Da die Synchronmaschine im Gegensatz zur Asynchronmaschine auch Blindstrom abgeben kann, erreicht der Stromzeiger $\underline{I}_1$ jede Lage im Koordinatensystem. Es entsteht der in Bild 6.37 dargestellte Vierquadrantenbetrieb. Motor- und Generatorzustand definieren die Lage des Wirkstromes, Unter- oder Übererregung die Lage des Blindstromanteils.

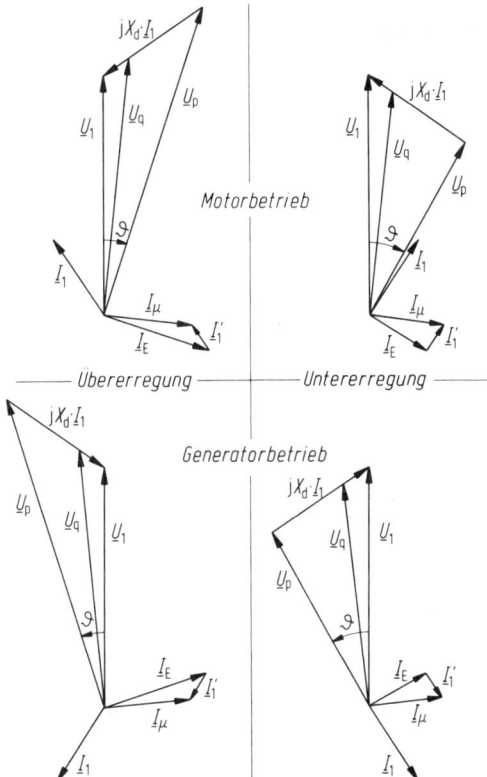

Bild 6.37 Vierquadrantenbetrieb
der Synchronmaschine am Netz

Stromortskurve. Bei vernachlässigtem ohmschen Widerstand R_1 erhält man aus der Ersatzschaltung nach Bild 6.33 die Spannungsgleichung

$$\underline{U}_1 = \underline{U}_\mathrm{p} + \mathrm{j}X_\mathrm{d} \cdot \underline{I}_1$$

und daraus für den Strom der Maschine

$$\underline{I}_1 = -\mathrm{j}\frac{\underline{U}_1}{X_\mathrm{d}} + \mathrm{j}\frac{\underline{U}_\mathrm{p}}{X_\mathrm{d}} \tag{6.12}$$

Legt man den Zeiger $\underline{U}_1$ in die reelle senkrechte Achse, so erhält man aus Gleichung (6.12) als Ortskurve des Ständerstromes ein Kreis des Radius $\underline{U}_\mathrm{p}/X_\mathrm{d}$ um die Spitze des Zeigers $-\mathrm{j}\underline{U}_1/X_\mathrm{d}$ (Bild 6.38). Je nach Erregerstrom I_E ergibt dies wegen $U_\mathrm{p} \sim I_\mathrm{E}$ einen anderen Durchmesser, so daß eine Synchronmaschine eine Schar von konzentrischen Kreisen als Stromortkurven besitzt. Der Kreis für $U_\mathrm{p} = U_1$ geht durch den Koordinaten-Ursprung, da hier die im Leerlauf für das erforderliche Hauptfeld richtige Erregung eingestellt ist, womit kein Blindstrom zum Ausgleich benötigt wird. Für

$U_p < U_1$ besteht stets Untererregung mit Bezug von Blindstrom, während bei $U_p > U_1$ und nicht zu großer Wirklast Blindstrom abgegeben wird.

Entlang eines Kreises ist der Stromzeiger $\underline{I}_1$ durch den Polradwinkel ϑ festgelegt, der wie zwischen den Spannungen $\underline{U}_1$ und $\underline{U}_p$ auch zwischen den Stromkomponenten der Gl.(6.12) auftritt. Der Schlupfeinteilung auf dem Kreisdiagramm der AsM entspricht bei der Synchronmaschine damit eine Winkeleinteilung, beides definiert jeweils die Wirkleistung der Maschine.

Für $\vartheta \to 90°$ ist die Stabilitätsgrenze erreicht, da hier die bei einer bestimmten Erregung größtmögliche Wirkleistung auftritt. Bei noch höherer Belastung kann die Maschine ihren Synchronlauf nicht aufrechterhalten. Sie fällt „außer Tritt" und muß abgeschaltet werden.

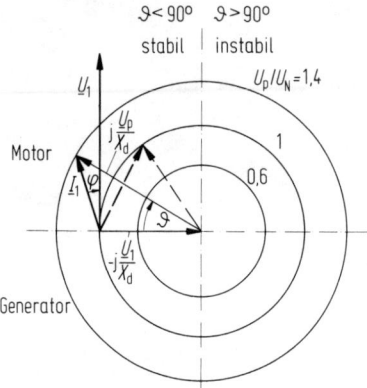

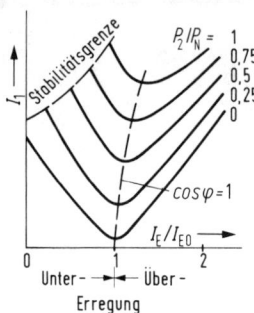

Bild 6.38 Stromortskurve   Bild 6.39 V-Kurven für verschiedene
der Vollpolmaschine bei $R_1 = 0$ Wirkbelastungen

V-Kurven. Die mit Wirkstrom belastete Synchronmaschine kann im allgemeinen zusätzlich so viel Blindleistung übernehmen, bis der zulässige Ständerstrom erreicht ist. Trägt man diesen für verschiedene konstante Wirkleistungen über der Erregung auf (Bild 6.39), so erhält man die V-Kurven. In deren Minimum führt die Ständerwicklung jeweils nur den der Last entsprechenden Wirkstrom, während sich zu beiden Seiten noch ein Blindstrom überlagert. Die unterste Kurve für $P_2 = 0$ ist eine reine Blindstromkennlinie, während nach oben zu der Wirkstromanteil immer größer wird. Wie Bild 6.38 zeigt, wird der maximale Polradwinkel $\vartheta_{max} \to 90°$ um so früher erreicht, je geringer der Erregerstrom ist. Man erhält damit die bei Untererregung eingetragene Stabilitätsgrenze.

Drehmoment. Nach der Stromortskurve gilt für die Wirkkomponente des Ständerstromes die Beziehung

$$I_1 \cdot \cos\varphi_1 = -\frac{U_p}{X_d} \cdot \sin\vartheta$$

Das Minuszeichen ist eingeführt, um bei den nacheilenden Polradwinkeln ϑ des Motorbetriebs ein positives Vorzeichen zu erhalten. Für die Ständerwirkleistung folgt dann

$$P_1 = m \cdot U_1 \cdot I_1 \cdot \cos\varphi_1$$

$$P_1 = - m \cdot U_1 \frac{U_p}{X_d} \cdot \sin\vartheta \tag{6.13}$$

Mit $\quad M = \dfrac{P_1}{2\pi n_1}$

erhält man das der Wirkleistung zugeordnete Drehmoment zu

$$M = - \frac{m \cdot U_1}{2\pi n_1} \cdot \frac{U_p}{X_d} \cdot \sin\vartheta \tag{6.14}$$

Das Drehmoment der Synchronmaschine verläuft somit als Funktion des Polradwinkels sinusförmig (Bild 6.40). Bei $\vartheta > 0$ eilt der Läufer vor und es besteht Generatorbetrieb, womit das Moment gemäß dem VPS negativ erscheint. Bei $\vartheta = 90°$ wird das Kippmoment erreicht. Es begrenzt die kurzzeitige Überlastungsfähigkeit und läßt sich nach Gleichung (6.14) mit $U_p > U_N$ durch verstärkte Erregung erhöhen.

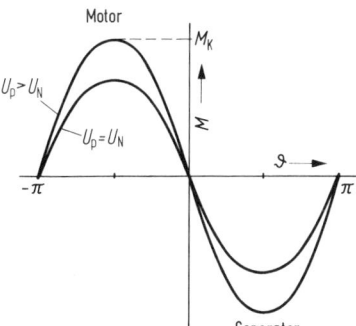

Bild 6.40 Abhängigkeit des Drehmoments der Vollpolmaschine vom Erregerstrom und Polradwinkel

Im Bemessungsbetrieb erreichen Turbogeneratoren etwa einen Polradwinkel bis 30° und Schenkelpolmaschinen $\vartheta_N \approx 20$ bis 25°. Damit wird $M_K \approx 2 \cdot M_N$, was ungefähr mit den Verhältnissen bei der Asynchronmaschine übereinstimmt.

Beispiel 6.5: Welchen Polradwinkel besitzt ein Turbogenerator in Sternschaltung im Bemessungsbetrieb bei $P_N = 150\,\text{MW}$, $U_N = 10,5\,\text{kV}$ Leiterspannung, $X_d = 0,927\,\Omega$, wenn das Erregerstromverhältnis $I_{EN}/I_{E0} = 2,6$ beträgt und die Verluste der Maschine mit $R_1 = 0$ vernachlässigt werden? Bei Vernachlässigung der Sättigung ist $U_p \sim I_E$, und man erhält die ideelle Polradspannung bei der Erregung mit I_{EN}

$$U_p = U_N \frac{I_{EN}}{I_{E0}} = \frac{10,5}{\sqrt{3}}\,\text{kV} \cdot 2,6 = 15,76\,\text{kV}$$

Nach Gleichung (6.13) berechnet sich der Polradwinkel über

$$|\sin\vartheta_N| = \frac{P_1 \cdot X_d}{m \cdot U_1 \cdot U_p} = \frac{150 \cdot 10^6\,\text{W} \cdot 0{,}927\,\Omega}{\sqrt{3} \cdot 10{,}5 \cdot 10^3\,\text{V} \cdot 15{,}76 \cdot 10^3\,\text{V}} = 0{,}485$$
$$\vartheta_N = 29°$$

Aufgabe 6.6: Wie groß muß die relative Erregung I_E/I_{E0} des obigen Generators werden, damit das Kippmoment das 2,5fache des Bemessungsmomentes beträgt?
Ergebnis: $I_E/I_{E0} = 3{,}15$

Aufgabe 6.7: Es ist das Antriebsmoment für einen zweipoligen sterngeschalteten Turbogenerator mit den Daten $U_N = 10{,}5\,\text{kV}$ Leiterspannung, $I_N = 5{,}5\,\text{kA}$, $\vartheta_N = 27°$, $\eta_N = 0{,}982$, $f_1 = 50\,\text{Hz}$ anzugeben, wenn das Leerlaufkurzschlußverhältnis $k_k = 0{,}58$ beträgt. Bei Vernachlässigung der Sättigung sei $I_{EN}/I_{E0} = 2{,}7$ angenommen.
Ergebnis: $M_N = 230 \cdot 10^3\,\text{Nm}$

Leistungsdiagramm. Multipliziert man in Bild 6.38 den Strommaßstab mit dem Faktor $m \cdot U_1$, so ergibt sich ähnlich wie bei der Asynchronmaschine aus der Stromortskurve ein Leistungsdiagramm. Interessiert nur der Betrag der Wirkleistung, so kann man den Motor- und Generatorbetrieb zusammenlegen und erhält damit Bild 6.41. Die Wirkleistungsachse liegt auf dem Spannungszeiger U_1, während in der Waagrechten $Q/S_N > 0$ die Aufnahme von Blindleistung also Untererregung bedeutet. Den einzelnen konzentrischen Kreisen entspricht jeweils ein fester Ständerstrom und damit eine konstante Scheinleistung der Maschine. Die gestrichelten Kreise für einen festen Erregerstrom sind entsprechend Bild 6.38 vom Fußpunkt E aus einzutragen.

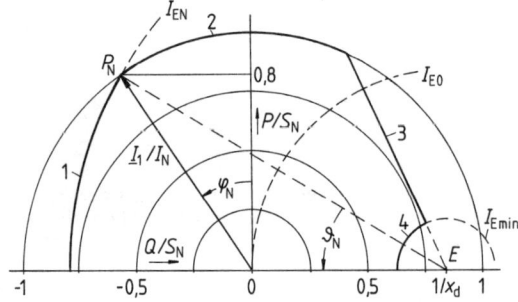

Bild 6.41 Leistungsdiagramm der Synchronmaschine $x_d = 1{,}2$, $\cos\varphi_N = 0{,}8$
1–4 Grenzlinien für Dauerbetrieb

Der zulässige Betriebsbereich der Synchronmaschine liegt nun innerhalb der in Bild 6.41 angegebenen Grenzlinien, die sich aus verschiedenen Anforderungen ergeben. Der Bereich 1 entsteht aus dem Kreis für eine Erregung mit I_{EN}, ist also die Betriebsgrenze mit Rücksicht auf die Läufererwärmung, wegen der nur $I_E \le I_{EN}$ zulässig ist. Der Bereich 2 entsteht durch die Forderung $I_1 \le I_N$, mit der die Erwärmung der Ständerwicklung begrenzt wird. Um noch eine gewisse Reserve für Stoßbelastungen zu behalten, darf die theoretische Stabilitätsgrenze von $\vartheta = 90°$ nicht ausgenutzt werden, sondern der Polradwinkel muß über die Linie 3 z. B. auf $\vartheta_{max} = 75°$ beschränkt werden. Soll schließlich noch ein Mindestkippmoment sichergestellt sein, so muß mit der Linie 4 ein geringer Mindesterregerstrom $I_{E\,min}$ garantiert werden.

Beispiel 6.6. Ein Turbogenerator für $S_N = 400\,\text{MVA}$, $\cos\varphi_N = 0,8$, $x_d = 1,2$ besitzt das Leistungsdiagramm in Bild 6.41.

Welche maximale Blindleistung kann die Maschine bei Übererregung mit I_{EN} abgeben?

Nach Bild 6.41 entspricht die Strecke $\overline{OE} = a$ im Leistungsdiagramm der Blindleistung $Q = 3 \cdot U_1^2 / X_d$.

In bezogenen Größen mit $U_1 / U_N = 1$, $S_N = 3 \cdot U_N^2 / Z_N$, $I_1 / I_N = 1$ ist dies

$$a = Q / S_N = Z_N / X_d = 1 / x_d = 1 / 1,2 = 0,833$$

Für die Strecke $\overline{P_N E} = b$ gilt nach dem Cosinus-Satz

$$b^2 = 1^2 + a^2 - 2 \cdot 1 \cdot a \cos (90° + \varphi_N)$$
$$b^2 = 1 + 0,833^2 + 2 \cdot 0,833 \sin 36,9°$$
$$b = 1,64$$

Im Fußpunkt von Bereich 1 in Bild 6.41 erreicht man damit die Blindleistung

$$Q / S_N = -(b - a) = -1,64 + 0,833 = -0,807$$

Es kann damit die Blindleistung $Q = 0,807 \cdot 400\,\text{MVA} = 323\,\text{MVar}$ abgegeben werden.

Aufgabe 6.8: Es sind die Teilleistungen P und Q des obigen Generators im Übergang zwischen den Bereichen 2 und 3 des Leistungsdiagramms anzugeben, wenn $\vartheta_{max} = 75°$ eingehalten ist. Ergebnis: $P = 313\,\text{MW}$, $Q = 250\,\text{Mvar}$ (Untererregung)

6.2.5 Besonderheiten der Schenkelpolmaschine

Ständerlängs- und Ständerquerdurchflutung. Bei der Vollpolmaschine kann die Ständerdrehdurchflutung wegen des konstanten Luftspaltes unabhängig von ihrer Stellung zur Läuferachse stets dasselbe Feld erzeugen wie eine gleichgroße Erregerdurchflutung. Man darf daher entsprechend Gleichung (6.1) Θ_E und Θ_1 bei beliebiger Phasenlage des Ständerstromes zur Magnetisierungsdurchflutung Θ_μ zusammenfassen und die Stromgleichung

$$\underline{I}_\mu = \underline{I}_E + \underline{I}_1 \cdot g$$

aufstellen.

Bei der Schenkelpolmaschine mit ausgeprägten Polen und damit ungleichem Luftspalt längs des Läuferumfangs ist eine einfache Addition der beiden Drehdurchflutungen nicht möglich (Bild 6.42). Die Komponente der Ständeramperewindungen quer zur Erregerachse Θ_{1q} (q-Richtung) wird nämlich wegen des großen Luftspaltes der Pollücke nur ein wesentlich kleineres Feld aufbauen können, als ein gleichgroßer

Anteil Θ_{1d} in der Erregerachse (d-Richtung). Vor der Zusammenfassung der Teil-durchflutungen ist daher zunächst zu untersuchen, welche Feldamplituden die Ständerlängs- und die Ständerquerdurchflutung

$$\Theta_{1d} = \Theta_1 \cdot \sin\psi \tag{6.15}$$

$$\Theta_{1q} = \Theta_1 \cdot \cos\psi \tag{6.16}$$

bezogen auf eine gleichwertige Erregerdurchflutung erzeugen.

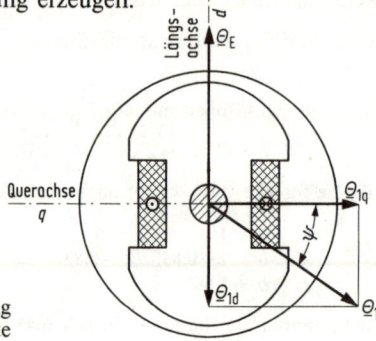

Bild 6.42 Zerlegung der Ständerdrehdurchflutung
in Längs- und Querkomponente

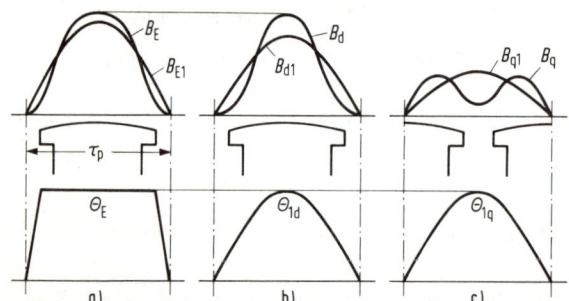

Bild 6.43 Bestimmung der
Grundwellenfelder bei
gleicher Erregung in Längs
und Querrichtung

In Bild 6.43 besitzen alle drei Durchflutungen Θ_E, Θ_{1d} und Θ_{1q} die gleiche Amplitude, wobei für die Ständerwerte nur die Grundwelle berücksichtigt ist. Der Amperewindungsverlauf der Erregerspule ist über der Polteilung vereinfacht trapezförmig angenommen. Auf Grund der durch die örtliche Luftspaltweite festgelegten magnetischen Leitfähigkeit entstehen die drei Feldkurven B_E, B_d und B_q. Ihre Grundwellen sind B_{E1}, B_{d1} und B_{q1}, wobei die Amplitude des Erregerfeldes am größten ist. Definiert man nun mit

$$k_{Bd} = \frac{B_{d1}}{B_{E1}} < 1$$

$$k_{Bq} = \frac{B_{q1}}{B_{E1}} < k_{Bd}$$

zwei Faktoren k_{Bd} und k_{Bq}, so erhält man, da die drei Durchflutungen gleich waren, eine Bewertung der Komponenten Θ_{1d} und Θ_{1q} im Verhältnis zu Θ_E. Gegenüber der Erregerdurchflutung sind die Ständeramperewindungen nur mit dem k_{Bd}- bzw. k_{Bq}-fachen Wert wirksam. Die resultierende Magnetisierungsdurchflutung der Schenkel-polmaschine ergibt sich damit zu

$$\underline{\Theta}_{\mu} = \underline{\Theta}_E + k_{Bd} \cdot \underline{\Theta}_{1d} + k_{Bq} \cdot \underline{\Theta}_{1q} \qquad (6.17)$$

Die beiden Faktoren liegen je nach der Breite des Polschuhbogens zur Polteilung bei $k_{Bd} = 0,85$ bis $0,92$ und $k_{Bq} = 0,25$ bis $0,45$.

Stromgleichung. Will man wieder, wie bei der Vollpolmaschine, anstelle der Durchflu-tungen die Ströme zu einem resultierenden Magnetisierungsstrom $\underline{I}_{\mu}$ zusammensetzen, so muß der entsprechende Umrechnungsfaktor bestimmt werden.

Die konzentrierte Erregerspule ergibt die Durchflutung

$$\Theta_E = \frac{N_E}{p} \cdot I_E \qquad (6.18)$$

wenn N_E die Zahl der in Reihe geschalteten Windungen aller Pole ist. Für die Stän-derdurchflutungen gilt nach den Gleichungen (6.2), (6.15) und (6.16)

$$\Theta_{1d} = \frac{2\sqrt{2}}{\pi} \cdot m \cdot \frac{N_1 \cdot k_{w1}}{p} \cdot I_1 \cdot \sin\psi$$

$$\Theta_{1q} = \frac{2\sqrt{2}}{\pi} \cdot m \cdot \frac{N_1 \cdot k_{w1}}{p} \cdot I_1 \cdot \cos\psi$$

Setzt man diese Beziehungen in Gleichung (6.17) ein, so erhält man die Stromglei-chung

$$\underline{I}_{\mu} = \underline{I}_E + \underline{I}'_{1d} + \underline{I}'_{1q} \qquad (6.19)$$

Dabei gilt die Zuordnung

$$I'_{1d} = k_{Bd} \cdot g_s \cdot I_1 \cdot \sin\psi \qquad (6.20)$$

$$I'_{1q} = k_{Bq} \cdot g_s \cdot I_1 \cdot \cos\psi \qquad (6.21)$$

mit dem Umrechnungsfaktor für Schenkelpolmaschinen

$$g_s = \frac{2\sqrt{2}}{\pi} \cdot m \cdot \frac{N_1 \cdot k_{w1}}{N_E} \qquad (6.22)$$

Bei der zeichnerischen Bestimmung des Magnetisierungsstromes $\underline{I}_{\mu}$ nach Gleichung (6.19) wird der Ständerstrom in seine Komponenten in d- und q-Richtung zerlegt und diese mit $k_{Bd} \cdot g_s$ bzw. $k_{Bq} \cdot g_s$ multipliziert (Bild 6.44). Der auf die Läuferseite umge-rechnete Wert $\underline{I}'_1 = \underline{I}'_{1d} + \underline{I}'_{1q}$ erhält durch die verschiedene Bewertung der zwei Anteile eine andere Phasenlage als der Ständerstrom. Der resultierende Magnetisierungsstrom ist dann wie bei der Vollpolmaschine $\underline{I}_{\mu} = \underline{I}_E + \underline{I}'_1$.

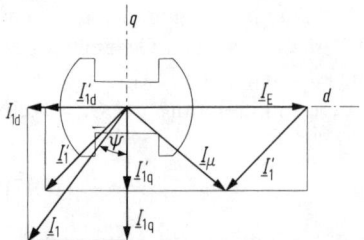

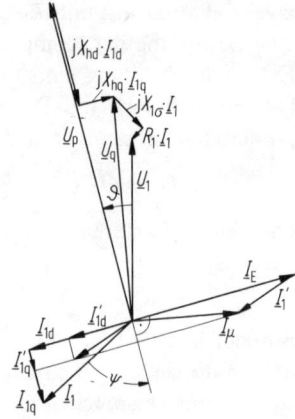

Bild 6.44 Zeigerdiagramm der Erreger-
stromkomponenten

Bild 6.45 Zeigerdiagramm der Schenkelpolmaschine
im Generatorbetrieb bei ohmsch-induktiver Belastung

Zeigerdiagramm. Durch die Zerlegung der Ständerdurchflutung in ihre Komponenten bestimmt man die Ankerrückwirkung getrennt für die d- und q-Richtung und überlagert das Ergebnis. Dasselbe gilt auch für die Spannung der Selbstinduktion durch das Ständerfeld im Zeigerdiagramm (Bild 6.45). Der Strom $\underline{I}_{1d}$ in Längsrichtung erzeugt das Ständerlängsfeld und den Spannungsfall $jX_{hd}\cdot\underline{I}_{1d}$, die Querkomponente $\underline{I}_{1q}$ die Spannung $jX_{hq}\cdot\underline{I}_{1q}$. Dabei müssen wegen der verschiedenen Leitwerte in den zwei Achsen auch getrennte Hauptreaktanzen X_{hd} und $X_{hq} < X_{hd}$ unterschieden werden. Die Ständerwicklung besitzt bei der Schenkelpolmaschine demnach zwei Synchronreaktanzen

die synchrone Längsreaktanz $X_d = X_{hd} + X_{1\sigma}$ (6.23)

die synchrone Querreaktanz $X_q = X_{hq} + X_{1\sigma}$ (6.24)

Die Hauptreaktanzen berücksichtigen jeweils den Flußanteil, der als Ankerrückwirkung den Luftspalt überquert, $X_{1\sigma}$ den gesamten Streufluß der Ständerwicklung.

Von der resultierend induzierten Spannung $\underline{U}_q$ sind wie bei der Vollpolmaschine der ohmsche und der Streuspannungsfall abzuziehen, um die Klemmenspannung zu erhalten.

Man kann die Synchronreaktanzen meßtechnisch durch einen Versuch bestimmen, welcher der Leerlaufmessung bei einer Asynchronmaschine entspricht. Die Ständerwicklung wird dazu an Spannung gelegt und der Läufer bei offener Erregerwicklung mit fast synchroner Drehzahl angetrieben. Durch den geringen Schlupf zwischen Ständerdrehfeld und Polrad stimmen im stetigen Wechsel einmal die beiden Achsen überein ($\vartheta = 0°$, 180° usw.) oder stehen senkrecht zueinander ($\vartheta = 90°$, 270° usw.). Die aus dem Quotient der oszillographierten Strangwerte von Spannung und Strom errechnete Reaktanz pulsiert damit zwischen den Extremen X_d und X_q (Bild 6.46).

Führt man die Messung mit nur einem Strang und im Stillstand durch, so wird das Ergebnis durch die kurzgeschlossene Dämpferwicklung und Wirbelströme in den massiven Eisenteilen verfälscht. Man mißt dann zu kleine Werte, so wie dies auch bei der Asynchronmaschine bei angekoppeltem Läuferkreis, d.h. $s > 0$ geschieht.

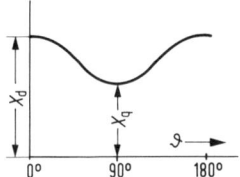

Bild 6.46 Abhängigkeit
der Synchronreaktanz
von der Polradstellung

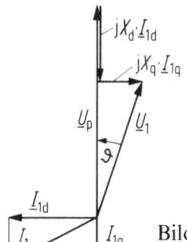

Bild 6.47 Zeigerdiagramm
zur Berechnung des Ständerstromes

Stromortskurve. Der Ständerstrom der Schenkelpolmaschine soll wieder mit der Vereinfachung $R_1 = 0$ mit Hilfe des Zeigerdiagramms in Bild 6.47 berechnet werden.

Im Unterschied zu Bild 6.45 ist darin auch der Streuspannungsfall $jX_{1\sigma} \cdot \underline{I}_1 = jX_{1\sigma}$
$(\underline{I}_{1d} + \underline{I}_{1d})$ aufgeteilt und mit den Spannungsfällen an den Hauptreaktanzen zusammengefaßt.

Zerlegt man die Netzspannung $\underline{U}_1$ in die Komponenten in d- und q-Richtung, so erhält man die Gleichungen

$$\underline{U}_1 \cdot e^{j\vartheta} \cdot \cos\vartheta = \underline{U}_p + jX_d \cdot \underline{I}_{1d}$$

$$-j\underline{U}_1 \cdot e^{j\vartheta} \cdot \sin\vartheta = jX_q \cdot \underline{I}_{1q}$$

Dabei bedeutet nach der komplexen Rechnung der Faktor $e^{j\vartheta}$ eine Drehung des Zeigers $\underline{U}_1$ ohne Betragsänderung um den Winkel ϑ. Aus obigen Gleichungen lassen sich die Teilströme $\underline{I}_{1d}$ und $\underline{I}_{1q}$ berechnen und zu

$$\underline{I}_1 = \underline{I}_{1d} + \underline{I}_{1q} = j\frac{U_p}{X_d} - \frac{U_1}{X_q} \cdot e^{j\vartheta} \cdot \sin\vartheta - j\frac{U_1}{X_d} \cdot e^{j\vartheta} \cdot \cos\vartheta$$

zusammenfassen. Setzt man die ebenfalls aus der komplexen Rechnung bekannte Beziehung $e^{j\vartheta} = \cos\vartheta + j \cdot \sin\vartheta$ ein, so entsteht die Stromgleichung

$$\underline{I}_1 = j\frac{U_p}{X_d} - \frac{U_1}{2}\left(\frac{1}{X_q} - \frac{1}{X_d}\right)\sin 2\vartheta - j\frac{U_1}{2}\left[\frac{1}{X_d} + \frac{1}{X_q} - \left(\frac{1}{X_q} - \frac{1}{X_d}\right)\cos 2\vartheta\right] \qquad (6.25)$$

Die Trennung nach Real- und Blindanteil in Bezug zur Klemmenspannung $\underline{U}_1$ (Bild 6.48) ergibt den Wirkstrom

$$I_{1w} = -\frac{U_p}{X_d} \cdot \sin\vartheta - \frac{U_1}{2}\left(\frac{1}{X_q} - \frac{1}{X_d}\right)\sin 2\vartheta$$

und den Blindstrom

$$I_{1b} = \frac{U_p}{X_d} \cdot \cos\vartheta - \frac{U_1}{2}\left(\frac{1}{X_d} + \frac{1}{X_q}\right) + \frac{U_1}{2}\left(\frac{1}{X_q} - \frac{1}{X_d}\right)\cos 2\vartheta$$

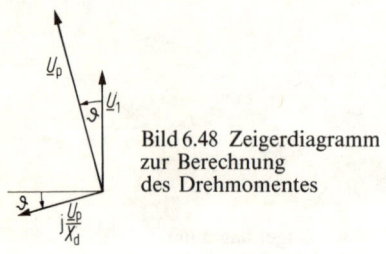

Bild 6.48 Zeigerdiagramm
zur Berechnung
des Drehmomentes

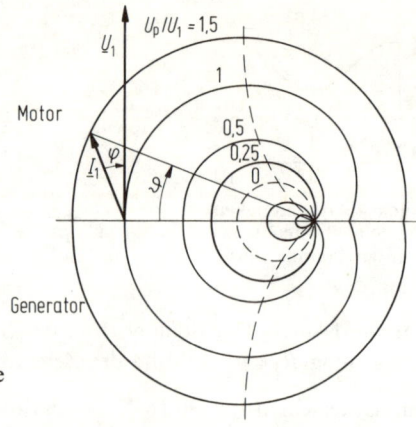

Bild 6.49 Stromortskurve der Schenkelpolmaschine
für $R_1 = 0$ bei verschiedenen Erregungen

Wertet man beide Gleichungen bei jeweils festem Verhältnis U_p/U_1 für beliebige Polradwinkel ϑ aus, so erhält man die Stromortskurve der Schenkelpolmaschine nach Bild 6.49.

Während bei starker Erregung, d.h. großen U_p-Werten ein Verlauf ähnlich wie bei der Vollpolmaschine auftritt, schnürt sich die Ortskurve bei schwacher Erregung ein und ergibt schließlich eine zusätzliche innere Schleife. Für $U_p = 0$ erhält man den gestrichelten Kreis. Die Punkte maximaler Wirkleistung und damit des Kippmomentes liegen auf der strichpunktierten Linie und werden bei $\vartheta < 90°$ erreicht.

Drehmoment. Das Drehmoment berechnet sich bei vernachlässigten Verlusten aus der Drehstromleistung

$$P_1 = m \cdot U_1 \cdot I_{1w}$$

und

$$M = \frac{P_1}{2\pi n_1}$$

zu

$$M = - \frac{m U_1}{2\pi n_1} \left[\frac{U_p}{X_d} \cdot \sin\vartheta + \frac{U_1}{2} \left(\frac{1}{X_q} - \frac{1}{X_d} \right) \sin 2\vartheta \right] \tag{6.26}$$

Das Minuszeichen bedeutet wieder, daß ein positiver, d.h. voreilender Polradwinkel Generatorbetrieb ergibt.

Das erste Glied der Gleichung entspricht dem Drehmoment der Vollpolmaschine, während das zweite das sogenannte Reaktionsmoment darstellt. Durch dies tritt das Kippmoment, wie bereits in der Stromortskurve festgestellt, bei einem kleineren Polradwinkel als 90° auf (Bild 6.50). Infolgedessen ist auch der Lastwinkel bei P_N wie angegeben bei Schenkelpolmaschinen kleiner als bei Turbogeneratoren.

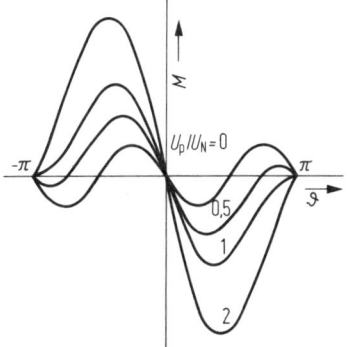

Bild 6.50 Drehmoment der Schenkelpolmaschine in Abhängigkeit vom Polradwinkel bei verschiedenen Erregungen

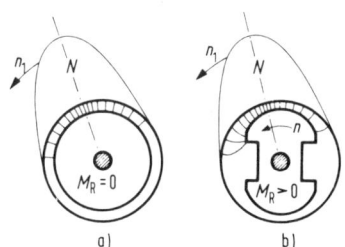

Bild 6.51 Darstellung des Reaktionsmomentes M_R über die Richtwirkung auf einen Eisenkörper
a) zylindrischer Körper $M_R = 0$,
b) Läufer mit magnetischer Vorzugsrichtung $M_R > 0$

Reaktionsmoment. Als Folge des unterschiedlichen magnetischen Leitwertes in Längs- und Querrichtung entwickelt die Schenkelpolmaschine auch im unerregten Zustand ein Drehmoment. Für dies Reaktionsmoment erhält man aus Gleichung (6.26) bei $U_p = 0$

$$M_R = -\frac{m U_1^2}{4\pi n_1} \cdot \left(\frac{1}{X_q} - \frac{1}{X_d}\right) \cdot \sin 2\vartheta \tag{6.27}$$

Es entspricht der Kurve mit $U_p/U_N = 0$ in Bild 6.50. Mit $X_d \approx 0,5 X_q$ erreicht das maximale Reaktionsmoment bei $\vartheta = 45°$, wie man aus Vergleich mit Gleichung (6.14) feststellen kann, etwa den halben Wert des Kippmomentes einer Vollpolmaschine bei Leerlauferregung mit $U_p = U_N$.

Eine einfache Erklärung für die Ausbildung des Reaktionsmomentes läßt sich aus der Richtwirkung des Eisens in einem magnetischen Feld geben. Das mit n_1 rotierende Drehfeld (Bild 6.51) kann auf einen nichtleitenden Ferritzylinder kein Drehmoment ausüben, während es einen Körper mit magnetischer Vorzugsrichtung in seine Achse einstellt und mitnimmt. Dabei ist in beiden Fällen selbstverständlich die drehmomentbildende Wirkung von Wirbelstrom- und Hystereseverlusten nicht berücksichtigt. Die praktische Bedeutung des Reaktionsmomentes für den Bau von Reluktanzmotoren wird in Abschnitt 6.4.3 behandelt.

Beispiel 6.7: Eine Schenkelpolmaschine mit $U_N = 6,3\,\mathrm{kV}$ in Sternschaltung, $I_N = 367\,\mathrm{A}$, hat im Bemessungsbetrieb die Strangwerte $X_d = 19,2\,\Omega$, $X_q = 11,5\,\Omega$, $U_p = 9,3\,\mathrm{kV}$ und den Polradwinkel $\vartheta_N = 20,6°$.
a) Es ist der Polradwinkel ϑ_K anzugeben, bei dem das Kippmoment auftritt.
b) Wie groß müßte das Verhältnis X_d/X_q werden, so daß bei Erregung mit I_{EN} das Kippmoment bereits bei $\vartheta_K = 60°$ auftritt?

Um den Polradwinkel bei Kippmoment zu erhalten, ist Gleichung (6.26) zu differenzieren und $\mathrm{d}M/\mathrm{d}\vartheta = 0$ zu setzen.

$$\frac{\mathrm{d}M}{\mathrm{d}\vartheta} = 0 = -\frac{m\,U_1}{2\pi n_1}\left[\frac{U_\mathrm{p}}{X_\mathrm{d}}\cdot\cos\vartheta + U_1\left(\frac{1}{X_\mathrm{q}}-\frac{1}{X_\mathrm{d}}\right)\cdot\cos2\vartheta\right]$$

Für ϑ_K gilt somit

$$\frac{\cos\vartheta_\mathrm{K}}{\cos2\vartheta_\mathrm{K}} = -\frac{U_1 X_\mathrm{d}}{U_\mathrm{p}}\left(\frac{1}{X_\mathrm{q}}-\frac{1}{X_\mathrm{d}}\right)$$

$$\left(\frac{\cos\vartheta}{\cos2\vartheta}\right)_\mathrm{K} = -\frac{U_1}{U_\mathrm{p}}\cdot\frac{X_\mathrm{d}-X_\mathrm{q}}{X_\mathrm{q}} = -\frac{6{,}3\cdot10^3\,\mathrm{V}}{\sqrt{3}\cdot9{,}3\cdot10^{-3}\,\mathrm{V}}\cdot\frac{7{,}7\,\Omega}{11{,}5\,\Omega} = -0{,}262$$

Ohne eine weitere analytische Auswertung erhält man ϑ_K aus der Kurve $y=\cos\vartheta/\cos2\vartheta$ für $y=-0{,}262$.

Tabelle:

ϑ	$\cos\vartheta$	$\cos2\vartheta$	y
76°	0,242	−0,883	−0,274
77°	0,225	−0,899	−0,250

Es wird $\vartheta_\mathrm{K} = 76{,}5°$.

b) Für $\vartheta_\mathrm{K} = 60°$ wird

$$\left(\frac{\cos\vartheta}{\cos2\vartheta}\right)_\mathrm{K} = -\frac{0{,}5}{0{,}5} = -1$$

und damit

$$\frac{X_\mathrm{d}-X_\mathrm{q}}{X_\mathrm{q}} = \frac{U_\mathrm{p}}{U_1} = \frac{9{,}3\cdot\sqrt{3}\cdot10^3\,\mathrm{V}}{6{,}3\cdot10^3\,\mathrm{V}} = 2{,}56 \qquad \frac{X_\mathrm{d}}{X_\mathrm{q}} = 3{,}56$$

Aufgabe 6.9: Es ist das Drehmoment M_sch der obigen Schenkelpolmaschine mit dem einer Vollpolmaschine M_voll gleicher Daten ($X_\mathrm{d} = 19{,}2\,\Omega$) bei $\vartheta_\mathrm{N} = 20{,}6°$ zu vergleichen.
Ergebnis: $M_\mathrm{sch} = 1{,}25 M_\mathrm{voll}$

6.3 Verhalten der Synchronmaschine im nichtstationären Betrieb

6.3.1 Drehzahlsteuerung der Synchronmaschine

Der Einsatz einer Synchronmaschine als drehzahlgeregelter Antrieb in fast allen Bereichen ist erst seit der Entwicklung der Frequenzumrichter möglich. Bevor nachstehend auf die hier angewandten Techniken eingegangen wird, soll die Inbetriebnahme der Synchronmaschine an einem Netz konstanter Spannung und Frequenz betrachtet werden.

Synchronisation. Für die Inbetriebnahme eines Drehstromgenerators an das öffentliche Netz steht immer der vorgesehene Antrieb, d.h. eine Turbine oder auch ein Dieselmotor zur Verfügung. Bevor der Generator über einen Leistungsschalter mit dem Netz verbunden wird, ist nur sicherzustellen, daß seine Drehspannung nach Amplitude, Frequenz und Phasenlage mit der des Netzes übereinstimmt. Man bezeichnet diesen Vorgang als Synchronisieren und kann ihn z.B. mit dem einfachen Hilfsmittel der Dunkelschaltung in Bild 6.52 kontrollieren.

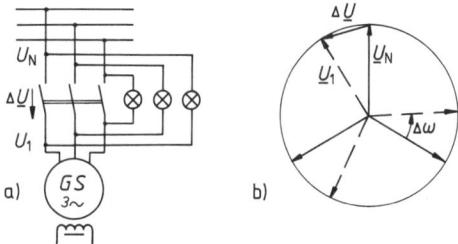

Bild 6.52 Synchronisation einer Synchronmaschine auf das Netz
a) Dunkelschaltung   b) Spannungsdiagramm

An den drei Schalterstrecken sind Glühlampen angeschlossen, die damit an der Differenz $\Delta \underline{U}$ der Strangwerte beider Drehspannungssysteme liegen. Da mit $f_1 = f_N + \Delta f$ die Frequenz der Generatorspannung $\underline{U}_1$ um $\pm \Delta f$ von der Netzfrequenz abweicht, rotiert der Spannungsstern $\underline{U}_1$ gegenüber $\underline{U}_N$ mit der Relativgeschwindigkeit $\Delta\omega = 2\pi \cdot \Delta f$. Die Spannungsdifferenz schwankt damit im Bereich $0 \leqq \Delta U \leqq 2 U_N$, was sich bei den Glühlampen in einem Wechsel der Lichtstärke zwischen hell und dunkel äußert. Der Schalter ist dann bei momentan erloschenen Lampen zu schließen. Stimmt die Phasenfolge der Systeme nicht überein, so leuchten und erlöschen die drei Lampen nicht gemeinsam, sondern in zyklischen Reihenfolge. In diesem Fall sind zwei Zuleitungen zu vertauschen.

Asynchroner Anlauf. Hat eine Synchronmaschine die in Abschnitt 6.1.1 beschriebene Dämpferwicklung, so kann diese so ausgelegt werden, daß ein asynchroner Anlauf wie bei einem Käfigläufermotor möglich ist. Da das Ständerdrehfeld während des Hochlaufs in der offenen Erregerwicklung hohe schlupffrequente Spannungen induzieren würde, schließt man diese über etwa den zehnfachen Eigenwiderstand kurz. Bei der asynchronen Leerlaufdrehzahl $n_0 \approx n_1$ wird der Erregerstrom zugeschaltet, womit der Läufer ruckartig in den Synchronismus gezogen wird. Diese Grobsynchronisation ist mit mechanischen Pendelungen des Laufers (s. Abschnitt 6.3.2) und Stromstößen für das Netz verbunden [123].

Umrichterbetrieb. Drehzahlgeregelte Synchronmaschinen werden heute bis in den Bereich größter Motorleistungen eingesetzt. Es kommen prinzipiell diegleichen Umrichtertechniken wie bei Asynchronmotoren zur Anwendung, wobei etwa folgende Einteilung gilt:
1. Im Leistungsbereich von Servomotoren aber auch schon für Hauptspindelantriebe werden dauermagneterregte Synchronmotoren verwendet. Die Versorgung erfolgt durch transistorisierte Pulsumrichter mit konstanter Zwischenkreisspannung.
2. Alternativ zum Käfigläufermotor werden auch Synchronmaschinen über Umrichter mit sinusmodulierter Ausgangsspannung betrieben. Der Leistungsbereich dieser Antriebe reicht von ca. 10 kW bis über 1 MW.
3. Für mittlere bis große Leistungen (ca. 100 kW bis 20 MW) hat sich der Stromrichtermotor bewährt.

4. Synchronmaschinen für Direktumrichter für einen Frequenzbereich von Null bis 20 Hz kommen für Großantriebe bei Zementmühlen, Brechern, Verdichtern usw. zum Einsatz.

Dauermagnetmotor. Für Servoantriebe mit Bemessungsmomenten bis ca. 30 Nm wird häufig eine Läuferkonstruktion nach Bild 6.14c gewählt. Die Belegung mit Magnetplättchen am Umfang ergibt vereinfacht eine gleichmäßige Luftspaltinduktion B_L über der Polteilung. Die Ständerwicklung wird gerne sechspolig mit $q = 2$ ausgeführt und erhält zur Vermeidung von Nutrastmomenten eine Schrägung um eine Teilung.

Bei der Umrichtersteuerung unterscheidet man zwischen einer sinusförmigen Stromeinspeisung und dem Blockbetrieb mit 120° breiten Rechteckströmen. Im ersten Fall verlangt die feldorientierte Regelung die genaue Kenntnis der Läuferstellung, wozu entweder ein Resolver oder ein hochauflösender inkrementaler Drehgeber erforderlich ist. Die blockförmige Einspeisung entspricht dem Betrieb des Stromrichtermotors und soll dort besprochen werden.

Im Unterschied zu einer frequenzgesteuerten Asynchronmaschine als Hauptspindelantrieb ist mit einer dauermagneterregten Synchronmaschine kaum ein Betrieb oberhalb des Eckpunktes der Umrichterkennlinie $U_1 = g(f_1)$ in Bild 5.49 möglich. Im unteren Proportionalbereich mit $U_1 \sim f_1$ wird bis U_N und f_N häufig wie in Bild 6.53 ein der Gleichstrommaschine entsprechender Zustand mit zueinander senkrechter Lage von Ständer- und Erregerfeld eingestellt sein.

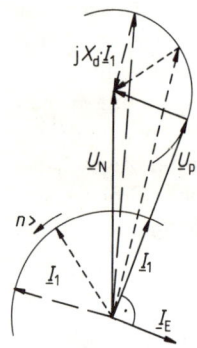

Bild 6.53 Zeigerdiagramm eines dauermagneterregten Synchron-Servomotors bei Drehzahlen $n > n_N$

Wird nun bei jetzt mit $U_1 = U_N$ konstanter Spannung die Frequenz zur Drehzahlsteigerung weiter erhöht, so steigt wegen des unveränderlichen Dauermagnetfeldes die im Ständer induzierte ideelle Polradspannung U_p weiter proportional an. Dies entspricht bezogen auf U_N einer Übererregung, so daß die in Bild 6.53 gestrichelt gezeichneten immer mehr kapazitiven Phasenlagen des Ständerstromes I_1 entstehen. Wegen der Begrenzung $I_1 \leq I_N$ geht damit nach $P_1 = 3 \cdot U_1 \cdot I_1 \cdot \cos\varphi$ die Wirkleistung ständig zurück. Im Unterschied zur Asynchronmaschine kann also im Drehzahlbereich mit $f_1 > f_N$ ohne besondere konstruktive Maßnahmen [118, 119] kein Betrieb mit konstanter Leistung erreicht werden.

Stromrichtermotor. Als Stromrichtermotor wird ein Regelantrieb aus einer Synchronmaschine mit Stromzwischenkreis-Umrichter bezeichnet. Die Maschine erhält üblicherweise eine bürstenlose Erregung durch einen rotierenden Gleichrichtersatz und einen eigenen Erregergenerator auf der Läuferwelle. Dieser kann eine Außenpol-Synchronmaschine oder aber auch eine Konstruktion wie in Bild 6.11 sein.

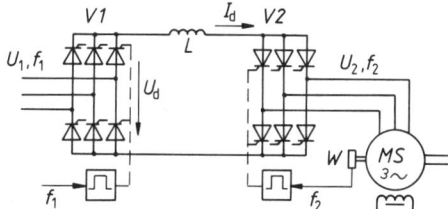

Bild 6.54 Schaltung eines Stromrichtermotors
V1 Netzgeführter Thyristorstromrichter
V2 Lastgeführter Thyristorstromrichter
W Winkelgeber

Den Aufbau der Synchronmaschine mit Stromzwischenkreis-Umrichter zeigt Bild 6.54. Der netzgeführte Stromrichter *V1* in Sechspuls-Brückenschaltung arbeitet wie bei einem Gleichstromantrieb mit Phasenanschnittsteuerung der Drehspannung und liefert an den Zwischenkreis die Gleichstromleistung $U_d \cdot I_d$. Der eingestellte Strom I_d ist dabei durch die Induktivität L für den nachfolgenden Schaltungsteil eingeprägt.

Der maschinenseitige Stromrichter *V2* erhält die Zündbefehle an seine Thyristoren von einem Geber *W* am Wellenende des Antriebs. Dieser Positionsmelder, der z.B. mit Hallsonden arbeiten kann, erfaßt die Polradstellung und damit die Lage der Achse des Läuferfeldes. Entsprechend dieser Position erfolgt die Aufschaltung des Zwischenkreisstromes I_d in zyklischer Reihenfolge auf immer zwei Wicklungsstränge des Ständers. Insgesamt entstehen dadurch die sechs in Bild 6.55 dargestellten Schaltzustände mit den eingetragenen Lagen der Ständerdurchflutung Θ_1. Diese steht jeweils über $T/6$ im Raume still und springt mit jedem Stromwechsel um 60° weiter.

Die Einspeisung des Stromes I_d auf die Wicklungsstränge und damit die räumliche Lage der Durchflutung Θ_1 werden nun über den Polradmelder so gesteuert, daß im Mittel zur Achse des Läuferfeldes $\Phi_E \sim \Theta_E$ ein Winkel von $\beta_{mittel} = 90°$ entsteht. Dies entspricht nach

$$M \sim \Phi_E \cdot I_d \cdot \sin \beta$$

einem Betrieb mit maximalem Drehmoment und den Verhältnissen der Gleichstrommaschine, bei der die Achsen von Erreger- und Ankerquerfeld auch senkrecht zueinander stehen.

In Bild 6.56 sind diese Verhältnisse für das Beispiel eines Servomotors mit blockförmiger Stromeinspeisung, d.h. obiger Kurvenform mit $q = 2$ und einem idealisierten Läuferfeldverlauf B_{Ex} als 180°-Rechteck gezeigt. Es ist die Zeitspanne in Bild 6.55 c gewählt, wo der mittlere Strang *V* positiven, der rechte Strang *W* negativen Strom

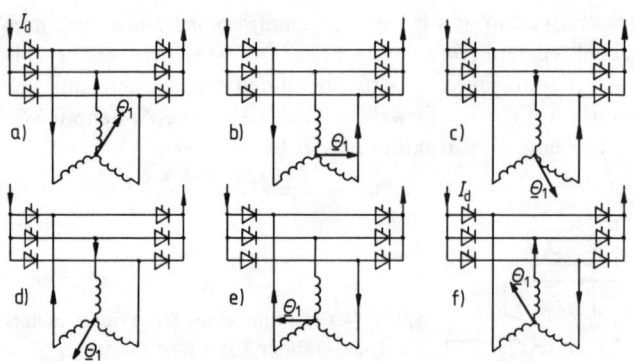

Bild 6.55 Schaltzustände des maschinenseitigen Stromrichters
und Lage des Zeigers $\underline{\Theta}_1$ der Ständerdrehdurchflutung

führt. Der räumliche Verlauf des Ständerstrombelags A_1 und der Durchflutung Θ_1 haben dann die gezeichnete Lage.

Die betrachtete Einspeisung beginnt, wenn das Läuferfeld B_{Ex} die Stellung 1 erreicht, sie endet 60° später. Bis dahin hat der Läufer den Weg $x = \tau_p/3$ zurückgelegt, womit sich das Feld in Stellung 2 befindet. Daraus ergibt sich im Mittel die hervorgehobene Lage mit einem Versatz von $\tau_p/2 = 90°$ zwischen den Achsen von Θ_1 und $\Theta_E \sim B_E$.

Zur Umkehr der Drehrichtung wird die Zündreihenfolge der Thyristoren des Stromrichters *V2* geändert, so daß in der Ständerwicklung der Synchronmaschine ein Drehfeld umgekehrter Richtung entsteht. Das generatorische Bremsen erfolgt ebenfalls nur durch eine Zündwinkelverstellung. Der Stromrichter *V1* wird in den Wechselrichterbetrieb mit einer negativen Spannung U_d gesteuert, womit bei unveränderter Stromrichtung eine Energielieferung aus dem Zwischenkreis ins Netz erfolgt. Der maschinenseitige Stromrichter arbeitet jetzt als Gleichrichter, der die Generatorleistung der Synchronmaschine in den Zwischenkreis speist [124, 125].

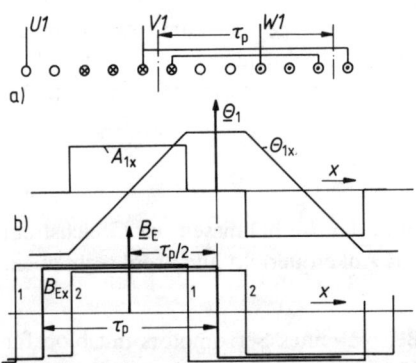

Bild 6.56 Umrichterbetrieb des dauermagneterregten Synchron-Servomotors
a) Schema der Ständerwicklung mit $q = 2$
b) Räumliche Zuordnung von Ständerstrombelag A_1 und Dauermagnetfeld B_E

Direktumrichter. In dieser Technik wird die Synchronmaschine nach Bild 6.57 über drei in Sternschaltung verbundene, netzgeführte Umkehrstromrichter wie sie von Gleichstromantrieben bekannt sind, gesteuert. Die Ständerstrangspannungen entstehen durch Phasenanschnittsteuerung unmittelbar aus der Netzspannung. Die Stromrichter sind dazu so geführt, daß sich im Mittel eine sinusförmige Spannung an den

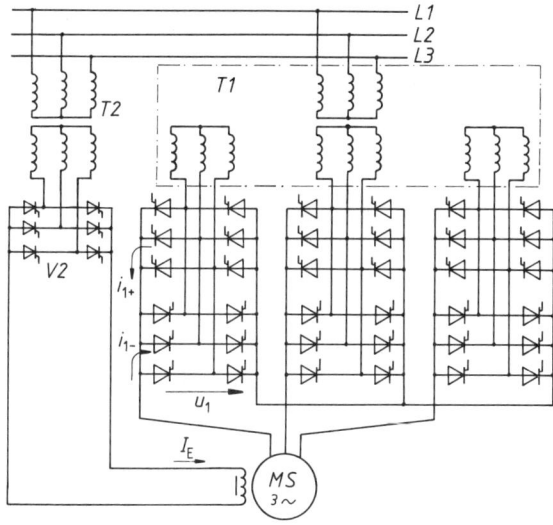

Bild 6.57 Synchronmaschinenantrieb mit Direktumrichter
T1 Stromrichtertransformator, *V1* Dreisträngiger Umkehrstromrichter,
T2 Erregertransformator, *V2* Erregerstromrichter

Klemmen der Synchronmaschine einstellt (Bild 6.58). Es lassen sich sowohl die Frequenz wie dazu proportional die Amplitude der drei Wechselspannungen variieren, doch kann die Ausgangsfrequenz f_1 vom Verfahren her nur unterhalb der Netzfrequenz f_N liegen, es gilt etwa $0 \leq f_1 \leq 0{,}45 f_N$.

Nach Bild 6.58 liefert die eine B6-Brücke den Strangstromteil i_{1+} für die positive, die andere gegenparallele Brücke i_{1-} für die negative Halbschwingung des Ständerstromes. Für eine kreisstromfreie Ablösung der zwei Brücken jedes Strangs wird bei jedem Polaritätswechsel eine kurze stromlose Pause Δt vorgesehen. Wie beim Umkehrstromrichter für Gleichstromantriebe ist ein Vierquadrantenbetrieb, d.h. Treiben und Bremsen in beiden Drehrichtungen möglich.

Im unteren Frequenz- und damit auch Spannungsbereich arbeitet die Anlage wie in Bild 6.58 gezeichnet als Steuerumrichter, d.h. beide Brücken befinden sich stets in Teilaussteuerung. Dies hat den Nachteil, daß ständig die für netzgeführte Stromrichter typische Steuerblindleistung vom Netz bezogen werden muß. Im oberen Steuerbe-

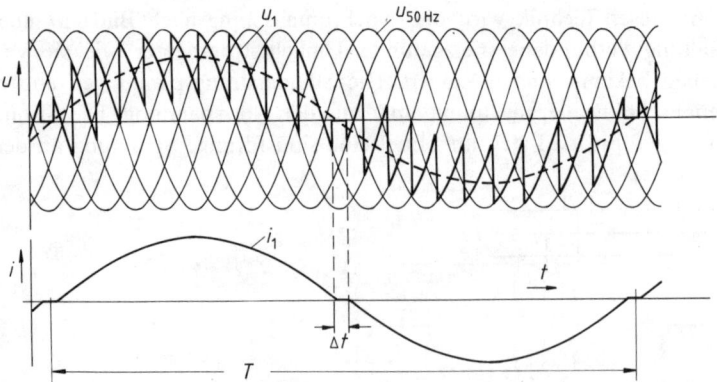

Bild 6.58 Verlauf von Strangspannung u_1 und -strom i_1 einer Synchronmaschine bei Betrieb mit Direktumrichter, $f = 15\,\text{Hz}$

reich fährt man daher in der Umgebung der Spannungsamplitude mit Vollausteuerung, d. h. bildet die Momentanwerte über die Kuppen der Sinuslinien. Man bezeichnet diese Technik nach der Form der Spannungskurve als Trapezumrichter [126, 127].

6.3.2 Pendelungen und unsymmetrische Belastung

Synchronisierendes Moment. Nach Gleichung (6.13) und (6.14) wird der Lastzustand der Synchronmaschine an einem starren Netz durch den Wert des Polradwinkels festgelegt. Im Bereich $0 \leq \vartheta \leq \vartheta_K$ ergeben sich dabei stets stabile Arbeitspunkte, da z. B. ein Synchronmotor eine größere mechanische Belastung durch entsprechende Erhöhung seines Motormomentes $M \sim \sin\vartheta$ ausgleichen kann.

Von diesem stationären Betrieb ist das Verhalten der Synchronmaschine bei einer kurzzeitigen plötzlichen Laständerung zu unterscheiden. Inwieweit hierbei das Polrad aus seiner alten Winkellage gebracht wird, hängt von der Steigung der Momentenkurve im betreffenden Betriebspunkt ab. Es wird die Auswirkung eines momentanen Stoßmomentes ΔM_w um so kleiner sein, je steiler der Verlauf $M = f(\vartheta)$, d. h. je größer die synchronisierende „Rückstellkraft" ist (Bild 6.59). Man bezeichnet daher den Differentialquotienten der Momentenkurve als synchronisierendes Moment

$$\Delta M_s = \frac{\mathrm{d}M}{\mathrm{d}\vartheta} \tag{6.28}$$

und erhält z. B. für die Vollpolmaschine aus Gleichung (6.14)

$$\Delta M_s = - M_K \cdot \cos\vartheta \tag{6.29}$$

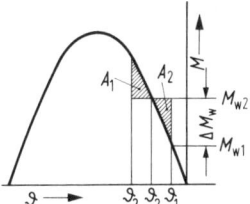

Bild 6.59 Pendelungen des Polrades durch einen Laststoß ΔM_W

Mechanische Pendelungen. Jede plötzliche Laständerung ist bei einer Synchronmaschine mit dem Auftreten mechanischer Pendelungen des Läufers verbunden. So nimmt bei einem Lastsprung von M_w1 auf M_w2 (Bild 6.59) der Läufer des Synchronmotors die neue Gleichgewichtslage ϑ_2 nicht sofort ein. Er wird durch das zunächst überschüssige Lastmoment $M_\mathrm{w2} - M$ verzögert und zwar auf Grund seiner Massenträgheit über den Punkt ϑ_2 hinaus. Ab $\vartheta > \vartheta_2$ ist $M > M_\mathrm{w2}$ und das Polrad wird wieder beschleunigt, um erneut über das stationäre Ziel ϑ_2 hinauszuschießen. Es tritt ein stetiger Wechsel zwischen Abgabe und Aufnahme kinetischer Energie auf, die den Teilflächen $A_1 = A_2$ proportional ist. Der Läufer pendelt mit abklingender Amplitude um die Winkellage ϑ_2. Da diese Pendelungen einer kleinen Relativbewegung des Läufers zum Ständerdrehfeld entsprechen, werden vor allem in der Dämpferwicklung Ströme induziert, welche bremsend wirken. Die Pendelungen sind daher gedämpft und klingen nach einigen Sekunden ab.

Die Berechnung der mechanischen Pendelungen der Synchronmaschine führt zu einer nichtlinearen Differentialgleichung, da das Moment vom Sinus des Polradwinkels abhängt. Man kann die Beziehung jedoch linearisieren, indem man sich mit

$$\vartheta = \vartheta_0 + \alpha$$

auf kleine Ausschläge α der Winkellage ϑ um den stationären Wert ϑ_0 beschränkt. Man erhält dann die Differentialgleichung der Pendelung in Analogie zur freien Torsionsschwingung in der Mechanik nach

$$\frac{J}{p} \cdot \frac{\mathrm{d}^2\alpha}{\mathrm{d}t^2} + D \cdot \frac{\mathrm{d}\alpha}{\mathrm{d}t} + \Delta M_\mathrm{s} \cdot \alpha = 0 \qquad (6.30)$$

Es bedeuten:

$\dfrac{J}{p} \cdot \dfrac{\mathrm{d}^2\alpha}{\mathrm{d}t^2}$ das Beschleunigungsmoment durch die Massenträgheit, wobei der mechanische Winkel $\alpha_\mathrm{mech} = \alpha/p$ einzusetzen ist.

$D \cdot \dfrac{\mathrm{d}\alpha}{\mathrm{d}t}$ das Dämpfungsmoment, das vor allem durch Ausgleichsströme in der Dämpferwicklung, die infolge der Relativbewegung des Ständerdrehfeldes zu den Kurzschlußstäben entstehen, gebildet wird.

$\Delta M_\mathrm{s} \cdot \alpha$ das Rückstellmoment, analog der Federkraft bei der mechanischen Torsionsschwingung.

Die Lösung obiger Differentialgleichung ergibt die aus der Mechanik bekannte gedämpfte Schwingung nach

$$\alpha = A \cdot e^{-\frac{t}{T_D}} \cdot \sin \omega_p \cdot t$$

mit der Kreisfrequenz

$$\omega_p = 2\pi f_p = \sqrt{p \cdot \frac{\Delta M_s}{J}} \cdot \sqrt{1 - \frac{D^2 \cdot p}{4J \cdot \Delta M_s}} \qquad (6.31)$$

und der Zeitkonstanten

$$T_D = \frac{2 \cdot J}{p \cdot D} \qquad (6.32)$$

Vernachlässigt man mit $D = 0$ die Dämpfung, so erhält man mit

$$f_{p0} = \frac{1}{2\pi} \cdot \sqrt{p \cdot \frac{\Delta M_s}{J}} \qquad (6.33)$$

die ungedämpfte Eigenfrequenz des Polrades der Synchronmaschine. Ihr Wert liegt etwa in den Grenzen 1 bis 2 Hz.

Beispiel 6.8: Ein zweipoliger Turbogenerator hat die Daten:

$P_N = 50\,\text{MW}$, $\vartheta_N = 28°$, $f_1 = 50\,\text{Hz}$, Trägheitsmoment des Läufers $J = 2113\,\text{Ws}^3$. Es ist die ungedämpfte Pendelfrequenz des Läufers bei M_N abzuschätzen.

Bei der Vollpolmaschine gilt die Beziehung

$$\frac{M_N}{M_K} = \sin \vartheta_N, \text{ so daß man mit } M_N = \frac{P_N}{2\pi n_1}$$

das Kippmoment zu

$$M_K = \frac{P_N}{2\pi n_1 \cdot \sin \vartheta_N} = \frac{50 \cdot 10^6\,\text{W}}{2\pi \cdot 50\,\text{s}^{-1} \cdot \sin 28°} = 339\,\text{kWs}$$

erhält.

Das synchronisierende Moment für den Bemessungspunkt wird

$$\Delta M_{SN} = M_K \cdot \cos \vartheta_N = 339\,\text{kWs} \cdot 0,883 = 299\,\text{kWs}$$

Die Eigenfrequenz des Läufers ist

$$f_{p0} = \frac{1}{2\pi} \cdot \sqrt{p \cdot \frac{\Delta M_{SN}}{J}} = \frac{1}{2\pi} \cdot \sqrt{1 \cdot \frac{299 \cdot 10^3\,\text{Ws}}{2113\,\text{Ws}^3}} = 1,89\,\text{Hz}$$

Schieflast. Die Stromverteilung in einem Netz kann dazu führen, daß nicht alle drei Wicklungsstränge des Synchrongenerators gleichmäßig belastet sind. Eine derartige Schieflast ist innerhalb bestimmter Grenzen zulässig und muß bei der Dimensionierung vor allem der Dämpferwicklung des Generators berücksichtigt werden.

Die Berechnung der unsymmetrischen Belastung erfolgt mit Hilfe der Symmetrischen Komponenten durch Zerlegung der ungleichen Strangströme in ein symmetrisches Mit- und Gegensystem. Während sich dann das Mitfeld wie das normale Ständerdrehfeld der Synchronmaschine verhält, rotiert das Gegenfeld mit doppelter Drehzahl zum Läufer. Ohne Gegenmaßnahmen würde es in der Erregerwicklung einen Wechselstrom der Frequenz $2f_1$ erzeugen, dessen Feld wieder in zwei Teildrehfelder zerlegt werden kann. Durch die mit $2f_1/p$ in Drehrichtung des Läufers rotierende Komponente wird dann in der Ständerwicklung eine der Relativdrehzahl $n_1 + 2f_1/p = 3n_1$ proportionale Drehspannung dreifacher Netzfrequenz entstehen. Führt man diese Überlegung weiter, so ergibt sich, daß in der Ständerwicklung Oberschwingungen ungeradzahliger und in der Läuferwicklung geradzahliger Ordnungszahl entstehen. Diese zusätzlichen Wicklungsströme verursachen zusammen mit induzierten Wirbelströmen im massiven Eisen hohe Zusatzverluste.

Kompensation der gegenläufigen Durchflutung. Ist dagegen eine kräftige Dämpferwicklung vorhanden, so wird das inverse oder gegenläufige Feld durch die Gegendurchflutung, welche die durch das Feld induzierten Dämpferströme aufbauen, weitgehend aufgehoben. Es entspricht dies bei der Asynchronmaschine einem Betrieb mit dem Schlupf $s = 2$, wo in der Ersatzschaltung der Läuferkreis im Vergleich zur Hauptinduktivität sehr niederohmig ist. Dies bedeutet, daß mit $\underline{I}_2' \approx \underline{I}_1$ der das Luftspaltfeld erzeugende Magnetisierungsstrom $\underline{I}_\mu$ sehr klein wird und das inverse Feld damit weitgehend verschwindet. Die Kompensation der inversen Ständerdurchflutung ist um so vollkommener, je kleiner der ohmsche Widerstand und die Streureaktanz der Dämpferwicklung sind.

6.3.3 Die Synchronmaschine in Zweiachsendarstellung

Wicklungsschema. Die Drehstrom-Schenkelpolmaschine läßt sich durch ein Schema nach Bild 6.60 darstellen. Dabei ist hier entsprechend der Gleichstrommaschine die Außenpolform gewählt, bei der sich die über Schleifringe zugängliche Drehstromwicklung U, V, W auf dem Läufer befindet. Der Ständer trägt außer der Erregerwicklung E in den Polschuhen eine Dämpferwicklung, die durch zwei kurzgeschlossene Spulen D und Q in den Hauptachsen ersetzt ist.

Dieser Maschinentyp wird gerne für kleinere Leistungen gewählt und stimmt in seinem Betriebsverhalten völlig mit der sonst üblichen Innenpolbauform überein. Die Umkehrung bewirkt allerdings, daß die mit n_1 rotierende Drehstromwicklung kein Drehfeld, sondern ein räumlich stehendes sinusförmiges Feld ausbildet, das wieder zur Achse des Erregerfeldes eine feste Lage einnimmt.

Zur mathematischen Beschreibung der Synchronmaschine nach Bild 6.60 wären zunächst die Spannungsgleichungen der sechs Wicklungen aufzustellen. Dabei ergeben sich recht komplizierte Ausdrücke, da der Luftspalt und damit der magnetische Leitwert längs des Umfangs nicht konstant sind. Die Gleichungen enthalten daher mit dem Winkel γ veränderliche Koeffizienten.

Parksche Transformation. Diese Schwierigkeiten lassen sich umgehen, wenn die Stranggrößen der rotierenden Drehstromwicklung in gleichwertige Achsengrößen des feststehenden d, q, 0-Systems umgewandelt werden. Diese Darstellung der Synchronmaschine bezeichnet man als Zweiachsentheorie, sie wurde erstmals von Park [128] angegeben.

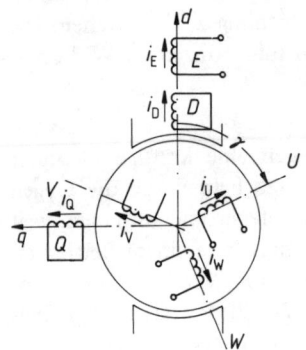

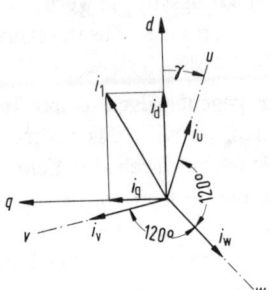

Bild 6.60 Schema der Wicklungen einer Schenkelpolmaschine mit Außenpolen

Bild 6.61 Transformation der rotierenden Drehstromgrößen auf ein festes d, q-System

Im dreiphasigen System erzeugen $m = 3$ Wicklungsstränge die Drehstromdurchflutung $\Theta_1 = m/2 \cdot \Theta_{Str}$. Damit nun durch die transformierten Ströme i_d und i_q bei gleichen Effektivwerten dieselbe resultierende Durchflutung entsteht, erhöht man die Windungszahlen N_d, N_q der Ersatzwicklung auf das 3/2fache der Strangwicklungen N_u, N_v, N_w, d.h. es wird

$$N_{d,q} = \frac{3}{2} \cdot N_{u,v,w}$$

Ferner bezieht man zur Verallgemeinerung (per-unit-System) die Stranggrößen auf den Drehstrom-Nennwert, d.h. den $m/2$fachen Strangstrom.

Die Gleichströme i_d und i_q ersetzen nun die Ständerwechselströme i_u, i_v, i_w dann richtig, wenn beide Systeme die gleiche Gesamtdurchflutung $\Theta_1 \sim i_1$ aufbauen (Bild 6.61). Dies ist der Fall, sobald die Projektionen der Strangströme auf die Längs- und die Querachse mit der Größe von i_d bzw. i_q übereinstimmen.

Damit gilt

$$i_d = \frac{2}{3} \left[i_u \cdot \cos\gamma + i_v \cdot \cos\left(\gamma - \frac{2\pi}{3}\right) + i_w \cdot \cos\left(\gamma + \frac{2\pi}{3}\right) \right] \qquad (6.34\,a)$$

$$i_q = -\frac{2}{3}\left[i_u \cdot \sin\gamma + i_v \cdot \sin\left(\gamma - \frac{2\pi}{3}\right) + i_w \cdot \sin\left(\gamma + \frac{2\pi}{3}\right)\right] \tag{6.34b}$$

Für die Rücktransformation ist zu beachten, daß im Drehstromsystem im allgemeinen Fall noch eine Nullkomponente

$$i_0 = \frac{1}{3}(i_u + i_v + i_w)$$

auftreten kann. Diese leistet keinen Beitrag zum Luftspaltfeld und ist daher in i_d und i_q nicht enthalten.

Aus den obigen drei Gleichungen ergeben sich die Strangströme zu

$$i_u = i_d \cdot \cos\gamma - i_q \cdot \sin\gamma + i_0 \tag{6.35a}$$

$$i_v = i_d \cdot \cos\left(\gamma - \frac{2\pi}{3}\right) - i_q \cdot \sin\left(\gamma - \frac{2\pi}{3}\right) + i_0 \tag{6.35b}$$

$$i_w = i_d \cdot \cos\left(\gamma + \frac{2\pi}{3}\right) - i_q \cdot \sin\left(\gamma + \frac{2\pi}{3}\right) + i_0 \tag{6.35c}$$

Genau dieselben Beziehungen lassen sich zur Transformation der Spannungen und Spulenflüsse angeben. So erhält man z.B. jeweils für die *d*- bzw. *u*-Achse

$$u_d = \frac{2}{3}\left[u_u \cdot \cos\gamma + u_v \cdot \cos\left(\gamma - \frac{2\pi}{3}\right) + u_w \cdot \cos\left(\gamma + \frac{2\pi}{3}\right)\right] \tag{6.36}$$

bzw. $\qquad u_u = u_d \cdot \cos\gamma - u_q \cdot \sin\gamma + u_0 \tag{6.37}$

und $\qquad \Psi_d = \frac{2}{3}\left[\Psi_u \cdot \cos\gamma + \Psi_v \cdot \cos\left(\gamma - \frac{2\pi}{3}\right) + \Psi_w \cdot \cos\left(\gamma + \frac{2\pi}{3}\right)\right] \tag{6.38}$

bzw. $\qquad \Psi_u = \Psi_d \cdot \cos\gamma - \Psi_q \cdot \sin\gamma + \Psi_0 \tag{6.39}$

Spannungsgleichungen. Die Spannungsgleichung eines Strangs der Dreiphasenwicklung lautet z.B. für den Strang *U*

$$u_u = R_1 \cdot i_u + \frac{d\Psi_u}{dt}$$

Setzt man darin die Beziehungen für u_u, i_u und Ψ_u ein, so erhält man nach der Differentiation für den wichtigsten Fall der Sternschaltung ohne Mittelpunktsleiter, d.h. ohne Nullkomponente

$$u_d \cdot \cos\gamma - u_q \cdot \sin\gamma = R_1(i_d \cdot \cos\gamma - i_q \cdot \sin\gamma) +$$

$$+ \frac{d\Psi_d}{dt} \cdot \cos\gamma - \Psi_d \cdot \omega \cdot \sin\gamma - \frac{d\Psi_q}{dt} \cdot \sin\gamma - \Psi_q \cdot \omega \cdot \cos\gamma$$

Trennt man die Gleichung nach cos- und sin-Gliedern, so entstehen mit $d\gamma/dt = \omega$ die beiden Beziehungen

$$u_d = R_1 \cdot i_d + \frac{\mathrm{d}\,\Psi_d}{\mathrm{d}t} - \omega \cdot \Psi_q \tag{6.40}$$

$$u_q = R_1 \cdot i_q + \frac{\mathrm{d}\,\Psi_q}{\mathrm{d}t} + \omega \cdot \Psi_d \tag{6.41}$$

Daselbe Ergebnis erhält man, wenn man anstelle des Strangs U einen anderen wählt.

Für den Ständer lassen sich die Spannungsgleichungen unmittelbar angeben, da seine Wicklungen bereits im d, q-System liegen. Es gilt für die Erregerwicklung

$$u_E = R_E \cdot i_E + \frac{\mathrm{d}\,\Psi_E}{\mathrm{d}t} \tag{6.42}$$

und die zwei Dämpferstränge

$$0 = R_D \cdot i_D + \frac{\mathrm{d}\,\Psi_D}{\mathrm{d}t} \tag{6.43}$$

$$0 = R_Q \cdot i_Q + \frac{\mathrm{d}\,\Psi_Q}{\mathrm{d}t} \tag{6.44}$$

Modellmaschine. Die fünf Gleichungen (6.40) bis (6.44) stellen die Spannungsgleichungen der transformierten Synchronmaschine dar. Für das komplette Differentialgleichungssystem der Maschine fehlen noch die Drehmomentenbeziehung und die Berechnung der Spulenflüsse aus den Einzelströmen. Beides soll hier nicht abgeleitet werden, da die weitere Verwendung zu einem praktischen Rechenbeispiel ohnehin den Rahmen dieses Buches überschreitet.

Für die Darstellung der Synchronmaschine ergeben sich jedoch bereits aus den Spannungsgleichungen interessante Möglichkeiten. Die Beziehungen entsprechen nämlich genau den Maschengleichungen einer Modellmaschine nach Bild 6.62, die damit der Ersatzschaltung der transformierten Synchronmaschine entspricht. Sie besteht im Ständer unverändert aus einer Erregerwicklung in d-Richtung und zwei Dämpferwicklungen D und Q. Der Läufer ist wie bei der Gleichstrommaschine aufgebaut, besitzt jedoch durch die beiden Bürstenpaare zwei Wicklungsachsen. Der jeweils senkrecht zu einer Läuferwicklung wirksame Spulenfluß entspricht in seiner Lage dem Erregerfeld der Gleichstrommaschine und kann wie dort nach $u \sim n \cdot N \cdot \Phi \sim \omega \cdot \Psi$ eine Bewegungsspannung erzeugen. Der Spulenfluß der eigenen Wicklungsachse entspricht in seiner Lage dem Ankerquerfeld der Gleichstrommaschine, das ebenfalls bei jeder Stromänderung nach $L\,\mathrm{d}i/\mathrm{d}t = \mathrm{d}\Psi/\mathrm{d}t$ in der Anker- und Wendepolwicklung eine Spannung der Selbstinduktion induziert.

Über den beabsichtigten Zweck – die Darstellung der Synchronmaschine – hinaus, erweisen sich die fünf Spannungsgleichungen aber auch als zur Beschreibung anderer Maschinentypen geeignet. So erhält man nach Bild 6.63 die Ersatzschaltung der

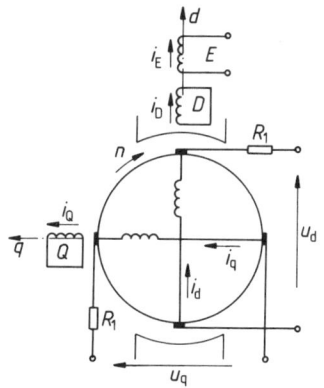

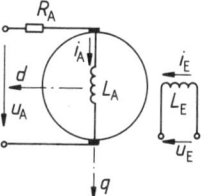

Bild 6.63 Modell der Gleichstrommaschine aus der Zweiachsentheorie

Bild 6.62 Modell der
transformierten Synchronmaschine

fremderregten Gleichstrommaschine, wenn man beachtet, daß bei dieser in der *d*-Achse nur die Erregerwicklung wirksam ist, während in der Querachse die Anker- und Wendepolwicklung an der Netzspannung liegen. Aus den Gleichungen (6.40) und (6.42) wird damit

$$u_q = u_A = R_A \cdot i_A + \frac{\mathrm{d}\Psi_A}{\mathrm{d}t} + \omega \cdot \Psi_E$$

$$u_A = R_A \cdot i_A + L_A \frac{\mathrm{d}i_A}{\mathrm{d}t} + c \cdot n \cdot w \cdot \Phi$$

$$u_E = R_E \cdot i_E + L_E \cdot \frac{\mathrm{d}i_E}{\mathrm{d}t}$$

was jeweils mit dem Ergebnis in Abschnitt 2.4.3 übereinstimmt. (Die Spannung der Querachse u_q der Zweiachsentheorie darf nicht mit dem allgemeinen Formelzeichen für die Quellenspannung u_q verwechselt werden).

Auch die Asynchronmaschine läßt sich mit Hilfe der Zweiachsentheorie beschreiben. Diese führt damit zu einer übergeordneten Darstellung der elektrischen Maschinen, woraus der Einzeltyp als Sonderfall entwickelt werden kann. Die Theorie findet vor allem bei der Berechnung des dynamischen Verhaltens mit Hilfe der elektronischen Rechner Verwendung.

6.3.4 Stoßkurzschluß

Wird der erregte Synchrongenerator plötzlich kurzgeschlossen, so treten innerhalb des Ausgleichsvorgangs hohe Stromspitzen auf, welche den späteren Dauerkurzschluß-wert wesentlich übersteigen. Der Grund liegt darin, daß zunächst der begrenzende Einfluß der Ankerrückwirkung, die das Luftspaltfeld weitgehend abbaut, noch nicht wirksam ist. Zu Beginn des Kurzschlusses besteht noch das volle Hauptfeld, das erst allmählich auf den im Dauerkurzschluß übrigen kleinen Rest abklingt.

Der zeitliche Verlauf des Kurzschlußvorgangs läßt sich über das Differentialgleichungssystem in der Parkschen Transformation berechnen. Der Aufwand ist, sofern
man keine einschränkenden Vernachlässigungen vornimmt, beträchtlich, so daß man
die Gleichungen zweckmäßigerweise gleich auf einem Analogrechner programmiert.
Im Folgenden soll daher nur für den einfachsten Fall, daß der Generator aus dem
Leerlauf mit $U_p = U_N$ heraus kurzgeschlossen wird, der zeitliche Verlauf des Ständerstromes eines Strangs angegeben werden.

Verlauf des Ständerstromes. Für die Spannung im Strang U bis zum Kurzschlußeintritt bei $\omega t = 0$ gelte die Beziehung

$$u_u = \sqrt{2} \cdot U_N \cdot \sin(\omega t - \alpha)$$

Mit $\gamma = \omega t - \alpha$ ist nach Bild 6.60 bei $\omega t = \alpha$, d.h. $\gamma = 0$ der Wicklungsstrang U mit
dem maximalen Fluß verkettet und damit $u_u = 0$. Für den Kurzschlußstrom im Strang
U erhält man dann die allgemeine Beziehung

$$i_u = \sqrt{2} \cdot U_N \left[\frac{1}{2} \left(\frac{1}{X_d''} + \frac{1}{X_q''} \right) \cos\alpha \cdot e^{-\frac{t}{T_s}} + \frac{1}{2} \left(\frac{1}{X_d''} - \frac{1}{X_q''} \right) \times \right.$$

$$\times \cos(2\omega t - \alpha) \cdot e^{-\frac{t}{T_s}} - \left\{ \left(\frac{1}{X_d''} - \frac{1}{X_d'} \right) e^{-\frac{t}{T_d''}} + \right.$$

$$\left. \left. + \left(\frac{1}{X_d'} - \frac{1}{X_d} \right) e^{-\frac{t}{T_d'}} + \frac{1}{X_d} \right\} \cos(\omega t - \alpha) \right] \tag{6.45}$$

Sie ergibt nach Abklingen der Exponentialfunktionen den Dauerkurzschlußstrom

$$i_{ku} = \frac{\sqrt{2}\, U_N}{X_d} \cdot \cos(\omega t - \alpha) \quad \text{mit} \quad I_k = \frac{U_N}{X_d}$$

was mit Gleichung (6.11a) übereinstimmt.

Für $\omega t = 0$ besitzen alle e-Funktionen den Wert eins und man erhält gemäß der Anfangsbedingung des Leerlaufs $i_u = 0$.

Reaktanzen der Synchronmaschine. Die einzelnen Anteile des Kurzschlußstromes werden durch die Haupt- und Streureaktanzen der beteiligten Wicklungen festgelegt, wobei man für die auftretenden Kopplungen üblicherweise die Ersatzgrößen X_d'', X_q'' und
X_d' definiert.

Die Anfangs- oder subtransiente Längsreaktanz X_d'' stellt den im Kurzschlußeintritt
wirksamen Blindwiderstand in d-Richtung dar (Bild 6.64). Hier sind mit der Ständerwicklung die Dämpferwicklung D und die über die Gleichstromquelle niederohmig
geschlossene Erregerwicklung E magnetisch gekoppelt. An den Eingangsklemmen
mißt man wie beim Transformator eine Kurzschlußreaktanz aus dem Wert X_{hd} und
den drei Streureaktanzen.

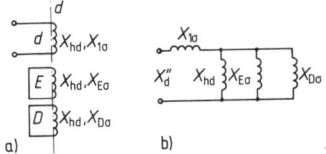

Bild 6.64 Bestimmung der subtransienten
Längsreaktanz x''_d
a) Kopplung der Wicklungen in d-Richtung
b) Ersatzschaltung

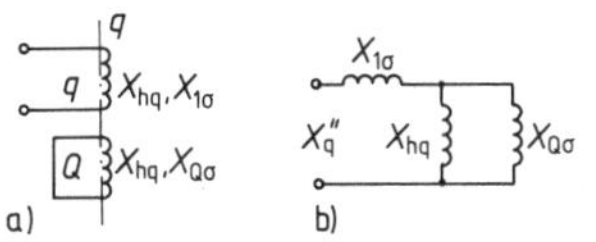

Bild 6.65 Bestimmung der subtransienten
Querreaktanz x''_q
a) Kopplung der Wicklung in q-Richtung,
b) Ersatzschaltung

In der q-Richtung ist außer der Ständerwicklung nur die Dämpferwicklung Q wirksam (Bild 6.65). Für die Berechnung der subtransienten Querreaktanz X''_q in Querrichtung gilt daher die angegebene Schaltung.

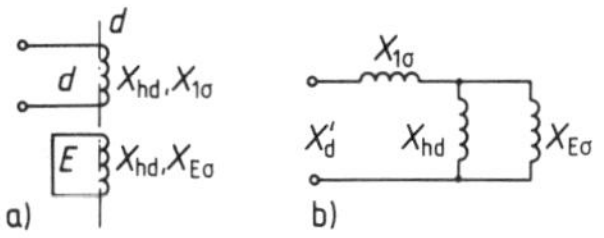

Bild 6.66 Bestimmung der transienten
Längsreaktanz x'_d
a) Kopplung der Wicklungen in d-Richtung
b) Ersatzschaltung

Die Zeitkonstanten in der Gleichung des Ständerkurzschlußstromes errechnen sich nach $T = X/\omega R$ ebenfalls aus derartigen Ersatzschaltungen und den ohmschen Wicklungswiderständen. Sie sollen im einzelnen nicht abgeleitet werden. Die üblichen Größen der wirksamen Zeitkonstanten sind zusammen mit den relativen Reaktanzen $x = X/Z_N$ für die wichtigsten Bauformen der Synchronmaschine in Tafel 6.1 angegeben.

Tafel 6.1 Reaktanzen und Zeitkonstanten von Synchronmaschinen[1])

Bauart	$x_{d\,ges}$	x_q	x'_d	x''_d	x''_q	x_2	x_0	T_s in s	T'_d in s	T''_d in s
zweipolige	1,2	1,1	0,16	0,1	0,1	0,09	0,02	0,06	0,5	0,05
Turbogeneratoren	bis	bis	bis	bis	bis	bis	bis	bis	bis	bis
	2,0	1,8	0,26	0,15	0,15	0,15	0,1	0,25	2,0	0,10
Schenkelpolmasch.	0,75	0,45	0,22	0,14	0,14	0,14	0,03	0,07	0,5	0,02
mit vollständiger	bis	bis	bis	bis	bis	bis	bis	bis	bis	bis
Dämpferwicklung	1,4	0,9	0,4	0,25	0,28	0,27	0,22	0,25	2,5	0,08
Schenkelpolmasch.	0,75	0,45	0,22	0,22	0,45	0,35	0,04	0,09	0,05	
ohne	bis	bis	bis	bis	bis	bis	bis	bis	bis	
Dämpferwicklung	1,4	0,9	0,4	0,4	0,8	0,63	0,3	0,6	2,5	–

[1]) Siemens-AG. Formel- und Tabellenbuch für Starkstrom-Ingenieure, 3. Auflage.

Analyse des Stoßkurzschlußstromes. Analysiert man den Kurzschlußstrom nach Gleichung (6.45), so ergibt der erste Summand ein abklingendes Gleichstromglied, dessen Größe von dem Augenblick des Kurzschlußeintrittes abhängt. Schaltet man bei $\alpha = 0$, d.h. wegen $u_1 = \sqrt{2} \cdot U_N \sin(\omega t - \alpha)$ im Spannungs-Nulldurchgang, so wird das Gleichstromglied am größten. Es verschwindet bei $\alpha = 90°$ und $u_1 = \sqrt{2} \cdot U_N$ im Schaltaugenblick. Der zweite Anteil entsteht nur bei $X_d'' \neq X_q''$, was für Schenkelpolmaschinen ohne oder mit unvollständiger Dämpferwicklung zutrifft. Er ist ein Wechselstrom doppelter Netzfrequenz, der mit der Zeitkonstanten des Gleichstromgliedes abklingt.

Die übrigen Anteile stellen einen netzfrequenten Wechselstrom dar, der den maximalen Effektivwert

$$I_k'' = \frac{U_N}{X_d''} \tag{6.46}$$

besitzt und als Anfangs-Kurzschlußwechselstrom bezeichnet wird. Da $T_d'' \ll T_d'$ ist, bleiben bald nach dem Kurzschlußeintritt nur die beiden letzten Summanden mit dem transienten Kurzschlußwechselstrom des maximalen Effektivwertes

$$I_k' = \frac{U_N}{X_d'} \tag{6.47}$$

übrig. Dieser erreicht dann nach einigen Sekunden den Dauerkurzschlußstrom

$$I_k = \frac{U_N}{X_d}. \tag{6.48}$$

Im Liniendiagramm des Kurzschlußstromes (Bild 6.67) ist zur Vereinfachung $X_d'' = X_q''$ gesetzt, so daß der doppelfrequente Stromanteil nicht auftritt. Ferner ist mit $\alpha = 0$ das maximale Gleichstromglied mit dem Anfangswert $\sqrt{2} \cdot I_k''$ angenommen. Die Hüllkurve des Kurzschlußstromes schneidet die Ordinate damit bei dem Betrag $2 \cdot \sqrt{2} \cdot I_k''$.

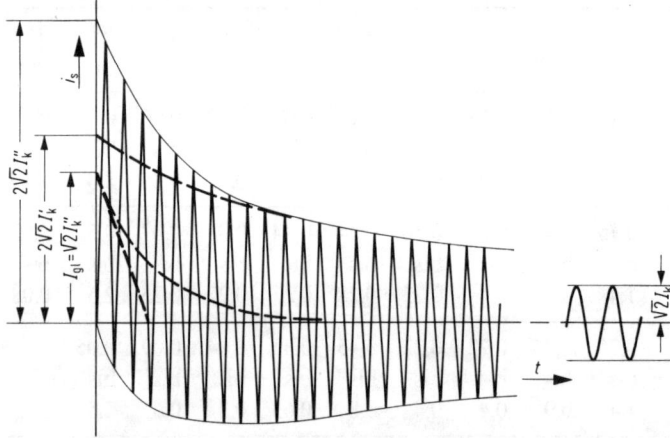

Bild 6.67 Verlauf des Stoßkurzschlußstromes eines Strangs bei maximalem Gleichstromglied

Die Entstehung eines Gleichstromgliedes erklärt sich wie beim Transformator daraus, daß der Ständerstrom bei einer Spannungskurve nach $u = \sqrt{2} \cdot U_N \cdot \sin(\omega t - \alpha)$ im Kurzschlußaugenblick nicht den für induktive Last erforderlichen stationären Verlauf nach $-\cos(\omega t - \alpha)$ annehmen kann. Er muß vielmehr nach der Anfangsbedingung $i = 0$ beginnen und erreicht dies durch ein Gleichstromglied der Höhe $\sqrt{2} \cdot I_k'' \cdot \cos\alpha$.

Die maximale Spitze des Ständerstromes entsteht eine halbe Periode nach einem Kurzschluß im Spannungs-Nulldurchgang. Hier addieren sich die Amplitude des Stoßkurzschlußwechselstromes und das Gleichstromglied. Dieser Stoßkurzschluß-strom I_s darf nach VDE 0530 für Synchronmaschinen bei dreipoligem Kurzschluß maximal das 21fache des Bemessungsstromes I_N betragen. Für zweipolige Turbo-generatoren muß $x_d'' \geqq 0,10$ sein, d. h. es wird $I_k'' = 10 I_N$ und der Stoßkurzschlußstrom mit Berücksichtigung der Dämpfung etwa

$$I_s = \sqrt{2} \cdot 1,8 \cdot I_k'' \qquad (6.49)$$

also das 18fache vom Scheitelwert des Bemessungsstromes.

Auch die Erregerwicklung nimmt während des Ausgleichsvorgangs hohe Stromspitzen auf. Außer einem induzierten Gleichstrom entsteht dabei als Gegenstück zum Gleichstromglied der Ständerwicklung ein Wechselstromanteil.

Beispiel 6.9: Es ist die maximale Stromspitze des Ständerstromes eines Turbogenerators nach dem Kurzschluß aus dem Leerlauf bei Bemessungsspannung anzugeben. Die Daten der Maschine sind:
$I_N = 3,9 \text{ kA}$, $x_d = 1,7$, $x_d' = 0,20$, $x_d'' = x_q'' = 0,13$, $T_s = 0,15 \text{ s}$, $T_d' = 1,5 \text{ s}$, $T_d'' = 0,07 \text{ s}$.
Die maximale Stromspitze tritt nach $t = 10 \text{ ms}$, $\omega t = \pi$ (eine Halbschwingung) und Kurzschluß-eintritt im Spannungs-Nulldurchgang bei $\alpha = 0$ auf. Der Kurzschlußstrom kann nach Gleichung (6.45) aus seinen Komponenten berechnet werden.

Bei $t = 0,01 \text{ s}$ besitzen die e-Funktionen folgende Werte:

$$e^{-\frac{t}{T_s}} = e^{-\frac{0,01}{0,15}} = 0,9355$$

$$e^{-\frac{t}{T_d'}} = e^{-\frac{0,01}{1,5}} \approx 1$$

$$e^{-\frac{t}{T_d''}} = e^{-\frac{0,01}{0,07}} = 0,867$$

Wegen $\dfrac{1}{X_d} = \dfrac{I_N}{U_N} \cdot \dfrac{1}{x_d}$ und $x_d'' = x_q''$ wird der Kurzschlußstrom bei $\omega t = \pi$

$$I_s = \sqrt{2} \cdot I_N \left[\frac{1}{x_d''} \cdot e^{-\frac{t}{T_s}} - \left\{ \left(\frac{1}{x_d''} - \frac{1}{x_d'} \right) e^{-\frac{t}{T_d''}} + \left(\frac{1}{x_d'} - \frac{1}{x_d} \right) e^{-\frac{t}{T_d'}} + \frac{1}{x_d} \right\} \cos\pi \right]$$

$$= \sqrt{2} \cdot 3,9 \text{ kA} \left[\frac{0,9355}{0,13} + \left(\frac{1}{0,13} - \frac{1}{0,2} \right) \cdot 0,867 + \left(\frac{1}{0,2} - \frac{1}{1,7} \right) \cdot 1 + \frac{1}{1,7} \right] = 80,2 \text{ kA}$$

$I_s = 14,55$ Nennscheitelwert.

Aufgabe 6.10: Das Wievielfache des Scheitelwertes von I_N erreicht die Stromspitze bei Kurzschlußeintritt im Spannungsmaximum?
Ergebnis: $I_s = 7,51 \cdot \sqrt{2} \cdot I_N$

6.4 Sonderbauarten von Synchronmaschinen

6.4.1 Grenzleistungs-Turbogeneratoren

Die Entwicklung des Turbogenerators zur Grenzleistungsmaschine [129–131] ist das markanteste Beispiel für die großen Fortschritte des Elektromaschinenbaus in seiner über hundertjährigen Geschichte. Sie waren in diesem Falle vor allem durch die Erfindung immer wirksamerer Kühlsysteme möglich.

Der Übergang zu größeren Einheitsleistungen im Generatorenbau bringt eine Reihe wirtschaftlicher Vorteile und wurde dadurch ermöglicht, daß sich der Bedarf an elektrischer Energie bislang etwa pro Jahrzehnt verdoppelte. Neben den Ersparnissen an Raum- und Kraftwerksanlagen steigt nach dem Wachstumsgesetz auch die spezifische Leistung des Generators ausgedrückt in kW/kg. Die größere Maschine ist relativ preiswerter und durch den höheren Gesamtwirkungsgrad wirtschaftlicher.

Luftkühlung. Die Leistungssteigerung der auf der Erfindung des Walzenläufers durch Ch. Brown 1901 basierenden Turbogeneratoren erfolgte zunächst bei normaler Luftkühlung durch stetige Vergrößerung der Ständerbohrung und der Maschinenlänge. Für zweipolige Generatoren des 50-Hz-Netzes liegt dabei der größte durch die Fliehkraftbeanspruchungen begrenzte Läuferdurchmesser $d_{2\,max}$ bei 1,28 m. Die axiale Länge l_2 des Rotorkörpers ist mit Rücksicht auf die Lagerbelastung, die Wechselfestigkeit und die Lage der ersten kritischen Drehzahl auf etwa 9 m begrenzt. Bereits Anfang der 30er Jahre war die damals größte Einheitsleistung der luftgekühlten Maschine mit ca. 80 MVA erreicht. Derzeit werden luftgekühlte Synchronmaschinen in Turbobauart bis ca. 300 MVA gebaut [136, 147].

Wasserstoff-Kühlung. Eine neue Entwicklungsphase begann für den Turbogeneratorenbau in Europa nach dem zweiten Weltkrieg durch die bereits in den USA erprobte Wasserstoffkühlung. Das Maschinengehäuse ist hierbei druckfest und gasdicht ausgeführt und erhält an den Seiten eingebaute Wasserkühler, an welche das in einem Kreislauf bewegte H_2-Gas die Verlustwärme abgibt. Die Verwendung von Wasserstoffgas anstelle der Luft bringt gleich mehrere Vorteile. Durch das wesentlich geringere spezifische Gewicht sinken die Gasreibungsverluste des Läufers, was sich vor allem bei Teillast im Wirkungsgrad bemerkbar macht. Außerdem ist das Wärmeabfuhrvermögen bei gleichem Druck etwa doppelt so groß wie bei Luft, so daß bei gleichen spezifischen Verlusten kleinere Übertemperaturen auftreten. Zusätzlich verbessert wird die Kühlung durch eine Erhöhung des Gasdruckes, der heute bis 4 bar beträgt. Mit dieser indirekten Wasserstoffkühlung wurden in Deutschland Turbogeneratoren bis ungefähr 150 MVA gebaut.

Direkte H_2-Kühlung. Eine weitere Leistungssteigerung erreicht man durch die sogenannte direkte Leiterkühlung. Durch Verwendung von Hohlleitern in der Läuferwicklung (Bild 6.68) muß die Wärme nicht mehr über die Kupferisolation und das Läufereisen transportiert, sondern kann direkt am Entstehungsort abgeführt werden. Das Wasserstoffgas strömt beidseitig unter den Wickelkopfkappen ein und entweicht in der Mitte durch radiale Bohrungen.

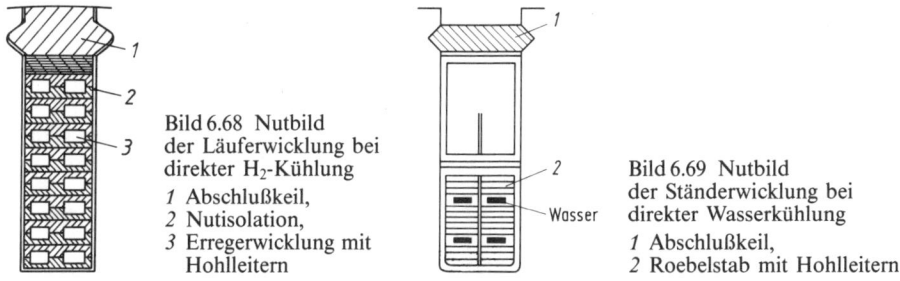

Bild 6.68 Nutbild der Läuferwicklung bei direkter H$_2$-Kühlung
1 Abschlußkeil,
2 Nutisolation,
3 Erregerwicklung mit Hohlleitern

Bild 6.69 Nutbild der Ständerwicklung bei direkter Wasserkühlung
1 Abschlußkeil,
2 Roebelstab mit Hohlleitern

Flüssigkeitskühlung. Mit der direkten Leiterkühlung des Läufers erhöht sich dessen Grenzleistung auf über 600 MVA. Damit ist jetzt die Leistungsgrenze des Ständers überschritten, die bei indirekter Leiterkühlung – vor allem aus Transportgründen – bei 250 bis 300 MVA liegt. Zur weiteren Steigung der Einheitsleistung muß daher auch die Ständerwicklung eine intensivere Kühlung erhalten. Hier erfolgte der Übergang gleich auf die direkte Flüssigkeitskühlung durch Öl oder Wasser, indem zwischen die Teilleiter der Wicklung einige Hohlleiter angeordnet werden (Bild 6.69). Die günstigste Wärmeabfuhr erreicht man durch Wasser, wobei dessen elektrische Leitfähigkeit über einen Ionen-Austauscher innerhalb des Kreislaufes leicht in zulässigen Grenzen gehalten werden kann. Ein wesentlicher Vorteil der direkten Wasserkühlung ist ferner, daß durch die gute Wärmeabfuhr die thermisch-mechanische Beanspruchung der Isolation durch Wärmedehnung deutlich sinkt. Mit Flüssigkeitskühlung im Ständer und direkter Wasserstoffkühlung im Läufer, die durch Axialventilatoren noch verstärkt wird, lassen sich zweipolige Turbogeneratoren bis etwa 1000 MVA bauen. Ein Beispiel für Aufbau und Kühlsystem einer 400 MVA-Maschine zeigt Bild 6.70.

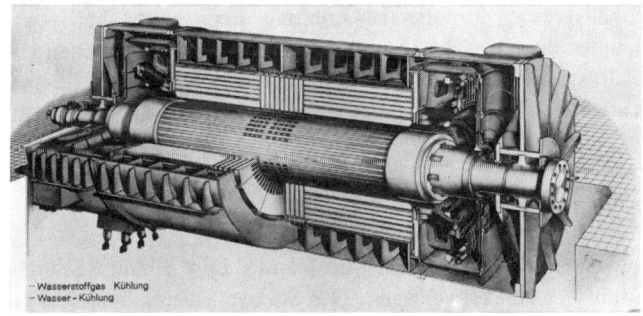

Bild 6.70 Schnittbild eines Turbogenerators für 400 MVA mit wassergekühlter Ständerwicklung und direkter H$_2$-Kühlung im Läufer (ABB-Mannheim)

Kühlsysteme. Die derzeitige Entwicklung befaßt sich mit der nur flüssigkeitsgekühlten Maschine, bei der auch die Läuferwicklung über eine Hohlwelle direkt vom Wasser durchflossen wird. Nach diesem Prinzip sind zweipolige Maschinen bei den angegebenen geometrischen Grenzdaten mit Leistungen von ca. 2350 MVA ausführbar. Ein derartiger Generator benötigt bei Erregerströmen von über 10 kA eine Erregerleistung von etwa 15 MW.

Weitere Entwicklungen sind im Bereich supraleitender Wicklungen zu erwarten, sofern der Bedarf nach noch höheren Einheitsleistungen besteht. Eine schematische Zusammenstellung der einzelnen Kühlsysteme zeigt Bild 6.71. Die angegebenen Leistungen dienen dabei nur als Richtwerte für die ungefähre Abgrenzung der einzelnen Verfahren.

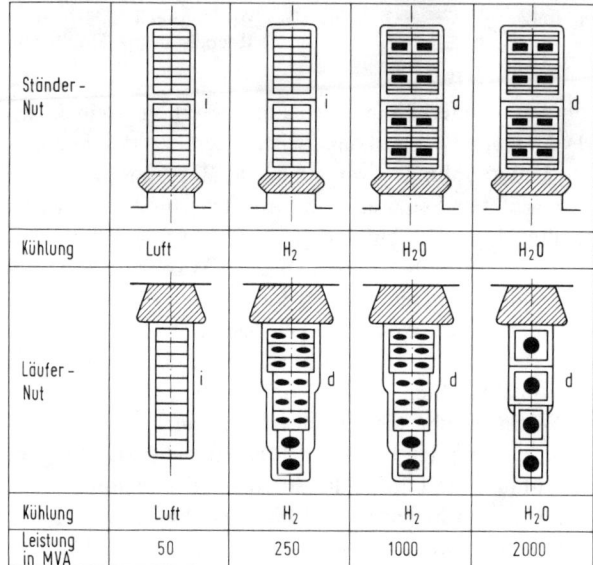

Bild 6.71 Kühlsysteme
von Turbogeneratoren
i indirekte Kühlung,
d direkte Kühlung

Die untere Wirtschaftlichkeitsgrenze für die H_2-Kühlung liegt heute bei etwa 100 MVA, also wesentlich unter der Grenzleistung mit Luftkühlung. Entsprechendes gilt auch für die anderen Kühlsysteme, die man, wenn man sie einmal beherrscht, aus wirtschaftlichen Gründen auch bei Leistungen einsetzt, wo es noch nicht unbedingt nötig wäre [132–138].

6.4.2 Die Einphasen-Synchronmaschine

Synchronmaschinen mit nur einem Wicklungsstrang im Ständer finden hauptsächlich zur Bahnstromversorgung mit 16⅔ Hz Verwendung. Der Ständer ist nur über 2/3 τ_p bewickelt, so daß die erzeugte Spannung dem verketteten Wert einer Drehstrommaschine, aus der ein Wicklungsstrang entfernt wurde, entspricht.

Bei Belastung kann die Ständerdurchflutung nur ein Wechselfeld aufbauen, das man wie bei der Schieflast von Drehstromgeneratoren in ein mit- und ein gegenläufiges Drehfeld zerlegt. Ohne Dämpferwicklung würden wie dort als Folge des inversen Feldes in der Erregerwicklung Oberschwingungen gerader und in der Ständerwicklung ungerader Ordnungszahl entstehen. Die einphasige Synchronmaschine benötigt daher eine kräftige Dämpferwicklung im Läufer, deren Strom die gegenläufige Ständerdrehdurchflutung kompensieren muß. Dies gelingt ihr um so besser, je geringer ihr ohmscher Widerstand und ihre Streureaktanz sind.

Im Unterschied zur Drehstrommaschine ist die innerhalb einer Periode abgegebene Leistung nicht konstant, sondern pulsiert wegen $u_1 = \sqrt{2}\,U_N \cdot \sin\omega t_1$, $i_1 = \sqrt{2}\,I \sin(\omega t - \varphi)$ und $P_1 = u_1 \cdot i_1$ mit doppelter Netzfrequenz. Dieselben Schwankungen macht auch das Drehmoment mit, so daß Einphasengeneratoren federnd aufgestellt werden, um das Fundament zu entlasten.

6.4.3 Reluktanz- und Hysteresemotoren

Reluktanzmotoren. Nach Gleichung (6.27) entwickelt die Schenkelpolmaschine ohne Gleichstromerregung das Reaktionsmoment

$$M_R = -\frac{mU_1^2}{4\pi n_1}\left(\frac{1}{X_q} - \frac{1}{X_d}\right) \cdot \sin 2\vartheta$$

und kann damit als Motor belastet werden. Diese Erscheinung wird seit langem zum Bau von Reluktanzmotoren ausgenutzt, die man aus normalen Asynchron-Kurzschlußläufern entwickelt hat [139–141]. Durch Aussparungen im Läufereisen erhält der magnetische Widerstand (Reluktanz) längs des Umfangs verschiedene Werte, so daß je eine Achse maximalen und minimalen Leitwertes und damit zwei Ständerreaktanzen X_d und $X_q < X_d$ entstehen (Bild 6.72).

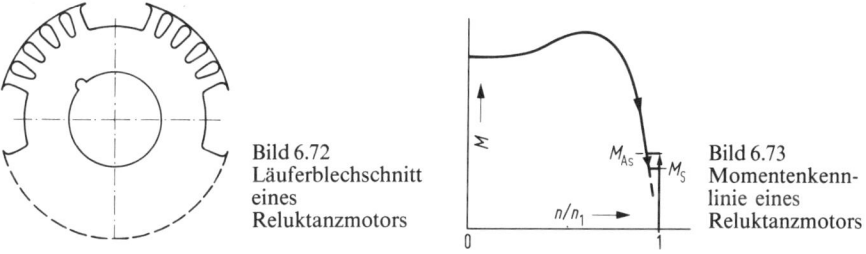

Bild 6.72
Läuferblechschnitt
eines
Reluktanzmotors

Bild 6.73
Momentenkennlinie eines
Reluktanzmotors

Der Anlauf des Reluktanzmotors erfolgt wie der eines normalen Kurzschlußläufermotors über die Käfigwicklung. In der Nähe der Synchrondrehzahl fällt der Läufer bei einem Intrittfallmoment M_s in den Synchronismus (Bild 6.73) und kann danach bis zu einem Außertrittfallmoment $M_{As} > M_s$ belastet werden. Bei Überlastung läuft der Motor wieder asynchron, bis $M < M_s$ erreicht ist.

Die abgegebene Leistung des aus einem normalen Kurzschlußläufer entwickelten Reluktanzmotors erreicht maximal etwa 50% der Typenleistung der entsprechenden
Asynchronmaschine. Leistungsfaktor und Wirkungsgrad liegen bei höchstens
$\cos\varphi = 0{,}5$ bzw. $\eta = 0{,}6$. In den letzten Jahren wurden jedoch durch neu entwickelte
Läuferbauformen günstigere Betriebseigenschaften erzielt. Das Bestreben ist darauf
gerichtet, das Verhältnis X_d/X_q möglichst groß zu erhalten, was den Leistungsfaktor
und das Drehmoment erhöht. Man erreicht dies z.B. durch Luftspalte im Läuferblech
(Bild 6.74), die als Sperren für den Fluß in Querrichtung und als Führung für den
Fluß in d-Richtung wirken. Denselben Zweck erfüllen Läuferbauformen aus einzel-
nen Blechsegmenten. Mit derartigen Maschinen erhält man Leistungsfaktoren und
Wirkungsgrade, die an jene leistungsgleicher Asynchronmotoren herankommen [141].

Reluktanzmotoren werden heute etwa bis zu Leistungen von 10 kW gebaut und mit
Vorteil dort eingesetzt, wo z.B. wie in Spinnereien und Förderanlagen viele kleine
Antriebe mit genau gleicher Drehzahl laufen müssen.

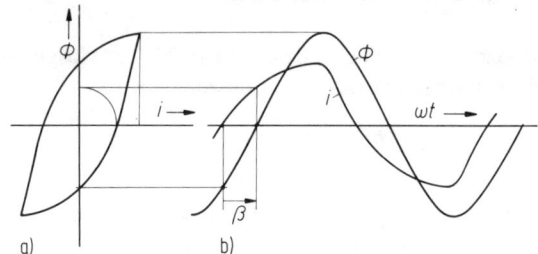

Bild 6.74 Blechschnitt
eines Reluktanzmotors
mit Flußsperren
in q-Richtung

Bild 6.75 Magnetisierung eines hartmagnetischen Werkstoffes
a) Magnetisierungskennlinie $\Phi = f(i)$,
b) Diagramme von Feld Φ und Erregerstrom i

Hysteresemotoren. Der Hysteresemotor [142] ist eine Synchronmaschine mit Dauermagneterregung und günstigen asynchronen Anlaufeigenschaften. Der Ständer wird
bei Kleinstmotoren meist im Spaltpolprinzip ausgeführt. Der Läufer besitzt keine
Wicklung, sondern besteht aus einem Zylinder aus hartmagnetischem Werkstoff.

Im asynchronen Betrieb entwickelt der Motor nach Gl.(4.39) ein Drehmoment, das
bei einem reinen Kreisdrehfeld Φ_h den Wert

$$M = c \cdot \Phi_h \cdot I_1 \cdot \sin\beta$$

erreicht. Dabei ist β die zeitliche Nacheilung des Spulenflusses $\Psi_1 = N_1 \cdot \Phi_h$ zum
Ständerstrom I_1. Diese Phasenverschiebung ergibt sich nach Bild 6.75 auf Grund der
hartmagnetischen Charakteristik $\Phi = f(i)$ des Läuferwerkstoffes. Zur Erzielung hoher
Drehmomente ist also eine breite Hystereseschleife mit $\sin\beta \to 1$ günstig.

Das Verhalten im asynchronen Betrieb läßt sich am einfachsten aus einer Energiebilanz darstellen (Bild 6.76). Da bei Vernachlässigung der Wirbelströme im Dauerma-

gnetwirkstoff keinerlei Läuferdurchflutung vorhanden ist, entnimmt der Hysteresemotor dem Netz einen konstanten Strom und eine feste Primärleistung. Zieht man davon die ebenfalls konstanten Ständerkupfer- und Eisenverluste P_{v1} ab, so bleibt eine unveränderliche Luftspaltleistung P_L übrig. Der Motor entwickelt damit im gesamten asynchronen Bereich ein konstantes Drehmoment $M \sim P_L$ (Bild 6.77). Im Stillstand bei $s = 1$ und $P_2 = 0$ wird die Luftspaltleistung völlig zur Deckung der Ummagnetisierungsverluste P_{FeH} im hartmagnetischen Material benötigt, die hier das mit Synchrondrehzahl zum Läufer rotierende Ständerdrehfeld hervorruft. Mit dem Hochlauf und $s < 1$ gehen diese Hystereseverluste $P_{FeH} = s \cdot P_L$ proportional mit der Schlupffrequenz $f_2 = s \cdot f_1$ zurück und die abgegebene Leistung $P_2 = P_L \cdot (1 - s)$ steigt entsprechend an. Im Synchronismus ist $P_{FeH} = 0$ und $P_2 = P_L$.

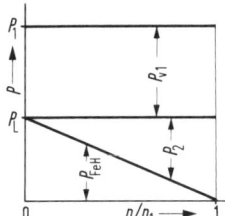
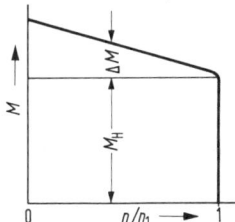

Bild 6.76 Leistungsbilanz eines Hysteresemotors im asynchronen Bereich

Bild 6.77 Momentenkennlinie eines Hysteresemotors
M_H Hysteresemoment,
ΔM Zusatzmoment durch Wirbelströme

Im synchronen Lauf entwickelt der Hysteresemotor sein Drehmoment wie eine gewöhnliche dauermagneterregte Synchronmaschine. In das hartmagnetische Material werden durch das zum Läufer stillstehende Ständerdrehfeld Pole unterschiedlicher Polarität am Umfang eingeprägt, die den Motor bis zu einem maximalen Drehmoment auf synchroner Drehzahl halten. Das Kippmoment ist erreicht, wenn der Polradwinkel den Wert $\vartheta = \beta$ annimmt.

Der Anwendungsbereich von Hysteresemotoren liegt bei Leistungen unter 100 W für Kleinantriebe, die mit synchroner Drehzahl laufen müssen und wo relativ große Schwungmassen zu beschleunigen sind. Dem schlupfunabhängigen Hysteresemoment M_H überlagert sich in Wirklichkeit ein Zusatzmoment ΔM durch die unvermeidbaren Wirbelströme im Läufermaterial. Entsteht durch eine einphasige Ständerausführung ein elliptisches Drehfeld, so wird vor allem das Anzugsmoment herabgesetzt.

6.4.4 Schrittmotoren

Steuerprinzip. Schrittmotoren sind eine Sonderbauform der Synchronmaschine mit ausgeprägten Ständerpolen, deren Wicklungen durch Stromimpulse zyklisch angesteuert werden. Dadurch entsteht ein sprungförmig umlaufendes Magnetfeld, dem der Läufer jeweils mit einem Schritt um den Winkel α folgt. Einer Reihe von n

Steuerimpulsen entspricht daher eine Drehung der Welle um den Winkel $\varphi = n \cdot \alpha$, was eine Positionierung ohne Rückmeldung erlaubt. Schrittmotoren arbeiten also in einer offenen Steuerkette, d.h. ohne den bei Gleichstrom- und Drehstrom-Servoantrieben erforderlichen Regelkreis mit Soll-Istwertvergleich der Läuferstellung [143].

Zu einem Schrittmotorenantrieb (Bild 6.78) gehört immer ein dem Motor zugeordnetes Ansteuergerät, in dem eine Programmeinheit die Steuerbefehle verarbeitet und der Leistungsstufe zuführt. Diese liefert aus einem Netzteil die erforderliche Impulsfolge zur Speisung der einzelnen Wicklungsstränge.

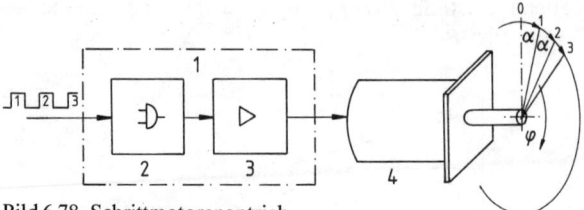

Bild 6.78 Schrittmotorenantrieb
1 Ansteuergerät, 2 Programmeinheit, 3 Leistungsstufe, 4 Schrittmotor

Aufgrund der digitalen Drehbewegung seiner Welle eignet sich der Schrittmotor ideal als Schaltwerk (Drucker, Programmschalter, Quarzuhren usw.) und Positionierantrieb für praktisch alle Aufgaben der Automatisierungstechnik. In der Ausführung als Hybridmotor sind heute Vollschrittwinkel von $\alpha = 0,72°$ bei Lauffrequenzen bis 50 kHz typisch. Je nach Bauart werden Motoren mit Drehmomenten von 0,01 Nm bis ca. 10 Nm erfertigt.

Das Prinzip der Schrittmotorentechnik ist in Bild 6.79 am Beispiel eines dreisträngigen Motors mit Reluktanzläufer gezeigt. Durch die Stromimpulse werden die Wicklungstränge 1 bis 3 nacheinander erregt und damit eine sprungförmige Winkeländerung der Ständerfeldlage erreicht. Der Läufer stellt sich jeweils so in dieses Ständerfeld ein, daß vier seiner Zähne mit den gerade erregten Ständerpolen deckungsgleich sind, was der Stellung kleinsten magnetischen Widerstandes (Reluktanz) entspricht. Wie Bild 6.79 zu entnehmen ist, ergibt jeder Impuls einen Winkelschritt von $\alpha = 15°$.

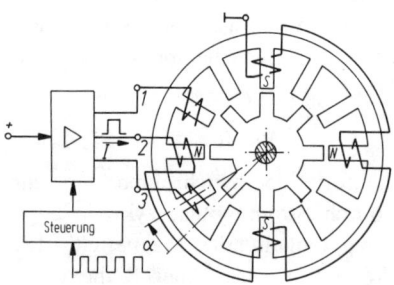

Bild 6.79 Schaltung eines
dreisträngigen Reluktanzschrittmotors
Schrittwinkel $\alpha = 15°$

Bauformen. Schrittmotoren werden mit $m = 2$ bis $m = 5$ Wicklungssträngen ausgeführt, besitzen also $2\,p \cdot m$ Ständerpole. Die wesentlichsten Konstruktionsunterschiede liegen in der Bauart des Läufers, wonach man in drei Motortypen gliedert.

1. Permanenterregte Motoren (PM-Motor) in Wechselpol-Bauweise besitzen einen zylindrischen Ferritläufer, der entlang des Umfangs mehrpolig magnetisiert ist (Bild 6.80a), wobei man mit $p \leqq 12$ Schrittwinkel bis zu 7,5° erreicht. Der Ständer ist meist zweisträngig und wird gerne nach dem Klauenpolprinzip ausgeführt. Dieser Motortyp ist preiswert, hat eine gute Dämpfung und durch den Dauermagneten auch im stromlosen Zustand ein Selbsthaltemoment.
2. Bei Reluktanzmotoren besteht der Läufer aus einem weichmagnetischen Zahnrad, (Bild 6.79), das sich entsprechend den bestromten Ständerwicklungen in deren Magnetfeld einstellt. Es wird also der durch die Nut-Zahnfolge veränderliche magnetische Widerstand (variable Reluktanz – VR-Motor) zur Drehmomentbildung verwendet. Man erreicht in dieser Bauform Schrittwinkel von unter 1°, erhält aber ohne das Dauermagnetfeld kein Selbsthaltemoment und eine schlechte Dämpfung.
3. Permanenterregte Motoren in Gleichpol-Bauweise (Hybridmotoren) sind eine Kombination der beiden obigen Typen. Der Läufer besteht nach Bild 6.80b) aus einen axial magnetisierten Dauermagneten, der beidseitig gezahnte Polschuhe aus Weicheisen erhält. Die Zähne beider Ringe sind gegeneinander um eine halbe Teilung versetzt und bilden auf der einen Seite nur Nord- auf der anderen nur Südpole. Der Ständer besitzt ebenfalls gezahnte Pole für eine meist fünfsträngige Wicklung. Mit dieser wichtigsten Bauform vor allem für große Drehmomente erreicht man Schrittwinkel unter 1°, eine gute Dämpfung und ein Selbsthaltemoment.

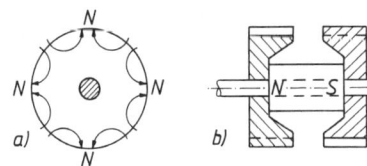

Bild 6.80 Dauermagnetläufer eines Schrittmotors
a) Wechselpolbauweise, b) Gleichpolbauweise

Die Wirkung einer Zahnung der Ständerpole zur Realisierung kleiner Schrittwinkel soll in Bild 6.81 prinzipiell am Beispiel eines viersträngigen Motors mit acht Ständerpolen, die jeweils fünf Zähne aufweisen, gezeigt werden. Bei erregter Ständerwicklung A befinde sich der Läufer mit 50 Zähnen in Lage *1*, d.h. der Stellung maximalen Leitwerts zwischen Pol A und den Läuferzähnen. Wird jetzt der Strang B erregt, so springt der Läufer in die neue Lage *2* mit ebenfalls optimaler magnetischer Zuordnung. Da die Ständerpolteilung das $50/8 = 6{,}25$fache der Läuferzahnteilung τ_{n2} beträgt, entspricht die Lage *2* einer Drehung um $0{,}25 \cdot \tau_{n2}$. Der Schrittwinkel des Motors ist damit

$$\alpha - 0{,}25 \cdot \frac{360°}{50} = 1{,}8°$$

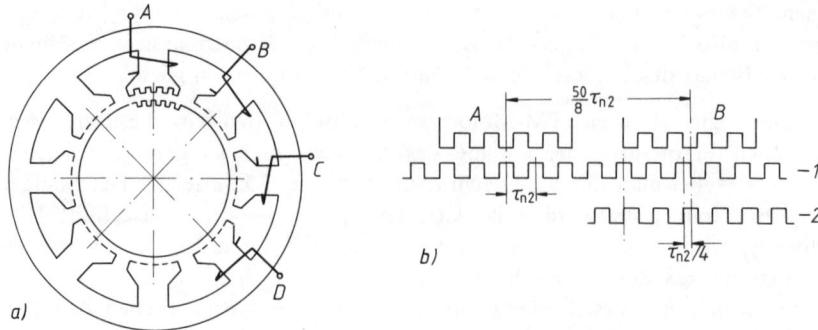

Bild 6.81 Reluktanzschrittmotor mit gezahnten Ständerpolen, Schrittwinkel $\alpha = 1,8°$
a) Aufbau von Ständer und Läufer   b) Läuferzahnstellung vor (1) und nach (2) einem Schritt

Schrittarten. Um ein möglichst hohes Drehmoment zu erreichen, erhalten die Wicklungsstränge nicht wie es vereinfacht in Bild 6.79 angenommen ist nacheinander einzeln ihren Stromimpuls, sondern es werden meist gleichzeitig mehrere Stränge bestromt. Je nachdem in welcher Art und Reihenfolge dies geschieht, lassen sich wie in Bild 6.81 am Beispiel eines Motors mit $m = 2$ gezeigt ist, die folgenden verschiedenen Schrittarten erzeugen:

1. Vollschrittbetrieb. Es werden stets alle m oder immer $m - 1$ Wicklungen bestromt. Der erste Fall erfordert das Stromdiagramm nach Bild 6.82a und ergibt die eingetragenen Feldlagen mit einem Schrittwinkel von 90°.
2. Halbschrittbetrieb. Die Bestromung wechselt immer zwischen m und $m - 1$ Wicklungen. Mit dem Stromdiagramm nach Bild 6.82b erhält man jetzt acht Feldachsen und entsprechend einen Schrittwinkel von 45°. Weil nacheinander eine oder zwei Wicklungen erregt sind, ändert sich die Ständerdurchflutung im Verhältnis $1 : \sqrt{2}$, was entsprechende Feld- und Drehmomentschwankungen zur Folge hat. Bei $m = 5$ sind die Unterschiede jedoch nur gering.

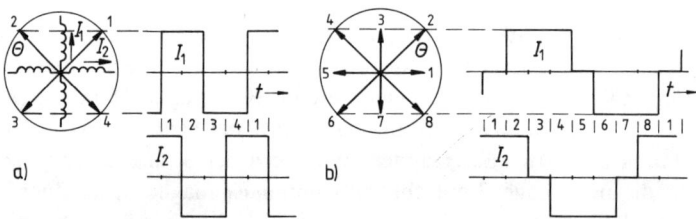

Bild 6.82 Zweisträngiger Schrittmotor, Feldlagen und Wicklungsströme
a) Vollschrittbetrieb, b) Halbschrittbetrieb

Neben diesen beiden Schrittarten, die sich bei den meisten Ansteuergeräten wahlweise einstellen lassen, wird mitunter auch ein sogenannter Minischrittbetrieb (ministep) vorgesehen. Hier sind die Wicklungsströme mit einer entsprechend aufwendigen Elektronik sprungweise an die Sinusform angepaßt, was die Anzahl der Feldlagen nochmals wesentlich erhöht.

Ansteuerung. Bezüglich der Stromversorgung der einzelnen Wicklungen über die Endtransistoren der Leistungsstufe unterscheidet man zwei Varianten:

Bei unipolarer Speisung erhält jeder Pol zwei Wicklungen, von denen jede eine Stromrichtung übernimmt (Bild 6.83 a). Die Elektronik wird damit einfach, die Motorausnützung aber ungünstig, da stets nur 50% des Wickelraumes bestromt ist.

Bei bipolarer Speisung (Bild 6.83 b) fließt der Strom in nur einer Strangwicklung/Pol in beiden Richtungen, was die doppelte Zahl an Schalttransistoren erfordert. Da bei gleichem Wickelraum/Pol der ohmsche Widerstand der Spule halbiert werden kann, erhält man erst bei einem um den Faktor $\sqrt{2}$ vergrößerten Strangstrom die gleichen Verluste wie bei unipolarem Betrieb. Motoren mit bipolarer Speisung erreichen daher die höheren Drehmomente.

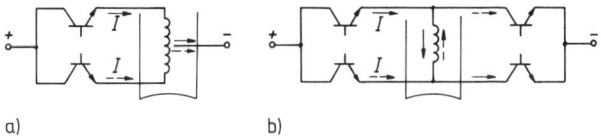

a)　　　　　　　　　b)

Bild 6.83 Ansteuerschaltungen eines Schrittmotors
a) Unipolare Speisung der Ständerwicklung, b) Bipolare Speisung

Statisches Drehmoment. Wird ein Schrittmotor bei erregtem Ständerstrang aus seiner Nullage ausgelenkt, so entwickelt er ein Rückstellmoment, das nach Bild 6.84, Kurve *1* näherungsweise sinusförmig verläuft. Erreicht die Auslenkung mit $\varphi = -\alpha$ den Schrittwinkel, so erhält man das Kippmoment M_K, das in der Schrittmotorenterminologie nach DIN 42021 als Haltemoment M_H bezeichnet wird.

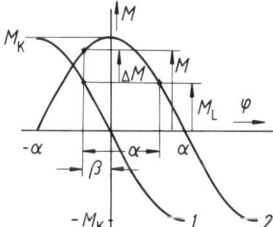

Bild 6.84 Statisches Drehmoment und Lastwinkel eines Schrittmotors

Ist der Motor nun dauernd mit einem Gegenmoment M_L belastet, so kann der Läufer nach Bild 6.84 nicht mehr die Leerlaufstellung mit $\varphi = 0°$ einnehmen, sondern er bleibt um den Winkel β zurück (Polradwinkel der belasteten Synchronmaschine). Mit dem nächsten Stromimpuls erhält die Momentenkurve die neue Lage *2* und der Läufer kann mit dem Beschleunigungsmoment $\Delta M = M - M_\mathrm{L}$ einen Schritt mit dem Win-

kel α ausführen. Es bleibt also bei dem einmaligen Winkelfehler β, d.h. bei n Steuerimpulsen entsteht ein Verdrehwinkel $n \cdot \alpha - \beta$.

Nach Bild 6.84 kann der Motor den nächsten Schritt ausführen, solange das Lastmoment M_L kleiner als der Momentenwert im Schnittpunkt der Kurven *1* und *2* ist.

Drehmoment-Frequenzdiagramm. Mit welchen Drehmomenten ein Schrittmotor ohne
außer Tritt zu fallen, d.h. ohne Schrittfehler bei einer bestimmten Steuerfrequenz betrieben werden kann, wird durch die Grenzfrequenz-Kennlinien in Bild 6.85 angegeben. Kurve A_0 gibt die jeweilige Startgrenzfrequenz für $J_L = 0$ an und begrenzt damit
den Startbereich in dem der Motor ohne Schrittfehler mit einem bestimmten Lastträgheitsmoment J_L anlaufen und anhalten kann. Bei $J_L > 0$ sind dann z.B. das Wertepaar Anlaufgrenzfrequenz f_{Am} und Anlaufgrenzmoment M_{Am} zulässig. Bei der maximalen Anlauffrequenz f_{A0m} ist gerade noch Leerlauf möglich. Nach dem Anlauf kann
der Motor innerhalb der Betriebsgrenzkurve B arbeiten, wobei die maximale Betriebs-
grenzfrequenz f_{B0m} wieder für Leerlauf gilt.

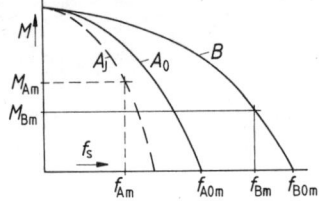

Bild 6.85
Drehmoment-Frequenzdiagramm
eines Schrittmotors
A Anlaufgrenzfrequenz-Kennlinie
B Betriebsgrenzfrequenz-Kennlinie

Stromversorgung. Das verfügbare Drehmoment verringert sich bei höherer Steuerfrequenz vor allem deshalb, weil die Wicklungsströme innerhalb der Stromflußdauer t_s
immer stärker von der idealen Rechteckform abweichen. Beim Aufschalten einer
Gleichspannung U_N steigt der Strom nämlich exponentiell mit der Zeitkonstanten
$T = L/R$ des Wicklungstranges an, d.h. der für das volle Drehmoment erforderliche
Endwert $I_N = U_N/R$ wird erst etwa bei $t_s > 5\,T$ erreicht.

Im Konstantspannungs-Betrieb schaltet man zur Erhöhung der zulässigen Steuerfrequenz meist einen ohmschen Vorwiderstand in den Wicklungsstrang und reduziert
damit die Zeitkonstante entsprechend. Als Nachteil müssen eine höherere Versor-
gungsspannung und zusätzliche Stromwärmeverluste in Kauf genommen werden.

Eine wesentliche Erhöhung des Frequenzbereichs kann man durch Ausführung der
Ansteuereinheit mit Konstantstrom-Betrieb erreichen. Hier erhält die Motorwicklung
eine höhere Spannung als U_N aufgeschaltet, so daß der Strom schneller auf einen
oberen Grenzwert ansteigt. Jetzt wird die Spannung solange abgeschaltet, bis der
Strom wieder auf einen unteren Wert gesunken ist und danach erneut Spannung angelegt. Man stellt den Strommittelwert I_N also in einem Taktbetrieb (Chopperbetrieb)
ein, dessen Frequenz wesentlich über der Steuerfrequenz liegt. Hochwertige Schritt-
motorenantriebe arbeiten heute meist in einer Technik des Konstantstrom-Betriebs.

7 Stromwendermaschinen für Wechsel- und Drehstrom

Neben den Synchron- und Asynchronmaschinen gibt es auch Motoren für Wechsel-
und Drehstromanschluß, die im Läufer einen Stromwender und die zugehörige Zwei-
schichtwicklung besitzen. Diese Motoren wurden in verschiedenen Bauformen entwickelt, um die gute Drehzahlsteuerbarkeit der Stromwendermaschine mit dem Vorteil des direkten Netzanschlußes zu verbinden.

Durch den Einsatz der Leistungselektronik sind eine Reihe dieser Motortypen ganz
aus dem Markt verschwunden oder werden nur noch wenig eingesetzt. Man verwendet noch

- Einphasen-Reihenschlußmotoren im Leistungsbereich über 100 kW als Fahrmotor
  in Lokomotiven für 16⅔ Hz- und 50 Hz-Bahnnetze.
- Einphasen-Reihenschlußmotoren bis ca. 3000 W in großen Stückzahlen als Universalmotoren.
- Drehstrom-Nebenschlußmotoren mit verstellbarem Bürstensatz als Regelantriebe.

7.1 Stromwendermaschinen für Wechselstrom

7.1.1 Einphasen-Reihenschlußmotoren

Aufbau. Der Einphasen-Reihenschlußmotor entspricht im Aufbau des Ständers der
Konstruktion einer modernen Gleichstrommaschine für Stromrichterbetrieb und Rei-
henschlußschaltung (Bild 7.1). Mit Rücksicht auf die Wechselstromspeisung ist der
gesamte magnetische Kreis aus Dynamoblechen geschichtet. Das komplette Ständerblech (Bild 7.2) enthält im Hauptpol Nuten für eine kräftige Kompensationswicklung,

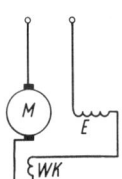

Bild 7.1 Schaltbild eines
Einphasen-Reihenschlußmotors
WK Wendepol- und
    Kompensationswicklung,
E Erregerwicklung

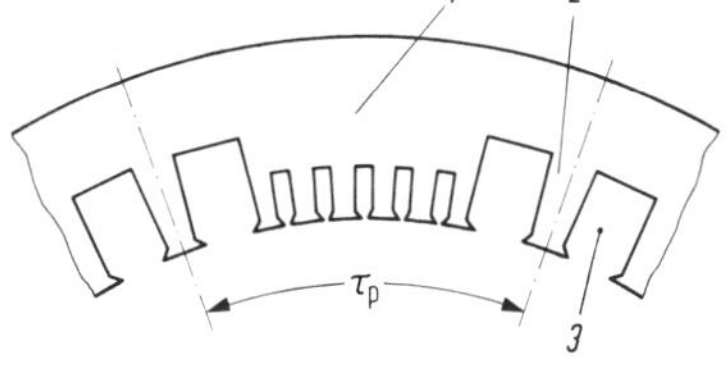

Bild 7.2 Ständerblechschnitt eines
Einphasen-Reihenschlußmotors
1 Hauptpol mit Nuten für die Kompensationswicklung,
2 Wendepol,
3 Nuten für die Erreger- und Wendepolwicklung

während die Erreger- und die Wendepolwicklung in den großen Nuten zu beiden Seiten des Wendepolzahns untergebracht sind. Anwendungsgebiete dieser Maschinen
sind

- bei Leistungen über 100 kW bislang noch der Antrieb von Lokomotiven für Wechselstrombahnen (Bild 7.3)
- Antriebe für E-Werkzeuge und Haushaltsgeräte mit Universalmotor.

Bild 7.3 Ständer eines 16⅔ Hz
Bahnmotors der Deutschen Bundesbahn
(Siemens AG, Erlangen)

Ersatzschaltbild. Da durch die Maschine Wechselstrom fließt, ist außer dem ohmschen Wicklungswiderstand R der gesamte Blindwiderstand $X = X_{Eh} + X_{E\sigma} + X_A$ des Kreises zu beachten. Es bedeuten dabei X_{Eh} und $X_{E\sigma}$ die Haupt- und die Streureaktanz der Erregerwicklung und X_A der resultierende Blindwiderstand von Anker-, Wendepol- und Kompensationswicklung. Konzentriert man die Wicklungswiderstände vor der Maschine, so entsteht für den Einphasen-Reihenschlußmotor ein Ersatzschaltbild nach Bild 7.4. Infolge der Sättigung des magnetischen Kreises ist der Blindwiderstand X vor allem durch den Hauptanteil X_{Eh} nicht konstant, sondern sinkt mit wachsendem Belastungsstrom.

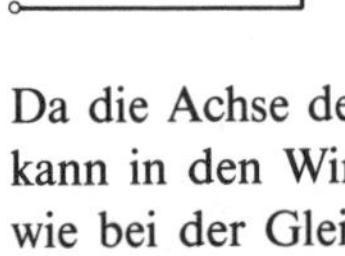

Bild 7.4 Ersatzschaltbild des Einphasen-Reihenschlußmotors

Da die Achse der Ankerwicklung senkrecht zu der des Erregerwechselfeldes Φ steht, kann in den Windungen keine transformatorische Spannung entstehen, sondern nur wie bei der Gleichstrommaschine eine durch die Läuferdrehung induzierte Quellenspannung U_q. Diese hat, da sie nach $u_q = B \cdot l \cdot v$ an die augenblicklich vorhandene Induktion gebunden ist, die Phasenlage des Erregerfeldes. Dagegen wäre eine transformatorisch erzeugte Spannung 90° zeitlich verschoben. Wie bei der Gleichstrommaschine nach Gleichung (2.19a) ist der Scheitelwert der induzierten Ankerspannung

$$U_{q\,max} = 4 \cdot N \cdot p \cdot n \cdot \Phi$$

Sie besitzt wegen des sinusförmigen Verlaufs des Erregerflusses mit der Amplitude Φ den Effektivwert

$$U_q = \frac{1}{\sqrt{2}} \cdot U_{q\,max}$$

$$U_q = \sqrt{2} \cdot 2 \cdot N \cdot p \cdot n \cdot \Phi \tag{7.1}$$

Der Erregerfluß läßt sich über die Grundgleichung $\Phi = \Lambda \cdot \Theta$ mit

$$\Lambda_{Eh} = \frac{L_{Eh}}{N_E^2} = \frac{X_{Eh}}{\omega \cdot N_E^2} \quad \text{und} \quad \Theta_E = N_E \cdot \sqrt{2} \cdot I$$

zu $\qquad \Phi = \dfrac{X_{Eh}}{2\pi f_1 \cdot N_E^2} \cdot N_E \cdot \sqrt{2} \cdot I$

berechnen, wobei für X_{Eh} ein mittlerer Sättigungswert gewählt ist. Mit $\Phi \sim I$ ist auch die Rückwirkung des Kurzschlußstromes i_K in den kommutierenden Ankerspulen, die mit N_E transformatorisch gekoppelt sind, vernachlässigt. Mit diesen Vereinfachungen erhält man mit obiger Beziehung für den Erregerfluß Φ aus Gl. (7.1) die Spannung

$$U_q = \frac{2}{\pi} \cdot \frac{N}{N_E} \cdot \frac{p \cdot n}{f_1} \cdot X_{Eh} \cdot I$$

Definiert man $n_1 = f_1/p$ als synchrone Drehzahl, so entsteht mit der Konstanten

$$a = \frac{2}{\pi} \cdot \frac{N}{N_E} \cdot X_{Eh} \tag{7.2}$$

für die induzierte Ankerspannung die Beziehung

$$\underline{U}_q = a \cdot \frac{n}{n_1} \cdot \underline{I} \tag{7.3}$$

Zeigerdiagramm. Für die Ersatzschaltung gilt die Spannungsgleichung

$$\underline{U} = \underline{U}_q + \underline{I}(R + jX) \tag{7.4}$$

die nach Gleichung (7.3) in

$$\underline{U} = \underline{I}\left(R + a\frac{n}{n_1} + jX\right) \tag{7.5}$$

umgeformt werden kann. Aus dieser Beziehung läßt sich das Zeigerdiagramm (Bild 7.5) für einen beliebigen Belastungsstrom angeben. Im Anlauf benötigt der Motor nur die Kurzschlußspannung $\underline{U}_k$ und besitzt den schlechten Leistungsfaktor $\cos\varphi_k$. Mit wachsender Betriebsdrehzahl erhöht sich die erforderliche Ankerspannung und der $\cos\varphi$ steigt ebenfalls an. Allgemein gilt

$$\tan\varphi = \frac{X}{R + a\dfrac{n}{n_1}} \tag{7.6}$$

so daß der Leistungsfaktor um so günstiger wird, je größer das Verhältnis n/n_1 im Bemessungsbetrieb ist. Bei den klassischen Bahnmotoren der DB mit $p = 6$ und $f_1 = 16^2/_3$ Hz wurde dies durch die geringe synchrone Drehzahl von $n_1 = 166^2/_3 \min^{-1}$ realisiert.

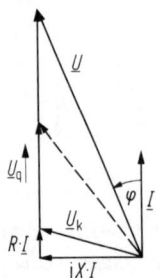

Bild 7.5
Zeigerdiagramm des
Einphasen-
Reihenschlußmotors

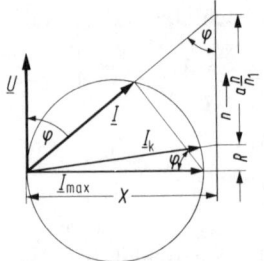

Bild 7.6
Stromortskurve des
Einphasen-
Reihenschlußmotors

Drehzahl-Drehmomentkennlinien. Aus der Spannungsgleichung (7.5) kann man die Stromortskurve des Einphasen-Reihenschlußmotors für eine feste Klemmenspannung aufstellen (Bild 7.6). Es entsteht ein Kreisdiagramm mit dem Durchmesserstrom

$$I_{max} = -j\frac{U}{X} \quad \text{bei} \quad R + a\frac{n}{n_1} = 0$$

Im Anlauf mit $n=0$ erreicht der Strom den Kurzschlußwert I_k, während er bei einer beliebigen Drehzahl über Gleichung (7.6) durch die angegebene Konstruktion festliegt.

Das Drehmoment des Motors soll über die abgegebene Leistung P_2 berechnet werden. Berücksichtigt man nur die Kupferverluste P_{Cu}, so gilt zu der aufgenommenen Leistung P_1 die Beziehung

$$P_2 = P_1 - P_{Cu}$$

und nach Bild 7.5

$$P_2 = U_q \cdot I$$

$$P_2 = a\frac{n}{n_1} \cdot I^2 \tag{7.7}$$

Damit wird das Drehmoment

$$M = \frac{P_2}{2\pi n} = \frac{a}{2\pi n_1} \cdot I^2 \tag{7.8a}$$

Aus Gleichung (7.8) lassen sich die Drehzahl-Drehmomentkennlinien berechnen. Zunächst ist nach Gleichung (7.5)

$$I^2 = \frac{U^2}{\left(R + a\dfrac{n}{n_1}\right)^2 + X^2}$$

und damit

$$M = \frac{a}{2\pi n_1} \cdot \frac{U^2}{\left(R + a\dfrac{n}{n_1}\right)^2 + X^2} \qquad (7.9)$$

Löst man die Gleichung nach der Drehzahl n auf, so ergibt sich

$$n = n_1 \cdot \left[\sqrt{\frac{U^2}{2\pi a n_1 \cdot M} - \left(\frac{X}{a}\right)^2} - \frac{R}{a}\right] = \sqrt{\frac{U^2}{2\pi \cdot c_R \cdot M} - \left(\frac{X}{c_R}\right)^2} - \frac{R}{c_R} \qquad (7.10\,\text{a})$$

In der zweiten Form von Gl. (7.10a) ist die beim Gleichstrom-Reihenschlußmotor in Abschnitt 2.3.3 eingeführte Konstante $c_R = a/n_1$, d.h. $U_q = c_R \cdot n \cdot I$ eingesetzt. Mit $X = 0$ bei Gleichstrom stimmt die Drehzahl-Drehmomentbeziehung dann genau mit der dortigen Gl. (2.46) überein.

Die Drehzahleinstellung erfolgt im unteren Bereich wie dort über die Höhe der Klemmenspannung U. Die Kurven haben (Bild 7.7) wegen $n \sim 1/\sqrt{M}$ Reihenschluß-charakter, wobei sich bei niederen Spannungen immer mehr der Einfluß der Widerstände X und R bemerkbar macht. Nach Gl. (7.5) erhält man für jede eingestellte

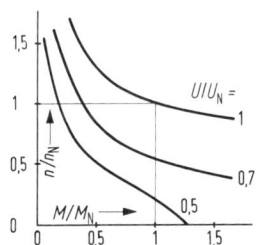

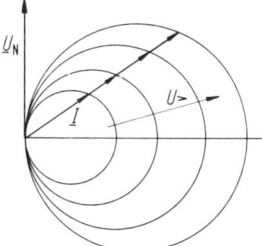

Bild 7.7 Drehzahlkennlinien des Einphasen-Reihenschlußmotors für verschiedene Klemmenspannungen

Bild 7.8 Stromortskurven bei veränderlicher Klemmenspannung U

Spannung eine proportionale Stromortskurve, womit nach Bild 7.8 eine Schar von Kreisdiagrammen entsteht. Bei fester Drehzahl liegen die Stromzeiger auf einer Ursprungsgeraden und haben damit den gleichen Leistungsfaktor.

Der in den unteren Hälften der Kreisdiagramme vorliegende Generatorbetrieb kann nicht ohne weiteres zur Nutzbremsung herangezogen werden. Die Maschine würde sich bei entsprechendem Antrieb mit Gleichstrom oder netzfremder Spannung selbsterregen. Bei Nutzbremsung schaltet man daher auf Fremderregung um.

Beispiel 7.1: Ein zehnpoliger $16^{2}/_{3}$ Hz Bahnmotor hat im Bemessungsbetrieb die Daten: $P_{2N} = 490\,\text{kW}$, $U = 408\,\text{V}$, $I_N = 1305\,\text{A}$, $n_N = 1330\,\text{U/min}$, $\cos\varphi_N = 0{,}97$. Bei Vernachlässigung der Eisensättigung und nur mit Berücksichtigung der Kupferverluste sind anzugeben:
a) Die Spannung für Anlauf mit dem Strom I_N.
b) Die Größe der Hauptreaktanz X_{Eh}, wenn die Windungszahlen $N = 36$, $N_E = 18$ Wdg. betragen.
a) Es gilt $P_2 = U_q \cdot I$ und damit

$$U_{qN} = \frac{P_{2N}}{I_N} = \frac{490 \cdot 10^3 \text{ W}}{1305 \text{ A}} = 375 \text{ V}$$

Nach Bild 7.5 ist $U_q + U_R = U \cdot \cos\varphi$ und $U_X = U \cdot \sin\varphi$

$\quad\quad U_R = 408 \text{ V} \cdot 0{,}97 - 375 \text{ V},$ $\qquad\qquad\qquad U_X = 408 \text{ V} \cdot 0{,}243$

$\quad\quad U_R = 21 \text{ V}$ $\qquad\qquad\qquad\qquad\qquad\qquad U_X = 99 \text{ V}$

Für die Anlaufspannung gilt

$$U_k = \sqrt{U_R^2 + U_X^2} = \sqrt{21^2 + 99^2} \text{ V} = 101 \text{ V}$$

b) Nach Gleichung (7.2) errechnet sich die Hauptreaktanz X_{Eh} zu

$$X_{Eh} = a\frac{\pi}{2} \cdot \frac{N_E}{N} \quad \text{mit} \quad a = \frac{U_{qN}}{n_N/n_1 \cdot I_N} \quad \text{und} \quad n_1 = f_1/p$$

Das Drehzahlverhältnis ist $\dfrac{n_N}{n_1} = \dfrac{1330}{60}\text{s}^{-1} : \dfrac{16\frac{2}{3}}{5}\text{s}^{-1} = 6{,}65,$ damit

$$X_{Eh} = \frac{375 \text{ V} \cdot \pi \cdot 18}{6{,}65 \cdot 1305 \text{ A} \cdot 2 \cdot 36} = 0{,}034 \ \Omega$$

Aufgabe 7.1: Welchen Leistungsfaktor besitzt obiger Motor bei dergleichen Drehzahl und 50 Hz Netzspannung?

Ergebnis: $\cos\varphi_N = 0{,}80$

Stromwendung. Wie bei der Gleichstrommaschine wird der Strom der Ankerstäbe beim Passieren der neutralen Zone kommutiert. Die betreffende von der Bürste kurzgeschlossene Spule mit dem Strom I_k umfaßt zu diesem Zeitpunkt den vollen Erregerfluß (Bild 7.9), der beim Wechselstrommotor mit der Frequenz f_1 pulsiert. Ist die Windungszahl einer Spule N_s, so wird nach dem Induktionsgesetz durch den Erregerfluß $\Phi_t = \Phi \sin\omega t$ die sogenannte Transformationsspannung

$$u_{tr} = N_s \cdot \frac{d\Phi_t}{dt}$$

mit dem Effektivwert

$$U_{tr} = 4{,}44 \cdot f_1 \cdot N_s \cdot \Phi \tag{7.11}$$

entstehen. Im Unterschied zur „Gleichstromkommutierung" wird die Stromwendung im Wechselfeld somit zusätzlich erschwert.

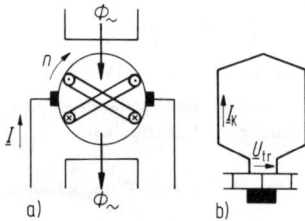

Bild 7.9 Zur Bestimmung der Stromwendung
a) Verkettung der kommutierenden Spule mit dem Hauptfeld,
b) Richtungspfeile in der kurzgeschlossenen Spule

Wie dort entstehen

1. Die Stromwende- oder Reaktanzspannung nach $u_r \sim d\Phi_{\sigma t}/dt$ durch die Änderung des mit der kommutierenden Spule verketteten Streuflusses Φ_σ. Sie wirkt der Stromänderung entgegen und ist bei gleicher Bezugspfeilrichtung wie U_{tr} nach

$$\underline{U}_r = -c_r \cdot n \cdot \underline{I} \tag{7.12}$$

wie bei der Gleichstrommaschine der Drehzahl und dem Ankerstrom proportional.

2. Die Wendefeldspannung nach $u_w \sim B_w \cdot l \cdot v$ durch die Bewegung der Spulenstäbe im Luftspaltfeld B_w der Wendepole. Es gilt

$$U_w = c'_w \cdot n \cdot B_w \tag{7.13a}$$

und bei Erregung der Wendepolwicklung durch den Ankerstrom

$$\underline{U}_w = c_w \cdot n \cdot \underline{I} \tag{7.13b}$$

Beim Einphasen-Reihenschlußmotor wirkt nun in der kurzgeschlossenen Spule zusätzlich die Transformationsspannung u_{tr}. Wegen $u_{tr} \sim d\Phi_t/dt \sim di/dt$ läßt sich ihre zeitliche Lage zum Strom durch die Gleichung

$$\underline{U}_{tr} = j \cdot c_{tr} \cdot f_1 \cdot \underline{I} \tag{7.14}$$

angeben, d.h. sie eilt dem Ankerstrom 90° vor.

Im Unterschied zu $\underline{U}_r$ und $\underline{U}_w$ ist die Transformationsspannung von der Drehzahl unabhängig und bei entsprechendem Anlaufstrom bereits im Stillstand, d.h. wenn die Wendepole noch unwirksam sind, in voller Größe vorhanden. Durch ein vom Ankerstrom erregtes Wendepolfeld kann sie zusätzlich auch deswegen nicht ausgeglichen werden, weil $\underline{U}_{tr}$ eine andere Phasenlage besitzt als $\underline{U}_w$ (Bild 7.10). Es ist daher hier nicht möglich, wie bei der Gleichstrommaschine über den ganzen Betriebsbereich, die für eine geradlinige Stromwendung erforderliche Bedingung $\Sigma u = 0$ im Kommutierungskreis sicherzustellen.

Bild 7.10 Zeigerdiagramm der Spannungen in der kurzgeschlossenen Ankerspule

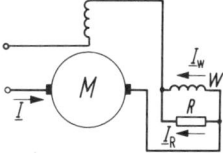

Bild 7.11 Schaltung der Wendepolwicklung zur Kompensation der Transformationsspannung *W* Wendepolwicklung, *R* Nebenwiderstand

Nebenwiderstand des Wendepoles. Eine Kompensation der Transformationsspannung läßt sich zumindest im Nennbereich dadurch erreichen, daß dem Wendepol ein ohmscher Widerstand parallelgeschaltet wird (Bild 7.11). Durch die Stromaufteilung erhält die Wendepoldurchflutung $\Theta_w \sim I_w$ (Bild 7.12) eine andere Phasenlage als die Anker-durchflutung Θ_A. Für die Ausbildung des Wendepolluftspaltfeldes B_w verbleibt $\Theta_{wL} = \Theta_w - \Theta_A$, so daß die Wendefeldspannung nach Gleichung (7.13 a) die ge-wünschte Phasenlage erhält. In der Praxis ist die Ankerdurchflutung Θ_A allerdings durch die Gegendurchflutung einer Kompensationswicklung fast aufgehoben.

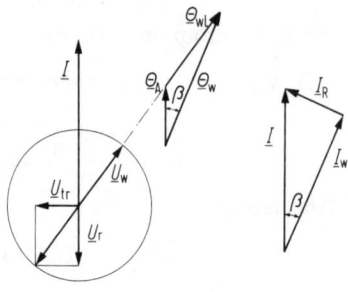

Bild 7.12 Kompensation der Transformationsspannung durch ein phasenverschobenes Wendefeld
a) Lage der Wendefeldspannung und der Durchflutungen,
b) Stromdiagramm

Die Forderung $\Sigma u = 0$ in der kommutierenden Spule läßt sich bei Vernachlässigung der durch die Sättigung entstehenden Stromoberschwingungen für einen Betriebs-punkt vollständig durchführen und ergibt dann für einen größeren Drehzahlbereich zufriedenstellende Ergebnisse. Nicht zu vermeiden ist die Transformationsspannung dagegen im Stillstand, da hier bei $n = 0$ die Wendepole unwirksam sind. Aus diesem Grunde ist der Wert von U_{tr} auf etwa 2,5 bis 3 V bei Nennlast und 3 bis 3,5 V im An-lauf zu begrenzen.

Bahnmotoren. Die Begrenzung der Transformationsspannung nach Gl. (7.11) auf z.B. $U_{tr} \leq 3$ V war der Hauptgrund für die Entwicklung des klassischen 16 2/3 Hz-Bahn-motors. Durch die verringerte Frequenz konnten Polfluß und damit das Drehmoment $M \sim \Phi \cdot I$ prinzipiell gegenüber einem 50 Hz-Betrieb verdreifacht und so die geforder-ten hohen Motorleistungen realisiert werden. Durch die Entwicklung der Leistungs-elektronik ist der Einsatz des Einphasen-Wechselstrommotors als Bahnantrieb über-holt. Man hat zunächst z.B. in der sogenannten Mehrsystem-Lokomotive für 16⅔ Hz-, 50 Hz- und Gleichstrombahnnetze Gleichstrom-Reihenschlußmaschinen und gesteu-erte Gleichrichterschaltungen eingesetzt. Moderne Antriebe für Vollbahnen oder Nahverkehrsfahrzeuge basieren auf der Drehstromtechnik mit Käfigläufermotoren. Die Drehzahlsteuerung der Fahrmotoren erfolgt mit selbstgeführten Zwischenkreis-umrichtern (s. Abschnitt 5.4.3) über die Frequenz der Motordrehspannung [144–146].

7.1.2 Universalmotoren

Aufbau und Einsatz. Einphasen-Reihenschlußmotoren mit Stromwender entwickeln nach Gl. (7.8) mit $M \sim I^2$ ein von der Stromrichtung unabhängiges Drehmoment und können daher mit Gleich- oder Wechselstrom betrieben werden. Man bezeichnet diese Maschinen daher als Universalmotoren und fertigt sie in großen Stückzahlen als Antrieb für Elektrowerkzeuge und Haushaltsgeräte. Die Aufnahmeleistung liegt im Bereich 1 W bis ca. 2000 W bei Nenndrehzahlen bis zu 20000 min^{-1}. Durch die hohe Betriebsdrehzahl erreicht man sehr niedrige Leistungsgewichte, die mit z. B. 2 kg/kW von Kondensatormotoren nicht zu realisieren sind.

Universalmotoren werden stets zweipolig gebaut und erhalten in der Regel einen symmetrischen Ständerblechschnitt nach Bild 7.13. Über die beiden Polkerne ist je eine Hälfte der Ständerwicklung (Erregerwicklung) gelegt, wobei diese Aufteilung auch in der Schaltung zum Anker beibehalten wird (Bild 7.14). Die Induktivitäten L_E der beiden Spulen bilden so gleich einen Teil des unbedingt erforderlichen LC-Tiefpasses, mit dem die durch den Kohlebürstenkontakt entstehenden Funkstörspannungen weitgehend vom Netz ferngehalten werden. Der Anker des Universalmotors ist eine normale Gleichstromausführung mit einer zweipoligen Schleifenwicklung.

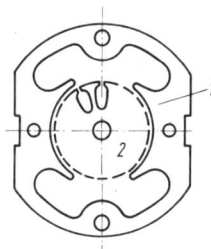

Bild 7.13 Blechschnitt eines Universalmotors
1 Ständer, *2* Läufer

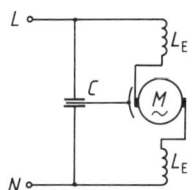

Bild 7.14 Schaltung eines Universalmotors mit Funkentstörung durch einen *Y*-Kondensator

Betriebsverhalten. Für einen Universalmotor gelten grundsätzlich alle bereits im vorigen Abschnitt 7.1.1 abgeleiteten Beziehungen und Diagramme. So erhält man insbesonders das Drehmoment aus

$$M = \frac{c_R}{2\pi} \cdot I^2 \qquad (7.8\,\text{b})$$

und die Drehzahl

$$n = \sqrt{\frac{U^2}{2\,\pi \cdot c_R \cdot M} - \left(\frac{X}{c_R}\right)^2} - \frac{R}{c_R} \qquad (7.10\,\text{b})$$

Aus Gl. (7.8b) ergibt sich bei einem Stromverlauf nach $i = \sqrt{2} \cdot I \cdot \sin \omega t$ für das momentane Drehmoment

$$M_t = 2\ M \cdot \sin^2 \omega t = M \cdot (1 - \cos 2\omega t)$$

Das Drehmoment eines Universalmotors schwankt also mit doppelter Netzfrequenz um den Mittelwert M. Der Wechselanteil mit der Amplitude des Nutzmomentes erzeugt in der Maschine kleine Drehschwingungen, was sich vor allem in Geräuschen bemerkbar macht (Bild 7.15).

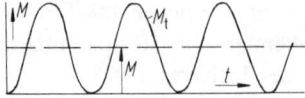

Bild 7.15 Drehmomentverlauf beim Universalmotor

Auch für die Stromwendung gelten die grundsätzlichen Aussagen von Abschnitt 7.1.1, nur erhalten Universalmotoren aus Kostengründen keine Wendepole. Will man trotzdem zumindest die Stromwendespannung im Nennlastbereich kompensieren, so kann man bei Maschinen, deren Drehrichtung festliegt, die kommutierende Ankerspule aus der geometrisch neutrale Zone verlegen. Hierzu lassen sich zwei verschiedene Techniken einsetzen:

1. Die Kohlebürsten werden entgegen der Drehrichtung des Ankers aus der neutralen Zone verschoben.
2. Die stromwenderseitigen Schaltverbindungen werden so gestaltet, daß dies wie eine Bürstenverschiebung wirkt.

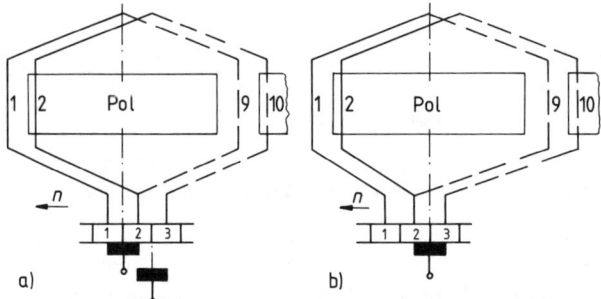

Bild 7.16 Kompensation der Stromwendespannung bei Universalmotoren durch
a) Bürstenverschiebung   b) Schaltverschiebung

In Bild 7.16 sind beide Varianten für eine Maschine mit Kohlebürsten auf Mitte Erregerpol gezeigt. Ohne Verschiebung kommutiert die Spule mit den Seiten 1–9 in der neutralen Zone. Bei einer Bürstenverschiebung entgegen der Drehrichtung (Bild 7.16a), erfolgt der Kurzschluß für die Spule 2–10, die mit ihren Seiten noch innerhalb des Erregerfeldes liegt. In ihr wird daher mit gleicher Polarität wie durch ein Wende-

polfeld eine Bewegungsspannung induziert, welche die Stromwendespannung aufhebt. Die unsymmetrische Gestaltung der Schaltverbindungen in Bild 7.16 b hat dieselbe Wirkung.

Die Bürstenverschiebung hat bezüglich ihrer Wirkung auf die Stromwendung nicht
die Qualität einer Ausführung der Maschine mit Wendepolen. Da für die Stromwendespannung $U_r \sim n \cdot I$ gilt, für die Bewegungsspannung im Erregerfeld dagegen
$U_b \sim n \Phi_L$, wird die gewünschte Kompensation nach $U_r + U_b = 0$ nur bei einer linearen Zuordnung $\Phi_L \sim I$ erreicht. Diese ist jedoch wegen der magnetischen Sättigung
nicht vorhanden, so daß man sich auf eine Kompensation z. B. bei Nennlast beschränken muß. Außerdem besteht der grundsätzliche Nachteil, daß die Verfahren in
Bild 7.16 an eine vorgewählte Drehrichtung gebunden sind.

Die Transformationsspannung U_{tr} nach Gl. (7.11) in der kurzgeschlossenen Ankerspule bleibt wieder aufgrund ihrer anderen Phasenlage unbeeinflußt. Universalmotoren
zeigen daher im Betrieb immer Bürstenfeuer, was im Hinblick auf den meist nur gele-
gentlichen Einsatz (E-Werkzeuge) in Kauf genommen werden muß.

Drehzahlsteuerung. Zur stufenlosen Drehzahleinstellung bestehen dieselben Möglichkeiten wie beim Gleichstrom-Reihenschlußmotor. Es können also die Motorspannung
herabgesetzt, Vorwiderstände zugeschaltet oder eine Feldschwächung vorgenommen
werden. Letzteres erfolgt meist z. B. bei Haushaltsgeräten (Rührer) über eine Anzapfung der Erregerwicklung mittels Stufenschalter S (Bild 7.17). Der Einsatz von Vorwi-

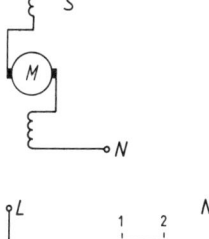

Bild 7.17 Feldschwächung
durch Wicklungsanzapfungen

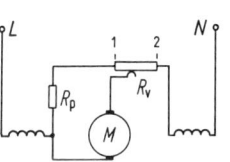

Bild 7.18 Barkhausenschaltung
zur Drehzahlsteuerung

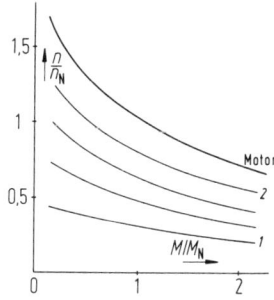

Bild 7.19 Drehzahlkennlinien
bei Barkhausenschaltung

derständen kann in der Technik der Barkhausenschaltung verwirklicht werden, mit
der sich auch die Leerlaufdrehzahl wesentlich herabsetzen läßt. Es ist dies der Wirkung des Ankerparallelwiderstandes R_p (Bild 7.18) zuzuschreiben, der auch bei feh-
lendem Ankerstrom im Leerlauf eine Felderregung ermöglicht. Die Kombination
Vor- und Parallelwiderstand R_v und R_p ergibt das Kennlinienfeld von Bild 7.19 mit
einem Stellbereich von 1 bis 2.

Triacsteuerung. Die Veränderung der Motorspannung erfolgt heute über eine Phasenanschnittsteuerung wie bei den bekannten Dimmerschaltungen. Als Stellglied dient bei diesen kleinen Leistungen immer ein Triac. Dieses Halbleiterbauteil wirkt wie zwei gegenparallelgeschaltete Thyristoren, besitzt aber zur Zündung in beiden Halbschwingungen nur eine Steuerelektrode. Auf diese Weise lassen sich einfache Steuerschaltungen aufbauen, die bereits für kleine Antriebe in Haushalt und Gewerbe wirtschaftlich eingesetzt werden können. Die einfachste Möglichkeit einer derartigen Schaltung zeigt Bild 7.20. Dem Wechselstromthyristor ist ein *RC*-Zweig parallelgeschaltet, an dessen Mitte die Steuerelektrode über eine spezielle Zünddiode *Z* angeschlossen ist. Dieses Halbleiterelement weist bei Erreichen einer bestimmten Spannung beliebiger Polarität, z.B. ±35 V, eine negative Widerstandscharakteristik auf. Überschreitet nun die Kondensatorspannung u_C diese Kippspannung der Zünddiode, so liefert sie einen Stromimpuls, der den Wechselstromthyristor zündet. Die Netzspannung wird damit bis zum nächsten Nulldurchgang des Stromes an die Motorklemmen gelegt (Bild 7.20). In der negativen Halbschwingung erfolgt die Zündung ebenso. Der Zündwinkel α ist durch das Potentiometer R_p, mit dem die Amplitude und Phasenlage der Kondensatorspannung variiert werden kann, einstellbar. Entsprechend ändert sich die Aufteilung der am Motor und Triac liegenden Spannungsflächen und damit der Effektivwert U_M der Motorspannung.

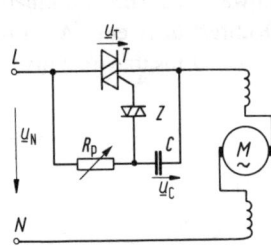

Bild 7.20 Drehzahlsteuerung eines Universalmotors durch eine Triacschaltung
T Triac, *Z* Diac (Zünddiode),
R_p Steuerpotentiometer

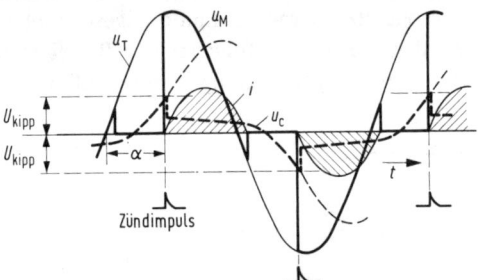

Bild 7.21 Strom- und Spannungsdiagramm bei Triacsteuerung nach Bild 7.20
U_{kipp} Kippspannung der Zünddiode (35 V)

7.2 Drehstrom-Kommutatormaschinen

Der Drehstrom-Kommutator- oder Drehstrom-Nebenschlußmotor stimmt in seinem Betriebsverhalten weitgehend mit der Asynchronmaschine überein. Wie bei allen Stromwendermotoren besteht zusätzlich die Möglichkeit einer verlustarmen Drehzahlsteuerung, die sowohl den unter- wie übersynchronen Bereich umfaßt. Die beiden Bauformen, die ständer- und die läufergespeiste Maschine, zeigen grundsätzlich das gleiche Verhalten, so daß der nachfolgend vorgenommene Vergleich mit der Asynchronmaschine für beide Typen gilt.

Drehstrom-Kommutatormaschinen werden bis zu Leistungen von einigen 100 kW für drehzahlgesteuerte Antriebe eingesetzt. Sie besitzen gegenüber der Gleichstrommaschine den Vorteil der Anschlußmöglichkeit an das übliche Drehstromnetz. Durch die Entwicklung der stromrichtergesteuerten Gleich- und Drehstromantriebe ist dieser interessante Maschinentyp fast völlig verdrängt und wird nur noch in geringer Stückzahl für einfache Regelantriebe gebaut.

7.2.1   Der ständergespeiste Nebenschlußmotor

Aufbau und Wirkungsweise. Der Ständer enthält eine normale Drehstromwicklung, die an das Netz angeschlossen wird (Bild 7.22). Der Läufer besitzt eine Stromwenderwicklung und einen Kommutator, der über einen Drehstrombürstensatz eine netzfrequente Zusatzspannung zugeführt erhält. Diese Regelspannung $\underline{U}_R$ kann aus Anzapfungen der Ständerwicklung stammen, meist wird jedoch ein getrennter Stelltransformator, der primärseitig am Netz liegt, bevorzugt.

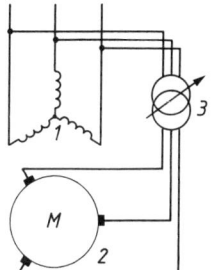

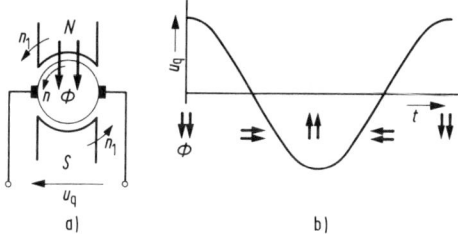

Bild 7.22 Schaltung des ständergespeisten Drehstrom-Nebenschlußmotors
1 Drehstrom-Ständerwicklung,
2 Läufer mit Stromwenderwicklung und Drehstrombürstensatz,
3 Stelltransformator

Bild 7.23 Zur Wirkungsweise des Stromwenders im Drehfeld
a) Gleichstromanker im rotierenden Erregerfeld,
b) Verlauf der Ankerspannung u_q bei rotierendem Erregerfeld

Der Stromwender des Läufers übernimmt die Aufgabe eines Frequenzwandlers, der die schlupffrequente Läuferseite mit dem 50-Hz-Drehstromnetz verbindet. Seine Wirkungsweise läßt sich anhand eines Versuches mit einem Gleichstromgenerator (Bild 7.23) erläutern. Bei feststehendem Feld Φ kann man an den Bürsten des mit der Drehzahl n rotierenden Ankers die induzierte Gleichspannung $U_q \sim n \cdot \Phi$ abnehmen. Ändert man die Feldrichtung oder, was dasselbe ist, dreht man den Ständer bei feststehenden Bürsten um eine Polteilung, so wird die Spannung negativ. Erfolgt der Wechsel stetig, indem man das Erregerfeld mit n_1 umlaufen läßt, so entsteht aus der Gleichspannung eine Wechselspannung der Rotationsfrequenz $f_1 = n_1 \cdot p$. Gleichzeitig sinkt die Relativdrehzahl der Ankerstäbe zum Erregerfeld und damit die Spannungsamplitude auf den Wert $U_q \sim (n - n_1) \cdot \Phi$.

Stromwender als Frequenzwandler. Dieselben Verhältnisse liegen bei der Drehstrom-Kommutatormaschine vor. Der Ständer baut ein Drehfeld auf, das mit n_1 rotiert und in der Läuferwicklung eine von der Relativdrehzahl abhängige Spannung $U_2 \sim s \cdot n_1 \cdot \Phi$ induziert. Schließt man die Läuferwicklung an einen Kommutator an, so erhält man über den Bürstensatz wie im Modellversuch eine Wechselspannung mit der Rotationsfrequenz des Drehfeldes, d.h. mit Netzfrequenz f_1. Durch den Abgriff der Wicklung über einen Kommutator anstelle durch drei Schleifringe steht die Läuferspannung daher statt mit Schlupffrequenz $f_2 = sf_1$ mit der Netzfrequenz zur Verfügung (Bild 7.24). Die Größe der Spannung ist dieselbe wie an den Schleifringen. Über eine Stromwenderwicklung im Drehfeld läßt sich damit allgemein dem Läufer eine Spannung entnehmen, deren Größe von der Relativdrehzahl des Feldes zu den Läuferstäben und deren Frequenz von der Relativdrehzahl des Feldes zu den Bürsten abhängt.

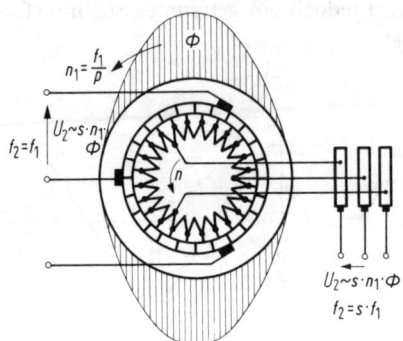

Bild 7.24 Spannungsabgriff an einer
Läuferwicklung im Drehfeld

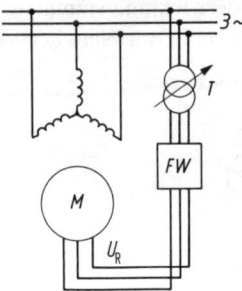

Bild 7.25 Darstellung der Drehstrom-
Nebenschlußmaschine als Schleifringläufer
mit nachgeschaltetem Frequenzwandler
FW Frequenzwandler,   *T* Stelltransformator

Durch die Frequenzwandlung des Kommutators wird es möglich, die Läuferwicklung ebenfalls mit dem Drehstromnetz zu verbinden. Die Drehstrom-Kommutatormaschine läßt sich dann wie ein normaler Schleifringläufermotor mit nachgeschaltetem Frequenzwandler auffassen (Bild 7.25). Um die Drehzahl eines solchen Satzes zu senken, ist es nicht mehr notwendig, elektrische Energie in Zusatzwiderständen zu vernichten, sondern sie kann an das Drehstromnetz zurückgegeben werden. Dies erfolgt dabei direkt und nicht wie z.B. bei der untersynchronen Stromrichterkaskade über einen Gleichstromzwischenkreis. Außerdem ist eine Drehzahlerhöhung durch zusätzliche Energielieferung möglich.

Betriebsverhalten. Zur Darstellung des Betriebsverhaltens kann das Ersatzschaltbild des Asynchronmotors für die Läuferseite (Bild 7.26) verwendet werden. Durch das Ständerdrehfeld induziert, liegt an den Eingangsklemmen die Spannung $s \cdot \underline{U}_{20}$, während der Ausgang nicht wie beim Asynchronmotor kurzgeschlossen ist, sondern eine

Regelspannung $\underline{U}_R$ zugeführt erhält. Die Maschine befindet sich im Leerlauf mit $\underline{I}_2 = 0$, wenn die Spannungsgleichung

$$s \cdot \underline{U}_{20} = \underline{U}_R \tag{7.18}$$

erfüllt ist. Der Schlupf bei Leerlauf ist $s_0 = U_R / U_{20}$ und die zugehörige Leerlaufdrehzahl wird $n_0 = n_1 \cdot (1 - s_0)$. Dabei ist hier und im folgenden zur Vereinfachung angenommen, daß die eingestellte Regelspannung die Phasenlage der Läuferstillstandsspannung $\underline{U}_{20}$ besitzen soll. Es gilt folgende Gegenüberstellung

$$U_R = \ 0{,}5\ U_{20} \qquad s_0 = \ 0{,}5 \qquad n_0 = 0{,}5\ n_1$$
$$U_R = \ 0 \qquad\quad s_0 = \ 0 \qquad\ \ n_0 = n_1$$
$$U_R = -0{,}5\ U_{20} \qquad s_0 = -0{,}5 \qquad n_0 = 1{,}5\ n_1$$

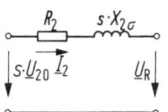

Bild 7.26 Ersatzschaltung des
Läuferkreises der
Drehstrom-Nebenschlußmaschine

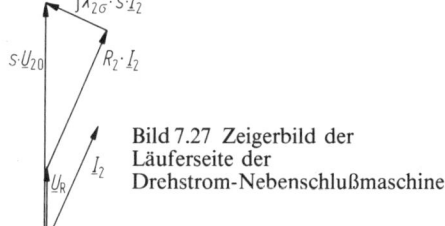

Bild 7.27 Zeigerbild der
Läuferseite der
Drehstrom-Nebenschlußmaschine

Die Leerlaufdrehzahl kann somit durch das Verhältnis U_R / U_{20} weitgehend beeinflußt werden. Wird der Motor belastet, so fällt die Drehzahl von n_0 aus langsam ab und der Schlupf und die Läuferspannung $s \cdot \underline{U}_{20}$ steigen an. Die Differenzspannung $(s\underline{U}_{20} - \underline{U}_R) > 0$ entwickelt einen Läuferstrom und damit ein Drehmoment (Bild 7.27).

Bezüglich der Phasenlage von $\underline{I}_2$ im Zeigerdiagramm der Läuferseite ist zu beachten, daß im Ersatzschaltbild Bild 7.26 für die Eingangsklemmen und den nachgeschalteten Frequenzwandler und Stelltransformator das VPS gilt. Der Läufer nimmt also über die Luftspaltleistung elektrische Energie auf und gibt davon bei untersynchronem Lauf einen Teil über den Kommutator wieder ab.

Wie bei der Asynchronmaschine gilt für die mechanische Leistung $P_{2\,\text{mech}} = P_L \, (1 - s)$ und die elektrische $P_{2\,\text{el}} = P_L \cdot s$. Bei gegebenem Drehmoment bedeutet jede Drehzahlsteuerung damit eine andere Aufteilung der konstanten Luftspaltleistung $P_L = P_{2\,\text{mech}} + P_{2\,\text{el}}$. Bei der Asynchronmaschine kann dies nur durch Vergrößern der Stromwärmeverluste in Zusatzwiderständen geschehen. Bei der Drehstromkommutatormaschine dagegen läßt sich überschüssige elektrische Leistung sowohl an das Netz zurückgeben wie für den übersynchronen Lauf zusätzliche Energie beziehen. Man erhält Drehzahl-Drehmoment-Kennlinien (Bild 7.28), ähnlich wie bei einer fremderregten Gleichstrommaschine.

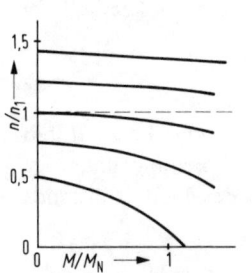

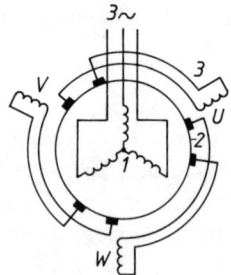

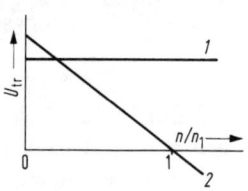

Bild 7.28 Drehzahlkennlinien
der Drehstrom-
Nebenschlußmaschine

Bild 7.29 Schaltung der
läufergespeisten Drehstrom-
Nebenschlußmaschine

Bild 7.30 Verlauf der
Transformationsspannung
bei Drehstrom-
Nebenschlußmaschinen
1 läufergespeiste Maschine,
2 ständergespeiste Maschine

7.2.2 Der läufergespeiste Nebenschlußmotor

Aufbau und Wirkungsweise. Bei dieser zweiten Bauform der Drehstrom-Kommutator-maschine (Bild 7.29) besitzt der Ständer ebenfalls eine Drehstromwicklung *3*, die je-doch als Sekundärwicklung arbeitet. Der Läufer erhält zwei Wicklungen, eine Dreh-stromwicklung *1*, die über Schleifringe am Netz liegt und eine Stromwenderwicklung *2*. Letzterer wird über einen Doppelbürstensatz die Regelspannung entnommen und der Ständerwicklung zugeführt.

Das Betriebsverhalten entspricht dem des ständergespeisten Motors. Die Relativdreh-zahl des durch die Läuferwicklung erzeugten Drehfeldes zu den Bürsten ist gleich der Schlupfdrehzahl, so daß die Regelspannung die erforderliche Schlupffrequenz besitzt. Stehen die Bürstenpaare der Stränge *U, V, W* axial nebeneinander, so ist $U_R = 0$ und der Motor arbeitet als normale Asynchronmaschine, wobei nur die üblichen Rollen von Ständer- und Läuferwicklung vertauscht sind. Bewegt man die Bürstenpaare aus-einander, so steigt die Regelspannung an. Der läufergespeiste Motor liefert seine Zu-satzspannung damit selbst, sie ist überdies durch die Bürstenverschiebung bequem einstellbar.

Stromwendung. Drehstrom-Kommutatormaschinen erhalten keine Wendepole, was z. B. bei der läufergespeisten Ausführung schon wegen der betriebsmäßigen Bürsten-verschiebung und der damit stets anderen Lage der kommutierenden Spule auch nicht möglich ist. Während der Stromwendung entsteht zunächst durch die Änderung des Spulenstromes eine Reaktanzspannung. Infolge der Relativbewegung des Dreh-feldes wird außerdem wieder eine Transformationsspannung U_{tr} induziert. Bei der läufergespeisten Maschine ist U_{tr} von der Betriebsdrehzahl unabhängig (Bild 7.30), da das von der Drehstromwicklung des Läufers erzeugte Hauptfeld stets mit n_1 gegen-über der Stromwenderwicklung umläuft. Bei der ständergespeisten Ausführung ist da-gegen die Schlupfdrehzahl für den Induktionsvorgang in der kurzgeschlossenen Spule maßgebend, so daß die Transformationsspannung bei $n = n_1$ verschwindet. Man kann daher den nur im Anlauf bestehenden Höchstwert größer wählen als den konstant bestehenden Betrag bei der läufergespeisten Maschine.

8 Betriebsbedingungen elektrischer Maschinen

8.1 Elektrotechnische Normung und Vorschriften

DIN und VDE. Seit dem Jahre 1970 sind die durch den Verband Deutscher Elektrotechniker (VDE) und den Deutschen Normenausschuß (DNA) früher getrennt geführten Arbeiten am VDE-Vorschriftenwerk bzw. am DIN-Normwerk (Gebiet Elektrotechnik) als elektrotechnische Normungsarbeit zusammengeführt. Zu dieser Tätigkeit gründeten VDE und DNA die Deutsche Elektrotechnische Kommission im DIN und VDE (DKE).

Grundsätzlich erscheinen Normen der DKE als DIN-Normen. Sie werden zusätzlich als VDE-Bestimmungen bezeichnet und in das VDE-Vorschriftenwerk aufgenommen, wenn sie Festlegungen für elektrische Anlagen und Betriebsmittel betreffen, die der Abwendung von Gefahren für Menschen, Tiere und Sachen dienen.

VDE-Bestimmungen. Das Vorschriftenwerk des VDE erstreckt sich heute über den ganzen Bereich der Elektrotechnik und ist das Ergebnis ständiger ehrenamtlicher Gemeinschaftsarbeit von Vertretern aus Industrie, Verbänden und Hochschulen in einer Vielzahl von Komitees. Die VDE-Bestimmungen befassen sich mit Festlegungen für das Errichten und Betreiben von elektrischen Anlagen sowie für die Herstellung, Prüfung und den Einsatz einzelner Betriebsmittel. Sie gelten jeweils in ihrem Bereich als „anerkannte Regeln der Technik" und bilden damit den Maßstab für eine fachgerechte Ausführung. Ingenieurmäßige Tätigkeiten in der Elektrotechnik sind daher ohne die Kenntnis der einschlägigen Bestimmungen nicht möglich.

Internationale Normung. Entsprechend den VDE-Bestimmungen für die Bundesrepublik Deutschland gelten auch in anderen Industrieländern eigene nationale Vorschriften. So erarbeitet der Österreichische Verband für Elektrotechnik (ÖVE) eigene ÖVE-Bestimmungen, während in der Schweiz der Schweizerische Elektrotechnische Verein (SEV) die SVE-Normen herausgibt.

Neben den nationalen Bestimmungen sind auch im Bereich der elektrischen Maschinen und Transformatoren zunehmend Vorschriften internationaler Gremien zu beachten. Hier sind vor allem die Publikationen der Internationalen Elektrotechnischen Kommission (IEC), der Internationalen Kommission für Regeln zur Begutachtung elektrotechnischer Erzeugnisse (CEE) und des Europäischen Komitees für elektrotechnische Normung (CENELEC) zu erwähnen. Letzteres verabschiedet Europanormen, die danach von den nationalen Gremien zu übernehmen sind. Als Beispiel sei die Norm EN 50014 genannt, der VDE 0170/0171 Teil 1, 5.78 entspricht.

Verzeichnis von Bestimmungen und Normen. Die nachstehende Aufzählung enthält die wichtigsten VDE-Bestimmungen und DIN-Normen für den Bereich der elektrischen Maschinen und Transformatoren. Die ÖVE- und SEV-Nummern verweisen auf die entsprechenden österreichischen bzw. schweizerischen Bestimmungen, wobei natürlich die einzelnen Titel nicht genau übereinstimmen. Den jeweils aktuellen Katalog der Vorschriften kann jeder Interessent über die angeführten Anschriften erhalten:

VDE-Verlag GmbH, Bismarckstraße 33, D-10625 Berlin 12
Österreichischer Verband für Elektrotechnik, Eschenbachgasse 9, A-1010 Wien
Schweizerischer Elektrotechnischer Verein, Postfach, CH-8034 Zürich

Tabelle. Normen und Vorschriften im Bereich elektrische Maschinen

VDE/DIN	Titel der Bestimmung oder Vorschrift	ÖVE	SEV
VDE 0117	Flurförderzeuge mit batterieelektrischem Antrieb	ÖVE-T30	TP 69/1 A-d
VDE 0122	Elektrische Ausrüstung von Elektro-Straßenfahrzeugen		SEV 3178
VDE 0170/0171	Elektrische Betriebsmittel für explosionsgefährdete Bereiche	ÖVE-EX/EN 50014-50028	SEV-EN 50014-20
VDE 0414	Bestimmungen für Meßwandler	ÖVE-P20	SEV 3418
VDE 0525	Umlaufende elektrische Maschinen für Flurförderzeuge mit elektromotorischem Antrieb		
VDE 0530	Umlaufende elektrische Maschinen		
	Teil 1 Bemessungsdaten und Betriebsweise	ÖVE M10 T.1	SEV 3009-1
	2 Ermittlung der Verluste und des Wirkungsgrades	ÖVE M10 T.2	SEV 3009-2
	3 Dreiphasen-Turbogeneratoren		SEV 3009-3
	4 Verfahren zur Ermittlung der Kenngrößen von Synchronmaschinen		SEV 3009-4
	5 Einteilung der Schutzarten	ÖVE M10 T.5	SEV 3009-5
	6 Einteilung der Kühlmethoden		SEV 3009-6
	8 Anschlußbezeichnungen und Drehsinn	ÖVE M1 T.1	SEV 3009-8
	9 Geräuschgrenzwerte	ÖVE M19	SEV 3009-9
	12 Anlaufverhalten von Drehstrommotoren mit Käfigläufer		SEV 3009-12
	14 Mechanische Schwingungen, Messung, Grenzwerte der Schwingstärke		
	15 Bemessungsstoßspannungen von Wechselstrommaschinen mit Formspulen		
	16 Erregersysteme für Synchronmaschinen		
	18 Funktionelle Bewertung von Isoliersystemen		SEV 3010
VDE 0532	Transformatoren und Drosselspulen		
	Teil 1 Allgemeines	ÖVE M20 T.1	SEV 3156-1
	2 Übertemperaturen	ÖVE M20 T.2	SEV 3156-2
	3 Isolationspegel und Spannungsprüfungen	ÖVE M20 T.3	SEV 3156-3
	4 Anzapfungen und Schaltungen	ÖVE M20 T.4	SEV 3156-4
	5 Kurzschlußfestigkeit	ÖVE M20 T.5	SEV 3156-5
	6 Trockentransformatoren	ÖVE M20 T.6	

VDE/DIN	Titel der Bestimmung oder Vorschrift	ÖVE	SEV
	7 Bestimmung der Geräuschpegel von Transformatoren	ÖVE EN60551	
Entwurf	10 Anwendung von Transformatoren 12 Belastbarkeit von Trockentransformatoren 13 Blitz- und Schaltstoßspannungsprüfungen von Transformatoren und Drosselspulen		
VDE 0532	Teil 20 Drosselspulen und Sternpunktbildner 21 Anlaßtransformatoren und Anlaßdrosselspulen	ÖVE M20 T.20	
VDE 0535	Elektrische Maschinen, Transformatoren und Drosseln auf Schienen- und Straßenfahrzeugen	ÖVE M30	SEV 3171 SEV 3178
VDE 0536	Belastbarkeit von Öltransformatoren		SEV 4017
VDE 0550	Bestimmungen für Kleintransformatoren	ÖVE M21	SEV 1003
VDE 0551	Bestimmungen für Sicherheitstransformatoren	ÖVE M/EN 60742	TP 221/2A-d
VDE 0552	Bestimmungen für Stelltransformatoren mit quer zur Windungsrichtung bewegten Stromabnehmern		TP 221/3A-d
VDE 0560	Teil 8 Vorschriften für Motorkondensatoren		SEV 1029
VDE 0730	Bestimmungen für Geräte mit elektromotorischem Antrieb für den Hausgebrauch und ähnliche Zwecke	ÖVE EM42	SEV 1054
VDE 0737	VDE-Bestimmung für Geräte mit elektromotorischem Antrieb für den Hausgebrauch und ähnliche Zwecke ... (löst VDE 0730 ab)	ÖVE EM42	SEV 1054
VDE 0740	Handgeführte Elektrowerkzeuge	ÖVE HG43	SEV 1059
VDE 0875	Funkentstörung von elektrischen Betriebsmitteln und Anlagen Teil 14 Grenzwerte und Meßverfahren für Funkstörungen von Geräten mit elektromotorischem Antrieb	ÖVE FE/EN 55014	TP 1977/5.1.1
DIN 1304	Teil 1 Allgemeine Formelzeichen Teil 7 Formelzeichen für elektrische Maschinen		SEV 8001
DIN 40030	Bemessungsspannungen für Gleichstrommotoren, netzgespeist über steuerbare Stromrichter		SEV 3426
DIN 40050	IP-Schutzarten; Berührungs-, Fremdkörper- und Wasserschutz für elektrische Betriebsmittel	ÖVE A/EN 60529	SEV 3428
DIN 40108	Elektrische Energietechnik, Stromsysteme, Begriffe		
DIN 40900	Teil 6 Schaltzeichen für die Erzeugung und Umwandlung elektrischer Energie		SEV 9617-6
DIN 41300 –41309	Kleintransformatoren, Übertrager, Drosseln (Auslegung der Kerne und Wicklungen)	ÖVE M21	
DIN 42005	Umlaufende elektrische Maschinen, Begriffe		
DIN 42021	Schrittmotoren		
DIN 42025	Gleichstrom-Klein- und Kleinstmotoren mit dauermagnetischer Erregung		
DIN 42027	Stellmotoren, Einteilung, Übersicht		

VDE/DIN	Titel der Bestimmung oder Vorschrift	ÖVE	SEV
DIN 42401	Anschlußbezeichnungen und Drehsinn von umlaufenden elektrischen Maschinen	ÖVE M1 T.1	
DIN 42402	Anschlußbezeichnungen für Transformatoren und Drosselspulen	ÖVE-M1 T.2	
DIN 42404	Anschlußbezeichnungen für Kleintransformatoren		
DIN 42500	Öltransformatoren		SEV 4017
- 42520			SEV 4009
DIN 42523	Trockentransformatoren		
DIN 42591	Stelltransformatoren		
- 42595			
DIN 42669	Drehstrommotoren mit Käfigläufer		SEV 3262-1
-42677			
DIN 42678	Drehstrommotoren mit Schleifringläufer		
-42861			
DIN 42961	Leistungsschilder für elektrische Maschinen	ÖNORM E 4911	
DIN 42973	Leistungsreihe für elektrische Maschinen		SEV 3262-1
DIN 43000	Kohlebürsten für elektrische Maschinen	DIN 43000	SEV 3199
- 43021			
DIN 43030	Bürstenhalter für elektrische Maschinen		SEV 3199
DIN 46062	Anlasser für Gleichstrommotoren und Drehstrom-Schleifringläufermotoren		SEV 1090
DIN 46400	Teil 1 Elektrobleche, warm- und kaltgewalzt		SEV 3408
	2 Elektrobleche, kaltgewalzt		
	3 Elektrobleche, kornorientiert		
DIN IEC 34 Teil 7 •	Kurzzeichen für Bauformen und Aufstellung von umlaufenden el. Maschinen	ÖVE EN60034	SEV 3009-7
DIN EN 21680	Messung der Luftschallemission von umlaufenden elektrischen Maschinen		
VDI 3739	Emissionskennwerte techn. Schallquellen Transformatoren		

Hinweis: Die aufgeführten Vorschriften des SEV entsprechen zum Teil nicht dem neuesten Stand, da hier künftig weitgehend Europanormen gültig werden, sobald sie ratifiziert sind.

8.2 Bauformen und Schutzarten

Bauformen. Durch den Maschinentyp wie z. B. Drehstrom-Asynchronmaschine oder Gleichstrommotor liegt nur die Konstruktion des elektrischen und magnetischen aktiven Teils fest. Bezüglich der Anordnung der Lager, der Gehäusebefestigung, der Betriebslage usw. bestehen jeweils eine Vielzahl von Möglichkeiten, die in einer Bauform definiert werden. In Nachfolge von DIN 42950 wird diese heute durch die internationale Norm DIN IEC 34 Teil 7 erfaßt und läßt zur Beschreibung von Bauform und Aufstellungsart zwei Möglichkeiten zu:

Code I. Das Kurzzeichen besteht aus den Buchstaben IM (International Mounting), dem die bisherige Bezeichnung nach DIN 42950 folgt, z. B. IM B3.

Code II. Nach den Buchstaben IM folgen vier Ziffern, welche die Bauform (1. Ziffer), die Art der Aufstellung (2. und 3. Ziffer) und die Ausführung des Wellenendes (4. Ziffer) beschreiben.

In Code I sind mit den Bauformen nach B und V nur die wichtigsten Ausführungen erfaßt. Tafel 8.1 zeigt eine Auswahl von Möglichkeiten.

Tafel 8.1   Bauformen elektrischer Maschinen

Kurz-zeichen	Bild	Bemerkungen
IM B3	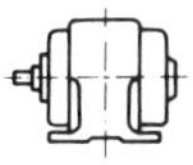	Gehäuse mit Füßen und zwei Lagerschilden, freies Wellenende, Aufstellung auf Fundament. Wichtigste Bauform für Maschinen.
IM B5	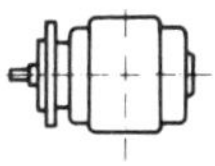	Gehäuse ohne Füße, mit Befestigungsflansch auf Antriebsseite, zwei Lagerschilde, freies Wellenende. Günstige Bauform für direkten Anbau.
IM 7211	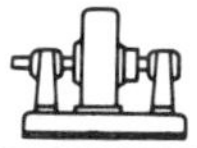	Gehäuse mit Füßen und zwei Stehlagern auf gemeinsamer Grundplatte. Übliche Bauform für Großmaschinen.
IM V1	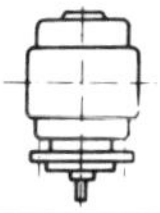	Gehäuse ohne Füße, mit Befestigungsflansch auf Antriebsseite für senkrechten Anbau, zwei Lagerschilde, freies Wellenende. Verwendung wie B 5
IM 8015	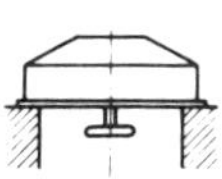	Die Bauformen dieser Reihe werden vorzugsweise für Wasserkraftgeneratoren, Pumpenmotoren und Erregermaschinen eingesetzt.

Baugrößen. Von Konstruktionen für einen besonderen Einsatzfall abgesehen, werden elektrische Maschinen nach einer Reihe von genormten Baugrößen hergestellt. Kennzeichnend ist hier die Achshöhe h nach Bild 8.1, wofür in DIN 747 ein Wertebereich zwischen 56 mm bis 315 mm festgelegt ist.

Bei Drehstrom-Asynchronmaschinen hat eine IEC-Empfehlung aus dem Jahr 1971 zur Schaffung einer Normmotorenreihe auf der Basis obiger Achshöhen geführt. In DIN 42672 bis 42679 sind jeder Achshöhe die in Bild 8.1 eingetragenen Anbaumaße und je nach Drehzahl auch eine Nennleistung verbindlich zugeordnet. Um pro Achshöhe verschiedene Leistungen zu erhalten, führt man die Blechpakete und damit die Gehäuse mit verschiedener Länge aus, was sich in dem Zusatz S (short), M (medium) oder L (long) zur Baugröße, also z. B. 132 S äußert.

Die mit einer bestimmten Baugröße erreichbare Nennleistung ist natürlich kein fester Wert sondern stark von der
- Maschinenart, wie Gleichstrom-, Asynchron- oder Synchronmotor
- Nenndrehzahl bzw. der Frequenz und Polzahl
- Wärmeabgabe entsprechend der gegebenen Kühlung und Schutzart abhängig.

Durch diese Normung ist zumindest im ganzen EG-Raum die volle Austauschbarkeit der Motoren verschiedener Hersteller erreicht. Ferner sind Platzbedarf und Einbaubedingungen eines Antriebs eindeutig festgelegt, was die Konstruktion einer Anlage vereinfacht.

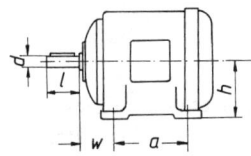 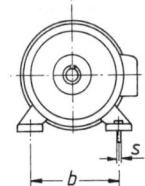

Bild 8.1 Festgelegte Anbaumaße von IEC-Normmotoren in Bauform IM B3

Schutzarten. Auf die äußere Ausführung einer elektrischen Maschine hat neben der Bauform auch die gewählte Schutzart einen wesentlichen Einfluß. Diese bestimmt den Schutz von Personen vor Berührung unter Spannung stehender oder bewegter Teile innerhalb des Gehäuses und den Schutz vor Eindringen von festen Fremdkörpern und Wasser. Zur Kennzeichnung des Schutzgrades werden nach DIN 40050 bzw. VDE 0530 T. 5 je eine Ziffer verwendet, der die Buchstaben IP vorangestellt sind, was insgesamt nachstehenden Aufbau ergibt.

	IP	2	3
allgemeine Kennbuchstaben für Schutzart			
1. Kennziffer, Grad des Berührungs- und Fremdkörperschutzes			
2. Kennziffer, Grad des Wasserschutzes			

Ein weiterer Zusatzbuchstabe definiert Sonderfälle, so bedeutet der Buchstabe S, daß die Prüfung auf Wasserschutz nur im Stillstand der Maschine erfolgt.

Welchen Schutzumfang die jeweiligen Kennziffern definieren, ist aus der Zusammenstellung in Tafel 8.2 ersichtlich. Danach gibt es für den Berührungs- und Fremdkörperschutz fünf, für den Wasserschutz sogar acht verschiedene Schutzgrade. Aus der

Vielzahl der möglichen Kombinationen werden bevorzugt die fettgedruckten Schutzarten nach Tafel 8.3 verwendet.

Tafel 8.2   Schutzarten elektrischer Maschinen, Schutzgrad

Erste Kenn-ziffer	Berührungs- und Fremdkörperschutz Schutzumfang	Zweite Kenn-ziffer	Wasserschutz Schutzumfang
0	Kein Berührungsschutz hinsichtlich unter Spannung stehender oder sich bewegender Teile.	0	Kein Wasserschutz.
1	Schutz gegen zufällige großflächige Berührung mit der Hand; Schutz gegen feste große Fremdkörper ($\varnothing > 50$ mm).	1	Schutz gegen senkrecht fallendes Tropfwasser.
		2	Schutz gegen Tropfwasser aus senkrechter oder schräger Richtung bis 15° zur Senkrechten.
2	Schutz gegen Berührung mit den Fingern; Schutz gegen mittelgroße Fremdkörper ($\varnothing > 12$ mm).	3	Schutz gegen Sprühwasser aus beliebiger Richtung bis 60° zur Senkrechten.
3	Schutz gegen Berührung mit Werkzeugen, Draht von einer Dicke > 2,5 mm; Schutz gegen Fremdkörper ($\varnothing > 2,5$ mm).	4	Schutz gegen Spritzwasser aus allen Richtungen.
		5	Schutz gegen Strahlwasser aus allen Richtungen.
4	Schutz gegen Berührung mit Werkzeugen, Draht o.ä. von einer Dicke > 1 mm; Schutz gegen kornförmige Fremdkörper ($\varnothing > 1$ mm), ausgenommen Öffnungen für Kühlluft und Kondenswasserabfluß geschlossener Maschinen.	5	Schutz bei Überflutung, z. B. durch schwere See, gegen das Eindringen schädlicher Mengen.
		7	Schutz gegen das Eindringen schädlicher Mengen beim Eintauchen unter vereinbarten Druck- und Zeitbedingungen.
5	Vollständiger Schutz gegen Berühren mit Hilfsmitteln jeglicher Art; Schutz gegen schädliche Staubablagerungen im Innern.	8	Schutz gegen das Eindringen schädlicher Mengen beim Untertauchen unter vereinbarten Druck- und Zeitbedingungen.

Tafel 8.3   Schutzarten elektrischer Maschinen (halbfett vorzugsweise)

Berührungs- und Fremdkörperschutz	Wasserschutz Zweite Kennziffer						
Kennbuchstaben und erste Kennziffer	0	1	2	3	4	5	6
IP 0	IP 00		IP 02				
IP 1		IP 11	**IP 12**	IP 13			
IP 2		**IP 21**	**IP 22**	**IP 23**			
IP 4					**IP 44**		
IP 5					**IP 54**	**IP 55**	IP 56

8.3 Schlagwetter- und Explosionsschutz

Gefährdungen. Werden elektrische Maschinen in Bereichen eingesetzt, in denen ein
Funke infolge des Betriebs des Motors oder schon seine Oberflächentemperatur eine
Explosion hervorrufen kann, so sind hinsichtlich der Motorausführung besondere Bestimmungen einzuhalten. Diese sind in einer Reihe von Normen für „Elektrische Betriebsmittel für schlagwetter- und explosionsgefährdete Bereiche" festgelegt und ge-
setzlich bindende Vorschrift für Hersteller und Betreiber.

Gefährdet sind einmal Bereiche, in denen infolge des starken Staubanfalls durch die
Verarbeitung von z. B. Getreide, Tabak, Zucker oder Kohle bei bestimmten Staubkon-
zentrationen in der Luft Zündungen auftreten können. Explosionsgefahr besteht ferner häufig bei der Herstellung oder Verarbeitung petrochemischer Erzeugnisse, wenn
Gase, Dämpfe oder Nebel dieser Stoffe mit der Luft explosive Gemische bilden.
Hierzu gehören auch schlagwettergefährdete Grubenbaue, wo ein Schutz vor Gruben-
gasexplosionen (Methangas) erforderlich ist.

Eine Zusammenstellung der Glimm- und Zündtemperaturen der wichtigsten Staubar-
ten ist nach VDE 0165 in Tafel 8.4 enthalten.

Tafel 8.4 Glimm- und Zündtemperatur von Staub an einer heißen Fläche in °C

Stoff	Glimmtemperatur lagernden Staubes	Zündtemperatur gewirbelten Staubes
Brikettabrieb	230	485
Eisenpulver	240	430
Kakao	245	460 bis 540
Kokskohle	280	610
Tabak	290	485
Weizengetreidestaub	290	420 bis 485
Zellwollstaub	305	–
Papier	360	–
Ruß	535	690
Puderzucker	–	360
Seifenstaub	–	575 bis 600

Zündschutzarten. Je nach den Eigenschaften des explosionsgefährdeten Bereichs werden die Betriebsmittel in zwei Gruppen eingeteilt. Gruppe I erfaßt Maschinen für
schlagwettergefährdete Grubenbaue, Gruppe II alle anderen Bereiche, wobei hier entsprechend den Gaseigenschaften die weitere Unterteilung in IIA, IIB und IIC vorgenommen wird.

Zur Klassifizierung der Maßnahmen gegen Explosionsgefahr definieren die VDE-Bestimmungen 0170/0171, die mit den Europanormen EN 50014–50020 übereinstimmen, eine Reihe von Zündschutzarten. Für elektrische Maschinen kommen daraus
die Ausführungen

- Erhöhte Sicherheit   EEx e (nach Europanorm EN 50019)
- Druckfeste Kapselung   EEx d (nach Europanorm EN 50018)
- Überdruckkapselung   EEx p (nach Europanorm EN 50016)

zur Anwendung.

Zündschutzart EEx e. Grundgedanke dieser Schutzart ist es, durch eine Reihe von Maßnahmen die Entstehung von Funken oder zu hoher Temperaturen an der Maschine zu verhindern, so daß von vornherein ein Anlaß zur Zündung vermieden wird. Die explosiven Gase und Dämpfe werden dazu entsprechend ihrer Zündtemperatur in sechs Temperaturklassen T1 bis T6 eingeteilt. Jede Klasse erhält dabei eine maximal zulässige Oberflächentemperatur für alle Teile der Maschine zugeordnet (T1 - 450 °C bis T6 - 85 °C).

Um die Funkenbildung auszuschließen, bestehen verschiedene Vorschriften für die Konstruktion der Motoren. Sie betreffen die Ausführung des Läuferkäfigs, des Klemmbretts, die Luftspaltweite, die Gestaltung der Lüftung und insbesondere die Ausführung der Isolierung.

Bei der thermischen Auslegung ist zunächst die zulässige Übertemperatur der Ständerwicklung gegenüber den Werten des Dauerbetriebs $S1$ um 10 K herabgesetzt. Um im Sinne der Temperaturklassen T1 bis T6 die Oberflächenerwärmung einzuhalten, wird dem Fall des blockierten Läufers besondere Beachtung geschenkt. Hier fließt im Stillstand der Kurzschluß- oder Anlaufstrom I_A in der Ständerwicklung, womit sich bei $I_A/I_N = 4$ bis 7 die Wicklung rasch aufheizt. Nach Bild 8.2 ist daher eine Erwärmungszeit t_E anzugeben, bei der ausgehend von der Nennerwärmung ϑ_N bei $S1$ und der höchsten Umgebungstemperatur $\vartheta_U = 40$ °C die zulässige Grenztemperatur erreicht wird. Diese ist, je nachdem welcher Wert zuerst auftritt, entweder die für diesen Fall je nach Isolierstoffklasse erhöhte zulässige Maximaltemperatur ϑ_W der Wicklung oder die zulässige Oberflächentemperatur der Klassen T1 bis T6. Für T1 bis T3 ist, wie in Bild 8.1 gezeigt, meist die kurzzeitige Überlastbarkeit der Wicklung bis ϑ_W für den t_E-Wert maßgebend.

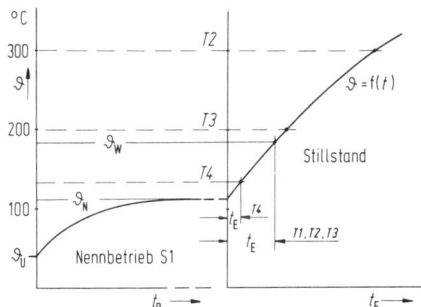

Bild 8.2 Bestimmung der Erwärmungszeit t_E bei blockiertem Läufer.
Beispiel für Iso.-Klasse B
mit $\vartheta_U = 40$ °C, $\vartheta_N = 110$ °C, $\vartheta_w = 185$ °C

In ähnlicher Weise wird auch für die Erwärmung des Käfigläufers eine Zeit t_E bestimmt und danach der kleinere der beiden Werte verwendet. Um den Motorschutz im Falle des blockierten Läufers sicher einstellen zu können, muß mindestens $t_E = 5$ s erreicht werden. Da die Auslösezeit t_A der Schutzeinrichtung durch den Motorstrom bestimmt wird, ist bei Maschinen in der Ausführung EEx e außer der Zeit t_E auch der relative Anzugsstrom I_A/I_N anzugeben.

Zündschutzart EEx d. Mit dieser Schutzart soll erreicht werden, daß eine mögliche Explosion auf das Innere des Motors beschränkt bleibt. Das Gehäuse der Maschine muß damit den Explosionsdruck aushalten können.

Zur Definition der Gefährdung durch ein explosives Gas benötigt man jetzt außer der Zündertemperatur zusätzlich eine Angabe über die Fähigkeit des Zünddurchschlags durch enge Spalte des Motorgehäuses. Dies erfolgt durch die Gliederung in Explosionsgruppen I, IIA, IIB und IIC, die unterschiedliche Bauanforderungen festlegen. Sie betreffen vor allem die Verschraubungen, sowie die Spaltweiten an Paßflächen und Wellendurchführungen und bedingen teils einen erheblichen fertigungstechnischen Aufwand.

Für die thermische Auslegung gelten die normalen Bestimmungen für isolierte Wicklungen, allerdings sind auch hier die Oberflächentemperaturen der Klassen T1 bis T6 einzuhalten.

Zündschutzart EEx p. Das Eindringen eines explosionsfähigen Gasgemisches in den Motor wird dadurch verhindert, daß im Gehäuse ein Zündschutzgas mit Überdruck von mindestens 0,5 mbar gegenüber der Umgebung gehalten wird. Dies kann Luft oder ein anderes nicht entzündbares Gas sein.

Um einen sicheren Betrieb zu gewährleisten, sind eine ganze Reihe von Überwachungsmaßnahmen vorgeschrieben. Sie beinhalten vor allem die Gewährleistung des Überdrucks auch beim Einschalten und die ständige Überwachung.

Kennzeichnung. Die Ausführung eines Motors in Schlagwetter- bzw. Explosionsschutz muß auf dem Leistungsschild eindeutig vermerkt sein. So ist z.B. die Ausführung in druckfester Kapselung für Gruppe IIB und die Temperaturklasse T3 mit der Kennzeichnung EEx d IIB T3 anzugeben. Bei EEx e sind auch noch die Erwärmungszeit t_E und der relative Anzugsstrom I_A/I_N aufzustempeln, damit der Motorschutz richtig ausgewählt werden kann.

Motorauswahl. Für den Einsatz schlagwetter- und explosionsgeschützter Maschinen kommen vor allem Drehstrom-Asynchronmotoren mit Käfigläufern in Betracht, da hier die Sicherheitsanforderungen am einfachsten zu erfüllen sind. Die Gefährdung durch Funkenbildung am Kohlebürstenkontakt bei Schleifringen oder Stromwendern gestattet es nicht, Schleifringläufermotoren oder gar Gleichstrommaschinen in der Zündschutzart EEx e auszuführen. In beiden Fällen ist aber die Ausführung nach EEx d oder EEx p zugelassen.

Da die Ausführung in druckfester Kapselung wegen des höheren Materialaufwandes vor allem bei größerer Leistung einen Motor wesentlich verteuert, wird mitunter nur der besonders gefährdete Bereich (Stromwender- oder Schleifringraum) in EEx d ausgeführt und der übrige Bereich in EEx e.

8.4 Verluste, Erwärmung und Kühlung

Einzelverluste. Eine elektrische Maschine besitzt, wie die nachstehende Aufstellung zeigt, eine Vielzahl von Verlustquellen.

1. Stromunabhängige Verluste

a) Eisenverluste durch Wirbelströme und Ummagnetisierung des Dynamobleches im Wechselfeld
b) Mechanische Lager- und Bürstenreibungsverluste
c) Lüftungsverluste durch den Antrieb von Ventilatoren in oder an der Maschine.

2. Stromabhängige Verluste

a) Stromwärmeverluste in allen Wicklungen
b) Übergangsverluste an allen Kohlebürsten

3. Lastabhängige Zusatzverluste

Pauschale Zusammenfassung von verschiedenen Verlustanteilen infolge Wirbelströmen, Oberfeldern und Kommutierung

4. Erregerverluste

Für die Berechnung oder Messung dieser Einzelverluste bestehen in VDE 0530 T.2/11.82 für die verschiedenen Maschinentypen detaillierte Bestimmungen. Diese sind insbesonders zur Angabe des Wirkungsgrades bedeutsam, der im allgemeinen nicht nach

$$\eta = \frac{P_2}{P_1} \tag{8.1}$$

über einen Belastungsversuch bestimmt wird. Man bevorzugt mit der Gleichung

$$\eta = 1 - \frac{P_v}{P_2 + P_v} \tag{8.2}$$

das Einzelverlustverfahren, d.h. summiert die Teilverluste zu P_v auf. Diese indirekte Methode der Wirkungsgradbestimmung ist vor allem bei größeren Maschinenleistungen wirtschaftlicher und auch genauer.

Wirkungsgrad. Nach den Wachstumsgesetzen (s. Abschn. 3.1.3) steigt der Wirkungsgrad einer elektrischen Maschine mit der Leistung. Sieht man einmal von Transformatoren ab, für die dort typische Werte angegeben sind, so streut der Wirkungsgrad elektrischer Maschinen in einem weiten Bereich. Kleinstmotoren erreichen oft nur $\eta = 0{,}10$ bis $0{,}20$, große Turbogeneratoren dagegen $\eta \approx 0{,}99$. Durchschnittliche Werte für Industrieantriebe zeigt Bild 8.3.

Wie bei Transformatoren wird auch bei elektrischen Maschinen der maximale Wirkungsgrad mit $P_{Cu} = P_{Fe+R}$ meist schon vor der Bemessungsbelastung erreicht.

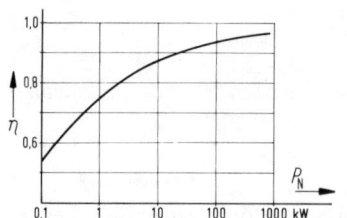

Bild 8.3 Durchschnittlicher Wirkungsgrad
elektrischer Maschinen

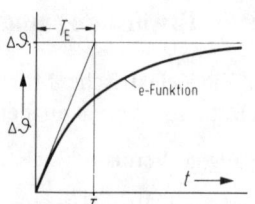

Bild 8.4 Erwärmungskurve eines
verlustbehafteten Körpers

Erwärmung. Die in einem Maschinenteil entstehende Verlustwärme erhöht dessen Temperatur gegenüber der Umgebung. Für den idealisierten Fall eines homogenen Körpers, in dem pro Zeiteinheit die Verluste P_v entstehen, läßt sich dieser Temperaturverlauf leicht angeben. Es gilt folgende Energiebilanz für die Zeitspanne Δt.

Erzeugte Wärme = abgegebene Wärme + gespeicherte Wärme

$$P_v \cdot \Delta t = \alpha \cdot O \cdot \Delta \vartheta \cdot \Delta t \qquad + c \cdot m \cdot \Delta \vartheta$$

Die pro Zeiteinheit über die freie Oberfläche O abgeführte Wärme ist zunächst von der Wärmeübergangszahl α des Kühlmediums abhängig. Im allgemeinen ist dies Luft, die in freier oder durch einen Ventilator erzwungener Strömung die Wärme abführt. Zur Berechnung der Wärmeübergangszahl gibt es eine Reihe von empirischen Formeln, die alle die Luftgeschwindigkeit v berücksichtigen. Vielfach wird bei erzwungener Luftbewegung mit der Gleichung

$$\alpha = 7{,}8 \cdot \left(\frac{v}{\text{m/s}}\right)^{0{,}78} \frac{\text{W}}{\text{m}^2 \cdot \text{K}} \tag{8.3}$$

gerechnet. Bei freier Strömung ergibt sich zusammen mit dem Strahlungsanteil etwa $\alpha = 12\,\text{W}/(\text{m}^2 \cdot \text{K})$.

Außer von der Wärmeübergangszahl ist die Wärmeabfuhr von der Temperaturdifferenz $\Delta \vartheta = \vartheta - \vartheta_a$ zwischen dem Körper der Temperatur ϑ und dem Kühlmittel der Temperatur ϑ_a abhängig.

Die gespeicherte Wärmemenge hängt von der Masse m des Körpers, seiner spezifischen Wärmekapazität c und der Temperaturzunahme $d\vartheta/dt$ ab. Sie ist damit bei konstanter Kühlmitteltemperatur ϑ_a pro Zeiteinheit proportional $\Delta\vartheta$.

Die Energiebilanz liefert eine Differentialgleichung der Form

$$P_v = \alpha \cdot O \cdot \Delta\vartheta + c \cdot m \cdot \frac{d\vartheta}{dt}$$

Ihre Lösung ergibt eine Exponentialfunktion (Bild 8.4) nach

$$\Delta\vartheta = \Delta\vartheta_1 (1 - e^{-\frac{t}{T_E}}) \tag{8.4}$$

mit der Endübertemperatur des Körpers gegenüber der Umgebung

$$\Delta \vartheta_1 = \frac{P_v}{\alpha \cdot O} \tag{8.5}$$

und der Zeitkonstanten des Erwärmungsvorgangs

$$T_E = \frac{c \cdot m}{\alpha \cdot O} \tag{8.6}$$

Die Erwärmung elektrischer Maschinen folgt zwar prinzipiell diesem Gesetz, doch ist der genaue Vorgang wesentlich komplizierter. Die einzelnen Maschinenteile erwärmen sich unterschiedlich schnell, wobei sie sich zudem noch gegenseitig beeinflussen.

Wärmequellennetz. Die Berechnung der Erwärmung elektrischer Maschinen erfolgt im allgemeinen für die Dauerbetriebsleistung P_N, wobei Analogien zum elektrischen Strömungsfeld (Bild 8.5) verwendet werden. Entsprechend dem ohmschen Widerstand

$$R = \text{Spannungsdifferenz/Stromstärke} = \Delta U / I$$

definiert man einen thermischen Widerstand

$$R_{th} = \text{Temperaturdifferenz/Verlustleistung} = \Delta \vartheta / P_v$$

Bei Wärmeleitung innerhalb eines Querschnitts Q, der Länge l und der Wärmeleitfähigkeit λ berechnet sich der thermische Widerstand zu

$$R_{th} = \frac{l}{Q \cdot \lambda} \tag{8.7}$$

Bei Wärmeabgabe über eine Oberfläche O erhält man

$$R_{th} = \frac{l}{O \cdot \alpha} \tag{8.8}$$

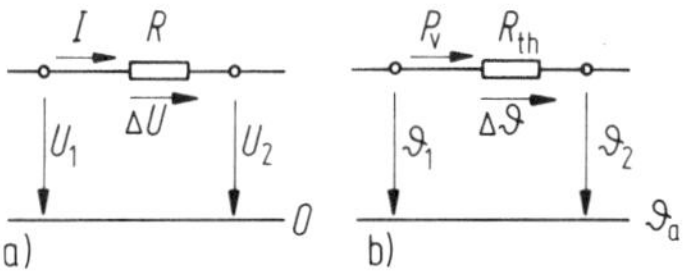

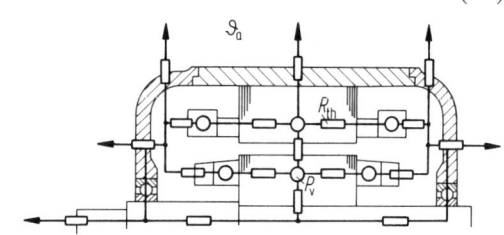

Bild 8.5 Analogien zur Erwärmungs-
berechnung
a) Elektrische Leitung,
b) Wärmeleitung

Bild 8.6 Vereinfachtes Wärmequellennetz
eines Drehstrommotors
R_{th} thermischer Widerstand,
P_v Verlustquelle

Für eine elektrische Maschine bestehen nun jeweils mehrere Wärmequellen der Verlustleistung P_{vi}, deren Wärmestrom sich auf verschiedene Wege aufteilt, wobei auch Kopplungen auftreten. Insgesamt entsteht dadurch ein vermaschtes Wärmequellennetz (Bild 8.6) aus Verlustquellen und Wärmewiderständen. Das Netz kann beliebig fein und damit genau aufgebaut werden, ergibt damit natürlich aber für die Lösung

einen entsprechenden Aufwand. Man legt über die Einzelverluste im Eisen, Wickel-
köpfen, Leiterstäben usw. die örtlichen Verlustquellen fest und berechnet über die
geometrischen Daten und Kühlverhältnisse die Wärmewiderstände. Mit der Außen-
lufttemperatur ϑ_a als Bezugswert erhält man dann über die Kirchhoffschen Gesetze
die Innentemperaturen an beliebiger Stelle.

Wärmequellennetze [3] sind heute für alle Maschinentypen bekannt und erlauben sogar die thermische Berechnung von Übergangsvorgängen. Dazu muß zusätzlich die
Wärmekapazität der einzelnen Bauteile erfaßt werden, was in der Ersatzschaltung
durch Kondensatoren geschieht.

Isolierstoffklasse. Die zulässige Erwärmung elektrischer Maschinen ist mit Rücksicht
auf die Wärmebeständigkeit der Isolierstoffe begrenzt. Je nach eingesetztem Material
sind unterschiedliche Höchstwerte zulässig. Nach den Bestimmungen für umlaufende
elektrische Maschinen in VDE 0530 werden mehrere Isolierstoffklassen unterschieden
und diesen jeweils höchstzulässige Dauertemperaturen zugeordnet. Diese Werte sowie
die Gliederung der wichtigsten Isolationsmaterialien sind in Tafel 8.5 zusammengestellt.

Die Einhaltung der zulässigen Temperaturwerte ist mit Rücksicht auf die Lebensdauer der Maschinen von großer Bedeutung. So ist für die Isolierstoffklasse *A* bekannt,
daß jede Temperaturerhöhung um etwa 8 °C die Lebensdauer der betreffenden Wicklung gegenüber dem Wert bei der niederen Temperatur halbiert (Montsingersche Regel).

Zur Überprüfung der Erwärmung werden verschiedene Methoden angewandt, von
denen das Widerstandsverfahren zur Messung der Wicklungstemperatur die größte
Bedeutung besitzt. Es beruht auf der Tatsache, daß Kupfer als übliches Leitermaterial
seinen ohmschen Widerstand etwa 0,4% pro Grad Celsius ändert (Bild 8.7).

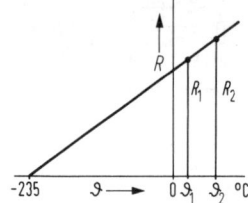

Bild 8.7 Abhängigkeit des ohmschen Widerstandes
von Kupfer von der Temperatur

Wird anstelle von Kupfer als Leitermaterial Aluminium verwendet, so ist die Zahl
235 durch den Wert 225 zu ersetzen.

Man erhält die Übertemperatur $\vartheta_2 - \vartheta_a$ der Wicklung aus der Beziehung

$$\vartheta_2 - \vartheta_a = \frac{R_2 - R_1}{R_1} \cdot (235\,°C + \vartheta_1) + (\vartheta_1 - \vartheta_a) \tag{8.9}$$

mit R_1 Widerstand der kalten Wicklung
R_2 Widerstand der warmen Wicklung
ϑ_1 Temperatur der kalten Wicklung
ϑ_2 Temperatur der warmen Wicklung
ϑ_a Kühllufttemperatur am Ende der Messung.

Tafel 8.5 Isolierstoffklassen und höchstzulässige Dauertemperatur (Auswahl aus VDE 0530, T. 1

Klasse	Höchstzulässige Dauertemperatur	Isolierstoffe
Y	90 °C	Baumwolle, Naturseide, Zellwolle, Kunstseide, Polyamidfaser, Papier, Preßspan, Vulkanfiber, Holz, Formaldehyd-Kunstharz
A	105 °C	Wie bei Klasse *Y*, jedoch nach dem Einbau mit Natur- oder Kunstharzlacken, Schellack usw. getränkt, lackbehandelte Textilien, Drahtlack auf Ölharzbasis
E	120 °C	Drahtlacke verschiedener Art, Preßteile mit Zellulosefüllstoff, Papierschichtstoffe
B	130 °C	Glasfaser, Asbest, Glimmerprodukte, Preßteile mit mineralischen Füllstoffen
F	155 °C	Glasfaser, Asbest, Glimmerprodukte, Drahtlacke auf Imid-Polyesterbasis
H	180 °C	Glasfaser, Asbest mit Silikon-Harzen behandelt, Silikon-Kautschuk
C	über 180 °C	Glimmer, Porzellan, keramische Stoffe, Glas, Quarz

Unter der Voraussetzung, daß die maximale Temperatur der Kühlluft bis 40 °C beträgt, dürfen die nach dem Widerstandsverfahren oder mit einem Thermometer errechneten Übertemperaturen die in der Aufstellung nach Tafel 8.6 angegebenen Grenzwerte nicht überschreiten. Diese Grenz-Übertemperaturen ergeben sich aus den höchstzulässigen Dauerwerten der betreffenden Isolierstoffklasse nach Tafel 8.5 abzüglich der 40 °C Kühlmitteltemperatur und eines Erfahrungswertes von 5 °C bis 15 °C für den Unterschied zwischen der heißesten Stelle und dem über das Widerstandsverfahren bestimmten Mittelwert.

Besondere Betriebsbedingungen. Die in Tafel 8.6 angegebenen Grenzwerte setzen voraus, daß die Aufstellungshöhe der Maschine im Bereich NN bis 1000 m liegt und für die Kühlmitteltemperatur der angegebene Höchstwert eingehalten ist. Gilt letzteres nicht, so ist die zulässige Grenzübertemperatur entsprechend zu reduzieren, bei $\vartheta_a = 60$ °C also um 20 K. Für Aufstellungshöhen über 1000 m gelten nach VDE 0530 spezielle Bestimmungen, die einerseits die verminderte Kühlung in der Höhenluft aber auch die geringere Umgebungstemperatur erfassen.

Tafel 8.6 Grenzübertemperaturen von luftgekühlten Maschinen
Auswahl nach VDE 0530, Teil 1, Wert in Kelvin (K)

Maschinenteil	Iso.-Klasse				
	A	E	B	F	H
Wechselstromwicklungen bis $S_N < 600$ VA	65	75	85	110	130
600 VA $< S_N \leq 200$ kVA	60	75	80	105	125
200 kVA $< S_N < 5000$ kVA	60	75	80	105	125
$S_N \geq 5000$ kVA	60	–	80	100	125
Stromwender-Wicklungen	60	75	80	105	125
Feldwicklungen von Gleich- u. Wechselstrommaschinen	60	75	80	105	125
Feldwicklungen von Vollpol-Synchronmaschinen	–	–	90	110	135
Kompensationswicklungen von Gleichstrommaschinen	60	75	80	100	125

Beispiel 8.1. Ein oberflächengekühlter Kleinmotor in Bauform IMB 5 mit glattem Gehäusemantel hat einen Außendurchmesser von $D = 80$ mm und eine Länge von 120 mm. Die Abgabe der Verlustleistung kann nur über die Mantelfläche erfolgen, wobei eine natürliche Kühlung mit $\alpha = 15$ W/(m$^2 \cdot$ K) vorliegt und das Gehäuse außen 50 K wärmer als die Umgebungsluft sein darf. Welche Bemessungsleistung P_2 kann der Motor bei einem Wirkungsgrad von $\eta = 0,83$ erhalten?

Kühlfläche $O = D \cdot \pi \cdot l = 0,08$ m $\cdot \pi \cdot 0,12$ m $= 0,03$ m^2

Abführbare Verlustleistung

$$P_v = O \cdot \alpha \cdot \Delta\vartheta = 0,03 \text{ m}^2 \cdot 15 \frac{\text{W}}{\text{m}^2 \cdot \text{K}} \cdot 50 \text{ K}$$

$$P_v = 22,5 \text{ W}$$

Zulässige Abgabeleistung

$$P_2 = P_1 \cdot \eta = (P_2 + P_v) \cdot \eta$$

$$P_2 = P_v \frac{\eta}{1-\eta} = 22,5 \text{ W} \frac{0,83}{0,17}$$

$$P_2 - 110 \text{ W}.$$

Aufgabe 8.1: Die Abgabeleistung des obigen Motors soll durch einen Außenlüfter auf $P_2 = 180$ W erhöht werden. Welche Luftgeschwindigkeit v muß nach Gl.(8.3) erreicht werden, um bei gleichem Wirkungsgrad die Verluste abführen zu können? Ergebnis: v = 4,4 m/s.

Kühlarten. Nach $\Delta\vartheta_1 = P_v O \cdot \alpha$ läßt sich bei gegebenen Verlusten einer Maschine die Endtemperatur im wesentlichen nur durch eine intensivere Kühlung, d. h. Erhöhung der Wärmeübergangszahl α senken. Da außerdem nach dem Wachstumsgesetz das Verhältnis P_v/O mit steigender Leistung ungünstiger wird, sind für größere Maschinen immer bessere Kühlmethoden notwendig. Man unterscheidet daher zwischen den folgenden Kühlarten.

Selbstkühlung. Bei Selbstkühlung wird die Maschine ohne Verwendung eines Lüfters durch Luftbewegung und Strahlung gekühlt.

Eigenkühlung. Bei Eigenkühlung wird die Kühlluft durch einen am Läufer angebrachten oder von ihm angetriebenen Lüfter bewegt.

Fremdkühlung. Bei Fremdkühlung wird die Maschine entweder durch einen Lüfter gekühlt, der nicht von der Welle der Maschine angetrieben wird, oder statt der Luft durch ein anderes fremdbewegtes Kühlmittel gekühlt.

Selbstkühlung wird nur bei kleinen Leistungen angewandt, während Maschinen bis zu mittleren Leistungen fast immer Eigenkühlung besitzen. Zur Fremdkühlung innerhalb eines geschlossenen Kreislaufes geht man bei Großmaschinen über oder auch bei drehzahlgesteuerten Antrieben, wo im unteren Bereich die Lüfterleistung nicht ausreicht.

8.5   Betriebsarten

Die zulässige Übertemperatur der Wicklungen einer elektrischen Maschine darf zwar nicht überschritten werden, doch wird man mit Rücksicht auf eine gute Materialausnutzung bestrebt sein, die Grenzwerte in der vorgesehenen Betriebsweise angenähert zu erreichen. Um diese Aufgabe zu erleichtern, legen die Bestimmungen in VDE 0530 unterschiedliche Betriebsarten fest, denen jeweils ein charakteristisches Belastungsprogramm zugrunde liegt. Es ist damit möglich, für jede Betriebsart die zulässige Belastung anzugeben.

Im Folgenden werden die wichtigsten Betriebsarten mit ihren Kurzzeichen $S1$, $S2$, usw. vorgestellt und dabei in Bezug auf die Dauerbetriebsleistung P_N die zulässige spezielle neue Leistung $(P_N)_S$ angegeben. Die Formeln ergeben auf Grund der getroffenen Vereinfachungen nur Richtwerte. Wichtigste Annahme ist dabei, daß zwischen der Wicklungsübertemperatur $\Delta\vartheta$ und dem Quadrat der Abgabeleistung Proportionalität besteht.

Dauerbetrieb. Dauerbetrieb $S1$ liegt vor, wenn die Belastung so lange andauert, daß der thermische Beharrungszustand, d.h. die Endtemperatur erreicht ist (Bild 8.8). Er ist die wichtigste Betriebsart, in der die meisten Maschinen ausgeführt werden. Die im Dauerbetrieb mögliche Belastung ist P_N.

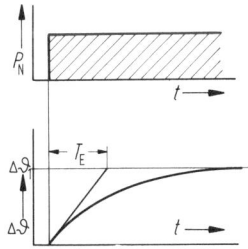

Bild 8.8 Dauerbetrieb $S1$
Verlauf von Abgabeleistung und Wicklungsübertemperatur

Kurzzeitbetrieb. Beim Kurzzeitbetrieb $S2$ ist die Belastungszeit von so kurzer Dauer, daß der thermische Endzustand nicht erreicht wird (Bild 8.9). Für die Belastungszeit t_B empfehlen die VDE-Bestimmungen 10, 20, 60 und 90 Minuten. Die anschließende spannungslose Pause ist so groß, daß sich die Maschine praktisch wieder voll abkühlt.

Da am Ende der Belastungszeit t_B wie bei Dauerbetrieb die zulässige Grenzübertemperatur $\Delta\vartheta_1$ der betreffenden Isolierstoffklasse auftreten darf, gilt nach Gleichung (8.5) bei exponentieller Erwärmung für die Übertemperatur

$$\Delta\vartheta_1 = \Delta\vartheta_2\left(1 - e^{-\frac{t_B}{T_E}}\right) \tag{8.10a}$$

Die Maschine kann damit so ausgelegt werden, daß sie bei Dauerbetrieb die Endübertemperatur

$$\Delta\vartheta_2 = \frac{\Delta\vartheta_1}{1 - e^{-t_B/T_E}}$$

besitzt. Nimmt man vereinfacht an, daß die Wicklungstemperaturen nur von den Stromwärmeverlusten abhängen, so dürfen diese im Verhältnis

$$\frac{\Delta\vartheta_2}{\Delta\vartheta_1} = \frac{1}{1 - e^{-t_B/T_E}} \tag{8.10b}$$

zum Dauerbetrieb ansteigen. Da Maschinenstrom und abgegebene Leistung einander etwa proportional sind, erhält man aus der Dauerleistung P_N die Kurzzeitleistung

$$(P_N)_{S2} = P_N \cdot \sqrt{\frac{1}{1 - e^{-t_B/T_E}}} \tag{8.11}$$

Für die Erwärmungszeitkonstante gilt dabei für kleine bis mittlere Leistungen bei Drehstrommotoren $T_E = 10$ bis 30 Min.

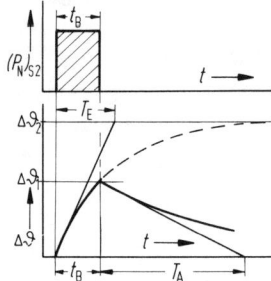

Bild 8.9 Kurzzeitbetrieb $S2$. Verlauf von Abgabeleistung und Wicklungsübertemperatur

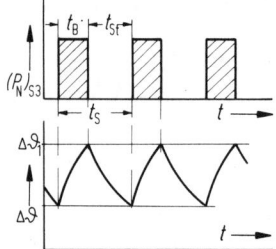

Bild 8.10 Aussetzbetrieb $S3$. Verlauf der Abgabeleistung und Wicklungsübertemperatur

Aussetzbetrieb. Beim Aussetzbetrieb $S3$ (Bild 8.10) wechseln in periodischer Folge Belastungen mit der Leistung $(P_N)_{S3}$ in der Zeit t_B mit Stillstandszeiten t_{St} ab. Beide genügen jedoch nicht, um jeweils den thermischen Beharrungszustand zu erreichen. Es wird dabei vorausgesetzt, daß die Anlaufströme die Erwärmung nicht wesentlich beeinflussen.

Die VDE-Bestimmungen definieren $t_S = t_B + t_{St}$ als Spieldauer von meist 10 Minuten und empfehlen eine relative Einschaltdauer $t_r = t_B/t_S$ von 15, 25, 40 und 60%. Ein Motor für z. B. Betrieb nach $S3$-40% darf während der Spieldauer von $t_S = 10$ min für 4 min mit der angegebenen Belastung laufen und muß anschließend 6 min abgeschaltet werden. Nach genügend vielen Lastspielen wird der Temperaturverlauf nach Art einer Sägezahnkurve zwischen einem konstanten Höchst- und Tiefstwert pendeln.

Für die zulässige Belastung erhält man wieder mit der Bedingung einer maximalen Erwärmung bis auf $\Delta\vartheta_1$ die Beziehung

$$(P_N)_{S3} = P_N \cdot \sqrt{1 + \frac{T_E}{T_A} \cdot \frac{1 - t_r}{t_r} \left(1 - \frac{t_B}{T_E}\right)} \qquad (8.12)$$

Bei $t_B \ll T_E$ kann der Klammerwert vernachlässigt werden. Für die Abkühlungszeitkonstante T_A gilt bei oberflächengekühlten Motoren etwa $T_A/T_E = 4$ bis 6.

Ununterbrochener, periodischer Betrieb mit Aussetzbelastung. In dieser Betriebsart $S6$ wird die Maschine in der Lastpause nicht abgeschaltet, sondern sie läuft weiter. Damit wird $T_A = T_E$ und die Gleichung zur Berechnung der zulässigen Belastung vereinfacht sich zu

$$(P_N)_{S6} = P_N \cdot \sqrt{\frac{1}{t_r} - (1 - t_r)\frac{t_s}{T_E}} \qquad (8.13)$$

Bei $t_S \ll T_E$ kann der zweite Anteil wieder vernachlässigt werden.

Anlauf- und Bremswärme. Die folgenden Betriebsarten berücksichtigen Lastspiele, bei denen die Schaltwärme nicht mehr zu vernachlässigen ist. Die Vorausberechnung der möglichen Belastung wird dann wesentlich schwieriger, wobei Angaben über die Schwere des Anlaufs und das Bremsverfahren erforderlich sind. Auf die Berechnungsformeln muß daher verzichtet und auf das einschlägige Schrifttum verwiesen werden.

Aussetzbetrieb $S4$. Das Lastspiel entspricht in seinem Verlauf dem Betrieb $S3$, nur wird die zusätzliche Erwärmung während der Anlaufzeit t_A berücksichtigt (Bild 8.11). In der Praxis ist dies dann erforderlich, wenn die Betriebszeit t_B so kurz wird, daß

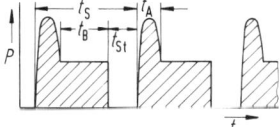

Bild 8.11 Aussetzbetrieb $S4$ mit Einfluß des Anlaufvorgangs

nicht mehr $t_A \ll t_B$ gesetzt werden kann. Die Entscheidung, ob bei einem Antrieb mit $S3$ oder $S4$ zu rechnen ist, muß durch eine Überprüfung des Einflusses der Anlaufwärme auf die Wicklungstemperatur erfolgen.

Aussetzbetrieb *S*5. Erfolgt bei einem periodischen Lastwechsel jeweils eine elektrische Bremsung (Bild 8.12), deren Verluste ebenfalls zu berücksichtigen sind, so liegt Betriebsart *S*5 vor. Bei Bestimmung der möglichen Belastung ist zwischen Gleichstrom- und Gegenstrombremsung zu unterscheiden, wobei letztere größere Motorverluste ergibt.

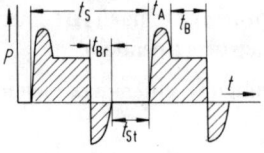

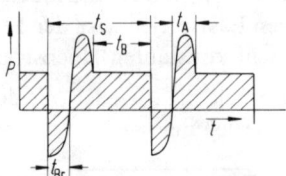

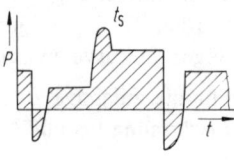

Bild 8.12 Aussetzbetrieb *S*5 mit Einfluß von Anlauf und elektrischer Bremsung

Bild 8.13 Ununterbrochener Betrieb *S*7 mit Einfluß von Anlauf und Bremsung

Bild 8.14 Betrieb *S*8 mit Drehzahländerung

Betriebsarten *S*7, *S*8 und *S*9. Die Betriebsart *S*7 (Bild 8.13) entspricht in ihrem Verlauf *S*5 mit $t_{St} = 0$, d. h. nach der elektrischen Bremsung erfolgt sofortiger Wiederanlauf. *S*8 beschreibt nach Bild 8.14 ein Lastspiel mit wechselnden Drehzahlen und dazwischenliegenden Bremsungen. Bei Betriebsart *S*9 kann sich die Belastung und die Drehzahl im zulässigen Bereich nichtperiodisch ändern.

8.6 Leistungsschild elektrischer Maschinen

Maschinendaten. Auf dem Leistungsschild einer elektrischen Maschine sind alle für den Einsatz der Maschine wichtigen Daten, insbesonders die bei Bemessungsbetrieb auftretenden Werte für Leistung, Spannung, Strom und Drehzahl aufgeführt. Der Umfang der erforderlichen Angaben ist in VDE 0530 festgelegt, und in DIN 42961 ist ein Muster (Bild 8.15) für die Gestaltung des Leistungsschildes angegeben. Die nachstehende Aufstellung in Tafel 8.7 gibt einen Auszug mit den wichtigsten Bezeichnungen.

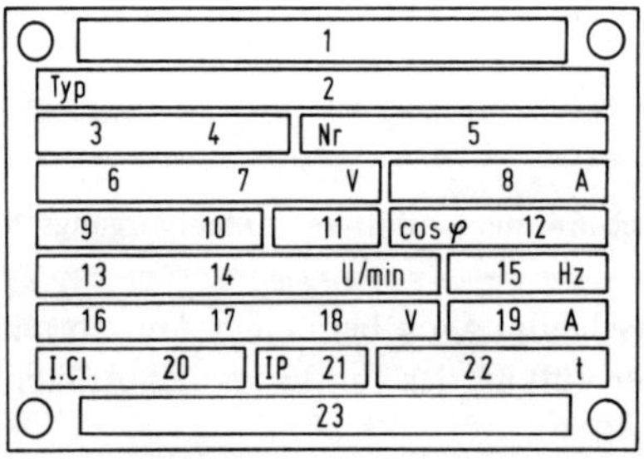

	1					
Typ		2				
3	4	Nr	5			
6	7	V		8	A	
9	10	11	cos φ	12		
13	14	U/min		15	Hz	
16	17	18	V	19	A	
I.Cl.	20	IP	21	22	t	
	23					

Bild 8.15
Leistungsschild einer elektrischen Maschine

Tafel 8.7 Leistungsschildangaben nach DIN 42961 (Auszug)

Feld	Erklärung	Feld	Erklärung
1	Hersteller	12	Leistungsfaktor
2	Typ, Baugröße	13	Drehrichtung, z. B. Rechtslauf von AS
3	Stromart, z. B. Gleichstrom – Drehstrom 3 ~	14 15	Drehzahl Frequenz
4	Arbeitsweise, z. B. Generator Gen. Motor Mot.	16	Err. Erregung bei Gleichstrommaschinen Lfr Läufer bei Asyn.-M.
5	Fertigungsnummer, Baujahr	17	Schaltung der Läuferw.
6	Schaltung der Wicklung, z. B. Y Sternschaltung △ Dreieckschaltung	18 19 20	Erregerspannung Erregerstrom, Läuferstrom Isolierstoffklasse wie E, B, H
7	Bemessungsspannung	21	Schutzart
8	Bemessungsstrom	22	Gewicht
9, 10	Bemessungsleistung mit Einheit	23	Zusätzliche Vermerke, z. B.
11	Betriebsart		Kühlmittelmenge, Trägheitsmoment

Bemessungswerte und Toleranzen. Der Bemessungsbetrieb einer elektrischen Maschine bezieht sich auf seine Betriebsart nach Abschnitt 8.5. Hier ist er eindeutig dadurch definiert, daß an den Klemmen die Bemessungsspannung anliegen muß und die Bemessungsleistung des Leistungsschildes abgegeben wird. Diese ist beim Motor die an der Welle verfügbare mechanische Leistung, beim Generator die an den Klemmen abgegebene elektrische Leistung.

Die übrigen auf dem Leistungsschild angegebenen Betriebsdaten wie Strom, Drehzahl oder Leistungsfaktor sind Werte, die sich aus dem Bemessungsbetrieb zwangsläufig ergeben und für die nur nach Vereinbarung Gewährleistungen übernommen werden. In diesem Falle gelten nach VDE 0530 Toleranzen, die in Tafel 8.8 zusammengestellt sind.

Tafel 8.8   Toleranzen von Betriebswerten elektrischer Maschinen

Nenngröße	Art der Maschine	zulässige Toleranz				
Drehfrequenz	Gleichstrommotoren	$\dfrac{P_N/\text{kW}}{n/1000\,\text{min}^{-1}}$	$<0,67$	$\geqslant 0,67\ldots 2,5$	$\geqslant 2,5\ldots 10$	$\geqslant 10$
	Nebenschlußmotor Reihenschlußmotor Doppelschlußmotor		$\pm 15\%$ $\pm 20\%$ wie beim	$\pm 10\%$ $\pm 15\%$ Reihenschlußmotor oder	$\pm 7,5\%$ $\pm 10\%$ nach	$\pm 5\%$ $\pm 7,5\%$
					Vereinbarung	
	Drehstrom-Kommutatormotor mit Nebenschlußverhalten	-3% der synchronen Drehzahl bei Höchstdrehzahl $+3\%$ der synchronen Drehzahl bei Mindestdrehzahl				
Drehfrequenzänderung zwischen Leerlauf u. Last mit P_N	Gleichstrommotoren mit Nebenschluß- oder Doppelschlußverhalten	$\pm 20\%$ der gewährleisteten Drehfrequenzänderung mindestens $\pm 2\%$ der Nenndrehzahl				
Schlupf	Induktionsmotoren	$\pm 20\%$ des Sollschlupfes				
Wirkungsgrad	Elektromotoren allgemein	bei indirekter Messung $P_N \leqslant 50\,\text{kW}$ $P_N > 50\,\text{kW}$ $-0,15\,(1-\eta)$ $-0,1(1-\eta)$ bei direkter Messung $-0,15(1-\eta)$				
$\cos\varphi$	Induktionsmaschinen	$\dfrac{1-\cos\eta}{6}$; mindestens 0,02; höchstens 0,07				
Anzugsstrom	Käfigläufer Synchronmotoren	$+20\%$ des gewährleisteten Anzugsstromes keine Begrenzung nach unten				
Anzugsmoment	Induktionsmotoren	-15% und $+25\%$ des gewährleisteten Anzugsmomentes ($> +25\%$ bei Vereinbarung)				
Kippmoment	Induktionsmotoren Synchronmotoren	-10% des gewährleisteten Wertes bei $M_K \geqslant 1,5\,M_N$ und $I_A < 4,5\,I_N$ -10% des gewährleisteten Wertes bei $M_K \geqslant 1,35\,M_N$				

9 Anhang

Schrifttum

Zum Thema „Elektrische Maschinen" gibt es eine umfangreiche Liste mit Buchliteratur. Nachfolgend sind daraus nur Werke angegeben, die ein wesentlich vertieftes Studium ermöglichen oder spezielle Gebiete behandeln. Bei weiter zurückliegendem Erscheinungsjahr ist teilweise nur die Ausleihe über Hochschulbibliotheken möglich.

Elektrische Maschinen (Auswahl)

Beisse, A. u. Stölting, H.-D.: Elektrische Kleinmaschinen. Stuttgart, B. G. Teubner 1987
Bödefeld, Th. u. Sequenz, H.: Elektrische Maschinen. Wien, Springer-Verlag, 1971
Budig, P.-K.: Drehstromlinearmotoren. Heidelberg, Hüthig-Verlag, 1983
Dietrich, D. u. Konhäuser, W.: Mikrocomputergeregelte Asynchronmaschinen. München, Oldenbourg-Verlag, 1986
Gotter, G.: Erwärmung und Kühlung elektrischer Maschinen. Berlin, Springer-Verlag, 1962
Kleinrath, H.: Stromrichtergespeiste Drehfeldmaschinen. Wien, Springer-Verlag, 1980
Kovacs, K. P.: Symmetrische Komponenten in Wechselstrommaschinen. Basel–Stuttgart, Birkhäuser-Verlag, 1962
Kovacs, K. P. u. Racz, I.: Transiente Vorgänge in Wechselstrommaschinen. Budapest, Verlag d. Ung. Akademie d. Wissenschaften, 1959
Kreuth, K. P.: Schrittmotoren. München Wien, Oldenbourg Verlag 1988
Lazaroiu, D. F. u. Slaiher, S.: Elektrische Maschinen kleiner Leistung. Berlin, VEB-Verlag Technik, 1976
Luda, G.: Drehstrom-Asynchron-Linearantriebe. Würzburg, Vogel-Verlag, 1981
Meyer, M.: Elektrische Antriebstechnik. Berlin, Springer-Verlag
  1. Band. Asynchronmaschinen im Netzbetrieb und drehzahlgeregelte Schleifringläufermotoren, 1985
  2. Band. Stromrichtergespeiste Gleichstrommaschinen und voll umrichtergespeiste Drehstrommaschinen, 1987
Moszala, H.: Elektrische Kleinstmotoren u. i. Einsatz. Grafenau, expert-verlag, 1980
Nürnberg, W.: Die Prüfung elektrischer Maschinen. Berlin, Springer-Verlag, 1981
Richter, R.: Elektrische Maschinen, Basel-Stuttgart, Birkhäuser-Verlag
  1. Band. Allgemeine Berechnungselemente, die Gleichstrommaschine, 1967
  2. Band. Synchronmaschinen und Einankerumformer, 1963
  3. Band. Die Transformatoren, 1954
  4. Band. Die Induktionsmaschinen, 1954
  5. Band. Stromwendermaschinen für ein- und mehrphasigen Wechselstrom. Berlin, Springer-Verlag, 1950

Verzeichnis verwendeter oder weiterführender Fachliteratur

1 *Küpfmüller, K.:* Einführung in die theoretische Elektrotechnik. Berlin, Springer-Verlag, 1973
2 *Eckhardt, H.:* Grundzüge der elektrischen Maschinen. Stuttgart, BG-Teubner, 1982
3 *Richter, R.:* Elektrische Maschinen. 1 Bd. Basel-Stuttgart: Birkhäuser-Verlag, 1967.
4 *Müller, W. u. Wolff, W.:* Beitrag zur numerischen Berechnung von Magnetfeldern. ETZ-A 96 (1975) S. 269–273
5 *Müller, W.:* Calculation of 2- or 3-dimensional linear or nonlinear fields by the CAD-programm PROFI. IEEE Trans. Magnetics 1983 S. 2670-2673

6 *Reinboth, H.:* Kornorientierte Elektrobleche und ihre Eigenschaften. Elektrotechnik 48 (1966) S.568-571.
7 Nippon Steel Corporation: Electrical Steel Sheets, Cat. 1990
8 *Koch, J.* u. *Ruschmeyer, K.:* Permanentmagnete I und II. Hamburg, Verlag Boysen + Maasch, 1982.
9 *Ruschmeyer, K.* u. a.: Motoren und Generatoren mit Dauermagneten. Grafenau, expert-verlag, 1983.
10 *Koch, J.:* Vereinfachte Dimensionierung von Gleichstrommotoren mit permanent-magnetischer Erregung durch Ferroxdure-Magnete. etz-Archiv 5 (1983) S.91-95.
11 *Mohr, A.* u. *Utsch, B.:* Technische und wirtschaftliche Bewertung neuer Dauermagnetmaterialien beim Einsatz in Gleichstrommotoren. etz-Archiv 6 (1984) S.365-373.
12 *Marinescu, M.:* Einfluß von Polbedeckungswinkel und Luftspaltgestaltung auf die Rastmomente in permanenterregten Mororen. etz-Archiv 10 (1988) S.83-88
13 *Spingler, H.* u. *Voss, E.:* Gleichstrommaschinen in Viereckbauweise im Drehmomentbereich von 25 Nm bis 235 Nm. Siemens-Energietechnik 3 (1981) S.104-106.
14 *Engelen, K., Köster, D.* u. *Weis, M.:* Eine neue Reihe geblechter AEG-Kompakt-Gleichstrommotoren für Stromrichterspeisung. Techn. Mitt. AEG-Telefunken 66 (1976) S.58-61.
15 *Richter, R.:* Lehrbuch der Wicklungen elektrischer Maschinen. Karlsruhe, Verlag G. Braun, 1952.
16 *Sequenz, H.:* Die Wicklungen elektrischer Maschinen. Wien, Springer-Verlag, 1954.
17 Elektrische Klein- und Kleinstmotoren. ETG-Fachberichte 1/1975, Berlin, VDE-Verlag.
18 *Lang, K.:* Dimensionierung von Scheibenläufermotoren. Elektrie 34 (1980) S.576-579.
19 *Bruchmann, K.* u. *Bost, E.:* Scheibenläufermotoren als hervorragende Kleingleichstromantriebe für dynamische Regelaufgaben. ETG-Fachberichte 1/1975 S.15-26.
20 *Liska, M.:* Simotron K, drehzahlgeregelte Kleinantriebe mit Elektronikmotoren für industrielle Anwendungen. Siemens-Zeitschrift 46 (1972) S.274-276.
21 *Brüderlink, R.:* Laplace-Transformation und elektrische Ausgleichsvorgänge. Karlsruhe, Verlag G. Braun, 1964.
22 *Bystron, K.:* Leistungselektronik. München, Carl Hanser Verlag, 1979.
23 *Jäger, R.:* Leistungselektronik. Berlin, VDE-Verlag, 1977.
24 *Heumann, K.:* Grundlagen der Leistungselektronik. Stuttgart, BG-Teubner, 1975.
25 *Lappe, R.:* Leistungselektronik. Springer-Verlag, Berlin. 1988.
26 *Antriebstechnik mit System.* Siemens-AG, Bereich Energietechnik, Bestell-Nr. E 319/1126.
27 *Fischer, R.:* Kriterien zur Wahl einer Stromrichterschaltung für Gleichstromantriebe. Maschinenmarkt 86 (1980) S.1216-1219.
28 *Hohmuth, G., Klotz, H.* u. *Uhthoff, R.:* Gleichstromsteller für Nahverkehrsfahrzeuge. Techn. Mitt. AEG-Telefunken 69 (1979) S.202-208.
29 *Angelis, J.* u. *Scherf, H.:* Kompakter serienreifer Antrieb für Elektrofahrzeuge. Brown Boveri Technik 72 (1985) S.229-234.
30 *Weber, R.:* Transistorsteller für Gleichstrom-Antriebstechnik bis 5,2 kW. Techn. Mitt. AEG-Telefunken 69 (1979) S.182-183.
31 *Fischer, R.:* Ankerstrom-Formfaktor bei stromrichtergespeisten Gleichstromantrieben. etz 102 (1981) S.1158-1159.
32 *Philipps, W.:* Die Berechnung des Oberschwingungsgehaltes von Ankerströmen stromrichtergespeister Gleichstrommotoren. ETZ-A 89 (1968) S.126-130.
33 *Beier, E.:* Einfluß der Glättungsinduktivität auf Kommutierung und Leistung thyristorgespeister Gleichstrom-Nebenschlußmotoren. Siemens-Zeitschr. 42 (1968) S.843-854.
34 *Andresen, E.Chr.:* Über den Einfluß von Ständerdämpfungskreisen auf die Stromwendung von Gleich- und Wechselstrommaschinen mit Wendepolen. Arch. f. ET. 50 (1966) S.319-331.
35 *Fischer, R.:* Das dynamische Verhalten des Gleichstrom-Fahrmotors. Dissertation TH Darmstadt 1965.
36 *Schäfer, W.:* 75 Jahre Drehstromübertragung Lauffen-Frankfurt/M. ETZ-A 87 (1966) S.847-853.
37 *Schlosser, K.:* Marksteine des Transformatorenbaus. BBC-Nachrichten 48 (1966) S.534-549.

38 *Baehr, R.* u. *Casper, W.:* Probleme bei Grenzleistungstransformatoren. etz-a 98 (1977) S. 197-201.

39 *Schlosser, K.:* Betrachtungen über Grenzleistungs-Transformatoren. BBC-Nachrichten 57 (1975) S. 261-266.

40 Trafo-Union: Leistungstransformatoren. Druckschriften E50001-U420-A4, 22, 31.

41 *Knorr, W.:* Neue Entwicklungen auf dem Gebiet der Leistungstransformatoren. elektro-anzeiger 44 (1991) S. 62-64.

42 *Kreuzer, J.:* Der neue BBC-Gießharztransformator. Brown Boveri Technik 72 (1985) S. 298-303.

43 *Glaninger, P.:* Silicongefüllte Transformatoren. BBC-Nachrichten 65 (1983) S. 49-57.

44 *Reiplinger, E.:* Verminderung der Leerlaufverluste bei Transformatoren. Siemens-Energietechnik 2 (1980) S. 255-257.

45 *Bauer, G.:* Verlust- und geräuscharme Transformatorkerne. BBC-Nachrichten 63 (1981) S. 293-299.

46 *Schlosser, K.:* Große Spartransformatoren. ETZ-A 81 (1960) S. 59-67.

47 *Kovacs, K. P.:* Symmetrische Komponenten in Wechselstrommaschinen. Basel-Stuttgart. Verlag Birkhäuser, 1962.

48 100 Jahre Drehstrommotor. AEG Technik Magazin (1989) S. 38-41.

49 *Falk, K.* u. *Kiefaber, J.:* Neue Generation oberflächengekühlter Drehstrom-Normmotoren. ABB-Technik (1989) S. 19-22.

50 *Weber, J.:* Drehstrom-Asynchronmaschinen großer Leistung. BBC-Nachrichten 53 (1971) S. 165-172.

51 *Neuhaus, W.* u. *R. Weppler:* Einfluß der Querströme auf die Drehmomentkennlinie polumschaltbarer Käfigläufermotoren. ETZ-A 88 (1967) S. 80-84.

52 *Keve, T.:* Beitrag zur Klärung der Drehmomentsättel bei asynchronen Kurzschlußläufermotoren. ETZ-A 87 (1966) S. 221-227.

53 *Weber, W.:* Experimentelle Untersuchung des Einflusses der Läuferschränkung auf das Geräusch einer Drehstrommaschine. etz-a 98 (1977) S. 495-497

54 *Jordan, H.* u. *F. Taegen:* Zur Berechnung der Zahnpulsationsverluste von Asynchronmaschinen. ETZ-A 86 (1965) S. 805-809.

55 *Jordan, H.* u. *W. Raube:* Zum Problem der Zusatzverluste in Drehstrom-Asynchronmotoren. ETZ-A 93 (1972) S. 541-545.

56 *Leonhard, A.:* Anlassen von Asynchronmotoren über Kusawiderstand, Bemessung des Kusawiderstandes. E u. M Bd. 61 (1943) S. 122-124.

57 *Alwers, E., H. Jordan* u. *M. Weis:* Über den Teilwicklungsanlauf von Asynchronmotoren mit Kurzschlußläufern. ETZ-A Bd. 89 (1968) S. 288-294.

58 *Krämer, J.* u. *H. Welk:* Die Gleichstrombremsung von Drehstrom-Asynchronmaschinen. BBC-Nachrichten Bd. 47 (1965) S. 186-193.

59 *Spatz, G.:* Gleichstrombremsung von Asynchronmaschinen bei Speisung über einen Drehstromsteller. ETZ-A 93 (1972) S. 551-555.

60 *Kovacs, K. P.* u. *J. Rasz:* Transiente Vorgänge in Wechselstrommaschinen. 1. und 2. Bd. Budapest: Verlag der Ung. Akad. d. Wiss. 1959.

61 *Bausch, H.* u. *H. Jordan* u. *M. Weis:* Digitale Berechnung des transienten Verhaltens von Drehstrom-Käfigläufermotoren. ETZ-A 89 (1968) S. 361-366.

62 *Jordan, H.* u. *G. Pfaff:* Dynamische Kennlinien von Drehstrom-Asynchronmotoren. ETZ-A 83 (1962) S. 388-390.

63 *Wütherich, W.:* Übersicht über die Einschaltmomente bei Asynchronmaschinen im Stillstand. ETZ-A Bd. 88 (1967) S. 555-559.

64 *Seifert, D.* u. *Strangmüller, T.:* Stoßmoment und Stoßstrom der Asynchronmaschine. etz-Archiv 11 (1989) S. 283.

65 ZVEI, Fachverband El. Antriebe: Gleichstrom- oder Drehstromantrieb, Systemvergleich und Entscheidungshilfe.

66 *Doebelt, R.:* Untersuchungen zum thermischen Verhalten von Asynchron-Kurzschlußläufermotoren bei der Drehzahlsteuerung mittels Drehstromsteller. Elektrie 30 (1976) S. 39-41.

67 *Geisbüsch, D.:* Drehzahlregelung von Drehstromantrieben durch Schlupfänderung. BBC-Nachrichten 61 (1979) S. 145-151.

68 Ettner, N.: Antriebe für Pumpen und Lüfter kleiner Leistung. Siemens-Zeitschrift 45 (1971) S.204–206

69 Becker, O.: Betriebsverhalten untersynchroner Stromrichterkaskaden. Elektroanzeiger 29 (1976) S.89–92.

70 Wolff, A.: Die untersynchrone Stromrichterkaskade, ein drehzahlgeregelter Antrieb mit Drehstrommotor. Elektrie 34 (1980) S.241–243.

71 Elger, H.: Schaltungsvarianten der untersynchronen Stromrichterkaskade. Siemens-Zeitschrift 51 (1977) S.145–150.

72 Kipke, M.: Besonderheiten beim Bemessen des Drehstrom-Asynchronmotors einer untersynchronen Stromrichterkaskade. Siemens-Zeitschrift 49 (1975) S.99–102.

73 Böhm, K. u. Wesselak, F.: Drehzahlregelbare Drehstromantriebe mit Umrichterspeisung. Siemens-Zeitschrift 45 (1971) S.753–757.

74 Nitsche, H.J. u. Putz, U.: Umrichter für Drehstromantriebe. Techn. Mitt. AEG-Telefunken 67 (1977) S.2–6.

75 Kabisch, H.: Möglichkeiten und Grenzen des Einsatzes umrichtergespeister Drehstromantriebe in der Industrie. Elektrie 34 (1980) S.59–65.

76 Klautscheck, H.: Asynchronmaschinenantriebe mit Strom-Zwischenkreisumrichtern. Siemens-Zeitschrift 50 (1976) S.23–28.

77 Landeck, W. u. Putz, U.: Selbstgeführter Zwischenkreisumrichter mit eingeprägtem Strom für Drehstrom-Asynchronmotoren. Techn. Mitt. AEG-Telefunken 67 (1977) S.11–15.

78 Weninger, R.: Verfahren zur dynamisch richtigen Steuerung des Flusses bei der Drehzahlregelung von Asynchronmaschinen mit Speisung durch Zwischenkreisumrichter mit eingeprägtem Strom. etz-Archiv 1 (1979) S.341–347.

79 Flügel, W.: Drehzahlregelung der spannungsumrichtergespeisten Asynchronmaschine im Grunddrehzahl- und Feldschwächbereich. etz-Archiv 4 (1982) S.143–150.

80 Kazmierkowski, M.P. u. Köpcke, H.J.: Vergleich dynamischer Eigenschaften verschiedener Steuer- und Regelverfahren für umrichtergespeiste Asynchronmaschinen. etz-Archiv 4 (1982) S.269–277.

81 Helmers, D.: Digital gesteuerte Asynchronmotoren mit feldorientierter Vektorregelung. Maschinenmarkt 97 (1991) S.90–97.

82 Würslin, R.: Pulsumrichtergespeister Asynchronmaschinenantrieb mit hoher Taktfrequenz und sehr großem Feldschwächbereich. Dissertation Uni Stuttgart 1984.

83 Weninger, R.: Flußsteuerung und Drehzahlregelung der stromrichtergespeisten Asynchronmaschine im Feldschwächbereich. etz-Archiv 5 (1983) S.243–248.

84 Blaschke, F.: Das Prinzip der Feldorientierung, die Grundlage für die Transvektorregelung von Drehstrommaschinen. Siemens-Zeitschrift 45 (1971) S.757–768

85 Zimmermann, W.: Feldorientiert geregelter Umrichterantrieb mit sinusförmigen Maschinenspannungen. etz-Archiv 10 (1988) S.259–265

86 Andresen, E., Bieniek, K. u. Pfeiffer, R.: Pendelmomente und Wellenbeanspruchungen von Drehstrom-Käfigläufermotoren bei Frequenzumrichterspeisung. etz-Archiv 4 (1982) S.25–33.

87 Auinger, H.: Einflüsse der Umrichterspeisung auf elektrische Drehfeldmaschinen, insbesondere auf Käfigläufer-Induktionsmotoren. Siemens-Zeitschrift 45 (1981) S.46–49.

88 Pagano, E., Isastia, V. u. Perfetto, A.: Berechnungsrichtlinien umrichtergespeister Asynchronmotoren. etz-A 97 (1976) S.607–611.

89 Weninger, R.: Einfluß der Maschinenparameter auf Zusatzverluste, Momentenoberschwingungen und Kommutierung bei Umrichterspeisung von Asynchronmaschinen. Archiv für Elektrotechnik 63 (1981) S.19–28.

90 Brosch, P.F., Tiebe, J. u. Schusdziarra, W.: Erwärmung kleiner Asynchronmaschinen bei Betrieb mit Frequenzumrichtern. etz-Archiv 7 (1985) S.351–355

91 Depenbrock, M. u. Klaes, N.: Zusammenhänge zwischen Schaltfrequenz, Taktverfahren, Momentpulsation und Stromverzerrung bei Induktionsmotoren am Pulswechselrichter. etz-Archiv 10 (1988) S.131–134

92 Budig, P.K., Muster, J. u. Zimmermann, R.: Beanspruchungen von Asynchronmaschinen durch Stromrichterspeisung. Elektrie 36 (1982) S.462–466

93 Zweygbergk v. S. u. Sokolov, E.: Verlustermittlung im stromrichtergespeisten Asynchronmotor. ETZ-A 90 (1969) S.612–616

 94 *Kratz, G.:* Der Linearmotor in der Antriebstechnik. Techn. Mitt. AEG-Telefunken 69 (1979) S. 74–80.
 95 *Deleroi, P.* u. a.: Der Kurzstator-Linearmotor – Stand der Entwicklung. ETZ-A 96 (1975) S. 401–409.
 96 *Budig, P. K.* u. *H. Timmel:* Zur Dimensionierung von Drehstrom-Linearmotoren. Elektrie 27 (1973) S. 253–256.
 97 Die Verwendung linearer Induktionsmotoren bei Transportsystemen für Höchstgeschwindigkeiten. ETZ-A 91 (1970) S. 419–420, Zeitschriften-Umschau, ca. 60 Literaturstellen. Schnellfahrtechnik. ETZ-A 96 (1975) Heft 9 S. 365–424.
 98 *Kümmel, F.:* Der selbsterregte Asynchrongenerator mit annähernd konstanter Spannung. ETZ-A 76 (1955) S. 769–775.
 99 *Pflügel, K.:* Gleichlauf von Antrieben durch elektrische Wellen. BBC-Nachrichten Bd. 42 (1960) S. 428–440.
100 *Gahleitner, A.:* Anlaufmoment und Pendelmoment beim zweisträngigen Kondensatormotor mit Einfach- und Doppelkäfigläufer. ETZ-A 92 (1971) S. 95–99.
101 *Jordan, H.* u. *F. Lax:* Über den Anlauf von Einphasen-Asynchronmotoren. AEG-Mittlg. 45 (1955) S. 553–562.
102 *Vaske, P.:* Die Bemessung der Anlaufhilfsphase zweisträngiger Einphasen-Asynchronmotoren. ETZ-A 86 (1965) S. 306–311.
103 *Vaske, P.:* Über die Optimierung kleiner Einphasen-Asynchronmotoren. ETG Fachberichte 1975 El. Klein- und Kleinstmotoren, VDE-Verlag Berlin.
104 *Fischer, R.:* Berechnungen zum Anlauf von Betriebs- und Doppelkondensatormotoren. ETZ-A 91 (1970) S. 506–509.
105 *Vaske, P.:* Über den Betrieb von Drehstrom-Asynchronmaschinen mit Kondensator am Einphasennetz. ETZ-A 86 (1965) S. 500–505.
106 *Sperling, P. G.:* Betrieb eines Drehstrommotors bei Ausfall einer Phase. Siemens-Zeitschr. 43 (1969) S. 106–112.
107 *Vaske, P.:* Beitrag zur Theorie des Spaltmotors. Archiv f. Elektrotechnik 47 (1962) S. 1–28.
108 *Oesingmann, D.* u. *Usbeck, S.:* Spaltpolmotoren mit einteiligem, asymmetrischen Ständerblechschnitt. Elektrie 45 (1991) S. 141–144
109 *Gandert, H. J.:* Erregersysteme für große Generatoren. BBC-Nachrichten 62 (1980) S. 380–387.
110 *Gerlach, R.:* Stromrichtererregung für schnellaufende Synchrongeneratoren. Techn. Mitt. AEG-Telefunken 68 (1978) S. 57–66.
111 *Laronze, J.:* Eine neue Generation von bürstenlosen Synchronmotoren. E und M 96 (1979) S. 118–120.
112 *Böning, W.:* Selbsterregte Synchrongeneratoren mit Störgrößenaufschaltung. Siemens-Zeitschrift 43 (1969) S. 465–472.
113 *Andresen, E.:* Einfluß von Umrichterart, Magnethöhe, Polbedeckung und Wicklungsanordnung auf den Betrieb von Synchronmotoren mit radialen $SmCo_5$-Magneten. etz-Archiv 7 (1985) S. 263–270.
114 *Schwarz, B.:* Ausnutzung von Pulsumrichtern in Servoantrieben mit permanenterregten Synchronmaschinen. etz-Archiv 8 (1986) S. 403–409
115 *Gutt, H. J.:* Vergleich von Gleichstrom-, Asynchron- und dauermagneterregten Synchronmaschinen für Stellantriebe in Industrierobotern. etz-Archiv 9 (1987) S. 55–63
116 *Demel, W.:* Baugröße und Verluste von permanenterregten Synchronmaschinen bei unterschiedlichem Verlauf des Stromes. Dissertation RWTH Aachen 1987
117 *Aschenbrenner, F.:* Ein Berechnungsverfahren für permanenterregte Synchronmaschinen. Elektrotechnik und Informationstechnik 106 (1989) S. 389–397.
118 *Gutt, H. J.:* Permanenterregte und Massivläufer-Kleinmaschinen für hohe Drehzahlen. Elektrotechnik und Informationstechnik 107 (1990) S. 469–475.
119 *Urgell, J.:* Antrieb für Hauptspindel. Maschinenmarkt 96 (1990) S. 60–65.
120 *Shalaby, M.:* Berechnungsgang und Entwurfsoptimierung von permanenterregten Synchronmaschinen. etz-a 98 (1977) S. 498–502.
121 *Weschta, A.:* Pendelmomente von permanenterregten Synchron-Servomotoren. etz-Archiv 5 (1983) S. 141–144

122 *Weschta, A.:* Stabilitätsverhalten der frequenzgesteuerten Synchronmaschine mit Dauermagneterregung. etz-Archiv 6 (1984) S. 227-229

123 *Jordan, J., Lorenzen, H. W.* u. *Taegen, F.:* Über den asynchronen Anlauf von Synchronmaschinen. ETZ-A 85 (1964) S. 296-305.

124 *Gölz, G.* u. *Grumbrecht, P.:* Umrichtergespeiste Synchronmaschinen. Techn. Mitt. AEG-Telefunken 63 (1973) S. 141-148.

125 *Saupe, R.* u. *Senger, K.:* Maschinengeführter Umrichter zur Drehzahlregelung von Synchronmaschinen. Techn. Mitt. AEG-Telefunken 67 (1977) S. 20-25.

126 *Salzmann, Th.* u. *Wokusch, H.:* Direktumrichterantrieb für große Leistungen und hohe dynamische Anforderungen. Siemens-Energietechnik 2 (1980) S. 409-413.

127 *Bardahl, N., Romascan, A.* u. *Weigel, W. D.:* Statischer Umrichter zum Anfahren eines Hochofengebläses für 30 MW mit zweipoligem Synchronmotor. Siemens-Zeitschrift 52 (1978) S. 509-512.

128 *Bonfert, K.:* Betriebsverhalten der Synchronmaschine. Wien, Springer-Verlag, 1962.

129 *Leukert, W.:* 100 Jahre dynamoelektrisches Prinzip - 100 Jahre Elektromaschinenbau. ETZ-A 87 (1966) S. 841-847.

130 *Kranz, R. D.:* Der Gang der Entwicklung zum Groß-Turbogenerator. ETZ-A 91 (1970) S. 668-675.

131 *Putz, G.:* Leistungssteigerung bei zukünftigen Turbogeneratoren. BBC-Nachrichten 57 (1975) S. 250-255.

132 *Mez, F.* u. *Viktil, H.:* Ein langsamlaufender Generator für das norwegische Wasserkraftwerk Solbergfoss. Brown Boveri Technik 9 (1987) S. 502-505

133 *Jäger, K.:* Flüssigkeitskühlung bei elektrischen Maschinen. BBC-Druckschrift D GK 90361 D

134 *Jäger, K.:* Turbogeneratoren für große Kernkraftwerke. BBC-Druckschrift D GM 80186 D

135 *Merz, K.:* Mechanische und elektromagnetische Grenzen beim Bau von Turbogeneratoren. BBC-Druckschrift D GM 40647 D

136 *Bönning, H.* u. *Jäger, K.:* Neue Entwicklungen bei luftgekühlten Synchronmaschinen in Turbobauart. etz-Archiv 11 (1989) S. 109-112.

137 *Weigelt, K.:* Konstruktionsmerkmale großer Turbogeneratoren. ABB-Technik (1989) S. 3-14.

138 Turbogeneratoren für 200 bis 1200 MVA mit Wasserstoffkühlung und direkter Wasserkühlung der Statorwicklung. ABB-Technik. Druckschriften HTGG F09001-3.

139 *Schmid, M.:* Reluktanzmotoren. BBC-Nachrichten 43 (1961) S. 108-112.

140 *Gutt, H. J.:* Reluktanzmotoren kleiner Leistung. etz-Archiv 10 (1988) S. 345.

141 *Weh, H.:* Zur Weiterentwicklung wechselrichtergespeister Reluktanzmaschinen für hohe Leistungsdichte und große Leistungen. etz-Archiv 6 (1984) S. 135-143.

142 *Jaeschke, H. E.:* Der Hysteresemotor. E und M 60 (1942) S. 176-188.

143 *Kreuth, K. P.:* Schrittmotoren, München Wien, Oldenbourg Verlag 1988.

144 *Maiß, K. J.:* Drehstromantriebe für Vollbahn-, Werkbahn- und Nahverkehrs-Triebfahrzeuge. Nahverkehrspraxis 29 (1981) S. 242-250.

145 *Körber, J.:* Die elektrische Ausrüstung der Hochleistungslokomotive E 120 der DB mit Drehstrommotoren. BBC-Druckschrift DVK 1451 80D.

146 *Schmidt, D.:* Der InterCityExpress mit ABB-Drehstrom-Antriebstechnik. ABB Technik 191, H.10, S. 3-10

147 *Buck, D.:* Das elektrische System von ABB-Kombikraftwerken. ABB Technik 2 (1995) S. 15-23

148 *Späth, H.:* Steuerverfahren für Drehstrommmaschinen. Berlin, Springer-Verlag, 1983

149 *Seefried, E.* u. *Müller, G.:* Frequenzgesteuerte Drehstrom-Asynchronantriebe. Berlin, Verlag Technik, 1992

150 *Nguyen Phung Quang:* Praxis der feldorientierten Drehstromantriebsregelungen. Ehningen, expert-verlag, 1993

151 *Heil, W.:* 40 % mehr Leistung bei Gleichstromantrieben. antriebstechnik 34 (1995) S. 28-31

152 *Schumann, R.:* Totgesagte leben lange, Interview über eine neue Gleichstrommotorenreihe von ABB. antriebstechnik 34 (1995) S. 10-15

Formelzeichen und Einheiten

Nachstehende Aufstellung umfaßt die wichtigsten physikalischen Größen mit ihren Formelzeichen und gesetzlichen Einheiten (SI-Einheiten). Daneben wird die Umrechnung auf andere früher gerne verwendete Einheiten angegeben.

physikalische Größe	Formel-zeichen	SI-Ein-heiten	Kurz-zeichen	Umrechnung in andere Einheiten
Länge	l	Meter	m	
Masse	m	Kilogramm	kg	1 t (Tonne) $= 10^3$ kg
				1 kg $= 0{,}102$ kps^2/m
Zeit	t	Sekunde	s	1 min $= 60$ s
				1 h (Stunde) $= 3600$ s
el. Stromstärke	I	Ampere	A	
Thermodynamische	T	Kelvin	K	Temperaturdifferenz $\Delta\vartheta$ in Kelvin
Temperatur				
Celsiustemperatur	ϑ	Grad	°C	$\vartheta = T - T_0$
		Celsius		$T_0 = 273{,}15$ K
Lichtstärke	I	Candela	cd	
Fläche	A	–	m^2	
Volumen	V	–	m^3	1 l (Liter) $= 10^{-3}$ m^3
Kraft	F	Newton	N	1 kp (Kilopond) $= 9{,}81$ N
				1 N $= 1$ kgm/s^2
Druck	p	Pascal	Pa	1 Pa $= 1$ N/m^2
				1 at (techn. Atm.) $= 1$ kp/cm$^2 =$
				$= 0{,}981$ bar, 1 bar $= 10^5$ Pa
				1 kp/m$^2 = 1$ mm WS
Drehmoment	M	–	Nm	1 kpm $= 9{,}81$ Nm $= 9{,}81$ kgm^2/s^2
Trägheitsmoment	J	–	kgm^2	1 kgm$^2 = 0{,}102$ kpm s$^2 = 1$ Ws^3
				Schwungmoment GD^2
				GD^2/kpm$^2 = 4\,J$/kgm^2
Frequenz	f	Hertz	Hz	1 Hz $= 1$ s^{-1}
Kreisfrequenz	ω	–	Hz	$\omega = 2\cdot\pi\cdot f$
Drehzahl	n	–	s^{-1}	1 s$^{-1} = 60$ min^{-1}
Geschwindigkeit	v	–	m/s	1 m/s $= 3{,}6$ km/h
Leistung	P	Watt	W	1 PS $= 75$ kpm/s $= 736$ W
Energie, Arbeit	W	Joule	J	1 J $= 1$ Nm $= 1$ Ws
				1 kcal $= 427$ kpm $= 4186{,}8$ Ws
				1 Ws $= 0{,}102$ kpm
el. Spannung	U	Volt	V	
el. Feldstärke	E	–	V/m	
el. Widerstand	R	Ohm	Ω	
el. Leitwert	G	Siemens	S	
el. Ladung	Q	Coulomb	C	1 C $= 1$ As
Kapazität	C	Farad	F	1 F $= 1$ As/V
elektr. Feldkonstante	ε_0	–	F/m	$\varepsilon_0 = 0{,}885\cdot 10^{-11}$ F/m
Dielektrizitäts-	ε	–	F/m	$\varepsilon = \varepsilon_0 \cdot \varepsilon_r$
konstante				ε_r – relative Diel.-konst.
Induktivität	L	Henry	H	1 H $= 1$ Vs/A $= 1$ Ωs
mag. Fluß	Φ	Weber	Wb	1 Wb $= 1$ Vs
				1 M (Maxwell) $= 10^{-8}$ Vs $= 1$ Gcm^2

physikalische Größe	Formel-zeichen	SI-Ein-heiten	Kurz-zeichen	Umrechnung in andere Einheiten
mag. Flußdichte Induktion	B	Tesla	T	$1\,\text{T} = 1\,\text{Vs/m}^2 = 1\,\text{Wb/m}^2$ $1\,\text{T} = 10^4\,\text{G (Gauß)}$ $1\,\text{G} = 10^{-8}\,\text{Vs/cm}^2$
mag. Feldstärke	H	–	A/m	$1\,\text{Oe (Oersted)} = 10/4\pi \cdot \text{A/cm}$ $1\,\text{A/m} = 10^{-2}\,\text{A/cm}$
mag. Durchflutung	Θ	–	A	
mag. Spannung	V	–	A	
mag. Feldkonstante	μ_0	–	–	$\mu_0 = 4\pi \cdot 10^{-7}\,\text{H/m}$ $\mu_0 = 1\,\text{G/Oe}$
Permeabilität	μ	–	–	$\mu = \mu_0 \cdot \mu_r$ $\mu_r -$ relative Permeabilität
Winkel	α	Radiant	rad	$1\,\text{rad} = 1\,\text{m}/1\,\text{m}$ $\alpha = l_{\text{Bogen}}/r$

Weitere Formelzeichen und Liste der häufig verwendeten Indizes

Physikalische Größen, die durch einen der aufgeführten Indizes gekennzeichnet sind, werden nicht mehr angegeben.

A	Fläche, Querschnitt	I_{gl}, i_{gl}	Gleichstromglied
A	Strombelag	I_k'	Übergangs-Stoßkurzschlußstrom
a	parallele Ankerzweigpaare	I_k''	Anfangs-Stoßkurzschlußstrom
a	bezogene Spannungszeitfläche	I_s	Stoßkurzschlußstrom
a	e^{j120}	I_{Fe}	Eisenluststrom
B	Flußdichte, Induktion	J	Trägheitsmoment, Stromdichte
B_A	Induktion des Ankerquerfeldes	$j =$	$\sqrt{-1}$
B_L	max. Induktion im Leerlauf	K	Lamellenzahl
B_{max}	max. Induktion bei Belastung	k	Konstante
B_w	Induktion im Wendepol-Luftspalt	k_d	Zonenfaktor
B_1	–des Grundfeldes	k_{Fe}	Eisenfüllfaktor
c	spezifische Wärmekapazität, Konstante (c_r, c_w, c_{tr})	k_k	Leerlauf-Kurzschlußverhältnis
		k_L	Leitwertsänderung–
c_H	spez. Hystereseverluste	k_p	Sehnungsfaktor
c_w	spez. Wirbelstromverluste	k_R	Widerstandsänderung durch Strom-
D	Dämpfungsmoment		verdrängung
d_1	Ständer-Bohrungsdurchmesser	k_w	Wicklungsfaktor
d_A	Ankerdurchmesser	L_{12}	Gegeninduktivität
d_K	Stromwender-Durchmesser	p	Polpaarzahl
f	Frequenz	M	Drehmoment
f_p	Eigenfrequenz des Polrades	M_A	Anzugsmoment
f_{p0}	ungedämpfte–	M_K	Kippmoment
g, g_s	Ankerrückwirkungsfaktor	M_w	Lastmoment
H_c	Koerzitivfeldstärke	M_v	Verlustmoment
h_Q	Nuttiefe	m	Phasen(strang)zahl, Masse
I_d	Gleichstrom	N	Windungszahl

N_s	-einer Spule	v_{10}, v_{15}	spez. Eisenverluste
N_D	Entmagnetisierungsfaktor	W	Spulenweite
n_1	Synchrondrehzahl	X_d	synchrone Längsreaktanz
Δn	Schlupfdrehzahl	X_d'	transiente Längs--
O	Oberfläche	X_d''	subtransiente-
P_D	Durchgangsleistung	X_q''	subtransiente Querreaktanz
P_T	Typenleistung	$X_{D\sigma}$	Streureaktanz der Dämpferwick-
P_v	Verlustleistung		lung D
P_{Cu}	Stromwärmeverluste	$X_{Q\sigma}$	Streureaktanz der Dämpferwick-
Q	Blindleistung, Nutzahl		lung Q
q	Lochzahl = Nutzahl/Pol und Strang	$X_{2\sigma b}$	Streureaktanz des Betriebskäfigs
R_{th}	thermischer Widerstand	$X_{2\sigma g}$	Streureaktanz beider Käfige gemein-
R_{2a}	Widerstand des Anlaufskäfigs		sam
R_{2b}	-des Betriebskäfigs	y	Stromwenderschritt
$R\sim$	-bei Stromverdrängung	y_1	Spulenweite
S	Scheinleistung	y_{1Q}	-in Nuten
S_D	Durchgangs-Scheinleistung	y_2	Schaltschritt
S_T	Typenscheinleistung	z	Gesamtleiterzahl
s	Schlupf	z_Q	in Reihe geschaltete Leiterzahl/Nut
T	Zeitkonstante	Z	Scheinwiderstand
T_D	Dämpfungs-	α	Winkel, Wärmeübergangszahl, ideel-
T_d'	transiente-		ler Polbedeckungsfaktor
T_d''	subtransiente-	α_D	Steigungswinkel der Schergeraden
$T_{\ddot{e}}$	Erwärmungs-	β	Bürstenverdrehwinkel
T_s	-des Gleichstromgliedes	δ	Luftspaltbreite
t_B	Belastungszeit	ε	Sehnungswinkel
t_K	Kommutierungszeit	ζ	Streuziffer
t_S	Spieldauer	η	Wirkungsgrad
t_{St}	Stillstandszeit	Θ	Durchflutung
U_b	Bewegungsspannung im Ankerfeld	ϑ	Polradwinkel, Temperatur
U_B	Bürstenübergangs-	$\Delta\vartheta$	Übertemperatur
U_d	Gleichspannung	κ	elektr. Leitfähigkeit
U_{gr}	-einer Spulengruppe	Λ	magn. Leitwert
U_s	mittlere Lamellenspannung	μ_p	permanente Permeabilität
U_{tr}	Transformationsspannung	ν	Ordnungszahl einer Harmonischen
U_w	Wendefeldspannung	σ	Streuziffer
U_φ	Spannungsänderung	τ_K	Lamellenteilung
u	Spulenseiten/Nut	τ_Q	Nutteilung
$\ddot{u}$	Übersetzungsverhältnis	τ_p	Polteilung
u	rel. Spannung (u_R, u_x, u_k, u_φ)	Φ	Fluß
V	magnetische Spannung	$\Phi_{\sigma n}$	Nutstreufluß
v_H	spez. Hystereseverluste	Ψ, ψ	Spulenfluß, Winkel
v_w	spez. Wirbelstromverluste	ω_p	Kreisfrequenz der Polradschwin-
v_K	Stromwender-Umfangsgeschw.		gung

Indizes

A	Anker, Anlauf	K	Kippunkt, Kommutator
E	Erregung	L	Luftspalt
Fe	Eisen	N	Bemessungswert

A, H	Arbeits- bzw. Hilfswicklung	o	Leerlauf
C	Kondensator	Q	Nut
Cu	Kupfer	R	Reibung
d, q	Komponente in Längs- bzw. Quer-richtung	σ	Streuwert
		μ	Magnetisierung
g, m	Gegen- bzw. Mitsystem	ν	Ordnungszahl
h	Haupt-(Feld, Reaktanz)	1	Ständer, primär
k	Kurzschluß	2	Läufer, sekundär

Schreibweise von Formelzeichen elektrischer und magnetischer Größen

Effektiv- und Mittelwerte elektrischer Größen	große lateinische Buchstaben I, U, P
Augenblickswerte elektrischer Größen	kleine lateinische Buchstaben i, u
Maximalwerte magnetischer Größen	große griechische und lateinische Buchstaben Φ, Θ, B, H
Augenblickswerte magnetischer Größen	große griechische und lateinische Buchstaben mit Index t Φ_t, B_t
Zeiger	lateinische Buchstaben unterstrichen $\underline{U}$, $\underline{I}$
Vektoren	Buchstabe mit Pfeil $\vec{F}$

Berechnung der Aufgaben

Nachstehend wird in konzentrierter Form der Rechengang zu den Ergebnissen der in den einzelnen Kapiteln des Buches enthaltenen Aufgaben aufgezeigt.

2.1: Bei $p = 1$ verdoppelt sich gegenüber Beispiel 2.1 die in Reihe geschaltete Leiterzahl zwischen den Bürsten, so daß für die gleiche Leerlaufspannung $U_0 = 220$ V nur die halbe Drehzahl $n = 900$ min^{-1} benötigt wird.

2.2: Nach Gl. (2.2) ist $K = 3 \cdot 36 = 108$. Wellenwicklung nicht möglich, da nach Gl. (2.7a) $y = 53{,}5$ nicht ganzzahlig. Schleifenwicklung ausführbar, da $Q/p = 18 =$ ganzzahlig. $y_1 = 108/4 = 27$, $y = 1$, $y_2 = 26$, Leiterzahl/Nut $= 2u \cdot N_s = 6$, wegen $u = 3$ wird $N_s = 1$, also keine parallelen Leiter. $I_s = J \cdot A_L = 4{,}5$ A/mm^2 $\cdot$ 12 mm^2 $= 54$ A
Ankerstrom nach Gl. (2.10) und mit $a = p = 2$ wird $I_A = 4 \cdot 54$ A $= 216$ A

2.3: Es ist jeweils $\Theta_{res2} = \Theta_E - V_A = 0$ erforderlich. $V_{AN} = 1500$ A: $\Theta_E = 1500$ A
$\Theta_E = 2100$ A: $V_A = V_{AN} \cdot I_A/I_{AN}$, $I_A/I_{AN} = 2100$ A/1500 A $= 1{,}4$

2.4: Magnetische Spannung in Pollücke nach Gl. (2.16) $V_{Ax} = 0{,}5 \cdot 200$ A/cm $\cdot \pi \cdot 20$ cm/4
$V_{Ax} = 1571$ A. Gl. (2.18) $B_{Ax} = 0{,}4\pi \cdot 10^{-6}$ Vs/Am $\cdot 1571$ A/0,05 m $= 39{,}5$ mT

2.5: Mittlere Lamellenspannung Gl. (2.20a) $U_s = 850$ V $\cdot 8/456 = 14{,}91$ V. Mit $\alpha = 0{,}71$ aus Gl. (2.21): $U_{s\,max\,0} = 14{,}91$ V/0,71 $= 21$ V. Aus Gl. (2.22) $B_{max}/B_L = 30$ V/21 V $= 1{,}43$

2.6: Gl. (2.22) $U_{s\,max\,0} = 30$ V/1,2 $= 25$ V. Aus Gl. (2.20b) mit $a = 1$, $v = U_{s\,max\,0}/(2N_s \cdot p \cdot B_L \cdot l)$
$v = 25$ V/$(2 \cdot 1 \cdot 2 \cdot 0{,}8$ Vs/m^2 $\cdot 0{,}18$ m$) = 43{,}4$ m/s
$n = v/(d_A \cdot \pi) = 43{,}4$ m/s/(0,3 m $\cdot \pi$) $= 46{,}05$/s $= 2763$/min

2.7: $V_{wL} = N_w \cdot I_A - V_A = 42 \cdot 122$ A $- 4123$ A $= 1001$ A
Aus Gl. (2.32a) $\delta_w = 0{,}4 \cdot \pi \cdot 10^{-6}$ Vs/Am $\cdot 1001$ A/0,15 T $= 0{,}00838$ m

2.8: Aus Gl. (2.27) $v_A = 8$ V/$(2 \cdot 1 \cdot 35$ cm $\cdot 5 \cdot 10^{-8}$ Vs/Acm $\cdot 300$ A/cm$) = 7619$ cm/s
$n = v_A/(d_A \cdot \pi) = 7619$ cm/s/(35 cm $\cdot \pi$) $= 69{,}3$/s $= 4157$/min

2.9: Nach Bild 2.36 muß an den Polkanten $V_{Kx} = V_{Ax}$ sein. Mit Gl. (2.15) und $x = 0{,}5 \cdot 0{,}71 \cdot \tau_p$ gilt $0{,}5 \cdot Q_K \cdot z_K \cdot I_A = 0{,}5 \cdot 0{,}71 \cdot d_A \cdot \pi/2p \cdot A$ und $z_K = (0{,}71 \cdot 35$ cm $\cdot \pi \cdot 300$ A/cm$)/(4 \cdot 6 \cdot 122$ A$) = 8$

2.10: $\Delta U_N = 14$ V, $U_{qN} = 244$ V, $n = (244$ V/218,5 V$) \cdot 1500$/min $= 1675$/min

2.11: Aus Gl. (2.34) $U_{qN} = 210$ V $+ 70$ A $\cdot 0{,}06\,\Omega + 2$ V $= 216{,}2$ V
Mit $U_{qN} = U_0 \cdot \Phi/\Phi_0$, $\Phi/\Phi_0 = 216{,}2$ V/230 V $= 0{,}94$

2.12: Gl. (2.41) $c \cdot \Phi_0 = 220$ V/24,16/s $= 9{,}103$ Vs. a) Gl. (2.38) $I_{AN} = 2\pi \cdot 72{,}6$ Ws/9,103 Vs
$I_{AN} = 50{,}1$ A. b) $c \cdot \Phi = 0{,}95 \cdot c \cdot \Phi_0$, $I_A = I_{AN}/0{,}95 = 52{,}7$ A

2.13: Gl. (2.43) und (2.44) $n = n_0(1 - P_{Cu}/P_A)$, $P_{Cu} = P_v/2$, $P_E = P_v/6$, $P_A = P_1 - P_E$
$\eta = 1 - P_v/P_1 = 0{,}88$, also $P_v = 0{,}12P_1$, $P_{Cu} = 0{,}06P_1$ und $P_A = P_1 - P_v/6 = 0{,}98P_1$
$P_{Cu}/P_A = 0{,}06P_1/0{,}98P_1$, $n = 1600$/min $\cdot (1 - 0{,}06/0{,}98) = 1502$/min

2.14: a) $P_1 = 220\,\text{V} \cdot 1{,}7\,\text{A} = 374\,\text{W}$ $P_\text{v} = (1{,}7\,\text{A})^2 \cdot (40\,\Omega + 8{,}65\,\Omega) = 140{,}6\,\text{W}$
$\eta = 1 - P_\text{v}/P_1 = 1 - 140{,}6\,\text{W}/374\,\text{W} = 0{,}624$
b) $R_\text{N} = R_1 + R_\text{p} = 61{,}1\,\Omega$, $I_\text{N} = U_\text{N}/R_\text{N} = 220\,\text{V}/61{,}1\,\Omega = 3{,}6\,\text{A}$, $P_1 = U_\text{N} \cdot I_\text{N} = 220\,\text{V} \cdot 3{,}6\,\text{A}$
$P_1 = 792\,\text{W}$, $P_2 = U_\text{q} \cdot I_\text{AN} = 61{,}3\,\text{V} \cdot 1{,}7\,\text{A} = 104{,}2\,\text{W}$, $\eta = P_2/P_1 = 104{,}2\,\text{W}/792\,\text{W} = 0{,}132$

2.15: Grafische Konstruktion nach Bild 2.63 mit $I_\text{sch} = 49{,}35\,\text{A}$ und $I_\text{sp} = 94\,\text{A}$

2.16: Gl. (2.50) $n = -2\pi \cdot R_\text{A}(1 + R_\text{v}/R_\text{A}) \cdot M/(c \cdot \Phi)^2$
$R_\text{v} = 0$: $n_\text{min} = 2\pi \cdot R_\text{A} \cdot M/(c \cdot \Phi)^2 = \Delta n_\text{N} = 50/\text{min}$. $R_\text{v} = 9R_\text{A}$: $n_\text{max} = \Delta n_\text{N}(1 + 9) = 500/\text{min}$

2.17: Bild 2.82, Kurve 1: $U_\text{d}/U_\text{d0} = 0{,}50$ ergibt $a = 0{,}40\,\text{ms}$,
$\qquad\qquad\qquad U_\text{d}/U_\text{d0} = 440\,\text{V}/515\,\text{V} = 0{,}85$ ergibt $a = 0{,}24\,\text{ms}$
Mit Gl. (2.62) $F = \sqrt{1 + (0{,}4\,\text{ms} \cdot 515\,\text{V})^2/(10\,\text{mH} \cdot 15{,}3\,\text{A})^2 \cdot 0{,}09472} = 1{,}08$
$\qquad I_\text{A} = I_\text{AN}\sqrt{(a \cdot U_\text{d0})^2/(L \cdot I_\text{AN})^2 \cdot 0{,}09472/(F^2 - 1)}$
$\qquad I_\text{A} = I_\text{AN}\sqrt{(0{,}24\,\text{ms} \cdot 515\,\text{V})^2/(10\,\text{mH} \cdot 15{,}3\,\text{A})^2 \cdot 0{,}094727/(1{,}04^2 - 1)} = 0{,}87 I_\text{AN}$

2.18: Bild 2.82, Kurve 3, $a_\text{max} = 3{,}1\,\text{ms}$. Mit Gl. (2.62) und $I_\text{A} = I_\text{AN}$ gilt
$1 = (a \cdot U_\text{d0})^2/(L \cdot I_\text{AN})^2 \cdot 0{,}09472/(F^2 - 1)$, damit $L^2 = (3{,}1\,\text{ms} \cdot 200\,\text{V}/8\,\text{A})^2 \cdot 0{,}09472/(1{,}05^2 - 1)$
$L = 74{,}5\,\text{mH} = L_\text{D} + L_\text{A}$, $L_\text{D} = 59{,}5\,\text{mH}$

3.1: Mit $P_\text{FeN} = aP_\text{CuN}$ folgt aus Gl. (3.4a) mit $\eta_\text{max} = 0{,}984$: $2\sqrt{a}P_\text{CuN} = 0{,}016\,P_\text{N}$ und
$\sqrt{a}\,P_\text{CuN} = 0{,}8\,\text{kW}$. Durch Quadrieren und mit $P_\text{v} = P_\text{CuN}(1 + a) = 2\,\text{kW}$ erhält man die
quadratische Gleichung $4a = 0{,}64(1 + a)^2$ mit der Lösung $a = 0{,}25$

3.2: Aus Gl. (3.4b) dividiert durch Gl. (3.4a) folgt mit $a = P_\text{FeN}/P_\text{CuN}$
$1 - \eta_\text{N} = 0{,}5(1 - \eta_\text{max}) \cdot (P_\text{CuN} + P_\text{FeN})/\sqrt{P_\text{CuN} \cdot P_\text{FeN}} = 0{,}5 \cdot (1 - \eta_\text{max}) \cdot (1 + a)/\sqrt{a}$
$1 - \eta_\text{N} = 0{,}5 \cdot 0{,}02 \cdot 1{,}25/\sqrt{0{,}25} = 0{,}02 \cdot 1{,}25$, $\eta_\text{N} = 0{,}975$

3.3: Bemessungsverluste $P_\text{vN} = P_\text{1N}(1 - \eta_\text{N}) = 10\,\text{kW} \cdot 0{,}04 = 400\,\text{W}$
Gleiche Verlustanteile treten bei $P_1 = \sqrt{a}P_\text{1N}$ auf, d. h. mit $P_1 = 0{,}5\,P_\text{1N}$ wird $\sqrt{a} = 0{,}5$
also $a = 0{,}25$. $P_\text{vN} = P_\text{CuN} + P_\text{FeN} = P_\text{CuN}(1 + a)$, damit $P_\text{CuN} \cdot 1{,}25 = 400\,\text{W}$,
$P_\text{CuN} = 320\,\text{W}$, $P_\text{FeN} = 0{,}25 \cdot 320\,\text{W} = 80\,\text{W}$
Für die Wirkungsgradgleichung gilt mit $p = P_1/P_\text{1N}$: $\eta = 1 - (a + p^2)/p \cdot P_\text{CuN}/P_\text{1N}$
Mit $\eta = 0{,}96$ und $P_\text{CuN}/P_\text{1N} = 0{,}32$ erhält man die quadratische Gleichung: $1{,}25p = a + p^2$,
Lösung: $p = 0{,}25$ und $= 1$, d. h. $P_1 = 2{,}5\,\text{kW}$

3.4: Gl. (3.4a) ergibt $\eta_\text{max} = 1 - 2\sqrt{0{,}32\,\text{kW} \cdot 1{,}75\,\text{kW}}/100\,\text{kW} = 0{,}985$

3.5: Mit η_max bei Halblast wird nach Gl. (3.3) $\sqrt{a} = 0{,}5$, also $a = 0{,}25$
Verluste bei Halblast: $P_\text{v} = (1 - \eta_\text{max})0{,}5\,P_\text{1N} = 0{,}03 \cdot 0{,}5 \cdot 50\,\text{kW} = 0{,}75\,\text{kW}$
Bei η_max gilt $P_\text{Cu} = P_\text{Fe} = 0{,}5\,P_\text{v} = 0{,}375\,\text{kW}$, $P_\text{CuN} = P_\text{FeN}/a = 0{,}375\,\text{kW}/0{,}25 = 1{,}5\,\text{kW}$
Bemessungsstrom $I_\text{N} = P_\text{1N}/U_\text{N} = 50\,\text{kW}/500\,\text{V} = 100\,\text{A}$
$P_\text{CuN} = (R_1 + R_2')I_\text{N}^2$ ergibt $R_1 + R_2' = 1500\,\text{W}/(100\,\text{A})^2 = 0{,}15\,\Omega$
$P_\text{FeN} = U_\text{N}^2/R_\text{Fe}$ ergibt $R_\text{Fe} = (500\,\text{V})^2/0{,}375\,\text{kW} = 666{,}67\,\Omega$

3.6: Nach Bild 3.2 wird $k_\text{a} = 0{,}787$ und damit entsprechend Beispiel 3.3:
$A = \pi/4 \cdot (14{,}1\,\text{cm})^2 \cdot 0{,}787 \cdot 0{,}96 = 117{,}97\,\text{cm}^2$, $\Phi = 1{,}68\,\text{T} \cdot 117{,}97 \cdot 10^{-4}\,\text{cm}^2 = 19{,}82\,\text{mVs}$.
In Proportion zu Beispiel 3.3: $N_1 = 1195\,\text{Wdg.} \cdot 21{,}76\,\text{mVs}/19{,}82\,\text{mVs} = 1312\,\text{Wdg.}$
und $N_2 = 1312\,\text{Wdg.} \cdot 0{,}525\,\text{kV}/10\,\text{kV} = 69\,\text{Wdg.}$

3.7: Für die quadratische Addition der Harmonischen gilt:
$$I_\mu = I_{\mu1}\sqrt{1 + (I_{\mu3}/I_{\mu1})^2 + (I_{\mu5}/I_{\mu1})^2 + (I_{\mu7}/I_{\mu1})^2} = 14{,}5\,\text{A}\sqrt{1 + (4/8)^2 + (2/8)^2 + (1/8)^2} = 16{,}7\,\text{A}$$

3.8: Bemessungsstrom $I_{1N} = P_{1N}/(\sqrt{3} \cdot U_1) = 500\,\text{kW}/(\sqrt{3} \cdot 20\,\text{kV}) = 14{,}43\,\text{A}$
Stromwärmeverluste $P_{\text{CuN}} = 3R_k \cdot I_{1N}^2$, damit
Daten von Transformator aus Beispiel 3.6:
$R_k = 7390\,\text{W}/(3 \cdot 14{,}43^2\,\text{A}^2) = 11{,}83\,\Omega$, $X_k = R_k \cdot \tan\varphi_k = 11{,}83\,\Omega \cdot 3{,}940 = 46{,}61\,\Omega$
$Z_k = \sqrt{R_k^2 + X_k^2} = 48{,}09\,\Omega$ und $u_k = 6\%$
Daten von Transformator aus Aufgabe 3.8: $R_k = 0{,}5 \cdot 11{,}83\,\Omega = 5{,}92\,\Omega$,
$X_k = 46{,}61\,\Omega$, $Z_k = 46{,}98\,\Omega$, damit $u_k = 6\% \cdot 46{,}98\,\Omega/48{,}09\,\Omega = 5{,}86\%$

3.9: I_s nach Gl. (3.26) mit $\tan\varphi_k = X_k/R_k = 25$, damit $\sin\varphi_k = 0{,}9992$, $\varphi_k = 87{,}71°$
Exponent der e-Fkt.: $x = -R_k/X_k \cdot \pi/2 \cdot (1 + 87{,}71°/90°) = -0{,}1241$
Dauerkurzschlußstrom nach Gl. (3.23): $I_k = I_N/u_k = 210\,\text{A}/0{,}12 = 1750\,\text{A}$
$I_s = \sqrt{2} \cdot 1750\,\text{A} \cdot (1 + 0{,}9992 \cdot e^{-0{,}1241}) = 4{,}66\,\text{kA}$

3.10: a) $I_I = I_{NI}$, $I_{II} = 1{,}1\,I_{NII}$, nach Gl. (3.29): $1:1{,}1 = u_{kII}:5\%$, also $u_{kII} = 5\%/1{,}1 = 4{,}55\%$
b) Nach Bild 3.50 gilt:
$I_{wI} = I_I \cdot \cos\varphi_{kI} = 19{,}3\,\text{A} \cdot 0{,}2 = 3{,}86\,\text{A}$, $I_{bI} = I_I \cdot \sin\varphi_{kI} = 19{,}3\,\text{A} \cdot 0{,}98 = 18{,}91\,\text{A}$
Ebenso $I_{wII} = 9{,}63\,\text{A} \cdot 0{,}6 = 5{,}78\,\text{A}$, $I_{bII} = 9{,}63\,\text{A} \cdot 0{,}8 = 7{,}70\,\text{A}$
$I_w = I_{wI} + I_{wII} = 9{,}64\,\text{A}$, $I_b = I_{bI} + I_{bII} = 26{,}61\,\text{A}$, $I_{ges} = \sqrt{I_w^2 + I_b^2} = 28{,}30\,\text{A}$
$I_{2\,ges} = I_{ges} \cdot 6\,\text{kV}/0{,}5\,\text{kV} = 340\,\text{A}$

4.1: Gl. (4.3) und (4.4) mit $z_Q = 20$, $p = 4$, $q = 48/(8 \cdot 3) = 2$, $N = z_Q \cdot p \cdot q = 20 \cdot 4 \cdot 2 = 160$

4.2: Gl. (4.5) mit $m = 1$: $(q \cdot \alpha/2)_{m=1} = 90° = \pi/2$, mit $m = 3$: $(q \cdot \alpha/2)_{m=3} = 30° = \pi/6$
Gl. (4.7), $m = 1$: $(k_{d1})_1 = (\sin 90°)/\pi \cdot 2 = 2/\pi$, $m = 3$: $(k_{d1})_3 = (\sin 30°)/\pi \cdot 6 = 3/\pi$
Mit $U = c \cdot N \cdot k_{d1}$ wird $U_3 = c \cdot N \cdot (k_{d1})_3$ und $U_1 = c \cdot 3N \cdot (k_{d1})_1$
$U_1/U_3 = 3 \cdot (k_{d1})_1/(k_{d1})_3 = 3 \cdot 2/3 = 2$

4.3: Forderung nach Gl. (4.13): $\cos(5 \cdot \varepsilon/2) = 0$, d. h. $\varepsilon = 36°$. Bei Sehnung um n Nuten ist
$\varepsilon = n \cdot \alpha$ und mit Gl. (4.5) gilt $\varepsilon = n \cdot 60°/q = 36°$, ermöglicht mit $q = 5$ und $n = 3$.
Nach Gl. (4.6) bis (4.9) mit $\alpha = 60°/5 = 12°$ wird $k_{d1} = 0{,}957$, $k_{p1} = 0{,}951$, $k_{w1} = 0{,}910$

4.4: Bei $Q/2p = 24/4 = 6$ Nuten/Polteilung wird $\alpha = 180°/6 = 30°$. Es werden $q = 4$ Nuten
bewickelt, damit nach Gl. (4.7) $k_{d1} = 0{,}837$
$U_3 = 0$ bedeutet $k_{p3} = 0$ und damit nach Gl. (4.13) $3W/\tau_p = 2$ also $W = 2/3\tau_p$
Damit $k_{p1} = \sin(90° \cdot 2/3) = \sqrt{3}/2$ und $k_{w1} = 0{,}837 \cdot 0{,}866 = 0{,}725$

4.5: Aus Beispiel 4.1 sind bekannt: $N_1 = 80$, $q_1 = 4$, $p = 2$, $m = 3$, $I_1 = 14{,}16\,\text{A}$
Nach Gl. (4.20) ist $d_1 = (6 \cdot 80 \cdot 14{,}16\,\text{A})/(160\,\text{A/cm} \cdot \pi) = 13{,}5\,\text{cm}$. Bei $q = 4$ aus Tafel 4.1
$k_{p1} = k_{w1} = 0{,}958$. Mit Gl. (4.23) $\Theta_1 = 2\sqrt{2}/\pi \cdot 3 \cdot 0{,}5 \cdot 80 \cdot 0{,}958 \cdot 14{,}16\,\text{A} = 1466\,\text{A}$

4.6: Die Daten aus Beispiel 4.4 in Gl. (4.33) einsetzen, damit bei $\tau_p = (18\,\text{cm} \cdot \pi)/4 = 14{,}14\,\text{cm}$:
$X_h = 4/\pi\,\mu_0 \cdot 50\,\text{Hz} \cdot (16\,\text{cm} \cdot 14{,}14\,\text{cm})/(0{,}04\,\text{cm} \cdot 2) \cdot 3 \cdot (60 \cdot 0{,}958)^2 = 22{,}4\,\Omega$

4.7: Tafel 4.1 bei $q = 3$ mit $k_w = k_d$ ohne Sehnung: $k_{w1} = 0{,}960$, $k_{w5} = 0{,}217$, $k_{w7} = 0{,}177$
Fourieranalyse eines Rechteckfeldes mit der Höhe B ergibt $B_\nu = 4B/(\nu\pi)$
Nach Gl. (4.37) gilt die Proportion: $U_\nu/U_1 = (B_\nu/B_1) \cdot (k_{w\nu}/k_{w1})$, damit
$U_5/U_1 = (1/5) \cdot (0{,}217/0{,}960) = 0{,}0452$
$U_7/U_1 = (1/7) \cdot (0{,}177/0{,}960) = 0{,}0263$

4.8: Nach $U = \sqrt{U_1{}^2 + U_3{}^2} = 1{,}01 U_1$ wird $U_3 = 0{,}142 U_1$. Ohne Sehnung wird bei $q = 3$ nach Tafel 4.1 $k_{w1} = 0{,}960$ und $k_{w3} = 0{,}667$. Aus der Proportion $U_3/U_1 = (B_3/B_1) \cdot (k_{w3}/k_{w1})$ entsprechend Gl. (4.37) folgt: $B_3/B_1 = 0{,}142 \cdot (0{,}960/0{,}667) = 0{,}204$

5.1: Nach Gl. (5.4) muß $s = 1\,\text{Hz}/60\,\text{Hz} = 0{,}0167$ werden. Bei $\Phi = \text{konst.}$ ist $U_{q20} \sim f_1$ und damit im Vergleich zu Beispiel 5.2 $(U_{q20})_{60\,\text{Hz}} = 240\,\text{V} \cdot (60\,\text{Hz}/50\,\text{Hz}) = 288\,\text{V}$
Mit Gl. (5.7) wird $U_{q2} = 0{,}0167 \cdot 288\,\text{V} = 4{,}8\,\text{V}$

5.2: Erforderlicher Schlupf nach Gl. (5.4) $s = 60\,\text{Hz}/50\,\text{Hz} = 1{,}2$. Synchrondrehzahl bei $p = 3$ ist $n_1 = 1000/\text{min}$, Betriebsdrehzahl $n = n_1(1 - s) = -200/\text{min}$, Läuferstillstandsspannung über Gl. (5.5) und (5.6) und Beachtung der Δ/Y-Schaltung: $U_{q20} = \sqrt{3}\,(U_{q20})_{\text{Str}} = \sqrt{3}\,U_1 \cdot (N_2/N_1)$,
$U_{q20} = \sqrt{3} \cdot 220\,\text{V} \cdot 72/63 = 435{,}5\,\text{V}$, $U_q = s \cdot U_{q20} = 1{,}2 \cdot 434{,}3\,\text{V} = 523\,\text{V}$

5.3: Mit $U_N = 220\,\text{V}$ und $U_1 = 73{,}3\,\text{V}$ aus Beispiel 5.3 entsteht nach Bild 5.14 der Stellbereich:
$U_{max} = U_N + (U_{1\text{I}} + U_{1\text{II}}) = 220\,\text{V} + 2 \cdot 73{,}3\,\text{V} = 366{,}7\,\text{V}$
$U_{min} = U_N - (U_{1\text{I}} + U_{1\text{II}}) = 220\,\text{V} - 2 \cdot 73{,}3\,\text{V} = 73{,}3\,\text{V}$

5.4: $P_L = P_1 - P_{v1} = 4\,\text{kW} - 2\,\text{kW} = 2\,\text{kW}$, $n_1 = 1500/\text{min}$
$M_i = P_L/(2\pi \cdot n_1) = 2000\,\text{W}/(2\pi \cdot 25/\text{s}) = 12{,}73\,\text{Nm}$

5.5: Luftspaltleistung nach Gl. (5.22) $P_L = 3I_2^2 \cdot R_2/s$. Im Bemessungsbetrieb:
$P_{LN} = 3I_{2N}^2 \cdot R_2/s_N$ mit $s_N = 0{,}03$. Im Anlauf: $P_{LA} = 3I_{2A}^2 \cdot R_2$ mit $I_{2A} = 6I_{2N}$
Mit $M \sim P_L$ entsteht die Proportion $M_A/M_N = (6 \cdot I_{2N})^2 \cdot 0{,}03/I_{2N}^2 = 1{,}08$

5.6: Grafische Lösung nach Bild 5.21 mit Strommaßstab $1\,\text{cm} = 10\,\text{A}$, Leistungsmaßstab $1\,\text{cm} = 3 \cdot 220\,\text{V} \cdot 10\,\text{A} = 6{,}6\,\text{kW}$, Drehmomentmaßstab $1\,\text{cm} = 6{,}6\,\text{kW}/(2\pi \cdot 25/\text{s}) = 42\,\text{Nm}$
Daten: $I_1 = 41\,\text{A}$, $M_N = 146\,\text{Nm}$, $M_K/M_N = 2{,}25$, $M_A/M_N = 0{,}96$

5.7: Grafische Lösung nach Bild 5.27. Waagerechte Achse mit $1\,\text{cm} = 10^4\,\text{V}^2$, senkrechte Achse mit $1\,\text{cm} = 50\,\text{W}$. Achsenabschnitt der Geraden $P_{\text{Fe}+\text{R}} = \text{f}(U^2)$ ist $255\,\text{W}$

5.8: Oberfelder im Ständer mit $k - 1$ nach Gl. (4.15): $\nu_1 = \pm 24/2 + 1 = +13$ und -11, im Läufer $\nu_2 = \pm 20/2 + 1 = +11$ und -9. Bedingung für Synchronbetrieb der gleichpoligen Felder mit $\nu = 11$: $-n_1/11 = (n_1 - n)/11 + n$ mit der Lösung $n = -0{,}2\,n_1 = -300/\text{min}$

5.9: Mit $M_A \sim P_L$ wird bei $s = 1$ nach Gl. (5.22) $M_A \sim 3I_{2k}'^2 \cdot R_2'$. Ohne Querzweig, d. h. mit $I_2' = I_1$ ist $I_{2k}'^2 = (U_1/Z_k)^2$ bei $Z_k^2 = (R_1 + R_2')^2 + (X_{1\sigma} + X_{2\sigma}')^2$.
Für das Verhältnis M_A/M_{AN} gilt dann: $M_A/M_{AN} = R_2'/R_{2N}' \cdot (Z_{kN}/Z_k)^2$
a) $M_A/M_{AN} = 1 \cdot (0{,}5^2 + 1^2)/(0{,}75^2 + 1^2) = 0{,}8$ b) $M_A/M_{AN} = 2 \cdot (0{,}5^2 + 1^2)/(0{,}75^2 + 1^2) = 1{,}6$

5.10: Bei Betrieb mit M_N werden bei jeder Drehzahl die Bemessungswerte von Aufnahme- und Luftspaltleistung benötigt. $P_1 = 11{,}1\,\text{kW}$ konstant,
$P_2 = 0{,}8 \cdot 2\pi \cdot n_N \cdot M_N = 0{,}8 P_{2N} = 8\,\text{kW}$, $\eta = P_2/P_1 = 8\,\text{kW}/11{,}1\,\text{kW} = 0{,}72$
Nach den Gl. (5.24) u. (5.25) gilt mit $P_R = 0$: $P_{LN} = P_{2N}/(1 - s_N) = 10\,\text{kW}/0{,}97 = 10309{,}3\,\text{W}$
Drehzahl mit Läuferwiderstand $n = 0{,}8 \cdot n_N = 0{,}8 \cdot n_1(1 - s_N)$,
zugehöriger Schlupf $s = 1 - n/n_1 = 1 - 0{,}8(1 - 0{,}03) = 0{,}224$
$P_{v1} = P_1 - P_{LN} = 11100\,\text{W} - 10309{,}3\,\text{W} = 790{,}7\,\text{W}$, $P_{v2} = s \cdot P_{LN} = 0{,}224 \cdot 10309{,}3\,\text{W}$
$P_{v2} = 2309{,}3\,\text{W}$ $P_{\text{Cu}2} = s_N \cdot P_{LN} = 0{,}03 \cdot 10309{,}3\,\text{W} = 309{,}3\,\text{W}$, $P_{\text{Rv}} = P_{v2} - P_{\text{Cu}2}$
$P_{\text{RV}} = 2309{,}3\,\text{W} - 309{,}3\,\text{W} = 2000\,\text{W}$

5.11: Aus Gl. (5.36) $m = M_{KN}/M_N = (s_{KN}/s_N + s_N/s_{KN})/2 = (10 + 0,1)/2 = 5,05$
Momentenbedingung $M = M_K$ ergibt $M = M_N\,n_N/n_{max} = M_{KN}\,(f_N/f_{max})^2$
mit $p \cdot n_N = f_N(1 - s_N)$, $p \cdot n_{max} = f_{max}(1 - s_K)$ und $s_K = s_{KN}\,f_N/f_{max}$
Eingesetzt erhält man die quadratische Gl. $(f_N/f_{max})^2 - 1/s_{KN}\,(f_N/f_{max}) + (1 - s_N)/(m \cdot s_{KN}) = 0$
Lösung $f_N/f_{max} = 0,2046$ also $f_{max} = 244,3$ Hz, $n_{max} = 6879\ \text{min}^{-1}$

5.12: Daten nach Gl. (5.20) bis (5.26): $P_{LN} = 2\pi \cdot n_1 \cdot M_N = 2\pi \cdot 25\ \text{Hz} \cdot 290\ \text{Ws} = 4555,3$ W,
$P_{Cu2N} = 3 \cdot R_2 \cdot I_{2N}^2 = 3 \cdot 0,25\,\Omega \cdot (46\ \text{A})^2 = 1587$ W, $s_N = P_{Cu2N}/P_{LN} = 0,03484$
Schlupf beim Absenken mit $n = -300/\text{min}$ und $n_1 = 1500/\text{min}$ $s^* = \Delta n/n_1 = 1800/1500 = 1,2$
Aus Gl. (5.49) wird mit $s = s_N$: $R_{2v} = R_2 \cdot (s^*/s - 1) = 0,25\,\Omega\,(1,2/0,03484 - 1) = 8,36\,\Omega$

5.13: Bei konstanter magnet. Ausnutzung bleiben $I_\mu = 2,75$ A und $I_C = 2,75\ \text{A}/\sqrt{3} = 1,59$ A
Die Spannung steigt dann mit $U \sim \Phi \cdot f$ auf $U_o = 380\ \text{V} \cdot (60\ \text{Hz}/50\ \text{Hz}) = 456$ V
Nach Beispiel 5.18 gilt für einen Kondensator der Δ-Schaltung $C = I_C/(2\pi \cdot f_1 \cdot U_o)$
$C = 1,59\ \text{A}/(2\pi \cdot 60\ \text{Hz} \cdot 456\ \text{V}) = 9,2\ \mu\text{F}$

5.14: Zweiphasenbetrieb: $S_1 = 2U_A \cdot I_A = 2 \cdot 220\ \text{V} \cdot 1,7\ \text{A} = 748$ VA
$P_1 = S_1 \cdot \cos\varphi = 748\ \text{VA} \cdot 0,6 = 449$ W, $Q_1 = S_1 \cdot \sin\varphi = 748\ \text{VA} \cdot 0,8 = 598$ var
Kondensatorbetrieb: $S_1 = U_1 \cdot I_1 = 220\ \text{V} \cdot 2,13\ \text{A} = 468$ VA,
$P_1 = 449$ W wie zuvor, $Q_1 = \sqrt{S_1^2 - P_1^2} = 132$ var

5.15: Mit den Gl. (5.77) bis (5.80) ergibt sich $Z_{Ak} = U_A/I_{Ak} = 220\ \text{V}/(3,1 \cdot 1,7\ \text{A}) = 41,75\,\Omega$
$z = X_C/Z_{Ak} = 286\,\Omega/41,75\,\Omega = 6,851$
$M_{EA}/M_A = [1,33 \cdot 6,851 \cdot 0,48]/[1,33^4 + 6,851^2 - 2 \cdot 1,33^2 \cdot 6,851 \cdot 0,8773] = 0,152$
$X_{CA} = \ddot{u}^2 \cdot Z_{Ak} = 1,33^2 \cdot 41,75\,\Omega = 73,85\,\Omega$, $C_A = 1/(2\pi \cdot 50\ \text{Hz} \cdot 73,85\,\Omega) = 43,1\ \mu\text{F}$,
$(M_{EA}/M_A)_{opt} = 0,48/[2 \cdot 1,33 \cdot (1 - 0,8773)] = 1,47$

5.16: Gl. (5.70) bis (5.74). $\varphi = 45°$ bedeutet $\ddot{u} = \tan\varphi = 1$, $\sin\varphi = \sqrt{2}/2$, $\cos\varphi_1 = 1$
$U_C = U_A\sqrt{1 + \ddot{u}^2} = \sqrt{2}\,U_A$, $I_C = I_H = I_A/\ddot{u} = I_A$, $Q_C = U_C \cdot I_C = \sqrt{2}\,U_A \cdot I_A$, $I_1 = I_A/\sin\varphi$
$I_1 = \sqrt{2}\,I_A$, $P_1 = U_1 \cdot I_1 \cdot \cos\varphi_1 = \sqrt{2}\,U_A \cdot I_A$.

5.17: Drehstrombetrieb: $S_3 = 3(U_1 \cdot I)_{Str}$, $P_3 = 3(U_1 \cdot I)_{Str} \cdot 0,5$, $Q_3 = 3(U_1 \cdot I)_{Str} \cdot \sqrt{3}/2$.
Daten bei Steinmetzschaltung mit gleicher Wirkleistung: $P_1 = P_3$, $U_C = U_1$, $I_C = \sqrt{3}\,I_{Str}$,
$Q_C = U_C \cdot I_C = \sqrt{3}\,U_1 \cdot I_{Str}$, $Q_1 = Q_3 - Q_C = 3(U_1 \cdot I)_{Str} \cdot (\sqrt{3}/2 - 1/\sqrt{3})$
$Q_1 = 3(U_1 \cdot I)_{Str}/(2\sqrt{3}) = 3(U_1 \cdot I)_{Str} \cdot \sqrt{3}/6$
$Q_1/Q_3 = (\sqrt{3}/6)/(\sqrt{3}/2) = 1/3$, $S_1 = U_1 \cdot I = \sqrt{3} \cdot (U_1 \cdot I)_{Str}$, $S_1/S_3 = 1/\sqrt{3}$

6.1: Nach Beispiel 6.1 beträgt die Ankerrückwirkung bei $I_N/2$: $I_1' = 474$ A und $I_{Eo} = 595$ A. Mit
$I_\mu = I_{Eo}$ für $U_q = U_N$ lautet der im Beispiel angegebene cos-Satz für
$I_E/I_{Eo} = 1 : 595^2 = 595^2 + 474^2 + 2 \cdot 595 \cdot 474 \cdot \sin\varphi$, ergibt $\varphi = -23,48°$ und $\cos\varphi = 0,917$ kap.
$I_E/I_{Eo} = 1,28 : (1,28 \cdot 595)^2 = 595^2 + 474^2 + 2 \cdot 595 \cdot 474 \cdot \sin\varphi$, ergibt $\varphi = 0$ und $\cos\varphi = 1$

6.2: Bild 6.21 mit $R_1 = 0$ bei $U_p = 10,5\ \text{kV}/\sqrt{3} = 6,06$ kV mit dem cos-Satz bei $\cos(90° + \varphi)$
$= -0,714$: $U_{pN}^2 = (6,06\ \text{kV})^2 + (0,93\,\Omega \cdot 11,77\ \text{kA})^2 + 2 \cdot 6,06\ \text{kV} \cdot 0,93\,\Omega \cdot 11,77\ \text{kA} \cdot 0,714$,
$U_{pN} = 15,85$ kV. $I_{EN} = I_{Eo} \cdot U_{pN}/U_N = 820\ \text{A} \cdot 15,85\ \text{kV}/6,06\ \text{kV} = 2145$ A.
$P_{EN} = R_E \cdot I_{EN}^2 = 0,15\,\Omega \cdot (2145\ \text{A})^2 = 690$ kW

6.3: Erregung I_{Eo} ergibt $I_{ko} = k_k \cdot I_N$, d. h. mit $I_k \sim I_E$ gilt $I_E = I_{Eo} \cdot (I_N/I_{ko}) = I_{Eo}/k_k$.
$I_E/I_{Eo} = 1/k_k = 1/0,55 = 1,82$

6.4: $I'_{ko} = g \cdot I_{ko}$ entspricht 94% von I_{Eo}, damit $I_{ko} = 550\,\text{A} \cdot 0{,}94/0{,}174 = 2971\,\text{A}$.
$k_k = I_{ko}/I_N = 2971\,\text{A}/5500\,\text{A} = 0{,}54$

6.5: Aus Tafel 6.1, Seite 337: $x_d = 1{,}6$, $x_2 = 0{,}12$, $x_o = 0{,}06$.
$I_{k3} : I_{k2} : I_{k1} = 1/1{,}6 : \sqrt{3}/(1{,}6 + 0{,}12) : 3/(1{,}6 + 0{,}12 + 0{,}06) = 1 : 1{,}61 : 2{,}7$

6.6: Nach Gl. (6.14) ist bei $\delta_N = 29°$ und $I_E/I_{Eo} = 2{,}6$: $M_K/M_N = 1/\sin 29° = 2{,}06$.
Für $M_K/M_N = 2{,}5$ ist daher die relative Erregung $I_E/I_{Eo} = 2{,}6(2{,}5/2{,}06) = 3{,}15$ erforderlich.

6.7: Gl. (6.9) $X_d = 1/k_k \cdot (U_N/I_N)_{Str} = 10.5\,\text{kV}/(\sqrt{3} \cdot 5{,}5\,\text{kA} \cdot 0{,}58) = 1{,}9\,\Omega$.
Gl. (6.14) $M = 3 \cdot 10{,}5\,\text{kV}/(\sqrt{3} \cdot 2\pi \cdot 50\,\text{Hz}) \cdot (2{,}7 \cdot 10{,}5\,\text{kV})/(\sqrt{3} \cdot 1{,}9)\,\Omega \sin 27° = 226{,}4\,\text{kNm}$,
$M_N = M/\eta = 230\,\text{kNm}$

6.8: Grafische Lösung über das Dreieck im 1. Quadranten von Bild 6.41 mit der Basis
$1/x_d = 0{,}833$, linke Seite = 1, rechte Seite mit Winkel 75° ergibt $\varphi = 38{,}6°$: $P = S_N \cdot \cos \varphi$
$P = 400\,\text{MVA} \cdot 0{,}7818 = 313\,\text{MW}$, $Q = S_N \cdot \sin \varphi = 400\,\text{MVA} \cdot 0{,}6239 = 249{,}6\,\text{Mvar}$

6.9: Aus Gl. (6.26) $M_{Sch}/M_{Voll} = 1 + 0{,}5 \cdot U_1/U_p \cdot (X_d/X_q - 1) \cdot (\sin 2\vartheta/\sin \vartheta)$
$M_{Sch}/M_{Voll} = 1 + 6{,}3\,\text{kV}/(2\sqrt{3} \cdot 9{,}3\,\text{kV}) \cdot (19{,}2\,\Omega/11{,}5\,\Omega - 1) \cdot (\sin 41{,}2°/\sin 20{,}6°) = 1{,}245$.

6.10: Gl. (6.45) mit $\alpha = -90°$ und Stromspitze bei $\omega t = \pi/2$, $t = 5\,\text{ms}$:
$U_N/X = (U_N/Z_N)(Z_N/X) = I_N/x$ gibt
$I_s = \sqrt{2}\,I_N \cdot [(1/x_{d''} - 1/x_{d'}) \cdot e^{-t/Td''} + (1/x_{d'} - 1/x_d) \cdot e^{-t/Td} + 1/x_d]$
$I_s = \sqrt{2}\,I_N \cdot [1/0{,}13 - 1/0{,}2) \cdot e^{-5/70} + (1/0{,}2 - 1/1{,}7) \cdot e^{-5/1500} + 1/1{,}7] = 7{,}5 \cdot \sqrt{2}\,I_N$

7.1: Daten aus Beispiel 7.1 bei $f_1 = 50\,\text{Hz}$: $U_X = 3 \cdot 99$, $\text{V} = 297\,\text{V}$, $U_R = 21\,\text{V}$, $U_q = 375\,\text{V}$
Aus Bild 7.5: $\tan \varphi = U_X/(U_q + U_R) = 297\,\text{V}/396\,\text{V} = 0{,}75$, $\cos \varphi = 0{,}8$

8.1: $P_v = P_2(1 - \eta)/\eta = 180\,\text{W} \cdot 0{,}17/0{,}83 = 36{,}87\,\text{W}$. Mit Gl. (8.5) und Beispiel 8.1:
$\alpha = 36{,}87\,\text{W}/(0{,}03\,\text{m}^2 \cdot 50\,\text{K}) = 24{,}58\,\text{W}/(\text{m}^2 \cdot \text{K})$. Aus Gl. (8.3): $\lg(\alpha/7{,}8) = 0{,}78 \cdot \lg v$, $v = 4{,}4\,\text{m/s}$

Sachwortverzeichnis

Im Sachwortverzeichnis verwendete Abkürzungen:

AsM Asynchronmaschine
EM   Einphasen-Reihenschlußmotor
DM   Drehstrommaschine
GG   Gleichstromgenerator

GM Gleichstrom-Motor, -Maschine
SM Synchronmaschine
Tr Transformator